UG NX 2027 动力学与有限元分析从入门到精通

胡仁喜　刘昌丽　等编著

机 械 工 业 出 版 社

本书主要针对 UG NX 2027 的强大分析功能而编写，通过大量丰富的实例全面讲解了 UG NX 2027 在动力学分析和有限元分析领域的应用和功能。全书共分为两篇，第 1 篇为动力学分析篇，主要介绍 UG NX 2027 动力学分析的一些基础知识和操作实例，包括运动仿真基础，运动体、质量及材料，运动副，传动副，约束，力的创建，连接器，仿真结果输出，机构检查，XY 函数编辑器，动力学分析综合实例。第 2 篇为有限元分析篇，主要介绍 UG NX 2027 有限元分析的一些基础知识和操作实例，包括有限元分析准备，建立有限元模型，有限元模型的编辑，分析和查看结果，球摆分析综合实例。

本书可作为高等院校工科相关专业高年级本科生和研究生的 CAE 应用辅助教材，也可以作为相关科研技术人员的参考资料。

为了方便读者的学习，本书配备了多媒体学习电子资料，包含了全书所有实例操作的源文件和结果文件，以及全部实例操作过程录音讲解录屏 Mp4 文件。

图书在版编目（CIP）数据

UG NX 2027 动力学与有限元分析从入门到精通/胡仁喜等编著.
—北京：机械工业出版社，2023.6
ISBN 978-7-111-73230-3

Ⅰ. ①U… Ⅱ. ①胡… Ⅲ. ①动力学－计算机辅助设计－应用软件－教材②有限元分析－计算机辅助设计－应用软件－教材
Ⅳ. ①O313②O241.82

中国国家版本馆 CIP 数据核字(2023)第 093714 号

机械工业出版社（北京市百万庄大街 22 号　邮政编码 100037）
策划编辑：曲彩云　　责任编辑：王　珑
责任校对：刘秀华　　责任印制：任维东
北京中兴印刷有限公司印刷
2023 年 7 月第 1 版第 1 次印刷
184mm×260mm・29.5 印张・727 千字
标准书号：ISBN 978-7-111-73230-3
定价：109.00 元

电话服务	网络服务
客服电话：010-88361066	机　工　官　网：www.cmpbook.com
010-88379833	机　工　官　博：weibo.com/cmp1952
010-68326294	金　　书　　网：www.golden-book.com
封底无防伪标均为盗版	机工教育服务网：www.cmpedu.com

前　言

UG NX 是 Siemens PLM Software 公司的一款集产品设计、工程与制造于一体的解决方案系统软件，用于帮助用户改善产品质量，提高产品交付的速度和效率。它集成了 CAD/CAM/CAE，提供了先进的概念设计、三维建模及文档编制解决方案，实现了结构、运动、热、流体和多物理应用的多学科仿真，还提供了涵盖工装、加工及质量监测的零部件制造解决方案。

UG NX 原来由美国 UGS 公司出品，后被德国 Siemens（西门子）公司收购，并更名为 Siemens NX，简称 NX，但在很多地方还习惯称其为 UG NX。为方便读者，本书仍沿用 UG NX（2027 为其新版本号）。本书所有 UG NX 指的都是 Siemens NX。

UG NX 的优势在于：提供应用同步技术，在开放环境下实现灵活设计的解决方案；提供在开发流程中紧密集成多学科仿真的解决方案；提供全系列先进零部件制造应用的解决方案；与 Teamcenter——世界领先的产品生命周期管理（PLM）平台实现无可比拟的紧密集成。

UG NX 每次的新版本都代表了当时制造技术的发展前沿，很多现代设计方法和理念都能较快地在新版本中反映出来。这一次发布的最新版本——UG NX 2027 在很多方面，如并行工程中的几何关联设计、参数化设计等都进行了改进和升级。

近年来，随着 UG NX 软件的日益普及，人们对 UG NX 软件的强大功能有了更加深入的认知，UG NX 软件也在各行各业，尤其是工业领域得到了广泛的应用。为了满足广大读者学习了解 UG NX 软件功能的需要，在目前的图书市场上，各大出版机构推出了大量的 UG NX 学习图书，但在这些图书中，几乎没有一本是专门针对 UG NX 的 CAE 分析功能展开讲解的。基于人们对 UG NX 软件 CAE 功能学习的迫切需要与相关学习资料短缺的矛盾考量，我们组织各大科研院所相关领域的专家和学者编写了本书。他们具有深厚的理论基础和丰富的软件应用经验，将自身的经验和智慧融入字里行间。希望本书的推出能为广大读者带来裨益。

本书以工程实例贯穿始终，讲解力求清晰、明了、易懂、易学和易掌握。在编写的过程中吸收了大量工程技术人员应用 UG NX 的经验，避免手册式的枯燥介绍，将重要的知识点嵌入具体的设计中，使读者可以循序渐进、随学随用、边看边操作。

本书主要针对 UG NX 2027 的强大分析功能而编写，通过大量丰富的实例全面讲解 UG NX 2027 在动力学分析和有限元分析领域的应用和功能。全书共分为两篇，第 1 篇为动力学分析篇，主要介绍 UG NX 2027 动力学分析的一些基础知识和操作实例，包括运动仿真基础，运动体、质量及材料，运动副，传动副，约束，力的创建，连接器，仿真结果输出，机构检查，XY 函数编辑器，动力学分析综合实例等。第 2 篇为有限元分析篇，主要介绍 UG NX 2027 有限元分析的一些基础知识和操作实例，包括有限元分析准备，建立有限元模型，有限元模型的编辑，分析和查看结果，球摆分析综合实例等。

本书可作为高等院校工科相关专业高年级本科生和研究生的 CAE 应用自学教材，也可以作为相关科研技术人员的参考资料。

为了方便读者的学习，本书配备了多媒体电子资料，包含了全书所有实例操作的源文件和结果文件，以及全部实例操作过程录音讲解录屏 Mp4 文件，可以帮助读者更加形象直观地学习。读者可以登录百度网盘地址：https://pan.baidu.com/s/1kVDu_T8ajleoqp0Xe91XCw，或者扫描下面二维码下载本书电子资料，密码：swsw（读者如果没有百度网盘，需要先注册一个网盘才能下载）。

本书由三维书屋工作室策划，胡仁喜博士和刘昌丽主要编写。参加部分编写工作的还有康士廷、王敏、王玮、孟培、王艳池、闫聪聪、王培合、王义发、王玉秋、杨雪静、卢园、孙立明、甘勤涛、李兵、路纯红、阳平华、李亚莉、张俊生、李鹏、周冰、董伟、李瑞、王渊峰。

由于编者水平有限，疏漏之处在所难免，希望广大读者发邮件（714491436@qq.com）提出宝贵的批评意见。也可以加入 QQ 群：811016724 参与交流探讨。

编　者

目 录

第 1 篇

动力学分析篇

本篇主要介绍 UG NX 2027 动力学分析的一些基础知识和操作实例，包括运动仿真基础，运动体、质量及材料，运动副，传动副，约束，力的创建，连接器，仿真结果输出，机构检查，XY 函数编辑器，动力学分析综合实例等。

第1章

运动仿真基础

UG NX运动仿真（UG NX motion simulation）模块可以对运动机构进行分析。如动画分析、干涉检查、图表输出等，从而验证运动机构设计的合理性，对运动机构进行优化。

重点与难点

- 了解 UG NX 运动仿真模块。
- 创建运动仿真、执行运动仿真。
- 认识运动仿真各工具栏、对话框的作用。
- 了解 UG NX 软件对系统和硬件的要求。

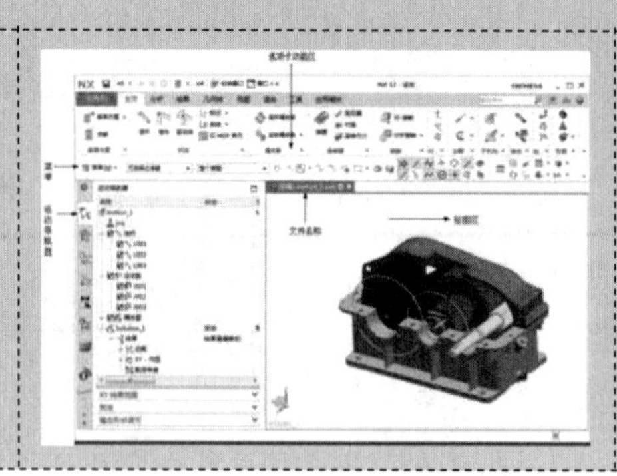

1.1　运动分析概述

运动仿真是 UG NX 2027 数字仿真中的一个模块，它能对任何二维或三维机构进行复杂的运动学分析、静力分析。

使用运动仿真的功能赋予模型的各个部件一定的运动学特性，再在各个部件之间设立一定的连接关系，即可建立一个运动仿真模型，如图 1-1 所示。

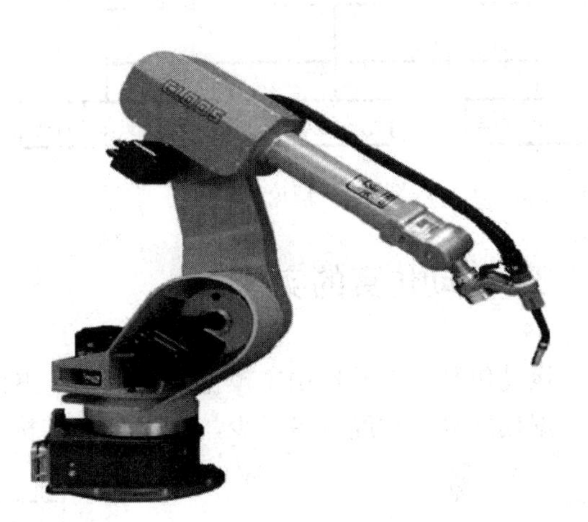

图 1-1　机械手

1.1.1　什么是运动分析

UG NX 运动仿真模块（UG NX/Motion Simulation）用于建立运动机构模型，分析模型的运动规律。运动仿真模块和主模型是分开保存的，从而可以创建不同的运动仿真，而对主模型不产生影响。

如果运动仿真优化完成，可以更新到主模型，完成优化的设计结果。通过运动仿真能完成以下内容：

- ❑　创建各种运动副、传动机构、施加载荷等。
- ❑　进行机构的干涉分析、距离、角度测量等。
- ❑　追踪部件的运动轨迹。
- ❑　输出部件的速度、加速度、位移和力等图表。

1.1.2　理论力学

理论力学是研究物体的机械运动及物体间相互机械作用的一般规律的学科。理论力学是一门理论性较强的技术基础课。随着科学技术的发展，工程专业中许多课程均以理论力学为基础。UG NX 运动仿真模块涉及的有静力学、动力学和运动学中的刚体部分，如图 1-2 所示。

刚体动力学是动力学的一个分支学科，它主要研究作用于刚性物体的力与运动的关系。动力学的研究对象是运动速度远小于光速的宏观物体，如连杆机构、凸轮机构、齿轮机构、差动机构、间歇运动机构、直线运动机构、螺旋机构和方向机构等，如图 1-3 所示。

说明：刚体的特点是其质点之间距离的不变性，因此运动机构模型不可能设置变形或受力后变形。

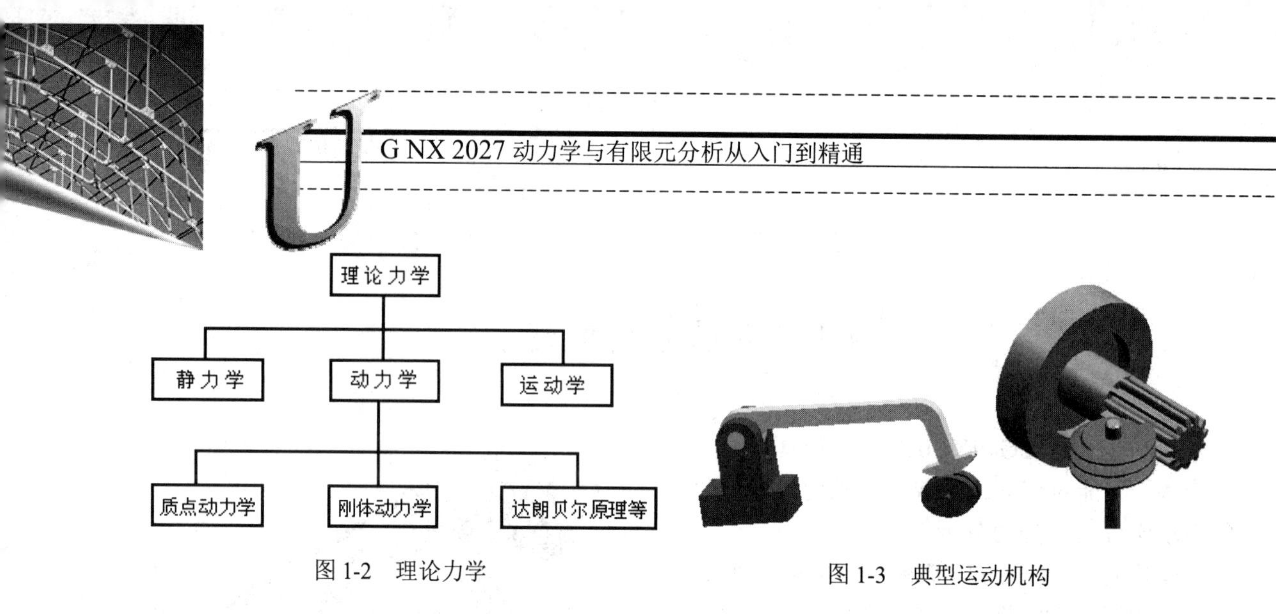

图 1-2　理论力学

图 1-3　典型运动机构

1.1.3　运动仿真的实现

运动仿真部件文件由主模型文件组成，主模型可以是装配文件或单个文件。运动仿真的实现根据模型复杂程度可多可少，运动仿真结构如图 1-4 所示。

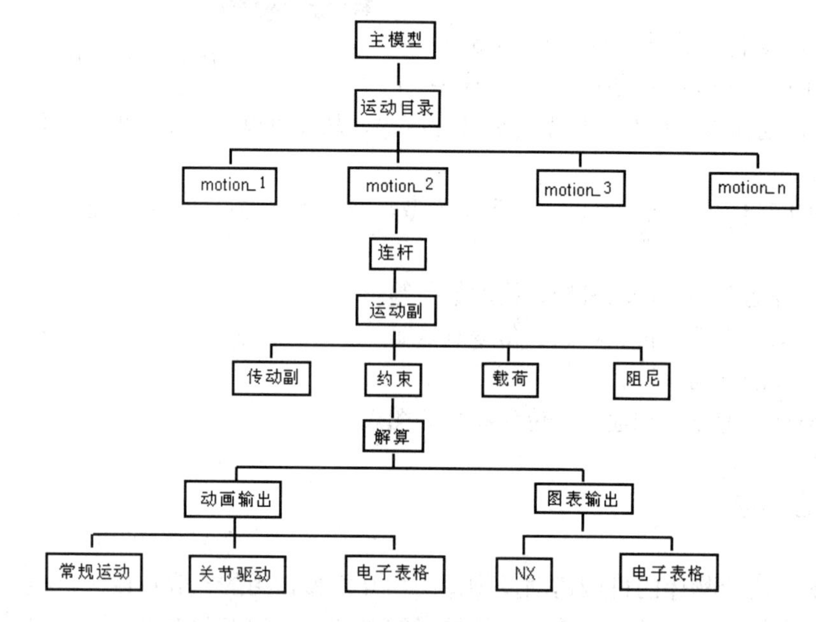

图 1-4　运动仿真结构

实现运动仿真的 5 个基本步骤如下：

- 建立一个运动仿真文件（motion，后缀为.sim）。
- 进行运动模型的构建，设置每个零件的连杆特性。
- 设置两个连杆间的运动副和添加载荷、传动副等。
- 进行运动参数的设置，提交运动仿真模型数据，解算运动仿真。
- 运动分析结果的数据输出。

1.1.4 Gruebler

对于单个运动副的自由度（DOF）很容易推算，对整个机构的运动自由度则用Gruebler数来表示。Gruebler数是一个近似的值，因为它没有考虑机构中所有的影响因素。解算器主要是基于运动副的连接、方向来确定自由度。当软件确定的自由度和Gruebler数不一致时，会出现错误信息。

- 自由度大于零：机构欠约束可以活动，它是动力学分析的对象。
- 自由度小于零：机构全约束是一般的机构要达到的效果。一般是多个运动副和一个驱动组成。
- 自由度等于零：机构过约束是机构设计的不妥当，解算会失败。

当在运动机构中每增加一个连杆时自由度增加6个，创建一个运动副时自由度会减少，并在跟踪条的右侧出现 Gruebler 提示 **Joint created - Gruebler count = 18**。Gruebler 数的计算公式如下：

$$\text{Gruebler}=L\times 6-\Sigma J-\Sigma I$$

式中，L 是连杆数；ΣJ 是所有运动副的约束数，见表 1-1；ΣI 是运动驱动数。

表 1-1　运动副的约束数

运动副类型	joint	约束数
固定副	fixed	6
旋转副	revolute	5
滑动副	slider	5
柱面副	cylindrical	4
球面副	spherical	3
万向节	universal	4
平面副	planar	3
螺旋副	screw	1
齿轮耦合副	gear joint	1
齿轮齿条副	rack and pinion	1
线缆副	cable joint	2
点在线上副	point-on-curve	2
线在线上副	curve on curve jonit	2
点在面上副	point on surface	3

1.2　运动分析的进入和执行

UG NX 2027 现在可以直接打开运动仿真文件(*.sim)。

1.2.1　进入仿真模块

由于运动仿真需要引入主模型，进入运动仿真和进入加工一样，需要先打开主模型后才能执行。进入仿真模块的步骤如下：

1）打开主模型文件，其中可以包含装配文件。

说明：如果需要打开已完成的运动仿真文件，可在打开文件时选择文件类型为仿真文件（*.sim），如图 1-5 所示。

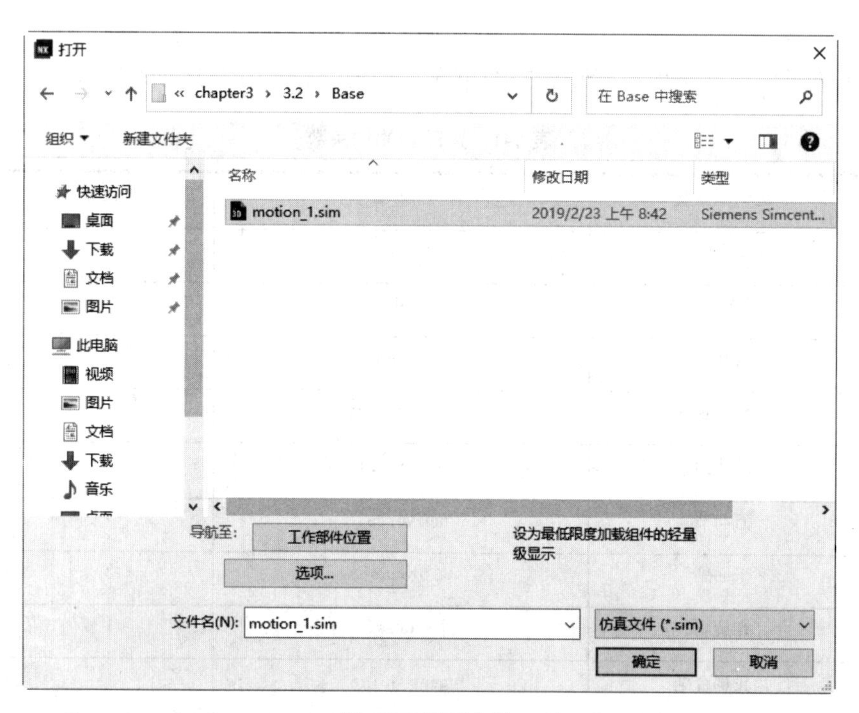

图 1-5　打开文件

2）单击【应用模块】选项卡【仿真】面组上的【运动】按钮，进入运动仿真界面。

3）在资源导航器中选择【运动导航器】，右击运动仿真根目录图标，选择【新建仿真】，如图 1-6 所示。

4）选择新建仿真后，软件自动打开【新建仿真】对话框，单击【确定】按钮，打开【环境】对话框，如图 1-7 所示。

5）设置环境参数后，单击【确定】按钮，进入运动仿真方案。

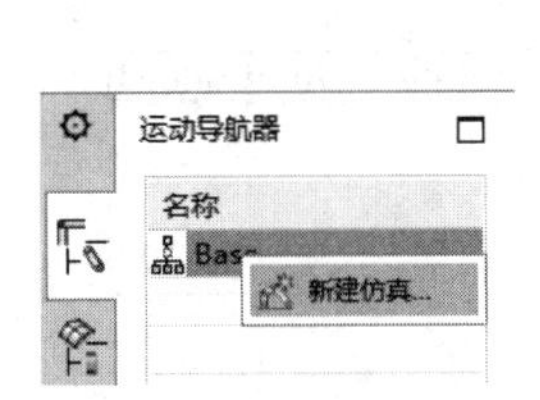

图 1-6　新建仿真

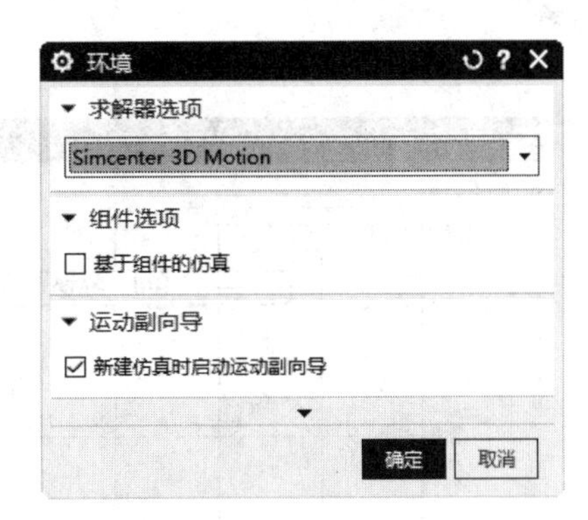

图 1-7　【环境】对话框

1.2.2　执行运动分析

运动模型定义完成后，要定义运动仿真的解算方案，并通过解算器完成每个时间点或位置的状态结果后才能输出仿真的结果。仿真运动机构有 4 种解算方案：

- 常规驱动：基于时间的一种运动形式。机构在指定的时间和步数进行运动仿真，它是最常用的一种驱动。
- 铰链运动驱动：基于位移的一种运动形式。机构在指定的步长（旋转角度或直线距离）和步数进行运动仿真。
- 电子表格驱动：功能和关节运动、常规驱动一样，使用电子表格作为某个运动副的驱动，使模型的运动按照指定的时间和动作完成。
- 柔性体：该解算方案将柔性体的动态表现缩减为一组模态形状，存储在 ANSYS 结构分析结果文件（.rst）中。

完成解算后运动仿真模型分析的结果能以 6 种形式输出：

- 动画：以时间或步长的形式使模型运动起来，如图 1-8 所示。

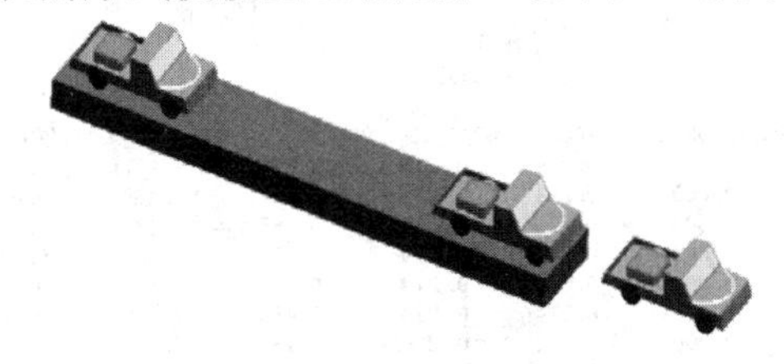

图 1-8　动画输出

- XY 结果：对机构仿真的结果生成直观的电子表格数据，如位移、速度、加速度等，如图 1-9 所示。
- 填充电子表格：记录运动仿真驱动运动副的时间、步数到电子表格，如图 1-10 所示。
- 创建序列：控制一个装配运动仿真文件的装配和拆卸顺序。
- 载荷传递：以电子表格的形式分析零件在运动仿真过程中的受力情况。
- 运动包络：创建运动包络对象，表示由于运动体随着动画步移动而占用的空间。

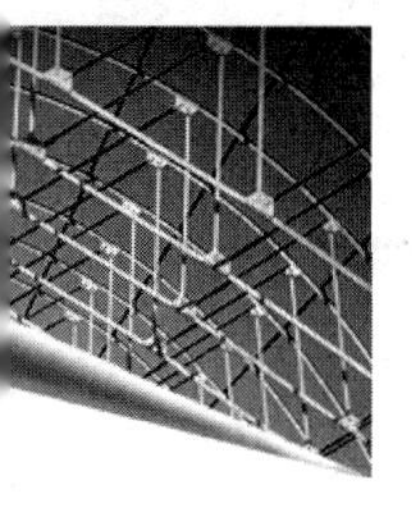

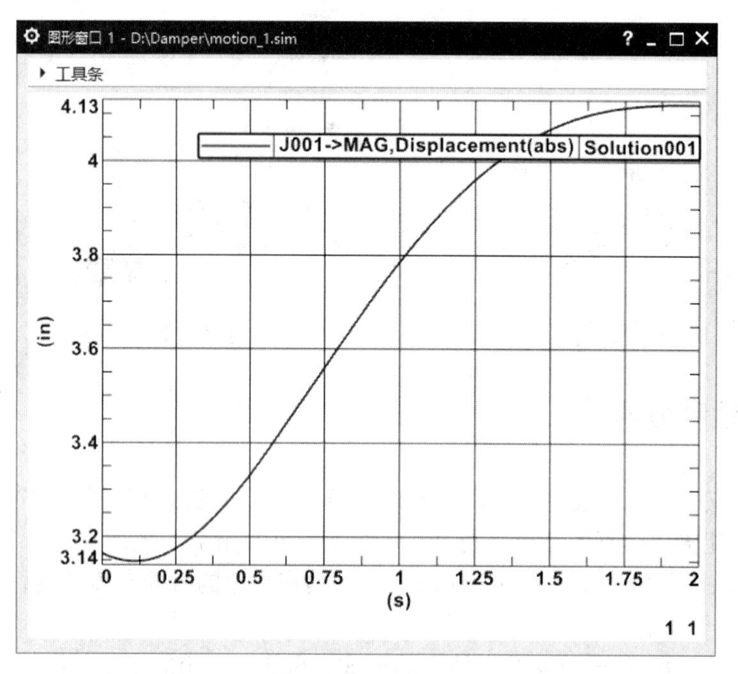

图 1-9　XY 结果

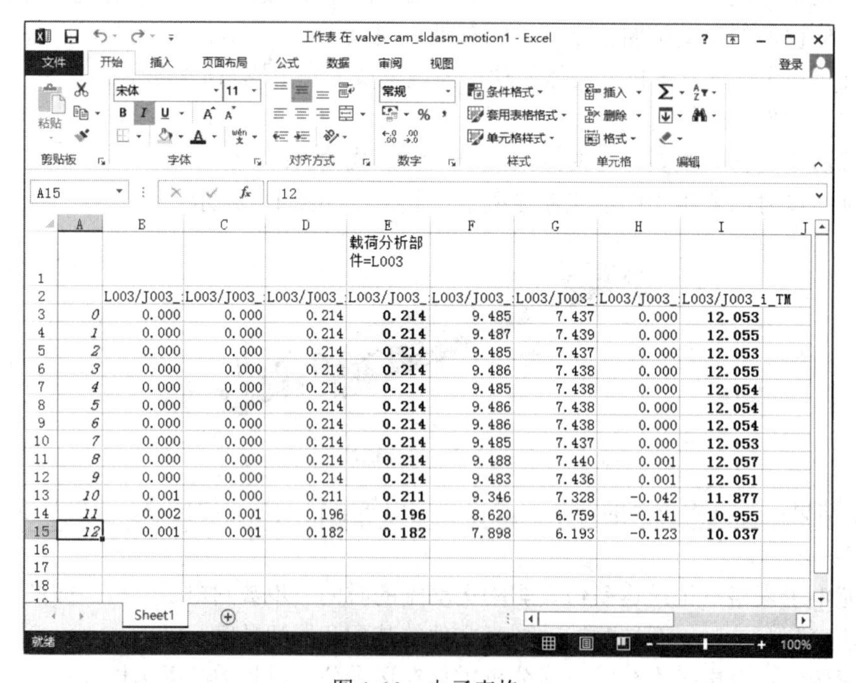

工作表 在 valve_cam_sldasm_motion1 - Excel

	A	B	C	D	E	F	G	H	I
1					载荷分析部件=L003				
2		L003/J003_	L003/J003_	L003/J003_	L003/J003_	L003/J003_	L003/J003_	L003/J003_	L003/J003_i_TM
3	0	0.000	0.000	0.214	0.214	9.485	7.437	0.000	12.053
4	1	0.000	0.000	0.214	0.214	9.487	7.439	0.000	12.055
5	2	0.000	0.000	0.214	0.214	9.485	7.437	0.000	12.053
6	3	0.000	0.000	0.214	0.214	9.486	7.438	0.000	12.055
7	4	0.000	0.000	0.214	0.214	9.485	7.438	0.000	12.054
8	5	0.000	0.000	0.214	0.214	9.486	7.438	0.000	12.054
9	6	0.000	0.000	0.214	0.214	9.486	7.438	0.000	12.054
10	7	0.000	0.000	0.214	0.214	9.485	7.437	0.000	12.053
11	8	0.000	0.000	0.214	0.214	9.488	7.440	0.001	12.057
12	9	0.000	0.000	0.214	0.214	9.483	7.436	0.001	12.051
13	10	0.001	0.000	0.211	0.211	9.346	7.328	-0.042	11.877
14	11	0.002	0.001	0.196	0.196	8.620	6.759	-0.141	10.955
15	12	0.001	0.001	0.182	0.182	7.898	6.193	-0.123	10.037

图 1-10　电子表格

1.3　运动仿真选项

1.3.1　运动仿真界面

进入运动仿真界面后，它与建模界面相比有一些变化。运动仿真界面包括 4 大部分，即菜单、选项卡功能区、运动导航器和绘图区，如图 1-11 所示。它们的作用如下：

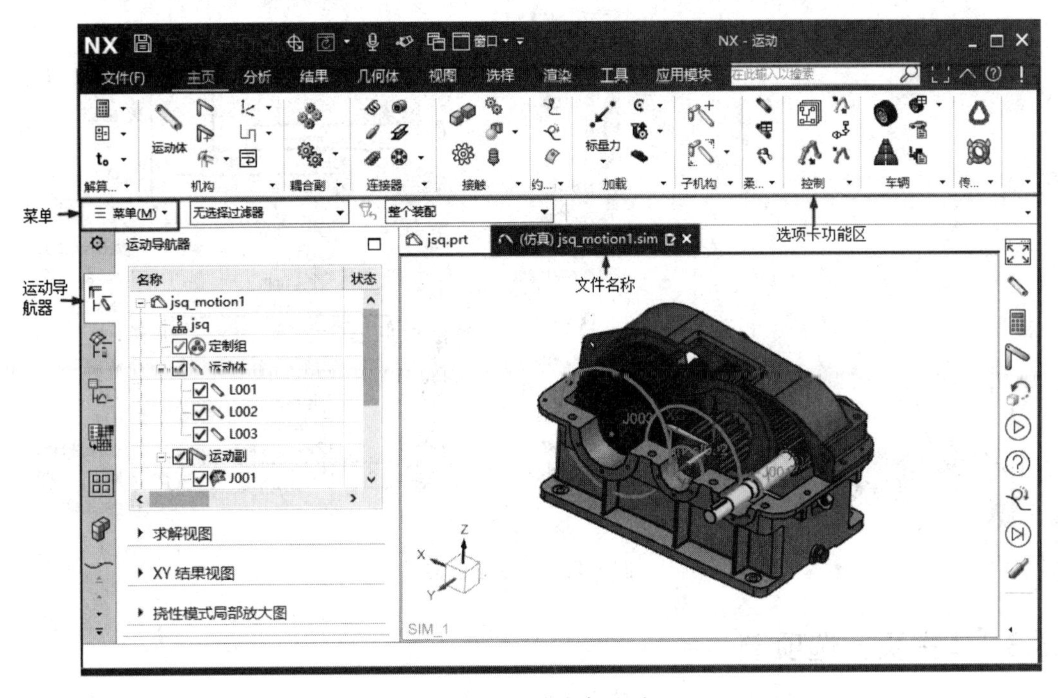

图 1-11　运动仿真界面

- 菜单：包含了 12 个菜单命令，如文件、编辑、视图、插入等。菜单可以帮助用户完成 UG 所有的功能操作。
- 选项卡功能区：由解算方案、机构、耦合副和连接器等面组组成。
- 运动导航器：以图形树的形式详细显示各数据，顶层节点是仿真，主模型部件（如果有的话）显示在其下。可使用【文件】→【保存】命令来保存仿真。要重命名仿真，可使用【文件】→【另存为】命令。要删除仿真及其关联文件，可从操作系统中删除文件。要克隆仿真，可使用基本环境或建模应用模块的【创建克隆装配】命令。

1.3.2　运动导航器

运动导航器在运动仿真中的地位举足轻重，很多重要的命令或操作只能在运动导航器实现，如创建、删除仿真，创建运动体、运动副等，如图 1-12 所示。具体的几大作用如下：

- 新建仿真、移除运动仿真等命令。

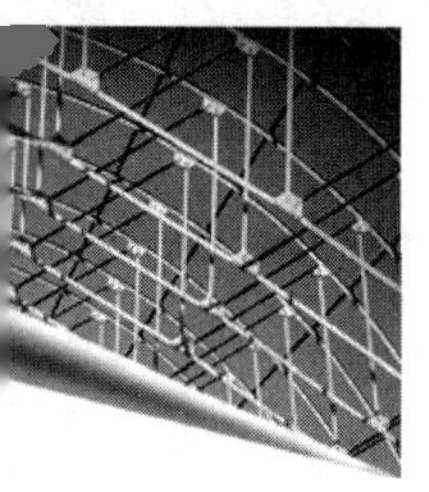

- ❑ 以图形树的形式详细显示各数据。
- ❑ 新建/删除运动体、运动副、约束等任何运动工具栏的命令。
- ❑ 导入/导出机构。
- ❑ 对解算方案进行重命名、删除、克隆、求解等。
- ❑ 后处理场景。

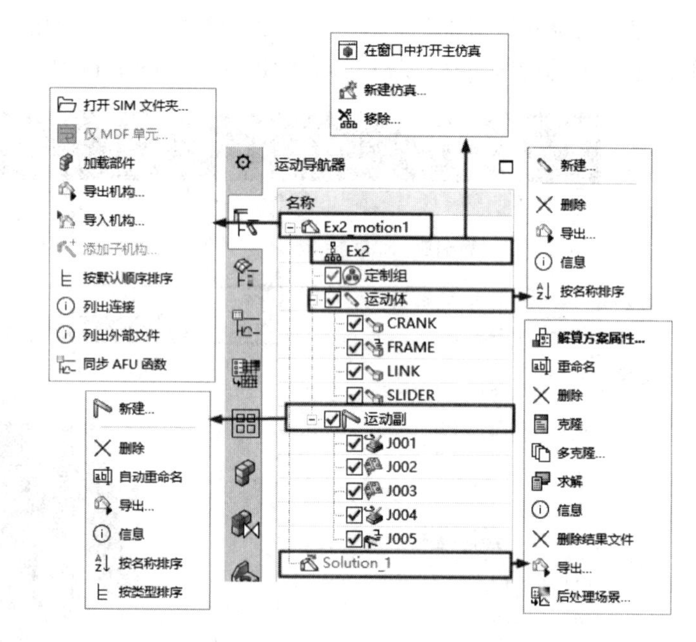

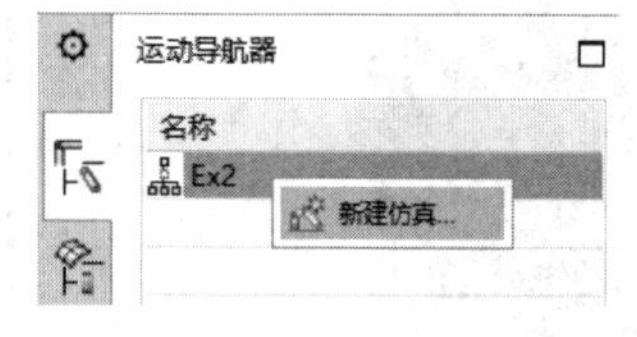

图 1-12　运动导航器

1.3.3　【主页】选项卡

【主页】选项卡几乎可以实现运动仿真所有命令的执行。从连杆的创建到运动副、齿轮等，甚至包含运动分析，如图 1-13 所示。

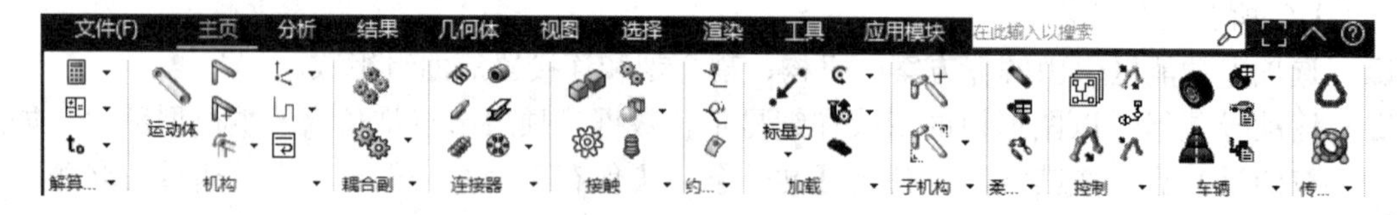

图 1-13　【主页】选项卡

【主页】选项卡常使用的命令如下：

- ❑ 运动体：运动体是连杆机构中两端分别与主动和从动构件铰接以传递运动和力的杆件，【运动体】对话框如图 1-14 所示。
- ❑ 运动副：运动副的作用是将机构中的连杆连接在一起，并按定义规定的动作运动，【运动副】对话框如图 1-15 所示。常用的运动副有旋转副、滑块、柱面副、固定副、球面副、平面副。
- ❑ 耦合副：耦合副的作用是改变机构扭矩的大小、转速等。它包含齿轮耦合副、齿轮齿条副、线缆副和 2-3 联接耦合副 4 种类型。

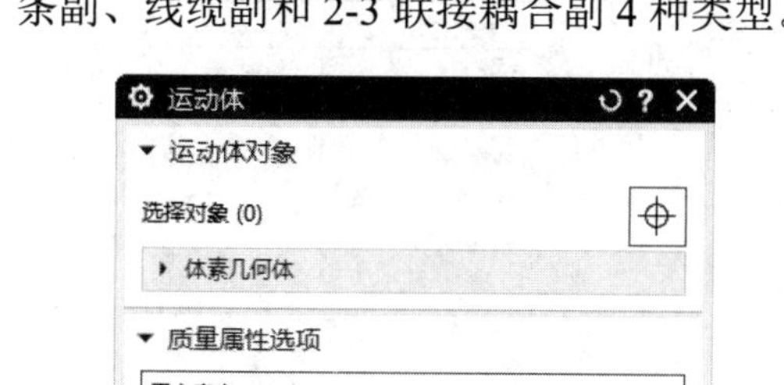

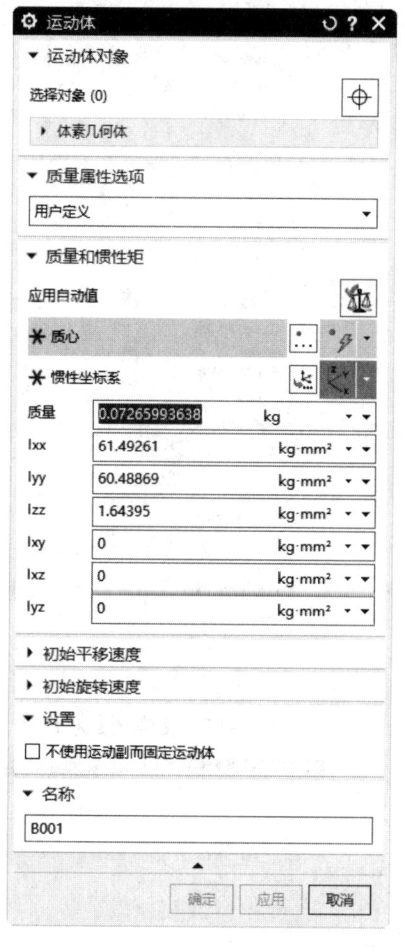

图 1-14　【运动体】对话框

图 1-15　【运动副】对话框

- 约束：约束命令可以指定两对象的连接关系，它包含点在线上副、线在线上副、点在面上副 3 种类型。【点在线上副】对话框如图 1-16 所示。
- 连接器：连接器可对两个零件之间进行弹性连接、阻尼连接、定义接触。【弹簧】对话框如图 1-17 所示。
- 加载：对物体施加的力，包含标量力、矢量力、标量扭矩和矢量扭矩 4 种类型。【矢量力】对话框如图 1-18 所示。
- 柔性体：定义该机构中的柔性连杆。【柔性体】对话框如图 1-19 所示。
- 样条梁属性：指定要有样条梁柔性连杆使用的结构属性。【样条梁属性】对话框如图 1-20 所示。
- 子机构：可以将子机构添加到运动仿真，添加到父机构的装配机构。要使用子机构，需要创建子机构，将其另存为 .sim 文件，然后将其添加到另一机构（即父 .sim 文件）。【添加子机构】对话框如图 1-21 所示。

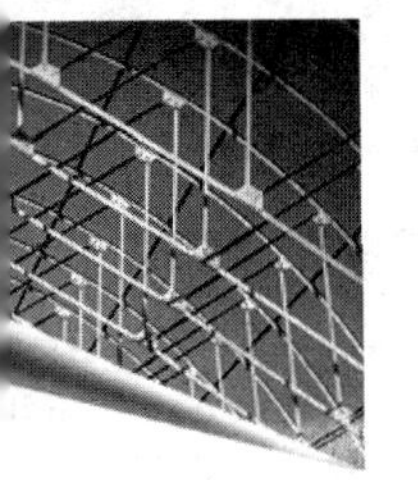
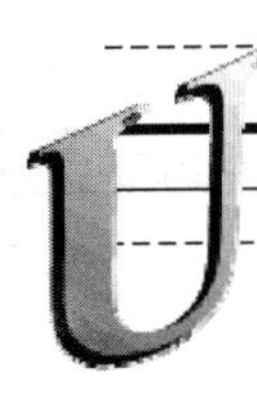

图 1-16　【点在线上副】对话框

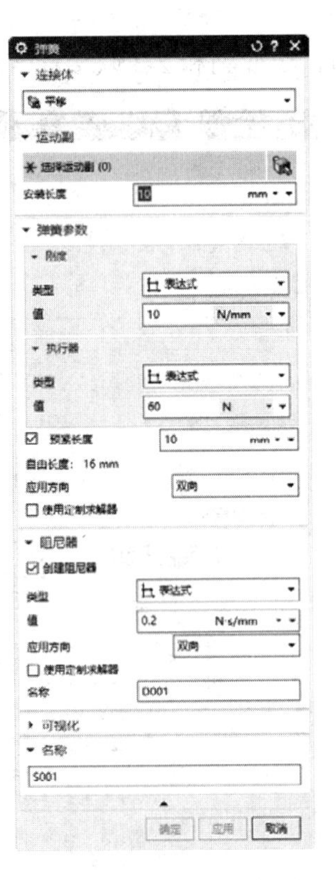

图 1-17　【弹簧】对话框

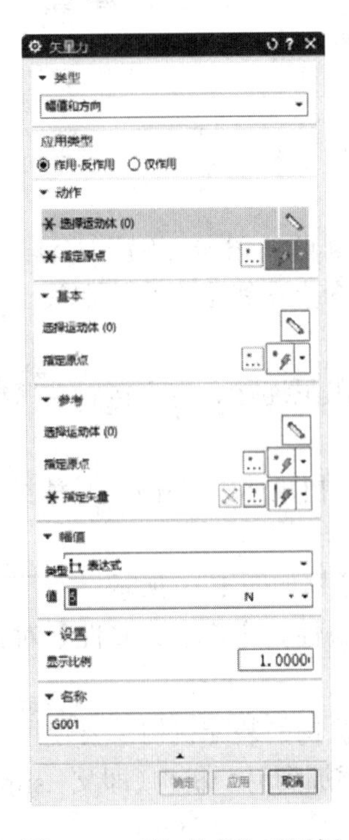

图 1-18　【矢量力】对话框

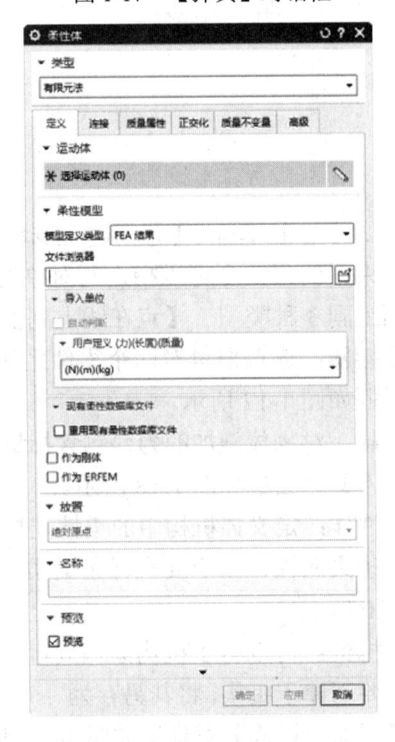

图 1-19　【柔性体】对话框

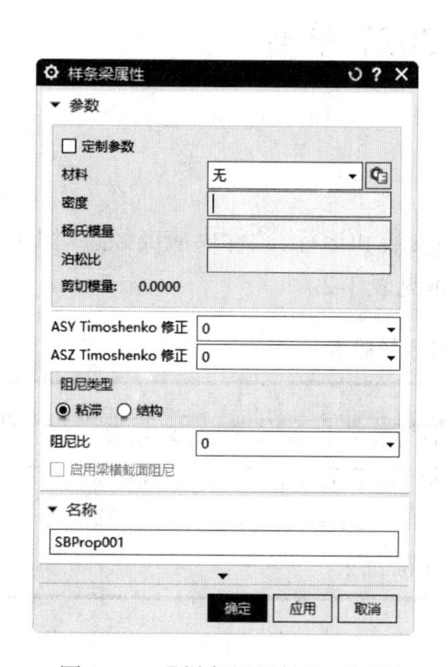

图 1-20 【样条梁属性】对话框

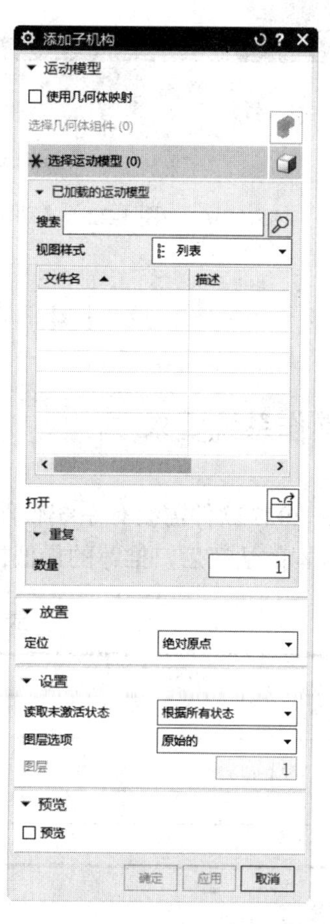

图 1-21 【添加子机构】对话框

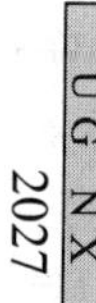

1.3.4 【动画】面组

【结果】选项卡中的【动画】面组能控制动画的播放、暂停、停止等，如图 1-22 所示，播放的时间和步数由解算方案决定。播放动画时，运动导航器和运动工具栏等将被锁定，重新激活需要完成动画。动画控制工具栏各个按钮的功能如下：

- 播放图标，查看运动模型在设定的时间和步骤内的整个连续的运动过程。
- 第一步图标，查看运动模型在第一步的状态。
- 上一个图标，使运动模型在设定的时间和步骤范围内向后运动一步。
- 下一步图标，使运动模型在设定的时间和步骤范围内向前运动一步。
- 最后一步图标，查看运动模型在最后一步的状态。
- 暂停图标，在播放后，暂停运动模型在某一时间。
- 停止图标，停止动画播放且运动模型恢复到初始状态。
- 选项▼图标，它包含了【动画选项】工具栏。能完成对运动模型的创建序列、追踪、取消等命令，如图 1-23 所示。

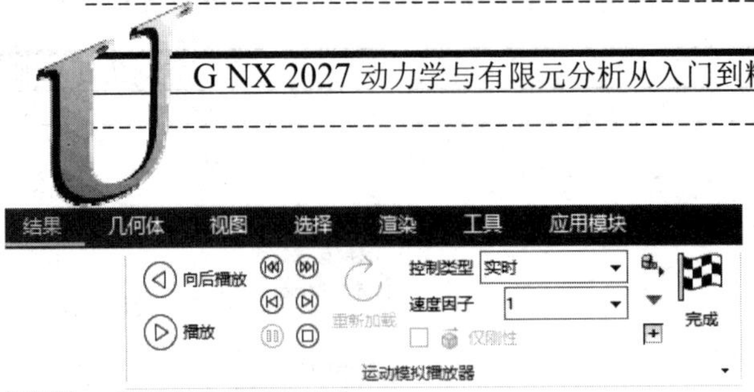

图 1-22 【动画】面组

图 1-23 【动画选项】工具栏

1.4 UG NX 2027 平台

1.4.1 操作系统要求

UG NX 2027 软件需要有系统软件的支持才能安装和运行。软件供应商经过对 UG NX 2027 操作系统版本的认证后，推荐的最低操作系统版本见表 1-2。

表 1-2 最低操作系统版本

操作系统	版本
Microsoft Windows（64 位）	Microsoft Windows 10 专业版和企业版
Linux（64 位）	SuSE Linux Enterprise Server/Desktop 12 Red Hat Enterprise Linux Server/Desktop 7
Mac OS X	版本10.12.2

1.4.2 硬件要求

定义 UG NX 2027 软件的最低计算机硬件配置比较困难，因为关键配置要求（特别是内存）在不同用户之间区别很大。在购买计算机前，需要考虑以下的一般准则。

1. 处理器性能

尽管影响系统性能的主要是原始处理器速度，但其他因素对整体性能也有所影响，如磁盘驱动器的类型（SCSI、ATA、串行 ATA）、磁盘转速、内存速度、图形适配器和总线速度。一般规则为处理器越快，性能越好，但此规则仅适用于像结构框架这样的比较。例如，仅根据各自的处理器速度，很难推断 Intel 处理器相比 AMD 处理器的性能期望值，而且现在也有淡化处理器速度的趋势，转而看重多核处理器（实际处理器的速度较低）的趋势。

2. 多核处理器

多核处理器有两个或更多个处理器核芯，但它们是作为单个处理器包交付的。多核技术非常复杂，并且由于配置的不同，该技术还会对性能造成负面影响。原因就在于共享系统资源的多核存在相互冲突的可能。更多的核芯数并不总是意味着更好的性能表现，如与单路四核芯相比，两倍脚座数双核芯的性能更好。

3. 内存

运行原生 NX 的最小推荐内存为 8 GB。如果通过 Teamcenter 运行 NX (Teamcenter Integration for NX)，最小推荐内存为 12 GB。但是，因为 NX 能处理大型装配和非常复杂的部件，所以许多用户使用 32 GB 内存的工作站，有些甚至使用 64 GB、96 GB 或更大内存的工作站。

为了实现最佳用户体验和应用性能，建议在运行 NX 的用户工作站上安装尽可能大的内存。

4. 图形适配器

推荐用户使用受支持的图形适配器和经 Siemens PLM Software 认证的驱动程序，它们能满足 Siemens PLM Software 所有的要求。支持 UG NX 的图形适配器需要针对的是 OpenGL 设计，不支持低端、普通或游戏显卡，因为这些显卡设备基于 DirectX 市场开发，不能很好地支持 OpenGL。

5. 鼠标和键盘

鼠标和键盘是 UG 软件必须使用的硬件。其中，鼠标需配置为三键鼠标，有左键、可以滚动的中键、右键；键盘推荐使用 101 或 102 键盘，键盘和鼠标可以单独使用，也可以配合使用。鼠标与键盘的功能见表 1-3。

表 1-3 鼠标与键盘的功能

按键	功能
左键	单击和选择
中键	放大、缩小、旋转视图、确定、应用
右键	显示快捷菜单、下拉列表框等
中键+右键	平移视图
Shift+左键	撤销选取
Shift+中键，在视图中拖动鼠标中键+鼠标右键	平移视图
Alt+中键	取消
在绘图区上（而非模型）右击，或按 Ctrl +在绘图区的任意处右击	启动视图，弹出菜单
Tab	正向遍历对话框中的各个对话框控件
Shift+Tab	反向遍历对话框中的各个对话框控件
箭头键	在单个显示框内移动光标到单个的元素，如下拉菜单的选项
Enter	如果文本字段当前有光标移入，在对话框内激活【确定】按钮
空格/ Enter	在信息对话框内接受活动按钮

1.4.3 系统约定

右手规则用于决定旋转的方向和坐标系的方位，因此规则也决定了顺时针和逆时针方向。

当用户输入了一个正值，将从正向 X 轴或以指定的基准线逆时针测量角度；当用户输入了一个负值，系统显示一个减号，以指示按顺时针方向移动，如图 1-24 所示。

UG NX 允许定义平面和坐标系，以构造几何体。这些平面和坐标系完全独立于视图方向。可以在平面上创建与屏幕不平行的几何体，在新建模型时，默认绝对坐标系和工作坐标系重合。

- 绝对坐标系(ACS)：绝对坐标系是开始创建新模型时使用的坐标系。该坐标系定义模型空间，并且是原位固定的位置。
- 工作坐标系(WCS)：UG NX 2027 允许创建任意数量的坐标系，由此来创建几何体。不过，每次只能使用一个坐标系进行构造。该坐标系称为工作坐标系，激活的工作坐标系只有一个。
- 基准坐标系(CSYS)：基准坐标系显示为部件导航器中的一个特征。它的对象可以单独选取，以支持创建其他特征和在装配中定位组件。创建新文件时，NX 会将基准坐标系定位在绝对零点，并在部件导航器中将其创建为第一个特征。

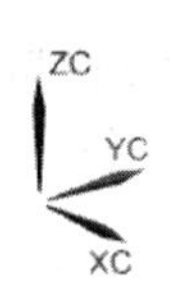

工作坐标系

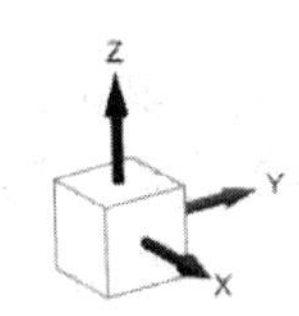

绝对坐标系

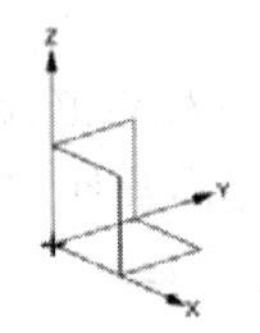

基准坐标系

图 1-24　坐标系

1.5　练习题

1.简述运动分析的定义及运动分析的实现。

2.执行运动分析的结果有哪几种类型？

3.根据 1.4 节的 UG NX 2027 平台的讲解，查看自己的计算机是否符合要求。

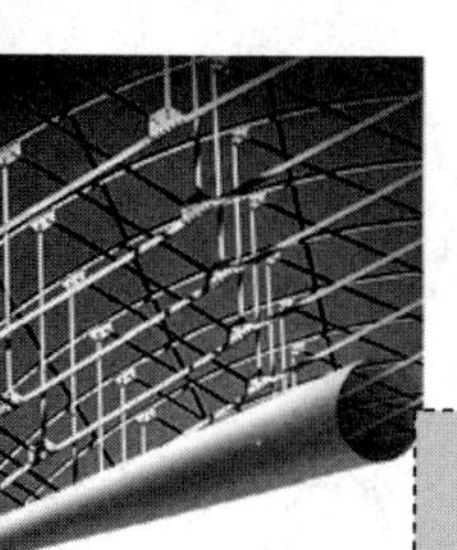

第2章

运动体、质量及材料

本章将讲解运动体的创建，它是创建运动仿真的基础。进一步指定运动体的材料和质量，使整个运动机构更加逼近真实。

重点与难点

- 理解运动体在运动机构中的作用。
- 创建实体运动体、非实体运动体。
- 检查、定义材料，并赋予运动体。

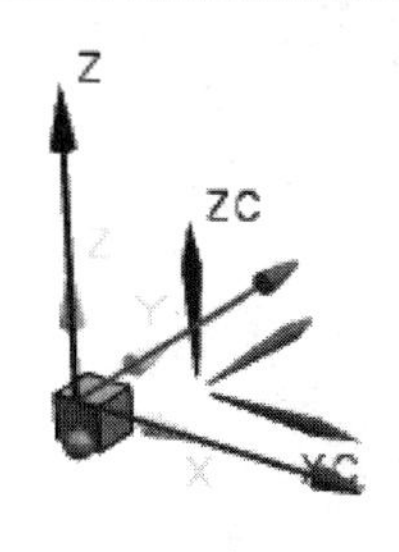

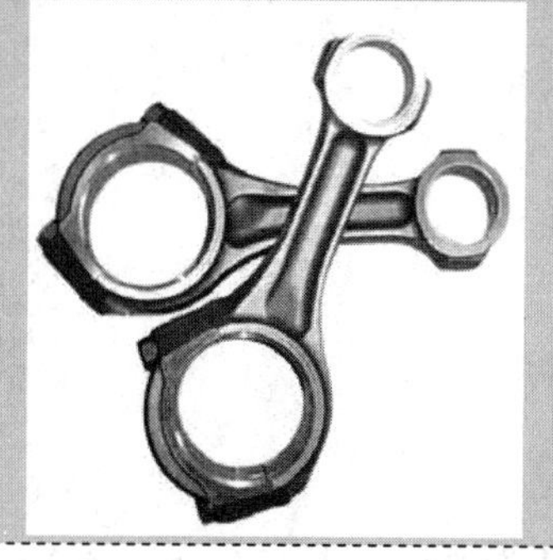

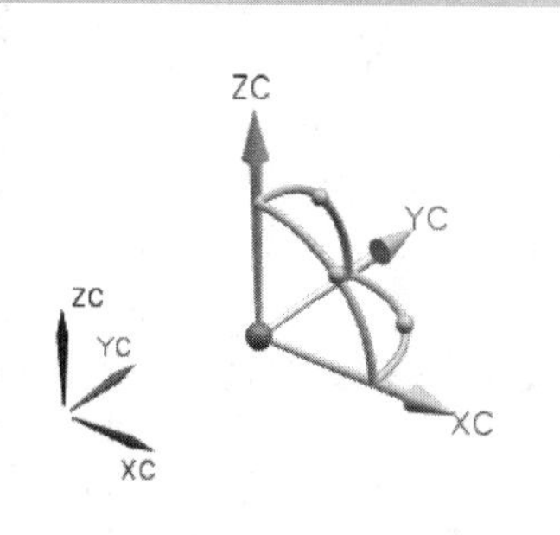

2.1 运动体的定义

图 2-1 连杆

运动体（motion body）是连杆机构中两端分别与主动和从动构件铰接以传递运动和力的杆件。例如，在往复活塞式动力机械和压缩机中，用运动体——连杆来连接活塞与曲柄，如图 2-1 所示。在创建仿真机构中，必须要选择运动模型几何体作为运动体，不运动的几何体可以作为固定运动体。

2.1.1 创建运动体

创建运动体的对象包含三维有质量、体积的实体和二维曲线、点。每个运动体均可以包含多个对象（可是二维与三维的混合），对象之间可有干涉和间隙。定义运动体时注意事项如下：

- ❑ 对象不能重复使用，如果第一个运动体已经定义，则第二个不能再选择该对象。
- ❑ 如果运动体不需要运动，可以勾选【不使用运动副而固定运动体】复选框使几何体固定，如图 2-2 所示。
- ❑ 整个运动机构模型必须有一个固定运动体或固定运动副，否则将不能对模型进行解算。

创建运动体的步骤如下：

1）单击【主页】选项卡【机构】面组上的【运动体】按钮，或者选择【菜单】→【插入】→【运动体】命令，打开【运动体】对话框，如图 2-3 所示。

▾ 设置
☐ 不使用运动副而固定运动体

图 2-2 【设置】选项卡

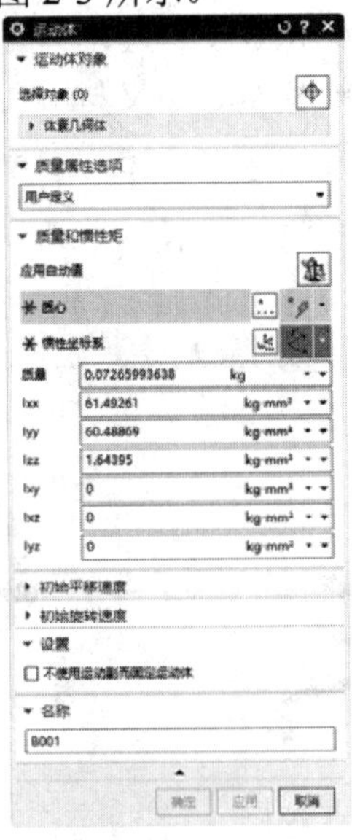

图 2-3 【运动体】对话框

2）在绘图区选择几何体作为运动体，可以是一个或多个对象（点、线、片体、实体）。

3）在【名称】文本框输入运动体名字，也可采用【运动体】对话框默认的名字（name），格式为 B001、B002、B003 等。

4）单击【运动体】对话框中的【确定】按钮，完成运动体的创建。

2.1.2 质量特性

在三维实体运动体中，几何体有体积、质量，一般没有考虑质量特性(mass properties)，但当在二维（点、线、片体）运动体或需要精确的分析时，如分析反作用力、动力学(dynamic) 分析等，必须考虑质量特性。

质量特性包含质量、质心和惯性矩，在定义运动体的质量特性时，可以在相应的文本框中输入参数。一般软件对【质量属性选项】默认是【自动】状态，如图 2-4 所示。当遇到曲线、片体时，质量特性为【用户定义】状态，如图 2-5 所示。只有定义质量特性后方可进行动力学和静力学分析。

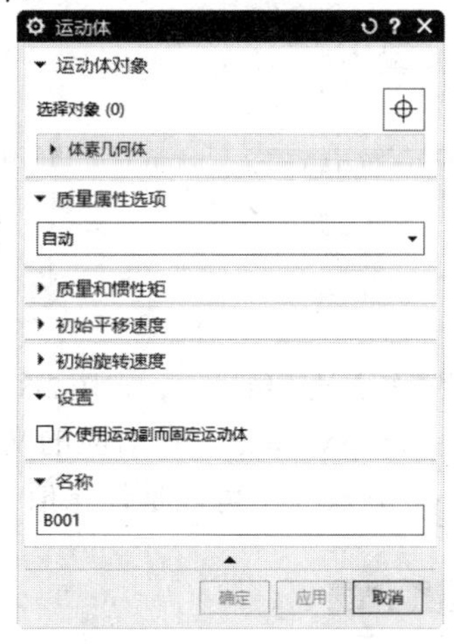

图 2-4 【运动体】对话框

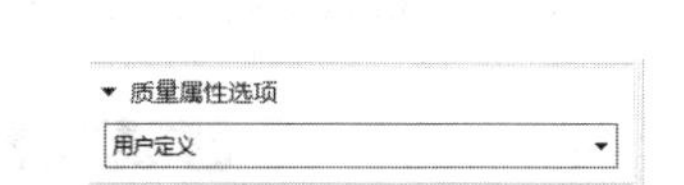

图 2-5 【质量属性选项】选项组

2.1.3 定义质量特性

质量特性可用于计算物体的反作用力。在实体运动体中，可以使用软件自动计算质量特性，如果需要用户定义质量特性，具体的步骤如下：

1）单击【主页】选项卡【机构】面组上的【运动体】按钮，或者选择【菜单】→【插入】→【运动体】命令，打开【运动体】对话框。

2）在绘图区选择几何体作为运动体。

3）在【质量属性选项】下拉列表框中选择【用户定义】，如图 2-6 所示。软件自动打开【质量与惯性矩】选项组，如图 2-7 所示。

4）单击【质心】选项，选择一点作为运动体的质心。

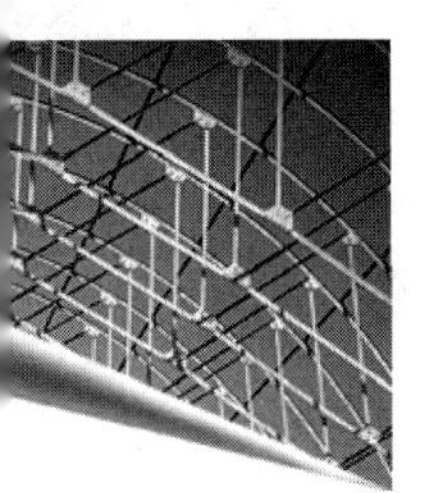

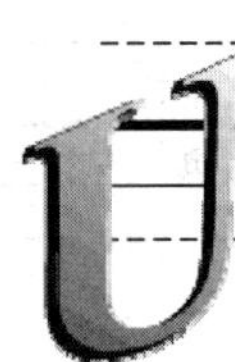

说明：在精确选择质心时：直线的质心为中点，圆的质心为圆心，比较复杂的曲线、片体一般在几何中心，如图 2-8 所示。

5）选择运动体力矩的坐标系，力矩的坐标系为可选选项。

说明：如果没有选择力矩的坐标系，则默认为当前的绝对坐标系，坐标系的原点在质心点，如图 2-9 所示。如果需要定义，单击图标，打开【坐标系】对话框，如图 2-10 所示，定义力矩的坐标系。

图 2-6　选择【用户定义】

图 2-7　【质量与惯性矩】选项组

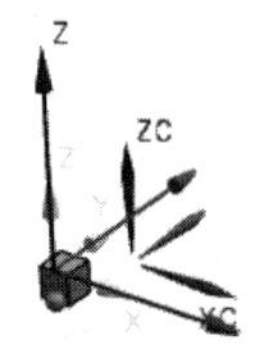

图 2-8　质心

6）定义质量惯性矩(mass moments)、质量惯性积(mass products)，在对应的文本框输入值，如图 2-11 所示。其中，Ixx、Iyy、Izz 必须大于零，Ixy、Ixz、Iyz 可以是任意值。

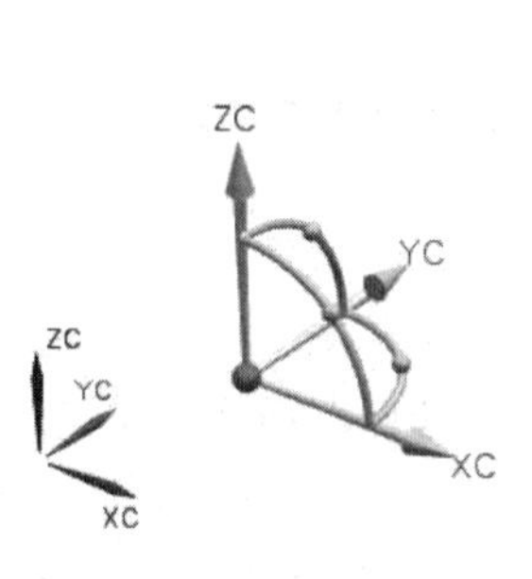

图 2-9　力矩的坐标系

图 2-10　【坐标系】对话框

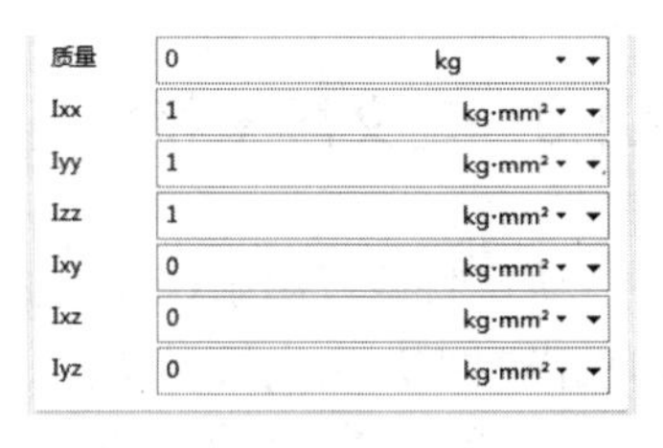

图 2-11　质量惯性矩、惯性积

可以单击单位中的下三角按钮来调整输入数据的单位。

可以选择的单位为：

- ❑ $kg \cdot mm^2$。
- ❑ $lbm \cdot in^2$。
- ❑ $lbf \cdot in \cdot sec^2$。

说明：初始平移速度（translation velocity）和初始旋转速度（initial rotation velocity）为可选项目，可以不定义。

7）在【名称】文本框输入运动体名字，也可采用【运动体】对话框默认的名字（name），格式为 B001、B002、B003 等。

8）单击【运动体】对话框中的【确定】按钮，完成运动体的创建。

2.2　材料

材料（material）特性是计算质量和惯性矩的关键因素，UG NX 2027 的材料功能可以创建新的材料、查询材料和赋予机构中的实体等。

2.2.1　调用材料

在 UG NX 2027 中创建的实体具有密度值，其密度由软件自动设定，通常为 7.83×10^{-6}kg/mm^3 或 0.2829lb/in^3。

没有分配材料特性的实体均为默认的密度值。

说明：如果要修改默认的密度，可选择菜单栏中的【菜单】→【首选项】→【建模】命令，打开【建模首选项】对话框。在【密度】文本框中输入需要定义的值，如图 2-12 所示。

图 2-12　【建模首选项】对话框

调用材料的步骤如下：

1）选择【菜单】→【工具】→【材料】→【指派材料】命令，打开【指派材料】对话框，

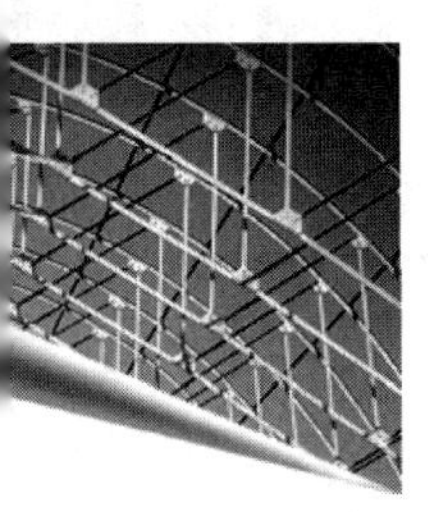

如图 2-13 所示。

2）在绘图区选择要定义材料的实体，可以是一个或多个对象。

3）在【类别】下拉列表框中选择材料的类别，如 METAL(金属)。

4）在【类型】下拉列表框选择需要的材料类型，如各向同性、正交各向异性等。

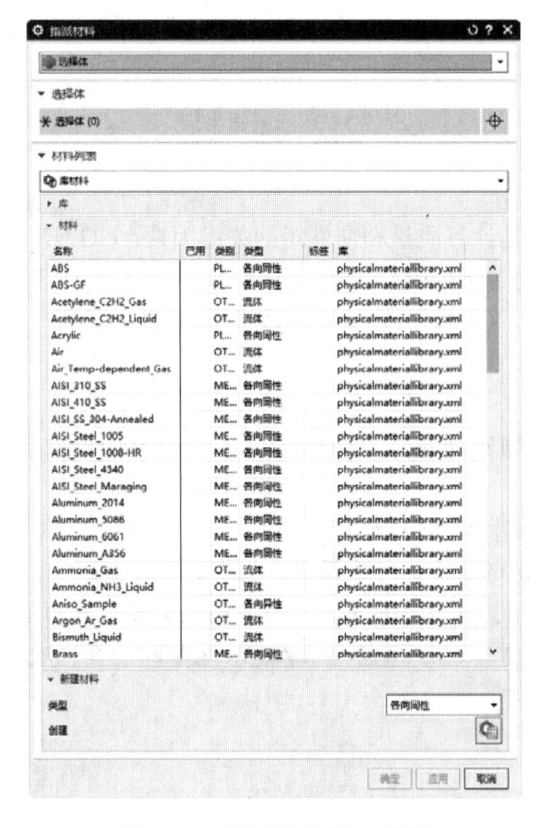

图 2-13 【指派材料】对话框

5）在【名称】下拉列表中选择所需要的材料名称，如 Aluminum_2014、Iron_Nodular 等。

6）单击【指派材料】对话框中的【确定】按钮，完成材料的赋予。

说明：调用材料操作是替换性的，每个实体只有一种材料。如果赋予实体一种材料后，原先的材料就会被替换。

2.2.2 定义材料

如果材料库没有所需要的材料，用户可以建立自己的材料或材料库，以方便后续使用。定义材料具体的步骤如下：

1）选择【菜单】→【工具】→【材料】→【管理材料】，打开【管理材料】对话框。

2）单击【管理材料】对话框右下方的【创建材料】按钮，打开【各向同性材料】对话框，如图 2-14 所示。

3）定义材料的名称、类别。

4）在【机械】、【强度】等选项卡输入材料对应的特性。

5）单击【各向同性材料】对话框中的【确定】按钮，完成材料的定义。

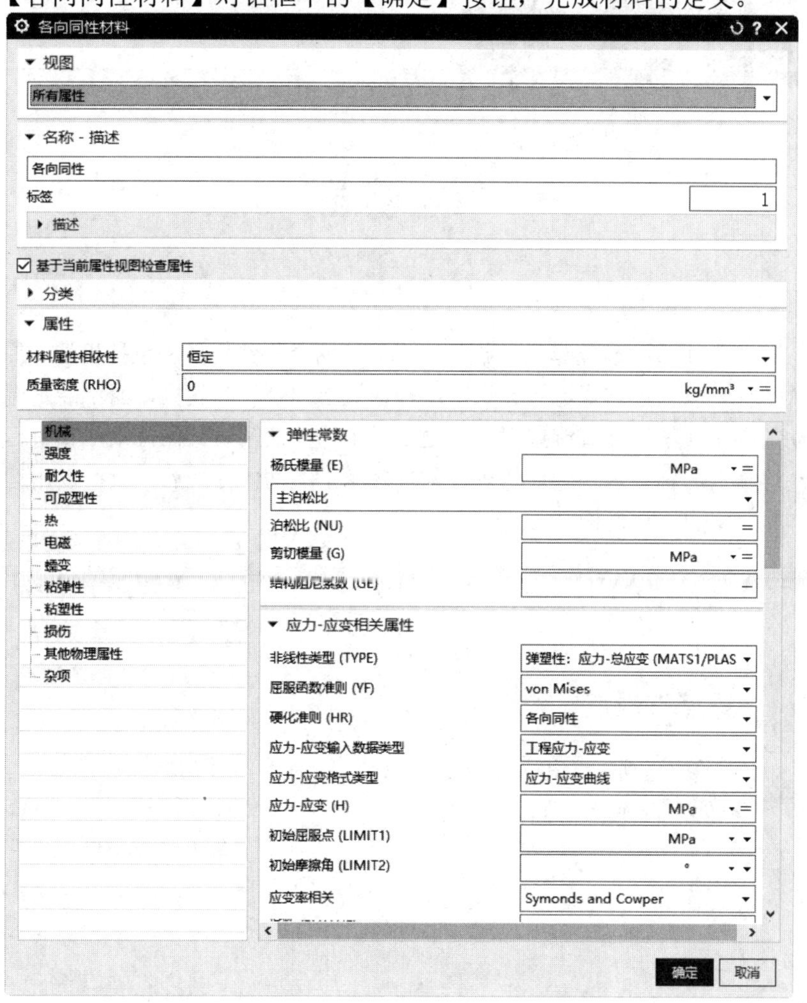

图 2-14　【各向同性材料】对话框

2.3　练习题

1. 创建运动体的具体步骤，如果是曲线要创建运动体，需要增加那些步骤？
2. 简述定义材料的步骤？

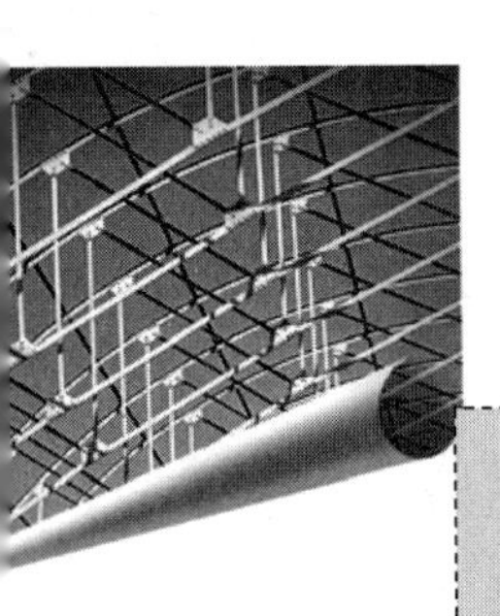

第3章

运动副

为了组成一个能运动的机构，必须把两个相邻构件（包括机架、原动件、从动件）以一定方式连接起来，这种连接必须是可动连接，而不能是无相对运动的固接（如焊接或铆接）。凡是使两个构件接触而又保持某些相对运动的可动连接，即称为运动副。两个构件被赋予了运动体特性后，就可以用运动副相连接，组成运动机构。

重点与难点

- 了解运动副的相关定义、要点。
- 创建各种运动副。

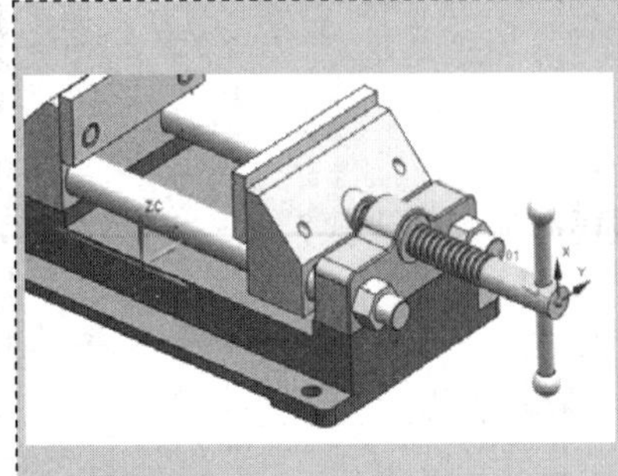

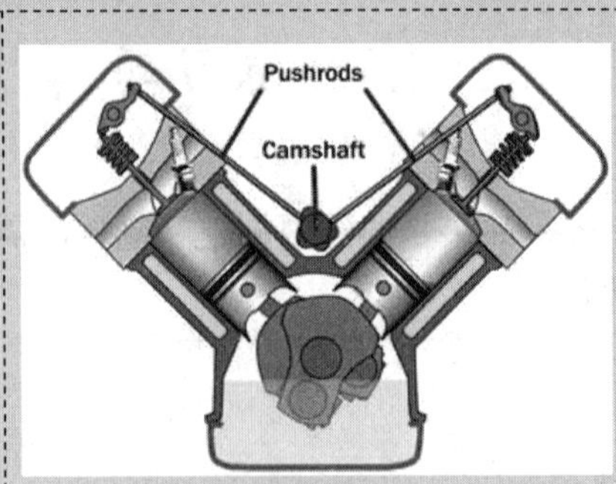

3.1　运动副的定义和类型

运动副（joint）的作用是将机构中的运动体连接在一起，成为一个有机的整体进行运动，而不是表面上的静态连接。为了让机构做规定的动作，必须使用运动副连接以协调运动。

3.1.1　运动副的定义

在定义运动副之前，机构中的运动体是悬浮在空间，好像天空中的飞机。运动体没有任何约束，因此它可以在空间任何方向运动。如图 3-1 所示，该物体具有 6 个自由度（degrees of freedom，DOF）：

- 沿 X 方向的移动。
- 沿 X 方向的旋转。
- 沿 Y 方向的移动。
- 沿 Y 方向的旋转。
- 沿 Z 方向的移动。
- 沿 Z 方向的旋转。

各种运动副都包含自己约束限制的自由度，如旋转副约束了 5 个自由度，部件只能沿轴心旋转，如图 3-2 所示旋转副。机构当中的运动副约束和自由度的定义等于 GruebBer 数。

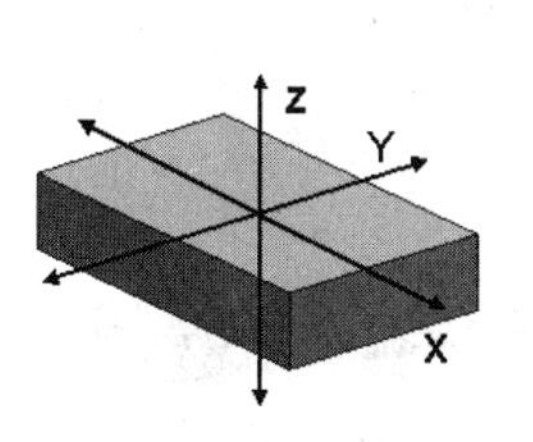

图 3-1　物体自由度

图 3-2　旋转副

3.1.2　运动副的类型

UG NX 2027 运动仿真模块提供了 15 种类型的运动副，它们的自由度数量各有差异。其中大部分是不能提供驱动的类型。根据是否存在驱动和使用频率分类如下：

- 包含驱动：旋转副、滑动副、柱面副（见图 3-3～图 3-5）。
- 不包含驱动：球面副、万向节副、平面副、螺旋副、固定副（见图 3-6～图 3-10）。
- 不包含驱动不常用：恒定速度、点重合、共线、共面、方向、平行、垂直。

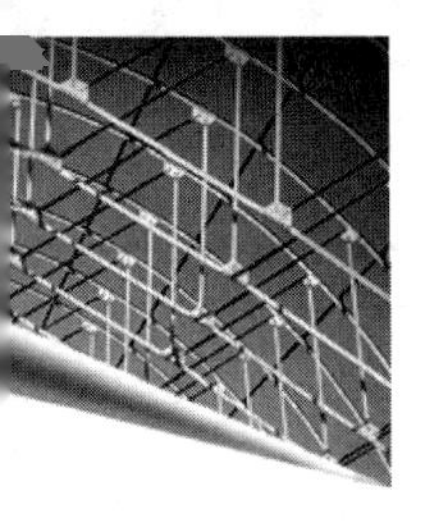

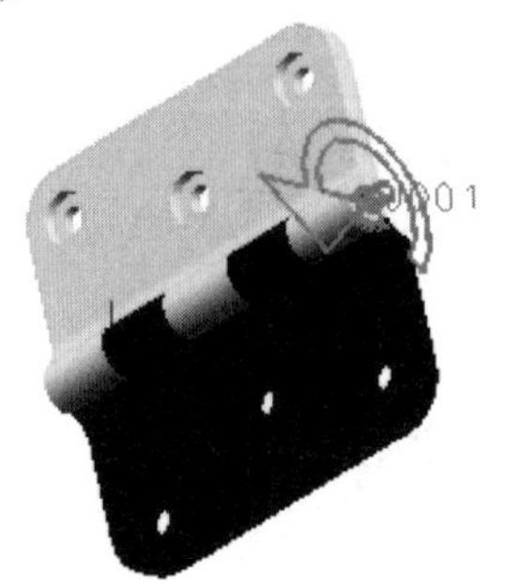

图 3-3　旋转副

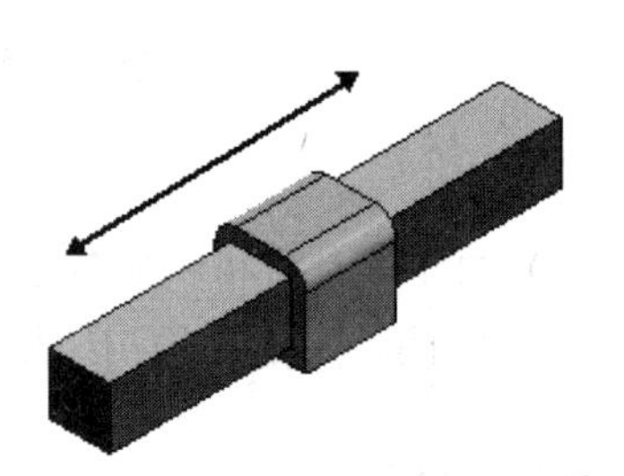

图 3-4　滑动副

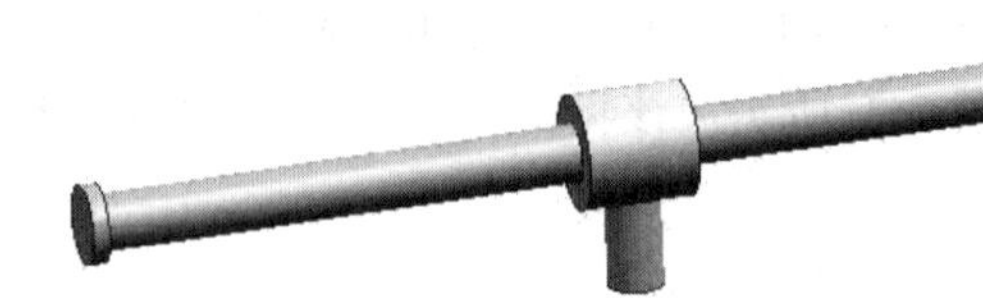

图 3-5　柱面副

图 3-6　球面副

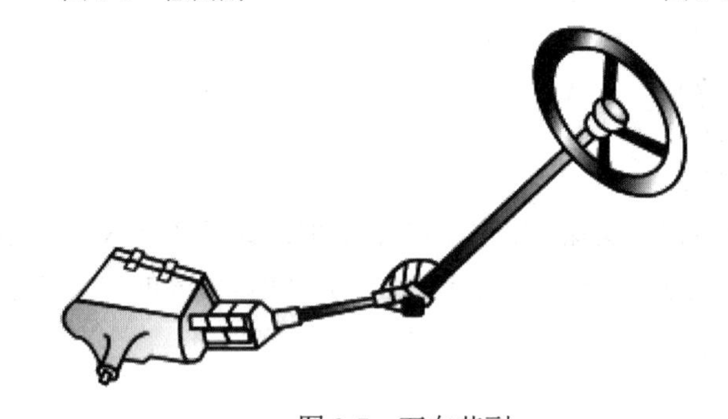

图 3-7　万向节副

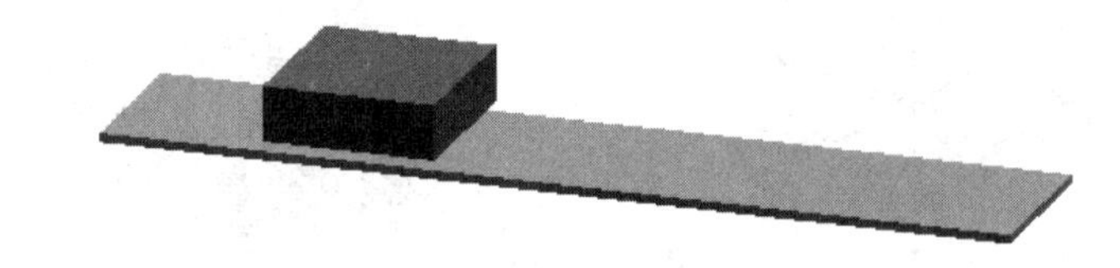

图 3-8　平面副

图 3-9　螺旋副

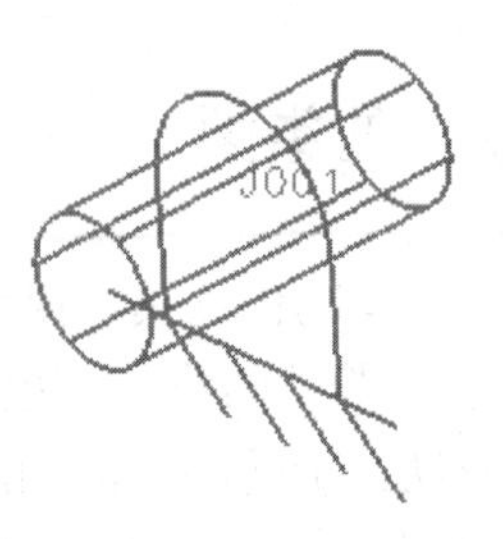

图 3-10　固定副

3.2 创建运动副

UG NX 2027 内各种运动副（joint）建立的步骤基本是相同的，只要掌握其中的一种，其他的就会迎刃而解。创建运动副的步骤分为 3 步：

1）选择当前运动副所需要的运动体，如果不是运动体就不能被选中。

2）指定运动副的原点、方向。设置完运动副的第一个运动体上相关的参数后，如果还需要和其他运动体关联的运动，可以选择第二个运动体进行啮合。

3）设置运动副的驱动。

3.2.1 创建运动副的步骤

1）启动 UG NX2027，打开源文件/chapter3/原始文件/3.2 /Base /motion_1.sim。

说明：扩展名为.sim 文件是运动仿真文件或文件夹内其他文件，请不要随意删除。如果要直接打开运动仿真文件，在打开文件时选择仿真文件.sim 即可。

2）单击【主页】选项卡【机构】面组上的【运动副】按钮，打开【运动副】对话框，选择【旋转副】类型，如图 3-11 所示。

3）单击【选择运动体】选项，在绘图区选择齿轮模型。

4）在【指定原点】下拉列表中选择【圆弧中心/椭圆中心/球心】按钮，选择齿轮旋转的圆心，如图 3-12 所示。由于软件的自动选择功能，往往不能明确地定义原点和方向，导致仿真结果不精确，因此需要手动选择。

5）单击【指定矢量】选项，选择齿轮的柱面或端面，临时坐标系的 Z 轴指向轴心，如图 3-13 所示。

说明：软件使用首先选中的对象创建原点和矢量，如果选择的是一个圆，则运动副的原点在圆心，矢量的 Z 方向垂直于圆。如果是直线则原点在直线最近的点上，矢量的 Z 方向平行于直线。

6）单击【运动副】对话框中的【确定】按钮，完成旋转副的创建。

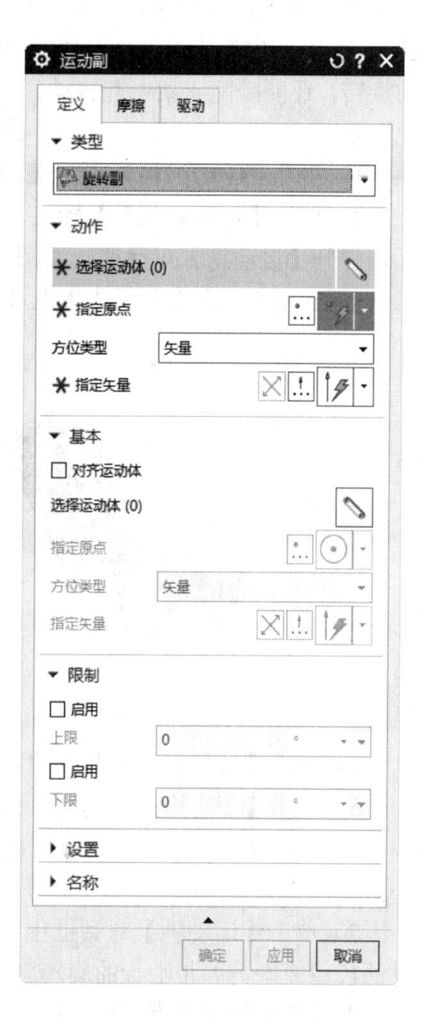

图 3-11 【运动副】对话框

图 3-12　指定原点

图 3-13　指定矢量

3.2.2　创建对齐运动体

运动体指定运动副后，不仅自身可以运动，有时还能伴随其他的运动体运动。此情况在 UG NX 2027 内称为对齐运动体（snap links）。如图 3-14 所示的模型，运动的齿轮除可以自身的旋转，还能跟随支架一起转动。对齐运动体甚至不通过完成的装配，也能在仿真时以完整装配演示。

1）启动 UG NX 2027，打开源文件/chapter3/原始文件/3.2/Snap Links/motion_1.sim。

2）单击【运动导航器】标签，打开【运动导航器】面板，如图 3-15 所示。双击 J002 图标，打开【运动副】对话框，如图 3-16 所示。

3）在【基本】选项组中勾选【对齐运动体】复选框，如图 3-17 所示。

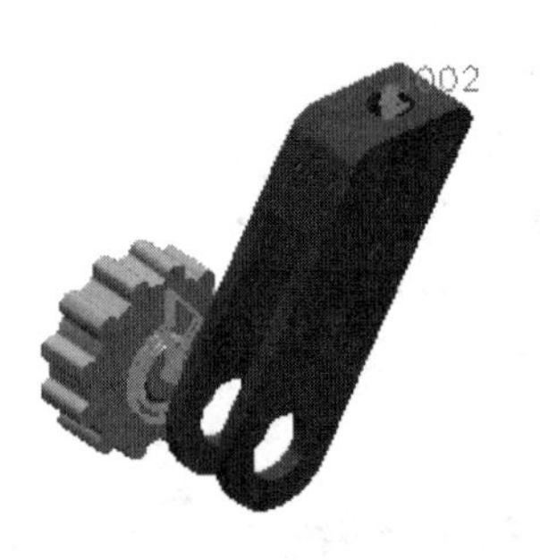

图 3-14　模型

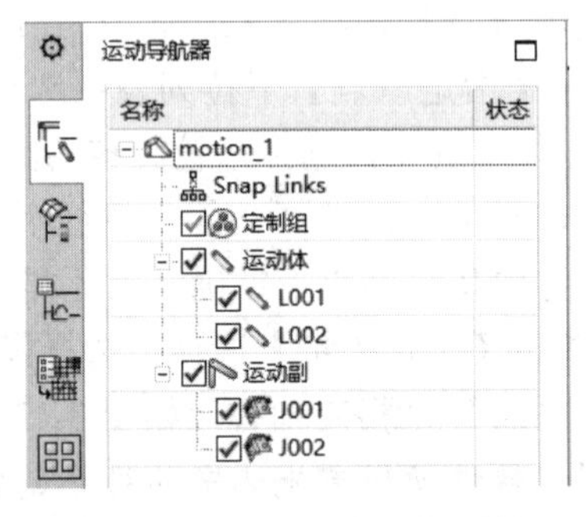

图 3-15　【运动导航器】面板

4）单击【选择运动体】选项，在绘图区选择支架。

5）单击【指定原点】选项，在绘图区选择支架或齿轮的某一个轴心点，如图 3-18 所示。

6）单击【指定矢量】选项，选择系统提示的坐标系 - Y 轴，使临时坐标系的 Z 轴指向轴心，如图 3-19 所示。

7）单击【运动副】对话框中的【确定】按钮，完成对齐运动体的创建。在仿真动画输出时的齿轮模型，即带啮合的旋转副如图 3-20 所示。

对齐运动体注意事项如下：

❑ 不创建对齐运动体时，运动副相对地面约束运动（固定在指定点运动，不会随重力掉下）。

- 如果运动体之间已经装配好，需要相对于第二个运动体运动，可以选择第二个运动体。第二个运动体可以不指定原点和矢量。

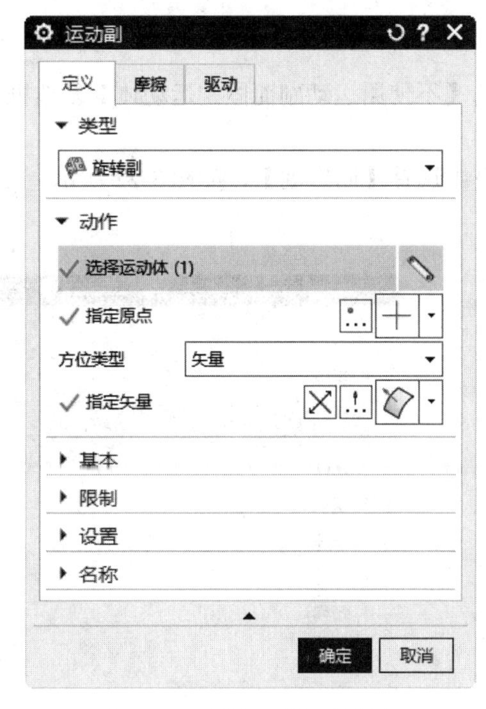

图 3-16　【运动副】对话框

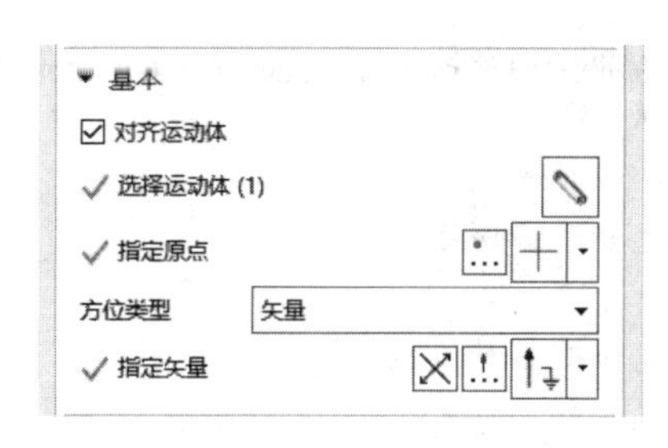

图 3-17　勾选【对齐运动体】复选框

图 3-18　指定原点

图 3-19　指定矢量

图 3-20　带啮合的旋转副

- 如果运动体之间没有装配好，可以勾选【对齐运动体】复选框，指定第二个运动体的原点和矢量。在运动仿真动画播放时会装配在一起。

3.2.3 固定副

固定副（fixed）连接可以阻止运动体的运动，单个具有固定副的运动体自由度为零。例如，一个运动体上有驱动的滑动副，另外一个运动体如果和这个运动体加上固定副，则两个运动体可以一起运动。

创建固定副有的两种方法：

- ❑ 创建运动体时，在【设置】选项组中勾选【不使用运动副而固定运动体】复选框，使运动体固定，如图 3-21 所示。
- ❑ 在创建运动副时，在【类型】下拉列表框中选择【固定副】，如图 3-22 所示。

图 3-21 【运动体】对话框

图 3-22 选择【固定副】

3.2.4 旋转副

旋转副可以实现部件绕轴做旋转运动。它有两种形式：一种是两个运动体绕同一轴做相对的转动（啮合），另一种是一个运动体绕固定轴进行旋转（非啮合）。在旋转副一共被限制了 5 个自由度，物体只能沿矢量的 Z 轴旋转，Z 轴的正反向可用于设置旋转的方向。

1. 新建仿真

1）启动 UG NX 2027，打开源文件/chapter3/原始文件 /3.2 / Revolute .prt，如图 3-23 所示带轮模型。

2）单击【应用模块】选项卡【仿真】面组上的【运动】按钮，进入运动仿真界面。

3）选择【运动导航器】，右击运动仿真 Revolute 图标，选择【新建仿真】，如图 3-24

所示。

4）选择【新建仿真】后，软件自动打开【新建仿真】对话框。单击【确定】按钮，打开【环境】对话框，如图 3-25 所示。【求解器选项】选择【RecurDyn】，【分析类型】选择【动力学】，其他参数选择默认，单击【确定】按钮。

2. 创建运动体

1）单击【主页】选项卡【机构】面组上的【运动体】按钮，打开【运动体】对话框，如图 3-26 所示。

图 3-23　带轮模型

图 3-24　选择【新建仿真】

2）在绘图区选择带轮作为运动体，【质量属性选项】选择【自动】。

3）单击【运动体】对话框中的【确定】按钮，完成运动体的创建。

3. 创建旋转副

1）单击【主页】选项卡【机构】面组上的【运动副】按钮，打开【运动副】对话框，如图 3-27 所示。

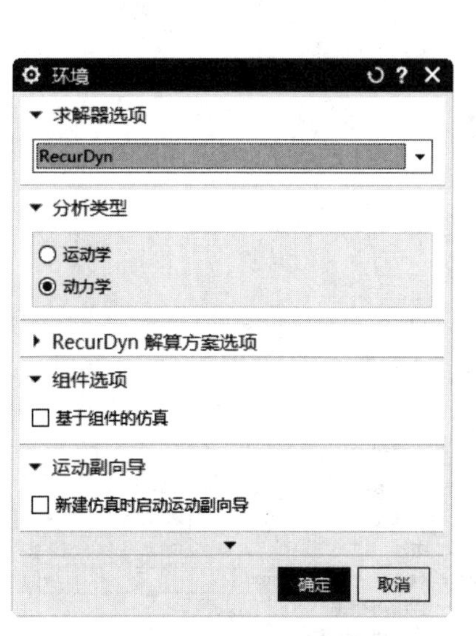

图 3-25　【环境】对话框

图 3-26　【运动体】对话框

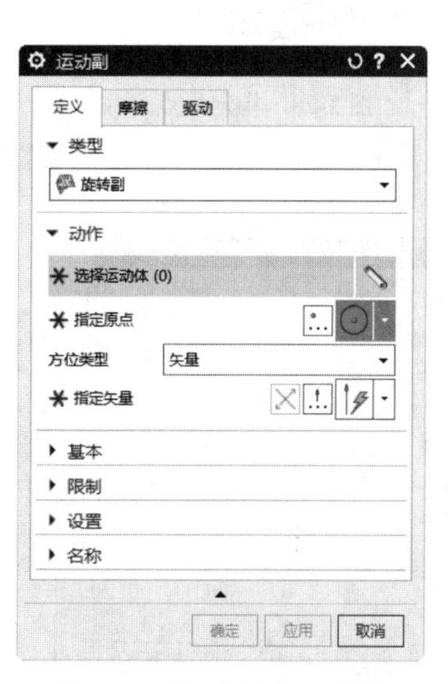

图 3-27　【运动副】对话框

2）单击【选择运动体】选项，在绘图区选择带轮作为运动体。

UG NX 2027

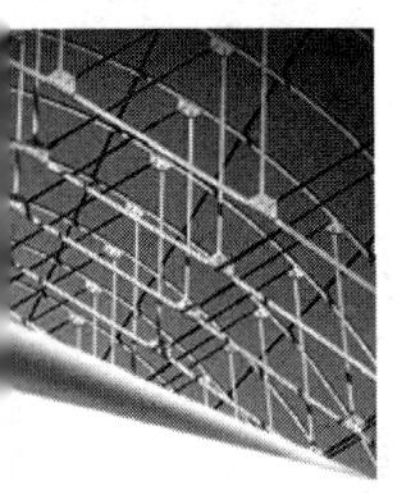

3）单击【指定原点】选项，在绘图区选择带轮圆心，如图 3-28 所示。

说明：旋转副的原点可以在 Z 轴的任意位置，但是做精确分析时最好把原点放在模型中间。

4）单击【指定矢量】选项，选择系统提示的坐标系-Y 轴，使临时坐标系的 Z 轴指向轴心，如图 3-29 所示。

5）单击【驱动】标签，打开【驱动】选项卡，如图 3-30 所示。

6）在【旋转】下拉列表框中选择【多项式】类型。在【速度】文本框输入 200，如图 3-31 所示。

7）单击【运动副】对话框中的【确定】按钮，完成旋转副创建。

4. 求解结果

1）单击【主页】选项卡【解算方案】面组上的【解算方案】按钮，打开【解算方案】对话框，如图 3-32 所示。

2）在【时间】文本框输入 10，在【步数】文本框输入 1000，如图 3-33 所示。

说明：解算时步数推荐是时间的 100 倍，如果是做精确的解算，推荐步数是时间的 200 倍。倍数过低分析结果不准确，倍数过高解算时间过长。

图 3-28　指定原点

图 3-29　指定矢量

图 3-30　【驱动】选项卡

图 3-31　设置旋转参数

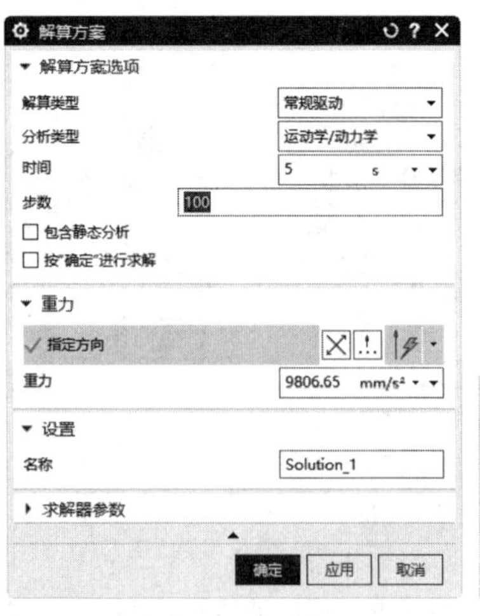

图 3-32　【解算方案】对话框

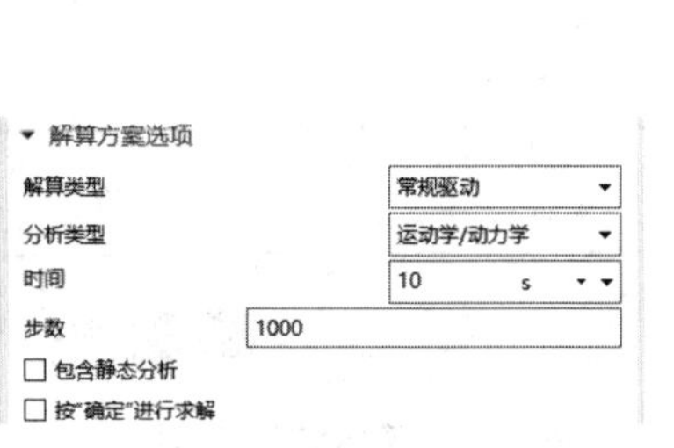

图 3-33　设置解算方案系数

3）单击【主页】选项卡【解算方案】面组上的【求解】按钮，求解当前解算方案的结果。根据运动仿真的复杂程度和计算机的硬件情况，解算需要等待一段时间。

4）单击【结果】选项卡【运动模拟播放器】面组上的【播放】按钮，带轮运动开始，其他按钮锁定。

5）单击【结果】选项卡【运动模拟播放器】面组上的【完成】按钮，完成带轮动画分析。

3.2.5　滑动副

滑动副可以连接两个部件，并保持接触和相对的滑动。在滑动副里面一共被限制了 5 个自由度，物体只能沿矢量的 Z 轴方向运动，Z 轴正反向可用于设置运动的方向。

1. 新建仿真

1）启动 UG NX 2027，打开源文件/chapter3/原始文件 /3.2 / Slider.prt，如图 3-34 所示空气锤模型。

2）单击【应用模块】选项卡【仿真】面组上的【运动】按钮，进入运动仿真界面。

3）选择【运动导航器】，右击运动仿真 Slider 图标，选择【新建仿真】，如图 3-35 所示。

4）选择【新建仿真】后，软件自动打开【新建仿真】对话框。单击【确定】按钮，打开【环境】对话框，如图 3-36 所示。【求解器选项】选择【RecurDyn】，【分析类型】选择【动力学】，其他参数选择默认，单击【确定】按钮。

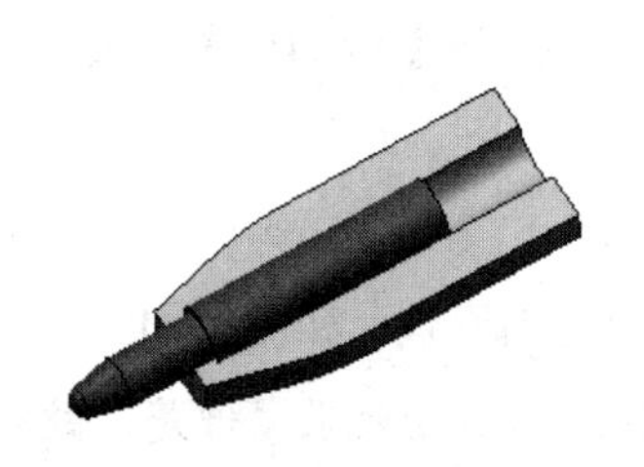

图 3-34　空气锤模型

图 3-35　选择【新建仿真】

图 3-36　【环境】对话框

2. 创建运动体

1）单击【主页】选项卡【机构】面组上的【运动体】按钮，打开【运动体】对话框，如图 3-37 所示。

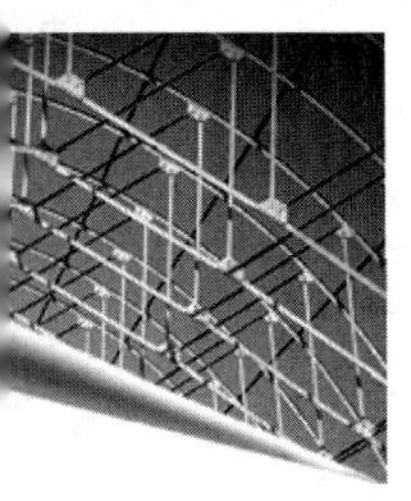

2）在绘图区选择空气锤冲头作为运动体 B001，如图 3-38 所示。

3）单击【运动体】对话框的【应用】按钮，完成运动体 B001 的创建。

4）在绘图区选择空气锤壳体作为运动体 B002。

5）在【设置】选项组中勾选【固定运动体】复选框，使空气锤壳体固定，如图 3-39 所示。

6）单击【运动体】对话框中的【确定】按钮，完成运动体 B002 的创建。

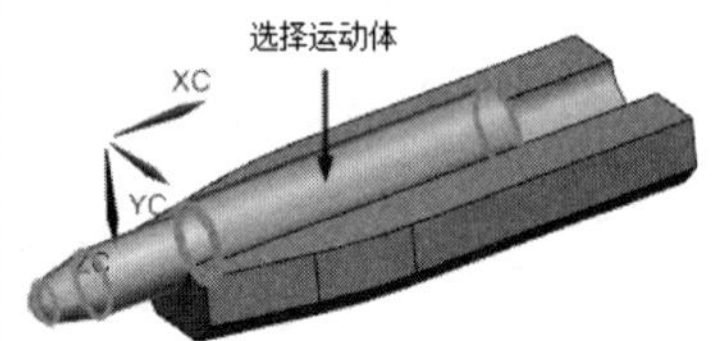

图 3-37 【运动体】对话框　　图 3-38 选择运动体　　图 3-39 固定运动体

3. 创建滑动副

1）单击【主页】选项卡【机构】面组上的【运动副】按钮，打开【运动副】对话框。

2）在绘图区选择空气锤冲头作为运动体。

3）在【类型】下拉列表框中选择【滑动副】，如图 3-40 所示。

4）单击【指定原点】选项，在绘图区选择空气锤冲头任意一圆心为原点，如图 3-41 所示。

说明：滑动副的原点可以位于 Z 轴上任意的位置，都会产生相同的运动效果。但是，做精确的分析时，最好把原点放在模型的中间。

5）单击【指定矢量】选项，选择系统提示的坐标系 X 轴或任意柱面，使临时坐标系的 Z 轴指向轴心，如图 3-42 所示。

图 3-40　选择【滑动副】选项

图 3-41　指定原点

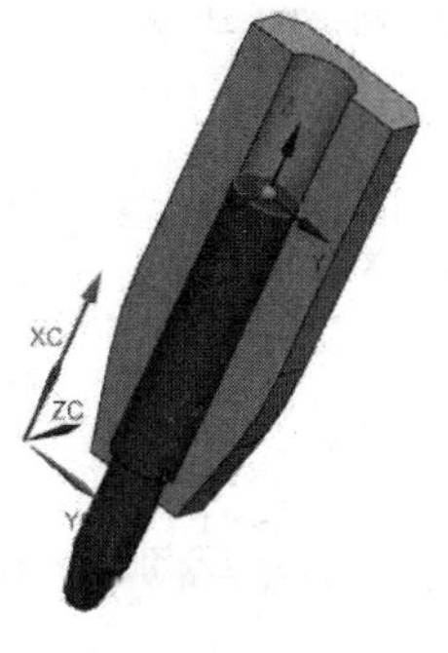

图 3-42　指定矢量

6）单击【驱动】标签，打开【驱动】选项卡，如图 3-43 所示。

7）在【平移】下拉列表框中选择【多项式】选项，在【速度】文本框输入 2，如图 3-44 所示。

8）单击【运动副】对话框中的【确定】按钮，完成滑动副的创建。

4. 求解结果

1）单击【主页】选项卡【解算方案】面组上的【解算方案】按钮，打开【解算方案】对话框，如图 3-45 所示。

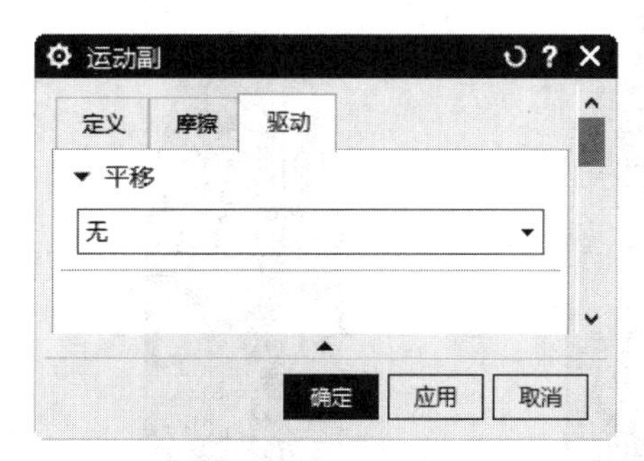

图 3-43　【驱动】选项卡

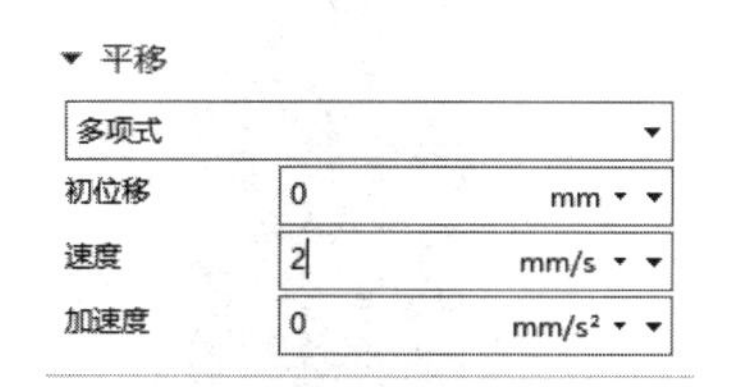

图 3-44　设置平移参数

2）在【解算方案选项】选项组中输入【时间】为 5，【步数】为 500，如图 3-46 所示。

3）单击【主页】选项卡【解算方案】面组上的【求解】按钮，求解当前解算方案的结

果。

解算方案
解算方案选项
解算类型 常规驱动
分析类型 运动学/动力学
时间 10 s
步数 1000
包含静态分析
按"确定"进行求解
重力
指定方向
重力 9806.65 mm/s²
设置
名称 Solution_1
求解器参数
确定 应用 取消

图 3-45 【解算方案】对话框

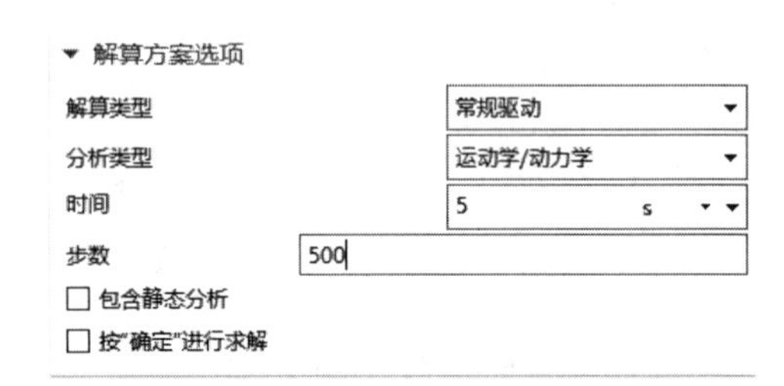

图 3-46 设置解算方案参数

4）单击【结果】选项卡【运动模拟播放器】面组上的【播放】按钮，空气锤运动开始，如图 3-47 所示。

5）单击【结果】选项卡【运动模拟播放器】面组上的【完成】按钮，完成当前空气锤动画的解算。

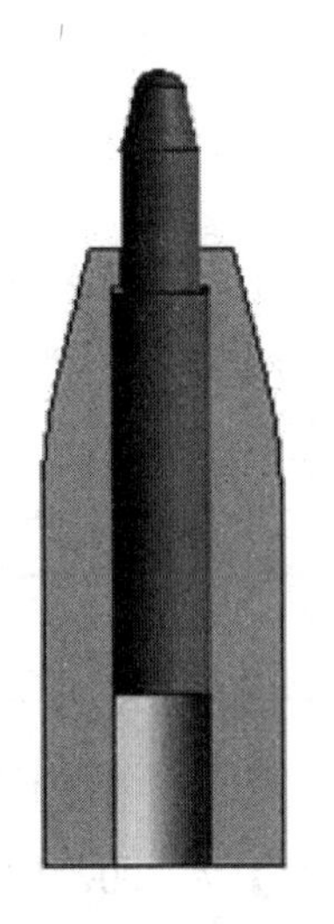

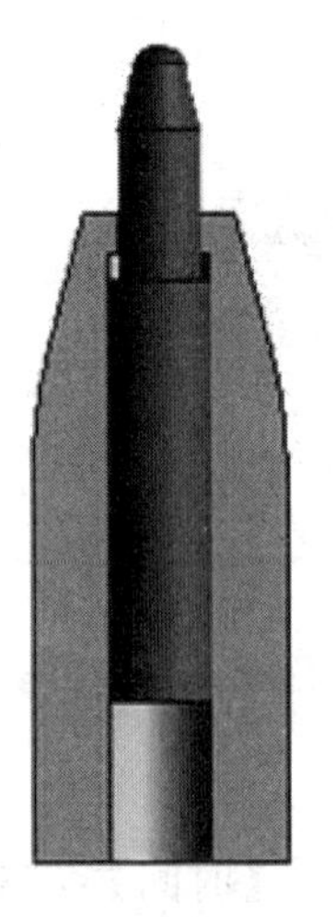

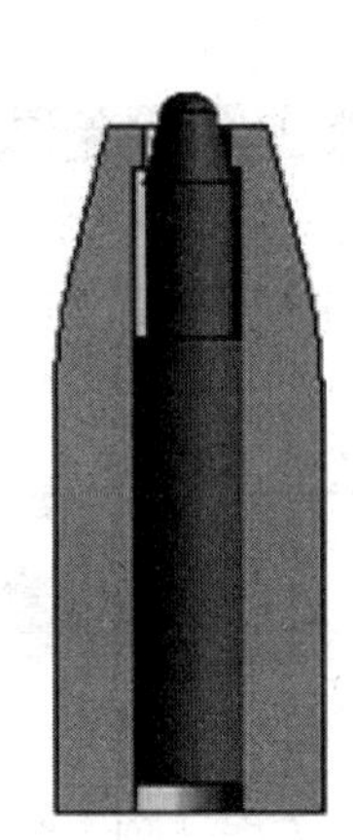

图 3-47 动画结果（1s、2s、5s）

3.2.6　柱面副

柱面副连接实现了一个部件绕另一个部件（或机架）的相对转动。在柱面副里面一共被限制了 4 个自由度，物体只能轴心线性运动、旋转。本实例以台虎钳手柄局部运动为例进行讲解。

1. 新建仿真

1）启动 UG NX 2027，打开源文件/chapter3/原始文件 /3.2 / Cylindrical .prt，台虎钳模型如图 3-48 所示。

2）单击【应用模块】选项卡【仿真】面组上的【运动】按钮，进入运动仿真界面。

3）选择【运动导航器】，右击运动仿真 Cylindrical 图标，选择【新建仿真】，如图 3-49 所示。

4）选择【新建仿真】后，软件自动打开【新建仿真】对话框。单击【确定】按钮，打开【环境】对话框，如图 3-50 所示。【求解器选项】选择【RecurDyn】，【分析类型】选择【动力学】，其他参数选择默认，单击【确定】按钮。

图 3-48　台虎钳模型

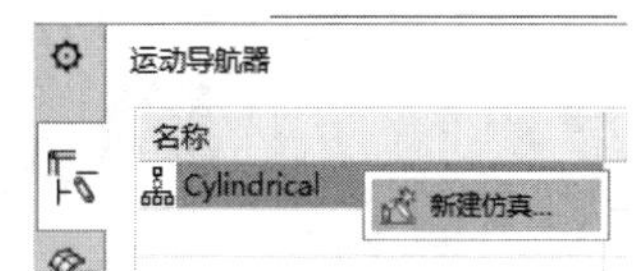

图 3-49　选择【新建仿真】

图 3-50　【环境】对话框

2. 创建运动体

1）单击【主页】选项卡【机构】面组上的【运动体】按钮，打开【运动体】对话框，如图 3-51 所示。

2）在绘图区选择台虎钳螺纹杆、手柄和小球作为运动体 B001，如图 3-52 所示。

3）单击【运动体】对话框中的【确定】按钮，完成运动体 B001 的创建。

3. 创建柱面副

1）单击【主页】选项卡【机构】面组上的【运动副】按钮，打开【运动副】对话框。

2）在绘图区选择运动体 B001。

3）在【类型】下拉列表框中选择【柱面副】选项，如图 3-53 所示。

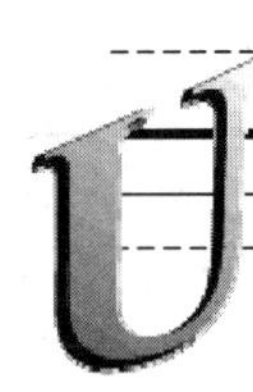

图 3-51 【运动体】对话框

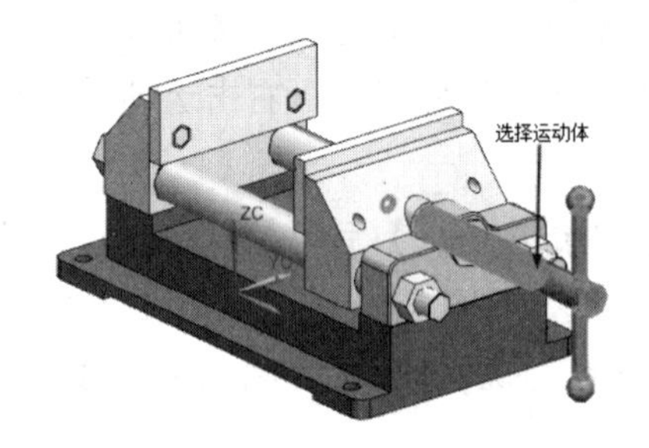

图 3-52 创建运动体

图 3-53 选择【柱面副】

4）单击【指定原点】选项，在绘图区选择台虎钳螺纹杆任意一圆心为原点，如图 3-54 所示。

5）单击【指定矢量】选项，选择系统提示的坐标系-X 轴或台虎钳螺纹杆柱面，如图 3-55 所示。

6）单击【驱动】标签，打开【驱动】选项卡，如图 3-56 所示。

7）在【旋转】下拉列表框中选择【多项式】类型，在【速度】文本框输入 360。

8）在【平移】下拉列表框中选择【多项式】类型。在【速度】文本框输入 20，如图 3-57 所示。每旋转 360°，运动体 B001 将前进 20mm。

9）单击【运动副】对话框中的【确定】按钮，完成柱面副创建。

4. 求解结果

1）单击【主页】选项卡【解算方案】面组上的【解算方案】按钮，打开【解算方案】对话框，如图 3-58 所示。

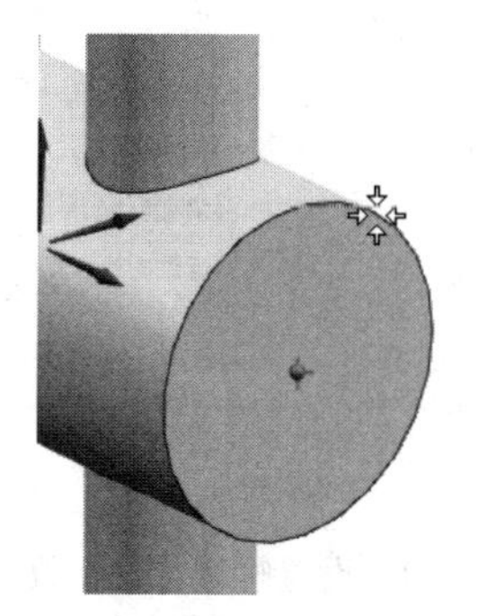

图 3-54　指定原点

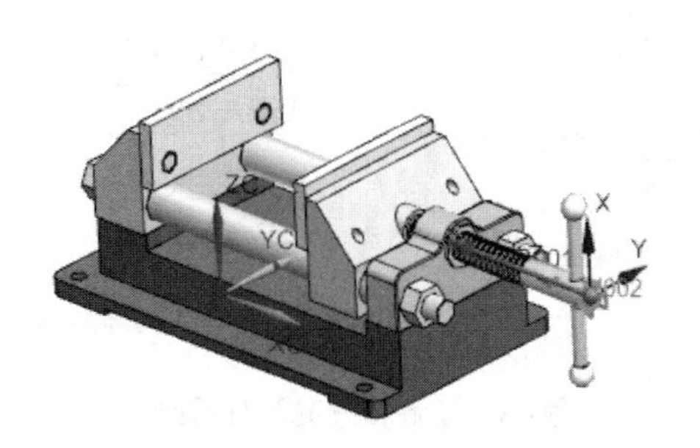

图 3-55　指定矢量

图 3-56　【驱动】选项卡

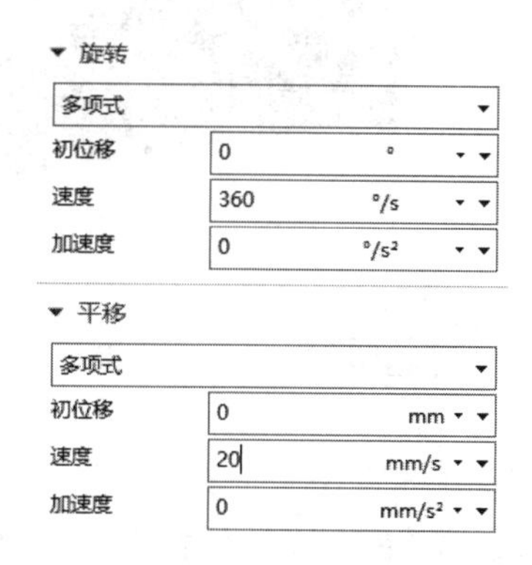

图 3-57　设置驱动参数

2）在【解算方案选项】中设置【时间】为 3，【步数】为 300，如图 3-59 所示。

3）单击【解算方案】对话框中的【确定】按钮，完成解算方案的创建。

4）单击【主页】选项卡【解算方案】面组上的【求解】按钮，求解当前解算方案的结果。

5）单击【结果】选项卡【运动模拟播放器】面组上的【播放】按钮，台虎钳的运动开始，如图 3-60 所示。

6）单击【结果】选项卡【运动模拟播放器】面组上的【完成】按钮，完成台虎钳的动画分析。

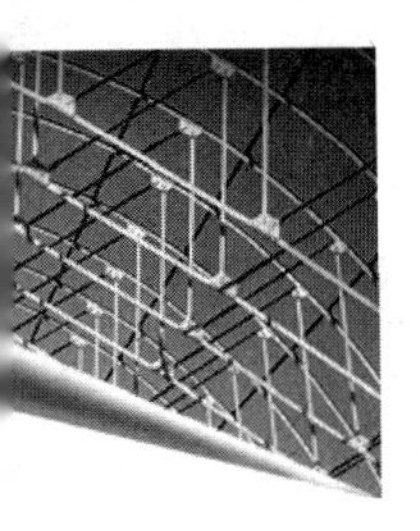

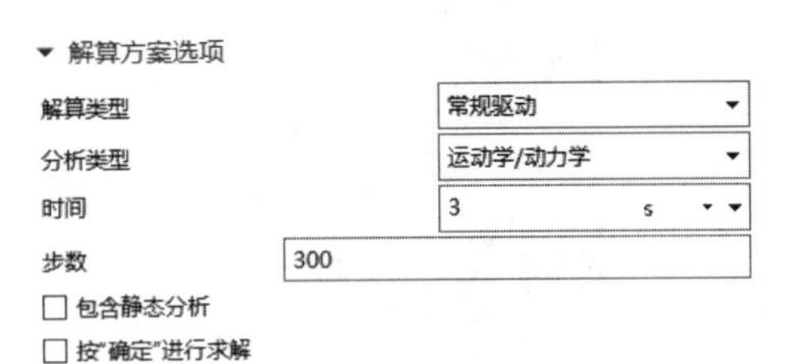

图 3-58 【解算方案】对话框

图 3-59 设置解算方案参数

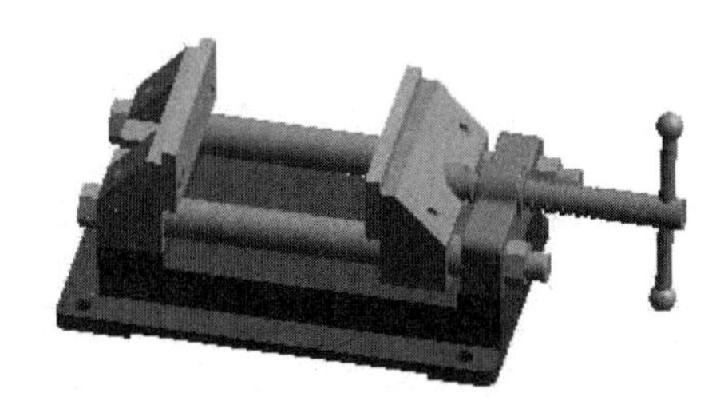

图 3-60 动画结果（0.3s、2.5s）

3.2.7 球面副

球面副实现了一个部件绕另一个部件（或机架）做相对的各个自由度的运动，它只有一种形式，必须是两个运动体相连。在球面副里面一共被限制了 3 个自由度，物体只能绕轴心摆动、旋转。

1. 新建仿真

1）启动 UG NX 2027，打开源文件/chapter3/原始文件 /3.2 / Spherical .prt，球面副模型，如图 3-61 所示。

2）单击【应用模块】选项卡【仿真】面组上的【运动】按钮，进入运动仿真界面。

3）选择【运动导航器】，右击运动仿真 Spherical 图标，选择【新建仿真】，如图 3-62 所示。

4）选择【新建仿真】后，软件自动打开【新建仿真】对话框。单击【确定】按钮，打开【环境】对话框，如图 3-63 所示。【求解器选项】选择【RecurDyn】，【分析类型】选择【动力学】，其他参数选择默认，单击【确定】按钮。

2. 创建运动体

1）单击【主页】选项卡【机构】面组上的【运动体】按钮，打开【运动体】对话框，如图 3-64 所示。

2）在绘图区选择球面杆作为运动体，如图 3-65 所示。

3）单击【运动体】对话框中的【确定】按钮，完成球面运动体的创建。

图 3-61　球面副模型

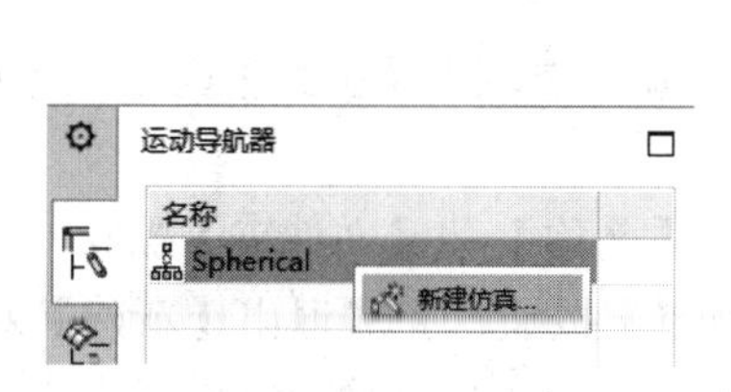

图 3-62　选择【新建仿真】

图 3-63　【环境】对话框

3. 创建球面副

1）单击【主页】选项卡【机构】面组上的【运动副】按钮，打开【运动副】对话框。

2）单击【选择运动体】选项，在绘图区选择运动体 B001，如图 3-66 所示。

3）在【类型】下拉列表框中选择【球面副】选项，如图 3-67 所示。

4）单击【指定原点】选项，在绘图区选择球面运动体球心点为原点。

5）单击【指定矢量】选项，选择系统提示的坐标系 X 轴或活塞柱面，如图 3-68 所示。

说明：球面副的原点在球心点，球面副运动体可以绕点随意转动，因此可以不严格指定矢量。

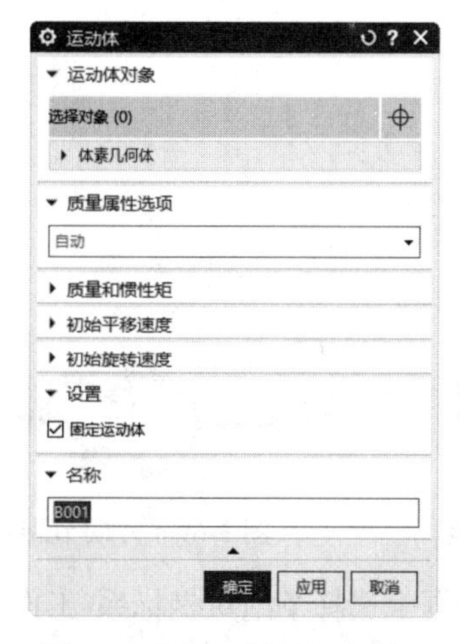

图 3-64　【运动体】对话框

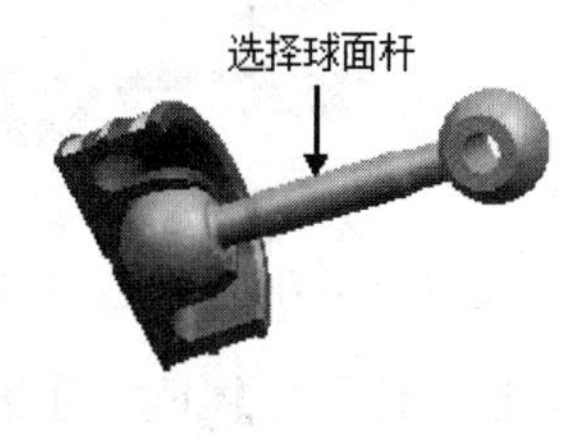

图 3-65　选择球面杆

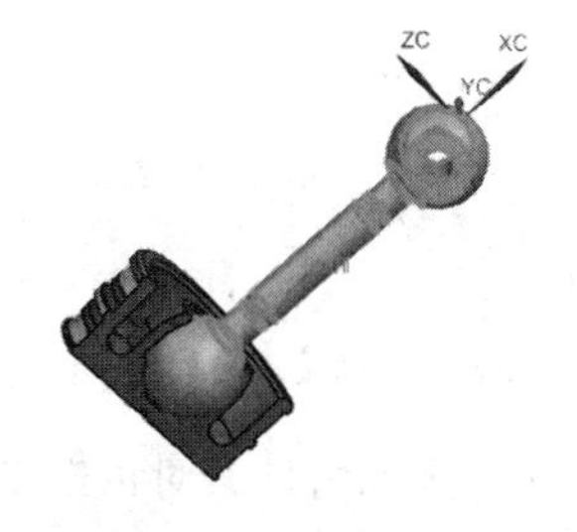

图 3-66　选择运动体

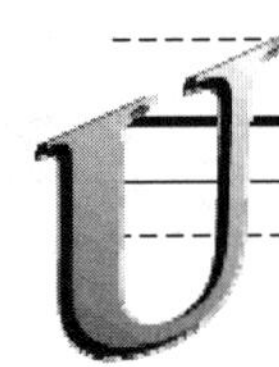

6）单击【运动副】对话框中的【确定】按钮，完成球面副的创建。

3.2.8 万向节

万向节副实现了两个部件之间绕互相垂直的两根轴做相对的转动。它只有一种形式，必须是两个运动体相连。在万向节副里面一共被限制了 4 个自由度，物体只能沿两个轴旋转，如图 3-69 所示。

说明：由于万向节没有啮合功能，当装配的位置与设计的位置不一致时，需要先装配好模型。

1．装配万向节副模型

为了操作方便，本例简化了万向节副不需要的组件。它一共有 3 个组件需要装配，具体步骤如下：

1）启动 UG NX 2027，单击【主页】选项卡【标准】面组上【新建】按钮，弹出【新建】对话框，如图 3-70 所示。

2）选择【模板】为【装配】，【名称】和【文件夹】默认。

3）单击【新建】对话框的【确定】按钮，完成退出【新建】对话框。自动进入装配模块。

4）单击【装配】选项卡【基本】面组上的【添加组件】按钮，单击【添加组件】对话框中的【打开】按钮，打开原始文件/ chapter3 /3.2 /Universal /01.prt，预览组件十字销，如图 3-71 所示。

说明：在万向节副中，只需要两个运动体就可以完成运动仿真，实例中的十字销只是为了装配需要，在运动分析中是必须省略的。

图 3-67　选择【球面副】选项

图 3-68　指定原点、矢量

图 3-69　万向节副

5）在【添加组件】对话框中的【装配位置】下拉列表框中选择【绝对坐标系-工作部件】，

如图 3-72 所示。

6）单击【添加组件】对话框中的【确定】按钮，完成十字销的装配。

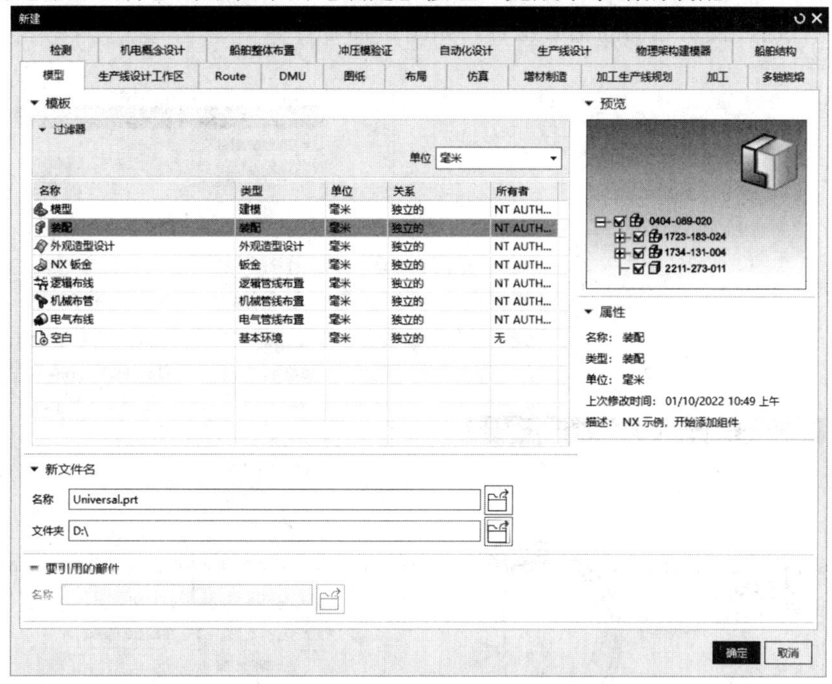

图 3-70　【新建】对话框

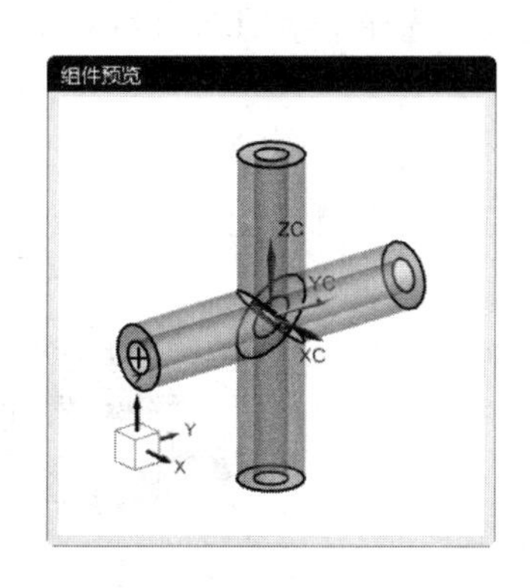

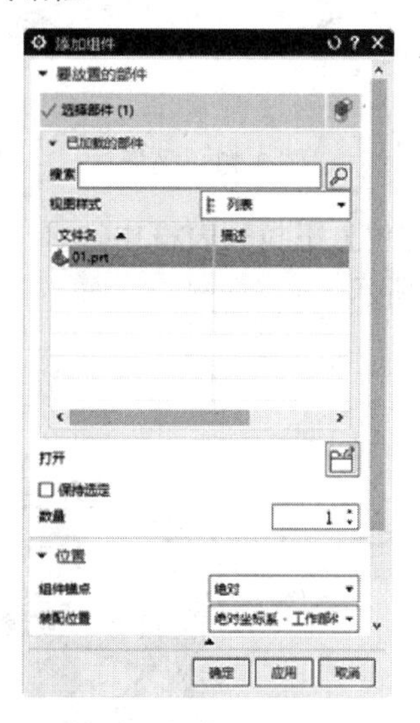

图 3-71　十字销　　　　图 3-72　选择装配位置

7）单击【装配】选项卡【基本】面组上的【添加组件】按钮，打开【添加组件】对话框。

8）单击对话框中的【打开】按钮，打开源文件/chapter3/原始文件 /3.2 /Universal /02.prt，预览组件叉杆，如图 3-73 所示。

9）在【放置】选项组中选择【约束】选项，在【约束类型】列表框中选择【接触对齐】，在【方位】下拉列表框中选择【自动判断中心/轴】选项，如图 3-74 所示。选择十字销上端柱面和叉杆上端柱面，使用它们的轴心重合，如图 3-75 所示。

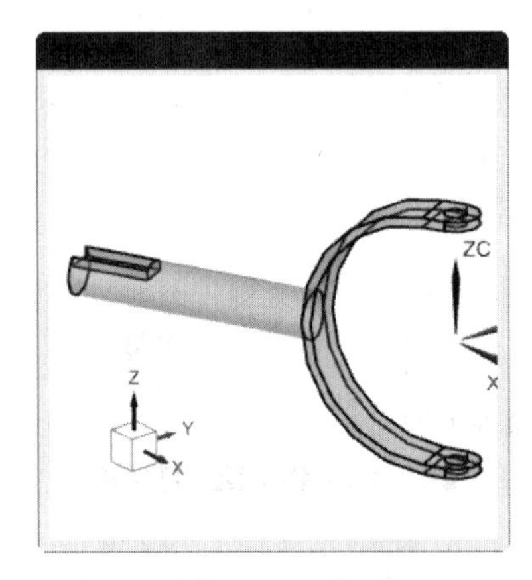

图 3-73　叉杆

图 3-74　【添加组件】对话框

10）在【方位】下拉列表框中选择【接触】选项，选择十字销端面和叉杆端面，使两面贴合，如图 3-76 所示。

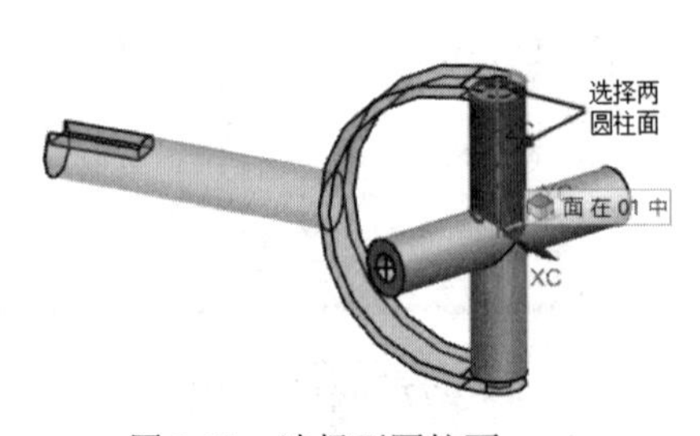

图 3-75　选择两圆柱面

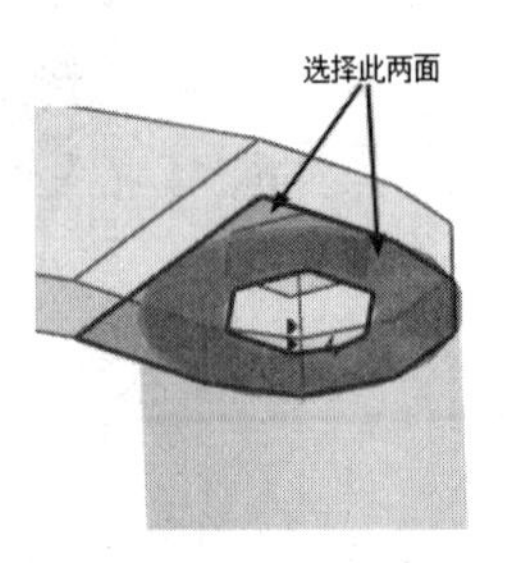

图 3-76　选择两端面

11）按照相同的步骤完成另一侧的叉杆，选择源文件/chapter3/原始文件 /3.2 /Universal /03.prt，装配完成后的万向节如图 3-77 所示。

图 3-77　装配完成后的万向节

2．创建万向节副动画分析

创建万向节副动画分析除要创建必要的万向节副外，还需要创建两叉杆的旋转副，其中一个旋转副要有驱动。具体步骤如下：

（1）新建仿真。

1）单击【应用模块】选项卡【仿真】面组上的【运动】按钮，进入运动仿真界面。

2）选择【运动导航器】，右击运动仿真 Universal 图标，选择【新建仿真】，如图 3-78 所示。

3）选择【新建仿真】后，软件自动打开【新建仿真】对话框。单击【确定】按钮，打开【环境】对话框，如图 3-79 所示。【求解器选项】选择【RecurDyn】，【分析类型】选择【动力学】，其他参数选择默认，单击【确定】按钮。

（2）创建运动体。

1）单击【主页】选项卡【机构】面组上的【运动体】按钮，打开【运动体】对话框。

2）在绘图区选择其中一根叉杆作为运动体 B001，如图 3-80 所示。

3）单击【运动体】对话框中的【确定】按钮，完成运动体 B001 的创建。

4）按照相同的步骤完成十字销运动体 B002 的创建。

5）按照相同的步骤完成另一个叉杆运动体 B003 的创建。

图 3-78　选择【新建仿真】

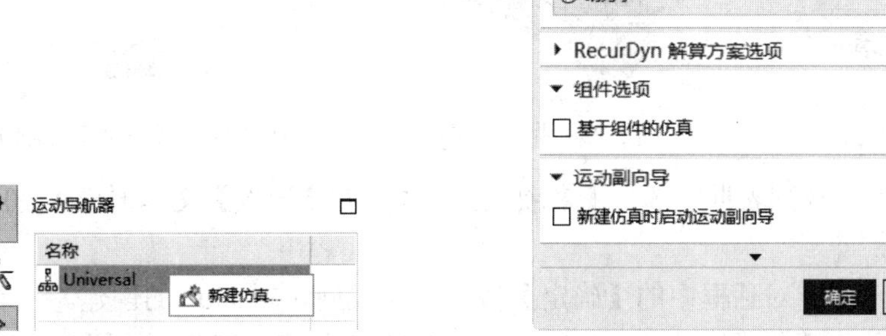

图 3-79　【环境】对话框

（3）创建旋转副 J001 和 J002。

1）单击【主页】选项卡【机构】面组上的【运动副】按钮，打开【运动副】对话框，如图 3-81 所示。【类型】选择【旋转副】。

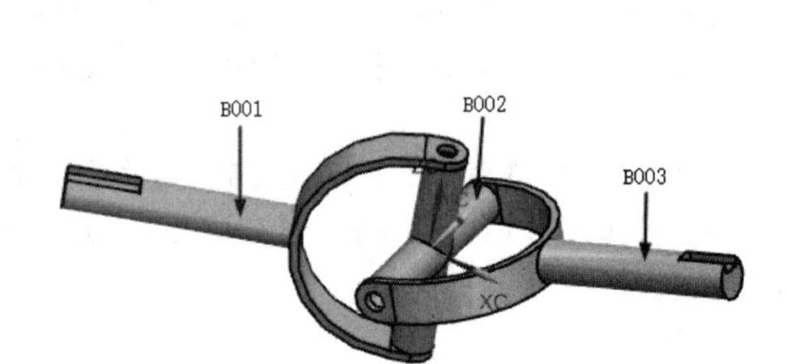

图 3-80　创建运动体

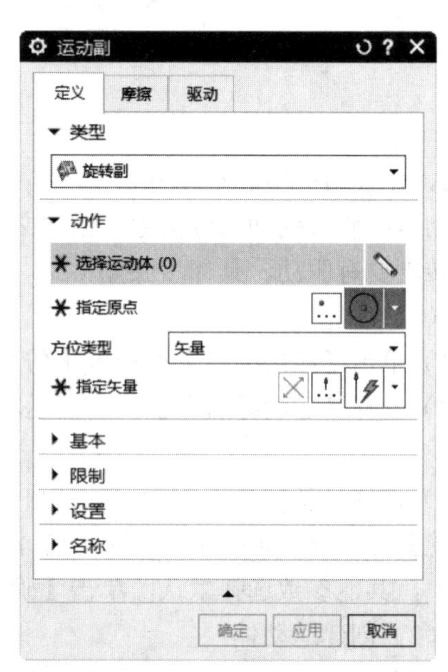

图 3-81　【运动副】对话框

2）单击【选择运动体】选项，在绘图区选择运动体 B001。

3）单击【指定原点】选项，在绘图区选择叉杆尾部圆心为原点，如图 3-82 所示。

4）单击【指定矢量】选项，选择叉杆尾部端面或柱面，如图 3-83 所示。

5）单击【驱动】标签，打开【驱动】选项卡，如图 3-84 所示。

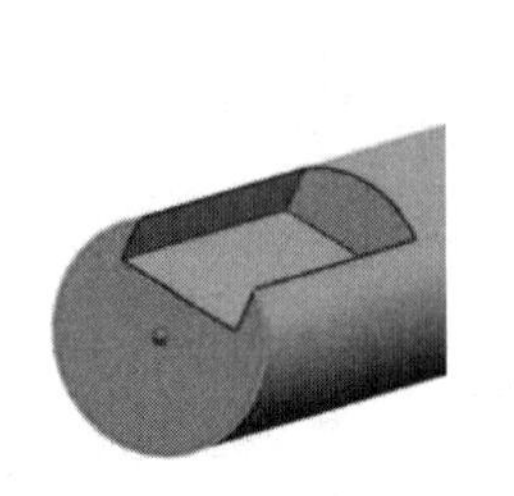

图 3-82　指定原点

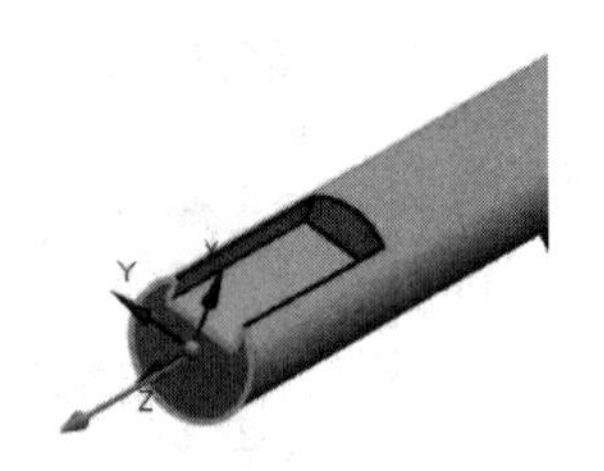

图 3-83　指定矢量

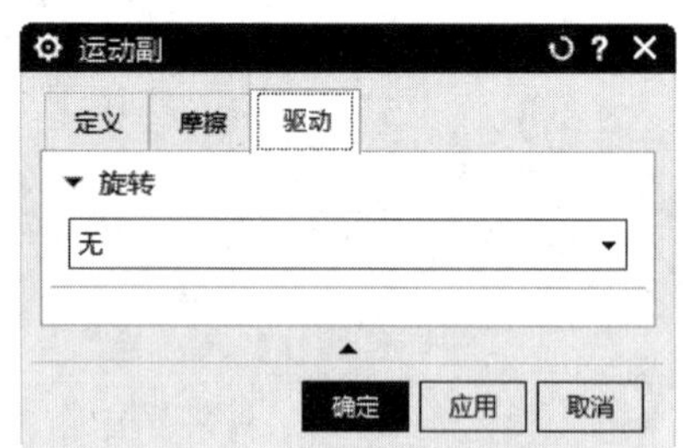

图 3-84　【驱动】选项卡

6）在【旋转】下拉列表框中选择【多项式】类型，在【速度】文本框输入 200，如图 3-85 所示。

7）单击【运动副】对话框中的【确定】按钮，完成旋转副 J001 的创建。

8）按照相同的步骤完成运动体 B003 旋转副 J002 的创建，在此都不再需要定义驱动，完成的两个旋转副如图 3-86 所示。

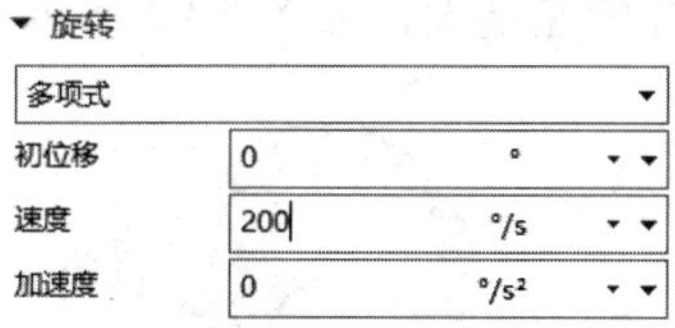

▼ 旋转

多项式

初位移　0　°

速度　200　°/s

加速度　0　°/s²

图 3-85　设置旋转参数

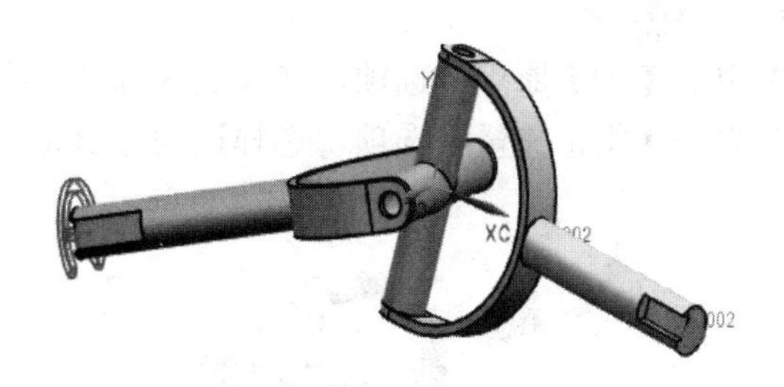

图 3-86　完成的两个旋转副

（4）创建旋转副 J003。

1）单击【主页】选项卡【机构】面组上的【运动副】按钮，打开【运动副】对话框，【类型】选择【旋转副】。

2）单击【选择运动体】选项，在绘图区选择运动体 B002，如图 3-87 所示。

3）单击【指定原点】选项，在绘图区选择十字销中心或坐标原点为原点。

4）单击【指定矢量】选项，选择运动体 B002 竖直圆柱的上端面，如图 3-88 所示。

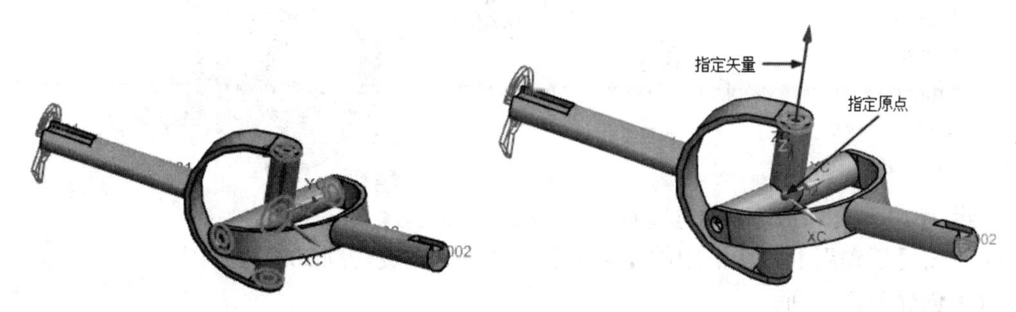

图 3-87　选择运动体 B002　　　　图 3-88　指定原点和矢量

5）在【基本】选项组中勾选【对齐运动体】复选框，如图 3-89 所示。

6）单击【选择运动体】选项，在绘图区选择运动体 B001。

7）单击【指定原点】选项，在绘图区选择十字销中心或坐标原点为原点。

8）单击【指定矢量】选项，选择运动体 B002 竖直圆柱的上端面，如图 3-90 所示。

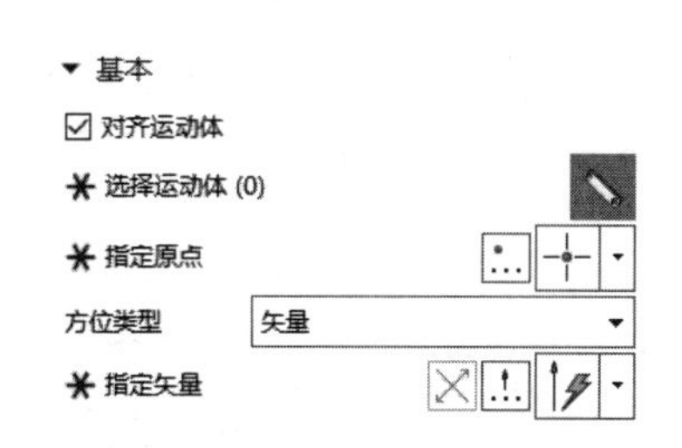

图 3-89　勾选【对齐运动体】复选框

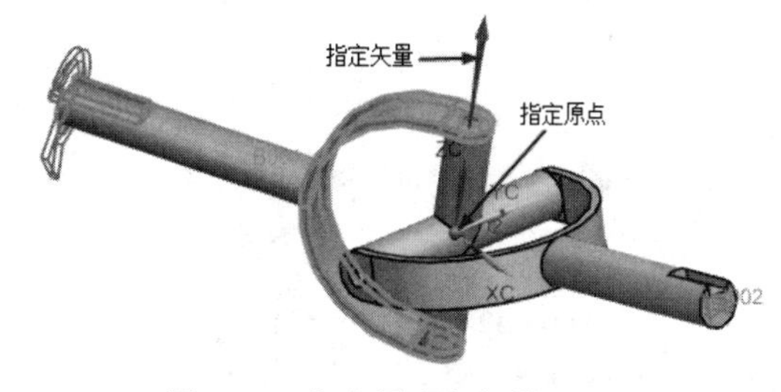

图 3-90　指定原点和矢量

9）单击【运动副】对话框中的【确定】按钮，完成旋转副 J003 的创建。

（5）创建旋转副 J004。

1）单击【主页】选项卡【机构】面组上的【运动副】按钮，打开【运动副】对话框，【类型】选择【旋转副】。

2）单击【选择运动体】选项，在绘图区选择运动体 B002，如图 3-91 所示。

3）单击【指定原点】选项，在绘图区选择十字销中心或坐标原点为原点。

4）单击【指定矢量】选项，选择运动体 B002 水平圆柱的左端面，如图 3-92 所示。

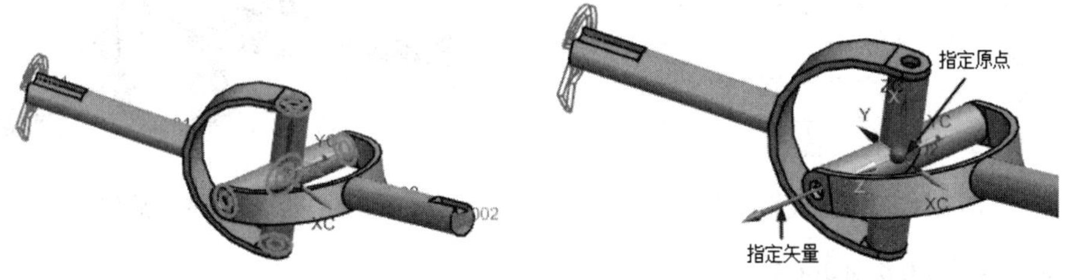

图 3-91　选择运动体 B002　　　　图 3-92　指定原点和矢量

5）在【基本】选项组中勾选【对齐运动体】复选框，如图 3-93 所示。

6）单击【选择运动体】选项，在绘图区选择运动体 B003。

7）单击【指定原点】选项，在绘图区选择十字销中心或坐标原点为原点。

8）单击【指定矢量】选项，选择运动体 B002 水平圆柱的左端面，如图 3-94 所示。

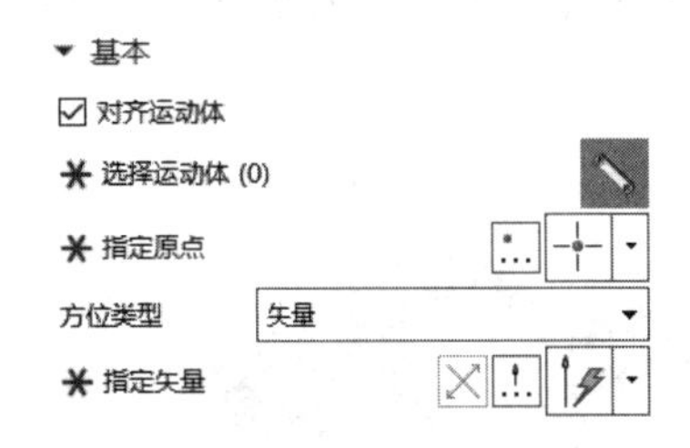

图 3-93　勾选【对齐运动体】复选框

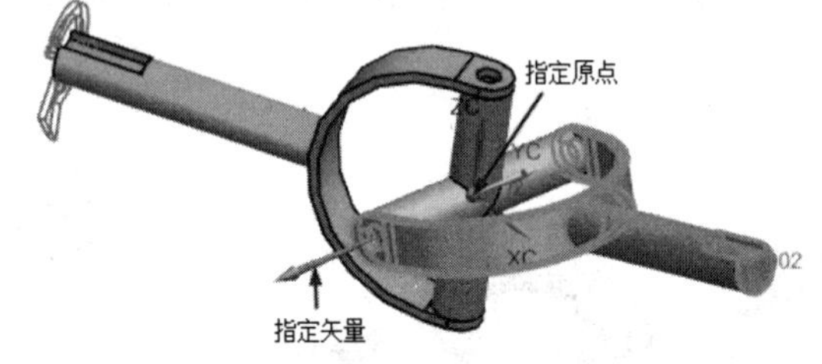

图 3-94　指定原点和矢量

9）单击【运动副】对话框中的【确定】按钮，完成旋转副 J004 的创建。

（6）创建万向节副。

1）单击【主页】选项卡【机构】面组上的【运动副】按钮，打开【运动副】对话框，如图 3-95 所示。在【类型】下拉列表框中选择【万向节】选项。

2）单击【选择运动体】选项，在绘图区选择运动体 B001，如图 3-96 所示。

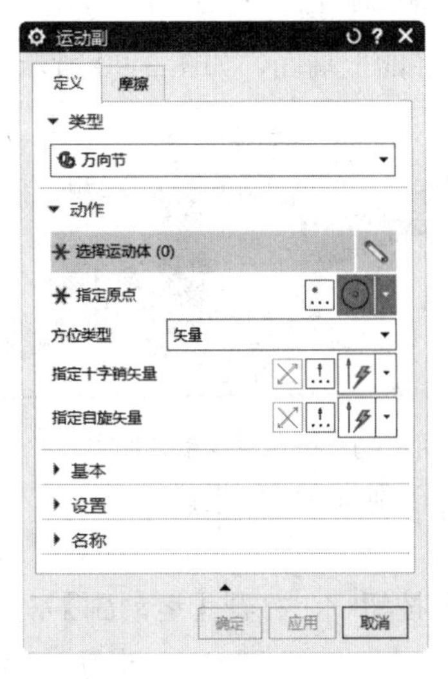

图 3-95　【运动副】对话框

图 3-96　选择运动体 B001

3）单击【指定原点】选项，在绘图区选择十字销中心或坐标原点为原点。

说明：万向节副的原点必须在两运动体中间，而且两运动体之间的角度不能小于 90°，否则会产生警告信息，出现自锁情况。万向节没有啮合功能，第二运动体不需要指定原点。

4）单击【指定十字销矢量】选项，选择运动体 B002 竖直圆柱的上端面。

5）单击【指定自旋矢量】选项，选择运动体 B001 左端圆柱端面，如图 3-97 所示。

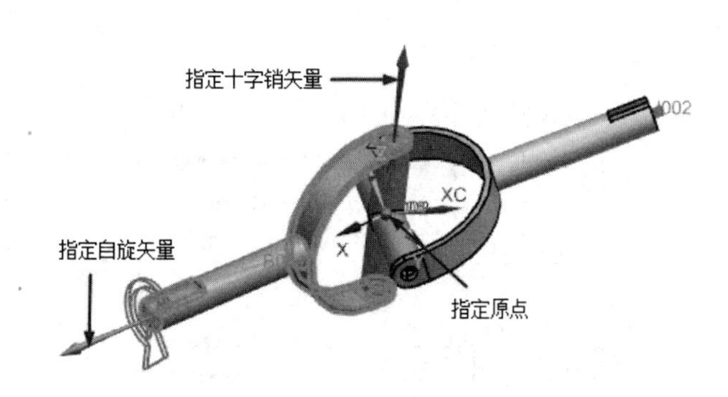

图 3-97　指定原点和矢量

6）单击【基本】标签，打开【基本】选项组，如图 3-98 所示。

7）单击【选择运动体】选项，选择右侧的叉杆 B003 为万向节的第二根运动体。

8）单击【指定十字销矢量】选项，选择运动体 B002 水平圆柱左端面。

9）单击【指定自旋矢量】选项，选择运动体 B003 圆柱端面，如图 3-99 所示。

10）单击【运动副】对话框中的【确定】按钮，完成万向节的创建。

（7）求解结果。

1）单击【主页】选项卡【解算方案】面组上的【解算方案】按钮，打开【解算方案】对话框，如图 3-100 所示。

2）在【解算方案选项】中设置【时间】为 3，【步数】为 300，如图 3-101 所示。

3）单击【解算方案】对话框中的【确定】按钮，完成解算方案的创建。

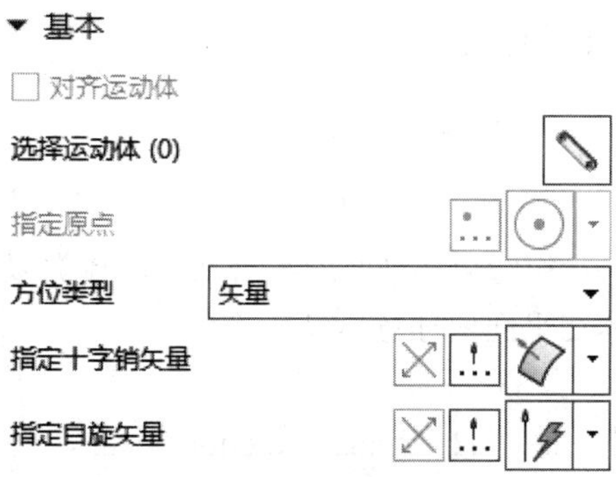

▼ 基本
对齐运动体
选择运动体 (0)
指定原点
方位类型　矢量
指定十字销矢量
指定自旋矢量

图 3-98　【基本】选项组

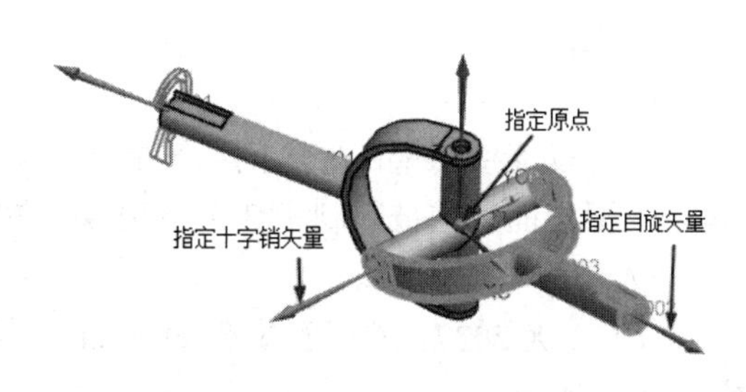

图 3-99　指定矢量为运动体尾部轴心

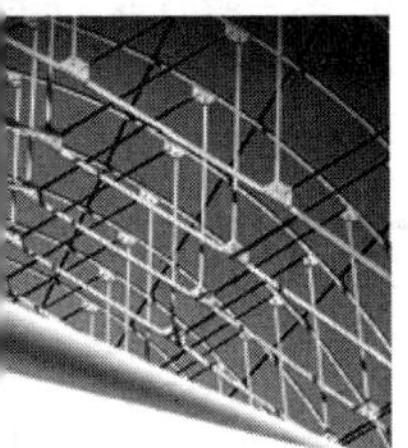

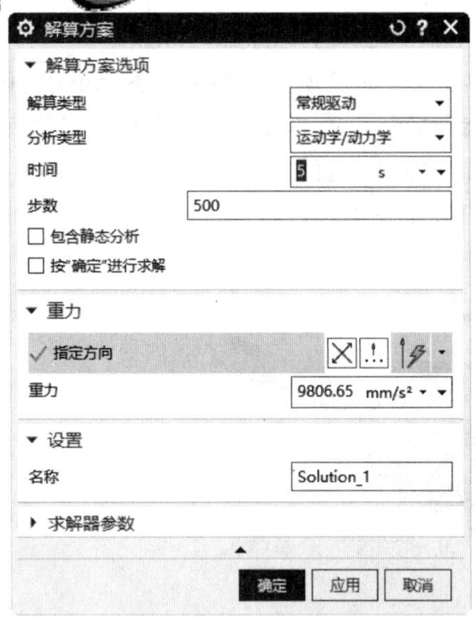

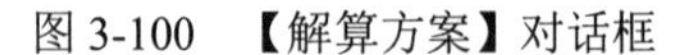

图 3-100 【解算方案】对话框

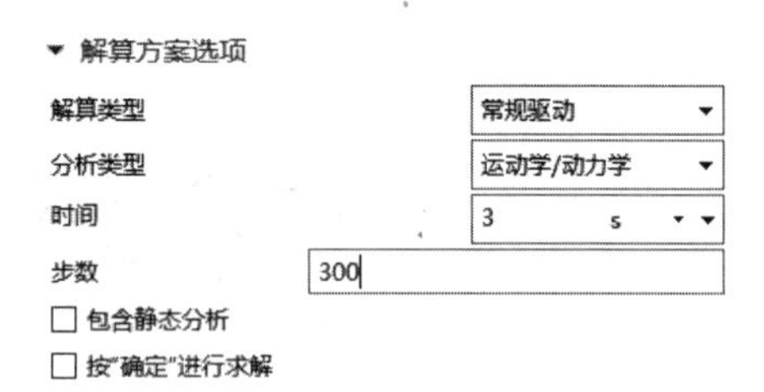

图 3-101 设置解算方案参数

4）单击【主页】选项卡【解算方案】面组上的【求解】按钮，求解当前解算方案的结果。

5）单击【结果】选项卡【运动模拟播放器】面组上的【播放】按钮，万向节副运动开始，如图 3-102 所示。

6）单击【结果】选项卡【运动模拟播放器】面组上的【完成】按钮，完成当前万向节副动画分析。

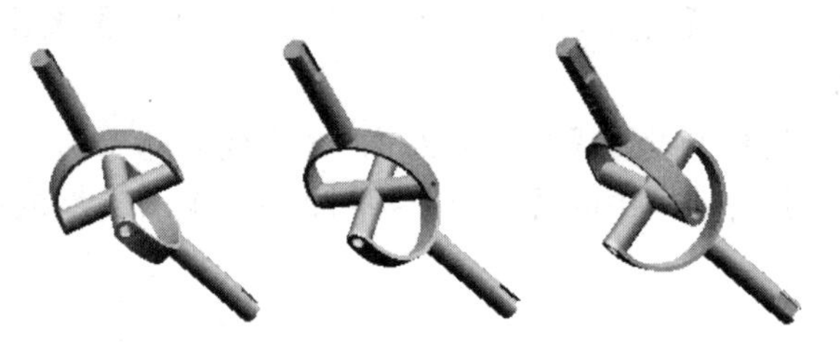

图 3-102 动画结果（0s、1s、2s）

3.2.9 平面副

平面副可以连接两个部件之间以平面相接触、互相约束，平面副和滑动副比较类似。在平面副运动类型里面一共被限制了 3 个自由度，物体在平面内任意运动。

1. 进入仿真环境

启动 UG NX 2027，打开源文件/chapter3/原始文件 /3.2 / Planar / motion_1.sim，平面副模型如图 3-103 所示。

2. 创建运动体

1）单击【主页】选项卡【机构】面组上的【运动体】按钮，打开【运动体】对话框。

2）在绘图区选择长方体作为运动体 B001。

3）单击【运动体】对话框的【应用】按钮，完成长方体运动体的创建。

4）在绘图区选择斜契作为运动体 B002。

5）在【设置】选项卡中勾选【固定运动体】复选框，使斜楔体固定，如图 3-104 所示。

6）单击【运动体】对话框的【确定】按钮，完成平面副运动体创建。

3. 创建平面副

1）单击【主页】选项卡【机构】面组上的【运动副】按钮，打开【运动副】对话框，如图 3-105 所示。

2）在【类型】下拉列表框中选择【平面副】。

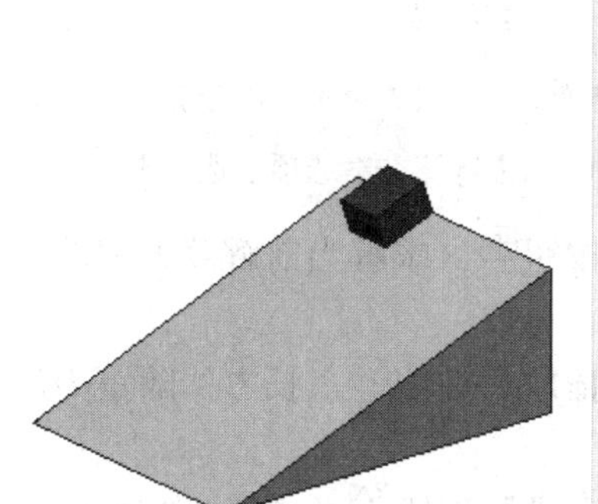

图 3-103 平面副模型

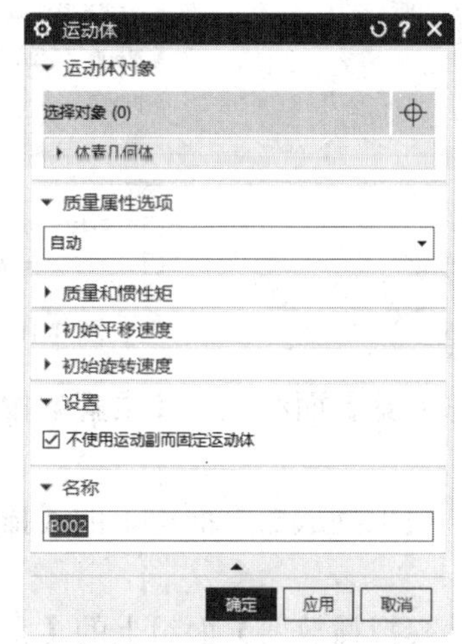

图 3-104 固定斜楔体

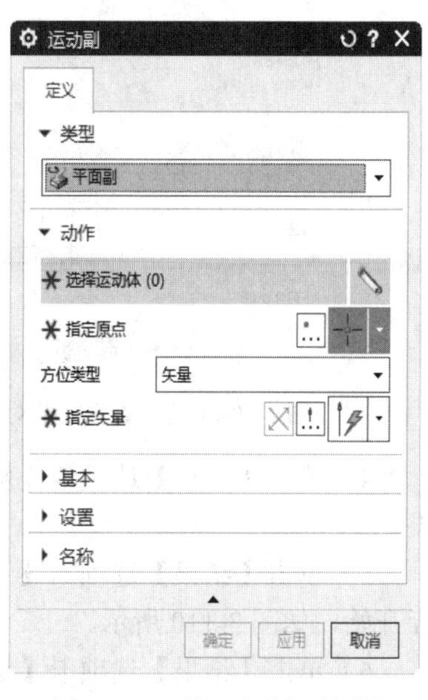

图 3-105 【运动副】对话框

3）单击【选择运动体】选项，在绘图区选择运动体 B001。

4）单击【指定原点】选项，在绘图区选择长方体底面任意一点为原点，如图 3-106 所示。

5）单击【指定矢量】选项，选择斜楔体斜面，如图 3-107 所示。

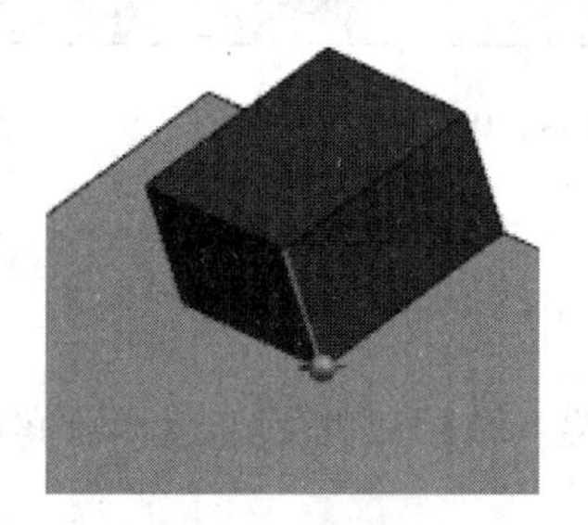

图 3-106 指定原点

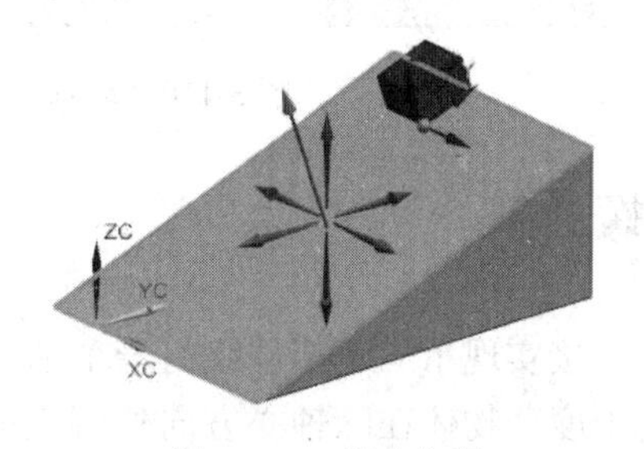

图 3-107 指定矢量

6）单击【运动副】对话框中的【确定】按钮，完成平面副的创建。

4. 求解结果

1）单击【主页】选项卡【解算方案】面组上的【解算方案】按钮，打开【解算方案】对话框，如图 3-108 所示。

2）在【解算方案选项】中设置【时间】为 0.5，【步数】为 100，如图 3-109 所示。

3）单击【解算方案】对话框中的【确定】按钮，完成解算方案的创建。

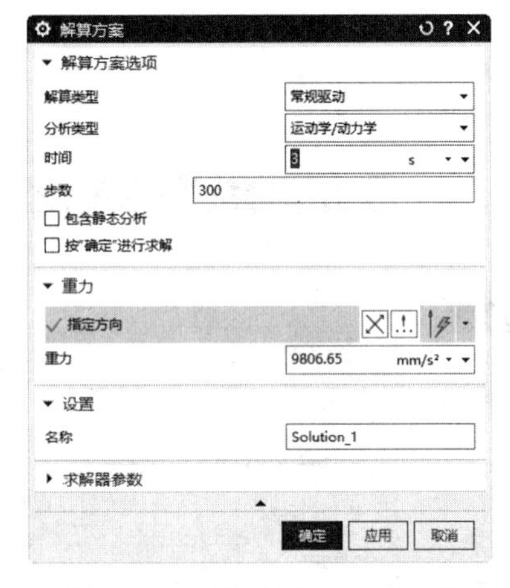

图 3-108 【解算方案】对话框

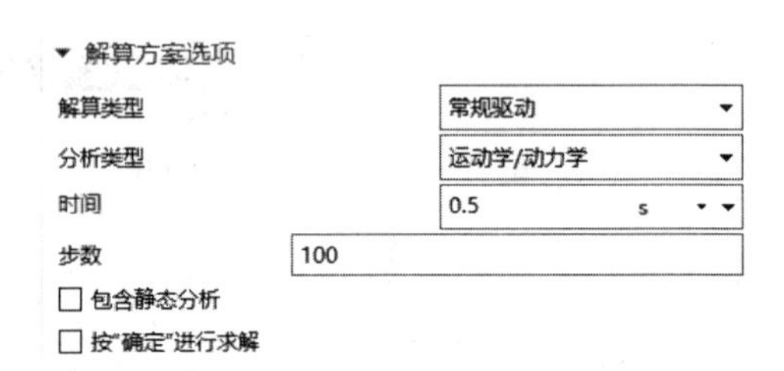

图 3-109 【解算方案选项】选项卡

4）单击【主页】选项卡【解算方案】面组上的【求解】按钮，求解当前解算方案的结果。

5）单击【结果】选项卡【运动模拟播放器】面组上的【播放】按钮，长方体随重力滑行开始，如图 3-110 所示。

6）单击【结果】选项卡【运动模拟播放器】面组上的【完成】按钮，完成当前平面副动画分析。

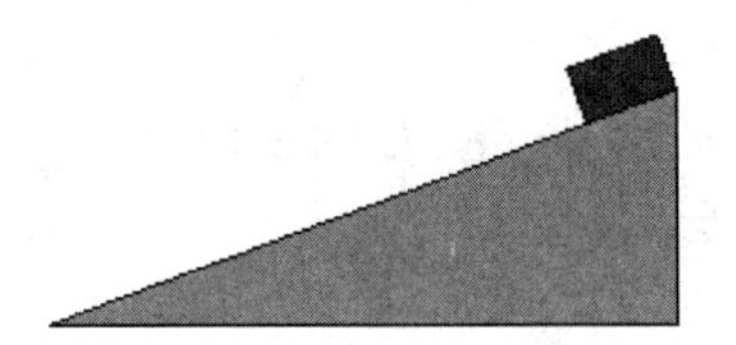
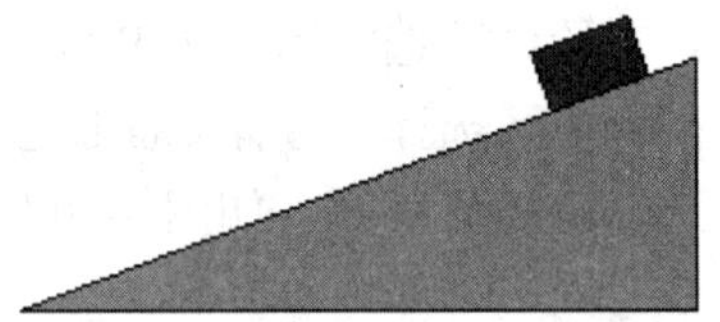
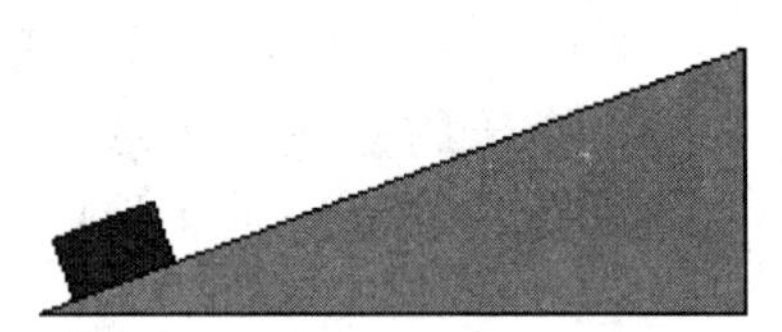

图 3-110 动画结果（0.s、0.1s、0.34s）

3.2.10 螺旋副

螺旋副连接实现了一个部件绕另一个部件（或机架）做相对的螺旋运动。螺旋副连接只限制了 1 个自由度，物体在除轴心方向外可任意运动。

本实例将模拟瓶盖打开的运动仿真。由于螺旋副不能定义驱动，模型增加了辅助的直线运动体。利用直线的驱动推动瓶盖运动，具体步骤如下：

1. 新建仿真

1）启动 UG NX 2027，打开源文件/chapter3/原始文件 /3.2 / Screw .prt，化妆瓶模型如图 3-111 所示。

2）单击【应用模块】选项卡【仿真】面组上的【运动】按钮，进入运动仿真界面。

3）选择【运动导航器】，右击运动仿真 Screw 图标，选择【新建仿真】，如图 3-112 所示。

图 3-111 化妆瓶模型

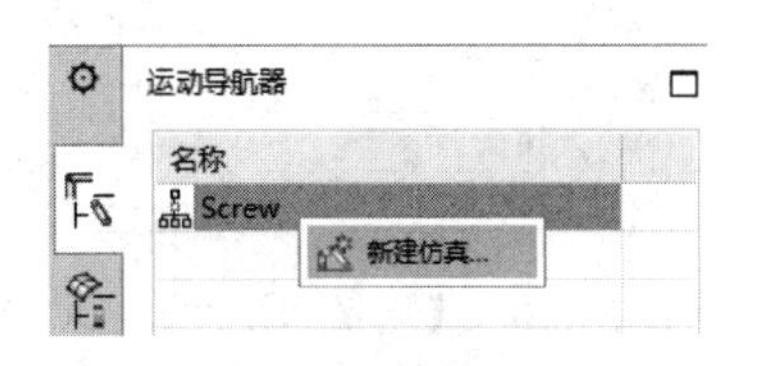

图 3-112 选择【新建仿真】

4）选择【新建仿真】后，软件自动打开【新建仿真】对话框。单击【确定】按钮，打开【环境】对话框，如图 3-113 所示。各参数选择默认，单击【确定】按钮。

2. 创建运动体

1）单击【主页】选项卡【机构】面组上的【运动体】按钮，打开【运动体】对话框，如图 3-114 所示。

2）在绘图区选择直线为运动体，由于直线没有质量、体积等，需要用户自定义质量和惯性，如图 3-115 所示。

3）单击【质量与惯性矩】标签，打开【质量与惯性矩】选项卡，如图 3-116 所示。

4）单击【质心】选项，在绘图区选择直线中点为原点。

5）在【质量】文本框、【Ixx】文本框、【Iyy】文本框、【Izz】文本框分别输入 10，如图 3-116 所示。

图 3-113 【环境】对话框

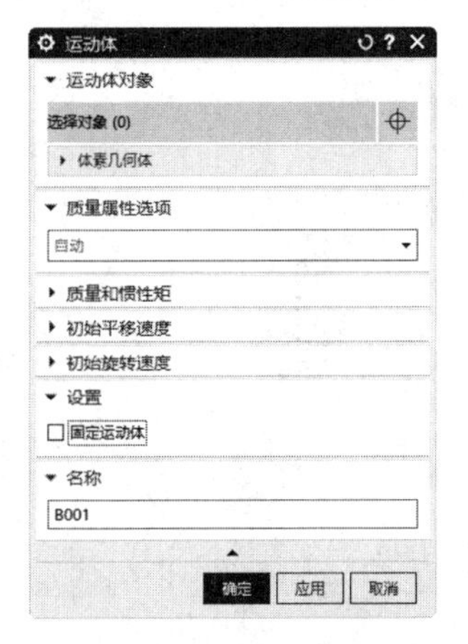

图 3-114 【运动体】对话框

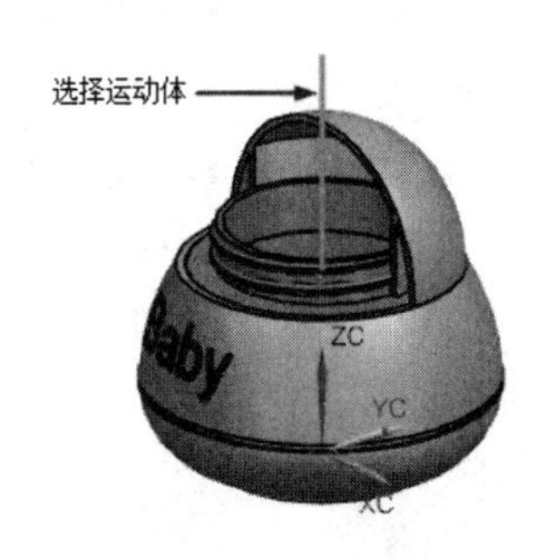

图 3-115 选择运动体

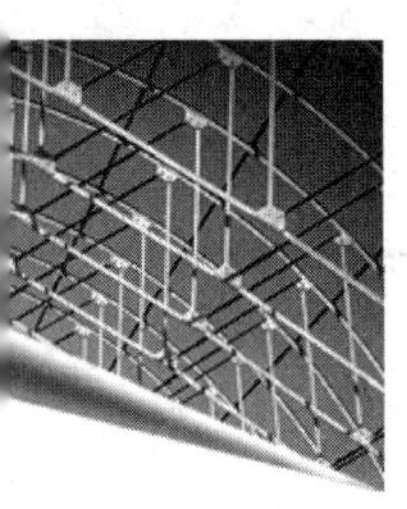

6）单击【运动体】对话框的【应用】按钮，完成直线运动体 B001 的创建。

7）在绘图区选择瓶盖作为运动体，如图 3-117 所示。

8）单击【运动体】对话框的【确定】按钮，完成瓶盖运动体 B002 的创建。

▾ 质量和惯性矩

应用自动值

✓ 质心

✓ 惯性坐标系

质量	10	kg
Ixx	10	kg·mm²
Iyy	10	kg·mm²
Izz	10	kg·mm²
Ixy	0	kg·mm²
Ixz	0	kg·mm²
Iyz	0	kg·mm²

图 3-116 【质量和惯性】选项卡

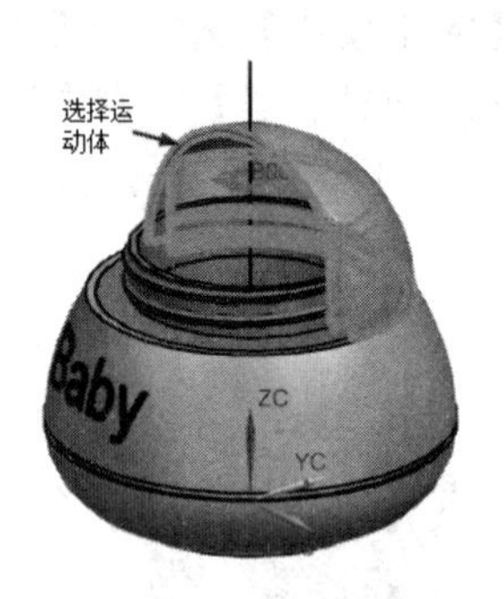

图 3-117 选择运动体

3. 创建滑动副

1）单击【主页】选项卡【机构】面组上的【运动副】按钮，打开【运动副】对话框，如图 3-118 所示。

2）单击【选择运动体】选项，在绘图区选择运动体 B001。

3）在【类型】下拉列表框中选择【滑动副】类型。

4）单击【指定原点】选项，在绘图区选择直线中点为原点。

5）单击【指定矢量】选项，选择直线或 Z 轴，如图 3-119 所示。

6）单击【驱动】标签，打开【驱动】选项卡。

7）在【平移】下拉列表框中选择【多项式】类型，在【速度】文本框输入 10，如图 3-120 所示。

8）单击【运动副】对话框中的【确定】按钮，完成滑动副创建，如图 3-121 所示。

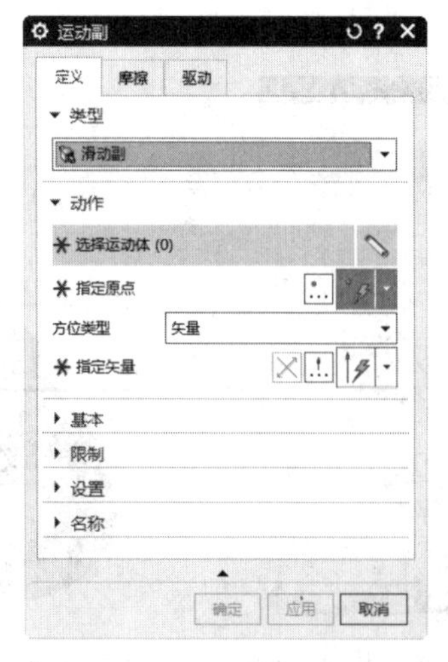

图 3-118 【运动副】对话框

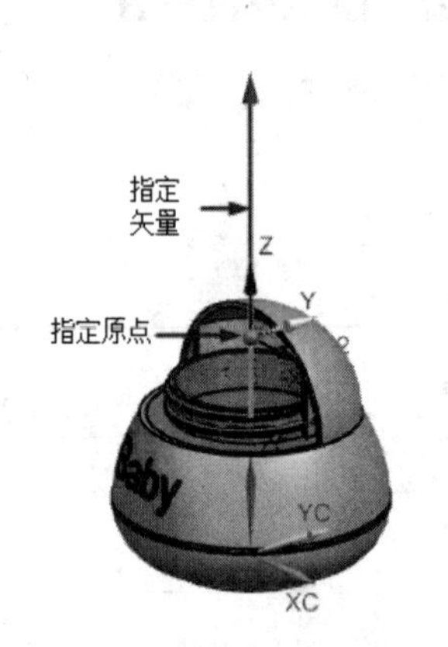

图 3-119 指定原点和矢量

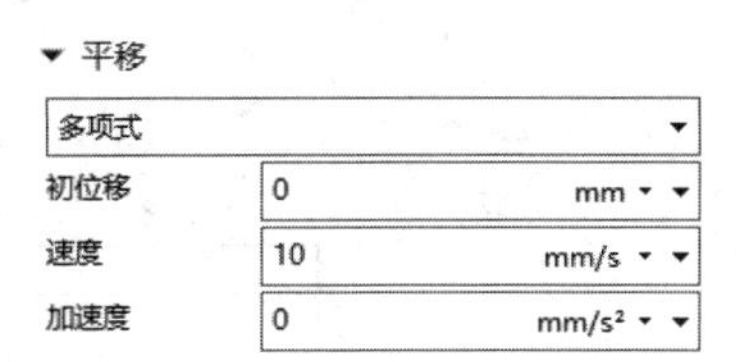

图 3-120　设置平移参数

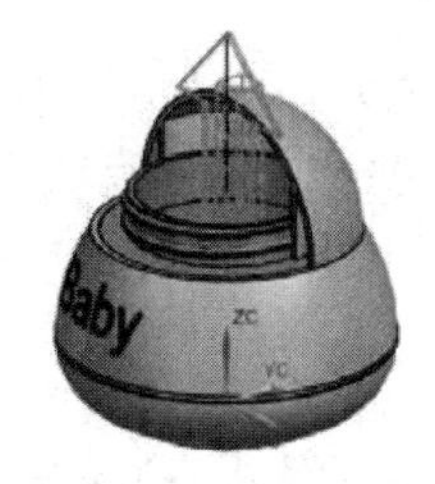

图 3-121　完成滑动副创建

4. 创建螺旋副

1）单击【主页】选项卡【机构】面组上的【运动副】按钮，打开【运动副】对话框，如图 3-122 所示。

2）单击【选择运动体】选项，在绘图区选择运动体 B002。

3）在【类型】下拉列表框中选择【螺旋副】类型。

4）单击【指定原点】选项，在绘图区选择直线中点为原点。

5）单击【指定矢量】选项，选择直线或 Z 轴，如图 3-123 所示。

6）单击【基本】标签，打开【基本】选项组，如图 3-124 所示。

7）单击【选择运动体】选项，选择运动体 B001。

8）单击【方法】标签，打开【方法】选项组，如图 3-125 所示。

9）在螺旋副【比率】→【值】文本框输入–2。

10）单击【运动副】对话框中的【确定】按钮，完成螺旋副创建。

5. 求解结果

1）单击【主页】选项卡【解算方案】面组上的【解算方案】按钮，打开【解算方案】对话框，如图 3-126 所示。

2）在【解算方案选项】中设置【时间】为 0.5，【步数】为 100，如图 3-127 所示。

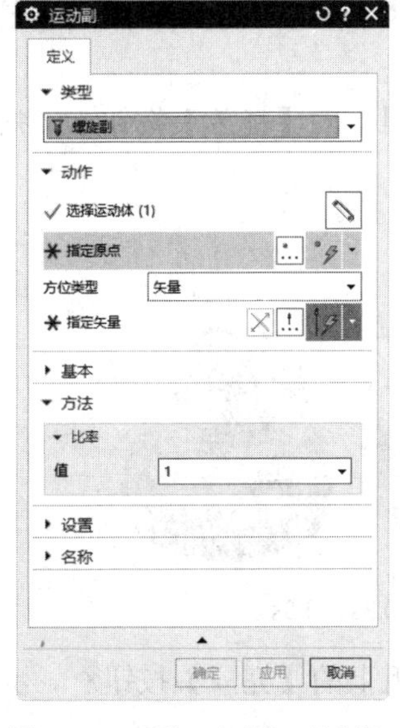

图 3-122　【运动副】对话框

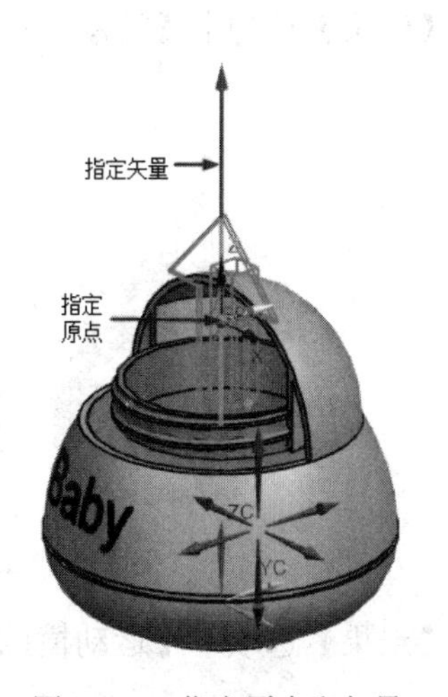

图 3-123　指定原点和矢量

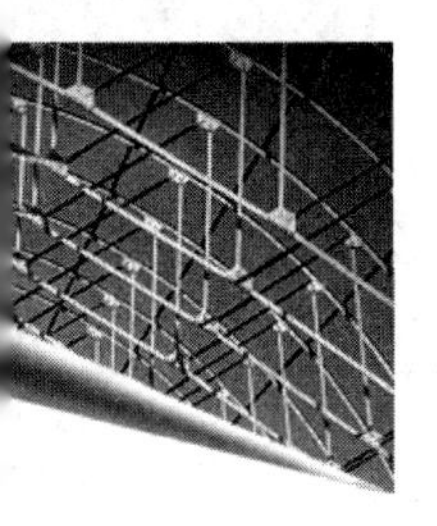

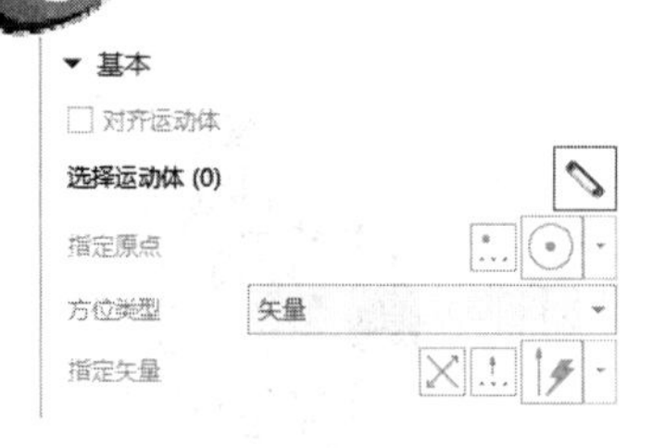

图 3-124 【基本】选项组

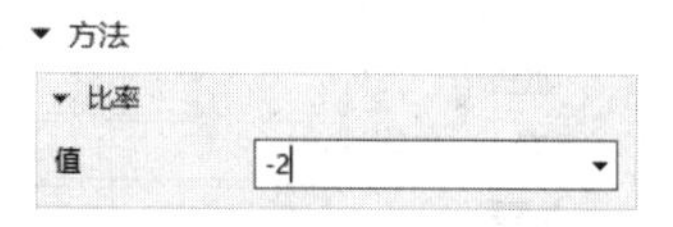

图 3-125 【方法】选项组

图 3-126 【解算方案】对话框

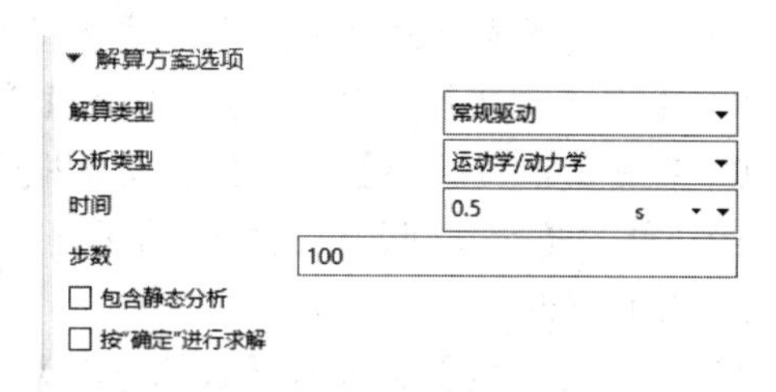

图 3-127 设置解算方案参数

3）单击【解算方案】对话框中的【确定】按钮，完成解算方案的创建。

4）单击【主页】选项卡【解算方案】面组上的【求解】按钮，求解当前解算方案的结果。

5）单击【结果】选项卡【运动模拟播放器】面组上的【播放】按钮，瓶盖开始运动，如图 3-128 所示。

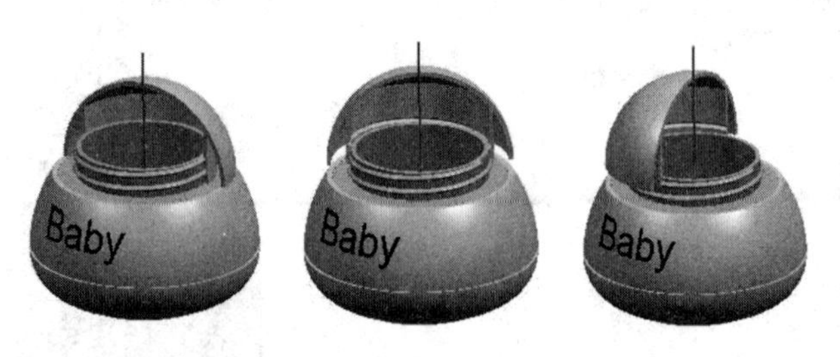

图 3-128 动画结果（0s、0.3s、0.5s）

6）单击【结果】选项卡【运动模拟播放器】面组上的【完成】按钮，完成当前瓶盖开启的动画分析。

3.3 实例——三连杆运动机构

本节将使用3个运动体创建3个旋转副组成三连杆体运动机构。主运动设置在最短运动体的旋转副内，创建机构时重点在运动体的啮合功能，完成后观察三连杆运动的情况。

3.3.1 创建运动体

三连杆运动机构一共由4个部件组成，其中支座是固定不动的。因此支座可以不定义为运动体，也可以定义为固定运动体。具体步骤如下：

1. 新建仿真

1）打开源文件/chapter3/原始文件 /3.3 /3-link.prt，三连杆运动机构模型如图3-129所示。

2）单击【应用模块】选项卡【仿真】面组上的【运动】按钮，进入运动仿真界面。

图3-129 三连杆运动机构模型

3）选择【运动导航器】，右击运动仿真 3-link 图标，选择【新建仿真】，如图3-130所示。

4）选择【新建仿真】后，软件自动打开【新建仿真】对话框。单击【确定】按钮，打开【环境】对话框，如图3-131所示。各参数选择默认，单击【确定】按钮。

图3-130 选择【新建仿真】

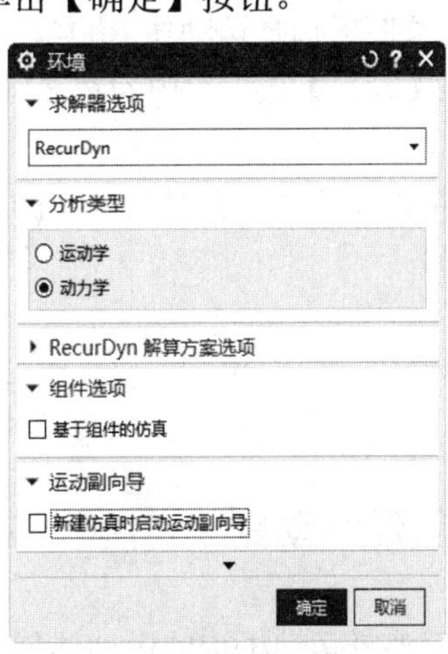

图3-131 【环境】对话框

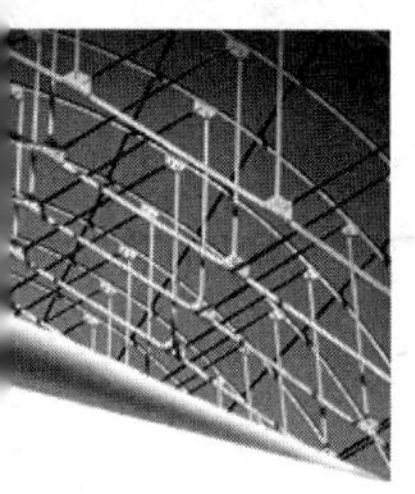

2. 创建运动体的步骤

1）单击【主页】选项卡【机构】面组上的【运动体】按钮，打开【运动体】对话框，如图 3-132 所示。

2）在绘图区选择运动体 B001，如图 3-133 所示。

图 3-132 【运动体】对话框

B002
B003
B004
B001

图 3-133 选择运动体

3）单击【运动体】对话框中的【应用】按钮，完成运动体 B001 的创建。

4）在绘图区选择运动体 B002。

5）单击【运动体】对话框中的【确定】按钮，完成运动体 B002 的创建。

6）在绘图区选择运动体 B003。

7）单击【运动体】对话框中的【应用】按钮，完成运动体 B003 的创建。

8）在绘图区选择运动体 B004。

9）在【设置】选项组中勾选【固定运动体】复选框，使运动体 B004 固定，如图 3-134 所示。

10）单击【运动体】对话框中的【确定】按钮，完成 B004 的创建。

设置
☑ 固定运动体

图 3-134 固定运动体 B004

3.3.2 创建运动副

完成三连杆运动机构的运动体创建后，需要定义旋转副。它需要定义 4 个旋转副，由于一根运动体没有装配好，两个旋转副需要开启啮合功能。具体步骤如下：

1. 创建旋转副1

1）单击【主页】选项卡【机构】面组上的【运动副】按钮，打开【运动副】对话框，如图3-135所示。在“类型”下拉列表中选择“旋转副”。

2）单击【选择运动体】选项，在绘图区选择运动体B001。

3）单击【指定原点】选项，在绘图区选择运动体B001下端圆心为原点，如图3-136所示。

4）单击【指定矢量】选项，选择系统提示的坐标系Y轴，如图3-137所示。

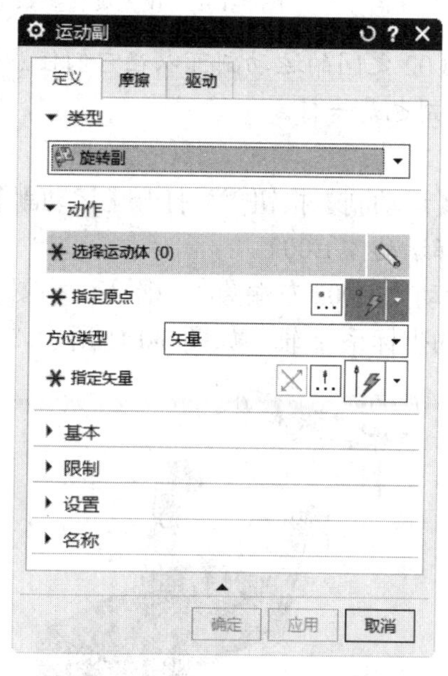

图3-135　【运动副】对话框

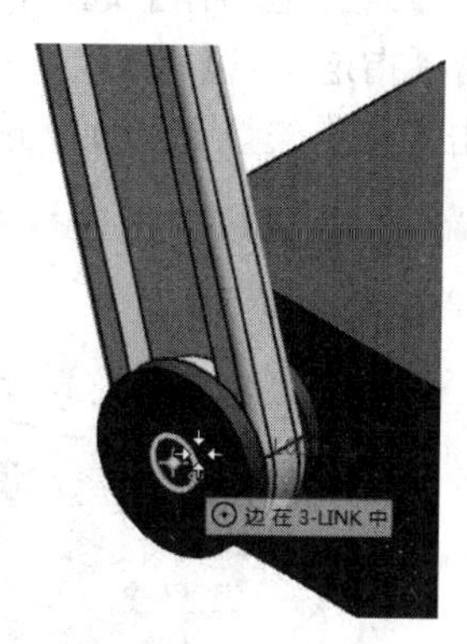

图3-136　指定原点

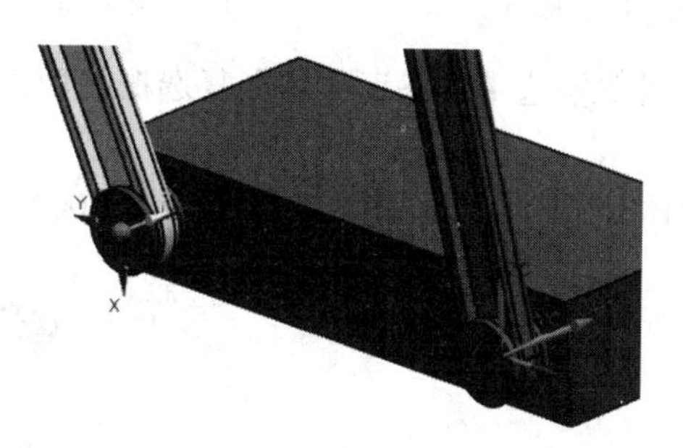

图3-137　指定矢量

5）单击【驱动】标签，打开【驱动】选项卡，如图3-138所示。

6）在【旋转】下拉列表框中选择【多项式】类型。在【速度】文本框输入55，如图3-139所示。

7）单击【运动副】对话框中的【应用】按钮，完成第一个旋转副创建。

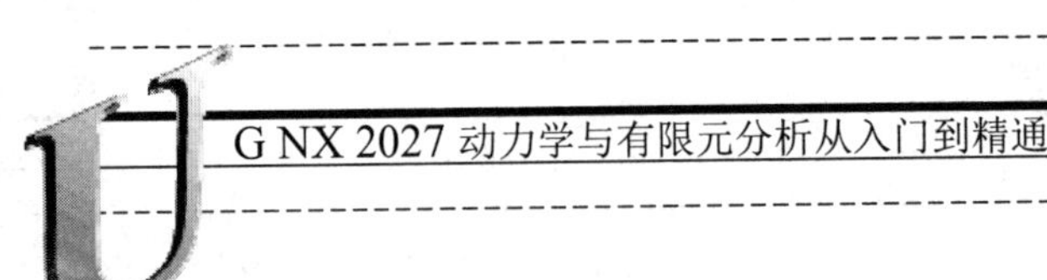

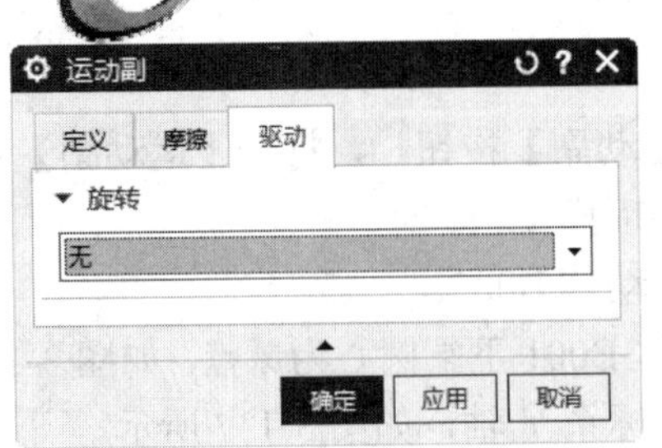

图 3-138 【驱动】选项卡

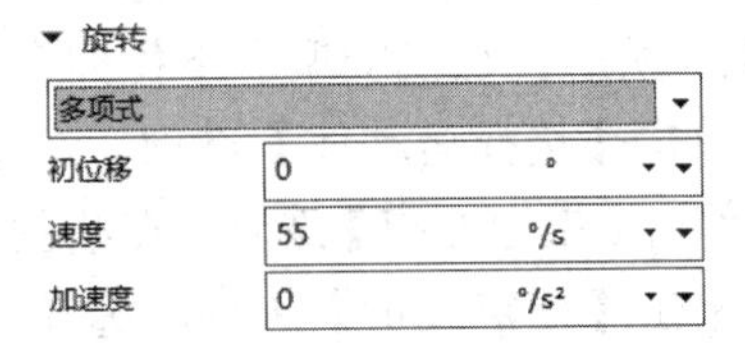

图 3-139 设置旋转参数

说明：在本小节中，运动体 B001、运动体 B002 之间的运动副可以在它们任意一个运动体中创建，运动体 B002、运动体 B003 之间的运动副也是一样。

2. 创建旋转副 2

1）单击【主页】选项卡【机构】面组上的【运动副】按钮，打开【运动副】对话框。

2）单击【选择运动体】选项，在绘图区选择运动体 B002。

3）单击【指定原点】选项，在绘图区选择运动体 B002 左端圆心为原点，如图 3-140 所示。

4）单击【指定矢量】选项，选择系统提示的坐标系 Y 轴，如图 3-141 所示。

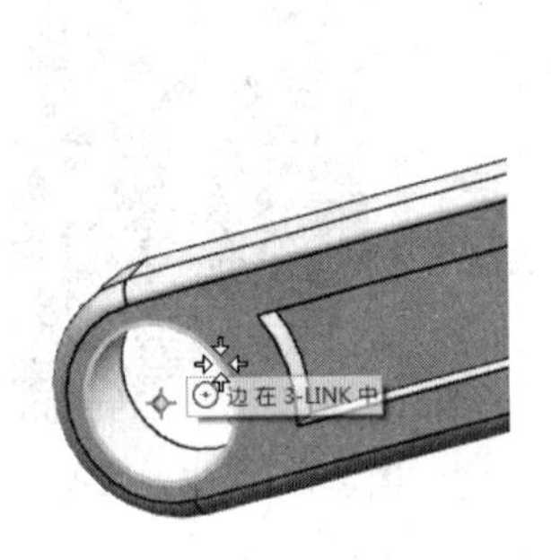

图 3-140 指定原点

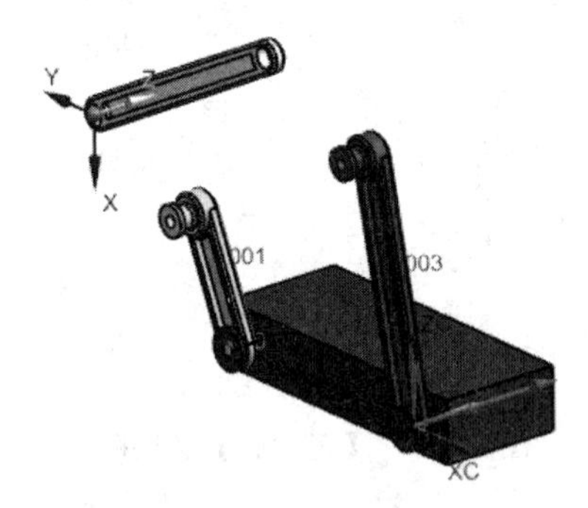

图 3-141 指定矢量

5）在【基本】选项组中勾选【对齐运动体】复选框，激活【基本】选项组，如图 3-142 所示。

6）单击【选择运动体】选项，在绘图区选择运动体 B001，如图 3-143 所示。

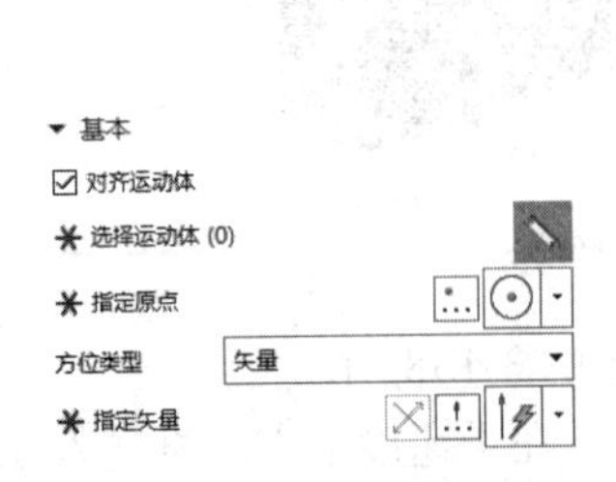

图 3-142 激活【基本】选项组

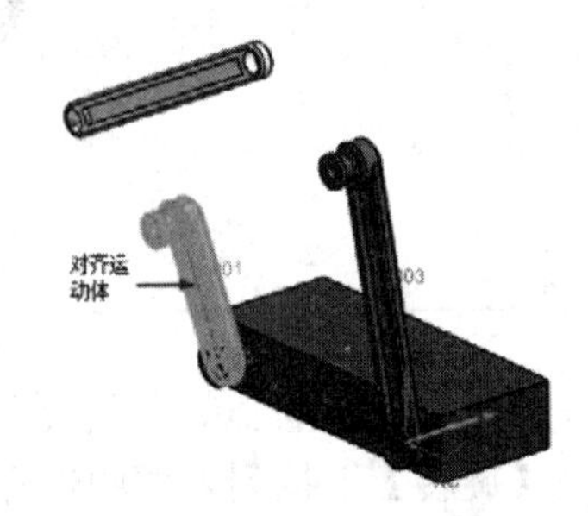

图 3-143 选择运动体 B001

7）单击【指定原点】选项，在绘图区选运动体 B001 的上端圆心，使它和运动体 B002 的原点重合，如图 3-144 所示。

8）单击【指定矢量】选项，选择系统提示的坐标系Y轴，使它和运动体B002矢量相同，如图3-145所示。

9）单击【运动副】对话框中的【确定】按钮，完成旋转副2的创建。

图3-144　原点重合

图3-145　矢量相同

3. 创建旋转副3

1）单击【主页】选项卡【机构】面组上的【运动副】按钮，打开【运动副】对话框。

2）单击【选择运动体】选项，在绘图区选择运动体B002。

3）单击【指定原点】选项，在绘图区选择运动体B002右端圆心为原点，如图3-146所示。

4）单击【指定矢量】选项，选择系统提示的坐标系Y轴，如图3-147所示。

图3-146　指定原点（1）

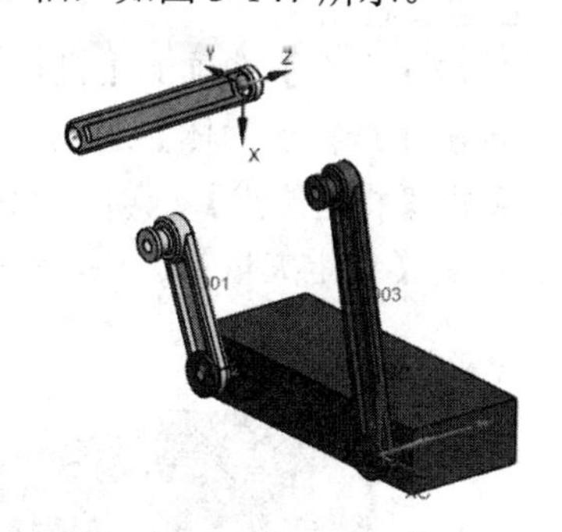
图3-147　指定矢量（1）

5）在【基本】选项组中勾选【对齐运动体】复选框，激活【基本】选项组，如图3-148所示。

6）单击【选择运动体】选项，在绘图区选择运动体B003，如图3-149所示。

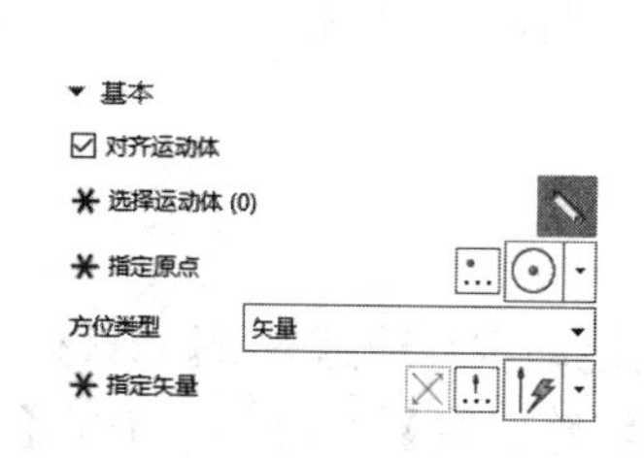

图3-148　激活【基本】选项组

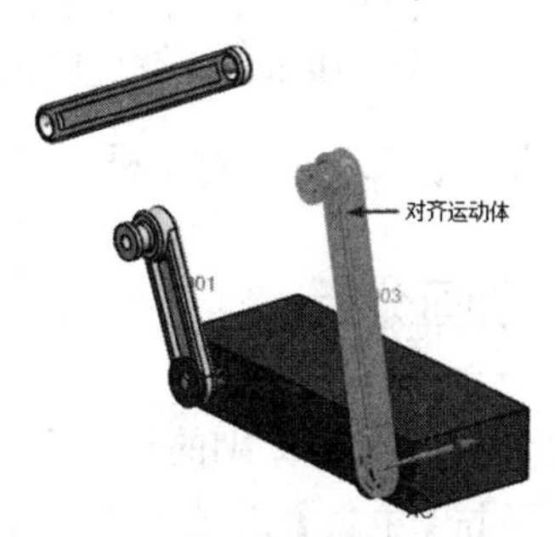

图3-149　选择运动体B003

7）单击【指定原点】选项，在绘图区选择运动体B003的上端圆心为原点，如图3-150所示。

8）单击【指定矢量】选项，选择系统提示的坐标系 Y 轴，如图 3-151 所示。

9）单击【运动副】对话框中的【确定】按钮，完成旋转副 3 的创建。

图 3-150 指定原点（2）

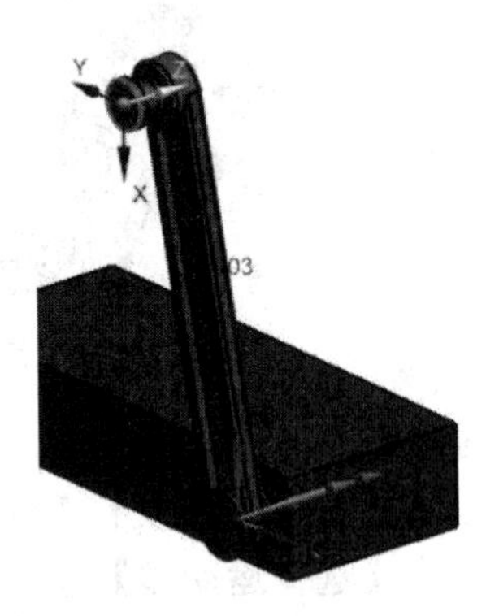

图 3-151 指定矢量（2）

4. 创建旋转副 4

1）单击【主页】选项卡【机构】面组上的【运动副】按钮，打开【运动副】对话框。

2）单击【选择运动体】选项，在绘图区选择运动体 B003。

3）单击【指定原点】选项，在绘图区选择运动体 B004 右端圆心为原点，如图 3-152 所示。

4）单击【指定矢量】选项，选择系统提示的坐标系 Y 轴，如图 3-153 所示。

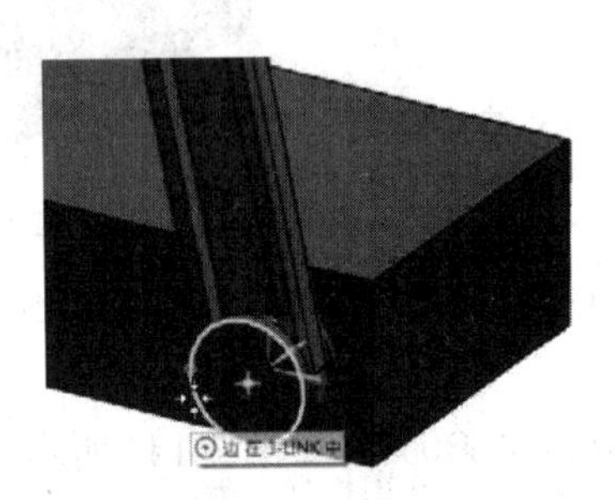

图 3-152 指定原点

图 3-153 指定矢量

5）单击【运动副】对话框的【确定】按钮，完成旋转副 4 的创建。

3.3.3 动画分析

完成运动体和运动副的创建后，对三连杆运动机构运动进行动画分析。具体步骤如下：

1）单击【主页】选项卡【解算方案】面组上的【解算方案】按钮，打开【解算方案】对话框，如图 3-154 所示。

2）在【解算方案选项】中设置【时间】为 8，【步数】为 800，如图 3-155 所示。

3）单击【解算方案】对话框中的【确定】按钮，完成解算方案的创建。

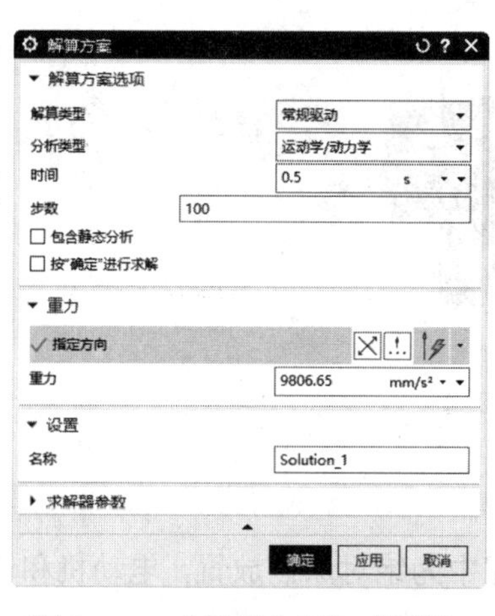

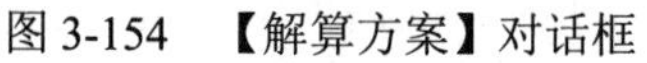
图 3-154　【解算方案】对话框

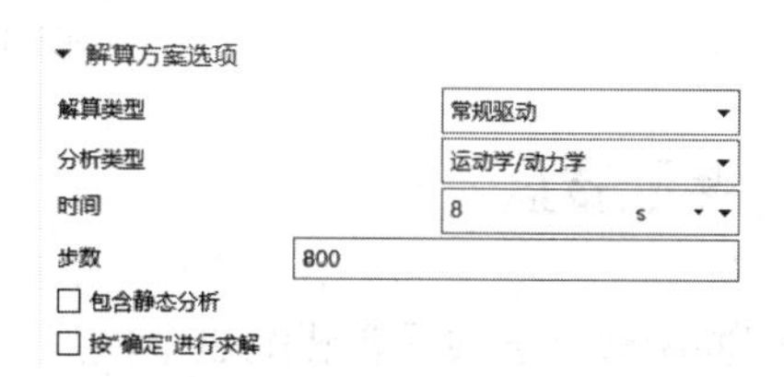

图 3-155　设置解算方案参数

4）单击【主页】选项卡【解算方案】面组上的【求解】按钮，求解当前解算方案的结果。

5）单击【结果】选项卡【运动模拟播放器】面组上的【播放】按钮，运动开始，如图 3-156 所示。

6）单击【结果】选项卡【运动模拟播放器】面组上的【完成】按钮，完成当前三连杆运动机构的动画分析。

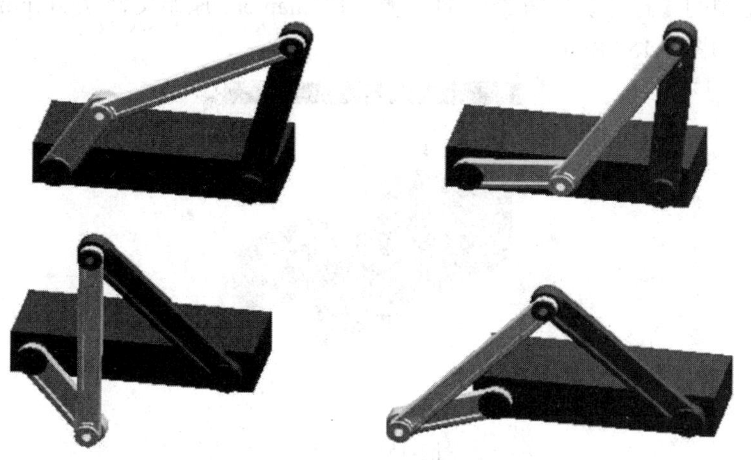

图 3-156　动画结果（1s、2s、3s、5s）

3.4　实例——冲床模型

本节将使用 3 个运动体，创建 4 个运动副组成冲床模型，如图 3-157 所示。主运动设置为旋转运动由电动机模型供给，从运动为周期性的线性运动，使用两个滑动副和一个旋转副获得。

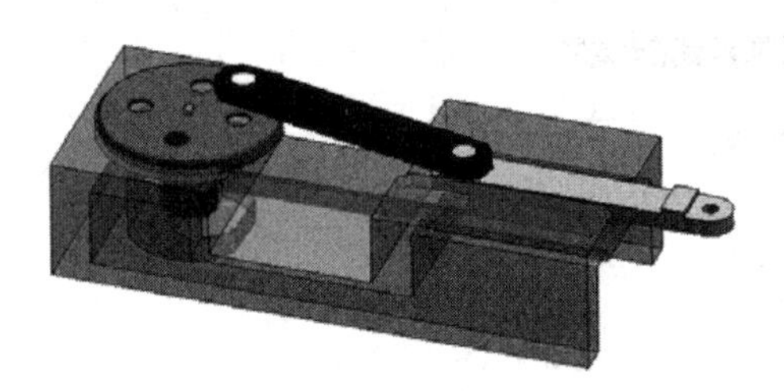

图 3-157　冲床模型

3.4.1　装配转盘

装配冲床转盘一共需要装配 3 个模型，机架在装配中为绝对原点放置，电动机和转轮为轴心重合，一共是 4 个约束。具体步骤如下：

1. 装配机架

1）启动 UG NX 2027，单击【新建】按钮，弹出【新建】对话框。

2）选择【模板】为【装配】，在【名称】文本框输入 punch 和【文件夹】为源文件/chapter3/原始文件/ 3.4/punch。

3）单击【新建】对话框中的【确定】按钮，退出【新建】对话框，自动进入装配模块。

4）单击【装配】选项卡【基本】面组上的【添加组件】按钮，打开【添加组件】对话框。单击对话框中的【打开】按钮，打开源文件/chapter3/原始文件 /3.4 /punch /1.prt。预览组件——机架，如图 3-158 所示。

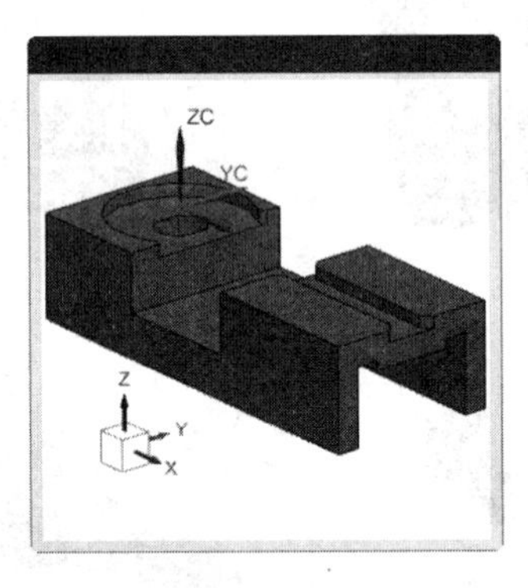

图 3-158　机架

5）单击【装配位置】下拉列表框中的下三角按钮，选择【绝对坐标系-工作部件】类型，如图 3-159 所示。

6）单击【添加组件】对话框中的【确定】按钮，完成机架的装配。

2. 装配电动机

1）单击【装配】选项卡【基本】面组上的【添加组件】按钮，打开【添加组件】对话框。

2）单击对话框中的【打开】按钮，打开源文件/chapter3/原始文件 /3.4 /punch /2.prt。预览组件电动机，如图 3-160 所示。

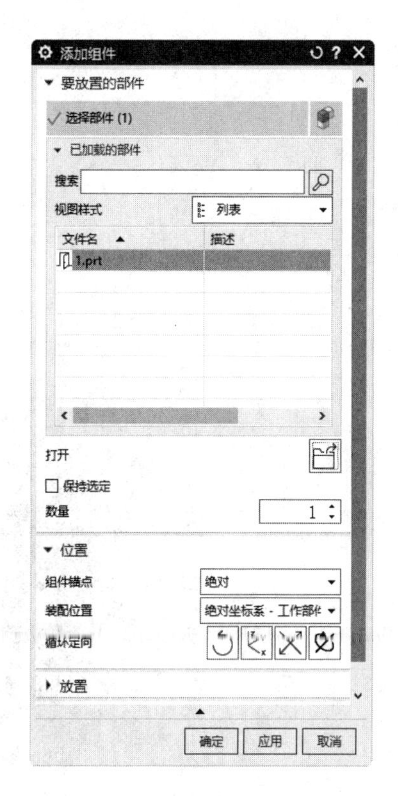

图 3-159　选择装配位置

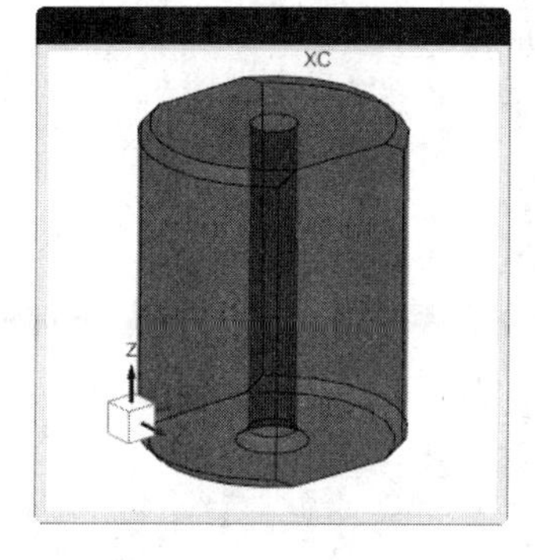

图 3-160　电动机

3）在【放置】选项组中，选择【约束】，在【约束类型】中选择【接触对齐】；在【方位】下拉列表框中选择【自动判断中心/轴】选项，如图 3-161 所示。

4）选择电动机中心孔和机架弧面，使用它们的轴心重合，如图 3-162 所示。

5）在【方位】下拉列表框中选择【接触】选项，如图 3-163 所示。

6）选择电动机底面和机架电动机槽底面，使两面贴合。如图 3-164 所示。

7）单击【添加组件】对话框中的【确定】按钮，完成电动机装配。

3. 装配转轮

1）单击【装配】选项卡【基本】面组上的【添加组件】按钮，打开【添加组件】对话框。

2）单击对话框中的【打开】按钮，打开源文件/chapter3/原始文件 /3.4 /punch /3.prt。预览组件——转轮，如图 3-165 所示。

3）在【放置】选项组中选择【约束】，在【约束类型】选项选择【接触对齐】类型，在【方位】下拉列表框中选择【自动判断中心/轴】选项，如图 3-166 所示。

4）选择转轮轴和电动机轴孔，使用它们的轴心重合，如图 3-167 所示。

5）在【方位】下拉列表框中选择【接触】类型。

6）选择转轮端面和机架电动机槽底面，使两面贴合。

7）单击【添加组件】对话框中的【确定】按钮，完成转轮装配，如图 3-168 所示。

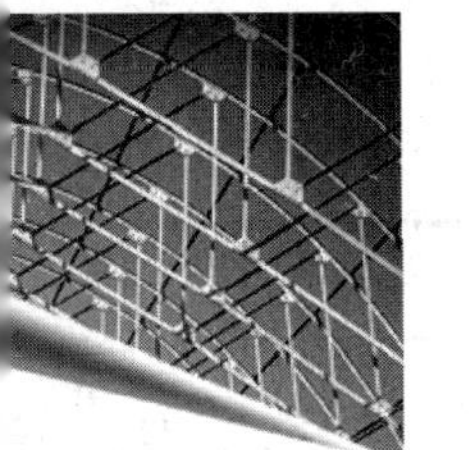
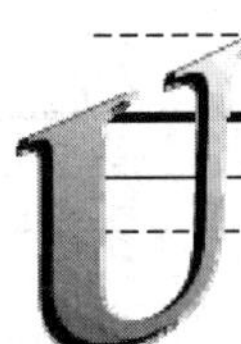

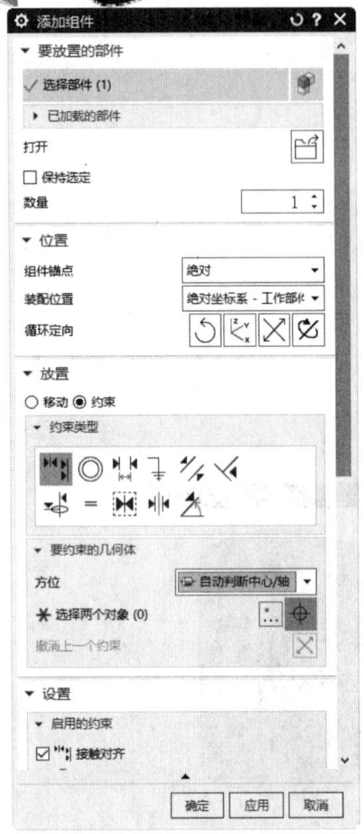

图 3-161　选择【放置】方式

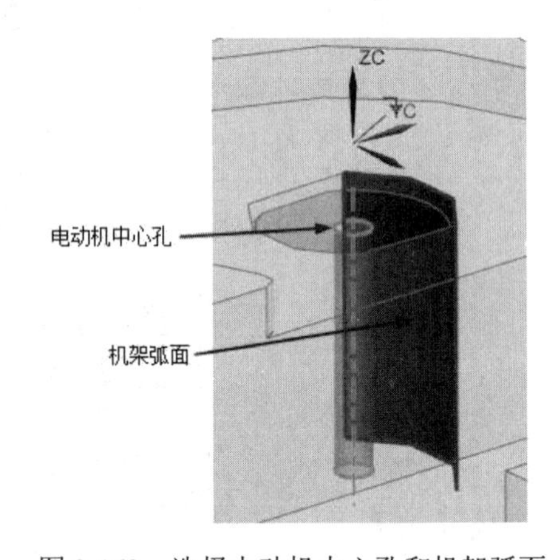

图 3-162　选择电动机中心孔和机架弧面

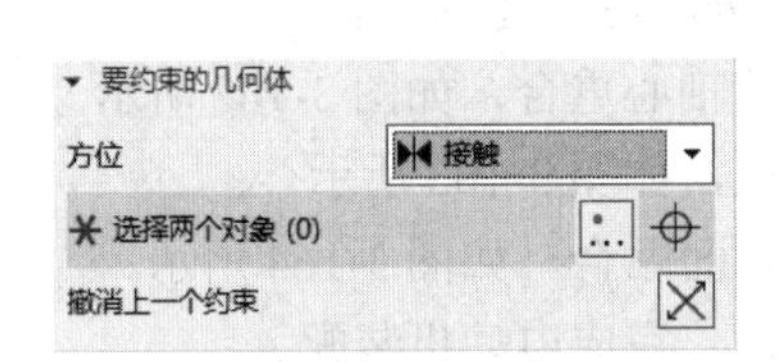

图 3-163　选择【接触】选项

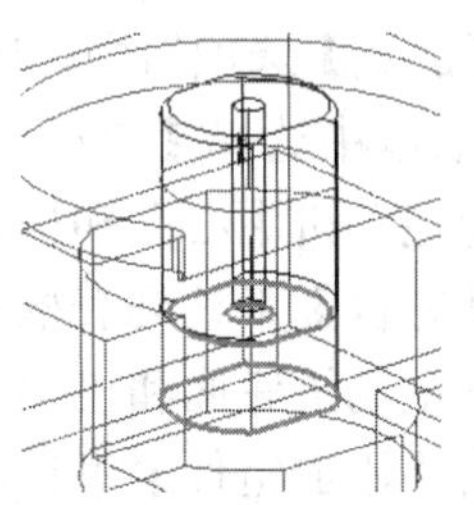

图 3-164　选择面

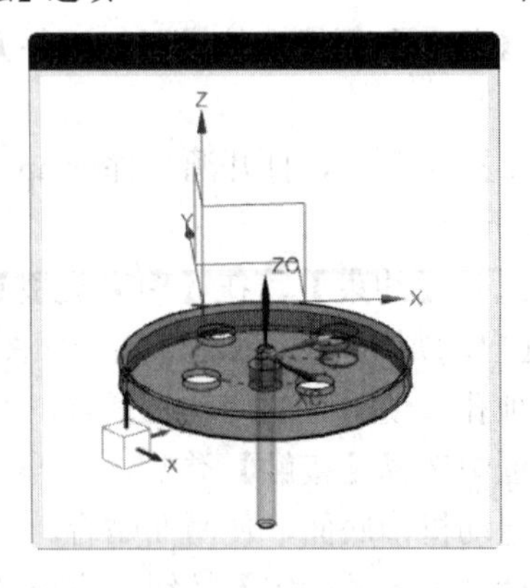

图 3-165　转轮

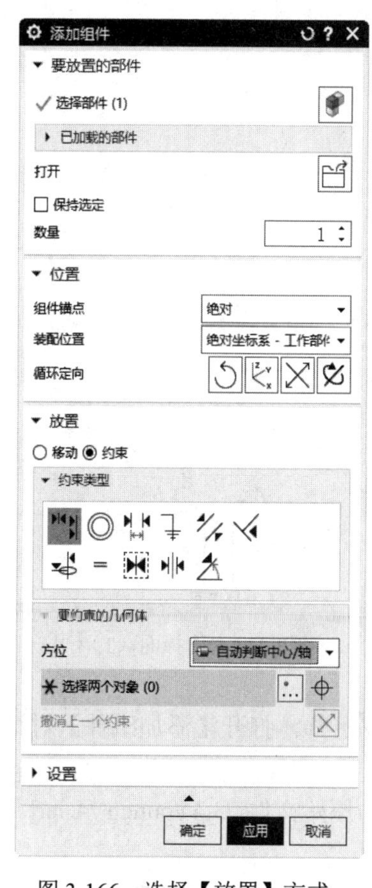

图 3-166　选择【放置】方式

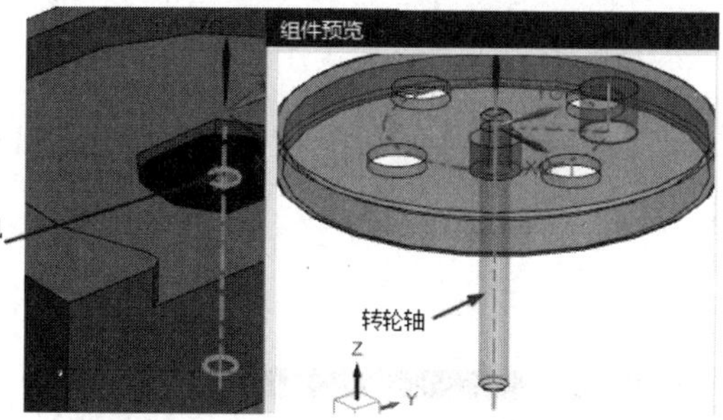

图 3-167　选择转轮轴和电动机轴孔

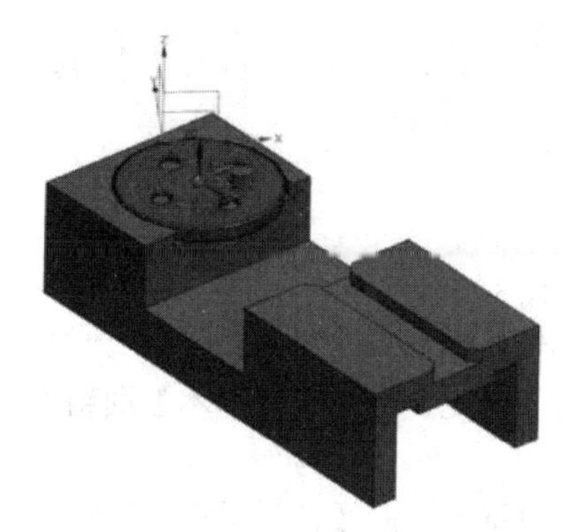

图 3-168　转轮装配

3.4.2　装配冲头

装配冲头一共是两个部件，冲头需要两个接触约束使它只能做线性运动；传动副则需要连接冲头和转轮，需要两个轴心重合。具体步骤如下：

1. 装配冲头

1）单击【装配】选项卡【基本】面组上的【添加组件】按钮，弹出【添加组件】对话框。

2）单击对话框中的【打开】按钮，打开源文件/chapter3/原始文件 /3.3 /punch / 5.prt，预览组件——冲头，如图 3-169 所示。

3）在【放置】选项组中选择【约束】，在【约束类型】中选择【接触对齐】类型，在【方位】下拉列表框中选择【接触】选项，如图 3-170 所示。

4）选择冲头侧面和槽侧面，使两面贴合，如图 3-171 所示。

5）按照相同的步骤使冲头底面和槽底面贴合，如图 3-172 所示。

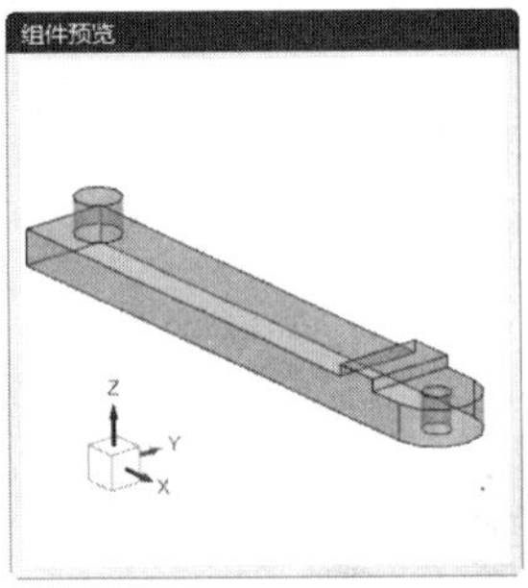

图 3-169　冲头

图 3-170　选择【放置】方式

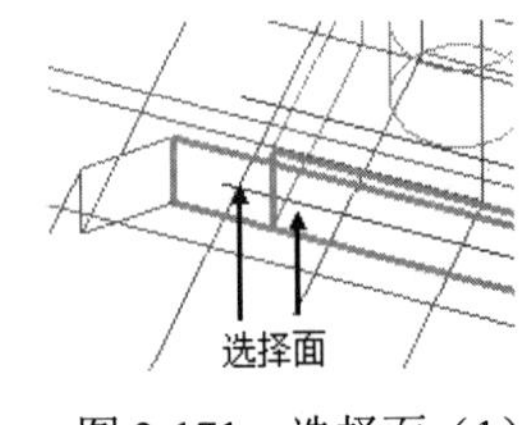

图 3-171　选择面（1）

2. 装配连杆

1）单击【装配】选项卡【基本】面组上的【添加组件】按钮，打开【添加组件】对话框。

2）单击对话框中的【打开】按钮，打开源文件/chapter3/原始文件 /3.4 /punch /4 .prt。预览组件——连杆，如图 3-173 所示。

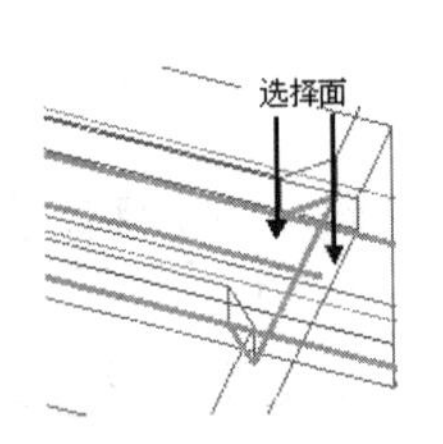

图 3-172　选择面（2）

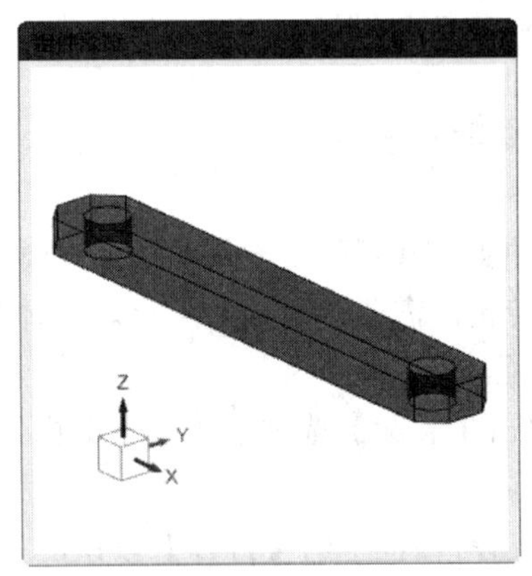

图 3-173　连杆

3）在【放置】选项组中选择【约束】，在【约束类型】中选择【接触对齐】类型，在【方位】下拉列表框中选择【自动判断中心/轴】选项，如图 3-174 所示。

4）选择连杆孔和冲头凸台，使用它们的轴心重合，如图 3-175 所示。

5）单击【添加组件】对话框中的【确定】按钮，完成连杆装配。

6）按照相同的步骤使连杆的另一孔和冲头凸台轴心重合，完成的冲床模型装配如图 3-176 所示。

图 3-174　选择【放置】方式

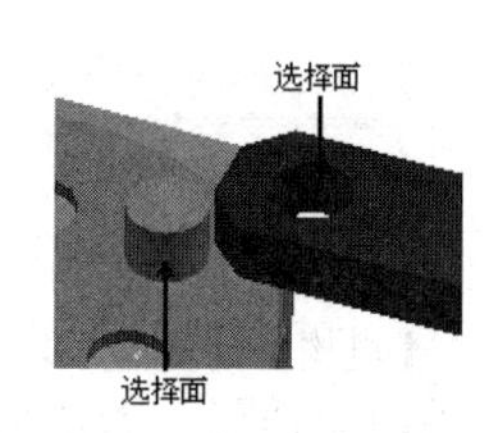

图 3-175　选择面

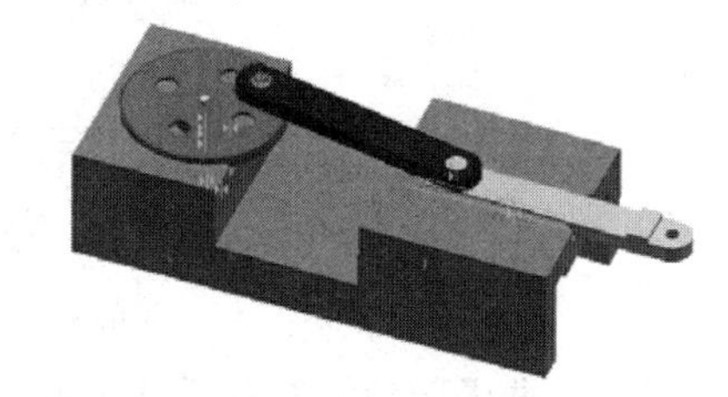
图 3-176　完成的冲床模型装配

3.4.3　创建运动体与运动副

冲床模型需要创建三个旋转副、两个滑动副，其中转轮的旋转副需要驱动。具体步骤如下：

1. 新建仿真

1）单击【应用模块】选项卡【仿真】面组上的【运动】按钮，进入运动仿真界面。

2）选择【运动导航器】，右击运动仿真 punch 图标，选择【新建仿真】，如图 3-177 所示。

3）选择【新建仿真】后，软件自动打开【新建仿真】对话框。单击【确定】按钮，打开【环境】对话框，如图 3-178 所示。各参数选择默认，单击【确定】按钮。

4）打开【机构运动副向导】对话框，如图 3-179 所示，单击【确定】按钮。

2. 创建运动体

1）单击【主页】选项卡【机构】面组上的【运动体】按钮，打开【运动体】对话框，如图 3-180 所示。

2）在绘图区选择转轮为运动体 B001。

图3-177　选择【新建仿真】

图3-178　【环境】对话框

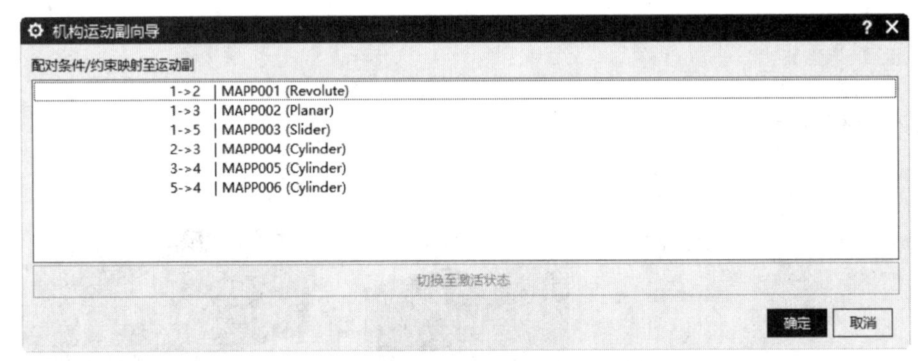

图3-179　【机构运动副向导】对话框

3）单击【运动体】对话框中的【确定】按钮，完成运动体B001的创建。

4）按照相同的步骤完成运动体B002、冲头运动体B003的创建。

3. 创建旋转副1

1）单击【主页】选项卡【机构】面组上的【运动副】按钮，打开【运动副】对话框，如图3-181所示。

2）单击【选择运动体】选项，在绘图区选择运动体B001。

3）单击【指定原点】选项，在绘图区选择转轮圆心为原点，如图3-182所示。

4）单击【指定矢量】选项，选择转轮端面，如图3-183所示。

5）单击【驱动】标签，打开【驱动】设置选项卡，如图3-184所示。

6）在【旋转】下拉列表框中选择【多项式】类型，在【速度】文本框输入1800，如图3-185所示。

7）单击【运动副】对话框中的【确定】按钮，完成旋转副1的创建。

4. 创建旋转副2

1）单击【主页】选项卡【机构】面组上的【运动副】按钮，打开【运动副】对话框。

2）单击【选择运动体】选项，在绘图区选择运动体B002。

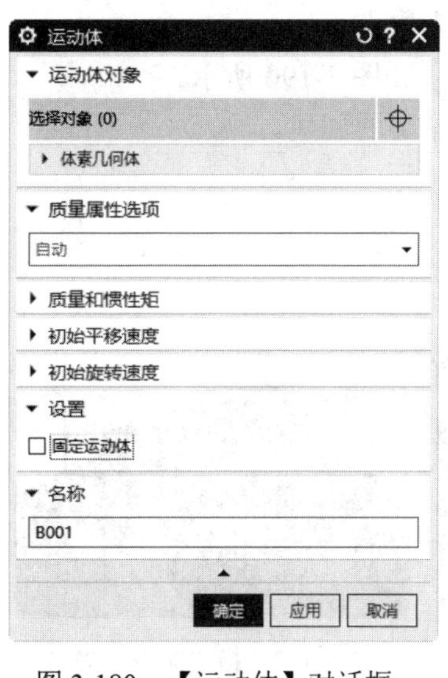

图 3-180　【运动体】对话框

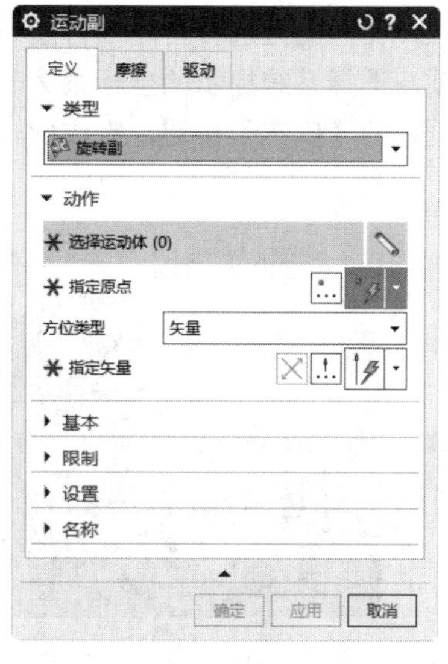

图 3-181　【运动副】对话框

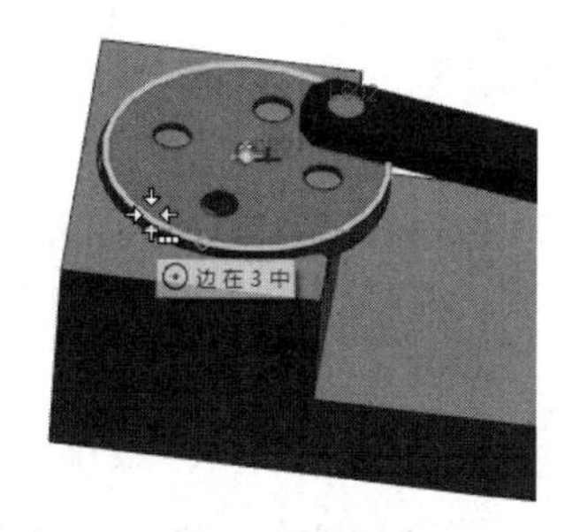

图 3-182　指定原点

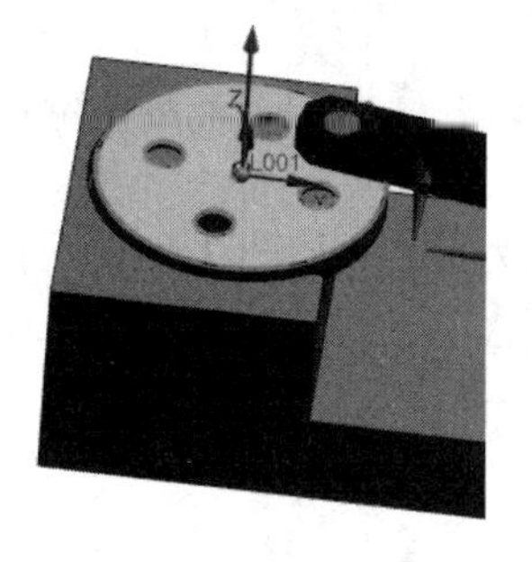

图 3-183　指定矢量

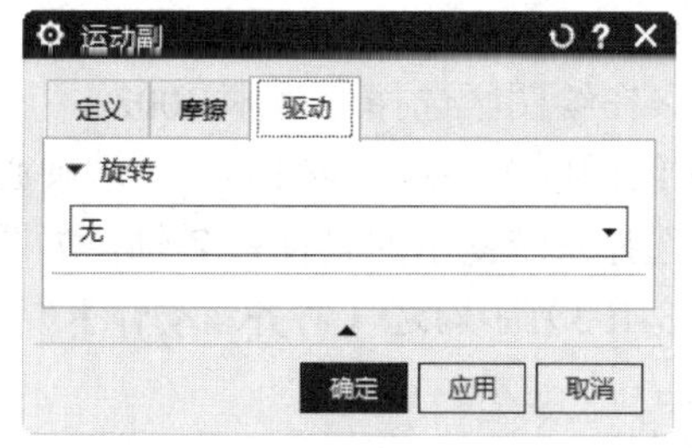

图 3-184　【驱动】选项卡

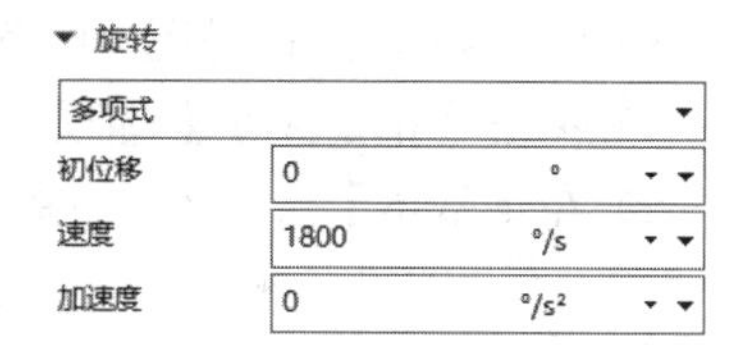

图 3-185　设置旋转参数

3）单击【指定原点】选项，在绘图区选择转轮凸台圆心为原点，如图 3-186 所示。

4）单击【指定矢量】选项，选择运动体 B002 的上表面，如图 3-187 所示。

5）在【基本】选项组中（见图 3-188）勾选【对齐运动体】复选框。

6）单击【选择运动体】选项，在绘图区选择运动体 B001，对齐运动体，如图 3-189 所示。

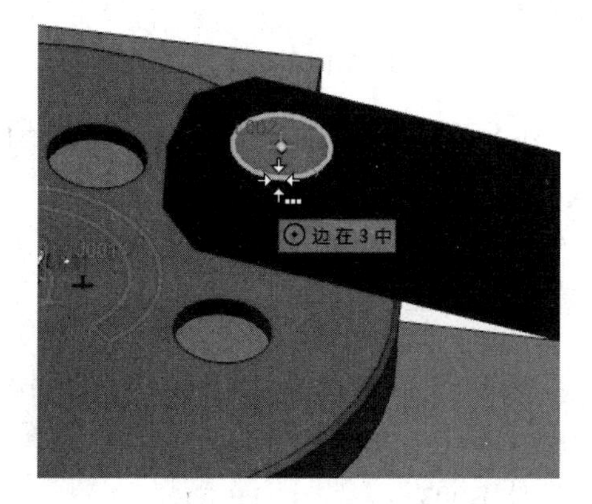

图 3-186　指定原点

图 3-187　指定矢量

7）单击【指定原点】选项，在绘图区选择转轮凸台圆心为原点。

8）单击【指定矢量】选项，选择系统提示的坐标系 Z 轴，如图 3-190 所示。

9）单击【运动副】对话框中的【确定】按钮，完成旋转副 2 的创建。

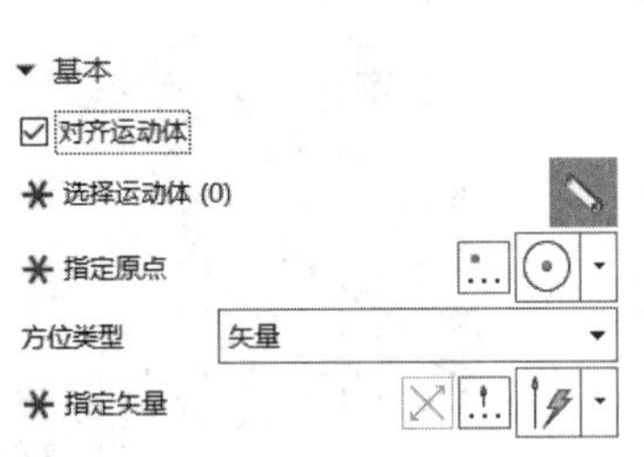

图 3-188 【基本】选项组

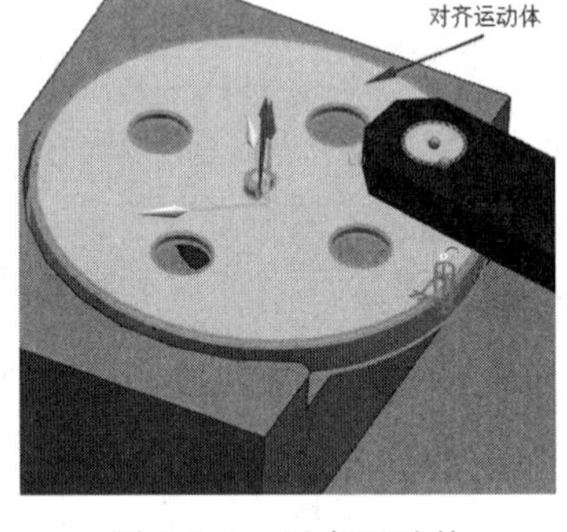

图 3-189 对齐运动体

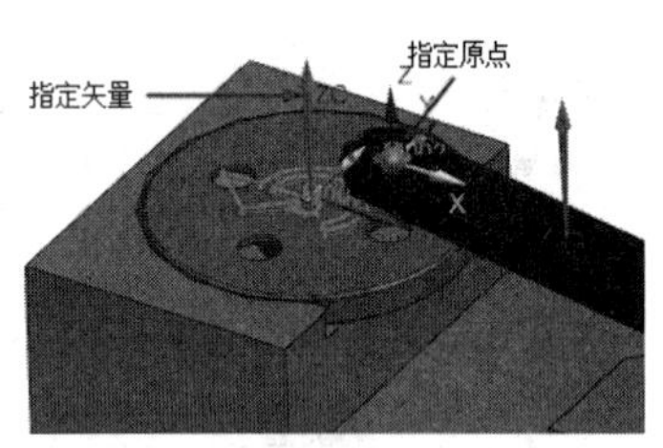

图 3-190 指定原点、矢量

5. 创建旋转副 3

1）单击【主页】选项卡【机构】面组上的【运动副】按钮，打开【运动副】对话框。

2）单击【选择运动体】选项，在绘图区选择运动体 B002。

3）单击【指定原点】选项，在绘图区选择运动体 B002 右端圆心为原点，如图 3-191 所示。

4）单击【指定矢量】选项，选择系统提示的坐标系 Z 轴，如图 3-192 所示。

5）在【基本】选项组（见图 3-193）中勾选【对齐运动体】复选框。

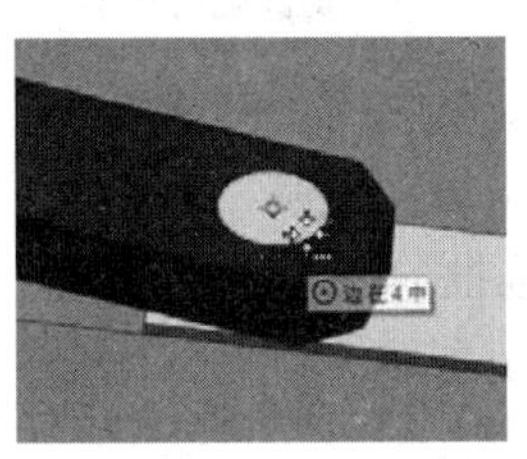

图 3-191 指定原点（1）

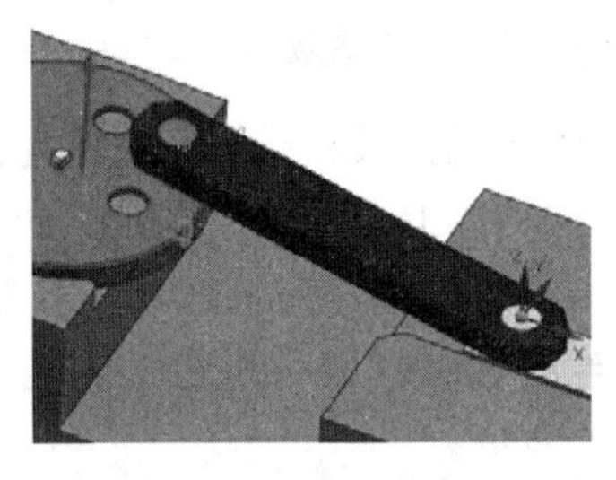

图 3-192 指定矢量（1）

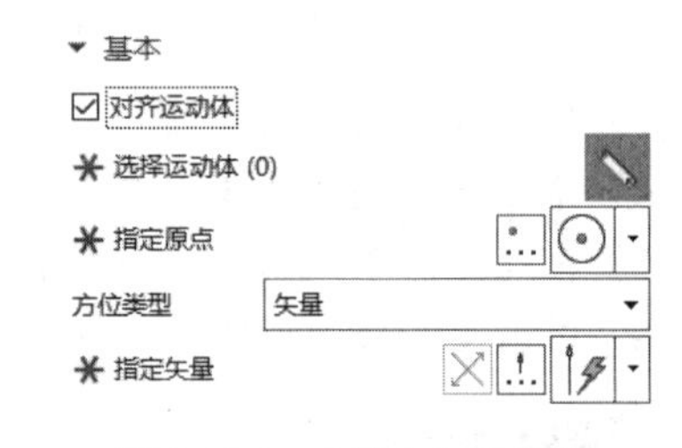

图 3-193 【基本】选项组

6）单击【选择运动体】选项，在绘图区选择运动体 B003，对齐运动体，如图 3-194 所示。

7）单击【指定原点】选项，在绘图区选择运动体 B002 右端圆心为原点。

8）单击【指定矢量】选项，选择系统提示的坐标系 Z 轴，如图 3-195 所示。

9）单击【运动副】对话框的【确定】按钮，完成旋转副 3 的创建。

6. 创建滑动副

1）单击【主页】选项卡【机构】面组上的【运动副】按钮，打开【运动副】对话框。

2）在【运动副】对话框中的【类型】下拉列表框选择【滑动副】类型。

3）单击【选择运动体】选项，在绘图区选择运动体 B003。

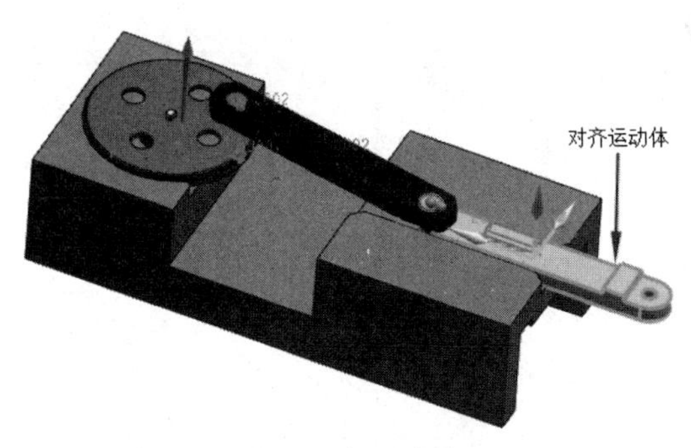

图 3-194　对齐运动体

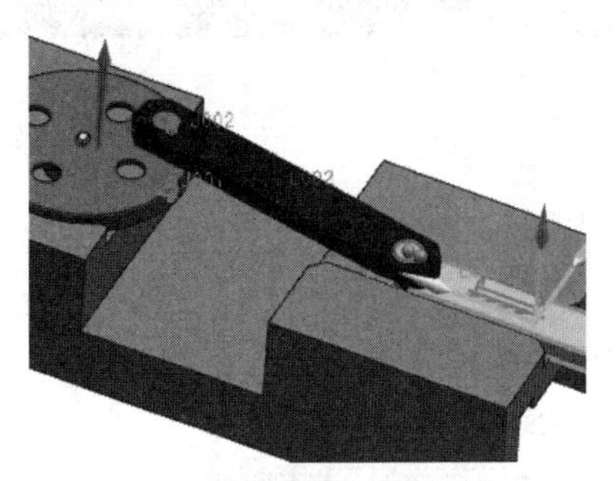

图 3-195　指定矢量（2）

4）单击【指定原点】选项，在绘图区选择冲头任意一点为原点，如图 3-196 所示。

5）单击【指定矢量】选项，选择系统提示的坐标系 X 轴，如图 3-197 所示。

6）单击【运动副】对话框中的【确定】按钮，完成滑动副创建。

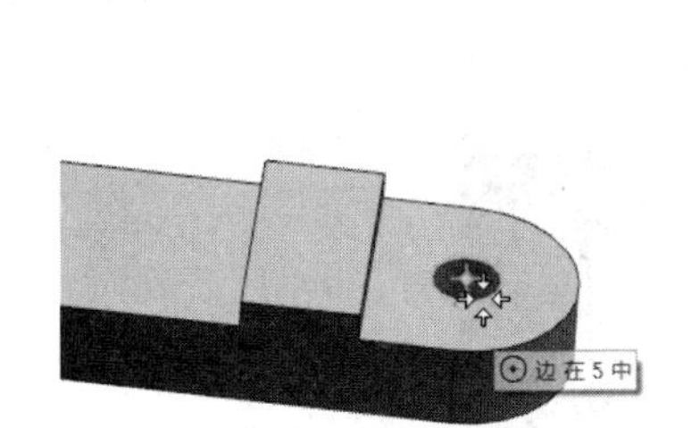

图 3-196　指定原点

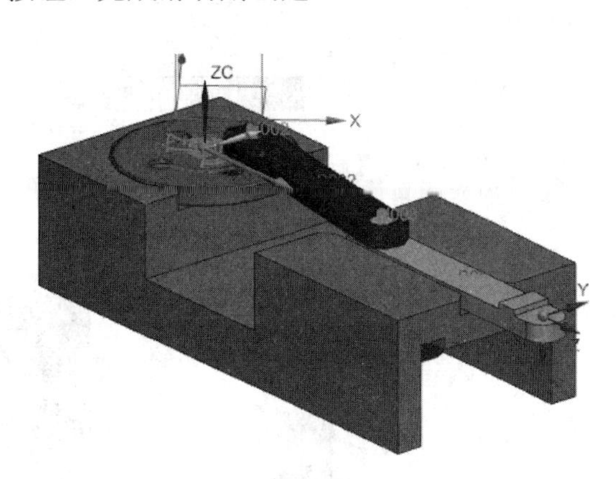

图 3-197　指定矢量

3.4.4　动画分析

1）单击【主页】选项卡【解算方案】面组上的【解算方案】按钮，打开【解算方案】对话框，如图 3-198 所示。

2）在【解算方案选项】中设置【时间】为 10，【步数】为 1000。

3）勾选【按“确定”进行求解】复选框，直接解算，如图 3-199 所示。

4）单击【解算方案】对话框的【确定】按钮，完成解算方案的创建。

5）单击【结果】选项卡【运动模拟播放器】面组上的【播放】按钮，冲床运动开始，如图 3-200 所示。

6）单击【主页】选项卡【运动模拟播放器】面组上的【完成】按钮，完成冲床模型的动画分析。

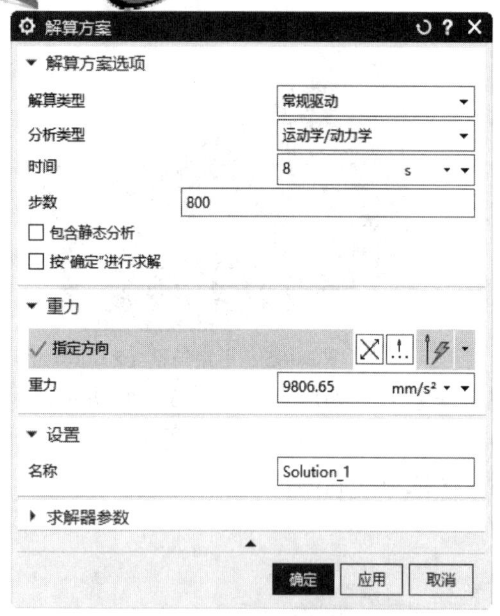

图 3-198 【解算方案】对话框

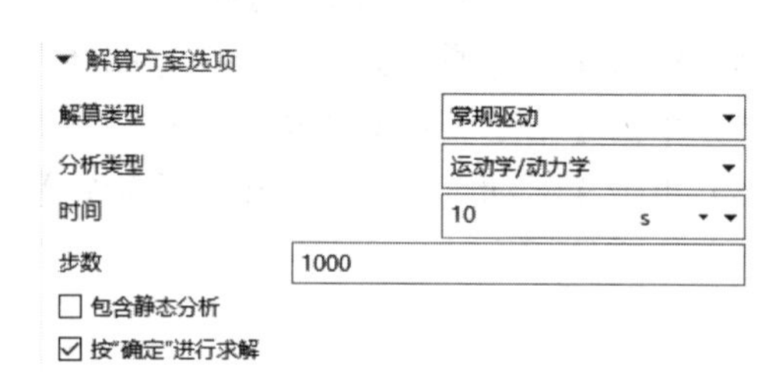

图 3-199 设置解算方案参数

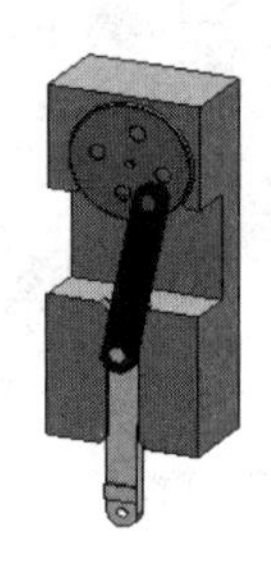
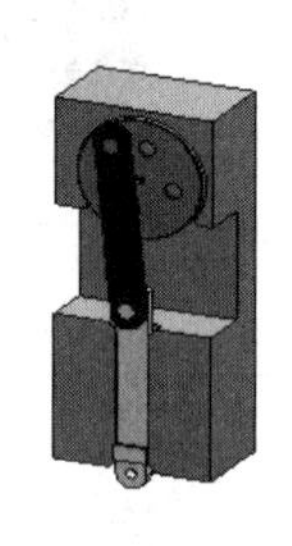
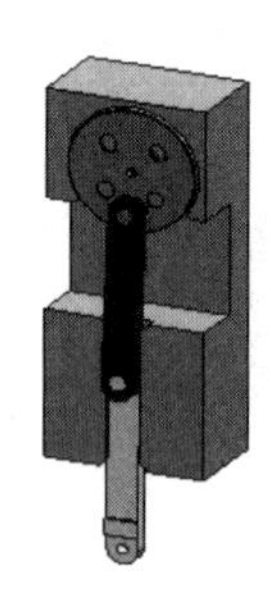

图 3-200 动画结果（1s、1.5s、2.3s）

3.4.5 优化模型

本实例以满足冲床最基本的功能来优化模型，对模型线性运动的距离进行调整优化。

1）在【装配导航器】中选择模型，在打开的图 3-201 所示的右键快捷菜单中选择【在窗口中打开】选项，打开装配模型。

2）单击【应用模块】选项卡【仿真】面组上的【前/后处理】按钮，进入到高级仿真模块。在【仿真导航器】中选择模型并右击，打开如图 3-202 所示的快捷菜单，在快捷菜单中选择【新建理想化部件】选项，打开【新建理想化部件】对话框，如图 3-203 所示。选择保存路径，单击【确定】按钮，弹出【理想化部件警告】对话框，如图 3-204 所示。单击【确定】按钮。

3）单击【主页】选项卡【开始】面组上的【提升】按钮，打开【提升体】对话框，如图 3-205 所示。选择装配体，单击【确定】按钮，完成几何体的提升。

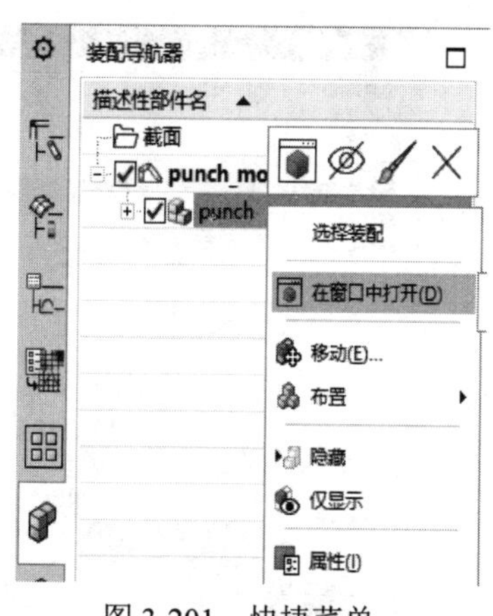

图 3-201　快捷菜单

图 3-202　选择【新建理想化部件】选项

图 3-203　【新建理想化部件】对话框

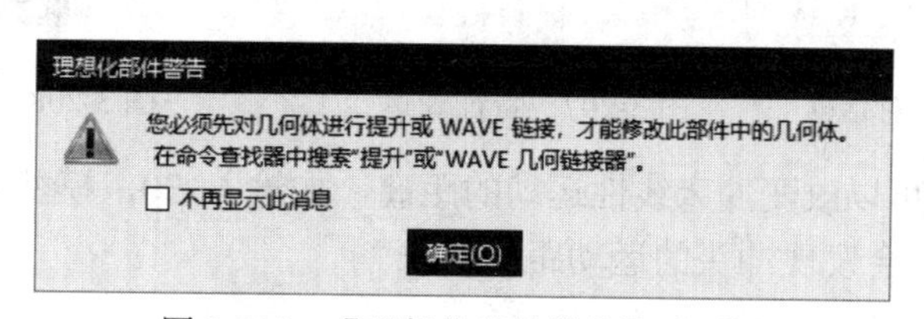

图 3-204　【理想化部件警告】对话框

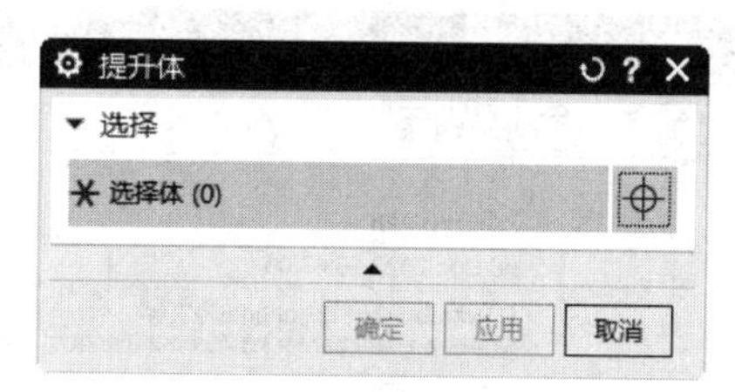

图 3-205　【提升体】对话框

4）选择【菜单】→【编辑】→【主模型尺寸】命令，打开【编辑尺寸】对话框，如图 3-206 所示。

5）查找冲床线性运动距离中最关键的尺寸。

6）选择【SKETCH_000:草图(5)】，特征表达式显示相关尺寸，如图 3-207 所示。

7）选择表达式 P12=30，下面的值文本框显示 40，如图 3-208 所示。此尺寸为凸台到圆心的距离，如果要清楚知道此表达式的用途，单击【用于何处】按钮，打开【信息】对话框，如图 3-209 所示。

图 3-206 【编辑尺寸】对话框　　图 3-207 特征表达式　　图 3-208 【编辑尺寸】对话框

8）编辑此尺寸，可以改变冲床线性运动的距离，如输入 30，模型马上更新，如图 3-210 示。再次做动画分析，会发现冲头的运动距离加长。

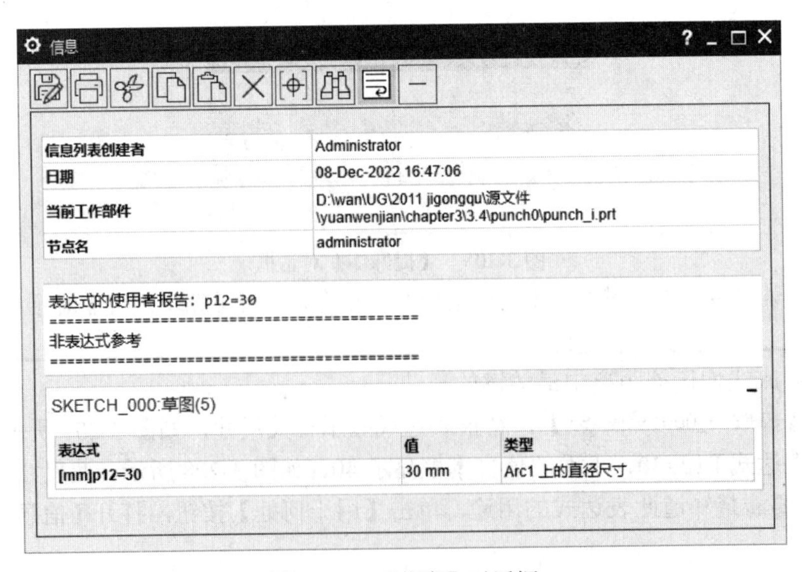

图 3-209 【信息】对话框

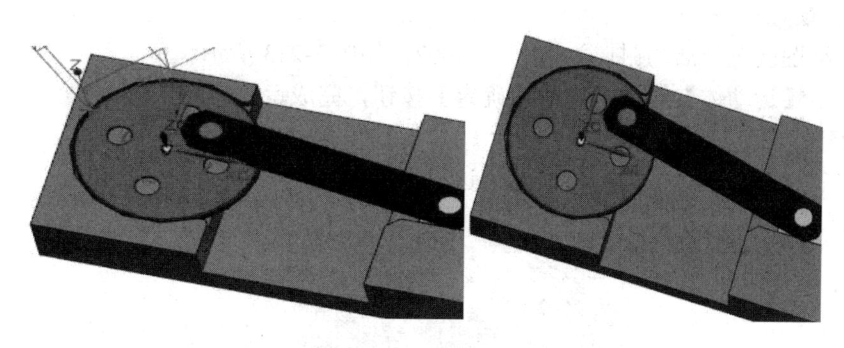

图 3-210　原模型、优化后的模型

3.5　实例——台虎钳模型

本节将完成 3.2.6 小节柱面副所涉及的台虎钳模型，完成台虎钳模型完整的动画分析。当旋转手柄时，钳口要对应地滑动，以便锁紧物体。

3.5.1　创建运动体和运动副

台虎钳模型的柱面副已经创建，钳口的滑动副为单一的滑动性质，需要相对地面固定。因此，要在钳口与手柄之间添加辅助的旋转副以啮合钳口，传递手柄的位移运动。具体步骤如下：

1. 创建运动体

1）打开源文件/chapter3/原始文件 /3.2 / Cylindrical / Cylindrical_motion_1.sim，如图 3-211 所示。

2）单击【主页】选项卡【机构】面组上的【运动体】按钮，打开【运动体】对话框，如图 3-212 所示。

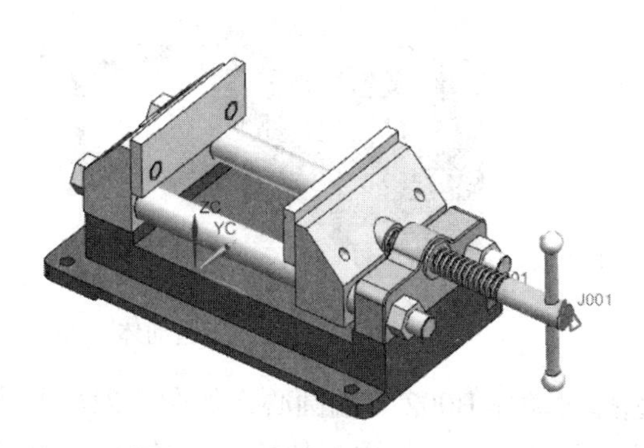

图 3-211　台虎钳模型

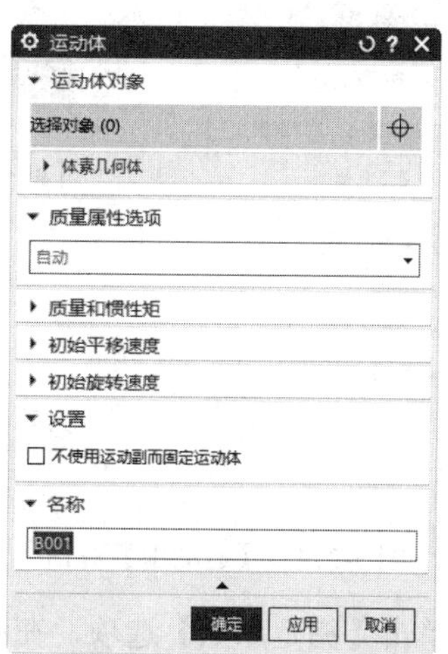

图 3-212　【运动体】对话框

3）在绘图区选择活动钳口为运动体 B002，如图 3-213 所示。

4）单击【运动体】对话框中的【确定】按钮，完成运动体的创建。

2. 创建柱面副

我们在 3.2.2 节已经创建了柱面副，这里不再重复。

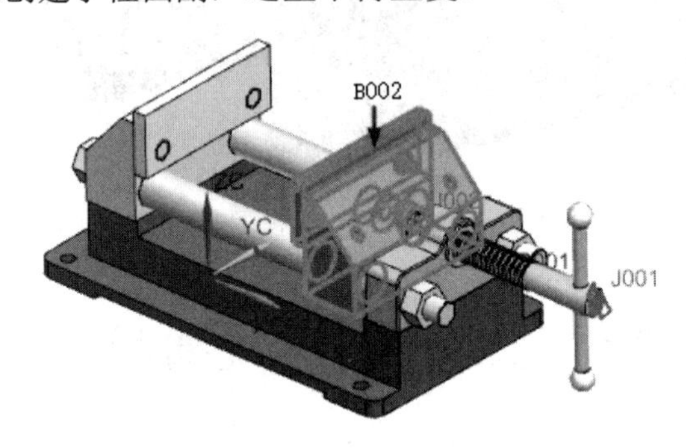

图 3-213　选择运动体

3. 创建旋转副

1）单击【主页】选项卡【机构】面组上的【运动副】按钮，打开【运动副】对话框，如图 3-214 所示。单击【类型】下拉列表框，选择【旋转副】。

2）单击【选择运动体】选项，在绘图区选择手柄为运动体 B001，如图 3-215 所示。

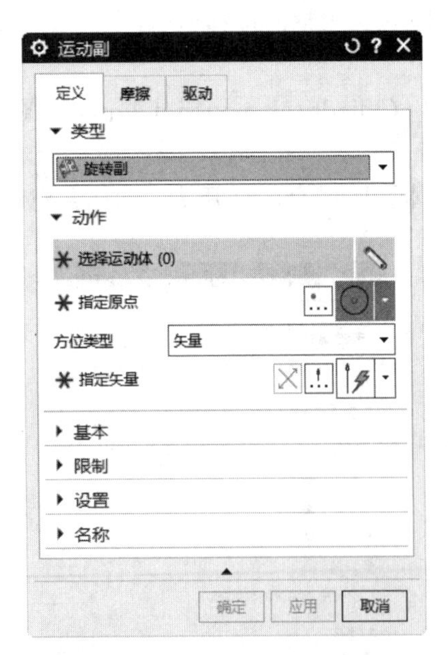

图 3-214　【运动副】对话

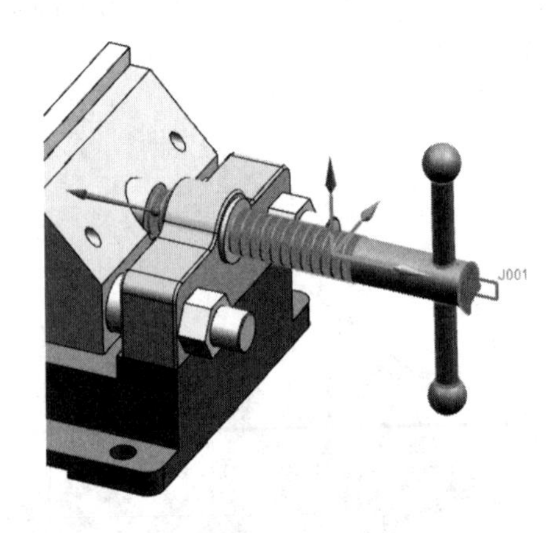

图 3-215　选择运动体

3）单击【指定原点】选项，在绘图区选择运动体 B002 右端圆心，如图 3-216 所示。

4）单击【指定矢量】选项，选择手柄连接处的任意一柱面，使 Z 指向轴心，如图 3-217 所示。

图 3-216　指定原点

图 3-217　指定矢量

5）在【基本】选项组中勾选【对齐运动体】复选框，如图 3-218 所示。

6）单击【选择运动体】选项，在绘图区选择运动体 B002，对齐运动体，如图 3-219 所示。

7）单击【指定原点】选项，在绘图区选择运动体 B002 右端圆心。

8）单击【指定矢量】选项，选择手柄连接处的任意一柱面，使 Z 指向轴心。

9）单击【运动副】对话框中的【确定】按钮，完成旋转副的创建。

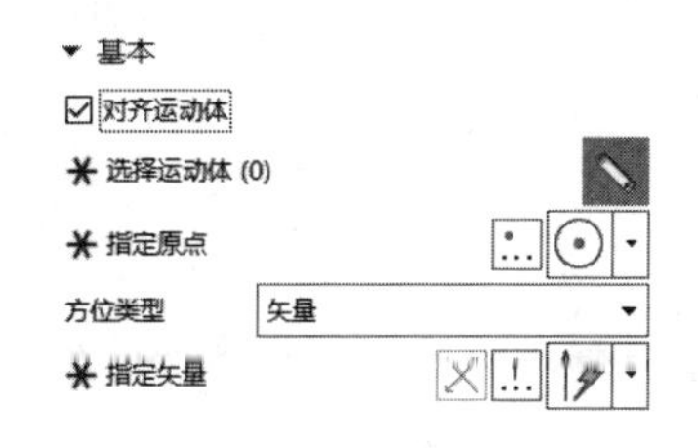

图 3-218　勾选【对齐运动体】复选框

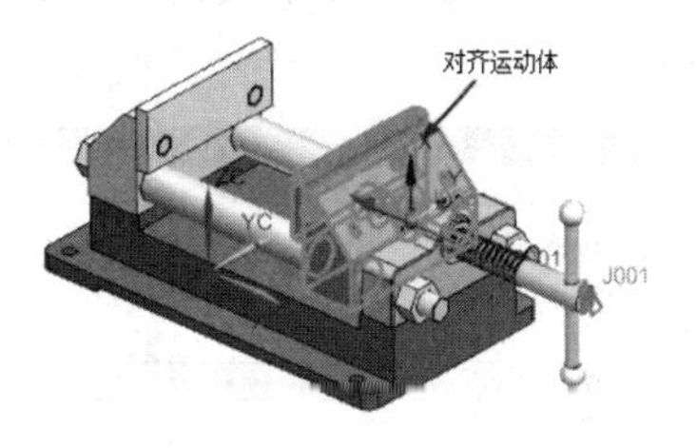

图 3-219　对齐运动体

4. 创建滑动副

1）单击【主页】选项卡【机构】面组上【运动副】按钮，打开【运动副】对话框，如图 3-220 所示。

2）在【类型】下拉列表框中选择【滑动副】。

3）单击【选择运动体】选项，在绘图区选择运动体 B002。

4）单击【指定原点】选项，在绘图区选择运动体上任一点，如图 3-221 所示。

5）单击【指定矢量】选项，选择运动体 B002 左端的平面，如图 3-222 所示。

6）单击【运动副】对话框中的【确定】按钮，完成滑动副的创建。

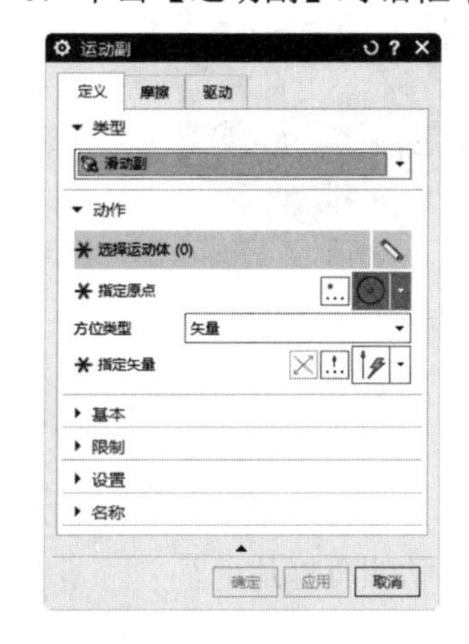

图 3-220　【运动副】对话框

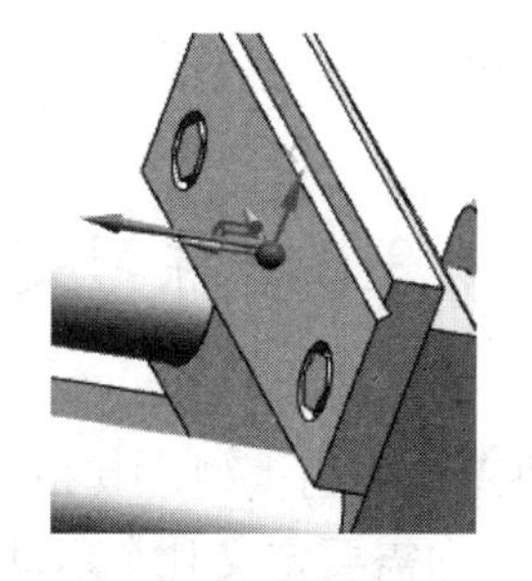

图 3-221　指定原点

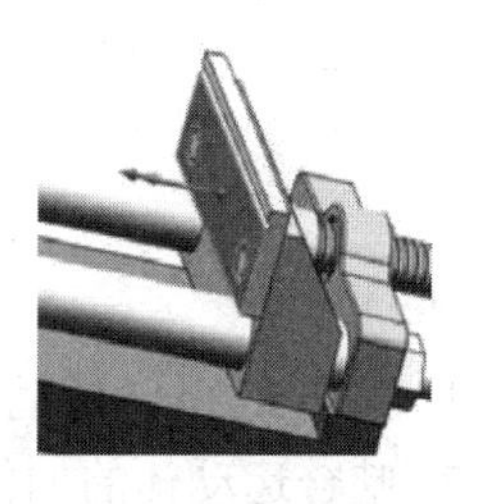

图 3-222　指定矢量

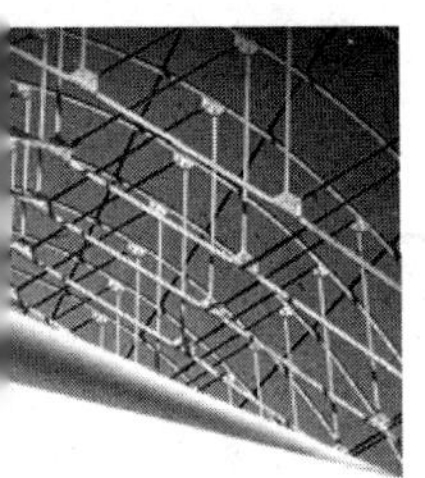
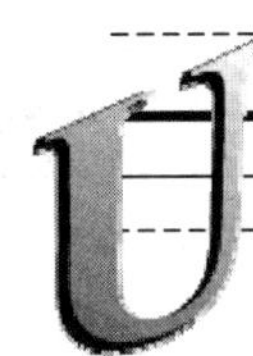

3.5.2 创建台虎钳动画

完成运动体和运动副的创建后，对模型进行动画分析。具体步骤如下：

1）单击【主页】选项卡【解算方案】面组上的【解算方案】按钮，打开【解算方案】对话框，如图 3-223 所示。

2）在【解算方案选项】中设置【时间】为 4，【步数】为 400，如图 3-224 所示。

3）单击【解算方案】对话框的【确定】按钮，完成解算方案的创建。

4）单击【主页】选项卡【解算方案】面组上【求解】按钮，求解当前解算方案的结果。

5）单击【结果】选项卡【运动模拟播放器】面组上的【播放】按钮，运动开始，如图 3-225 所示。

6）单击【结果】选项卡【运动模拟播放器】面组上的【完成】按钮，完成当前台虎钳的动画分析。

图 3-223 【解算方案】对话

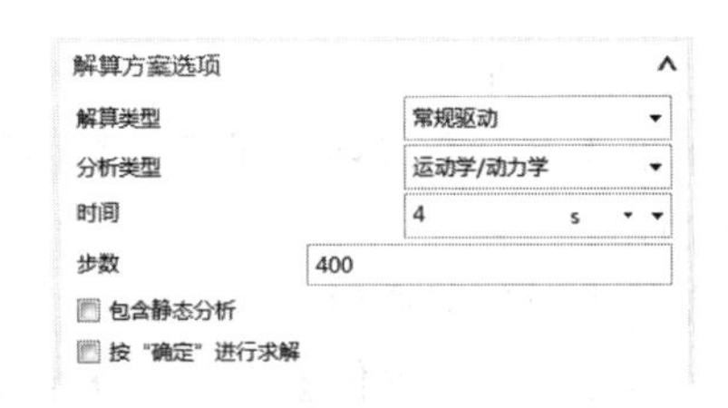

图 3-224 设置解算方案参数

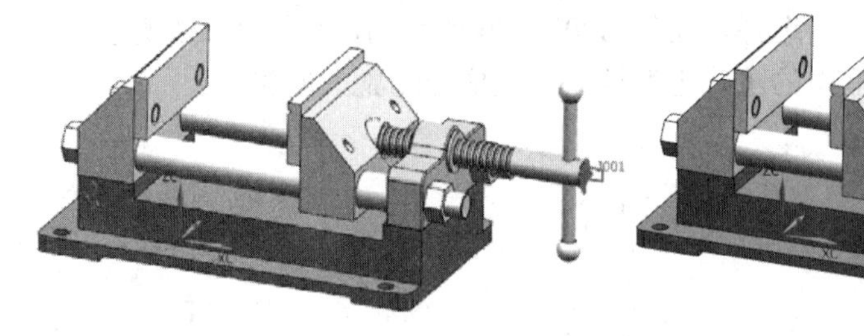

图 3-225 动画结果（1s、4s）

3.6 练习题

1. UG NX 2027 运动仿真模块运动副的类型，其中不包含驱动的有哪几个？
2. 啮合运动体的如何创建的，它需要定义几个运动体？

3. 打开源文件/chapter3/原始文件/3.6/pump/pump.prt，井水泵模型如图 3-226 所示。完成井水泵运动的创建，一共需要创建 4 个运动体、5 个运动副。运动时手柄做周期性的旋转运动，而活塞做周期线性运动。

操作提示：

1）创建运动体，如图 3-227 所示。其中运动体 B002 为固定运动体。

2）创建旋转副 J002。选择运动体 B001，指定图 3-228 所示的原点和矢量，并开启限制【上限】为 45°，【下限】为 0°；在【驱动】选项卡中选择驱动类型为【铰接运动】。

图 3-226　井水泵模型　　　　图 3-227　创建运动体

图 3-228　指定原点和矢量

3）创建旋转副 J003。选择运动体 B003，指定原点和矢量，如图 3-229 所示。在【基本】选项组中选择运动体 B001。

图 3-229　指定原点和矢量

4）创建滑动副 J004。选择运动体 B004，指定原点和矢量，如图 3-230 所示。

图 3-230　指定原点和矢量

5）创建旋转副 J005。选择运动体 B003，指定原点和矢量，如图 3-231 所示。在【基本】选项组中选择运动体 B001。

6）解算求解。

图 3-231　指定原点和矢量

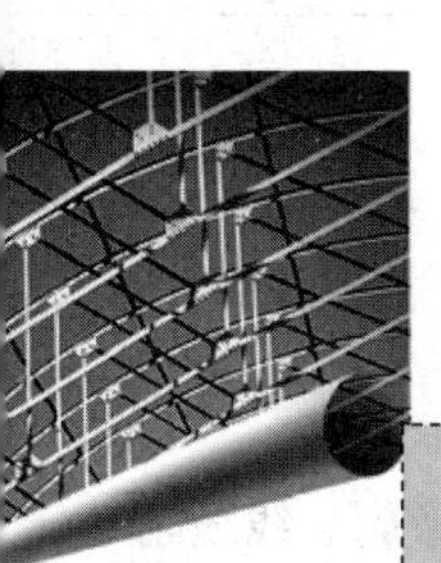

第4章

传动副

任何机构的原动力总是经过一定的转变后才能满足需要，如变速、离合、控制的输出力类型等。典型的传动副机构有传动带、齿轮等。UG NX 2027 的传动副包含了齿轮耦合副、齿轮齿条副、线缆副等。

重点与难点

- 了解耦合副的相关定义、要点。
- 创建齿轮耦合副、齿轮齿条副、线缆副。

4.1　创建耦合副

耦合副的作用是改变扭矩的大小、控制输出力类型等。齿轮耦合副、齿轮齿条副、线缆副和 2-3 联接耦合副是建立在基础运动副之上的运动类型，因此耦合副没有驱动可以加载。组成耦合副的基础运动副包括：

- 齿轮耦合副：定义两个运动副之间的相对旋转运动。
- 齿轮齿条副：定义滑动副和旋转副之间的相对运动。
- 线缆副：定义两个滑动副之间的相对运动。
- 2-3 联接耦合副：定义两个或三个旋转副、滑动副和柱面副之间的相对运动。

4.1.1　齿轮耦合副

齿轮耦合副（Gear Coupler）可以模拟齿轮的传动，如图 4-1 所示。创建齿轮时，需要选取两个旋转副或圆柱副，并定义齿轮传动比。齿轮耦合副的特点如下：

- 齿轮耦合副不能定义驱动，如果需要运动可以在其他运动副上定义。
- 齿轮耦合副除去了两个旋转副的一个自由度，其中一个旋转副要跟随另一个旋转副转动，因此需要定义啮合点，以确定它们的传动比。
- 两旋转副的轴心可以不平行，即能创建锥齿轮传动，如图 4-2 所示。
- 成功创建齿轮耦合副的条件是，两个旋转副或圆柱副全部为固定的或自由的，并且不能同轴。

图 4-1　直齿轮传动

图 4-2　锥齿轮传动

4.1.2　创建齿轮耦合副

本实例将讲解齿轮耦合副的创建，其中齿轮模型的运动体和旋转副都已经完成。具体步骤如下：

1）启动 UG NX 2027，打开源文件/chapter4/原始文件/4.1 /Gear /motion_1.sim，直齿轮模型

如图 4-3 所示。

2）单击【主页】选项卡【耦合副】面组上的【齿轮耦合副】按钮，或者选择【菜单】→【插入】→【耦合副】→【齿轮耦合副】命令，打开【齿轮耦合副】对话框，如图 4-4 所示。

3）在绘图区（或运动导航器）选择第一个旋转副。

4）在绘图区（或运动导航器）选择第二个旋转副，如图 4-5 所示。

图 4-3　直齿轮模型

图 4-4　【齿轮耦合副】对话框

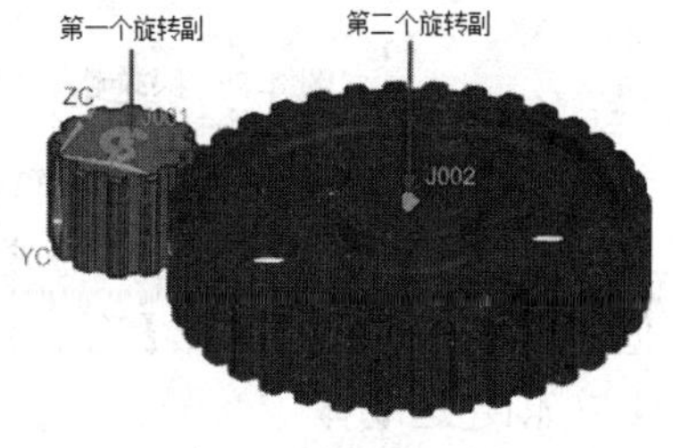

图 4-5　选择旋转副

5）设置齿轮传动比参数（传动比=从动齿轮分度圆直径/主动齿轮分度圆直径），可以在【齿轮半径】文本框输入齿轮分度圆半径值，或者在第一个运动副【齿轮半径】文本框中输入传动比参数，在第二个运动副【齿轮半径】文本框中输入 1，或者选择接触点指定齿轮的啮合点定义传动比参数，本实例传动比参数设置为 0.2，如图 4-6 所示。

6）单击【齿轮耦合副】对话框中的【确定】按钮，完成齿轮耦合副的创建，如图 4-7 所示。

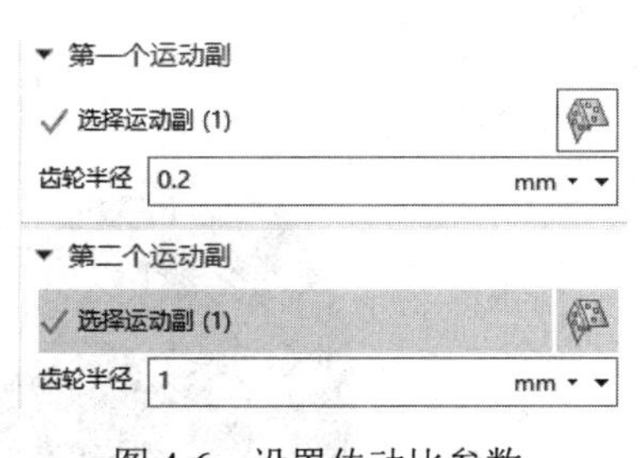

图 4-6　设置传动比参数

图 4-7　创建的齿轮耦合副

4.1.3　创建蜗轮蜗杆运动

本实例将讲解蜗轮蜗杆运动的创建。蜗轮蜗杆是齿轮副的特殊类型，与创建普通齿轮耦合副的不同之处在于不能定义接触点，只能输入传动比且蜗轮为主运动。具体步骤如下：

1. 新建仿真

1）启动 UG NX 2027，打开源文件/chapter4/原始文件 /4.1 /ohv.prt，蜗轮蜗杆模型如图 4-8 所示。

2）单击【应用模块】选项卡【仿真】面组上的【运动】按钮，进入运动仿真界面。

3）选择【运动导航器】，右击运动仿真 ohv 图标，选择【新建仿真】，如图 4-9 所示。

图 4-8　蜗轮蜗杆模型

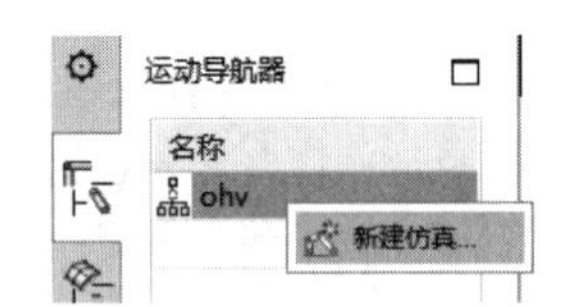

图 4-9　选择【新建仿真】

4）选择【新建仿真】后，软件自动打开【新建仿真】对话框，单击【确定】按钮，打开【环境】对话框如图 4-10 所示。【求解器选项】选择 RecurDyn，【分析类型】选择【动力学】，其他参数选择默认，单击【确定】按钮。

2. 创建运动体

1）单击【主页】选项卡【机构】面组上的【运动体】按钮，打开【运动体】对话框，如图 4-11 所示。

2）在绘图区选择蜗杆作为运动体 B001。

3）单击【运动体】对话框中的【应用】按钮，完成蜗杆运动体的创建。

4）在绘图区选择蜗轮作为运动体 B002，如图 4-12 所示。

5）单击【运动体】对话框中的【确定】按钮，完成运动体的创建。

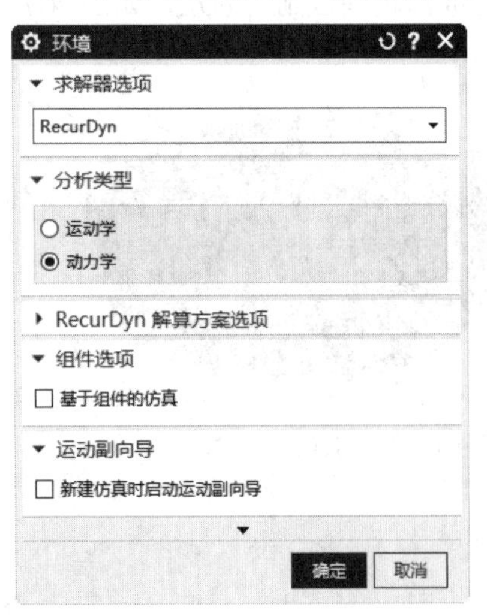

图 4-10　【环境】对话框

图 4-11　【运动体】对话框

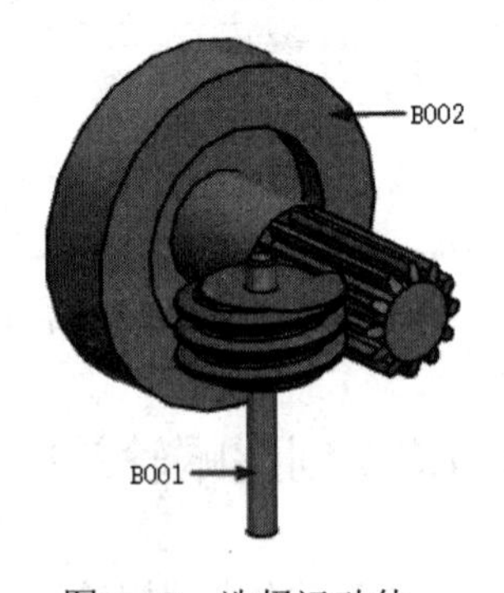

图 4-12　选择运动体

3. 创建旋转副 1

1）单击【主页】选项卡【机构】面组上的【运动副】按钮，打开【运动副】对话框。在【类型】下拉列表框中选择【旋转副】类型。

2）单击【选择运动体】选项，在绘图区选择运动体 B001。

3）单击【指定原点】按钮，在绘图区选择运动体 B001 轴心任意一点，如图 4-13 所示。

4）单击【指定矢量】按钮，选择运动体 B001 的柱面，如图 4-14 所示。

5）单击【驱动】标签，打开【驱动】选项卡，如图 4-15 所示。

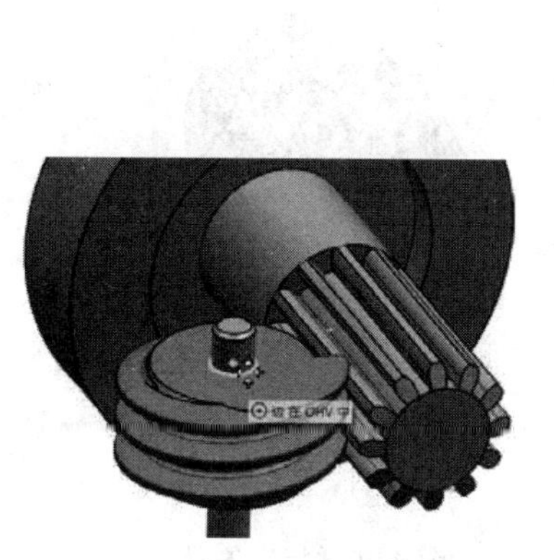

图 4-13　指定原点

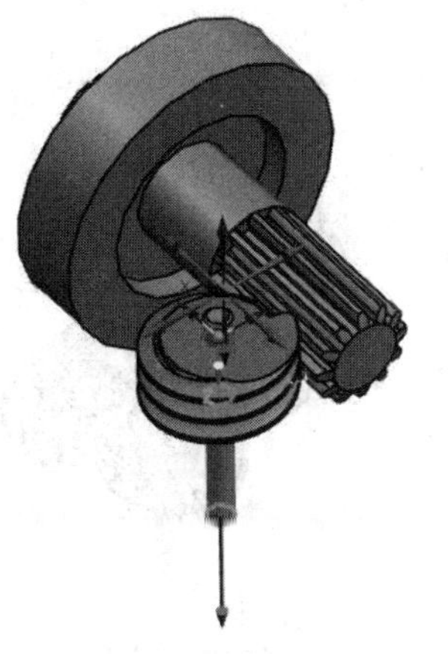

图 4-14　指定矢量

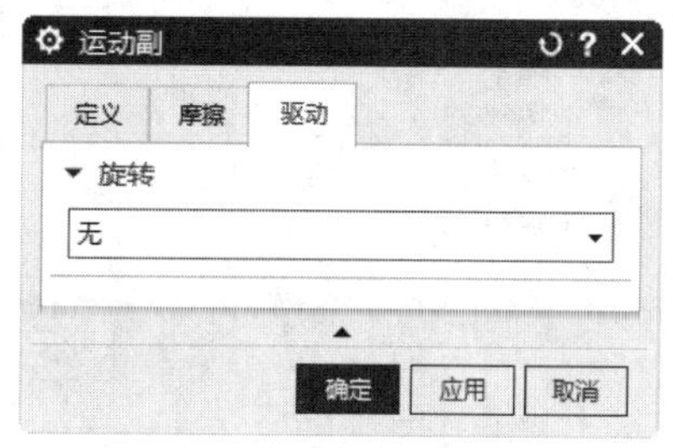

图 4-15　【驱动】选项卡

6）在【旋转】下拉列表框中选择【多项式】类型，在【速度】文本框输入 55，如图 4-16 所示。

7）单击【运动副】对话框中的【确定】按钮，完成旋转副 1 的创建，如图 4-17 所示。

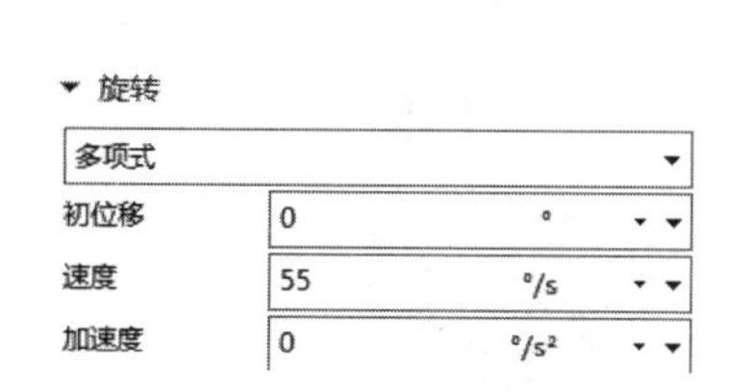

图 4-16　设置旋转参数

图 4-17　创建旋转副 1

4. 创建旋转副 2

1）单击【主页】选项卡【机构】面组上的【运动副】按钮，打开【运动副】对话框，如图 4-18 所示。在【类型】下拉列表框中选择【旋转副】。

2）单击【选择运动体】选项，在绘图区选择运动体 B002。

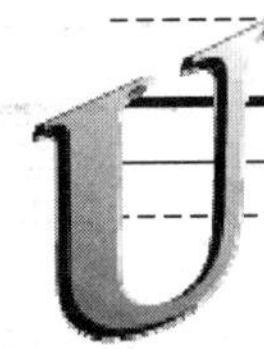

3）单击【指定原点】选项，在绘图区选择运动体 B002 轴心任意一点，如图 4-19 所示。

4）单击【指定矢量】选项，选择系统提示的坐标系 X 轴，如图 4-20 所示。

5）单击【运动副】对话框中的【确定】按钮，完成旋转副 2 的创建。

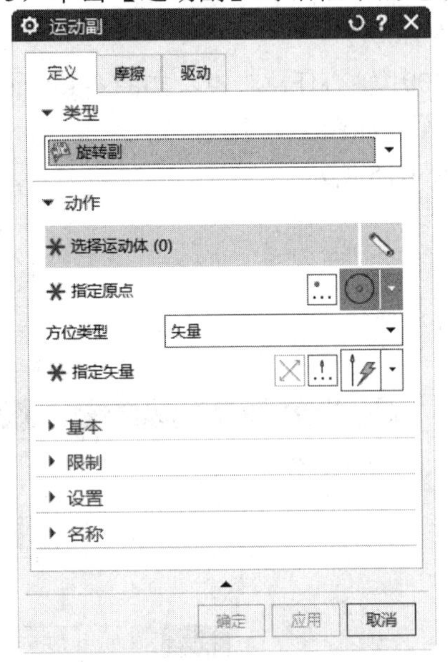

图 4-18 【运动副】对话框

图 4-19 指定原点

图 4-20 指定矢量

5. 创建齿轮耦合副

1）单击【主页】选项卡【耦合副】面组上的【齿轮耦合副】按钮，打开【齿轮耦合副】对话框，如图 4-21 所示。

2）在绘图区选择第一个旋转副为第一个运动副、选择第二个旋转副为第二个运动副。

说明：如果旋转副图标不容易选择，可以在创建旋转运动副时设置显示比例，使图标放大。也可以在【运动导航器】中进行选择。

图 4-21 【齿轮耦合副】对话框

3）设置【比率】为 0.1，【显示比例】文本框输入 2，如图 4-22 所示。

4）单击【齿轮耦合副】对话框中的【确定】按钮，完成齿轮耦合副的创建。

6. 动画分析

1）单击【主页】选项卡【解算方案】面组上的【解算方案】按钮，打开【解算方案】对话框，如图 4-23 所示。

2）在【解算方案选项】中设置【时间】为 5，【步数】为 500，如图 4-24 所示。

3）单击【解算方案】对话框中的【确定】按钮，完成解算方案的创建。

图 4-22　设置参数

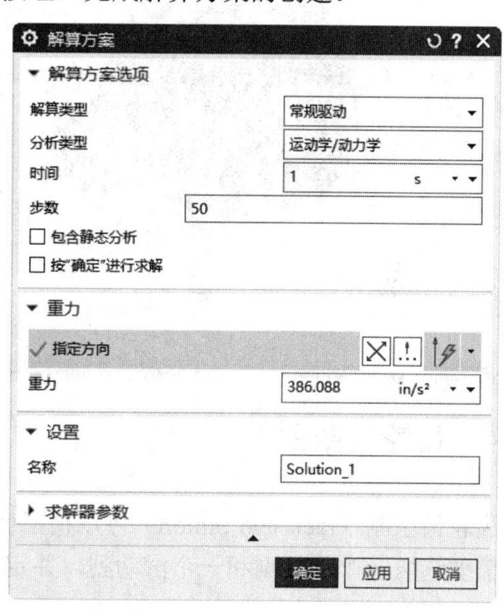

图 4-23　【解算方案】对话框

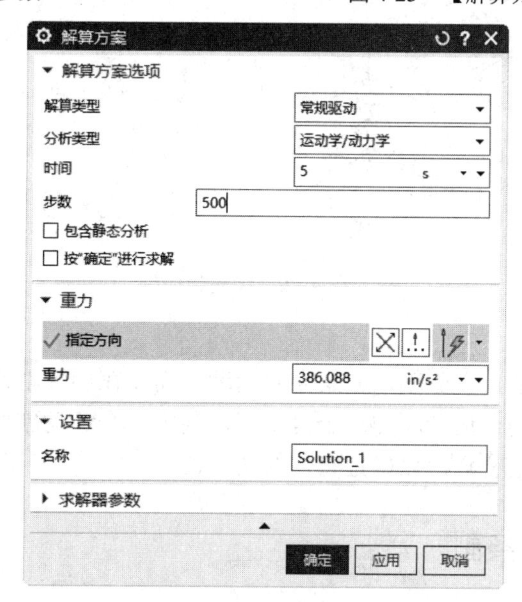

图 4-24　设置解算方案参数

4）单击【主页】选项卡【解算方案】面组上的【求解】按钮，求解当前解算方案的结果。

5）单击【结果】选项卡【运动模拟播放器】面组上的【播放】按钮，运动开始，如图 4-25 所示。

6）单击【结果】选项卡【运动模拟播放器】面组上的【完成】按钮，完成动画分析。

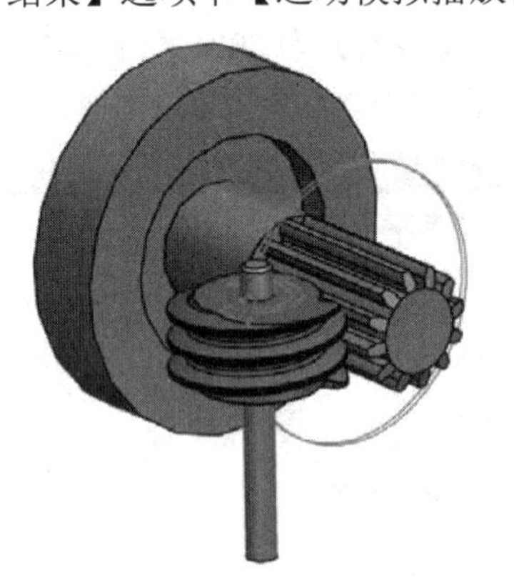
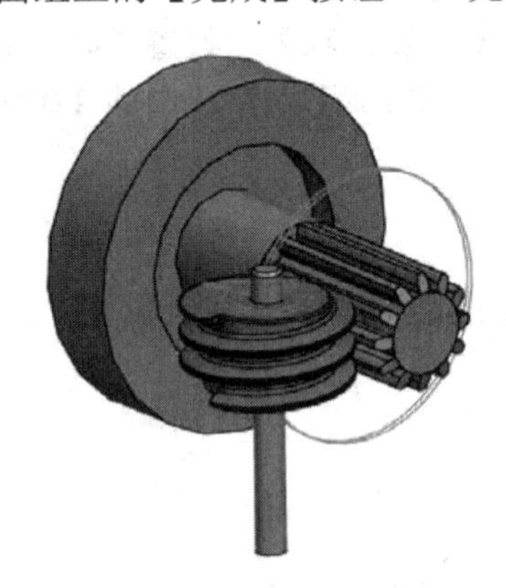

图 4-25　动画结果（0.8s、3s）

4.1.4　齿轮齿条副

齿轮齿条副（rack and pinion）可以模拟齿轮、齿条之间的啮合运动，如图 4-26 所示。创建时需要选取一个旋转副和一个滑动副，并定义齿轮齿条的传动比。

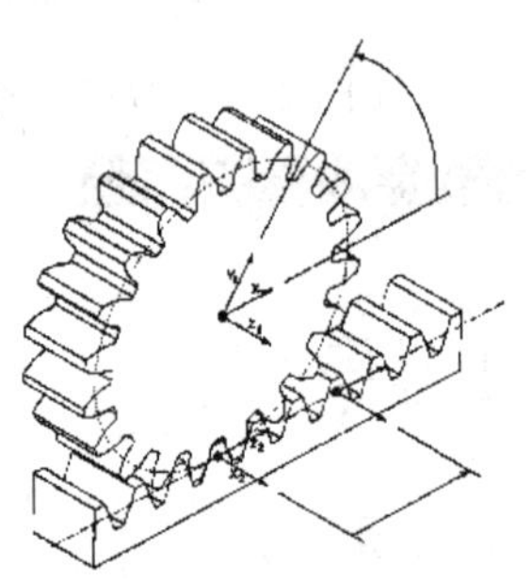
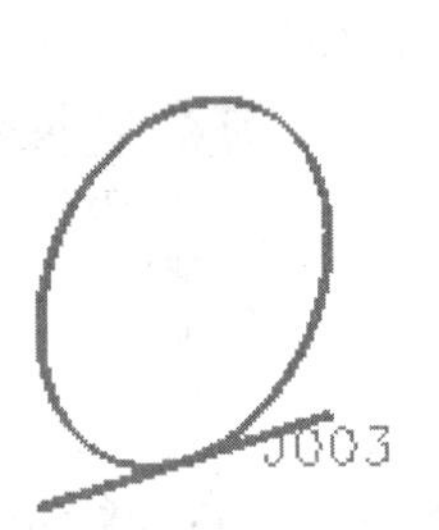

图 4-26　齿轮齿条副

齿轮齿条副的特点：

- ❑ 齿轮齿条副不能定义驱动，如果需要运动，需要在旋转副或滑动副内定义。
- ❑ 齿轮副除去了两个运动副的一个自由度，其中一个运动副要跟随另一个运动副运动，因此需要定义啮合点，以确定它们的传动比。

4.1.5　创建齿轮齿条副

本实例将讲解齿轮齿条副的创建，其中模型的运动体和运动副都已经完成，具体步骤如下：

1）启动 UG NX 2027，打开源文件/chapter4/原始文件 /4.1 / Rack and pinion /motion_1. Sim，齿轮齿条模型如图 4-27 所示。

2）单击【主页】选项卡【耦合副】面组上的【齿轮齿条副】按钮，或者选择【菜单】→【插入】→【耦合副】→【齿轮齿条副】命令，打开【齿轮齿条副】对话框，如图 4-28 所示。

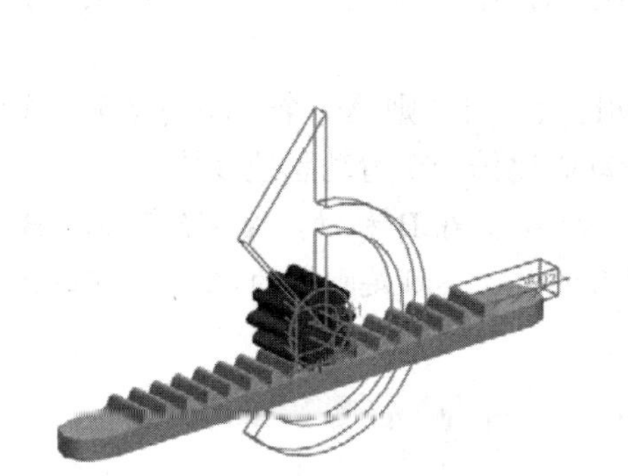
图 4-27　齿轮齿条模型

图 4-28　【齿轮齿条副】对话框

3）在绘图区（或运动导航器）选择滑动副 J002。

4）在绘图区（或运动导航器）选择旋转副 J001，如图 4-29 所示。

5）设置齿轮齿条副传动比参数，可以在【比率】文本框输入传动比参数，或者选择接触点指定齿轮的啮合点定义传动比参数，本实例选择【比率】为 6.5，如图 4-30 所示。

6）单击【齿轮齿条副】对话框中的【确定】按钮，完成齿轮齿条副的创建，如图 4-31 所示。

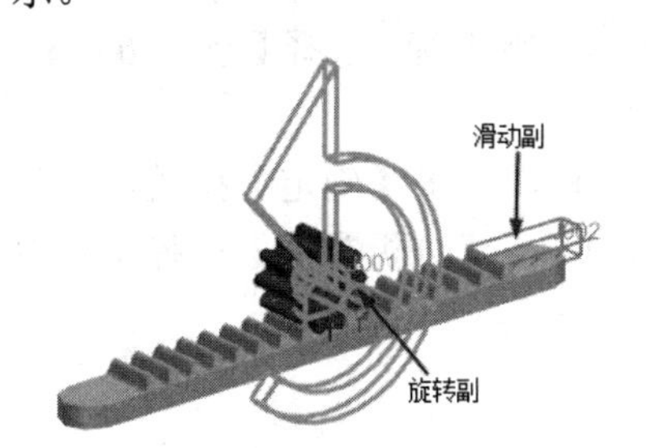

图 4-29　选择旋转副

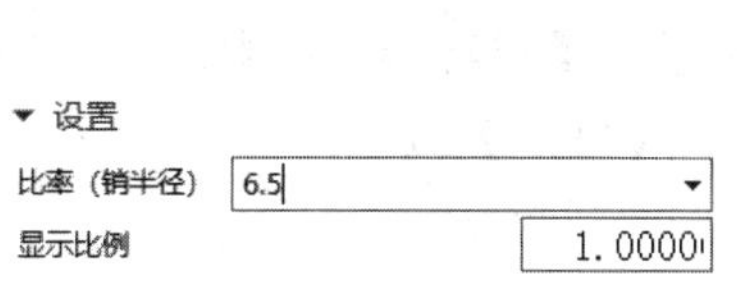

图 4-30　设置参数

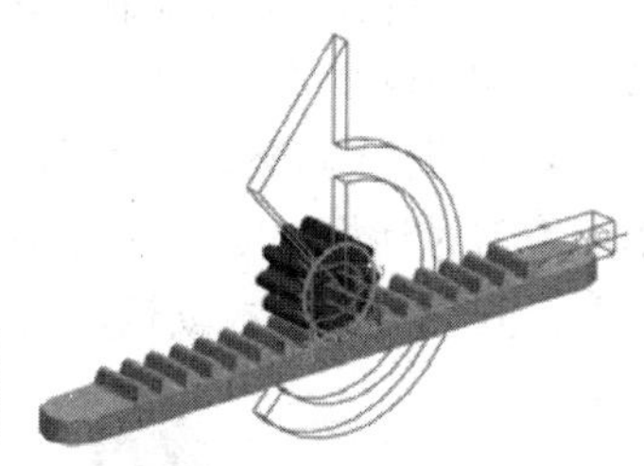
图 4-31　创建的齿轮齿条副

4.1.6　线缆副

线缆副（cable joint）可以模拟线缆的运动，如起重机线缆等。创建时需要选取两个滑动副，当其中一个滑动副移动时，另外一个滑动副也跟随滑动。传动比一般是 1∶1，也可以是一个快一个慢，甚至是方向相反。线缆副的图标如图 4-32 所示。

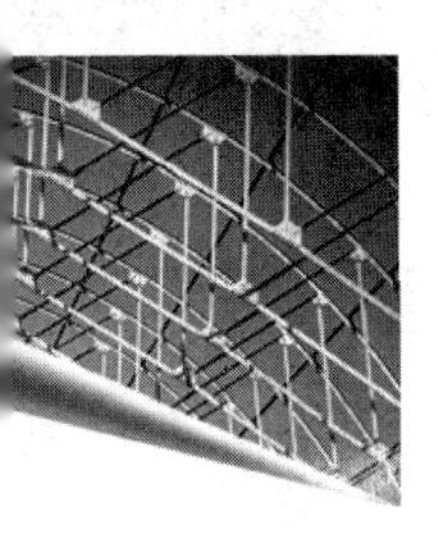

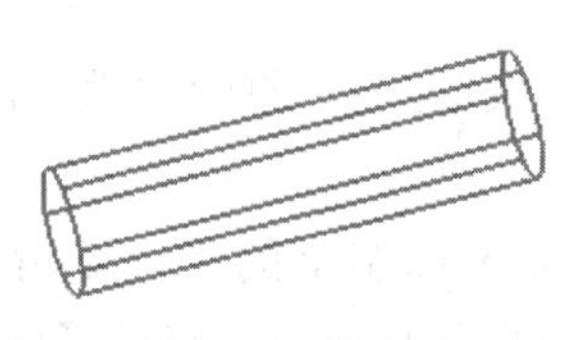

图 4-32　线缆副

线缆副的特点：

- ❑ 线缆副不能定义驱动，如果需要运动，需要在其中一个滑动副内定义。
- ❑ 线缆副除去了两个自由度。
- ❑ 线缆副传动比默认是 1∶1，如果为正值，则两滑动副的方向一致；如果为负值，则两滑动副的方向相反。
- ❑ 线缆副的速度和传动比有关，如果传动比大于 1，则第一个滑动副比第二个滑动副速度快；如果传动比小于 1，则第二个滑动副比第一个滑动副速度快。

说明：从字面上看，线缆副是柔性的连接。如 A 拉着 B 移动，A 突然停止，B 应是由于惯性继续前进。在 UG NX 运动仿真中规定，所有的运动体都是刚性的，没有柔性的形变发生，因此 B 也突然停止。

4.1.7　滑轮模型

本实例以滑轮模型讲解线缆副的创建。滑轮模型需要创建 3 个运动体、1 个旋转副、两个滑动副、1 个线缆副和 1 个齿轮齿条副。具体步骤如下：

1. 新建仿真

1）启动 UG NX 2027，打开源文件/chapter4/原始文件 /4.1 / Cable.prt，滑轮模型如图 4-33 所示。

2）单击【应用模块】选项卡【仿真】面组上的【运动】按钮，进入运动仿真界面。

3）单击资源导航器中选择【运动导航器】，右击运动仿真 Cable 图标，选择【新建仿真】，如图 4-34 所示。

4）选择【新建仿真】后，软件自动打开【新建仿真】对话框，单击【确定】按钮，打开【环境】对话框，如图 4-35 所示。【求解器选项】选择 RecurDyn，【分析类型】选择【动力学】，其他参数选择默认，单击【确定】按钮。

图 4-33　滑轮模型

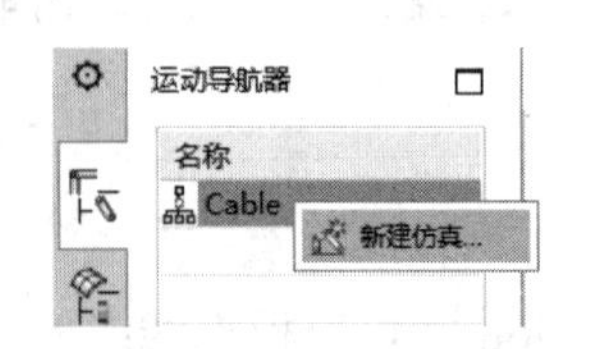

图 4-34　选择【新建仿真】

2. 创建运动体

1）单击【主页】选项卡【机构】面组上的【运动体】按钮，打开【运动体】对话框，如图 4-36 所示。

2）在绘图区选择大砝码作为运动体 B001。

3）单击【运动体】对话框中的【应用】按钮，完成运动体 B001 的创建。

4）在绘图区选择小砝码作为运动体 B002。

5）单击【运动体】对话框中的【应用】按钮，完成运动体 B002 的创建。

6）在绘图区选择滑轮作为运动体 B003，如图 4-37 所示。

7）单击【运动体】对话框中的【确定】按钮，完成运动体 B003 的创建。

图 4-35　【环境】对话框　　图 4-36　【运动体】对话框　　图 4-37　创建运动体

3. 创建旋转副

1）单击【主页】选项卡【机构】面组上的【运动副】按钮，打开【运动副】对话框，如图 4-38 所示。在【类型】下拉列表框中选择【旋转副】。

2）单击【选择运动体】选项，在绘图区选择运动体 B003。

3）单击【指定原点】选项，在绘图区选择运动体 B003 圆心任意一点，如图 4-39 所示。

4）单击【指定矢量】选项，选择系统提示的坐标系 X 轴，如图 4-40 所示。

5）单击【运动副】对话框中的【确定】按钮，完成旋转副创建。

4. 创建滑动副

1）单击【主页】选项卡【机构】面组上的【运动副】按钮，打开【运动副】对话框，如图 4-41 所示。

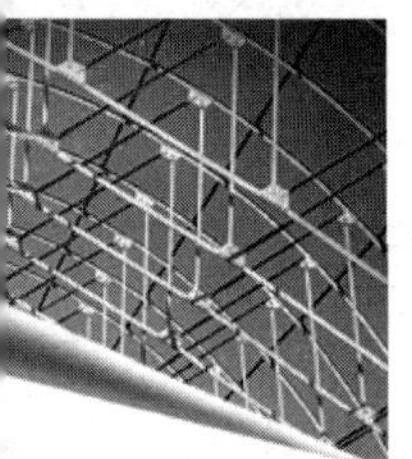

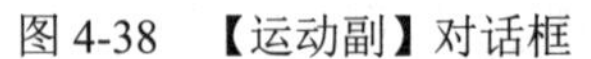
图 4-38 【运动副】对话框

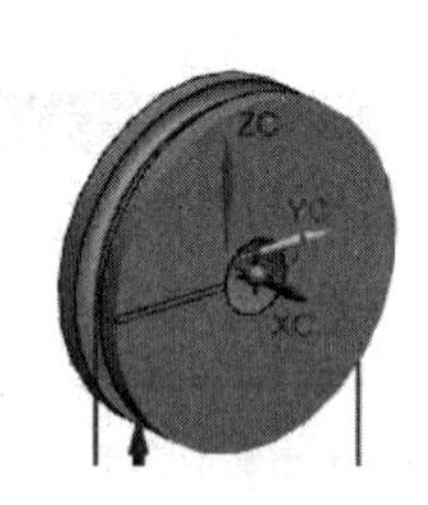

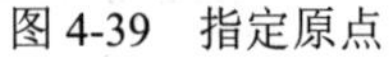
图 4-39 指定原点

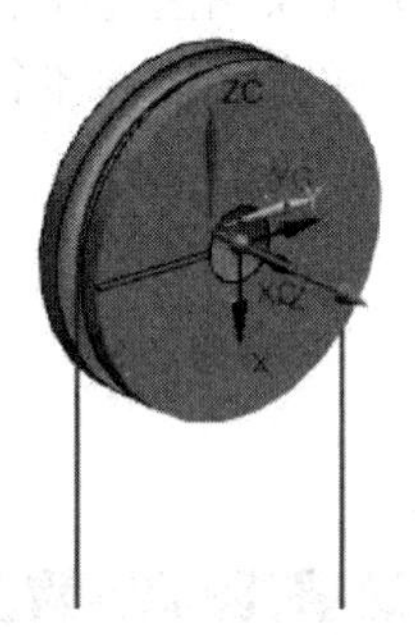

图 4-40 指定矢量

2）在【类型】下拉列表框中选择【滑动副】。
3）单击【选择运动体】选项，在绘图区选择运动体 B001。
4）单击【指定原点】选项，在绘图区选择 B001 任意一圆心为原点，如图 4-42 所示。
5）单击【指定矢量】选项，选择 B001 上的直线，如图 4-43 所示。
6）单击【运动副】对话框中的【确定】按钮，完成滑动副创建。
7）按照相同的方法完成 B002 滑动副的创建，矢量方向向上。

图 4-41 【运动副】对话框

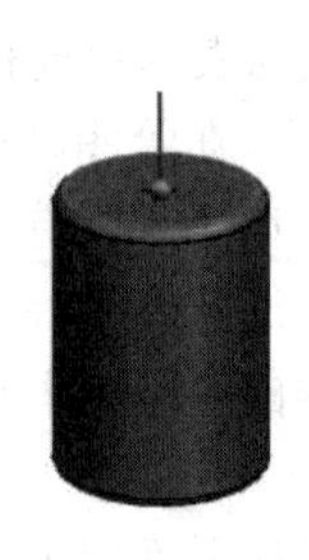
图 4-42 指定原点

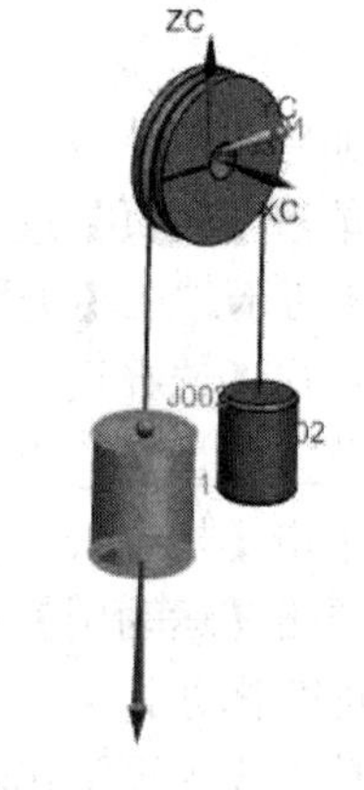

图 4-43 指定矢量

5. 创建线缆副

1）单击【主页】选项卡【耦合副】面组上的【线缆副】按钮，或选择【菜单】→【插入】→【耦合副】→【线缆副】命令，打开【线缆副】对话框，如图4-44所示。

2）在绘图区选择第一个滑动副J002。

3）在绘图区选择第二个滑动副J003，如图4-45所示。

4）单击【线缆副】对话框中的【确定】按钮，完成线缆副的创建。

6. 创建齿轮齿条副

1）单击【主页】选项卡【耦合副】面组上的【齿轮齿条副】按钮，或者选择【菜单】→【插入】→【耦合副】→【齿轮齿条副】命令，打开【齿轮齿条副】对话框，如图4-46所示。

2）在绘图区选择第一个滑动副J002或J003。

图4-44　【线缆副】对话框

图4-45　选择滑动副

图4-46　【齿轮齿条副】对话框

3）在绘图区选择第二个旋转副J001，如图4-47所示。

4）单击【齿轮齿条副】对话框中的【确定】按钮，完成齿轮齿条副的创建，如图4-48所示。

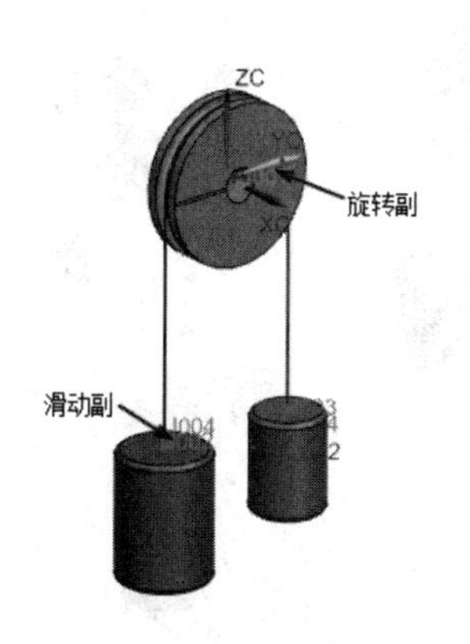

图4-47　选择运动副

图4-48　创建齿轮齿条副

UG NX 2027

7. 动画分析

1）单击【主页】选项卡【解算方案】面组上的【解算方案】按钮，打开【解算方案】对话框，如图 4-49 所示。

2）在【解算方案选项】中设置【时间】为 0.35，【步数】为 100，如图 4-50 所示。

3）单击【解算方案】对话框中的【确定】按钮，完成解算方案的创建。

4）单击【主页】选项卡【解算方案】面组上的【求解】按钮，求解当前解算方案的结果。

5）单击【结果】选项卡【运动模拟播放器】面组上的【播放】按钮，滑轮随重力运动开始，如图 4-51 所示。

6）单击【结果】选项卡【运动模拟播放器】面组上的【完成】按钮，完成滑轮模型动画分析。

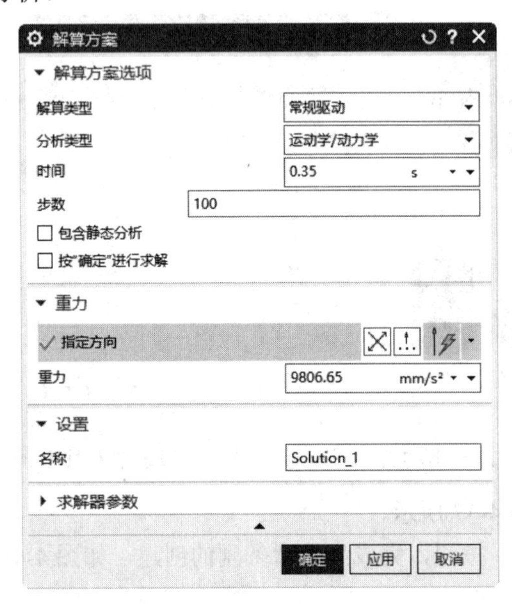

图 4-49 【解算方案】对话框

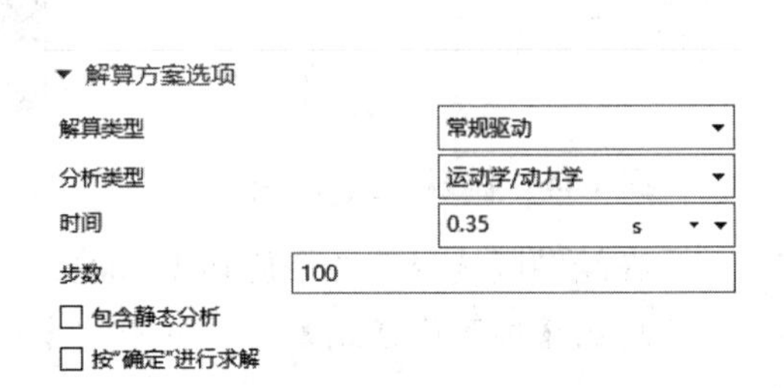

图 4-50 设置解算方案参数

图 4-51 动画结果（0.15s、0.2s、0.3s）

4.2　实例——二级减速器

本实例以二级减速器为例，主要讲解齿轮耦合副的创建。二级减速器一共需要创建 3 个运动体、3 个旋转副和 2 个齿轮副，其中高速齿轮为主运动，需要定义驱动。

4.2.1　创建运动体和旋转副

二级减速器的装配已经完成，在运动仿真模块需要将 3 个齿轮定义为运动体，以及旋转副。具体步骤如下：

1. 新建仿真

1）启动 UG NX 2027，打开源文件/chapter4/原始文件 /4.2 / jsq.prt，二级减速器模型如图 4-52 所示。

2）单击【应用模块】选项卡【仿真】面组上的【运动】按钮，进入运动仿真界面。

3）选择【运动导航器】，右击运动仿真 jsq 图标，选择【新建仿真】，如图 4-53 所示。

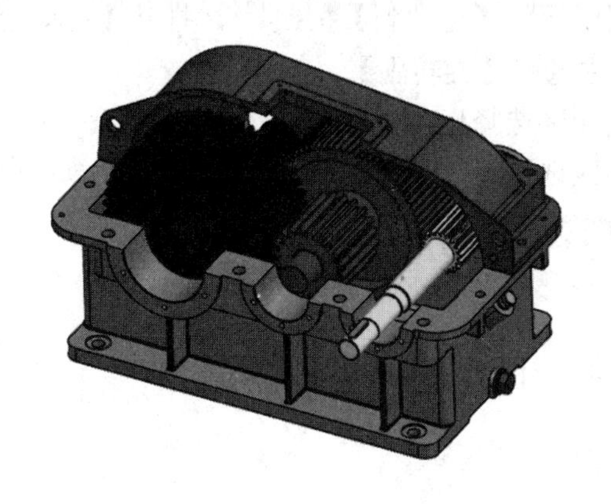

图 4-52　二级减速器模型

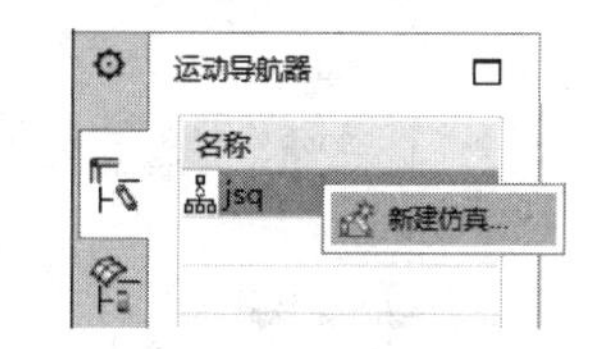

图 4-53　选择【新建仿真】

4）选择【新建仿真】后，软件自动打开【新建仿真】对话框。单击【确定】按钮，打开【环境】对话框，如图 4-54 所示。【求解器选项】选择【RecurDyn】，【分析类型】选择【动力学】，其他参数选择默认，单击【确定】按钮。

2. 创建运动体

1）单击【主页】选项卡【机构】面组上的【运动体】按钮，打开【运动体】对话框。

2）在绘图区选择高速轴和键作为运动体 B001。

3）单击【运动体】对话框中的【应用】按钮，完成运动体 B001 的创建。

4）在绘图区选择两个中间齿轮和轴作为运动体 B002。

5）单击【运动体】对话框中的【应用】按钮，完成运动体 B002 的创建。

6）在绘图区选择大齿轮和轴作为运动体 B003，如图 4-55 所示。

7）单击【运动体】对话框中的【确定】按钮，完成运动体 B003 的创建。

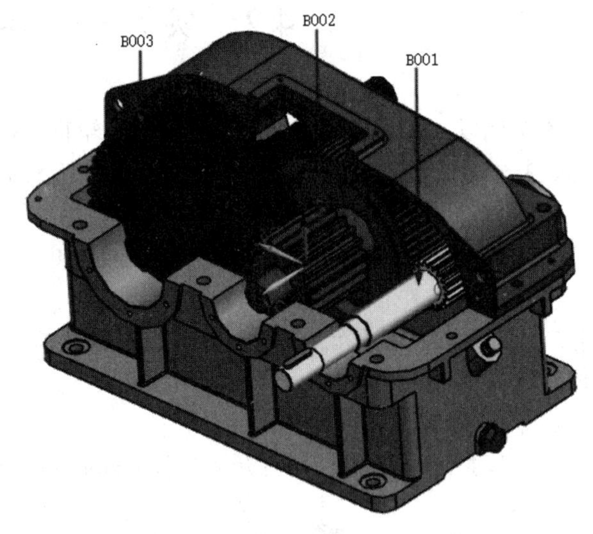

图 4-54 【环境】对话框

图 4-55 创建运动体

3. 创建旋转副

1）单击【主页】选项卡【机构】面组上的【运动副】按钮，打开【运动副】对话框，如图 4-56 所示。在【类型】下拉列表框中选择【旋转副】。

2）单击【选择运动体】选项，在绘图区选择运动体 B001。

3）单击【指定原点】选项，在绘图区选择运动体 B001 转轴上的圆心，如图 4-57 所示。

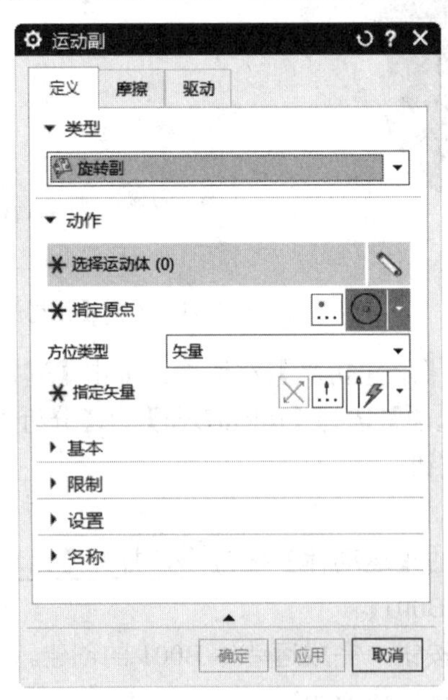

图 4-56 【运动副】对话框

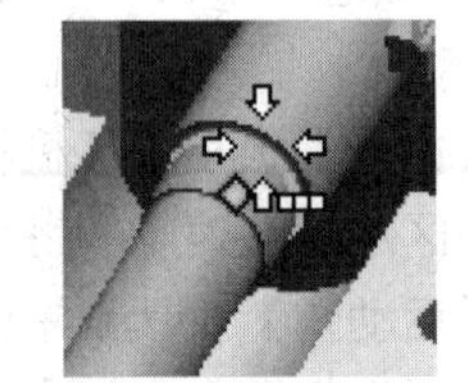

图 4-57 指定原点

4）单击【指定矢量】选项，选择高速轴的柱面。

5）单击【驱动】标签，打开【驱动】选项卡，如图 4-58 所示。

6）在【旋转】下拉列表框中选择【多项式】类型，在【速度】文本框输入 720，如图 4-59 所示。

7）单击【运动副】对话框中的【确定】按钮，完成旋转副的创建。

图 4-58　【驱动】选项卡

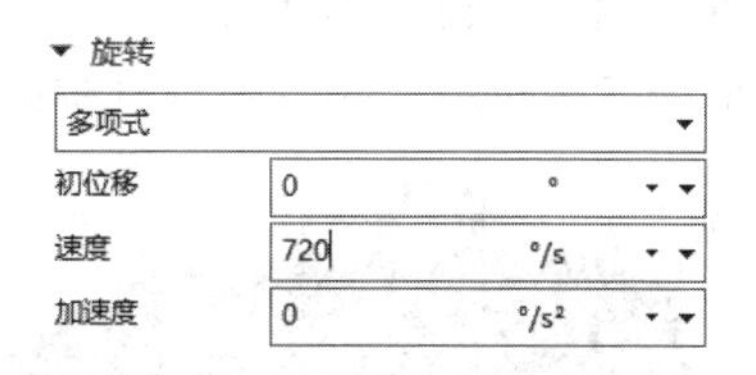

图 4-59　设置旋转参数

8）按照相同的方法完成后面两级齿轮旋转副的创建。

说明：设置驱动时，特别要注意实际与仿真模拟的区别，不要输入过大的数值。例如，电动机在实际中的转速能达到 1800r/min，但使用在软件以实际值解算运算量巨大，会造成解算时间过长、死机等情况。最好把数值设置在人眼能清楚观察的范围内。

4.2.2　创建齿轮耦合副与动画分析

完成运动体和基本的运动副创建后，需要创建二级的齿轮耦合副，一共有两个。具体步骤如下：

1. 创建齿轮耦合副 1

1）单击【主页】选项卡【耦合副】面组上的【齿轮耦合副】按钮，打开【齿轮耦合副】对话框，如图 4-60 所示。

2）在绘图区选择第一个旋转副 J001、第二个旋转副 J002，如图 4-61 所示。

3）将【比率】设置为 0.24，如图 4-62 所示。

图 4-60　【齿轮耦合副】对话框

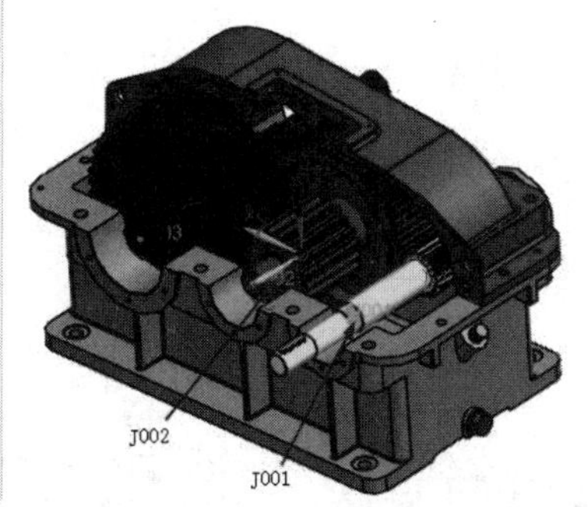

图 4-61　选择旋转副

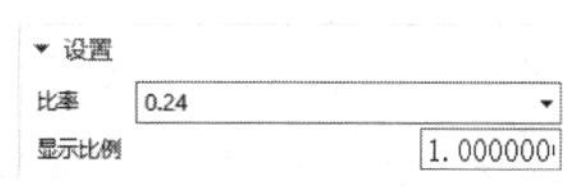

图 4-62　设置传动比参数

4）单击【齿轮耦合副】对话框中的【应用】按钮，完成齿轮耦合副 1 的创建。

2. 创建齿轮耦合副 2

1）单击【主页】选项卡【耦合副】面组上的【齿轮耦合副】按钮，打开【齿轮耦合副】对话框。

2）在绘图区选择第一个旋转副 J002、第二个旋转副 J003，如图 4-63 所示。

3）将【比率】设置为 0.3，如图 4-64 所示。

4）单击【齿轮耦合副】对话框中的【确定】按钮，完成齿轮耦合副 2 的创建。

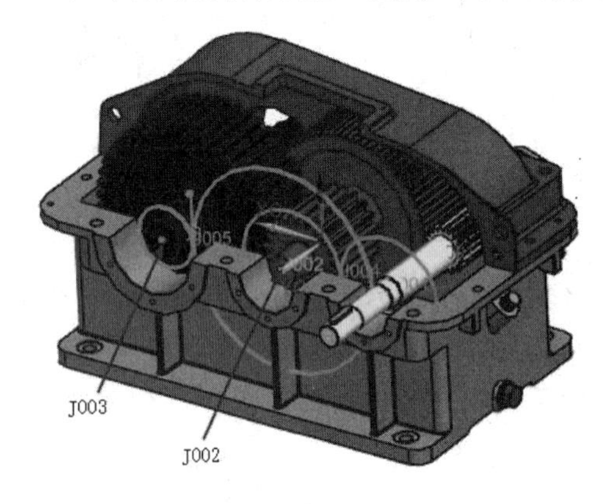

图 4-63　选择运动副

图 4-64　设置传动比参数

3. 动画分析

1）单击【主页】选项卡【解算方案】面组上的【解算方案】按钮，打开【解算方案】对话框，如图 4-65 所示。

2）在【解算方案选项】中设置【时间】为 5，【步数】为 500，如图 4-66 所示。

3）单击【解算方案】对话框中的【确定】按钮，完成解算方案的创建。

图 4-65　【解算方案】对话框

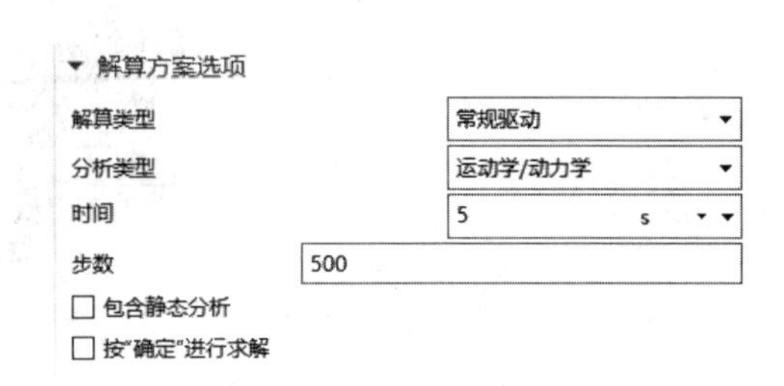

图 4-66　设置解算方案参数

4）单击【主页】选项卡【解算方案】面组上的【求解】按钮，求解当前解算方案的结果。

5）单击【结果】选项卡【运动模拟播放器】面组上的【播放】按钮，运动开始。

6）单击【结果】选项卡【运动模拟播放器】面组上的【完成】按钮，完成二级减速器的动画分析。

4.3 实例——汽车转向机构

本实例以玩具汽车转向机构为例，进行转向的模拟，验证转向机构转向的最大角度能否达到 20°。转向机构需要创建 4 个运动体、3 个旋转副、1 个滑动副和 1 个齿轮齿条副，其中转向齿轮需要驱动。

4.3.1 创建运动体

玩具汽车的装配已完成，一共有 10 个部件。其中本例只模拟转向机构，因此只需要创建 4 个运动体。具体步骤如下：

1. 新建仿真

1）启动 UG NX 2027，打开源文件/chapter4/原始文件 /4.3 / Car.prt，汽车模型如图 4-67 所示。

2）单击【应用模块】选项卡【仿真】面组上的【运动】按钮，进入运动仿真界面。

图 4-67 汽车模型

3）单击资源导航器中选择【运动导航器】，右击运动仿真 car 图标，选择【新建仿真】，如图 4-68 所示。

4）选择【新建仿真】后，软件自动打开【新建仿真】对话框。单击【确定】按钮，打开【环境】对话框，如图 4-69 所示。【求解器选项】选择【Simcenter 3D Motion】，【分析类型】选择【动力学】，其他参数选择默认，单击【确定】按钮。

2. 创建运动体

1）单击【主页】选项卡【机构】面组上的【运动体】按钮，打开【运动体】对话框。

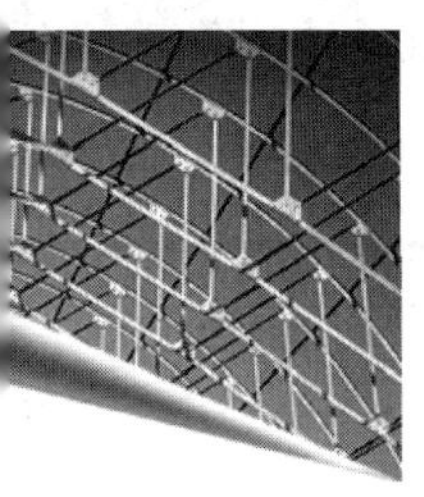
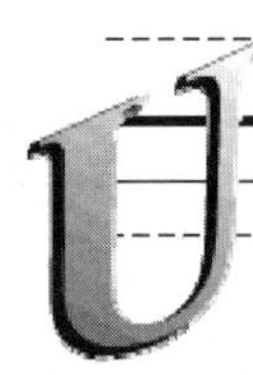

2）在绘图区选择前排的左轮作为运动体 B001，如图 4-70 所示。

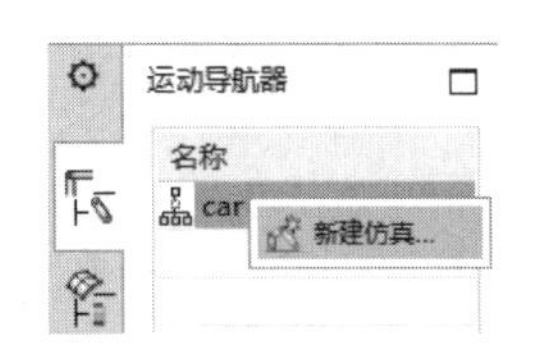

图 4-68　选择【新建仿真】

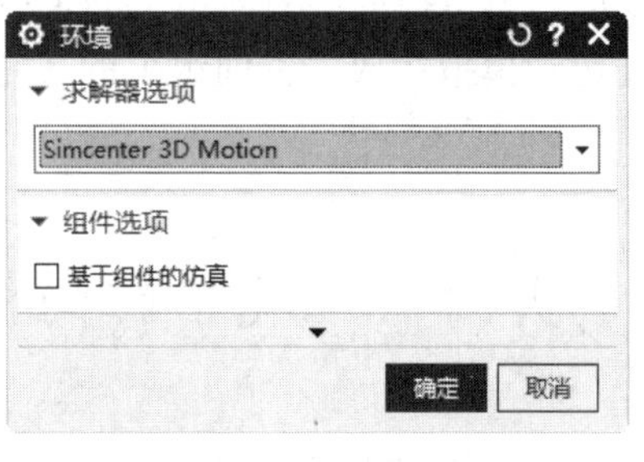

图 4-69　【环境】对话框

图 4-70　选择运动体 B001

3）单击【运动体】对话框中的【应用】按钮，完成运动体 B001 的创建。

4）在绘图区选择前排的右轮作为运动体 002，如图 4-71 所示。

5）单击【运动体】对话框中的【应用】按钮，完成运动体 B002 的创建。

6）在绘图区选择齿条作为运动体 B003，如图 4-72 所示。

7）单击【运动体】对话框中的【应用】按钮，完成运动体 B003 的创建。

8）在绘图区选择齿轮作为运动体 B004，如图 4-73 所示。

图 4-71　选择运动体 B002

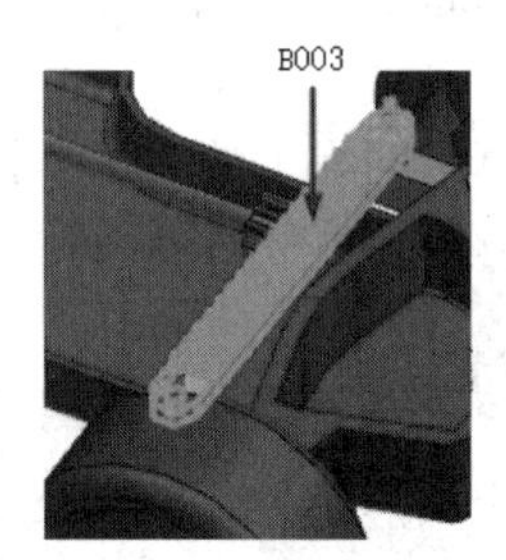

图 4-72　选择运动体 B003

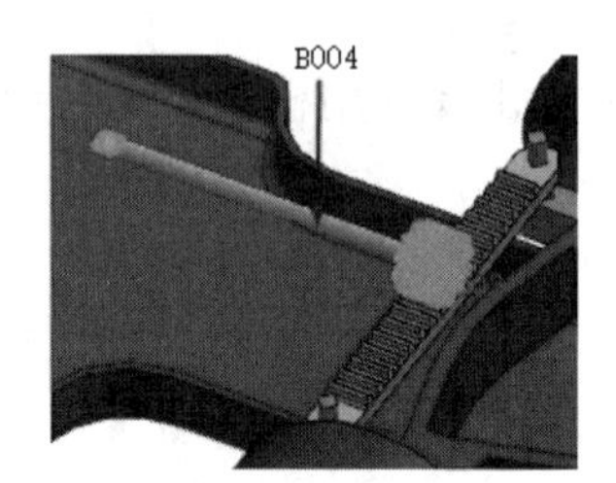

图 4-73　选择运动体 B004

9）单击【运动体】对话框中的【确定】按钮，完成运动体 B004 的创建。

4.3.2　创建运动副

转向机构一共需要创建 5 个运动副，其中每个车轮上的支架需要定义两个旋转副，并分别啮合齿条。具体步骤如下：

1. 创建旋转副 1

1）单击【主页】选项卡【机构】面组上的【运动副】按钮，打开【运动副】对话框，如图 4-74 所示。

2）单击【选择运动体】选项，在绘图区选择运动体 B001。

3）单击【指定原点】选项，在绘图区选择运动体 B001 转轴上的圆心，如图 4-75 所示。

图 4-74　【运动副】对话框

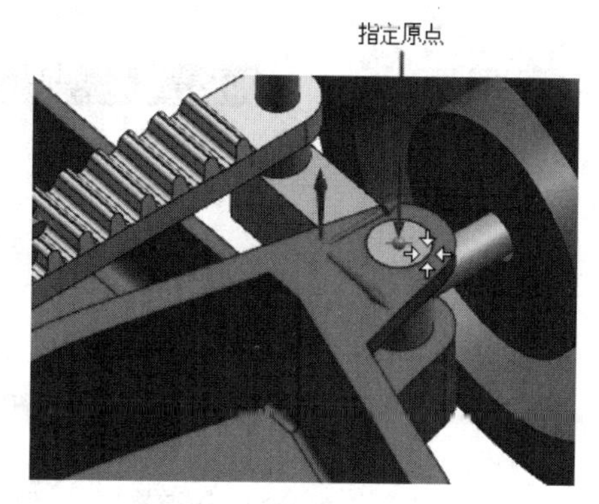

图 4-75　指定原点

4）单击【指定矢量】按钮，选择系统提示的坐标系 Z 轴。

5）单击【运动副】对话框中的【应用】按钮，完成前排左轮旋转副的创建。

6）按照相同的方法完成前排右轮旋转副的创建。

2. 创建旋转副 2

1）单击【主页】选项卡【机构】面组上的【运动副】按钮，打开【运动副】对话框。

2）单击【选择运动体】选项，在绘图区选择运动体 B001。

3）单击【指定原点】选项，在绘图区选择运动体 B001 转轴上的圆心，如图 4-76 所示。

4）单击【指定矢量】选项，选择系统提示的坐标系 Z 轴，如图 4-77 所示。

5）单击【基本】标签，打开【基本】选项组，如图 4-78 所示。

6）单击【选择运动体】选项，在绘图区选择运动体 B003，如图 4-79 所示。

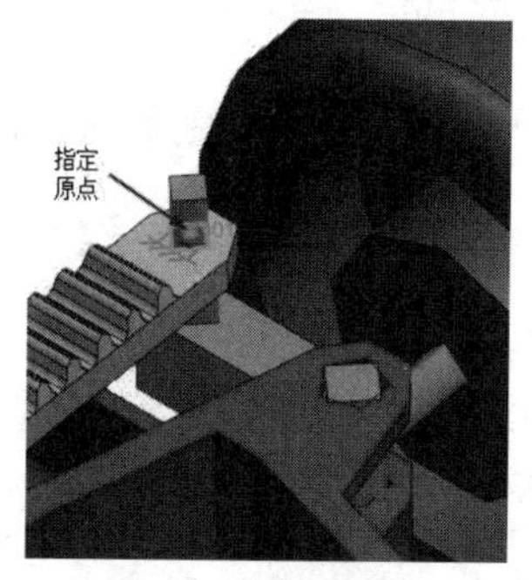

图 4-76　指定原点

图 4-77　指定矢量

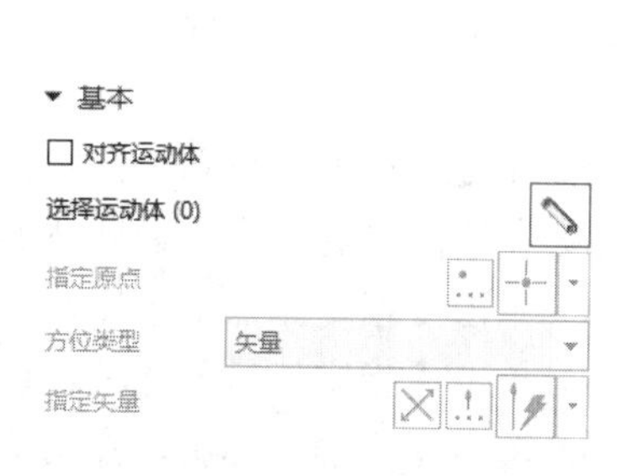

图 4-78　【基本】选项组

7）单击【运动副】对话框中的【确定】按钮，完成旋转副创建。

8）按照相同的方法完成前排右轮转轴旋转副的创建。

3. 创建滑动副

1）单击【主页】选项卡【机构】面组上的【运动副】按钮，打开【运动副】对话框，如图 4-80 所示。

2）在【类型】下拉列表框中选择【滑动副】。

3）单击【选择运动体】选项，在绘图区选择齿条运动体 B003。

4）单击【指定原点】选项，在绘图区选择 B003 的中点为原点，如图 4-81 所示。

图 4-79　对齐运动体

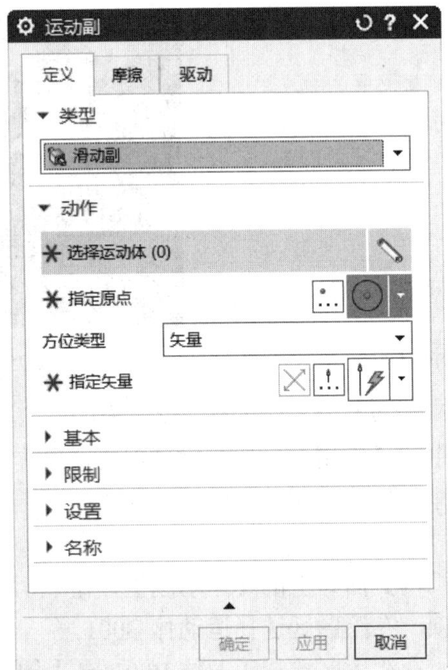
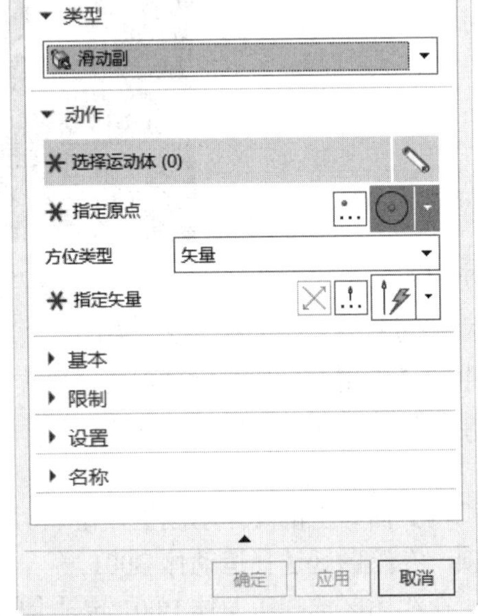

图 4-80　【运动副】对话框

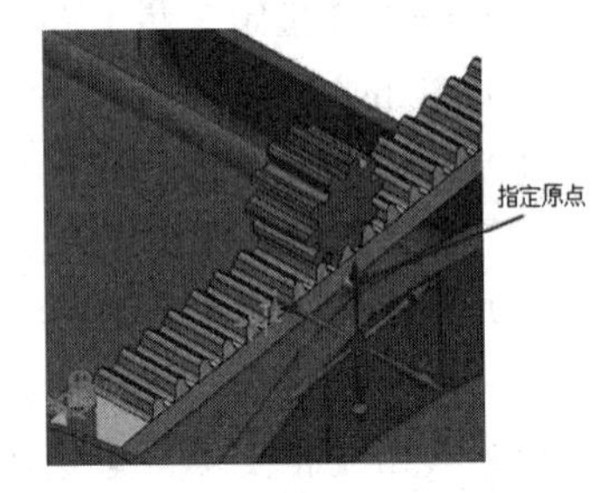

图 4-81　指定原点

5）单击【指定矢量】选项，选择系统提示的 Y 轴，如图 4-82 所示。

6）单击【运动副】对话框中的【确定】按钮，完成滑动副的创建。

4. 创建旋转副 3

1）单击【主页】选项卡【机构】面组上的【运动副】按钮，打开【运动副】对话框，如图 4-83 所示。

2）在【类型】下拉列表框中选择【旋转副】。

3）在绘图区选择齿条运动体 B004。

4）单击【指定原点】选项，在绘图区选择 B004 任意一圆心为原点，如图 4-84 所示。

5）单击【指定矢量】选项，选择 B004 的端面，如图 4-85 所示。

6）单击【驱动】标签，弹出【驱动】选项卡，如图 4-86 所示。

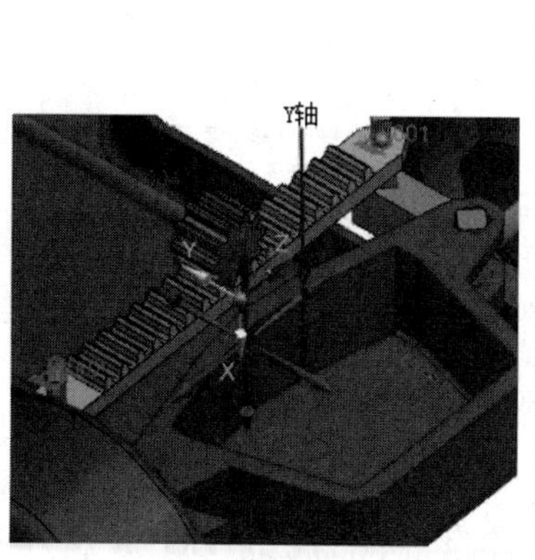

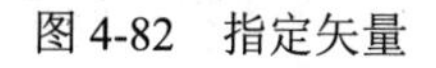
图 4-82　指定矢量

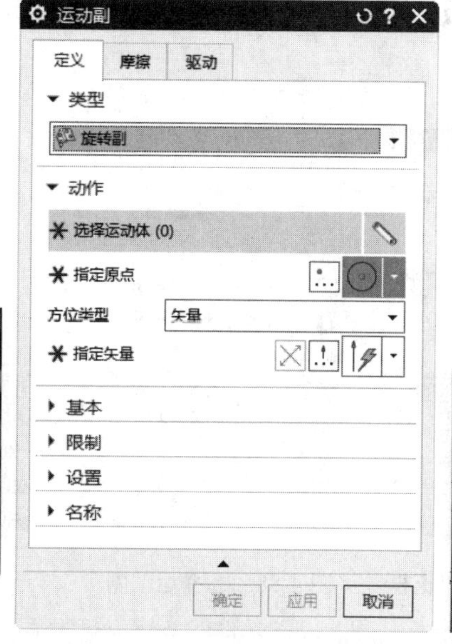

图 4-83　【运动副】对话框

图 4-84　指定原点

7）在【旋转】下拉列表框中选择【铰接运动】。

8）单击【运动副】对话框中的【确定】按钮，完成旋转副的创建。

说明：本节之所以使用铰链运动驱动，而不是常规驱动，是因为在铰链运动驱动中，运动的时间没有限制，方便观看和设置角度的变化。

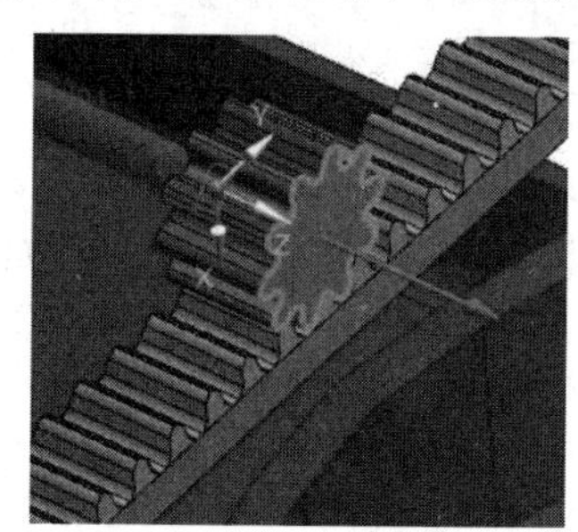

图 4-85　指定矢量

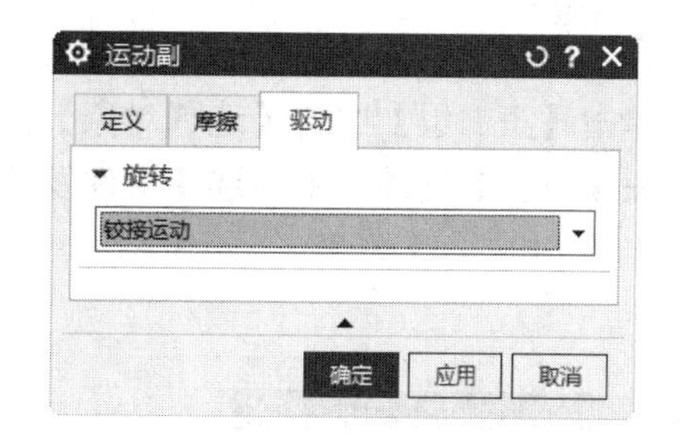

图 4-86　【驱动】选项卡

4.3.3　创建齿轮齿条副

完成运动体和运动副的创建后，下面需要定义齿轮齿条副。具体步骤如下：

1）单击【主页】选项卡【耦合副】面组上的【齿轮齿条副】按钮，打开【齿轮齿条副】对话框，如图 4-87 所示。

2）在【运动导航器】选择第一个滑动副 J005。

3）在【运动导航器】选择第二个旋转副 J006，如图 4-88 所示。

4）在【比率（销半径）】文本框输入6.5，如图4-89所示。

5）单击【齿轮齿条副】对话框中的【确定】按钮，完成齿轮齿条副的创建。

图4-87 【齿轮齿条副】对话框

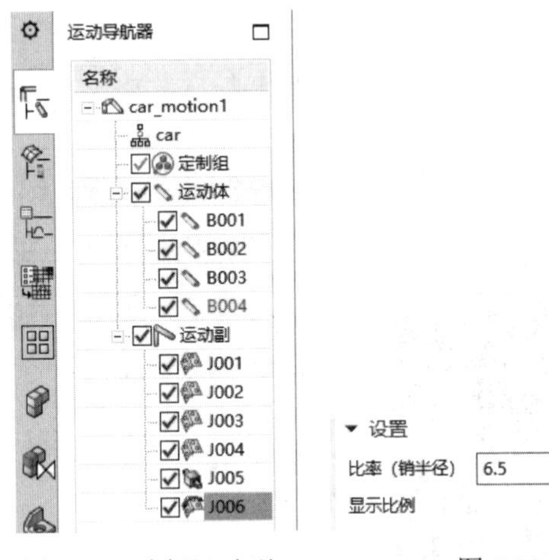

图4-88 选择运动副

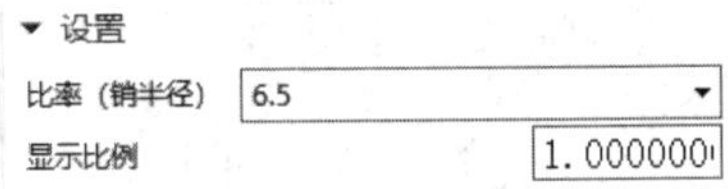

图4-89 设置

4.3.4 运动分析

定义完所有的运动副后，接下来定义干涉以验证车轮旋转的最大角度。具体步骤如下：

1. 干涉检查

1）单击【分析】选项卡【运动】面组上【干涉】按钮，打开【干涉】对话框，如图4-90所示。

2）在绘图区中选择车身为第一组对象。

3）单击【第二组】中的【选择对象】按钮，选择前排两车轮，如图4-91所示。

4）在【设置】选项组中勾选【事件发生时停止】复选框和【激活】复选框，如图4-92所示。

图4-90 【干涉】对话框

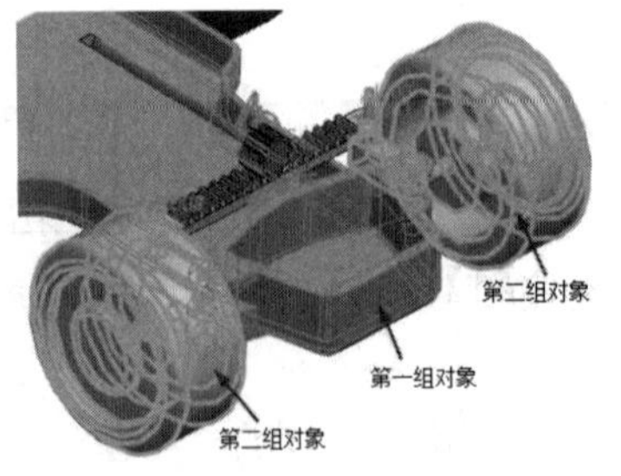

图4-91 选择对象

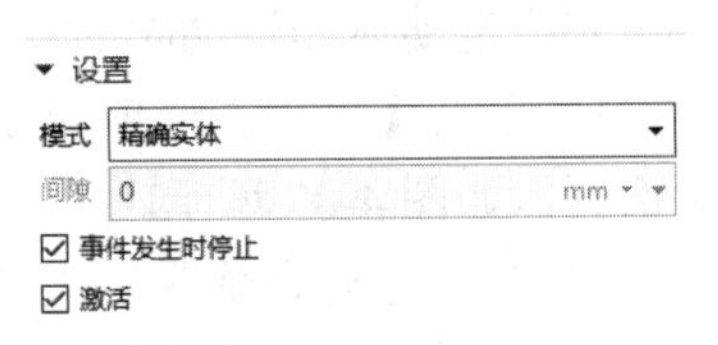

图4-92 选择【设置】中的选项

5）单击【干涉】对话框中的【确定】按钮，完成干涉的创建。

2. 解算方案

1）单击【主页】选项卡【解算方案】面组上的【解算方案】按钮，打开【解算方案】对话框，如图 4-93 所示。

2）在【解算类型】下拉列表框中选择【铰接运行分析】。

3）单击【解算方案】对话框中的【确定】按钮，完成解算方案的创建。

3. 求解结果

1）单击【主页】选项卡【解算方案】面组上的【求解】按钮，求解当前解算方案的结果，软件自动打开【铰接运动】对话框，如图 4-94 所示。

2）勾选【J006】复选框，以 J006 作为关节。

3）在【步长】文本框输入 5，在【步数】文本框输入 20。

说明：J006 作为关节，则步长为旋转角度，如步数为 20，则每次播放时齿轮要旋转 100 °。

4）在【封装选项】中勾选【事件发生时停止】复选框和【干涉】复选框，如图 4-95 所示。

5）单击的【单步向前】按钮，动画分析开始。

图 4-93　【解算方案】对话框

图 4-94　【铰接运动】对话框

图 4-95　设置铰接运动参数

6）当齿轮旋转到 47.77°时，发生干涉，并打开【动画事件】对话框，如图 4-96 所示。通过观察和测量，发现车身与转轴发生干涉，此时最大的车轮转动角度为 14.77°，如图 4-97 所示，不满足设计要求。

图 4-96　【动画事件】对话框

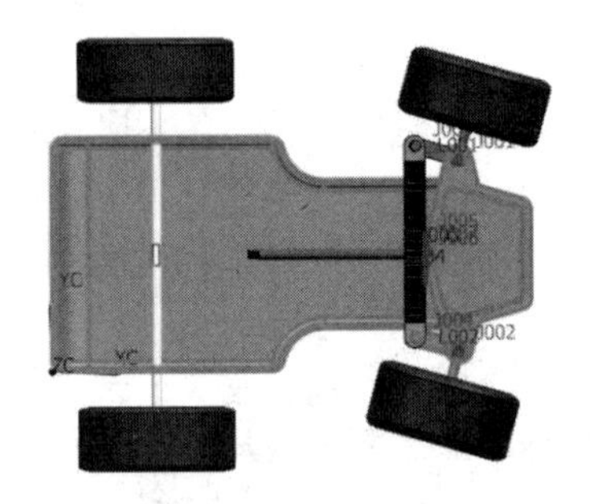

图 4-97　动画结果

7）单击【铰接运动】对话框中的【关闭】按钮，退出【铰接运动】对话框。

4.4　实例——汽车刮水器

本实例以汽车刮水器运动机构为例，讲解齿轮齿条副和线缆副的综合使用。汽车刮水器运动机构需要创建 6 个运动体、5 个旋转副、两个滑动副、1 个线缆副和两个齿轮齿条副，其中蜗杆为主运动。

4.4.1　创建运动体

汽车刮水器的装配已经完成，需要创建运动所需的 6 个运动体。具体步骤如下：

1. 新建仿真

1）启动 UG NX 2027，打开源文件/chapter4/原始文件 /4.4 / gyq.prt，汽车刮水器模型如图 4-98 所示。

2）单击【应用模块】选项卡【仿真】面组上的【运动】按钮，进入运动仿真界面。

3）选择【运动导航器】，右击运动仿真 gyq 图标，选择【新建仿真】，如图 4-99 所示。

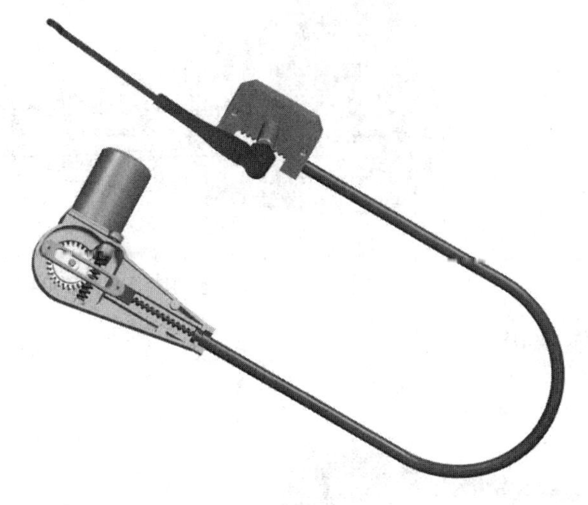

图 4-98　汽车刮水器模型

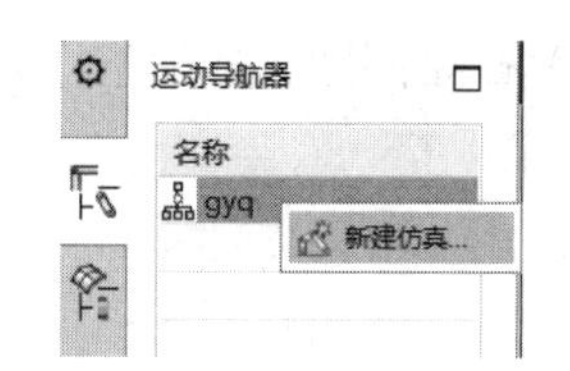

图 4-99　选择【新建仿真】

4）选择【新建仿真】后，软件自动打开【新建仿真】对话框。单击【确定】按钮，打开【环境】对话框，如图 4-100 所示。【求解器选项】选择【RecurDyn】，【分析类型】选择【动力学】，其他参数选择默认，单击【确定】按钮。

2. 创建运动体

1）单击【主页】选项卡【机构】面组上的【运动体】按钮，打开【运动体】对话框。

2）在绘图区选择蜗杆作为运动体 B001。

3）单击【运动体】对话框中的【应用】按钮，完成运动体 B001 的创建。

4）在绘图区选择蜗轮作为运动体 B002。

5）单击【运动体】对话框中的【应用】按钮，完成运动体 B002 的创建。

6）在绘图区选择齿条作为运动体 B003。

7）单击【运动体】对话框中的【应用】按钮，完成运动体 B003 的创建。

8）在绘图区选择齿条作为运动体 B004。

9）单击【运动体】对话框中的【应用】按钮，完成运动体 B004 的创建，如图 4-101 所示。

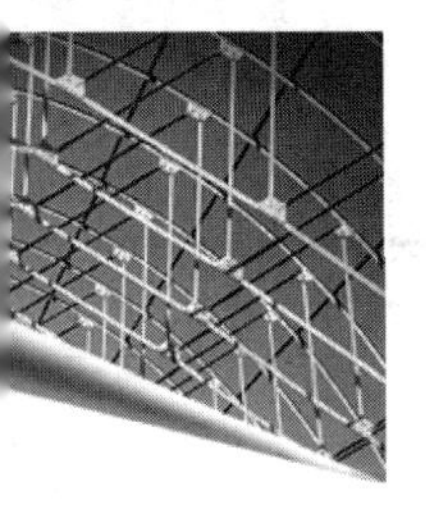

图 4-100 【环境】对话框

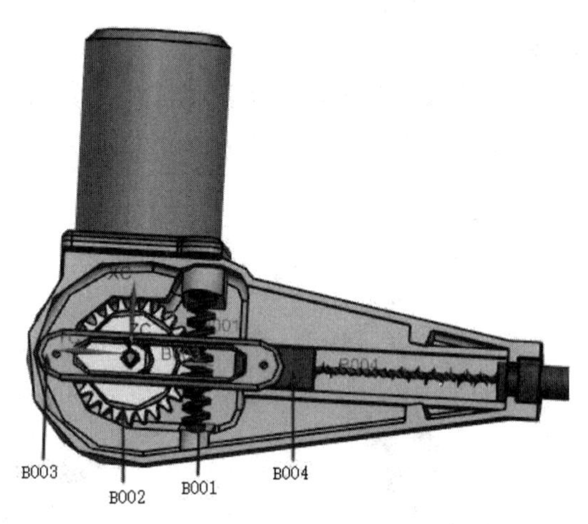

图 4-101 创建运动体 B001~B004

10）在绘图区选择齿条作为运动体 B005。

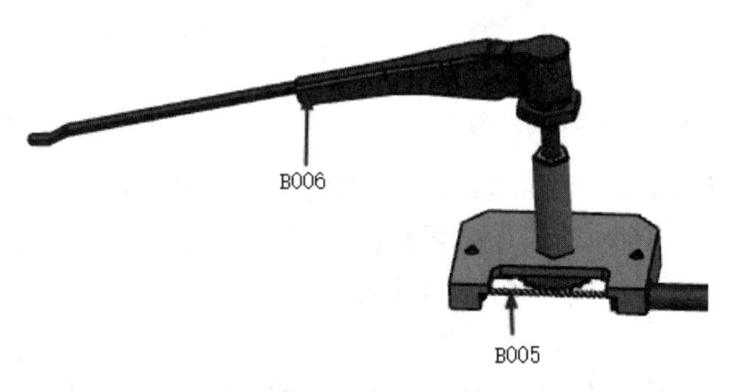

图 4-102 创建运动体 B005 和 B006

11）单击【运动体】对话框的【应用】按钮，完成运动体 B005 的创建。

12）在绘图区选择齿轮和刮杆作为运动体 B006。

13）单击【运动体】对话框的【确定】按钮，完成运动体 B006 的创建，如图 4-102 所示。

4.4.2 创建运动副

完成运动体创建后，接下来完成基本的运动副创建，如图 4-103 所示。在模型上的运动副中，J001、J002、J003、J004 和 J007 是旋转副，其中 J003 要啮合 B002、J004 要啮合 B004；J005 和 J006 是滑动副。具体步骤如下：

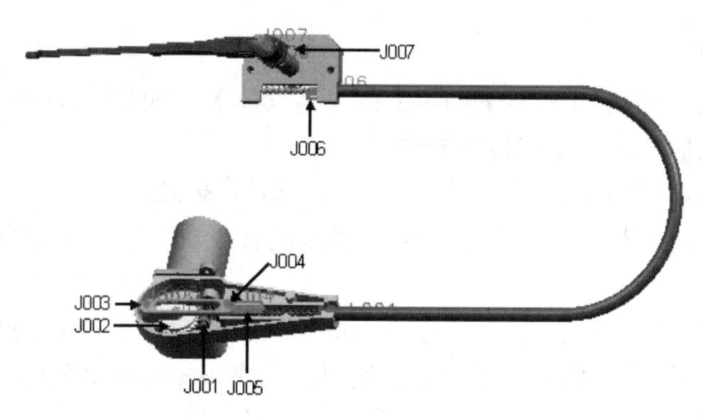

图 4-103　创建运动副

1. 创建旋转副 1

1）单击【主页】选项卡【机构】面组上的【运动副】按钮，打开【运动副】对话框，如图 4-104 所示。在【类型】下拉列表框中选择【旋转副】。

2）单击【选择运动体】选项，在绘图区选择运动体 B001。

3）单击【指定原点】选项，在绘图区选择运动体 B001 圆的圆心，如图 4-105 所示。

4）单击【指定矢量】选项，选择蜗杆的柱面，使方向指向轴心。

5）单击【驱动】标签，打开【驱动】选项卡。

6）在【旋转】下拉列表框中选择【多项式】类型，在【速度】文本框输入 1080，如图 4-106 所示。

7）单击【运动副】对话框中的【确定】按钮，完成蜗杆旋转副创建。

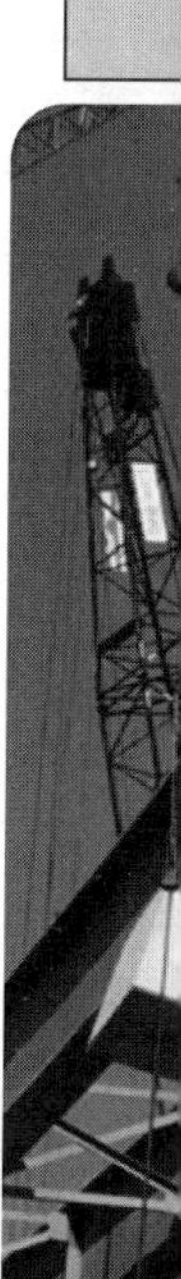

图 4-104　【运动副】对话框

图 4-105　指定原点

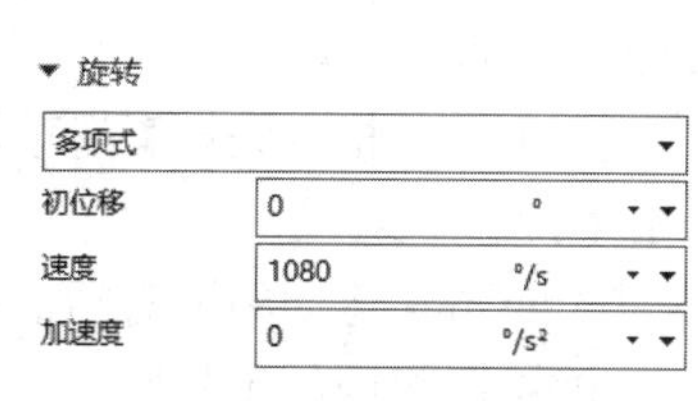

图 4-106　设置旋转参数

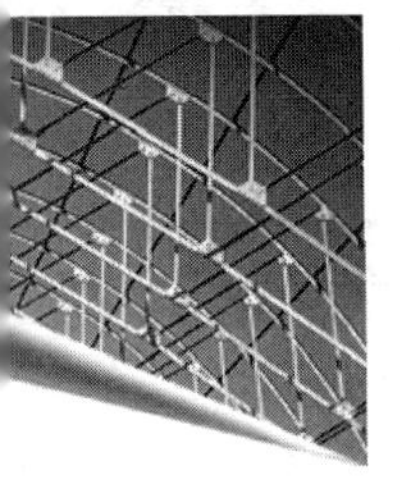

2. 创建旋转副 2

1）单击【主页】选项卡【机构】面组上的【运动副】按钮，打开【运动副】对话框。在【类型】下拉列表框中选择【旋转副】类型。

2）单击【选择运动体】选项，在绘图区选择运动体 B002。

3）单击【指定原点】选项，在绘图区选择运动体 B002 蜗轮上的圆心，如图 4-107 所示。

4）单击【指定矢量】选项，选择系统提示的坐标系 Z 轴，如图 4-108 所示。

5）单击【运动副】对话框中的【确定】按钮，完成蜗轮旋转副创建。

3. 创建旋转副 3

1）单击【主页】选项卡【机构】面组上的【运动副】按钮，打开【运动副】对话框。在【类型】下拉列表框中选择【旋转副】类型。

2）单击【选择运动体】选项，在绘图区选择运动体 B003。

3）单击【指定原点】选项，在绘图区选择运动体 B003 齿条转轴上的圆心，如图 4-109 所示。

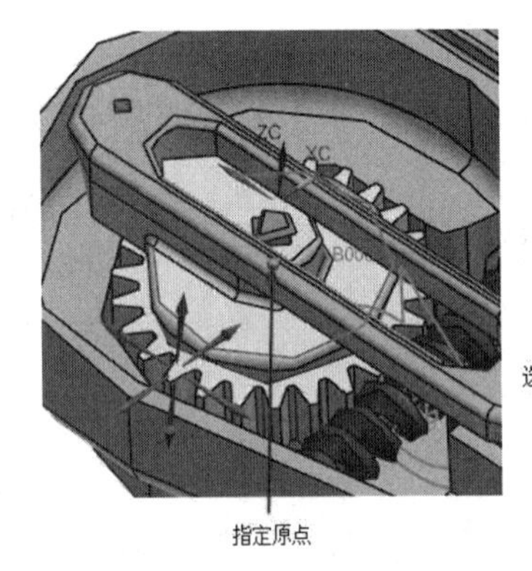

图 4-107　指定原点

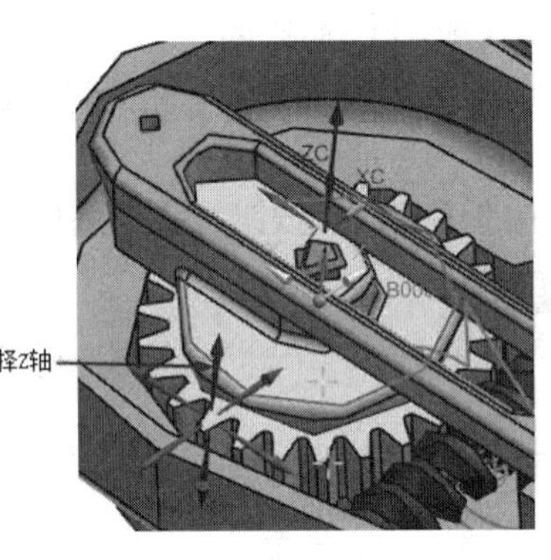

图 4-108　指定矢量

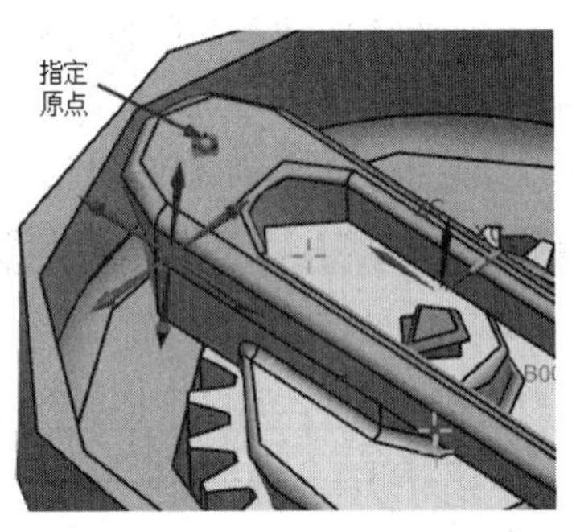

图 4-109　指定原点

4）单击【指定矢量】选项，选择系统提示的坐标系 Z 轴。

5）在【基本】选项组中勾选【对齐运动体】复选框，激活【基本】选项组，如图 4-110 所示。

6）单击【选择运动体】选项，在绘图区选择运动体 B002，对齐运动体，如图 4-111 所示。

7）单击【指定原点】选项，在绘图区选运动体 B003 的左端圆心，使它和第一个运动体 B003 的原点重合。

8）单击【指定矢量】选项，选择系统提示的坐标系 Z 轴，使它和运动体 B003 矢量相同，如图 4-112 所示。

9）单击【运动副】对话框中的【应用】按钮，完成旋转副 3 的创建。

10）按照相同的步骤完成运动体 B003 右端旋转副的创建，其中 B003 需要啮合运动体 B004，如图 4-113 所示。

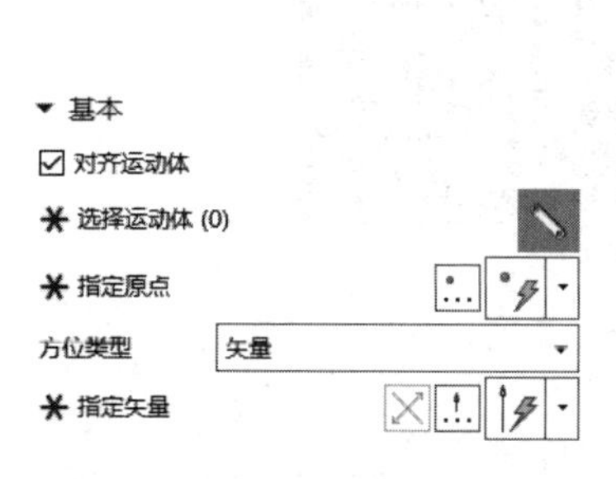

图 4-110　【基本】选项组

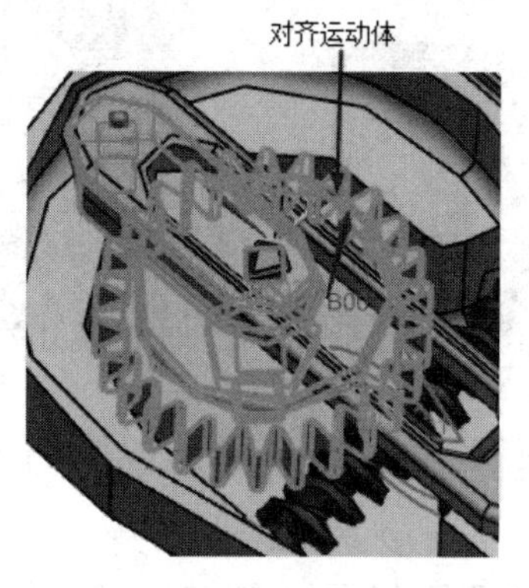

图 4-111　对齐运动体

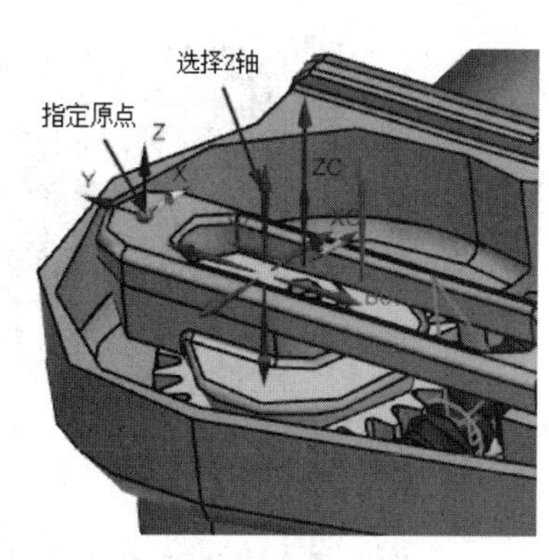

图 4-112　指定原点、矢量

4. 创建滑动副

1）单击【主页】选项卡【机构】面组上的【运动副】按钮，打开【运动副】对话框。

2）在【类型】下拉列表框中选择【滑动副】类型，如图 4-114 所示。

3）单击【选择运动体】选项，在绘图区选择齿条运动体 B004。

4）单击【指定原点】选项，在绘图区选择运动体 B004 中点为原点，如图 4-115 所示。

5）单击【指定矢量】选项，选择运动体 B004 上的边缘，如图 4-116 所示。

6）单击【运动副】对话框中的【确定】按钮，完成滑动副的创建。

7）按照相同的步骤完成运动体 B005 滑动副的创建，如图 4-117 所示。

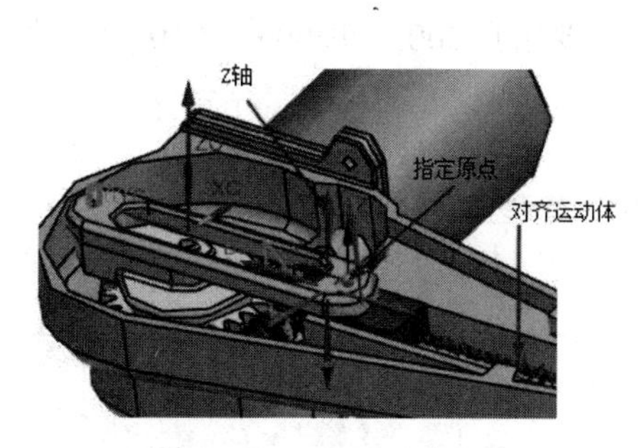

图 4-113　B003 啮合 B004

图 4-114　选择【滑动副】

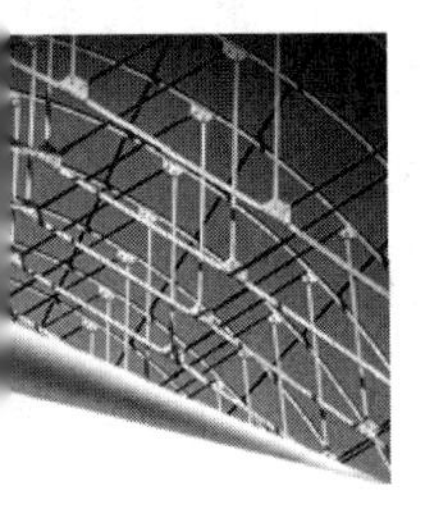

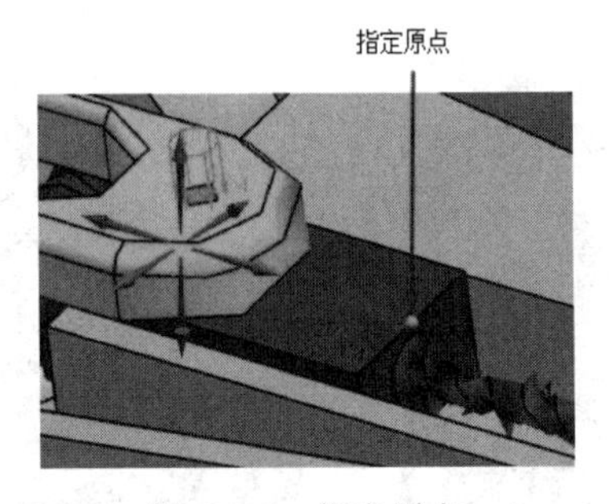

图 4-115　指定原点

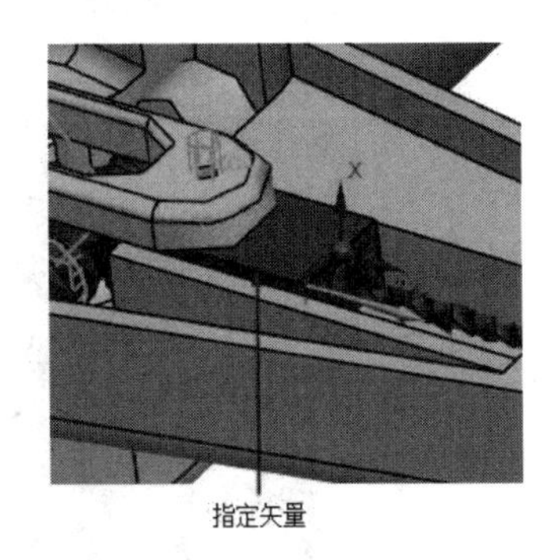

图 4-116　指定矢量

5. 创建旋转副 4

1）单击【主页】选项卡【机构】面组上的【运动副】按钮，打开【运动副】对话框。

2）在【类型】下拉列表框中选择【旋转副】类型。

3）单击【选择运动体】选项，在绘图区选择运动体 B006。

4）单击【指定原点】选项，在绘图区选择运动体 B006 圆的圆心，如图 4-118 所示。

5）单击【指定矢量】选项，选择轴杆的柱面，使方向指向轴心。

6）单击【运动副】对话框中的【确定】按钮，完成旋转副 4 的创建。

图 4-117　滑动副 J006

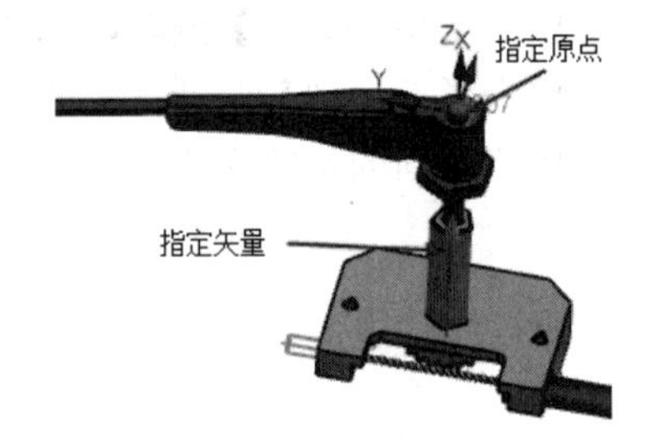

图 4-118　指定原点、矢量

4.4.3　创建传动副

完成基本运动副创建后，接下来需要完成高级的运动副创建，如图 4-119 所示。其中，J008 为齿轮耦合副，要选择 J001、J002；J009 为线缆副，要选择 J005 和 J006；J010 为齿轮齿条副，要选择 J006 和 J007。具体步骤如下：

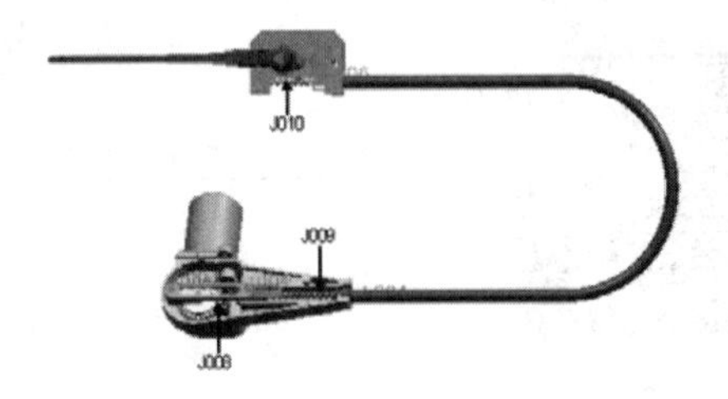

图 4-119　创建高级运动副

1. 创建齿轮耦合副

1）单击【主页】选项卡【耦合副】面组上的【齿轮耦合副】按钮，打开【齿轮耦合副】对话框，如图 4-120 所示。

2）在绘图区选择第一个旋转副、第二个旋转副，如图 4-121 所示。

3）传动比【比率】设置为 0.1，【显示比例】文本框输入 2，如图 4-122 所示。

4）单击【齿轮耦合副】对话框中的【确定】按钮，完成齿轮耦合副的创建。

2. 创建线缆副

1）单击【主页】选项卡【耦合副】面组上的【线缆副】按钮，打开【线缆副】对话框，如图 4-123 所示。

图 4-120　【齿轮耦合副】对话框

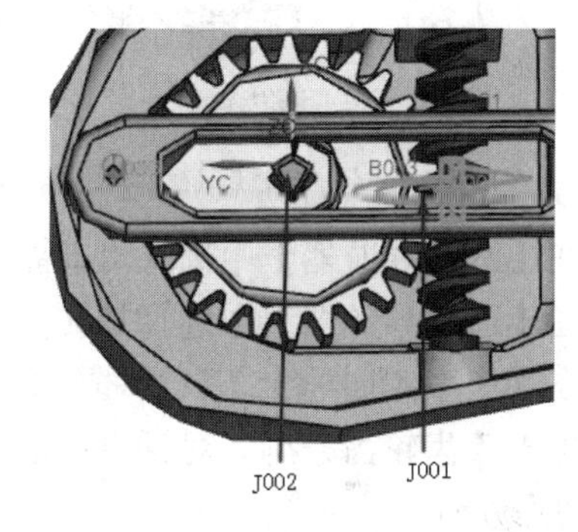

图 4-121　选择旋转副

图 4-122　设置参数

图 4-123　【线缆副】对话框

2）在【运动导航器】中选择第一个滑动副 J005。

3）在【运动导航器】中选择第二个滑动副 J006，如图 4-124 所示。

4）单击【线缆副】对话框中的【确定】按钮，完成线缆副的创建。

3. 创建齿轮齿条副

1）单击【主页】选项卡【耦合副】面组上的【齿轮齿条副】按钮，打开【齿轮齿条副】对话框，如图 4-125 所示。

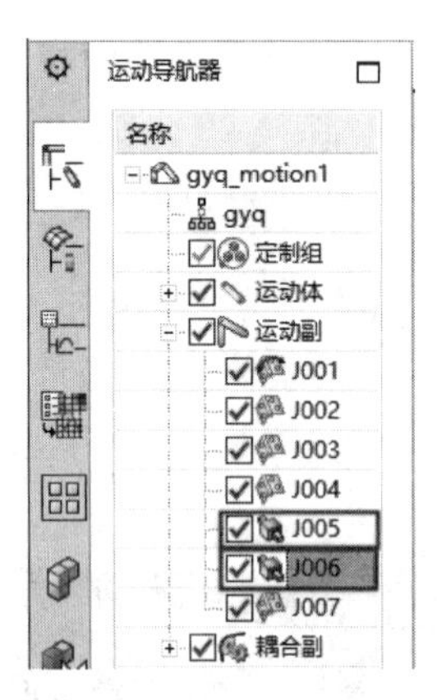

图 4-124 选择滑动副

图 4-125 【齿轮齿条副】对话框

2）在【运动导航器】中选择滑动副 J006。

3）在【运动导航器】中选择旋转副 J007，如图 4-126 所示。

4）在【比率(销半径) 】文本框输入 0.48，如图 4-127 所示。

5）单击【齿轮齿条副】对话框中的【确定】按钮，完成齿轮齿条副的创建。

4. 动画分析

1）单击【主页】选项卡【解算方案】面组上的【解算方案】按钮，打开【解算方案】对话框，如图 4-128 所示。

2）在【解算方案选项】中设置【时间】为 5，【步数】为 500。

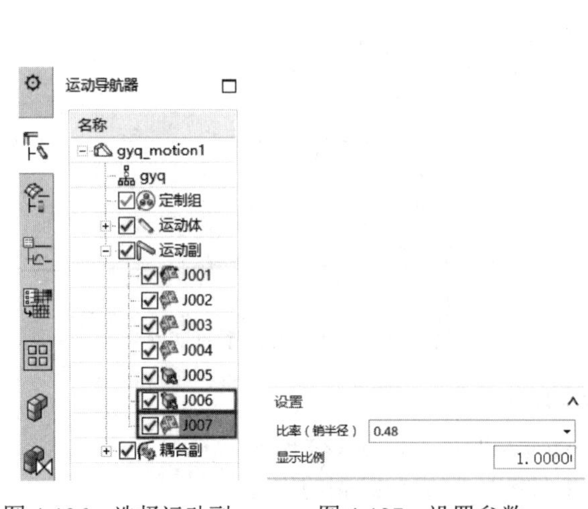

图 4-126 选择运动副　　图 4-127 设置参数

图 4-128 【解算方案】对话框

3）单击【解算方案】对话框的【确定】按钮，完成解算方案的创建。

4）单击【主页】选项卡【解算方案】面组上的【求解】按钮，求解当前解算方案的结果。

5）单击【结果】选项卡【运动模拟播放器】面组上的【播放】按钮，刮水器运动开始，如图 4-129 所示。

6）单击【结果】选项卡【运动模拟播放器】面组上的【完成】按钮，完成刮水器运动的动画分析。

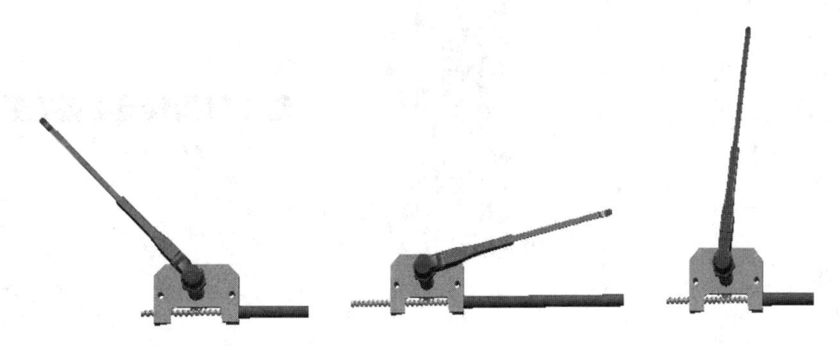

图 4-129 动画结果（0.5s、1.5s、2.3s）

4.5 练习题

1. 齿轮耦合副创建需要哪些运动副？创建蜗轮蜗杆副和创建普通齿轮耦合副有什么不同之处？

2. 简述线缆需要哪些运动副，以及它的特性？

3. 完成发动机活塞运动仿真，如图 4-130 所示。一共要创建 3 个运动体、4 个运动副。其中以曲轴作为驱动，速度为 1080r/s。

图 4-130 发动机模型

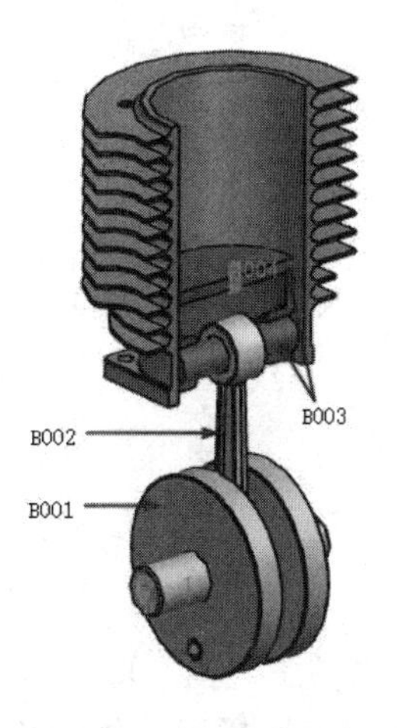

图 4-131 创建运动体

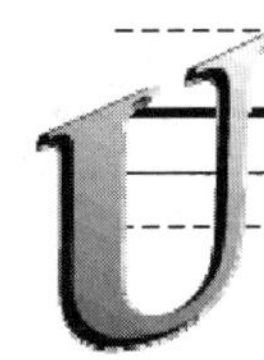

操作提示：

1）创建运动体，如图 4-131 所示。

2）创建旋转副 J001。选择运动体 B001，指定图 4-132 所示的原点和矢量，在【驱动】选项卡中选择驱动类型为【多项式】，【速度】设置为 1080r/s，如图 4-133 所示。

图 4-132　指定原点和矢量　　　　图 4-133　【驱动】选项卡

3）创建旋转副 J002。选择运动体 B002，指定原点和矢量如图 4-134 所示。在【基本】选项组中选择运动体为 B001。

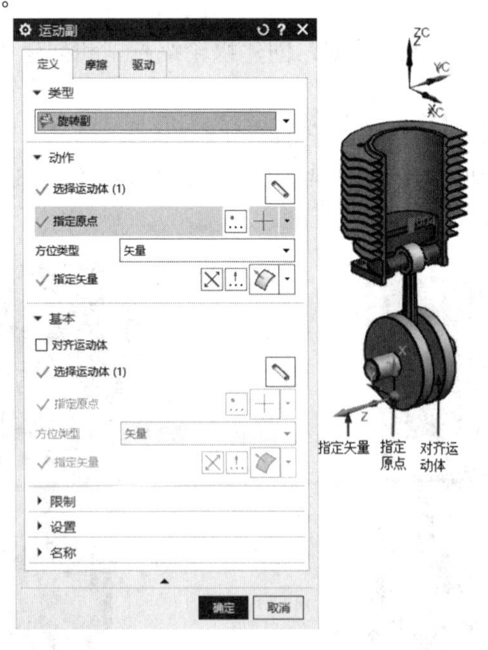

图 4-134　指定原点和矢量

4）创建旋转副 J003。选择运动体 B002，指定原点和矢量如图 4-135 所示。在【基本】选项组中选择运动体为 B003。

图 4-135　指定原点和矢量

5）创建滑动副 J004。选择运动体 B003，指定原点和矢量如图 4-136 所示。

图 4-136　指定原点和矢量

6）解算求解。

4. 完成机械臂运动仿真，如图 4-137 所示。一共要创建 3 个运动体、2 个运动副。

图 4-137　机械臂模型

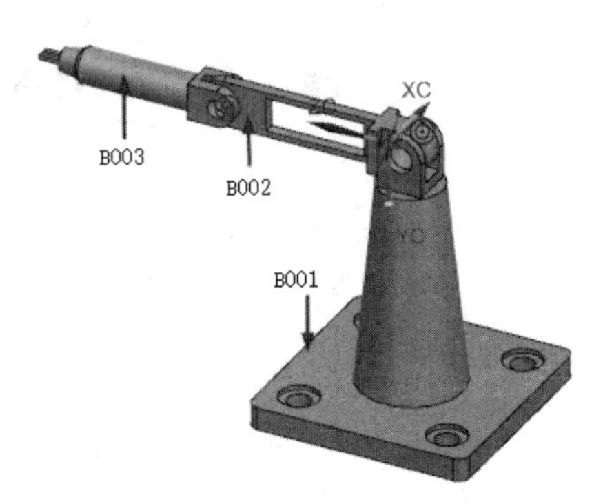

图 4-138　创建运动体

操作提示：

1）创建运动体，如图 4-138 所示。

2）创建旋转副 J002。选择运动体 B002，指定原点和矢量如图 4-139 所示。

图 4-139　指定原点和矢量

3）选择【驱动】选项卡，在【旋转】下拉列表中选择【谐波】，【幅值】设置为 30，【频率】设置为 60，【相位角】设置为 0，在【位移】下拉列表中选择【函数】，在打开的【插入函数】对话框中选择 sin 函数，单击【确定】按钮，打开【函数参数】对话框；指定角度为-60，单击【确定】按钮，返回【驱动】选项卡，如图 4-140 所示。单击【确定】按钮，完成旋转副的创建。

4）采用同样的方法，选择运动体 B003，创建旋转副 J003，指定原点和矢量如图 4-141 所示，对齐运动体选择 B002。【驱动】选项卡的设置同 J002，如图 4-140 所示。

5）解算求解。设置运动时间为 10s，步数为 100。

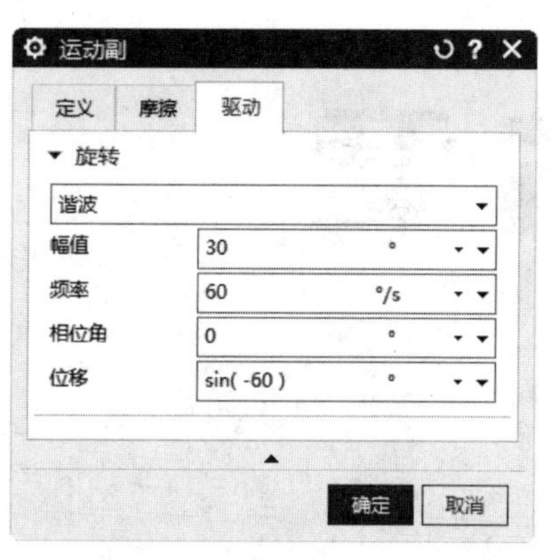

图 4-140　【驱动】选项卡

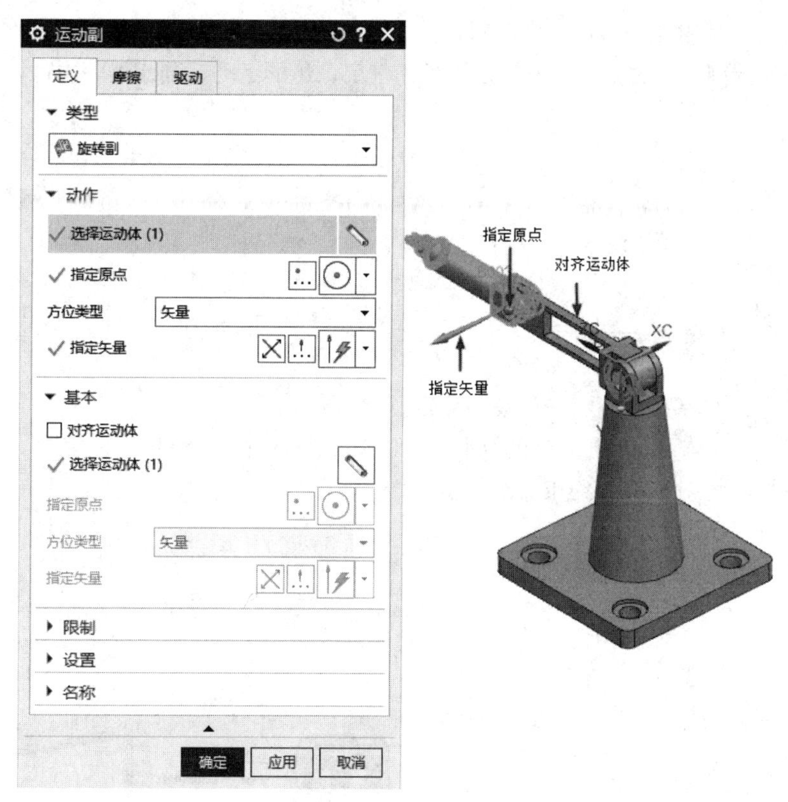

图 4-141　指定原点和矢量

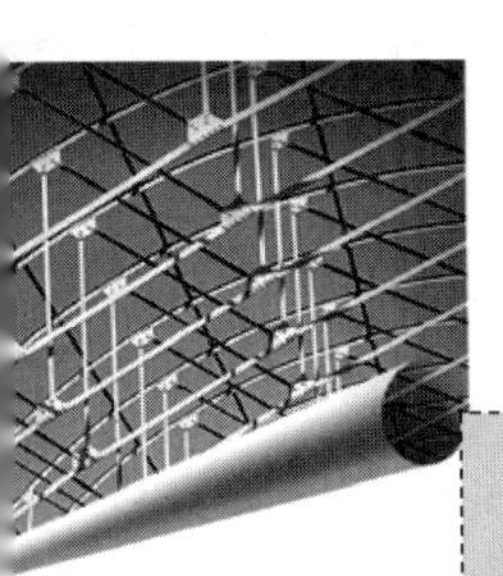

第5章

约束

约束命令可以指定两对象的连接关系，包括点在线上副、线在线上副、点在面上副3种类型。它们在发动机的气门、仿形运动、刮水器等中可以看到。

重点与难点

- 掌握约束命令的使用要点。
- 学会使用点在线上副、线在线上副、点在面上副。
- 独立完成约束命令的实例。

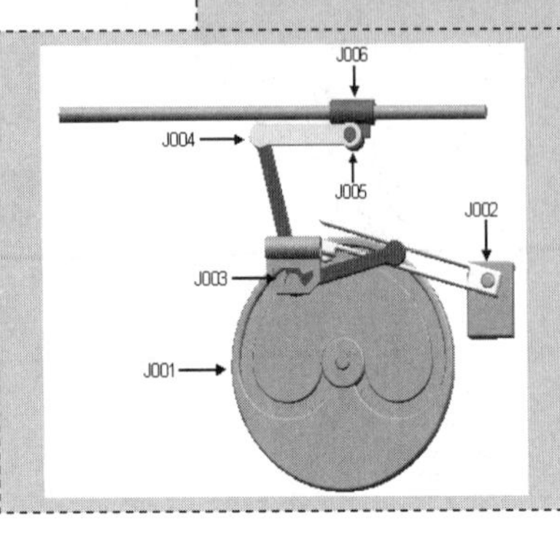

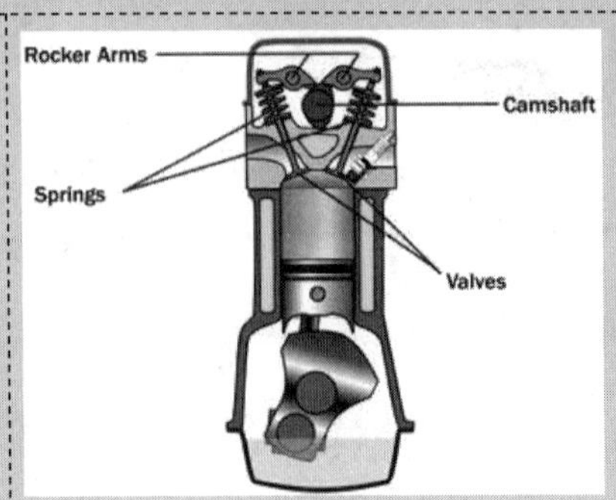

5.1 创建约束

本节将讲解点在线上副、线在线上副、点在面上副的相关定义和注意事项。它们不同于齿轮耦合副或线缆副，不需要在原运动副基础上创建，甚至可以直接选取非运动体对象。

5.1.1 点在线上副

点在线上副（point-on-curve）运动类型可以保持两个对象之间的点与线接触，如图 5-1 所示，如缆车沿钢丝上升或下降。两个对象可以都是运动体，或者一个是运动体另一个不是运动体。点在线上副特点如下：

- ❑ 点在线上副不能定义驱动。
- ❑ 点在线上副去掉了对象的两个自由度，物体可以沿曲线移动或旋转。
- ❑ 点在线上副运动必须接触，不可以脱离。

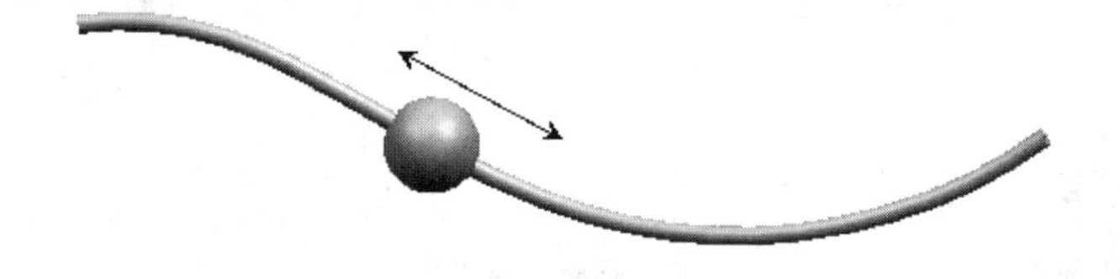

图 5-1 点在线上副

点在线上副可以将不在线上的点装配在一起运动。根据对象是否为运动体，共有 3 种类型，如图 5-2 所示。具体含义如下：

固定点：点自由移动，线固定（见图 5-2a）。

固定线：线自由移动，点固定（见图 5-2b）。

无约束：点自由移动，线自由移动（见图 5-2c）。

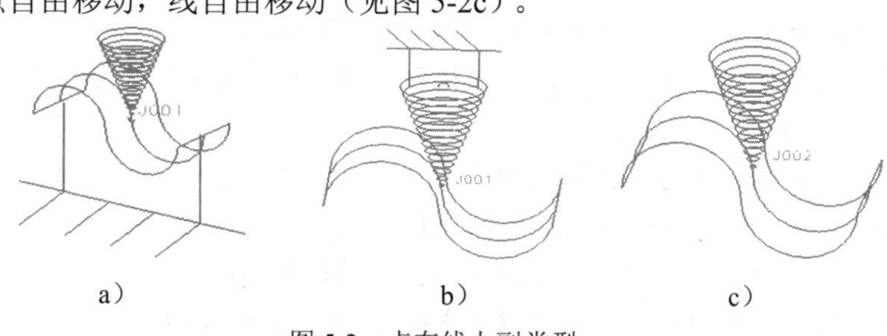

图 5-2 点在线上副类型

5.1.2 创建点在线上副

本实例将讲解点在线上副的创建，并模拟球体因重力沿轨道滑动。具体的步骤如下：

1. 新建仿真

1）启动 UG NX 2027，打开源文件/chapter5/原始文件 /5.1 / point-on-curve.prt，点在线上副模型如图 5-3 所示。

2）单击【应用模块】选项卡【仿真】面组上的【运动】按钮，进入运动仿真界面。

3）选择【运动导航器】，右击运动仿真 ponit on curve 图标，选择【新建仿真】，如图 5-4 所示。

4）选择【新建仿真】后，软件自动打开【新建仿真】对话框。单击【确定】按钮，打开【环境】对话框，如图 5-5 所示。【求解器选项】选择【RecurDyn】，【分析类型】选择【动力学】，其他参数选择默认，单击【确定】按钮。

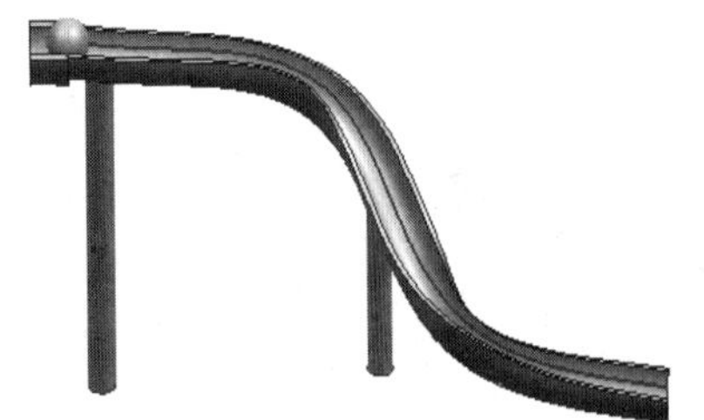

图 5-3　点在线上副模型

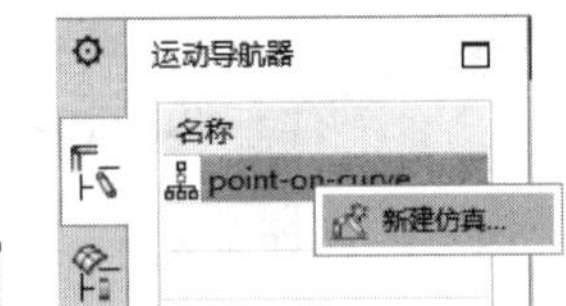

图 5-4　选择【新建仿真】

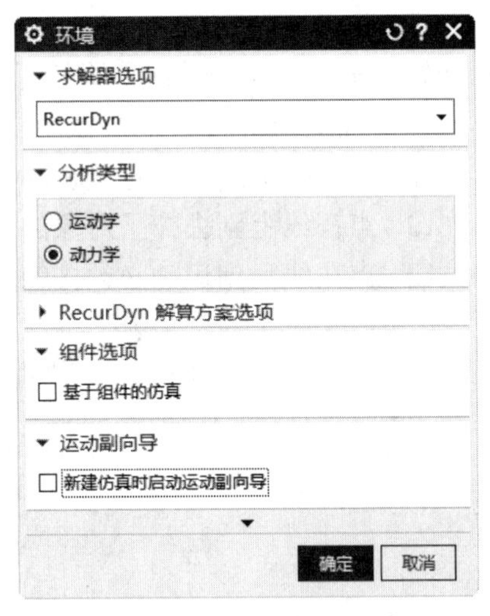

图 5-5　【环境】对话框

2. 创建运动体

1）单击【主页】选项卡【机构】面组上的【运动体】按钮，打开【运动体】对话框，如图 5-6 所示。

2）在绘图区选择球体作为运动体 B001，如图 5-7 所示。

3）单击【运动体】对话框中的【确定】按钮，完成运动体 B001 的创建。

3. 创建点在线上副

1）单击【主页】选项卡【约束】面组上的【点在线上副】按钮，或者选择【菜单】→【插入】→【约束】→【点在线上副】命令，打开【点在线上副】对话框，如图 5-8 所示。

2）单击【选择运动体】选项，在绘图区选择运动体 B001。

3）单击【点对话框】按钮，打开【点】对话框，如图 5-9 所示。

说明：选取点的时候，软件会自动捕捉到点上的运动体，而不需要选择运动体。如果没有捕捉到对应的运动体，应该把对应的点加入该运动体。

4）使用球心点功能，在绘图区选择球体，捕捉到圆心。

5）单击【点】对话框中的【确定】按钮，完成指定点。

6）单击【选择曲线】按钮，在绘图区选择曲线，如图 5-10 所示。

图 5-6　【运动体】对话框　　图 5-7　选择运动体 B001　　图 5-8　【点在线上副】对话框

说明：如果有多条曲线，需要一一选取，曲线与曲线之间必须是相切连接。

图 5-9　【点】对话框

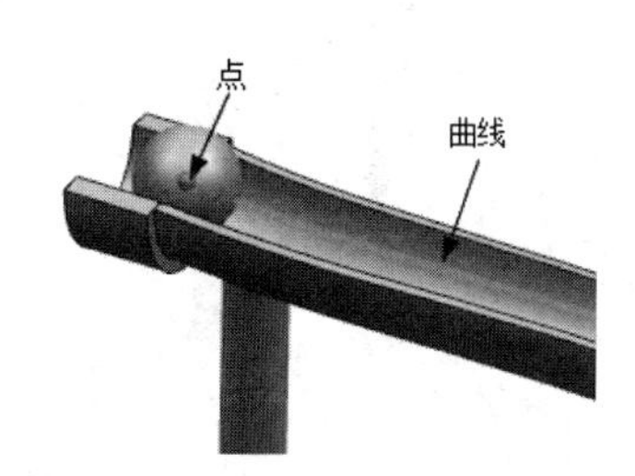

图 5-10　选择点、曲线

7）单击【点在线上副】对话框中的【确定】按钮，完成 J001 的创建。

4. 动画分析

1）单击【主页】选项卡【解算方案】面组上的【解算方案】按钮，打开【解算方案】

对话框，如图 5-11 所示。

2）在【解算方案选项】中设置【时间】为 0.35，【步数】为 100，如图 5-12 所示。

3）单击【解算方案】对话框中的【确定】按钮，完成解算方案的创建。

图 5-11 【解算方案】对话框

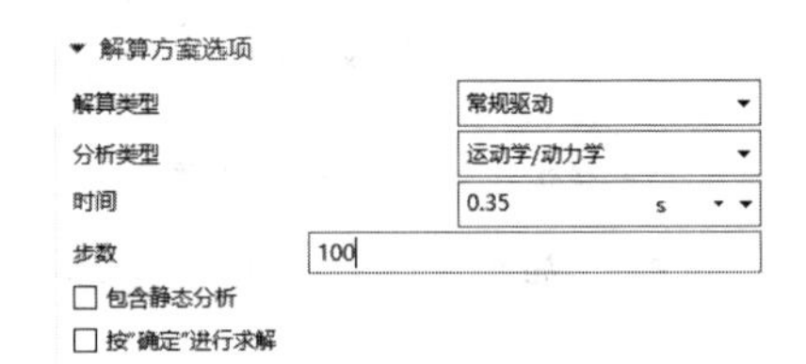

图 5-12 设置解算方案参数

4）单击【主页】选项卡【解算方案】面组上的【求解】按钮，求解当前解算方案的结果。

5）单击【结果】选项卡【运动模拟播放器】面组上的【播放】按钮，球体随重力运动开始，如图 5-13 所示。

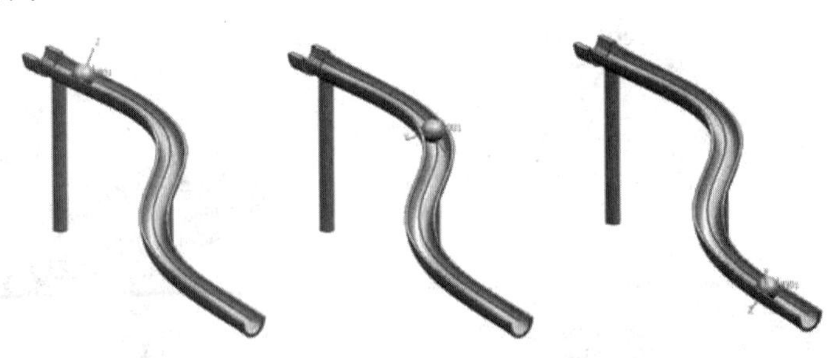

图 5-13 动画结果（0.15s、0.25s、0.34s）

6）单击【结果】选项卡【运动模拟播放器】面组上的【完成】按钮，完成模拟球体随重力沿轨道滑动的动画分析。

5.1.3　线在线上副

线在线上副（curve on curve Jonit）可以保持两个对象之间的曲线相接触，如图 5-14 所示，如凸轮运动。线在线上副和点在线上副不同之一在于：点在线上的接触点必须在同一平面上，而线在线上副的曲线可以不在同一平面。线在线上副的特点如下：

- 线在线上副不能定义驱动。
- 线在线上副上去掉了对象的两个自由度，物体可以沿曲线移动或旋转。
- 线在线上副不能定义方向，两对象之间的公切线是运动副的 X 轴。
- 线在线上副运动必须接触，线与线之间运动时始终为相切关系。所有的曲线也是相切连续，如果运动中的接触不是点，则会解算失败。

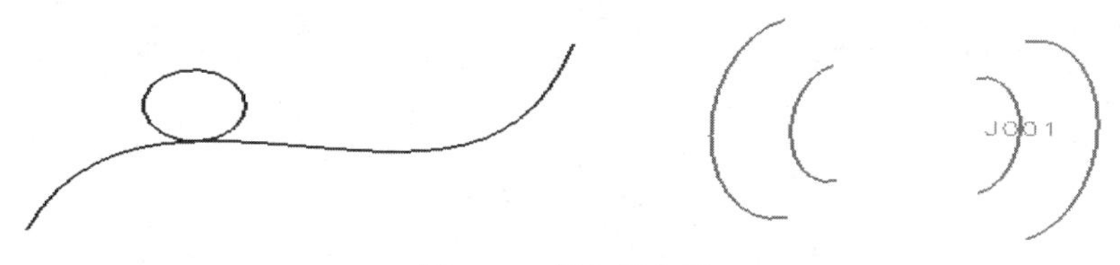

图 5-14　线在线上副

5.1.4　创建线在线上副

本实例将讲解线在线上副创建，并模拟凸轮带动推杆做线性运动。具体步骤如下：

1. 新建仿真

1）启动 UG NX 2027，打开源文件/chapter5/原始文件 /5.1 / curve on curve.prt，线在线上副模型如图 5-15 所示。

2）单击【应用模块】选项卡【仿真】面组上的【运动】按钮，进入运动仿真界面。

3）选择【运动导航器】，右击运动仿真 curve on curve 图标，选择【新建仿真】，如图 5-16 所示。

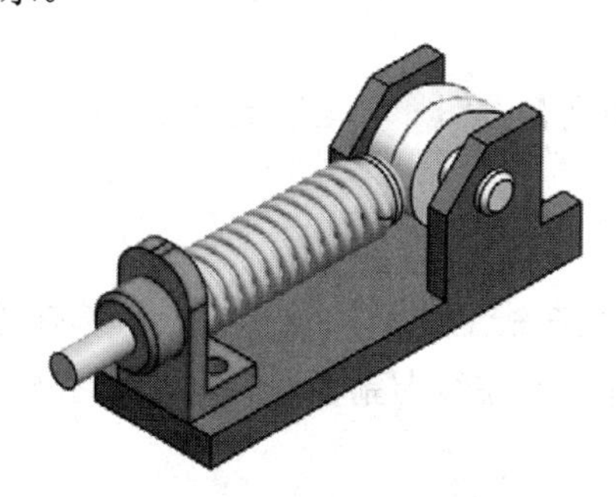

图 5-15　线在线上副模型

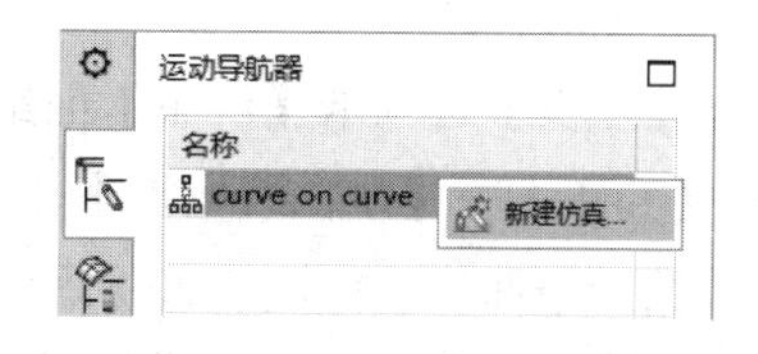

图 5-16　选择【新建仿真】

4）选择【新建仿真】后，软件自动打开【新建仿真】对话框。单击【确定】按钮，打开【环境】对话框，如图 5-17 所示。【求解器选项】选择【RecurDyn】，【分析类型】选择【动力学】，其他参数选择默认，单击【确定】按钮。

2. 创建运动体

1）单击【主页】选项卡【机构】面组上的【运动体】按钮，打开【运动体】对话框。

2）在绘图区选择推杆和圆弧为运动体 B001。

3）单击【运动体】对话框中的【应用】按钮，完成运动体 B001 的创建。

4）在绘图区选择凸轮和轮廓线作为运动体 B002。

5）单击【运动体】对话框中的【确定】按钮，完成运动体 B002 的创建，如图 5-18 所示。

图 5-17 【环境】对话框

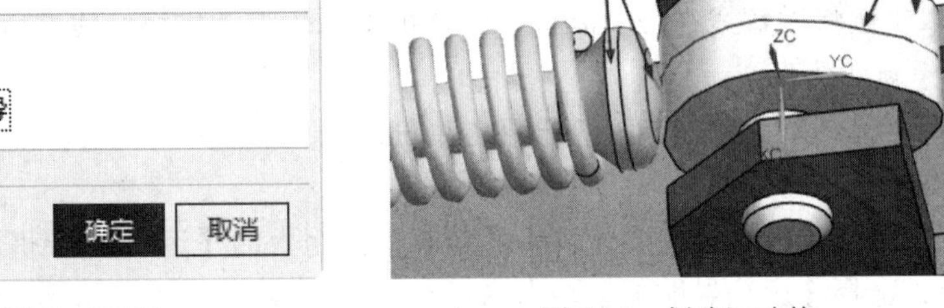

图 5-18 创建运动体

3. 创建运动副

单击【主页】选项卡【机构】面组上的【运动副】按钮，创建运动体 B001 为滑动副；运动体 B002 为旋转副，并设置旋转速度为 100。

4. 创建线在线上副

1）单击【主页】选项卡【约束】面组上的【线在线上副】按钮，或者选择【菜单】→【插入】→【约束】→【线在线上副】命令，打开【线在线上副】对话框，如图 5-19 所示。

2）选择第一条曲线，如图 5-20 所示。

3）单击【第二曲线集】中的【选择曲线】按钮，选择第二条曲线。其中选取的对象也包含边缘。

说明：如果有多条曲线，需要一一选取，曲线与曲线之间必须是相切连接。

图 5-19　【线在线上副】对话框

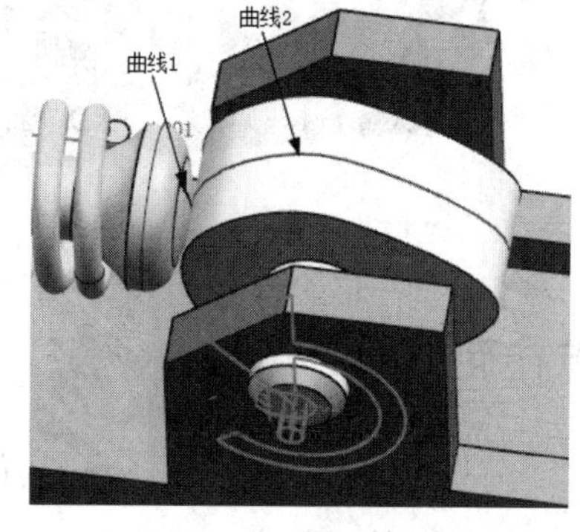

图 5-20　选择曲线

4）单击【线在线上副】对话框中的【确定】按钮，完成线在线上副的创建。

5. 动画分析

1）单击【主页】选项卡【解算方案】面组上的【解算方案】按钮，打开【解算方案】对话框，如图 5-21 所示。

2）在【解算方案选项】中设置【时间】为 5，【步数】为 500，如图 5-22 所示。

3）单击【解算方案】对话框中的【确定】按钮，完成解算方案的创建。

图 5-21　【解算方案】对话框

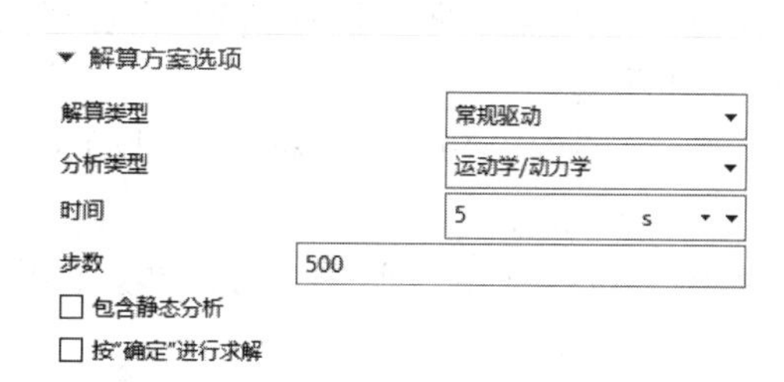

图 5-22　设置解算方案参数

4）单击【主页】选项卡【解算方案】面组上的【求解】按钮，求解当前解算方案的结果。

5）单击【结果】选项卡【运动模拟播放器】面组上的【播放】按钮，运动仿真开始，如图 5-23 所示。

6）单击【结果】选项卡【运动模拟播放器】面组上的【完成】按钮，完成凸轮带动推杆线性运动的动画分析。

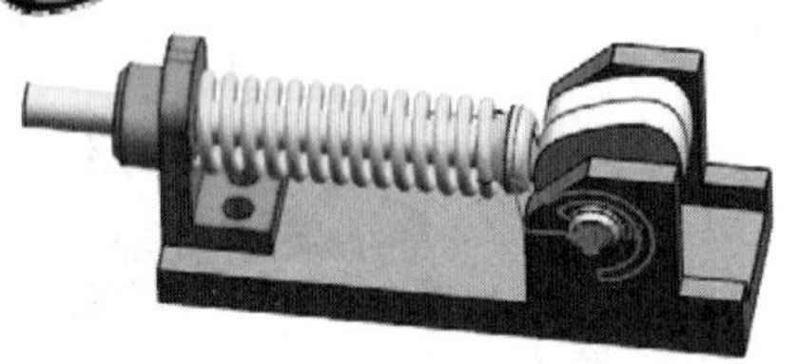

图 5-23　动画结果（1s、3s）

5.1.5　点在面上副

点在面上副（point on surface）可以保持两个对象之间的点和曲面相接触，如图 5-24 所示。两对象可以都是运动体或任意一个为运动体。点在面上副的特点如下：

- 点在面上副不能定义驱动。
- 点在面上副去掉了对象的 3 个自由度，物体可以沿曲面移动或旋转。
- 点在面上副运动必须接触，点与曲面之间运动时始终保持相切。
- 点在面上副解算需要的时间要比其他的类型长很多。

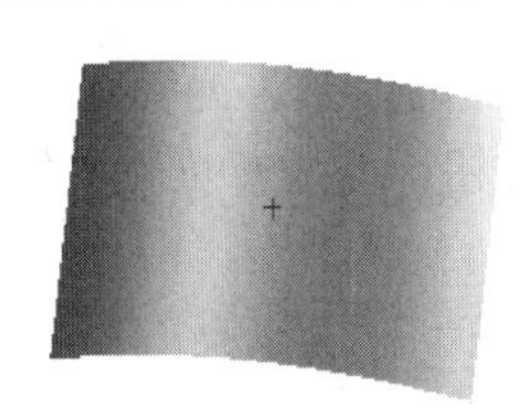
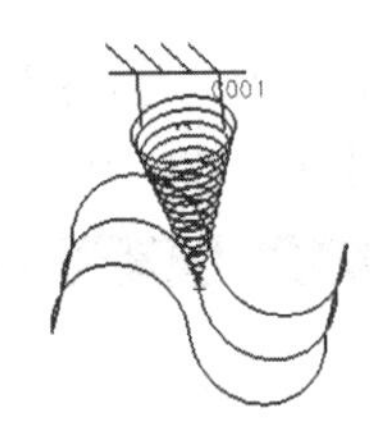

图 5-24　点在面上

5.1.6　创建点在面上副

本实例将讲解点在面上副的创建，并完成汽车刮水器的运动仿真。具体步骤如下：

1. 新建仿真

1）启动 UG NX 2027，打开 源文件/chapter5/原始文件 /5.1 / gyq.prt，汽车刮水器模型如图 5-25 所示。

2）单击【应用模块】选项卡【仿真】面组上的【运动】按钮，进入运动仿真界面。

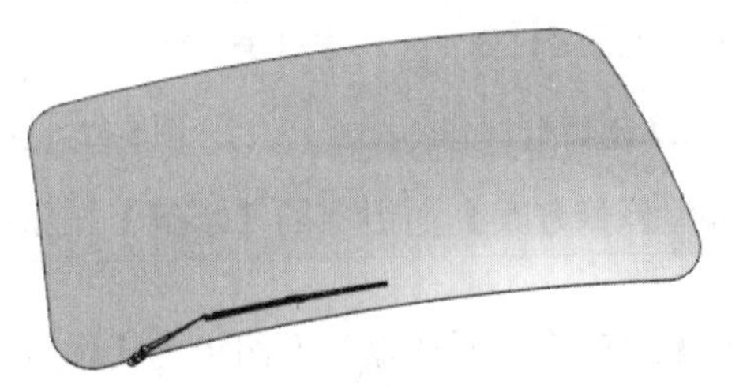

图 5-25　汽车刮水器模型

3）选择【运动导航器】，右击运动仿真 gyq 图标，选择【新建仿真】，如图 5-26 所示。

4）选择【新建仿真】后，软件自动打开【新建仿真】对话框。单击【确定】按钮，打开【环境】对话框，如图5-27所示。【求解器选项】选择【RecurDyn】，【分析类型】选择【动力学】，其他参数选择默认，单击【确定】按钮。

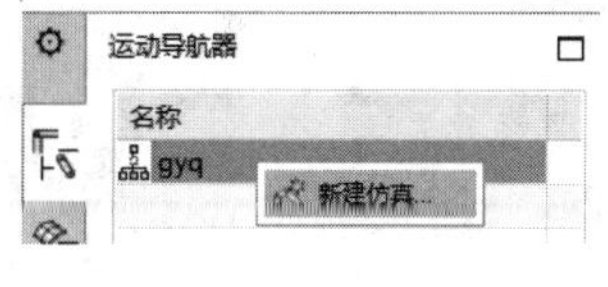

图5-26 选择【新建仿真】

图5-27 【环境】对话框

2. 创建运动体

1）单击【主页】选项卡【机构】面组上的【运动体】按钮，打开【运动体】对话框。

2）在绘图区选择支架为运动体B001。

3）单击【运动体】对话框的【应用】按钮，完成运动体B001的创建。

4）在绘图区选择刮水器支架外所有实体为运动体B002。

5）单击【运动体】对话框中的【确定】按钮，完成运动体B002的创建，如图5-28所示。

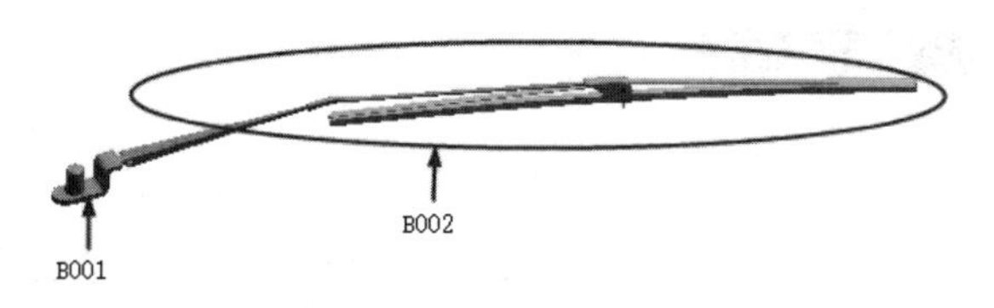

图5-28 创建运动体

3. 创建旋转副1

1）单击【主页】选项卡【机构】面组上的【运动副】按钮，打开【运动副】对话框，如图5-29所示，在【类型】下拉列表框中选择【旋转副】。

2）单击【选择运动体】选项，在绘图区选择运动体B001。

3）单击【指定原点】选项，在绘图区选择运动体B001转轴的圆心，如图5-30所示。

4）单击【指定矢量】选项，选择支架的端面，使方向指向轴心，如图5-31所示。

5）单击【驱动】标签，打开【驱动】选项卡。

6）在【旋转】下拉列表框中选择【谐波】类型。

7）在【幅值】文本框输入 35、【频率】文本框输入 30、【位移】文本框输入 35，如图 5-32 所示。

说明：简谐函数驱动相关含义请查询第 10 章中的相关内容。

8）单击【运动副】对话框中的【确定】按钮，完成旋转副 1 的创建。

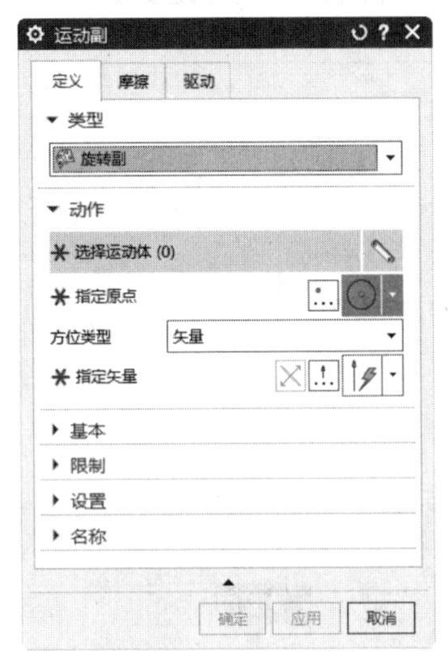

图 5-29 【运动副】对话框

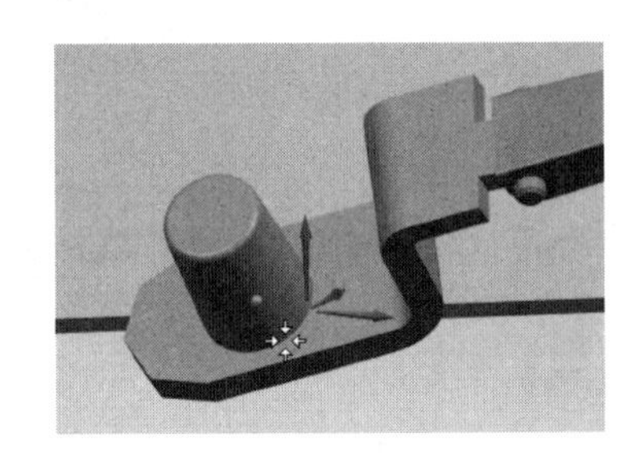
图 5-30 指定原点

图 5-31 指定矢量

4. 创建旋转副 2

1）单击【主页】选项卡【机构】面组上的【运动副】按钮，打开【运动副】对话框。在【类型】下拉列表框中选择【旋转副】类型。

2）单击【选择运动体】选项，在绘图区选择运动体 B002。

3）单击【指定原点】选项，在绘图区选择运动体 B001 销上的圆心，如图 5-33 所示。

4）单击【指定矢量】选项，选择运动体 B001 销的端面，如图 5-34 所示。

图 5-32 设置谐波驱动参数

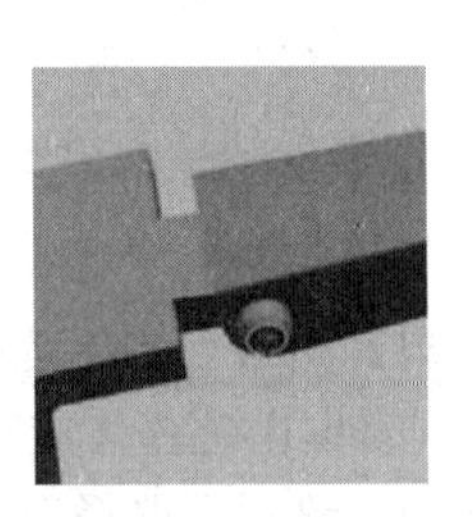
图 5-33 指定原点

图 5-34 指定矢量

5）单击【基本】标签，打开【基本】选项组。

6）单击【选择运动体】选项，在绘图区选择运动体 B001，对齐运动体，如图 5-35 所示。

7）单击【运动副】对话框中的【确定】按钮，完成旋转副 2 的创建。

5. 创建点在面上副

1）单击【主页】选项卡【约束】面组上的【点在面上副】按钮，或者选择【菜单】→【插入】→【约束】→【点在面上副】命令，打开【点在面上副】对话框，如图5-36所示。

2）单击【选择运动体】选项，在绘图区中选择运动体B002。

3）单击【点】选项，在绘图区选择已存在点。

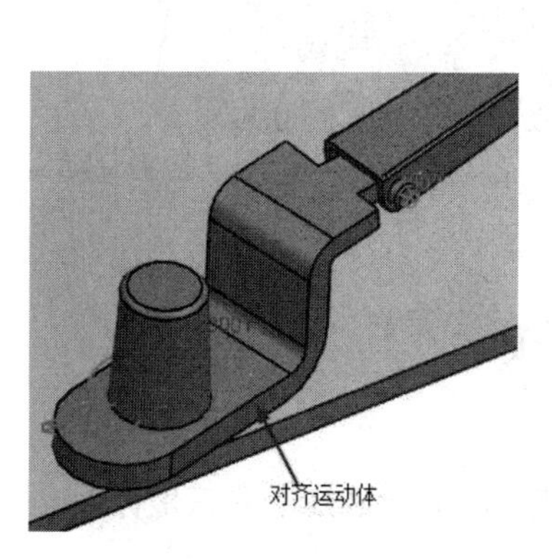

图5-35　对齐运动体

图5-36　【点在面上副】对话框

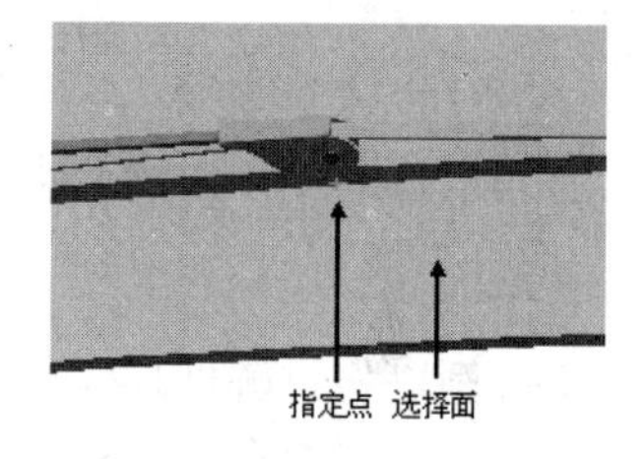

图5-37　选择点、面

4）单击【选择面】选项，在绘图区选择面，如图5-37所示。

说明：如果点不在面上，在仿真时软件自动装配到面上。

5）单击【点在面上副】对话框中的【确定】按钮，完成点在面上副的创建。

6. 动画分析

1）单击【主页】选项卡【解算方案】面组上的【解算方案】按钮，打开【解算方案】对话框，如图5-38所示。

2）在【解算方案选项】中设置【时间】为10，【步数】为500，如图5-39所示。

3）单击【解算方案】对话框中的【确定】按钮，完成解算方案的创建。

图5-38　【解算方案】对话框

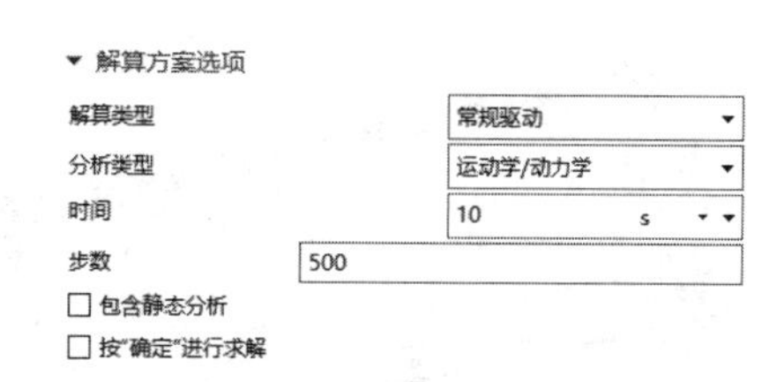

图5-39　设置解算方案参数

4）单击【主页】选项卡【解算方案】面组上的【求解】按钮，求解当前解算方案的结果。

5）单击【结果】选项卡【运动模拟播放器】面组上的【播放】按钮，运动仿真开始，如图 5-40 所示。

6）单击【结果】选项卡【运动模拟播放器】面组上的【完成】按钮，完成汽车刮水器的动画分析。

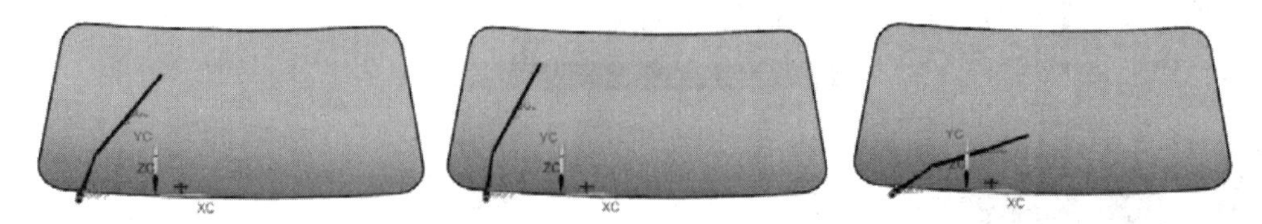

图 5-40　动画结果（1s、1.8s、6.8s）

5.2　实例——玻璃切割机模型

本实例以将讲解玻璃切割机模型在弧形玻璃上走一个正弦线。它是一个典型的三坐标运动机构。切割头能够在 X、Y、Z 方向上任意移动，但是不能旋转。

5.2.1　创建运动体和运动副

玻璃切割机模型需要创建 3 个运动体、3 个滑动副（后两个需要对齐运动体）、1 个点在线上副。在运动仿真中，X 轴为主运动，需要驱动，速度为 3。具体步骤如下：

1. 新建仿真

1）启动 UG NX 2027，打开源文件/chapter5/原始文件 /5.2 /blqgj.prt，玻璃切割机模型如图 5-41 所示。

2）单击【应用模块】选项卡【仿真】面组上的【运动】按钮，进入运动仿真界面。

3）选择【运动导航器】，右击运动仿真 blqgj 图标，选择【新建仿真】，如图 5-42 所示。

4）选择【新建仿真】后，软件自动打开【新建仿真】对话框。单击【确定】按钮，打开【环境】对话框，如图 5-43 所示。【求解器选项】选择【Simcenter 3D Motion】，其他参数选择默认，单击【确定】按钮。

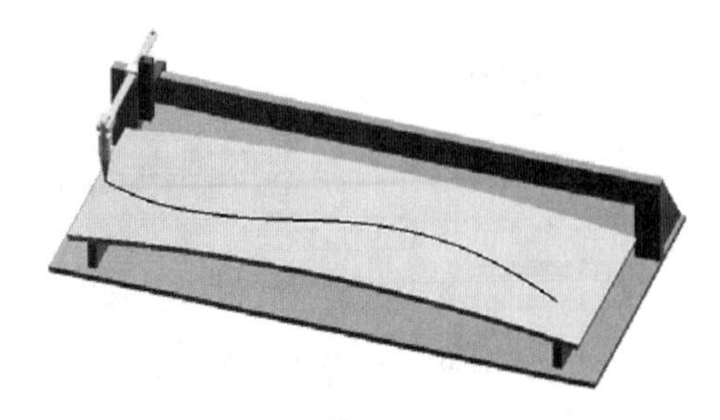

图 5-41　玻璃切割机模型

图 5-42　选择【新建仿真】

2. 创建运动体

1）单击【主页】选项卡【机构】面组上的【运动体】按钮，打开【运动体】对话框。

2）在绘图区选择 T 形实体为运动体 B001。

3）单击【运动体】对话框中的【应用】按钮，完成运动体 B001 的创建。

4）在绘图区选择长方体为运动体 B002。

5）单击【运动体】对话框中的【应用】按钮，完成运动体 B002 的创建。

6）在绘图区选择切割头、Y 轴滑动杆、销作为运动体 B003。

7）单击【运动体】对话框中的【确定】按钮，完成运动体 B003 的创建，如图 5-44 所示。

3. 创建滑动副 1

1）单击【主页】选项卡【机构】面组上的【运动副】按钮，打开【运动副】对话框，如图 5-45 所示。

2）在【类型】下拉列表框中选择【滑动副】。

3）单击【选择运动体】选项，在绘图区选择运动体 B001。

4）单击【指定原点】选项，在绘图区选择 B001 上任意一点为原点。

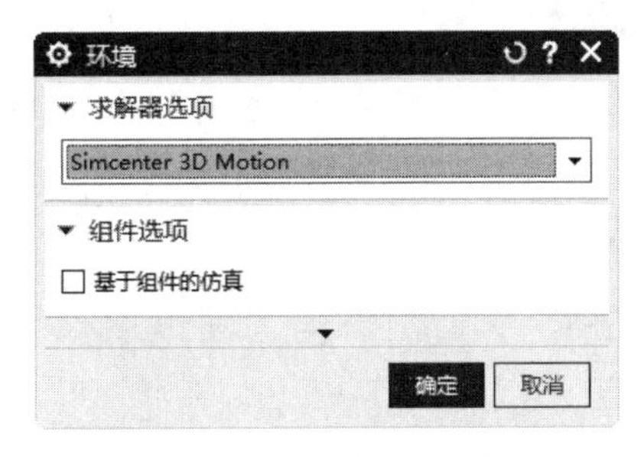

图 5-43　【环境】对话框

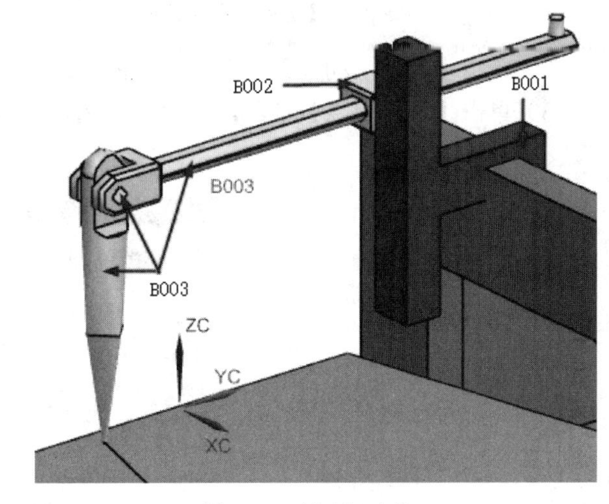

图 5-44　创建运动体

说明：滑动副的原点可以在 Z 轴的任意位置，但做精确分析时，最好把原点放在模型中间。

5）单击【指定矢量】选项，选择系统提示的 X 轴，如图 5-46 所示。

6）单击【驱动】标签，打开【驱动】选项卡，如图 5-47 所示。

7）在【平移】下拉列表框中选择【多项式】类型，在【速度】文本框输入 3。

8）单击【运动副】对话框中的【确定】按钮，完成滑动副 1 的创建。

4. 创建滑动副 2

1）单击【主页】选项卡【机构】面组上的【运动副】按钮，打开【运动副】对话框。在【类型】下拉列表框中选择【滑动副】。

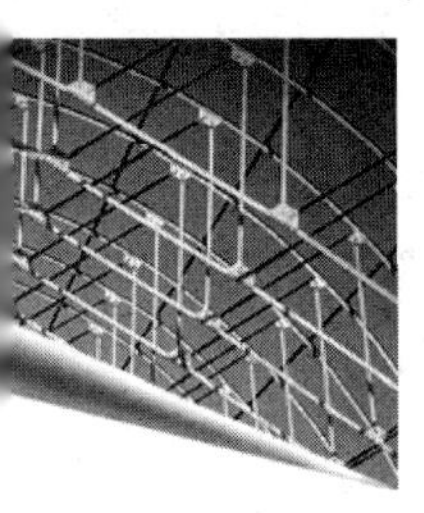

图 5-45 【运动副】对话框

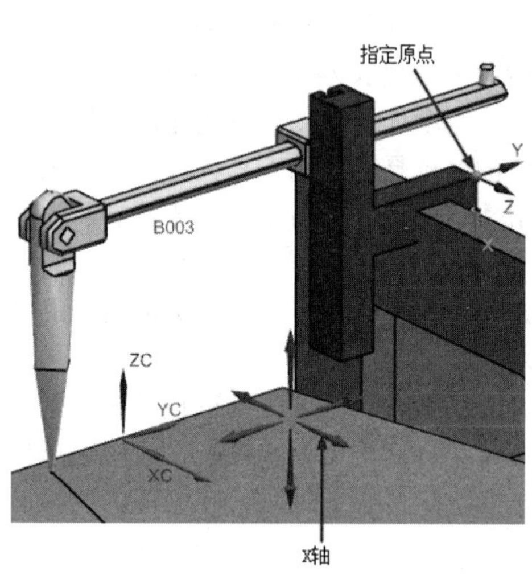

图 5-46 指定原点、矢量

2）单击【选择运动体】选项，在绘图区选择运动体 B002。

3）单击【指定原点】选项，在绘图区选择 B002 上任意一点为原点，如图 5-48 所示。

图 5-47 【驱动】选项卡

4）单击【指定矢量】选项，选择系统提示的 Z 轴，如图 5-49 所示。

5）单击【基本】标签，打开【基本】选项组，如图 5-50 所示。

6）单击【选择运动体】按钮，在绘图区选择运动体 B001，对齐运动体，如图 5-51 所示。

7）单击【运动副】对话框中的【确定】按钮，完成滑动副 2 的创建。

5. 创建滑动副 3

1）单击【主页】选项卡【机构】面组上的【运动副】按钮，打开【运动副】对话框。在【类型】下拉列表框中选择【滑动副】。

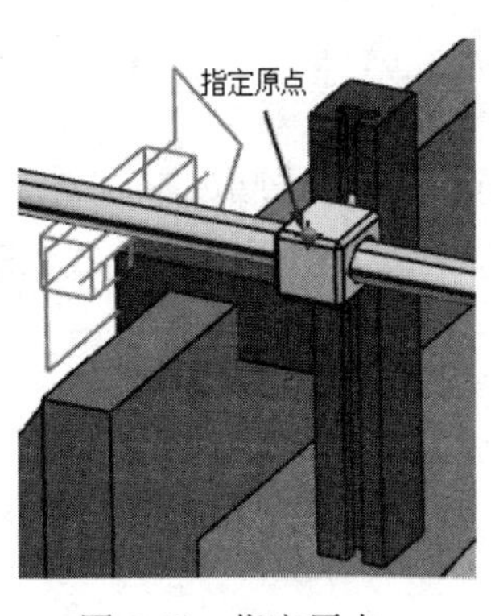

图 5-48　指定原点

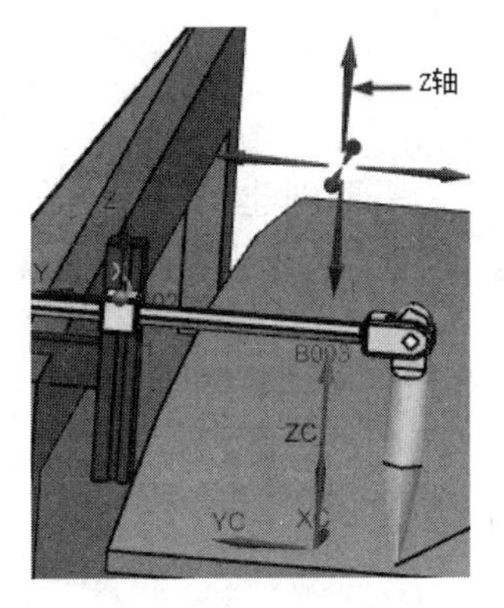

图 5-49　指定矢量

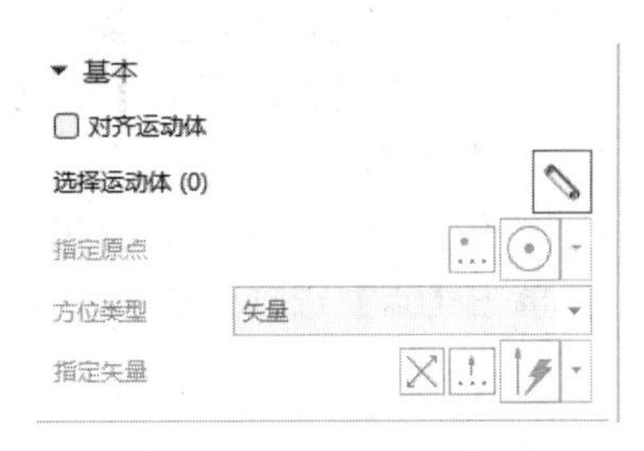

图 5-50　【基本】选项组

2）单击【选择运动体】选项，在绘图区选择运动体 B003。

3）单击【指定原点】选项，在绘图区选择运动体 B003 上任意一点为原点，如图 5-52 所示。

4）单击【指定矢量】选项，选择运动体 B003 平行 Y 轴上的线性边缘，如图 5-53 所示。

5）单击【基本】标签，打开【基本】选项组，如图 5-54 所示。

6）单击【选择运动体】选项，在绘图区选择运动体 B002，如图 5-55 所示。

7）单击【运动副】对话框中的【确定】按钮，完成滑动副的创建。

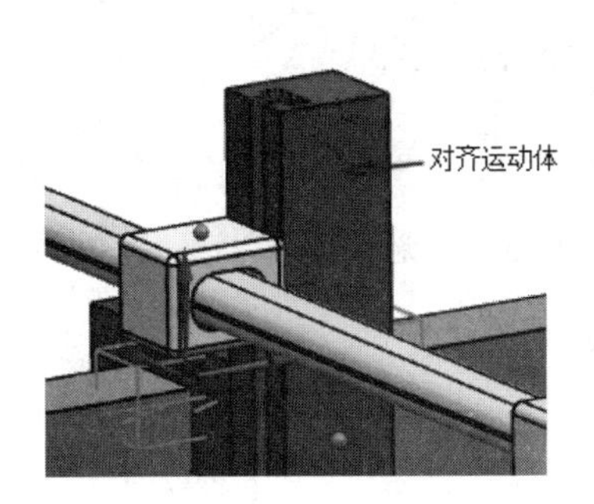

图 5-51　对齐运动体

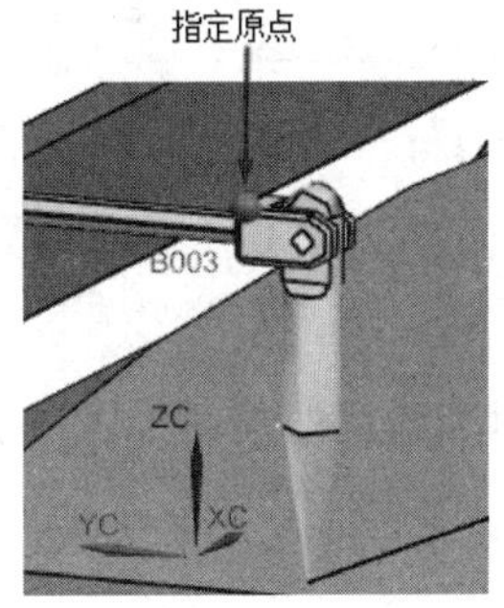

图 5-52　指定原点

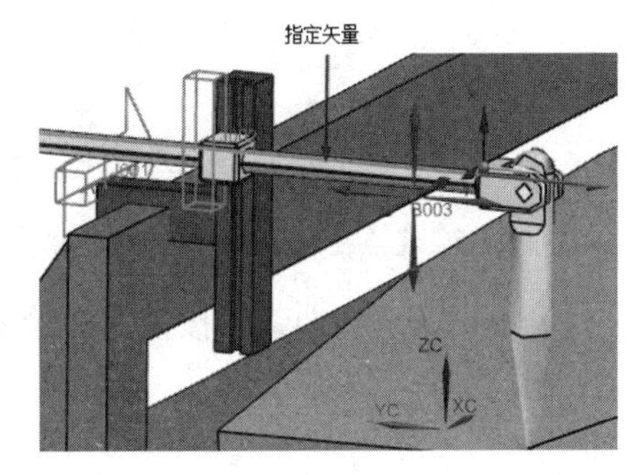

图 5-53　指定矢量

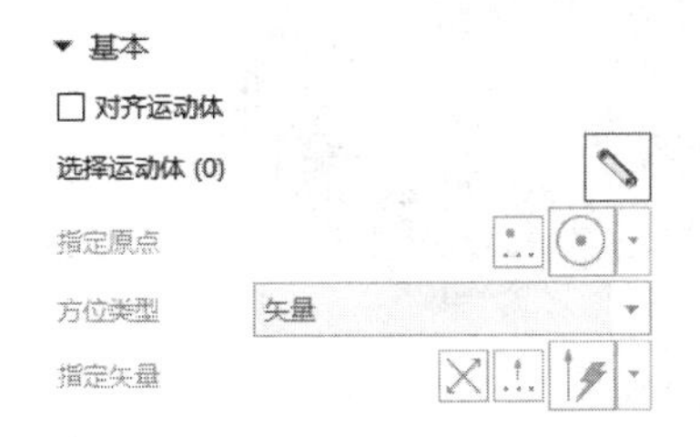

图 5-54　【基本】选项组

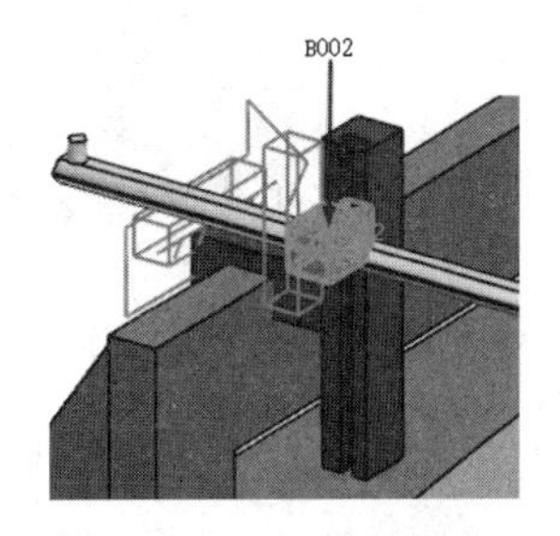

图 5-55　选择运动体 B002

5.2.2 创建约束

完成运动体和基本的运动副创建后，需要创建点在线上副约束。具体步骤如下：

1）单击【主页】选项卡【约束】面组上的【点在线上副】按钮，打开【点在线上副】对话框，如图 5-56 所示。

2）在绘图区选择运动体 B003。

3）单击【点】选项，选择切割头最尖处的圆心，如图 5-57 所示。

图 5-56 【点在线上副】对话框

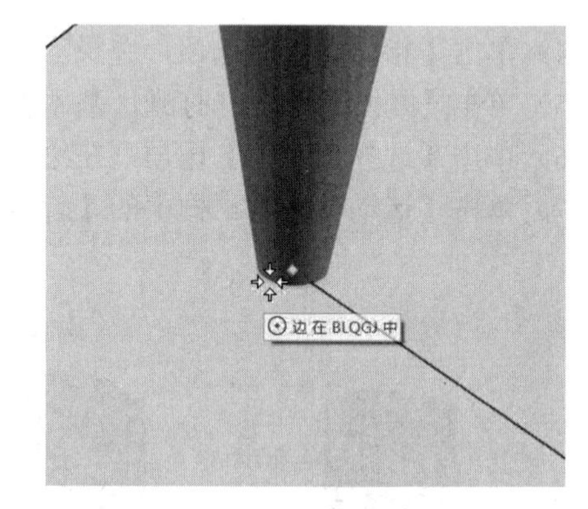

图 5-57 选择点

4）单击【选择曲线】按钮，在绘图区选择曲线，如图 5-58 所示。

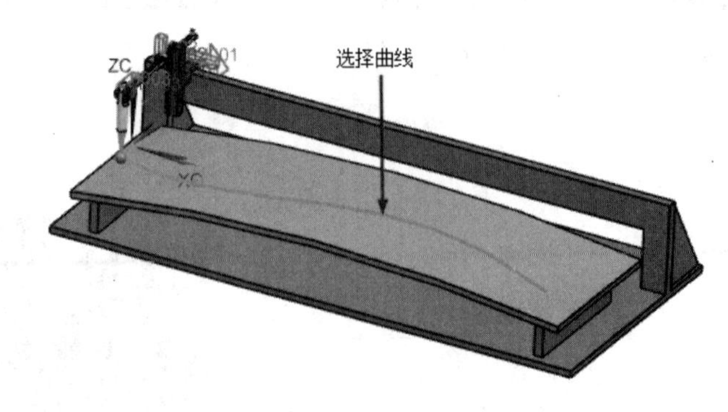

图 5-58 选择曲线

5）单击【点在线上副】对话框中的【确定】按钮，完成点在线上副的创建。

5.2.3 结果分析

完成运动体和运动副创建后，即可对模型进行运动分析。具体步骤如下：

1）单击【主页】选项卡【解算方案】面组上的【解算方案】按钮▦，打开【解算方案】对话框，如图5-59所示。

2）在【解算方案选项】选项组【固定步数】文本框输入400，【解算开始时间】为0，【解算结束时间】为4。

3）单击【解算方案】对话框的【确定】按钮，完成解算方案的创建。

4）单击【主页】选项卡【解算方案】面组上的【求解】按钮▦，求解当前解算方案的结果。

5）单击【结果】选项卡【运动模拟播放器】面组上的【播放】按钮▷，玻璃切割机运动开始。在仿真过程中，使用追踪命令记录某个时间点的运动机构的位置，如图5-60所示。

6）单击【结果】选项卡【运动模拟播放器】面组上的【完成】按钮🏁，完成玻璃切割机模型的动画分析。

对仿真过程中整个机构的状况进行分析的结果如下：

- ❑ 当机构运行到2s位置时，Z向的滑块将近三分之一脱离，如图5-61所示，需要增加X滑块T形槽的高度。
- ❑ 解算方案Solution001，当时间为4s、解算步数为400时，播放动画时发现实际运行时间为3.64s。原因在于切割头达到曲线终点，如图5-62所示，而点在线上副运动必须接触，不可以脱离。

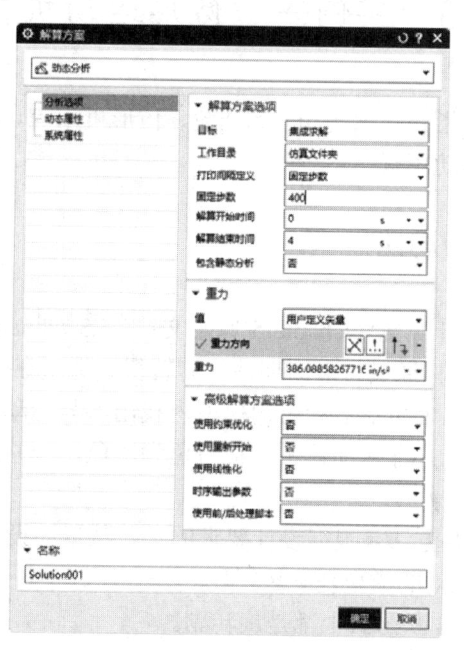

图5-59 【解算方案】对话框

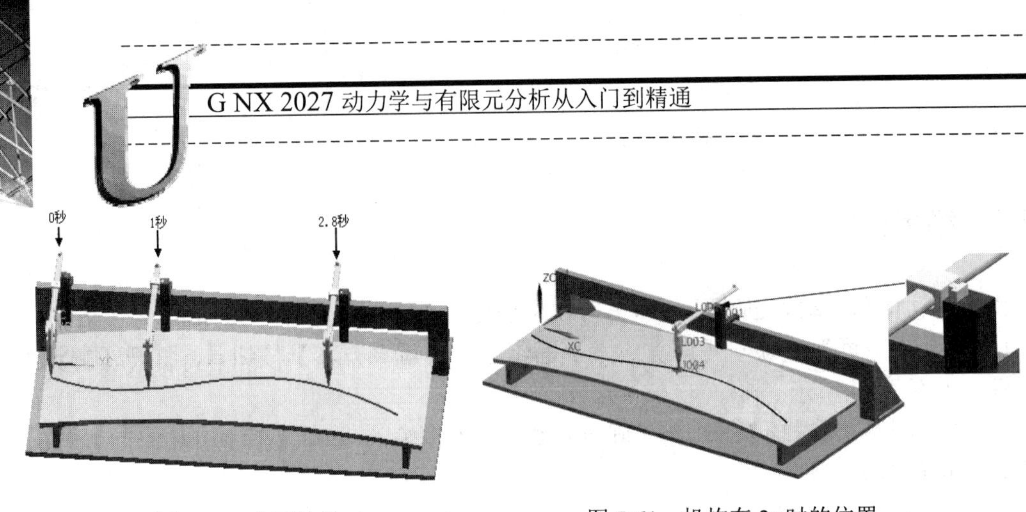

图 5-60　动画结果　　　　图 5-61　机构在 2s 时的位置

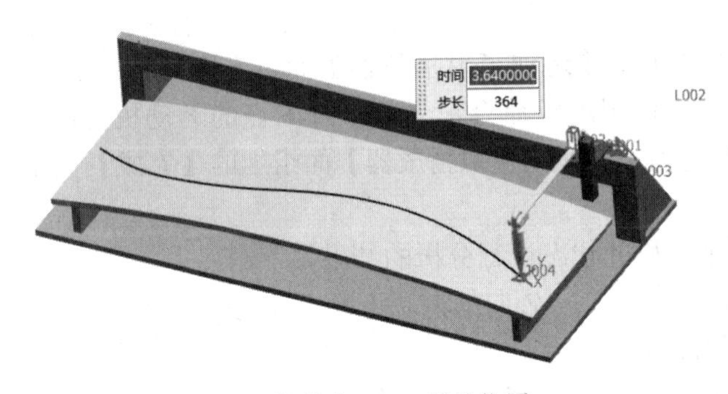

图 5-62　机构在 3.64s 时的位置

5.3　实例——仿形运动机构

仿形运动机构能够按照指定轮廓运动，如凸轮、仿形机床等。本实例以最初装配好的模型逐步讲解仿形运动机构的运动仿真。

5.3.1　运动要求及分析思路

启动 UG NX 2027，打开源文件/chapter5/原始文件 /5.3 /zhuanpan.prt，仿形运动机构模型如图 5-63 所示。仿形运动机构通过转盘周期性的旋转得到滑块在固定杆上周期性的滑动。

1）运动体的划分。在整个仿形运动机构模型内找出参与运动的部件，并划分为运动体，一共是 5 个，如图 5-64 所示。非运动体机构被着色为灰色，一共是 4 个，它们也可以被创建为固定运动体。

2）运动副的划分。主要方法是根据设计要求的主、从运动设定，以及具体的形式推断。

- B001 为主运动，运动的类型是旋转副。
- B002、B003、 B004 从形式上都是旋转副。
- B005 是最后的一级运动，运动的类型是滑动副。

3）运动的传递。运动传递的类型常见的有齿轮、线缆、点在线上、3D 接触等，可以根据模型的具体的形式一级一级往下推断，本实例各运动体的运动传递如下：

- B002 的凸轮随着 B001 的凹槽被动旋转，运动类型可为约束、3D 接触等。仿形运动结构比较简单，一般使用解算速度快的约束，本例使用点在线上副。
- B003 在 B002 的狭缝内滑动，运动的空间时刻变化，可以使用线在线上副模拟。
- B004 在 B003 和 B005 之间传动动力，没有对"地"固定，需要使用两个旋转副啮合 B003 和 B005。

4）辅助对象的创建。创建约束需要的所有点和曲线，如图 5-65 所示。

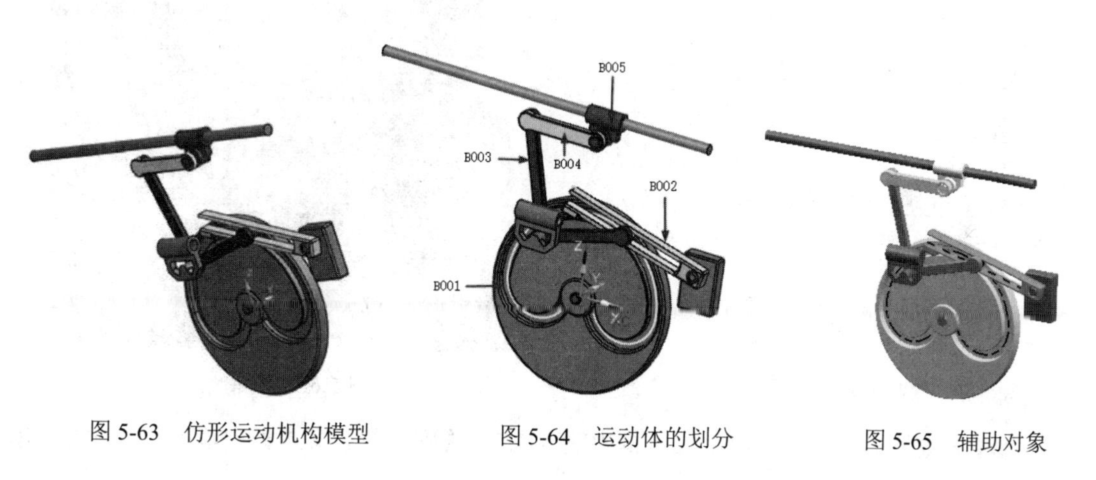

图 5-63 仿形运动机构模型　　图 5-64 运动体的划分　　图 5-65 辅助对象

5.3.2 创建辅助对象

创建点在线上副约束的点和曲线的创建方法如下：点使用圆心，曲线使用偏置命令创建。创建线在线上副约束的曲线使用相交命令创建，具体步骤如下：

1. 测量距离

1）单击【分析】选项卡【测量】面组上的【测量】按钮，弹出【测量】对话框，如图 5-66 所示。

2）单击【距离】按钮，选择要测量的对象为【点】选项。

3）选择第一个对象，单击凸轮圆心。

4）选择要测量的对象为【对象】选项。选择第二个对象，单击凹槽侧面，结果如图 5-67 所示。

5）单击【测量】对话框中的【确定】按钮，距离为 1.5，因此偏置曲线的距离也是 1.5。

2. 偏置曲线

1）选择【菜单】→【插入】→【派生曲线】→【偏置】命令，打开【偏置曲线】对话框，如图 5-68 所示。

2）设置选择过滤器，曲线规则为相切曲线。选择要偏置的曲线，如图 5-69 所示。

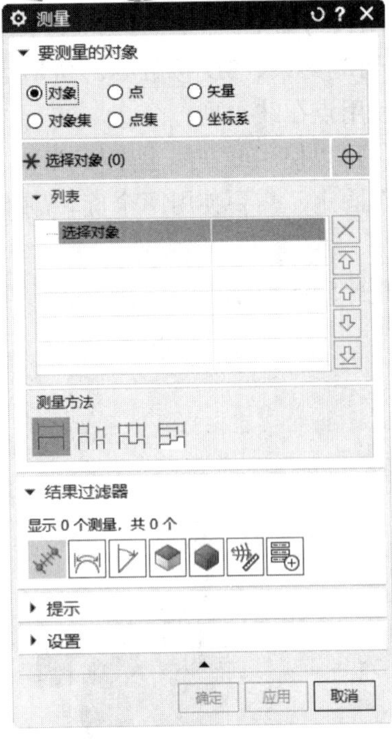

图 5-66 【测量】对话框

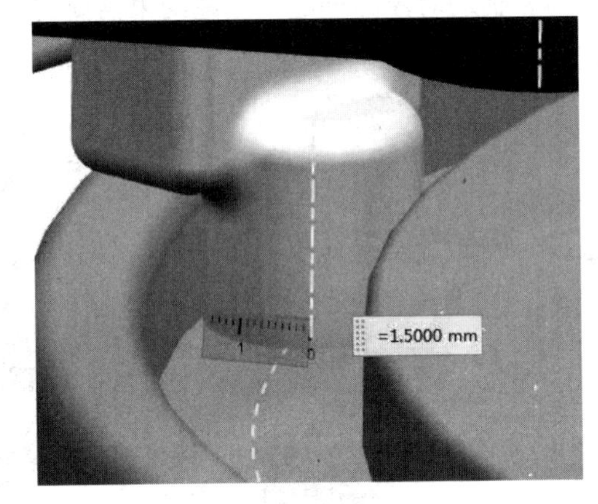

图 5-67 结果

3）在【偏置】选项组【距离】文本框中输入 1.5、【副本数】文本框中输入 1，如图 5-70 所示。

4）单击【偏置曲线】对话框中的【确定】按钮，完成曲线偏置，如图 5-71 所示。

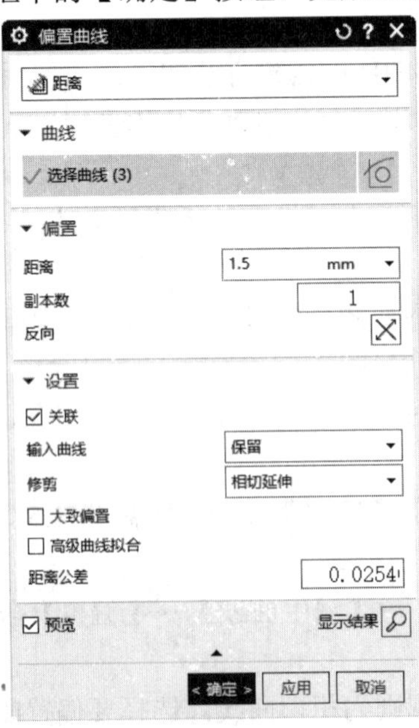

图 5-68 【偏置曲线】对话框

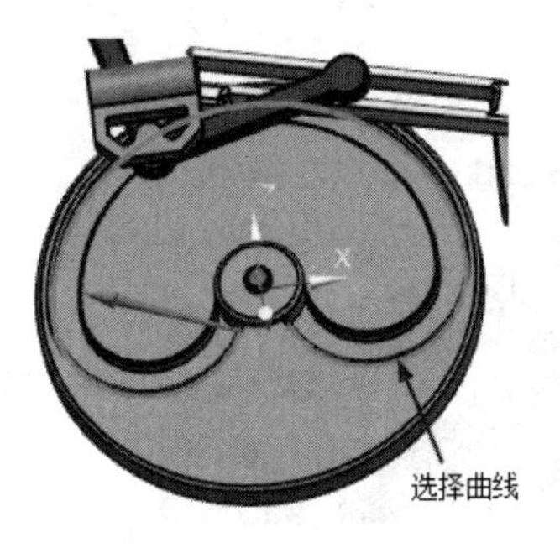

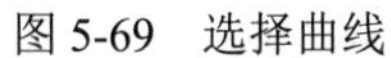
图 5-69　选择曲线

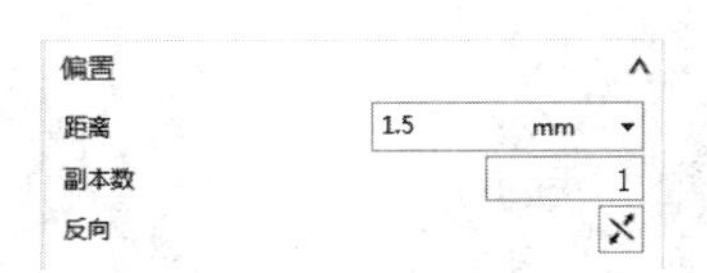

图 5-70　设置偏置参数

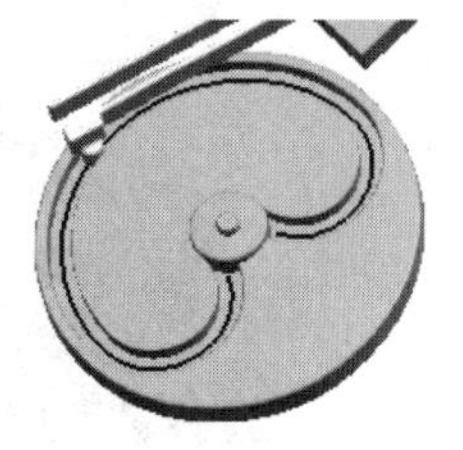

图 5-71　偏置曲线

3. 创建基准平面

1）选择【菜单】→【插入】→【基准】→【基准平面】命令，打开【基准平面】对话框，如图 5-72 所示。

2）选取运动体 B002 边缘的中点。

3）单击【基准平面】对话框中的【确定】按钮，完成基准平面的创建，如图 5-73 所示。

4. 创建相交曲线

1）选择【菜单】→【插入】→【派生曲线】→【相交曲线】命令，打开【相交曲线】对话框。

2）选择第一组面对象是基准平面。

3）选择第二组面对象是凸轮和运动体 B002 表面，选择时注意面规则过滤器设置为单个面，如图 5-74 所示。

4）单击【相交曲线】对话框中的【确定】按钮，完成相交曲线的创建，如图 5-75 所示。

图 5-72　【基准平面】对话框

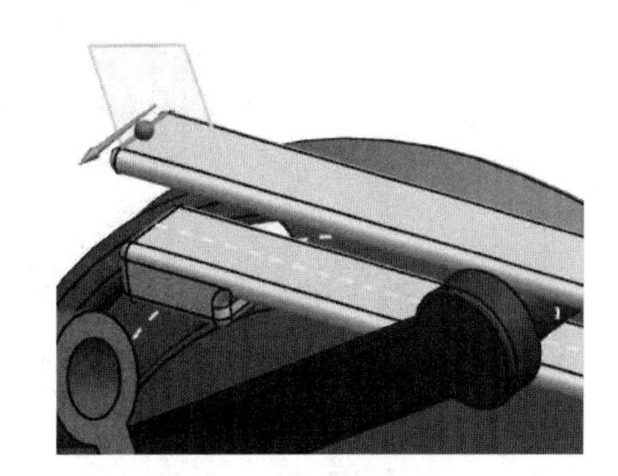

图 5-73　创建基准平面

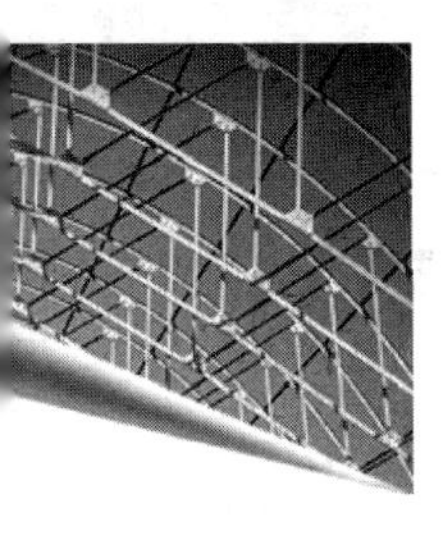

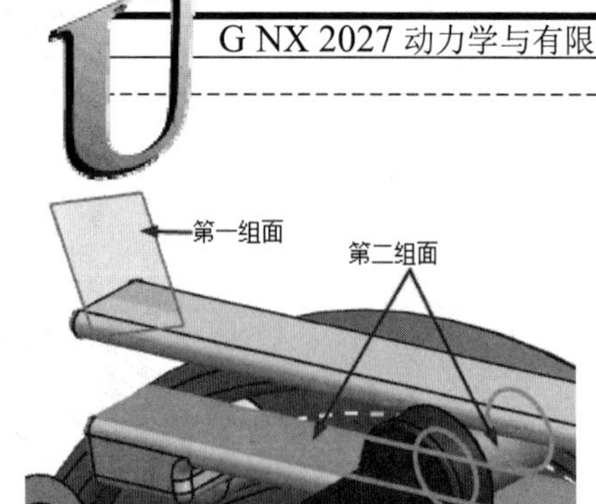

图 5-74　选择面

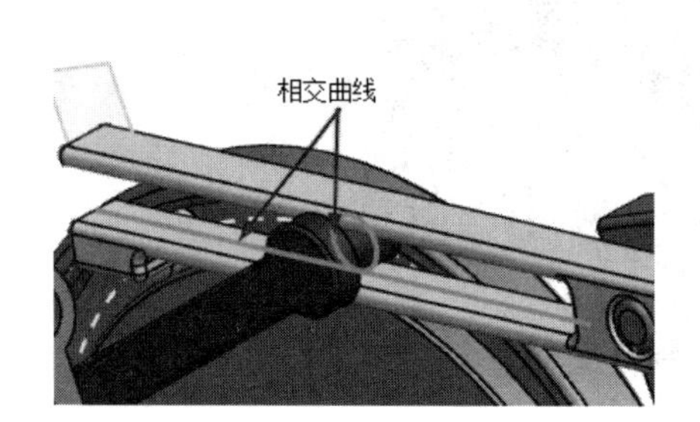

图 5-75　创建相交曲线

5.3.3　创建运动体

仿形运动机构模型一共由 9 个部件组成，但有些是固定不动或合并的形式，需要创建 5 个运动体。具体步骤如下：

1. 新建仿真

1）单击【应用模块】选项卡【仿真】面组上的【运动】按钮，进入运动仿真界面。

2）单击资源导航器中选择【运动导航器】，右击运动仿真 zhuanpan 图标，选择【新建仿真】，如图 5-76 所示。

3）选择【新建仿真】后，软件自动打开【新建仿真】对话框。单击【确定】按钮，打开【环境】对话框，如图 5-77 所示。【求解器选项】选择【RecurDyn】，【分析类型】选择【动力学】，其他参数选择默认，单击【确定】按钮。

2. 创建运动体

1）单击【主页】选项卡【机构】面组上的【运动体】按钮，打开【运动体】对话框，如图 5-78 所示。

2）在绘图区选择转盘、偏置曲线为运动体 B001。

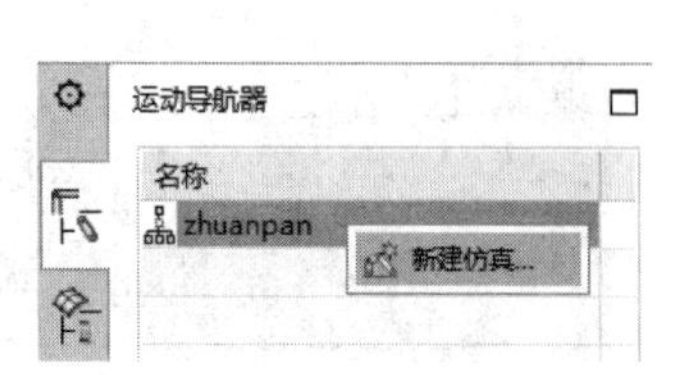

图 5-76　选择【新建仿真】

图 5-77　【环境】对话框

3）单击【运动体】对话框中的【应用】按钮，完成运动体 B001 的创建，如图 5-79 所示。

4）在绘图区选择开槽凸轮、表面曲线为运动体 B002。

图 5-78　【运动体】对话框

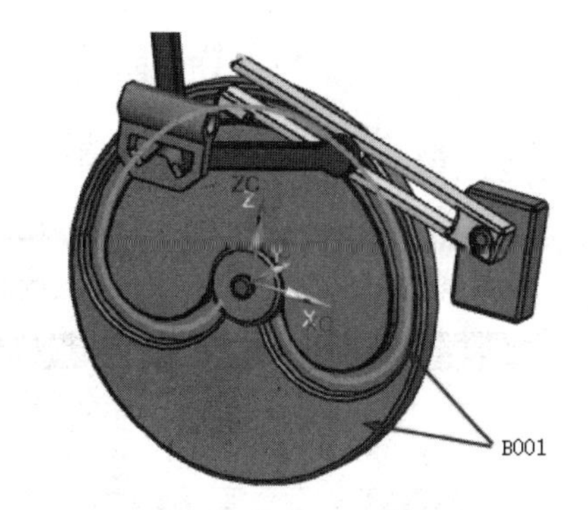

图 5-79　创建运动体 B001

5）单击【运动体】对话框中的【应用】按钮，完成运动体 B002 的创建。

6）在绘图区选择折弯杆和曲线作为运动体 B003。

7）单击【运动体】对话框中的【确定】按钮，完成运动体 B003 的创建。

8）在绘图区选择直连杆作为运动体 B004。

9）单击【运动体】对话框中的【确定】按钮，完成运动体 B004 的创建。

10）在绘图区选择滑动块作为运动体 B005。

11）单击【运动体】对话框中的【确定】按钮，完成运动体 B005 的创建。

5.3.4　创建运动副

仿形运动机构模型需要创建 6 个运动副，如图 5-80 所示。转盘为主运动需要驱动，驱动的方式为谐波。具体步骤如下：

说明：J001（主运动）、J002、J003 为旋转副，J004、J005 为旋转副且带啮合功能，J006 为滑动副。

1. 创建旋转副 1

1）单击【主页】选项卡【机构】面组上的【运动副】按钮，打开【运动副】对话框，

UG NX 2027

如图 5-81 所示。在【类型】下拉列表框中选择【旋转副】。

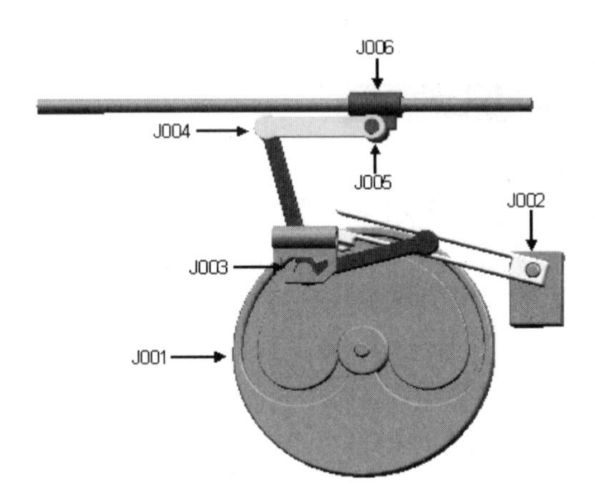

图 5-80　创建运动副

2）单击【选择运动体】选项，在绘图区选择运动体 B001。

3）单击【指定原点】选项，在绘图区选择 B001 上中心点为原点，如图 5-82 所示。

4）单击【指定矢量】选项，选择转盘的端面，如图 5-83 所示。

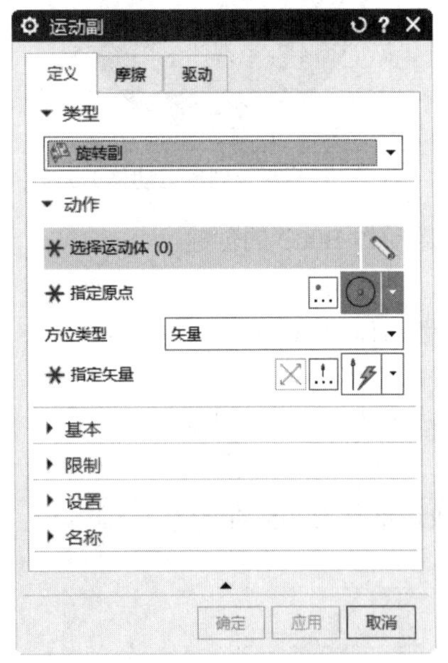

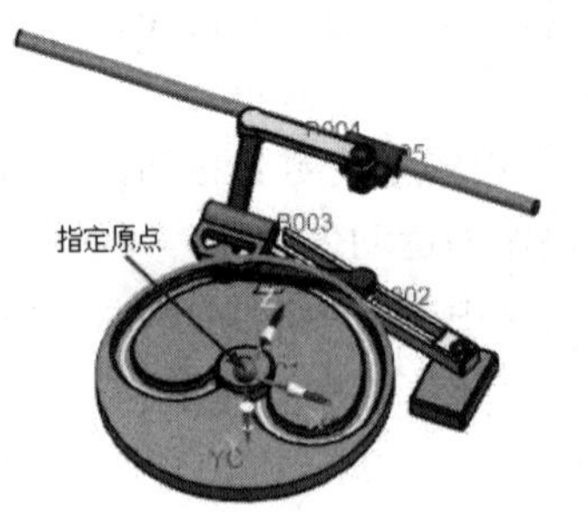

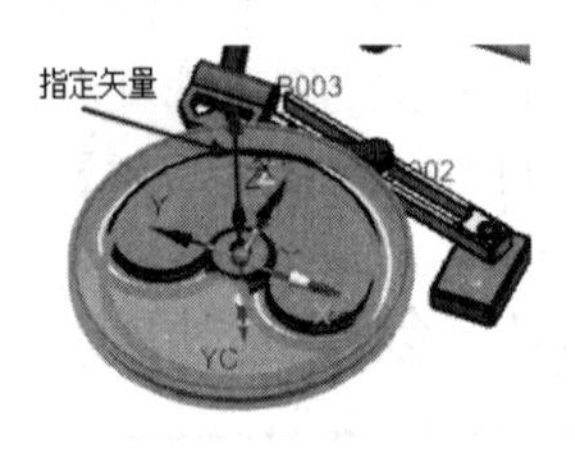

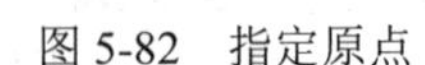

图 5-81　【运动副】对话框　　图 5-82　指定原点　　图 5-83　指定矢量

5）单击【驱动】标签，打开【驱动】选项卡。

6）在【旋转】下拉列表框中选择【谐波】。

7）在【幅值】文本框输入 135、【频率】文本框输入 50、【位移】文本框输入 25，如图 5-84 所示。

8）单击【运动副】对话框中的【应用】按钮，完成旋转副 1 的创建。

2. 创建旋转副 2

1）单击【主页】选项卡【机构】面组上的【运动副】按钮，打开【运动副】对话框。在【类型】下拉列表框中选择【旋转副】。

2）单击【选择运动体】选项，在绘图区选择运动体 B002。

3）单击【指定原点】选项，在绘图区选择运动体 B002 上孔的圆心为原点。

4）单击【指定矢量】选项，选择运动体 B002 上表面，使 Z 方向指向轴心，如图 5-85 所示。

5）单击【运动副】对话框中的【确定】按钮，完成旋转副 2 的创建。

3. 创建旋转副 3

1）单击【主页】选项卡【机构】面组上的【运动副】按钮，打开【运动副】对话框。在【类型】下拉列表框中选择【旋转副】类型。

2）单击【选择运动体】选项，在绘图区选择运动体 B003。

3）单击【指定原点】选项，在绘图区选择运动体 B003 上的圆心为原点。

4）单击【指定矢量】选项，选择运动体 B003 上柱面，使 Z 方向指向轴心，如图 5-86 所示。

5）单击【运动副】对话框中的【确定】按钮，完成旋转副 3 的创建。

图 5-84　设置谐波驱动参数

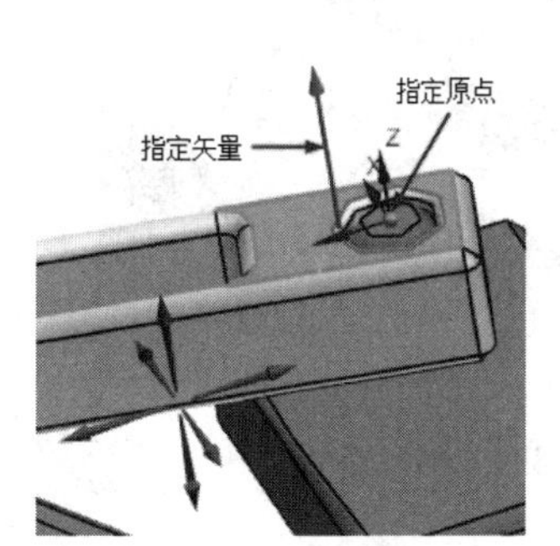

图 5-85　指定原点、矢量

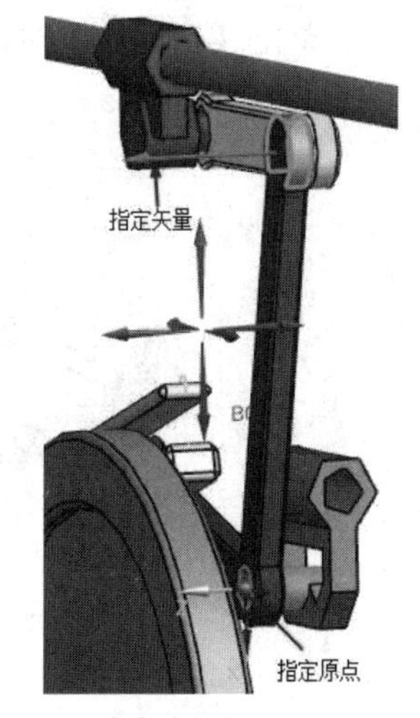

图 5-86　指定原点、矢量

4. 创建旋转副 4

1）单击【主页】选项卡【机构】面组上的【运动副】按钮，打开【运动副】对话框。

2）单击【选择运动体】选项，在绘图区选择运动体 B004。

3）单击【指定原点】选项，在绘图区选择运动体 B004 左端的圆心为原点。

4）单击【指定矢量】选项，选择运动体 B004 上表面，使 Z 方向指向轴心，如图 5-87 所示。

5）单击【基本】标签，打开【基本】选项组，如图 5-88 所示。

6）单击【选择运动体】选项，在绘图区选择运动体 B003，对齐运动体，如图 5-89 所示。

7）单击【运动副】对话框中的【应用】按钮，完成旋转副 4 的创建。

8）按照相同的步骤完成 J005 的创建，其中 J005 要啮合 B005。

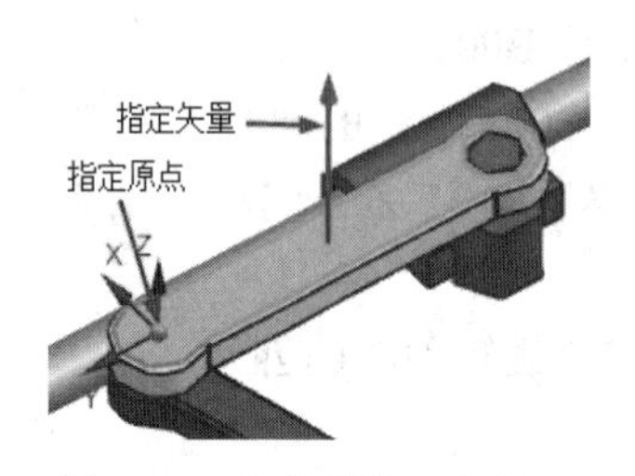

图 5-87 指定原点、矢量

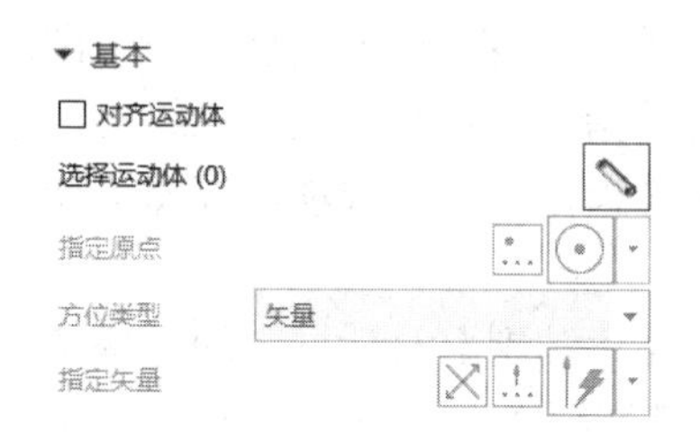

图 5-88 【基本】选项组

5. 创建滑动副

1）单击【主页】选项卡【机构】面组上的【运动副】按钮，打开【运动副】对话框。

2）在【类型】下拉列表框中选择【滑动副】类型。

3）单击【选择运动体】选项，在绘图区选择运动体 B005。

4）单击【指定原点】选项，在绘图区选择 B005 上任意一点为原点。

5）单击【指定矢量】选项，选择系统提示的 X 轴或选择柱面，如图 5-90 所示。

6）单击【运动副】对话框中的【确定】按钮，完成滑动副创建。

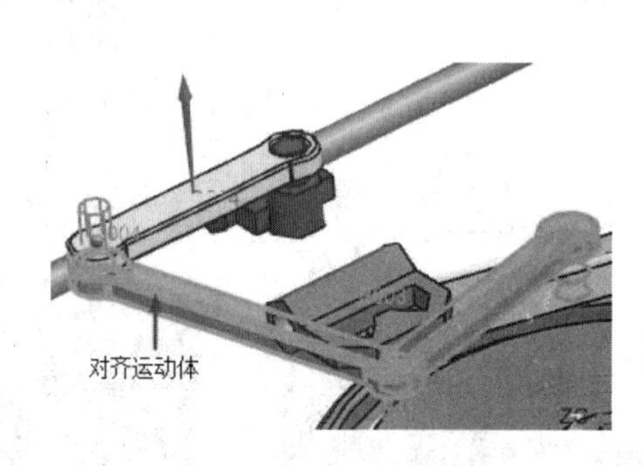

图 5-89 对齐运动体

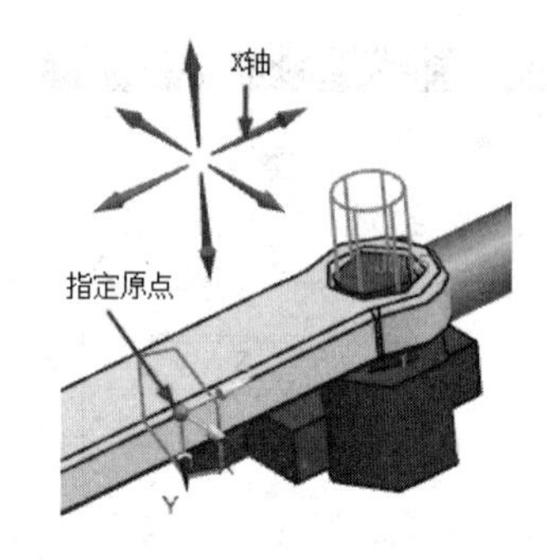

图 5-90 指定原点、矢量

5.3.5 创建约束

仿形运动机构模型需要创建两个约束，一个为点在线上副连接 B001 和 B002；另一个为线在线上副连接 B002 和 B003。具体步骤如下：

1. 创建点在线上副

1）单击【主页】选项卡【约束】面组上的【点在线上副】按钮，打开【点在线上副】对话框，如图 5-91 所示。

2）在绘图区选择运动体 B002。

3）指定点，选择凸轮的圆心，如图 5-92 所示。

4）单击【选择曲线】按钮，在绘图区选择转盘的3条曲线，如图5-93所示。

图5-91 【点在线上副】对话

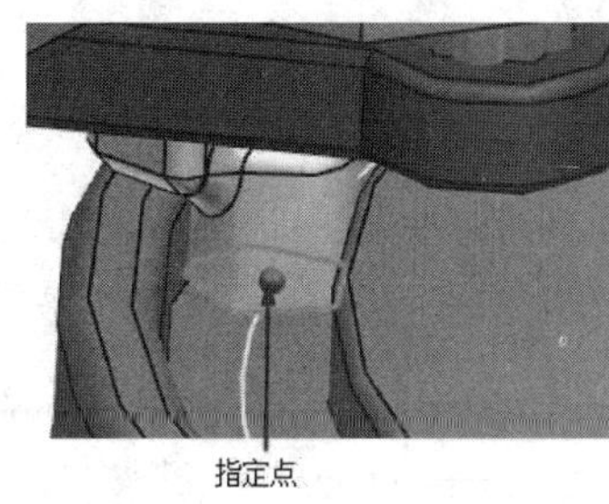

图5-92 指定点

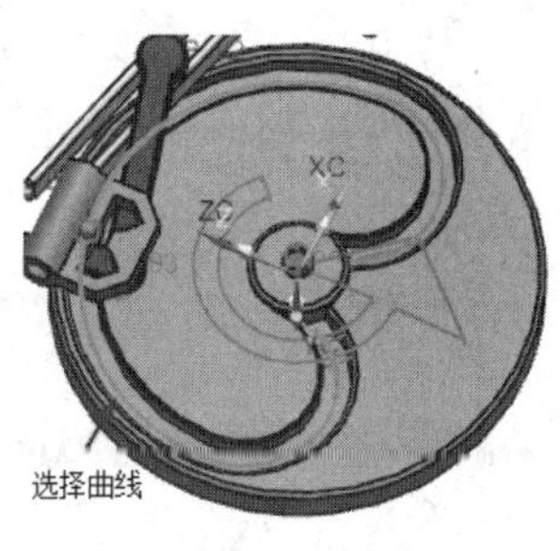

图5-93 选择曲线

5）单击【点在线上副】对话框中的【确定】按钮，完成点在线上副的创建。

2. 创建线在线上副

1）单击【主页】选项卡【约束】面组上的【线在线上副】按钮，打开【线在线上副】对话框，如图5-94所示。

2）选择圆上的曲线，如图5-95所示。

图5-94 【线在线上副】对话框

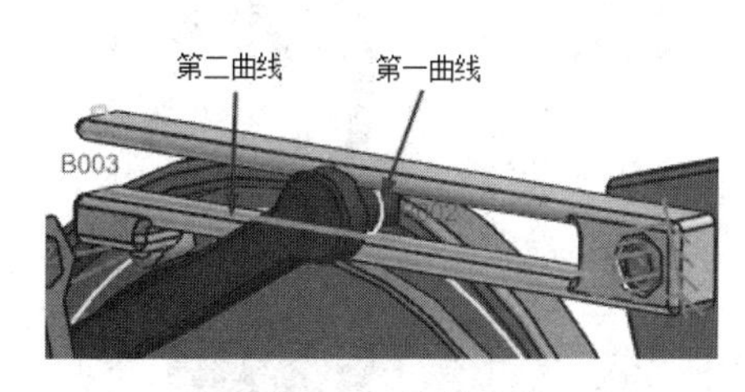

图5-95 选择曲线

3）单击【第二曲线集】中的【选择曲线】按钮，选择运动体B002上的直线，如图5-95所示。

4）单击【线在线上副】对话框中的【确定】按钮，完成线在线上副的创建。

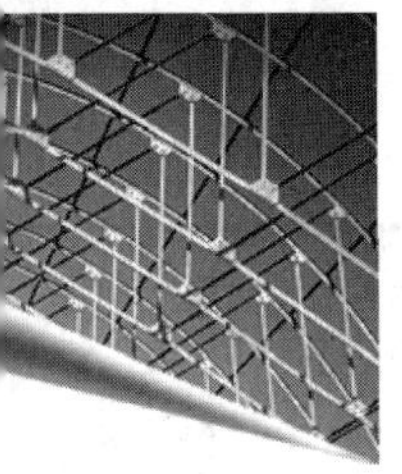

5.3.6 运动分析

完成所有的运动体、运动副和约束创建后，即可对模型进行运动分析。具体步骤如下：

1）单击【主页】选项卡【解算方案】面组上的【解算方案】按钮，打开【解算方案】对话框，如图 5-96 所示。

2）在【解算方案选项】中设置【时间】为 10，【步数】为 1000，如图 5-97 所示。

3）单击【解算方案】对话框中的【确定】按钮，完成解算方案的创建。

图 5-96 【解算方案】对话框

图 5-97 设置解算方案参数

4）单击【主页】选项卡【解算方案】面组上的【求解】按钮，求解当前解算方案的结果。

5）单击【结果】选项卡【运动模拟播放器】面组上的【播放】按钮，仿形运动机构运动开始，如图 5-98 所示。

图 5-98 动画结果（2.8s、4s）

6）单击【结果】选项卡【运动模拟播放器】面组上的【完成】按钮，完成仿形运动机构的动画分析。

5.4　练习题

1. 仿真运动中约束有哪些类型，分别用于什么情况？

2. 点在线上副和点在面上副的区别在哪里？

3. 完成汽车发动机气门模型的运动仿真。启动 UGNX 2027，打开源文件/chapter5/原始文件/5.4/qiqm.prt，如图 5-99 所示。通过曲轴的旋转运动得到气门的周期性滑动，进气门和出气门形式上基本一致，只是在运动相位角上相差了 120°。

图 5-99　汽车发动机气门模型

操作提示：

（1）创建运动体　如图 5-100 和图 5-101 所示，分别为 B001～B008。其中，运动体 B001 为固定运动体，注意在选择运动体时，一定将其上的曲线一起选中。

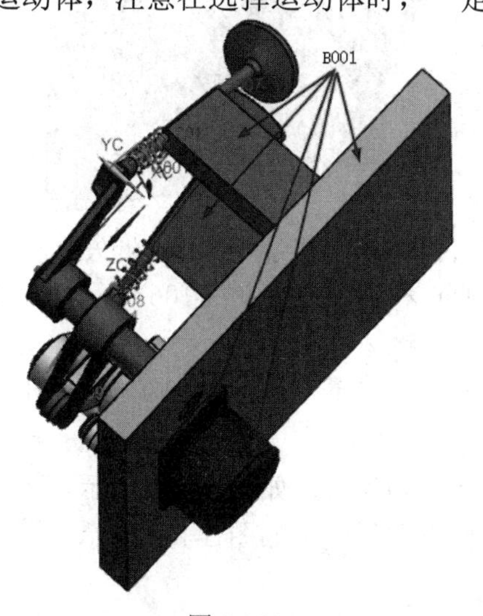

图 5-100　B001

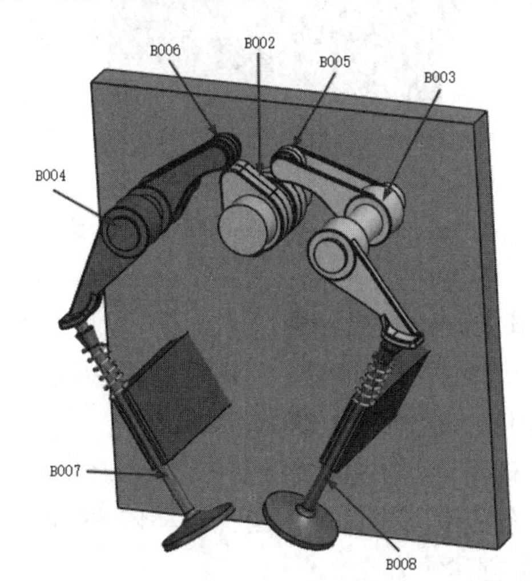

图 5-101　B002-B008

（2）创建运动副

1）创建旋转副 J002。选择运动体 B002，指定图 5-102 所示的原点和矢量；在【驱动】选项卡中选择驱动类型为【多项式】，【速度】设置为 200°/s，如图 5-103 所示。

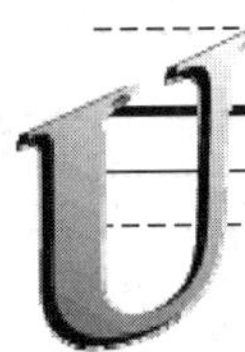
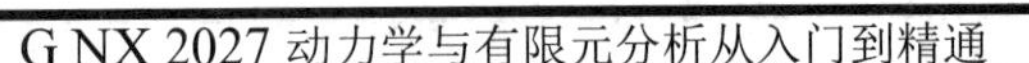

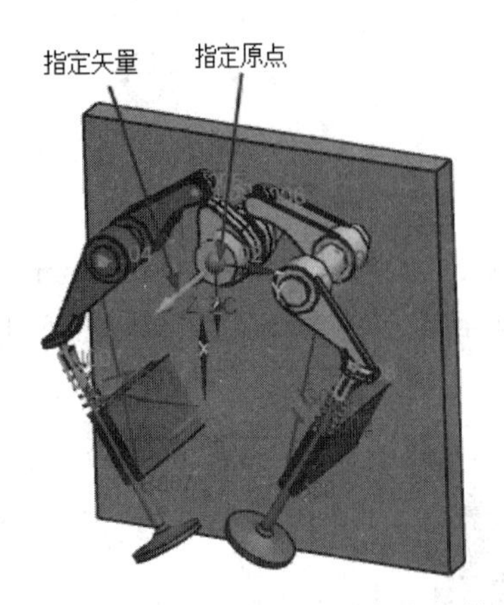

图 5-102　指定 J002 的原点和矢量

图 5-103　设置驱动参数

2）创建旋转副 J003。选择运动体 B003，指定原点和矢量，如图 5-104 所示。

3）创建旋转副 J004。选择运动体 B004，指定原点和矢量，如图 5-105 所示。

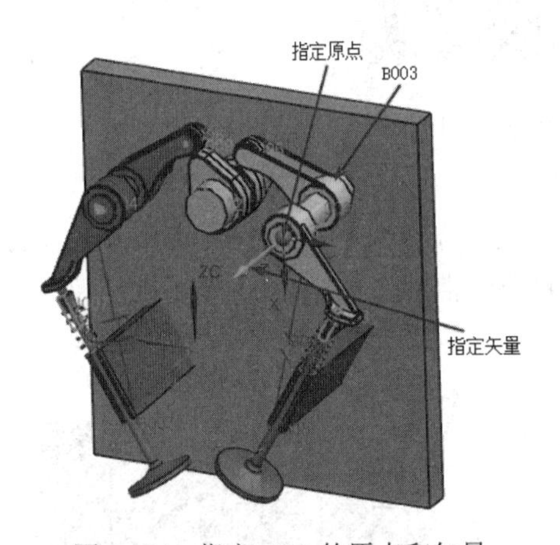

图 5-104　指定 J003 的原点和矢量

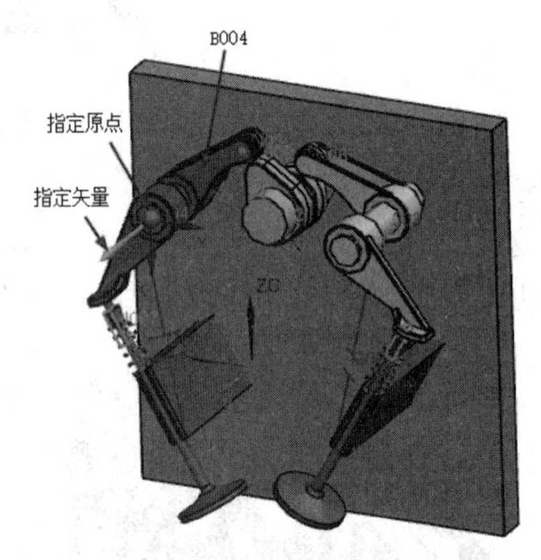

图 5-105　指定 J004 的原点和矢量

4）创建旋转副 J005。选择运动体 B006，指定原点和矢量，如图 5-106 所示。在【基本】选项组中选择运动体 B004。

5）创建旋转副 J006。选择运动体 B005，指定原点和矢量，如图 5-107 所示。在【基本】选项组中选择运动体 B003。

6）创建滑动副 J007。选择运动体 B007，指定原点和矢量，如图 5-108 所示。

7）创建滑动副 J008。选择运动体 B008，指定原点和矢量，如图 5-109 所示。

（3）创建约束

1）创建线在线上副 J009。选择 B006 上的圆曲线和 B002 上与之相切的 4 条曲线，如图 5-110 所示。

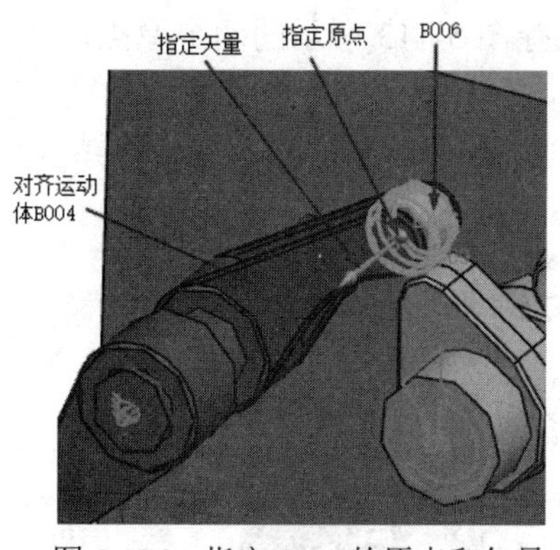

图 5-106 指定 J005 的原点和矢量

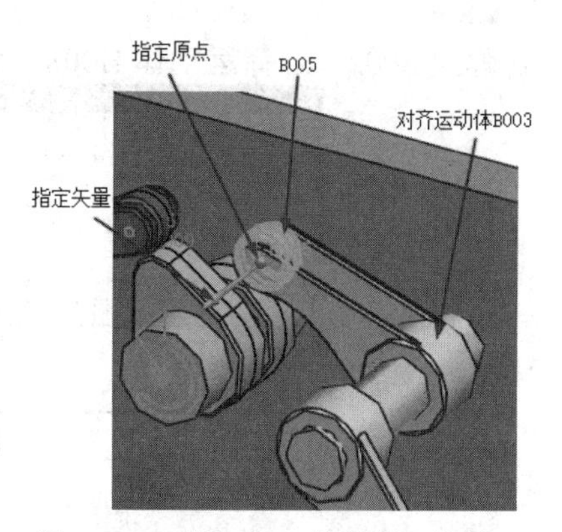

图 5-107 指定 J006 的原点和矢量

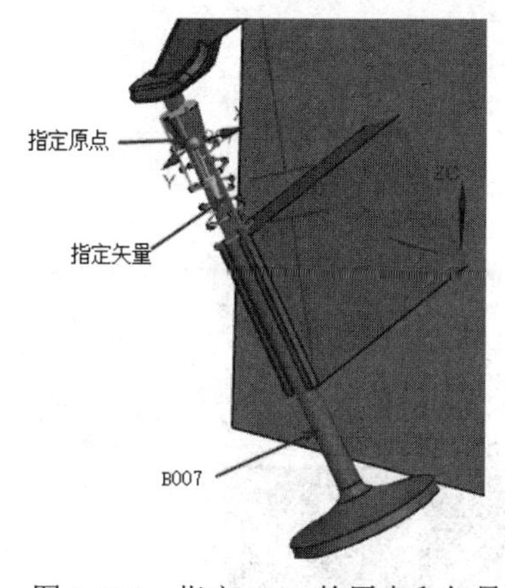

图 5-108 指定 J007 的原点和矢量

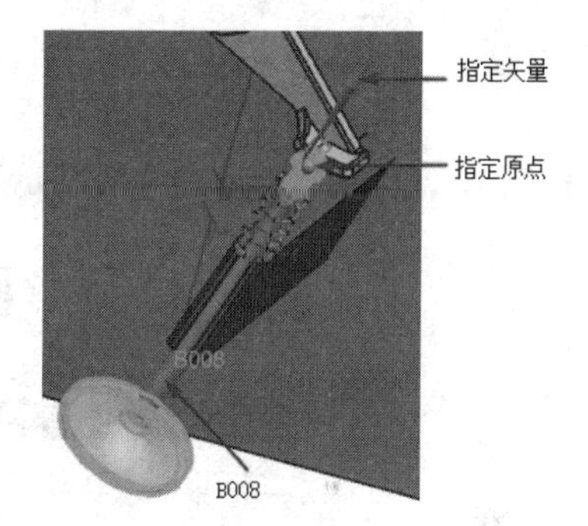

图 5-109 指定 J008 的原点和矢量

2)创建线在线上副 J010。选择 B005 上的圆曲线和 B002 上与之相切的 4 条曲线，如图 5-111 所示。

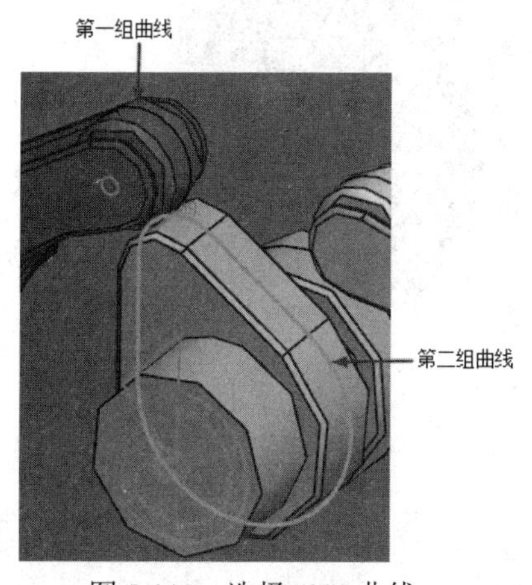

图 5-110 选择 J009 曲线

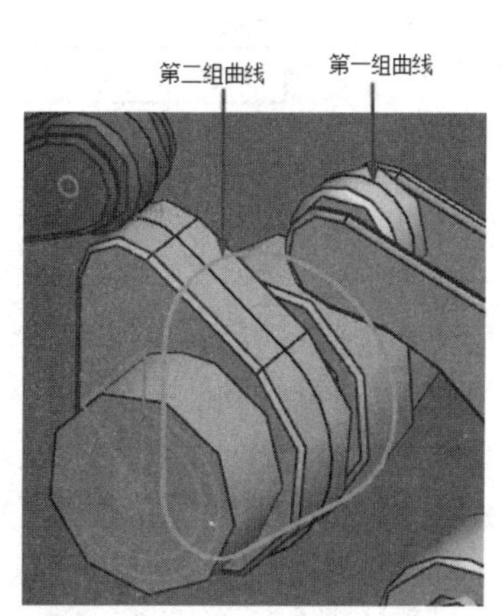

图 5-111 选择 J010 曲线

（4）创建弹簧

1）创建弹簧 S001。选择运动体 B007，分别选择图 5-112 所示的两个原点，并设置参数。

2）创建弹簧 S002。选择运动体 B008，分别选择图 5-113 所示的两个原点，并设置参数。

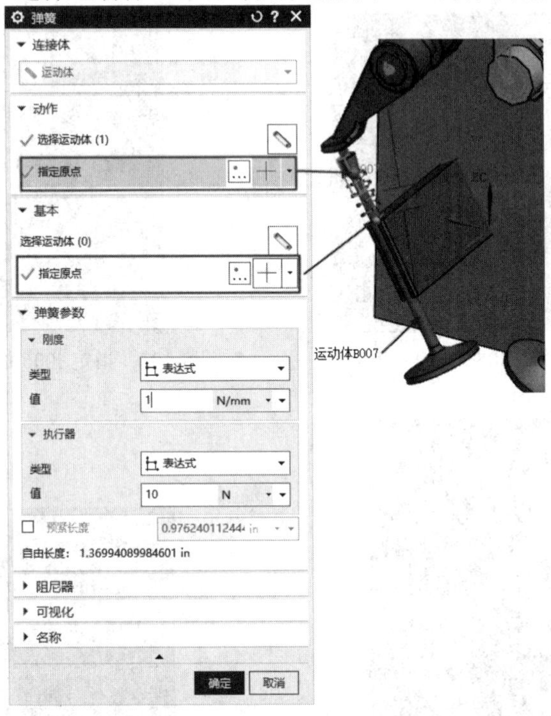

图 5-112　创建弹簧 S001

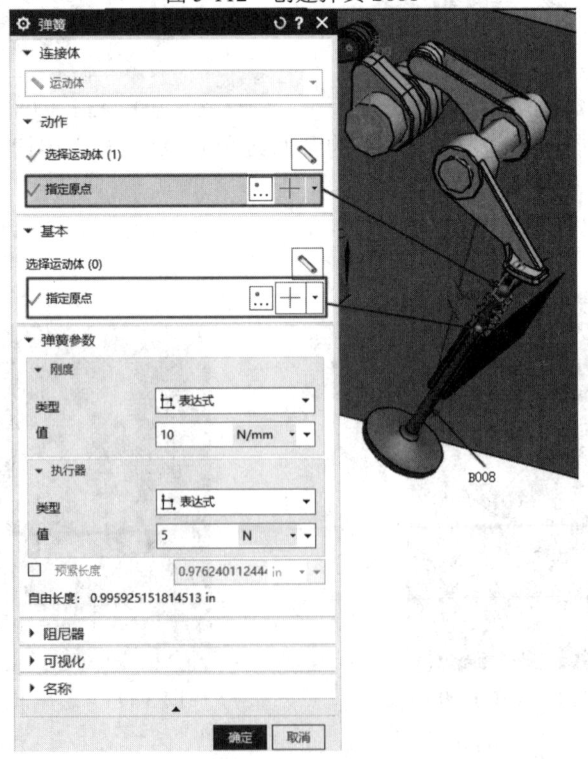

图 5-113　创建弹簧 S002

(5) 创建 3D 接触

1）创建 3D 接触 G001。选择运动体 B004 和运动体 B007 创建 3D 接触，其他参数设置如图 5-114 所示。

2）用同样的方法创建 3D 接触 G002。

(6) 解算求解。

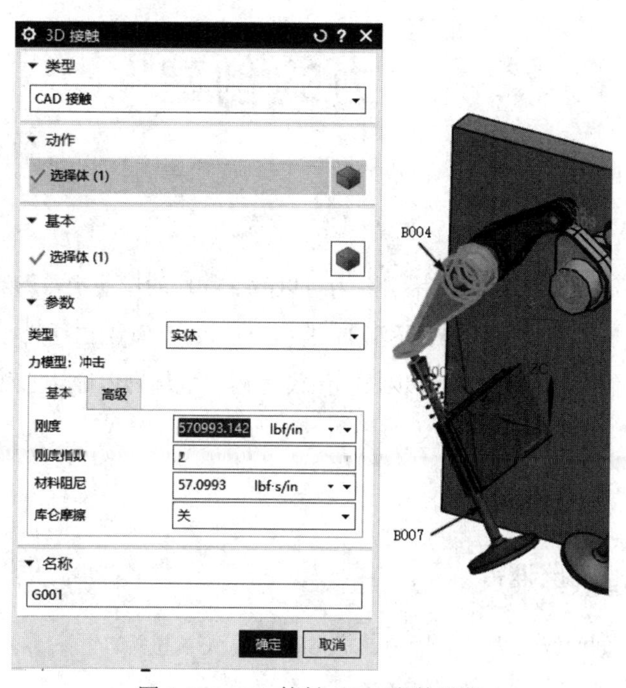

图 5-114　3D 接触 G001 参数设置

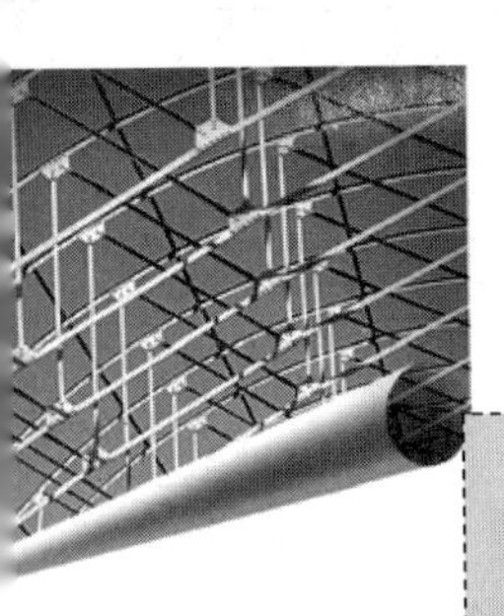

第 6 章

力的创建

力是物体之间的相互作用。力可以改变物体的运动状态、形状，如汽车起动，随着牵引力的作用，速度逐渐加快。运动体在运动副内通过驱动可以使对象运动。它们有一定的速度或步长，但没有包含引起物体运动的动力因素，本章将讲解 UG NX 2027 的载荷、重力和摩擦力。

重点与难点

- 创建标量力、矢量力、标量扭矩、矢量扭矩。
- 理解重力、创建摩擦力。
- 理解标量力、矢量力在力的方向上对物体运动的影响。
- 通过函数控制力的大小和时间。

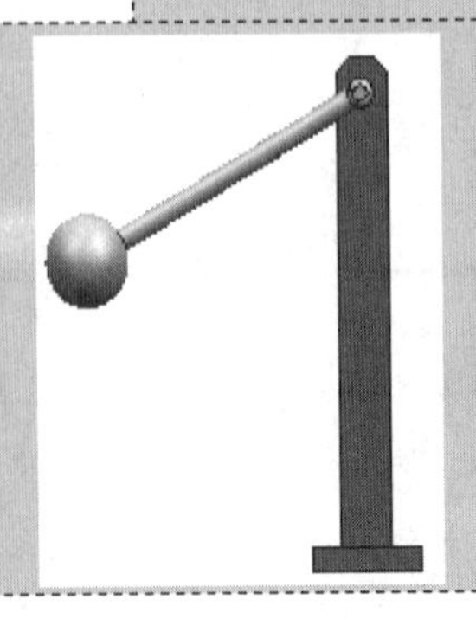

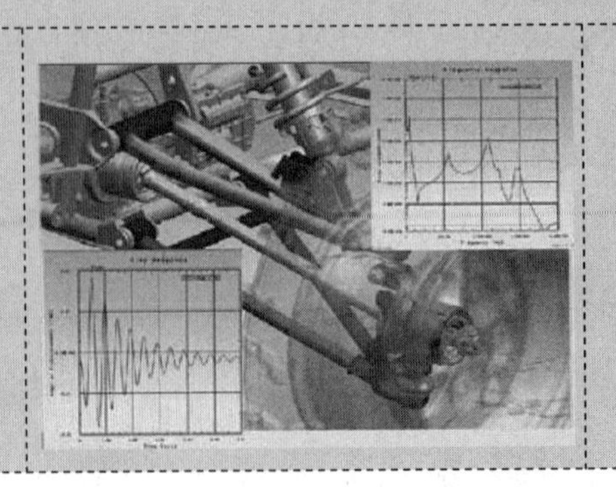

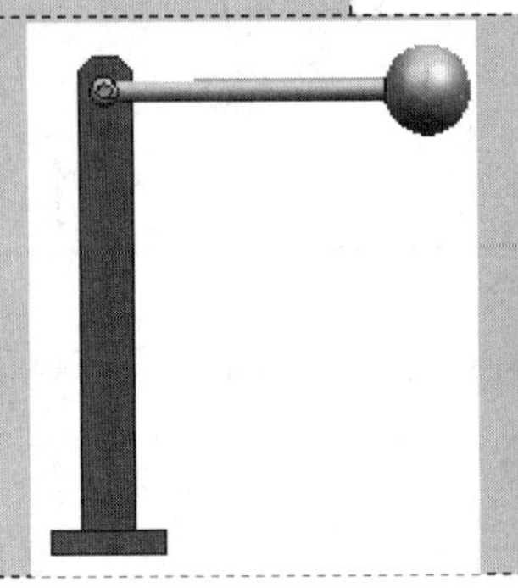

6.1　载荷

UG NX 2027 的载荷包含了标量力（scalar force）、矢量力（vector force）、标量扭矩（scalar torque）、矢量扭矩（vector torque）4 个命令。本节将讲解各种力的创建，以及力对物体运动的影响，如图 6-1 所示。

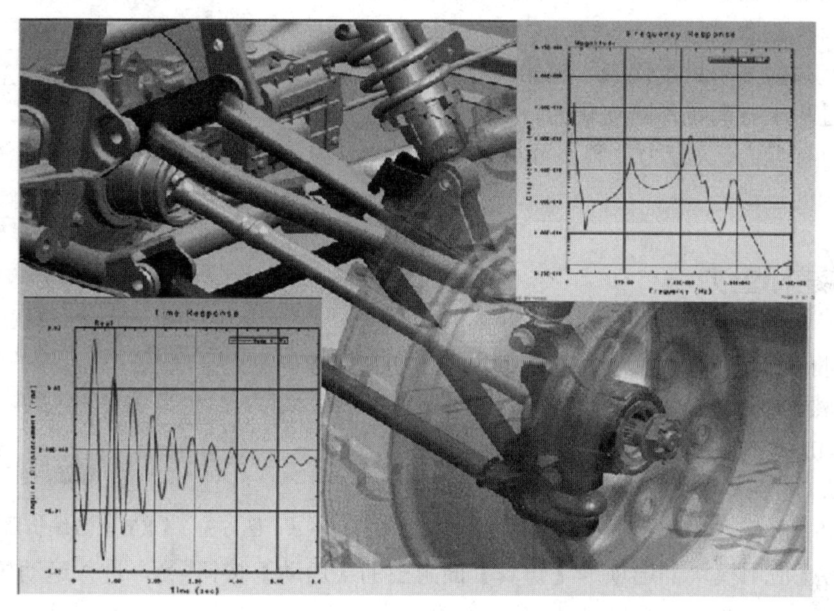

图 6-1　力的创建

6.1.1　标量力

标量力（scalar force）是有一定大小并通过空间直线方向作用的力。标量力可以使一个物体运动，也可以给物体施加载荷、限制物体运动的反作用力等。如图 6-2 所示，物体在标量力作用下某个时间的位置。

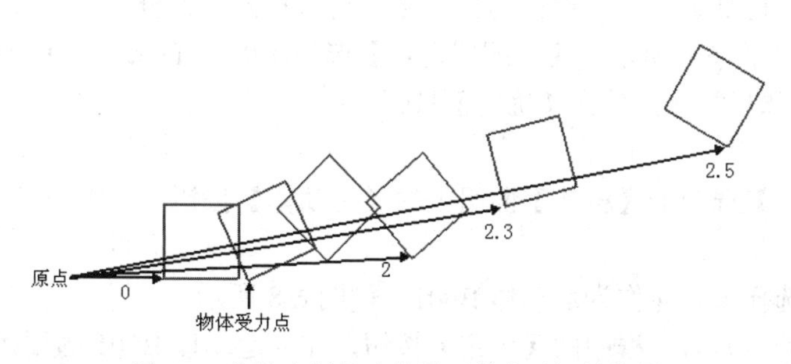

图 6-2　物体在标量力作用下某个时间的位置

一般情况下，定义标量力（或其他力）包括 3 个步骤：

1） 选择要施加力的运动体，非运动体对象不能被选中。

2） 定义力的原点，力的方向为第二点到第一点的方向。

3）定义力的大小，可以使用表达式或 XY 函数编辑器输入值，如图 6-3 所示。

创建标量力注意要点如下：

- ❑ 标量力的方向通过它的启动点和终点。
- ❑ 如果需要使用反作用力，需要在【基本】选项组选择第二个运动体。
- ❑ 标量力的方向只是代表了初始的方向，在整个运动过程中方向是不断变化的。
- ❑ 所有标量力、矢量力在整个分析过程中都会影响机构的运动。

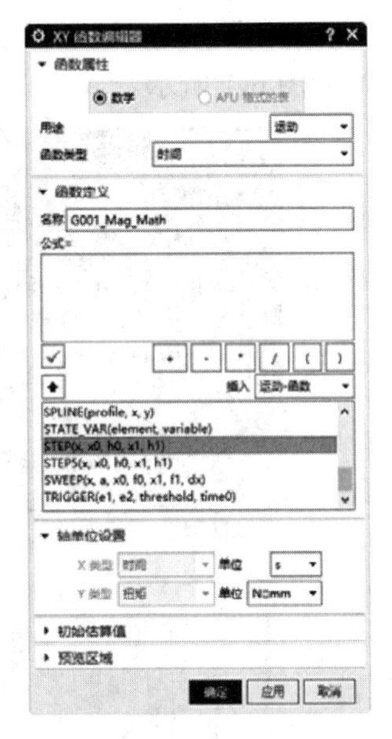

图 6-3 【XY 函数编辑器】对话框

6.1.2 创建标量力

本实例将讲解标量力的创建，并使用标量力推动物体。具体步骤如下：

1. 新建仿真

1）启动 UG NX 2027，打开源文件/chapter6/原始文件 /6.1 / Scalar Force.prt，长方体模型，如图 6-4 所示。

2）单击【应用模块】选项卡【仿真】面组上的【运动】按钮，进入运动仿真界面。

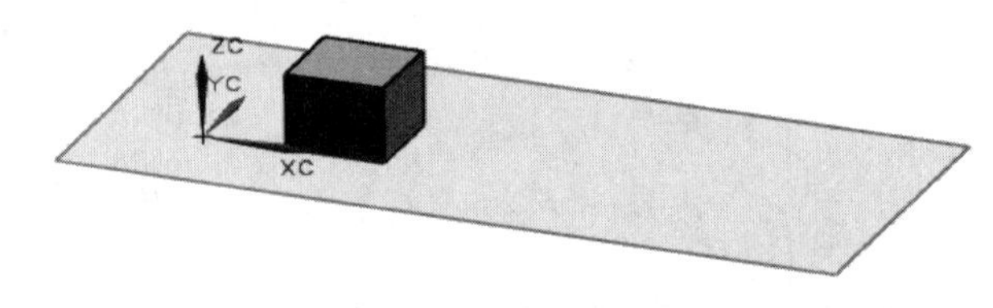

图 6-4 长方体模型

3）选择【运动导航器】，右击运动仿真 Scalar Force 图标，选择【新建仿真】，如图 6-5 所示。

4）选择【新建仿真】后，软件自动打开【新建仿真】对话框。单击【确定】按钮，打开【环境】对话框，如图 6-6 所示。【求解器选项】选择【RecurDyn】，【分析类型】选择【动力学】，其他参数选择默认，单击【确定】按钮。

2. 创建运动体

1）单击【主页】选项卡【机构】面组上的【运动体】按钮，打开【运动体】对话框，如图 6-7 所示。

2）在绘图区选择长方体作为运动体 B001，如图 6-8 所示。

3）单击【运动体】对话框中的【确定】按钮，完成运动体 B001 的创建。

图 6-5　选择【新建仿真】　　图 6-6　【环境】对话框

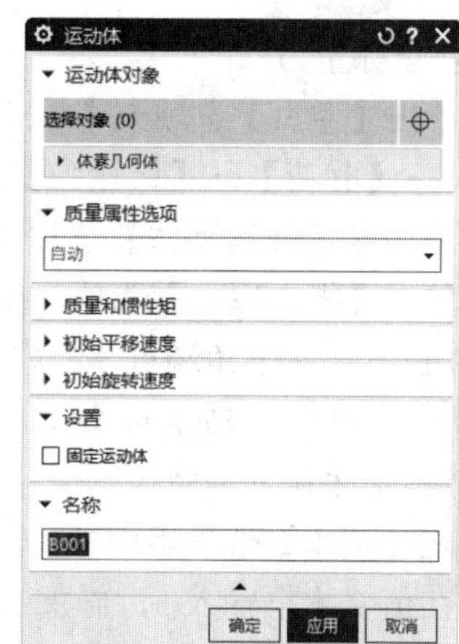

图 6-7　【运动体】对话框

3. 创建平面副

1）单击【主页】选项卡【机构】面组上的【运动副】按钮，打开【运动副】对话框，如图 6-9 所示。

2）在【类型】下拉列表框中选择【平面副】。

3）单击【选择运动体】选项，在绘图区选择运动体 B001。

4）单击【指定原点】选项，在绘图区选择 B001 上任意一点为原点。

说明：本实例是模拟物体在地面滑动的效果，为了防止长方体因重力掉下，特创建为平面副，使长方体可以在平面内任意移动、旋转。

5）单击【指定矢量】选项，选择 B001 的顶面，如图 6-10 所示。

6）单击【运动副】对话框中的【确定】按钮，完成平面副的创建。

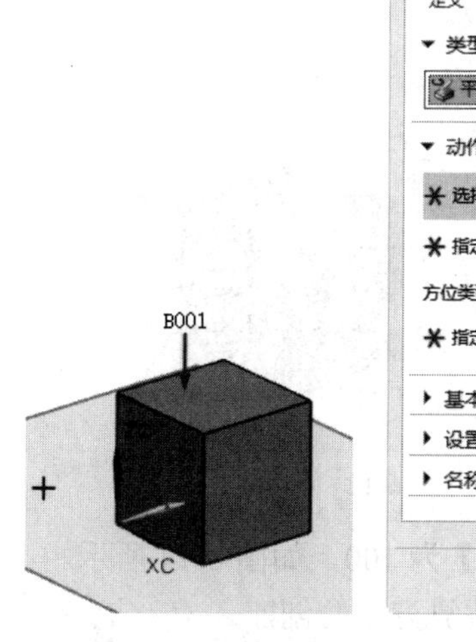

图 6-8　选择运动体

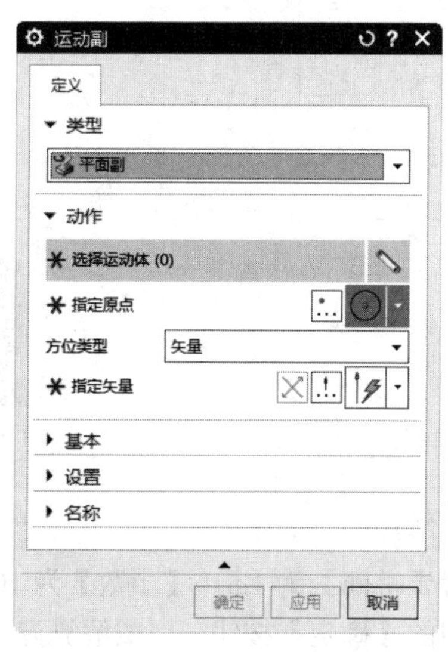

图 6-9　【运动副】对话框

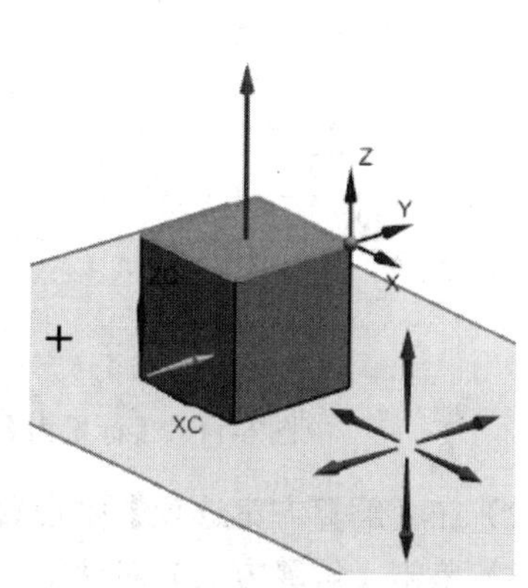

图 6-10　指定原点和矢量

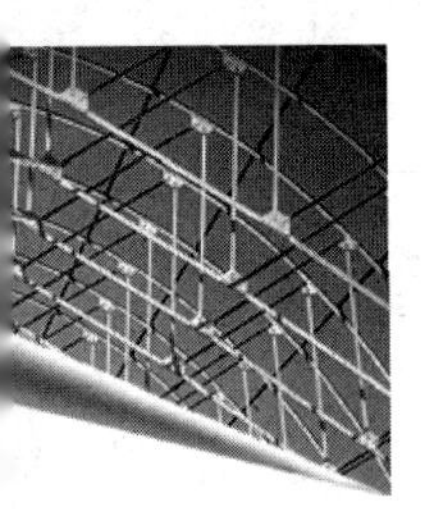
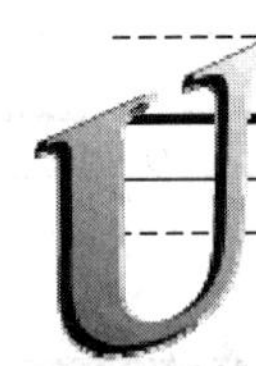

4. 创建标量力

1）单击【主页】选项卡【加载】面组上的【标量力】按钮，或者选择【菜单】→【插入】→【载荷】→【标量力】命令，打开【标量力】对话框，如图 6-11 所示。

2）单击【选择运动体】选项，在绘图区选择长方体。

3）单击【指定原点】选项，在绘图区选择存在点或使用【点】对话框确定点。本例直接选取长方体左下角端点，在左下角施加力，如图 6-12 所示。

说明：在选择运动体的时候，原点已经被软件自动选择，但往往不符合要求，因此需要重新指定才能更加精确。

4）在【基本】选项组中单击【指定原点】选项，选取不动的点为坐标原点。

5）在值文本框输入 5，施加 5N 的力。

说明：如果需要其他复杂类型的力，如变化大小的力、随时间改变的力等，可以单击【类型】下拉列表框，选择函数类型，使用函数编辑器创建。

6）单击【标量力】对话框中的【确定】按钮，完成力的创建。

5. 动画分析

1）单击【主页】选项卡【解算方案】面组上的【解算方案】按钮，打开【解算方案】对话框，如图 6-13 所示。

图 6-11 【标量力】对话框

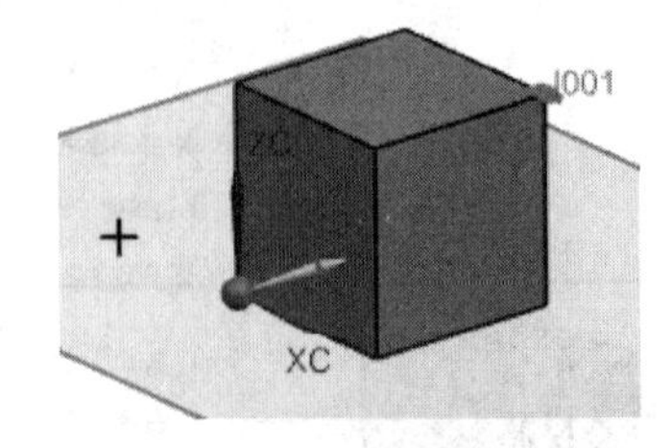

图 6-12 指定原点

2）在【解算方案选项】中设置【时间】为 1.5，【步数】为 100，如图 6-14 所示。

3）单击【解算方案】对话框中的【确定】按钮，完成解算方案的创建。

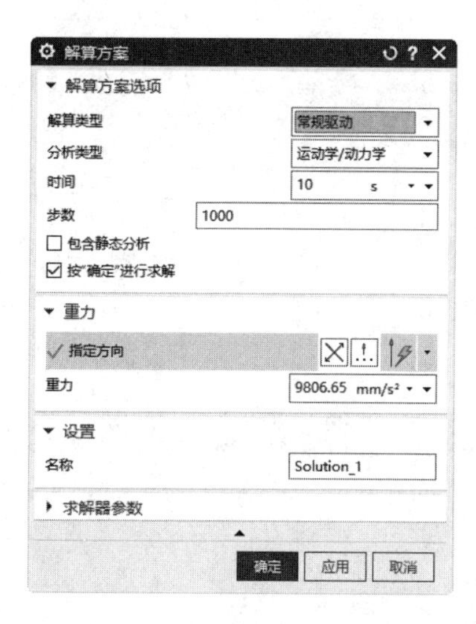

图6-13　【解算方案】对话框

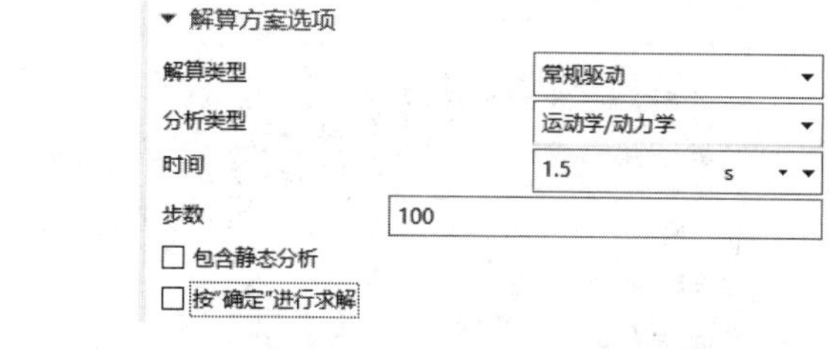

图6-14　设置解算方案参数

4）单击【主页】选项卡【解算方案】面组上的【求解】按钮，求解当前解算方案的结果。

5）单击【结果】选项卡【动画】面组上的【播放】按钮，长方体运动开始，如图6-15所示。

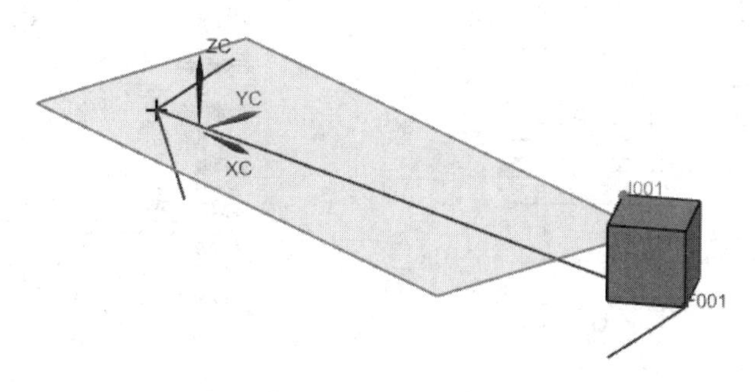

图6-15　动画结果

6）单击【结果】选项卡【动画】面组上的【完成】按钮，完成当前模型的动画分析。

6.1.3　矢量力

矢量力（vector force）是有一定大小和方向作用的力。与标量力一样，矢量力可以改变物体的运动状态，它和标量力的区别在于施加力的方向相对物体始终不变。矢量力一共有两种类型：

- 分量：不需指定方位，以绝对坐标系为参照，分别在X、Y、Z中输入力的大小，力的大小和方向通过各轴上的分力合成，如图6-16所示。
- 幅值和方向：需要指定方位，以确定力在对象上的方位，因此力的大小只有一项，如

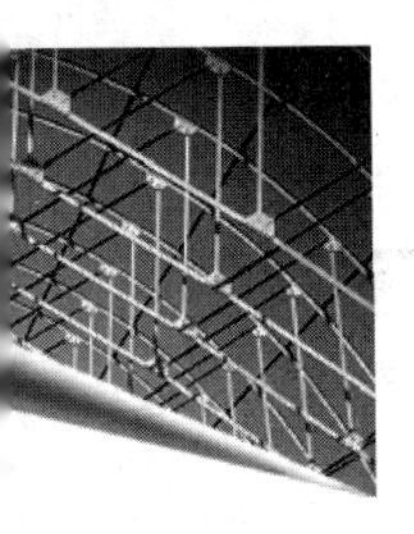

图 6-17 所示。

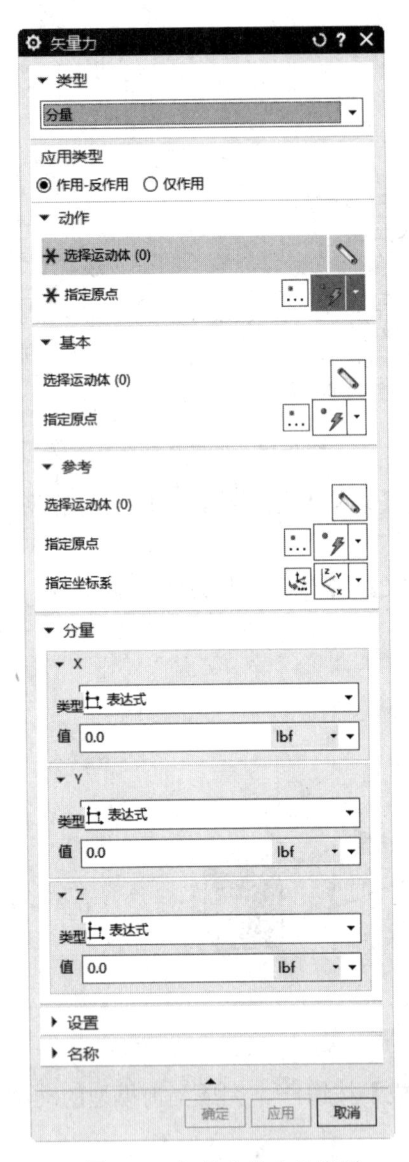

图 6-16 矢量力的分量类型

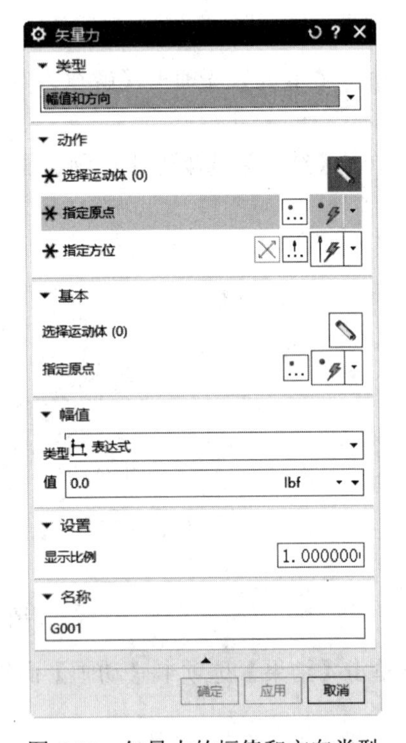

图 6-17 矢量力的幅值和方向类型

创建矢量力注意要点如下：

- ❑ 矢量力和标量力在操作步骤上略有不同，不需要指出不动的原点，只需要指出施加力的点就可以了。
- ❑ 如果要明确力的方向，请不要使用分量类型，而是使用幅值和方向。
- ❑ 矢量力的原点是力的作用点，需要明确的定义。
- ❑ 如果需要使用反作用力，需要在【基本】选项组选择第二个运动体。

6.1.4　创建矢量力

本实例将讲解矢量力的创建，修改之前的玻璃切割机模型。移除滑动副的驱动，使用矢量力推动对象。具体步骤如下：

1. 编辑运动副

1）启动 UG NX 2027，打开源文件/chapter6/原始文件 /6.1 / blqgj/ blqgj.sim，玻璃切割机模型如图 6-18 所示。

2）选择【运动导航器】面板，如图 6-19 所示。

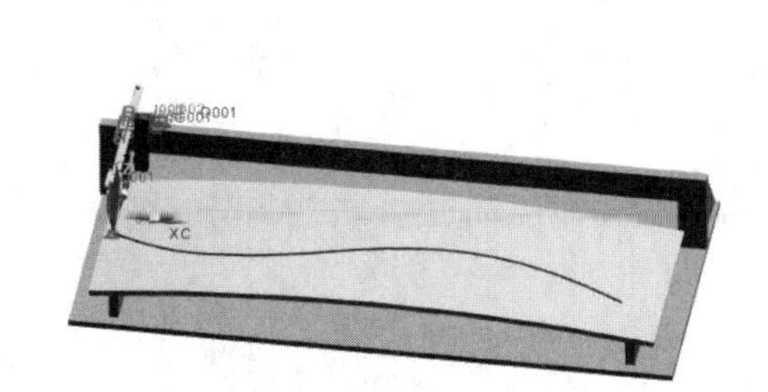

图 6-18　玻璃切割机模型

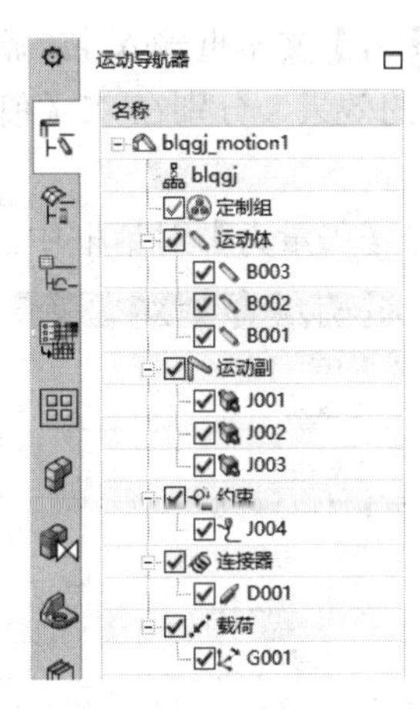

图 6-19　【运动导航器】面板

3）双击带有驱动的运动副 J001，打开【运动副】对话框，如图 6-20 所示。

4）单击【驱动】标签，打开【驱动】选项卡，如图 6-21 所示。

5）在【平移】下拉列表框中选择【无】。

6）单击【运动副】对话框中的【确定】按钮，完成运动副的修改。

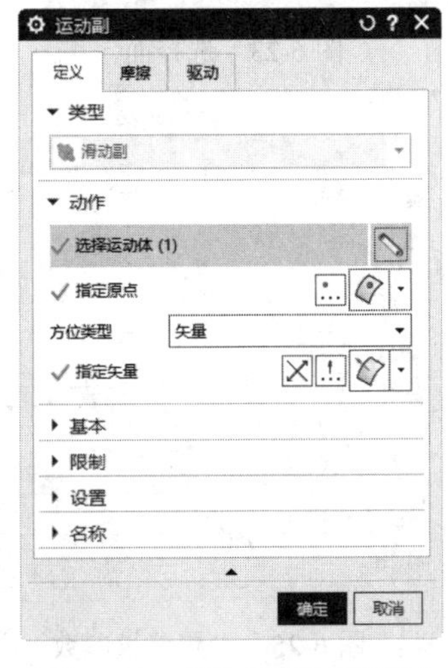

图 6-20　【运动副】对话框

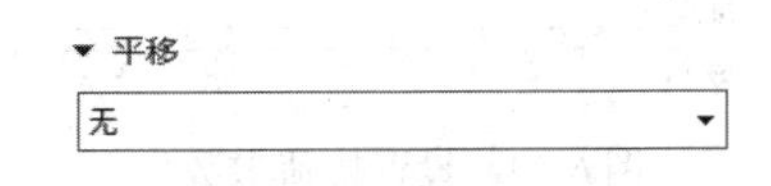

图 6-21　【驱动】选项卡

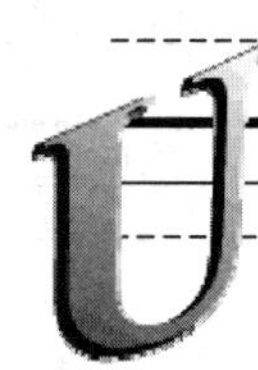

2. 创建矢量力

1）单击【主页】选项卡【加载】面组上的【矢量力】按钮，或者选择【菜单】→【插入】→【载荷】→【矢量力】命令，打开【矢量力】对话框，如图 6-22 所示。

2）单击【选择运动体】选项，在绘图区选择 T 形块 B001。

3）单击【指定原点】选项，在绘图区选择施加力的点。

4）在【参考】选项组中单击【选择运动体】选项，在绘图区选择 B003。

5）单击【指定矢量】选项，选择力的方向。本实例方向为 X 轴正方向，在绘图区选择 B001 的侧表面，如图 6-23 所示。

6）在【值】文本框输入 1，施加 1lbf 的力，如图 6-24 所示。如果是使用【分量】类型，要达到同样的效果，分别在 X【值】、Y【值】、Z【值】文本框输入力 1、0、0，如图 6-25 所示。

7）单击【矢量力】对话框中的【确定】按钮，完成力的创建。

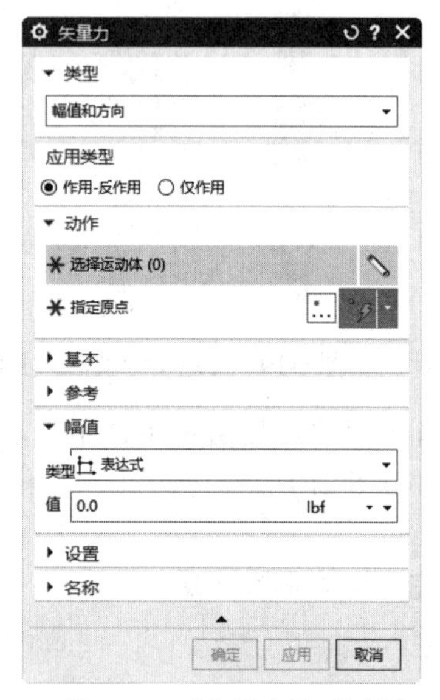

图 6-22 【矢量力】对话框

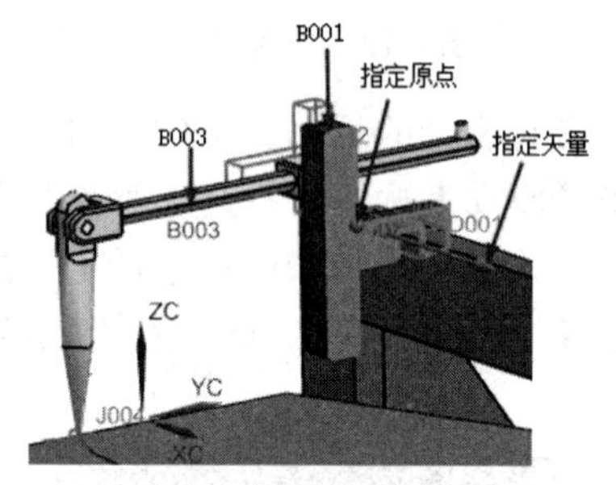

图 6-23 选择面

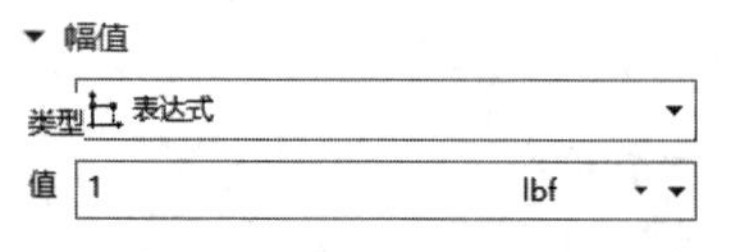

图 6-24 设置幅值参数

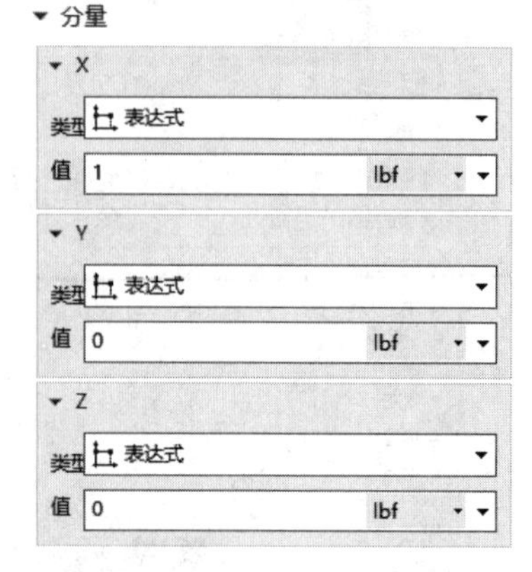

图 6-25 设置分量参数

3. 创建阻尼器

1）单击【主页】选项卡【连接器】面组上的【阻尼器】按钮，或者选择【菜单】→【插入】→【连接器】→【阻尼器】命令，打开【阻尼器】对话框，如图6-26所示。

说明：由于本模型为绝对理想模型，没有任何阻力。在短时间内速度将要达到很大，为了达到方便观看的目的。本实例对模型添加阻力，阻尼器相关的要点请参照连接器章节。

2）在【连接体】下拉列表框中选择【平移】。

3）选择【选择运动副】选项，在绘图区选择滑动副J001，如图6-27所示。

4）定义阻尼系数。在【类型】下拉列表中选择【表达式】，在【表达式】文本框输入0.5。

5）单击【阻尼器】对话框中的【确定】按钮，完成阻尼器的创建。

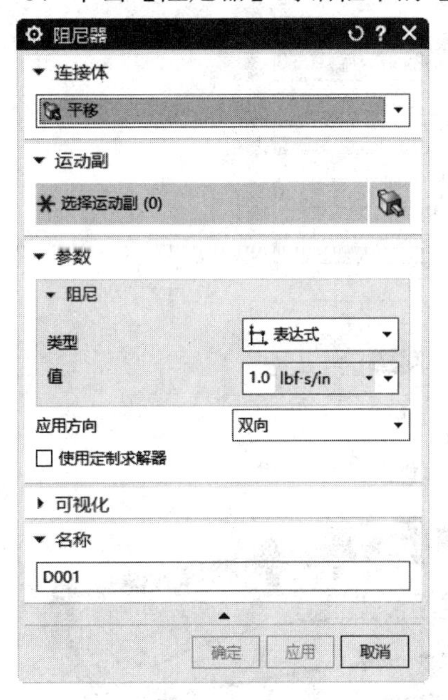

图6-26　【阻尼器】对话框

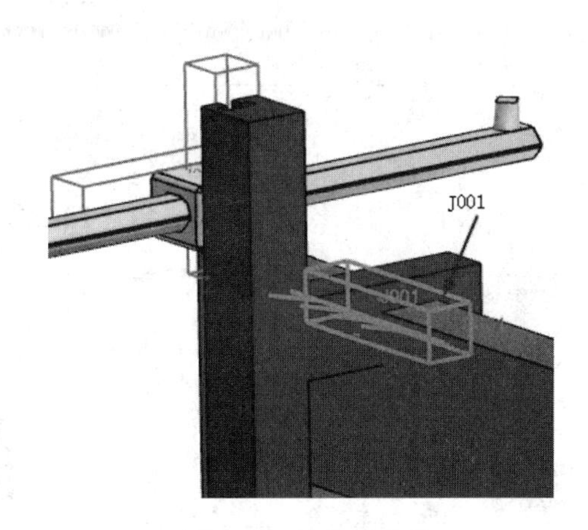

图6-27　选择滑动副

4. 动画分析

1）单击【主页】选项卡【解算方案】面组上的【解算方案】按钮，打开【解算方案】对话框，如图6-28所示。

2）在【解算方案选项】中设置【固定打印间隔】为0.01，【解算开始时间】为0，【解算结束时间】为3，如图6-29所示。

3）单击【解算方案】对话框中的【确定】按钮，完成解算方案的创建。将之前创建的失量力拖动到解算方案中的负载中。

4）单击【主页】选项卡【解算方案】面组上的【求解】按钮，求解当前解算方案的结果。

5）单击【结果】选项卡【动画】面组上的【播放】按钮，运动仿真动画开始，如图6-30

所示。

6）单击【结果】选项卡【动画】面组上的【完成】按钮，完成当前模型的动画分析。

图 6-28　【解算方案】对话框

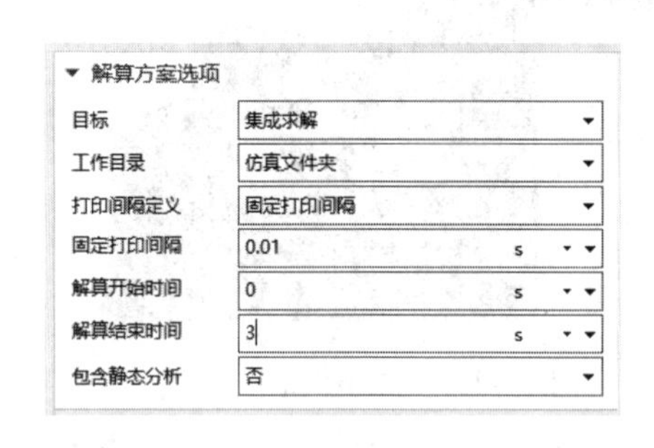

图 6-29　设置解算方案参数

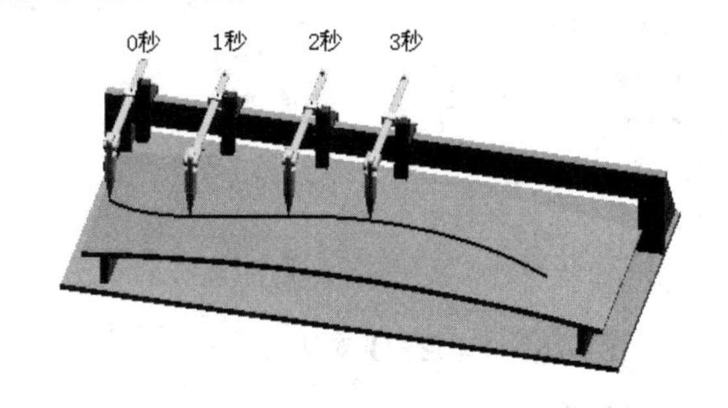

图 6-30　动画结果

6.1.5　创建标量扭矩

标量扭矩（scalar torque）可以使物体做旋转运动。标量扭矩只能施加在旋转副上，正的标量扭矩为顺时针旋转、负的标量扭矩为逆时针旋转。

创建标量扭矩的步骤如下：

1. 创建标量扭矩

1）启动 UG NX 2027，打开源文件/chapter6/原始文件 /6.1 / fan/ motion_1.sim，风扇模型如图 6-31 所示。

2）单击【主页】选项卡【加载】面组上的【标量扭矩】按钮，或者选择【菜单】→【插入】→【载荷】→【标量扭矩】命令，打开【标量扭矩】对话框，如图 6-32 所示。

3）在绘图区选择运动副 J001，如图 6-33 所示。

4）在【值】文本框输入 0.1，施加 0.1N · mm 的扭矩。

说明：如果要定义和时间、大小有关的力，可以在类型上选择函数，通过函数编辑器来创建。

5）单击【标量扭矩】对话框中的【确定】按钮，完成标量扭矩的定义。

图 6-31　风扇模型

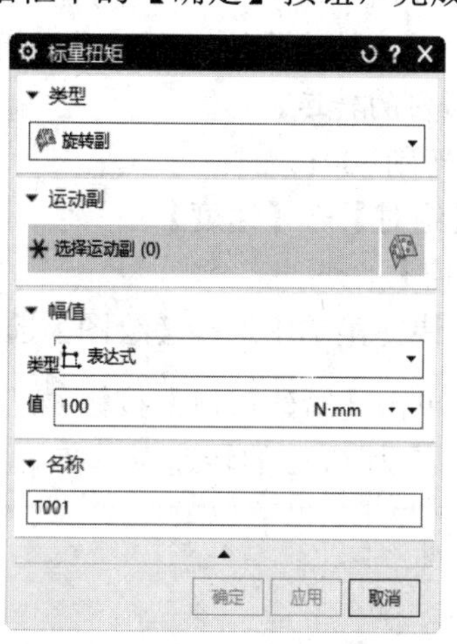

图 6-32　【标量扭矩】对话框

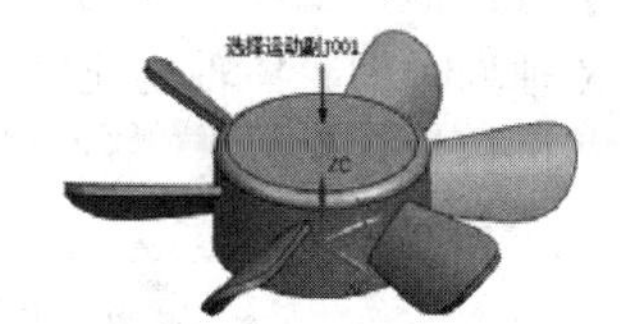

图 6-33　选择运动副

2. 解算方案

1）单击【主页】选项卡【解算方案】面组上的【解算方案】按钮，打开【解算方案】对话框。如图 6-34 所示。

2）在【解算方案选项】中设置【时间】为 3，【步数】为 300。

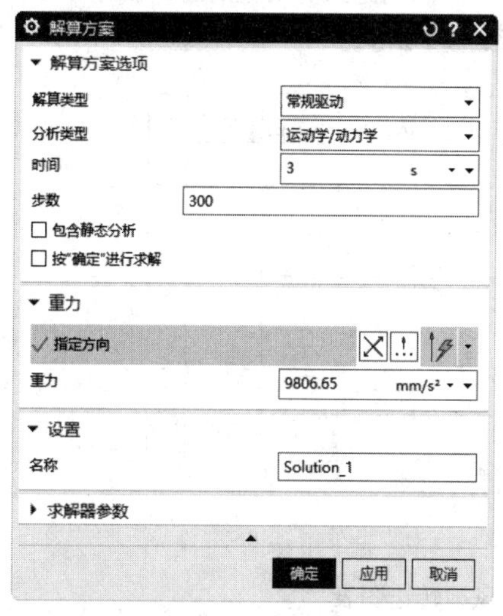

图 6-34　【解算方案】对话框

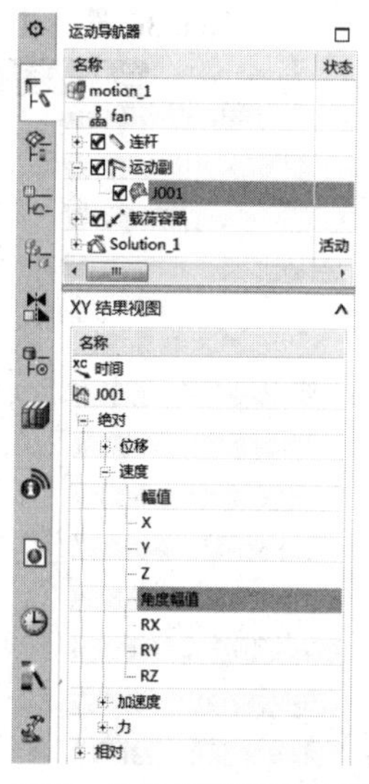

图 6-35　【XY 结果视图】面板

3）单击【解算方案】对话框中的【确定】按钮，完成解算方案的创建。将创建的标量扭矩拖动到解算方案中的负载中。

4）单击【主页】选项卡【解算方案】面组上的【求解】按钮，求解当前解算方案的结果。

3.创建图表

1）单击【分析】选项卡【运动】面组上【运动模拟播放器】下拉菜单【XY 结果】按钮，打开【XY 结果视图】面板，如图 6-35 所示。

说明：由于模型没有任何阻力，风扇转速很快，直接观察模型的动画分析没有什么意义，因此借助图表来观察风扇在指定时间内的转速。

2）在【运动导航器】中选择旋转副 J001。

3）在【XY 结果视图】中选择【绝对】→【速度】。

4）在【速度】中选择【角度幅值】。

5）右击【角度幅值】，在打开的快捷菜单中选择【绘图】选项，如图 6-36 所示，打开【查看窗口】对话框，如图 6-37 所示，单击【新建窗口】按钮，计算出转速图表，如图 6-38 所示。X 轴为时间、Y 轴为速度，斜线为 J001 的转速表。在第 1.5s 时，风扇转速为约为 5r/s。

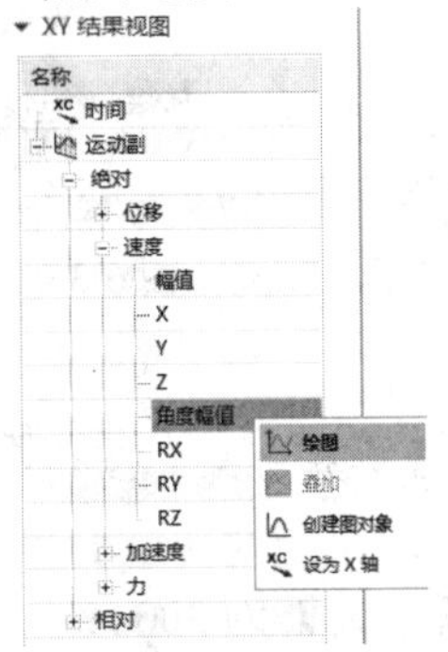

图 6-36 选择【绘图】选项

图 6-37 【查看窗口】对话框

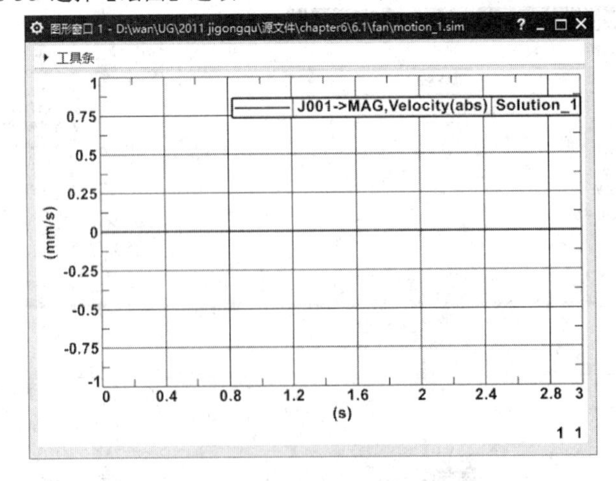

图 6-38 风扇转速图表

6.1.6　矢量扭矩

矢量扭矩（vector torque）同标量扭矩一样，可以使物体做旋转运动。标量扭矩只能施加在旋转副上，而矢量扭矩则是施加在运动体上，并可以定义反作用力运动体。矢量扭矩一共有两种类型：

- ❑ 分量：可以在一个或多个轴上定义扭矩，如图 6-39 所示。
- ❑ 幅值和方向：用户自定义一个轴上的扭矩，如图 6-40 所示。

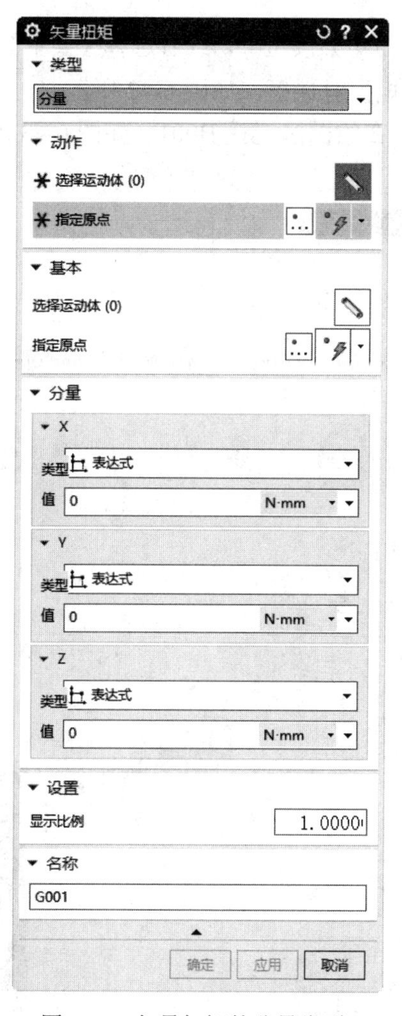

图 6-39　矢量扭矩的分量类型

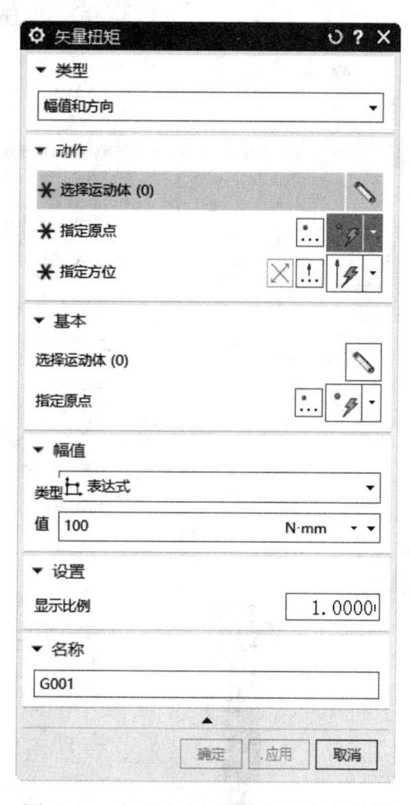

图 6-40　矢量扭矩的幅值和方向类型

创建矢量扭矩注意要点如下：

- ❑ 方位的方向或力的正负决定了对象旋转的方向。
- ❑ 一般矢量扭矩的原点定义在对象的旋转中心。
- ❑ 如果对象不包含旋转副，则可以使用分量类型定义矢量扭矩。

6.1.7 创建矢量扭矩

本例通过单摆模型，讲解使用 STEP 函数定义矢量扭矩的大小对模型运动的影响。单摆运动必须考虑重力（默认 Gx=0、Gy=0、Gz=-9806.65）对整个模型的影响。

1. 创建矢量扭矩

1）启动 UG NX 2027，打开源文件/chapter6/原始文件 /6.1 / Vector Torque/ motion_1.sim，单摆模型如图 6-41 所示。

2）单击【主页】选项卡【加载】面组上的【矢量扭矩】按钮，或者选择【菜单】→【插入】→【载荷】→【矢量扭矩】命令，打开【矢量扭矩】对话框，如图 6-42 所示。

3）在【动作】选项组单击【选择运动体】按钮，在绘图区选择 B001，如图 6-43 所示。

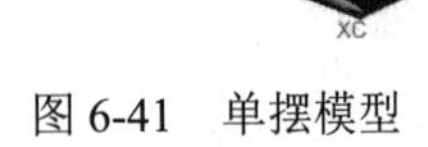

图 6-41 单摆模型

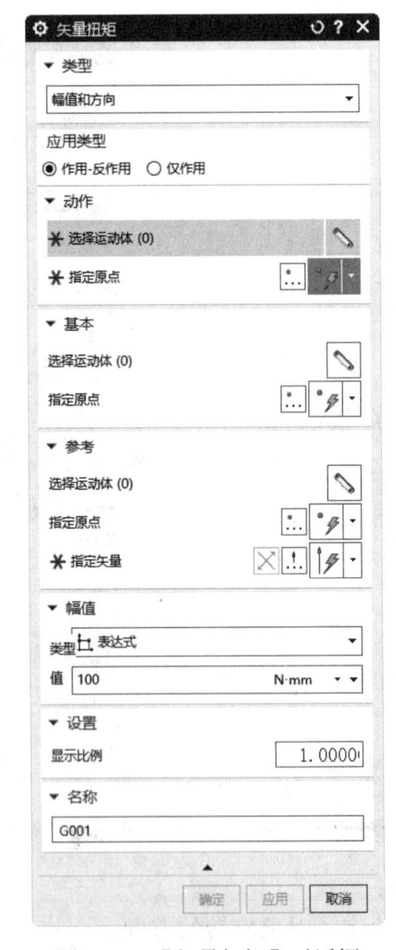

图 6-42 【矢量扭矩】对话框

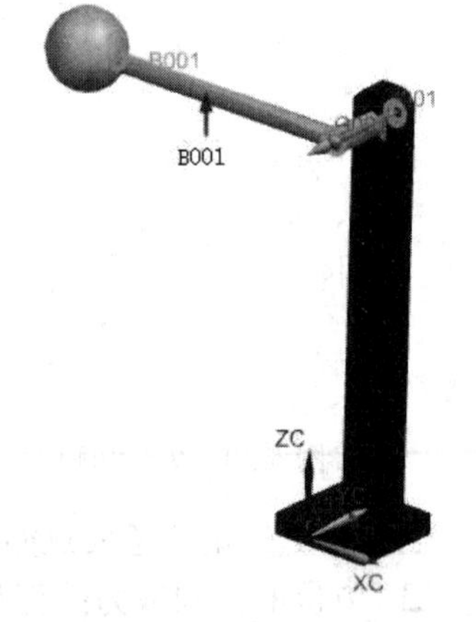

图 6-43 选择运动体

4）在【动作】选项组单击【指定原点】按钮，在绘图区选择 B001 上转轴圆中的一点为原点，如图 6-44 所示。

5）在【参考】选项组单击【选择运动体】选项，在绘图区选择 B001；单击【指定原点】按钮，在绘图区选择 B001 上转轴圆中的一点为原点，如图 6-44 所示。单击【指定矢量】按钮，选择 B001 转轴的柱面，如图 6-45 所示。

6）在【幅值】选项组【类型】下拉列表框中选择【$f(x)$函数】，如图 6-46 所示。

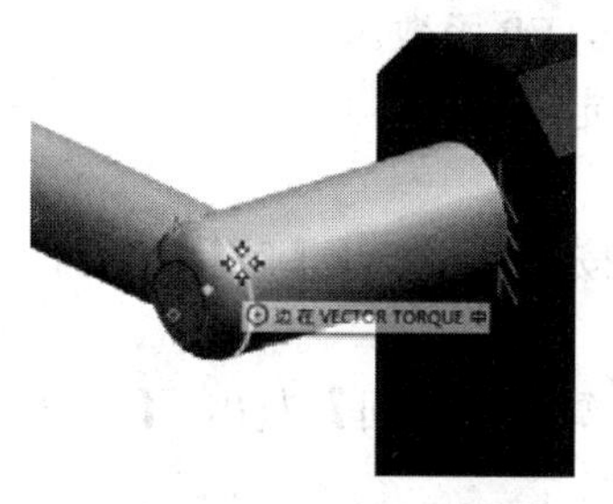

图 6-44　指定原点

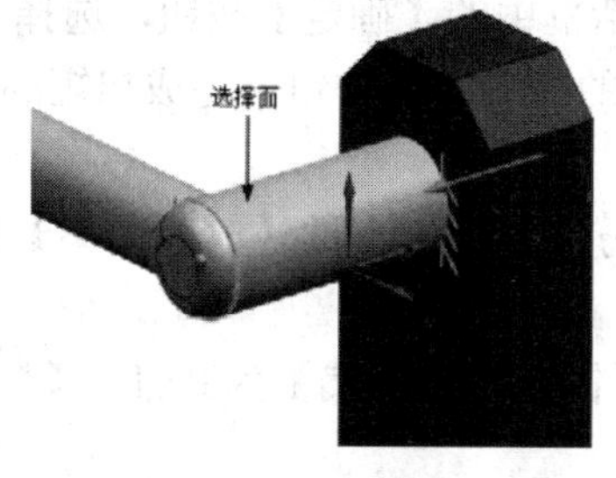

图 6-45　指定矢量

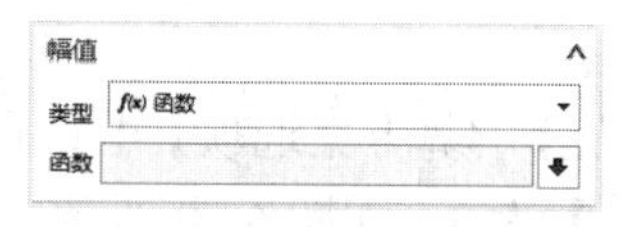

图 6-46　选择【$f(x)$函数】

7）单击【函数】右侧按钮，选择【函数管理器】，打开【XY 函数管理器】对话框，如图 6-47 所示。

图 6-47　【XY 函数管理器】对话框

8）单击【新建】按钮，打开【XY 函数编辑器】对话框，如图 6-48 所示。

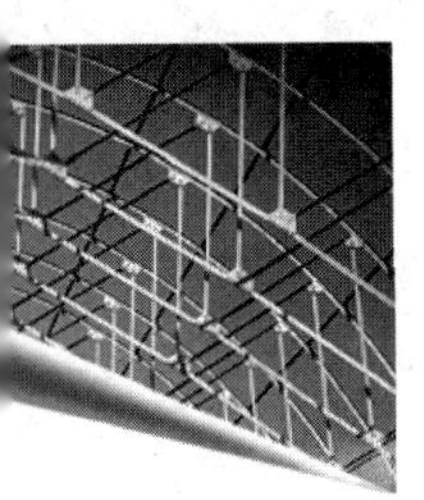

9）单击【插入】下拉列表框，选择【运动-函数】，并选择 STEP 类型。

10）单击添加图标，加入 STEP 函数。

11）在公式文本框修改 STEP 为 STEP(x, 0, 0, 3, 50) ，如图 6-49 所示。

12）单击【XY 函数编辑器】对话框中的【确定】按钮，完成编辑。

13）单击【XY 函数管理器】对话框中的【确定】按钮，选择 STEP 函数。

14）单击【矢量扭矩】对话框中的【确定】按钮，完成扭矩的定义。

2. 解算方案

1）单击【主页】选项卡【解算方案】面组上的【解算方案】按钮，打开【解算方案】对话框。

2）在【解算方案选项】中设置【固定打印间隔】为 0.01，【解算开始时间】为 0，【解算结束时间】为 3，如图 6-50 所示。

3）单击【解算方案】对话框中的【确定】按钮，完成解算方案的创建。

4）单击【主页】选项卡【解算方案】面组上的【求解】按钮，求解当前解算方案的结果。

XY 函数编辑器
函数属性
数学 AFU 格式的表
用途 运动
函数类型 时间
函数定义
名称 G001_Mag_Math
公式=
+ - * / ( )
插入 运动-函数
SPLINE(profile, x, y)
STATE_VAR(element, variable)
STEP(x, x0, h0, x1, h1)
STEP5(x, x0, h0, x1, h1)
SWEEP(x, a, x0, f0, x1, f1, dx)
TRIGGER(e1, e2, threshold, time0)
轴单位设置
X 类型 时间 单位 s
Y 类型 扭矩 单位 N□mm
初始估算值
预览区域
确定 应用 取消

图 6-48 【XY 函数编辑器】对话框

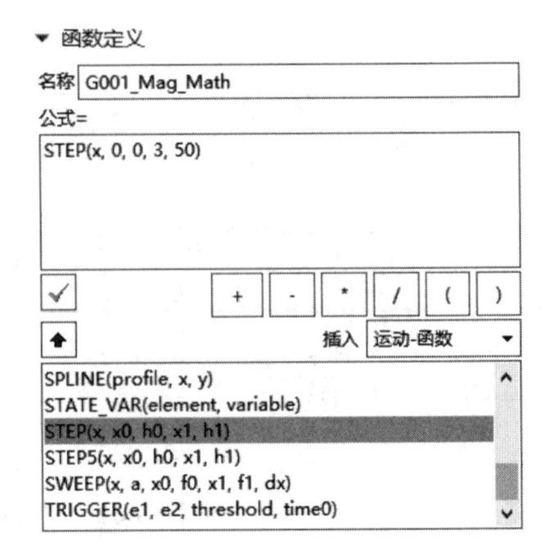

图 6-49 定义函数

3. 动画分析

1）单击【结果】选项卡【动画】面组上的【播放】按钮，运动仿真动画开始，如图 6-51 所示。

2）单击【结果】选项卡【动画】面组上的【完成】按钮，完成当前模型的动画分析。

说明：由于 STEP 力逐渐从 0 增加到 50，单摆在第一个周期内（0.64s）重力大于矢量扭矩，在逆时针旋转到 0.25s 后顺时针旋转。在 0.64s 后开始逆时针旋转，此后矢量扭矩已完全大于重力，如图 6-52 所示。单摆完全做逆时针旋转，如图 6-53 所示。

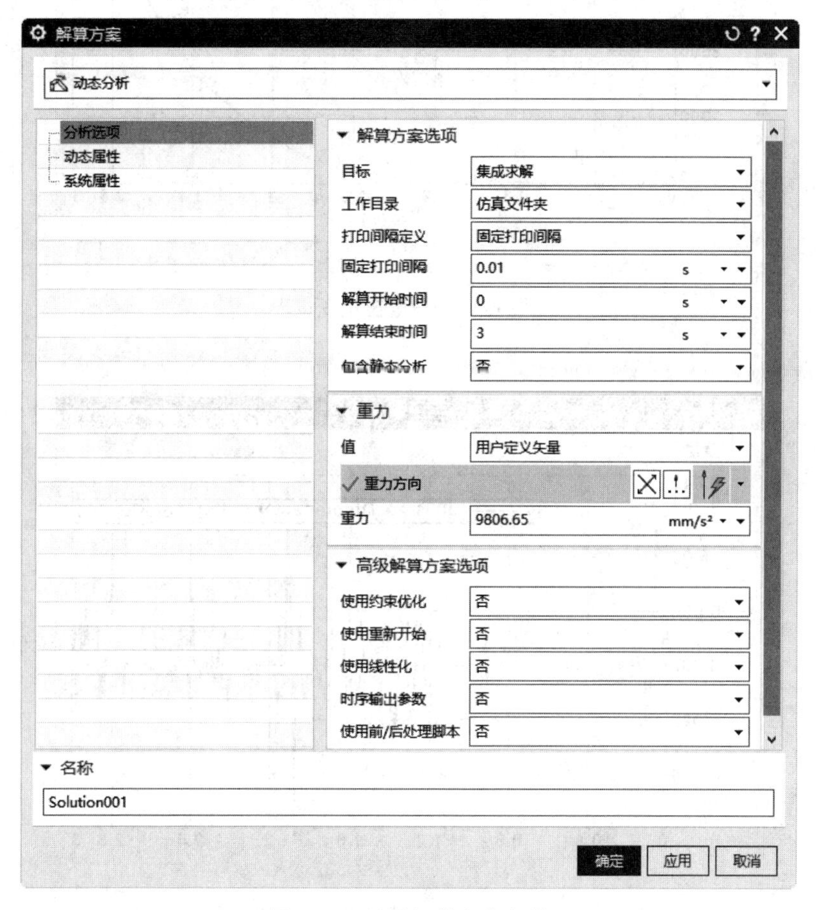

图 6-50 设置解算方案参数

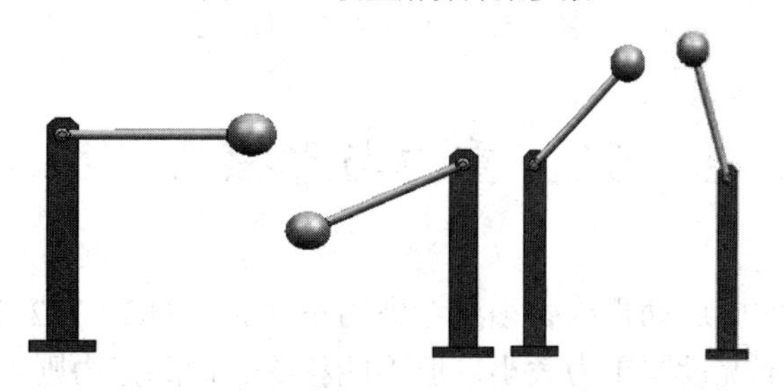

图 6-51 动画结果（0.25s、0.6s、1s、1.4s）

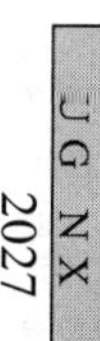

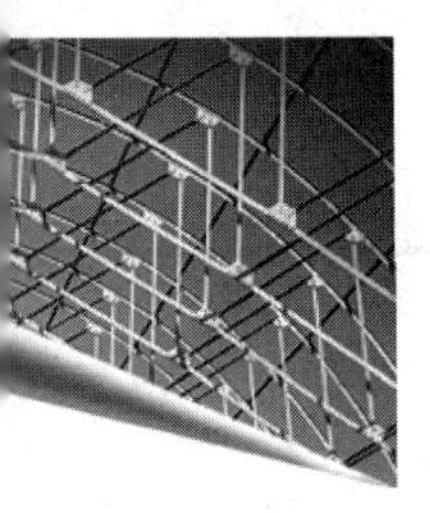

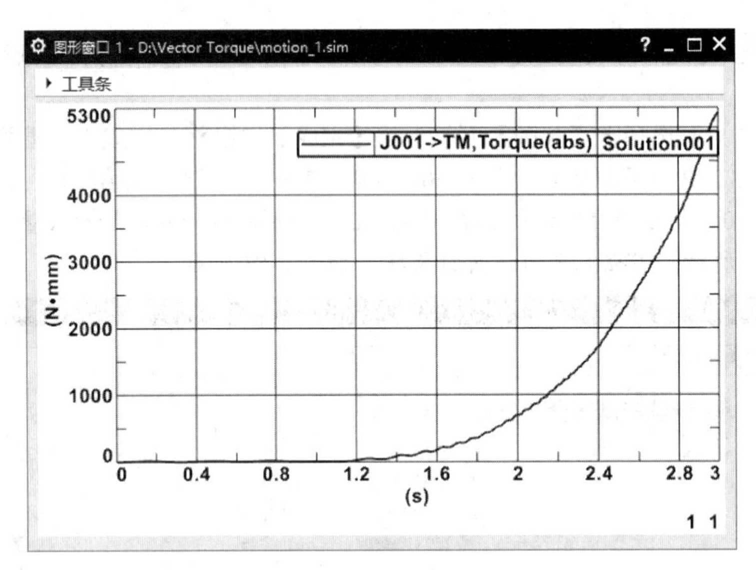

图 6-52　矢量扭矩变量表

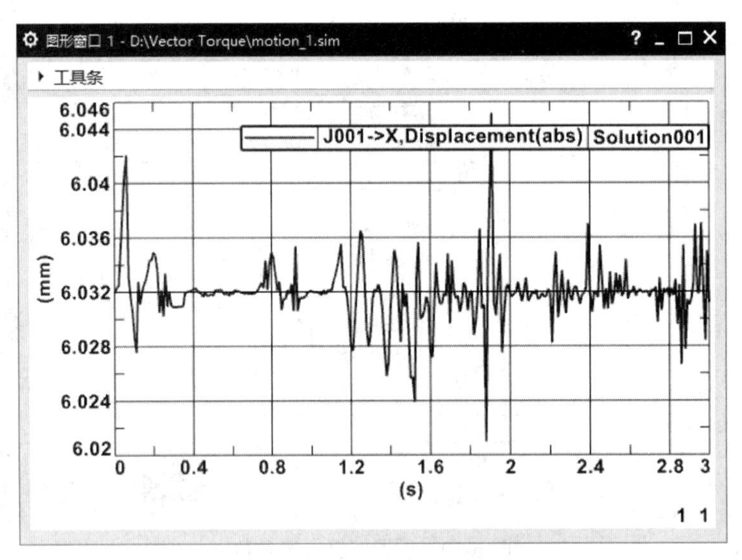

图 6-53　球体 X 方向位移表

6.2　重力与摩擦力

重力与摩擦力是现实中运动机构必须要考虑的条件。在 UG NX 2027 运动仿真内，重力始终存在，用户可以根据情况设置重力大小，但不能移除。而摩擦力则可以忽略，也可以开启。

6.2.1 重力

地球上一切物体都受到地球的吸引作用，由于物体受到地球的吸引的力称为重力（gravitational forces）。不只是地球对物体有吸引作用，任何两个物体间都存在吸引作用，称为万有引力。但是，在生活当中一般只考虑重力，而忽略两个物体间的万有引力。

在 UG NX 2027 中设置重力有两种方法：

1）预设值。选择【菜单】→【首选项】→【运动】，打开【运动首选项】对话框，如图 6-54 所示。单击【重力常数】按钮，打开【全局重力常数】对话框，如图 6-55 所示。通过改变 Gx、Gy、Gz，自定义重力常数。

2）解算方案：通过【解算方案】对话框中的【重力】选项组（见图 6-56），设置重力的方向和大小。解算方案重力优先于预设值，但起初解算方案重力是默认和预设值相同的。

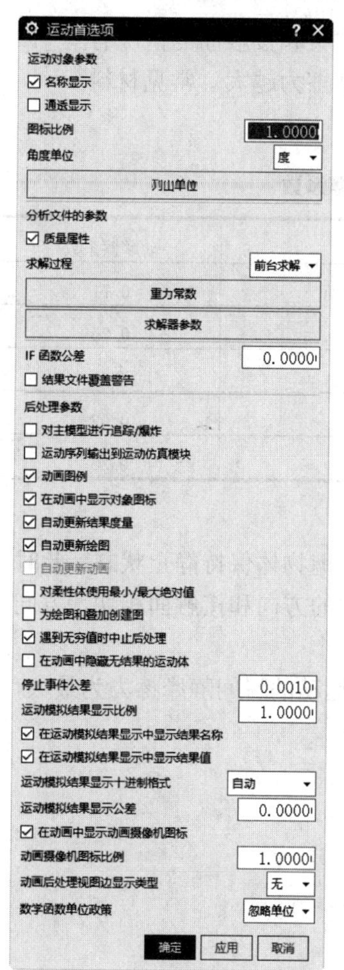

图 6-54 【运动首选项】对话框

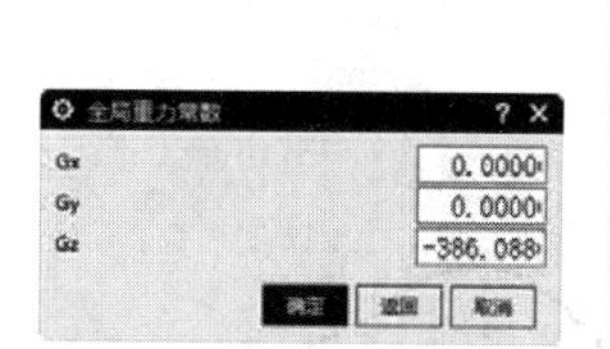

图 6-55 【全局重力常数】对话框

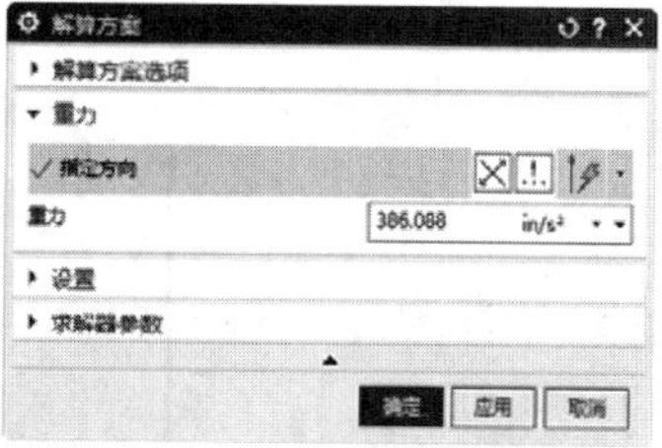

图 6-56 【重力】选项组

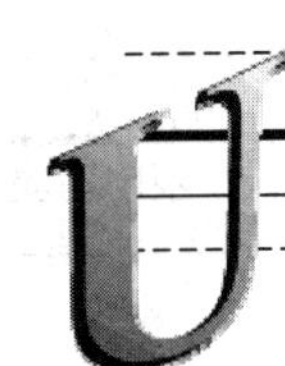

6.2.2 摩擦力

在机械运动中常见的摩擦力有滑动摩擦力（force of sliding friction）、滚动摩擦力（force of rolling friction）、静摩擦力（force of static friction）等，在 UG NX 2027 中能够定义滑动摩擦力和静摩擦力。

1. 滑动摩擦力

当一个物体在另一个上做相对滑动时，受到阻碍相对滑动的力为滑动摩擦力。滑动摩擦力的方向总是和摩擦面相切，并且和物体运动的方向相反。滑动摩擦力的大小和压力成正比，如图 6-57 所示。如果用 F 表示滑动摩擦力，N 表示压力的大小，那么摩擦力的计算公式为

$$F=\mu N$$

式中，μ 是比例常数，称为动摩擦系数。它和两物体的材料有关，又和接触面的情况有关，如粗糙程度、干燥程度等。在相同的压力下，μ 越大，滑动摩擦力越大。常见材料动摩擦系数，见表 6-1。

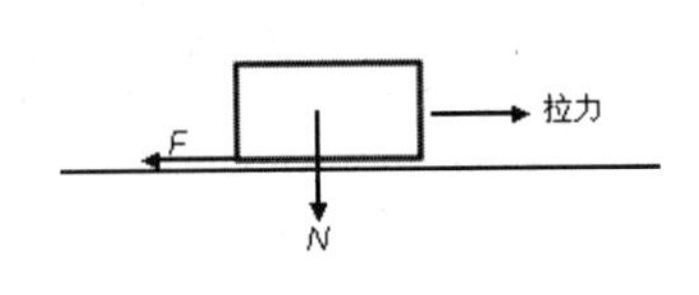

图 6-57　滑动摩擦力

表 6-1 动摩擦系数

材料	动摩擦系数
橡皮轮胎—水泥路面	0.71
钢—钢	0.25
钢—木	0.3
钢—冰	0.02
皮革—铸铁	0.28

2. 静摩擦力

滑动摩擦力是物体滑动的时候发生的，如果有力作用于物体，但物体保持静止状态，此时摩擦力的大小和作用力相等、方向相反，称为静摩擦力。静摩擦力的方向和接触面相切，方向和物体运动的趋势相反。

如果逐渐增加对物体的作用力，静摩擦力随之增大，达到物体运动的瞬间静摩擦力为最大，称为最大静摩擦力，如图 6-58 所示。

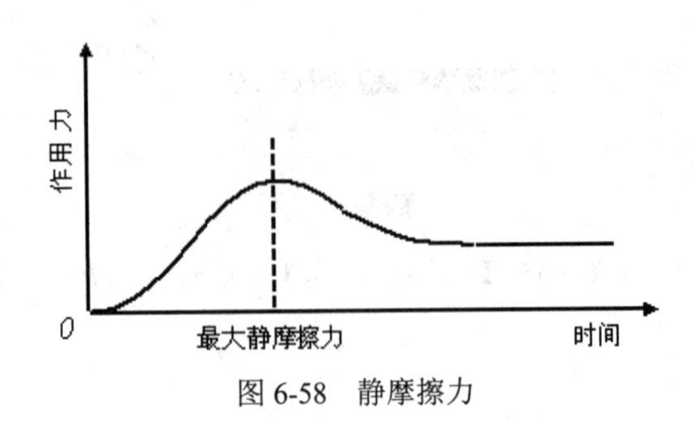

图 6-58　静摩擦力

3. 创建摩擦力

摩擦力没专门的对话框可以执行，创建摩擦力可以在运动副、接触器（3D 接触、2D 接触）等上进行。具体定义方法如下：

- 运动副。打开【运动副】对话框后，选择【摩擦】选项卡，勾选【启用摩擦】复选框，输入摩擦力参数，如图 6-59 所示。
- 3D 接触。打开【3D 接触】对话框后，选择【基本】选项组，设置【库仑摩擦】为【开】，输入摩擦力参数，如图 6-60 所示。3D 接触和 2D 接触创建摩擦力的步骤基本一致，本小节不再详述。

在 UG NX 2027 中，摩擦力除静摩擦、动摩擦参数，还有：

- 静摩擦过渡速度。当物体从静摩擦完全过渡到动摩擦时，物体的切向速度。静摩擦过渡速度默认为 0.1。
- 静摩擦系数。当物体由静止到滑动时的摩擦系数。
- 动摩擦系数。当物体滑动时的摩擦系数。

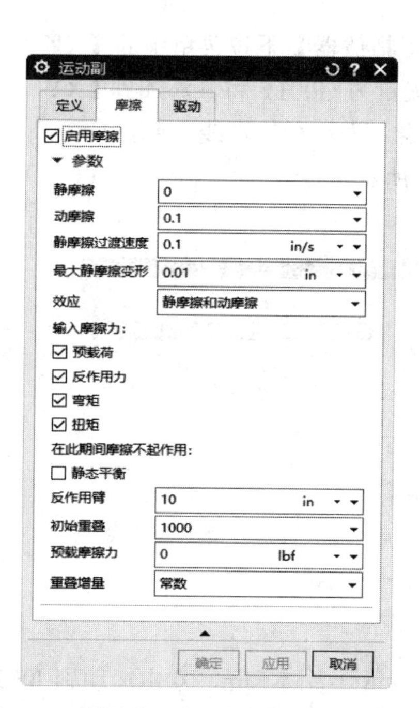

图 6-59　利用【运动副】对话框创建摩擦力

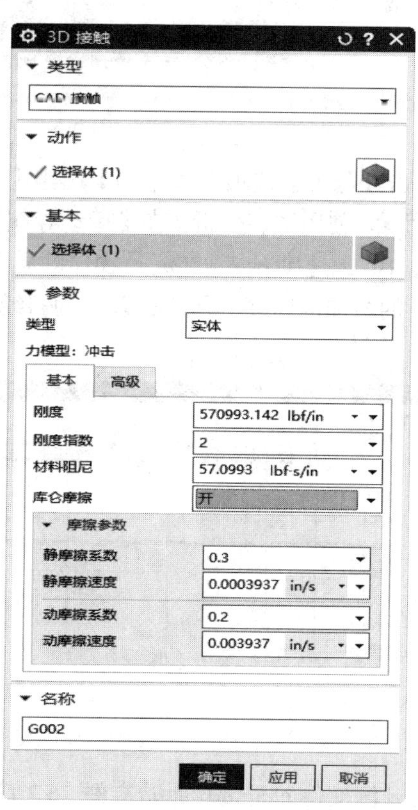

图 6-60　利用【3D 接触】对话框创建摩擦力

6.2.3　实例——摩擦力试验

本试验将模拟无摩擦力的理想状态和启用摩擦力情况下，使用相同的力推动汽车时的两种动画结果。具体步骤如下：

1）启动 UG NX 2027，打开源文件/chapter6/原始文件 /6.2 / Damper / motion_1.sim，汽车模型如图 6-61 所示。

图 6-61　汽车模型

2）单击【结果】选项卡【动画】面组上的【播放】按钮，运动仿真动画开始，汽车解算时间为 0.3s 时冲出模拟地面，如图 6-62 所示。

3）单击【结果】选项卡【动画】面组上的【完成】按钮，完成当前模型的动画分析。

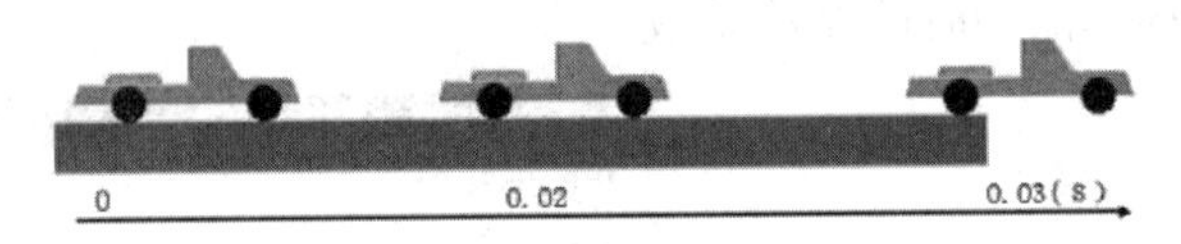

图 6-62　动画结果

4）单击【分析】选项卡【运动】面组上的【运动模拟播放器】下拉菜单中的【XY 结果】按钮，使用图表分析。在【运动导航器】中单击矢量力 G001，将其添加到【XY 结果视图】中，加速度 $a=F/m$（m 是物体的质量），没有变化，为水平的直线。速度 $V=at$，由于时间 t 的增加，速度上升，在表中为斜线，如图 6-63 所示。

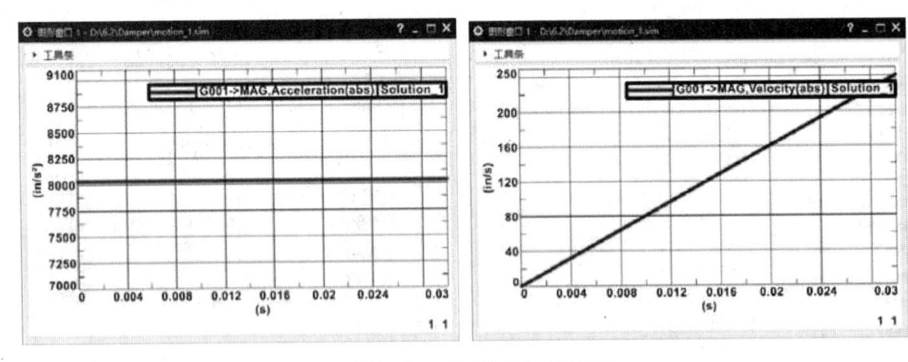

图 6-63　加速度与速度表

5）打开源文件/chapter6/原始文件 /6.2 / Damper / motion_1-副本.sim，双击运动副 J002，打开【运动副】对话框，如图 6-64 所示。

6）在【摩擦】选项卡中勾选【启用摩擦】复选框，启动摩擦。

7）在【静摩擦】文本框输入 20、【动摩擦】文本框输入 19，其他参数默认，如图 6-65 所示。

8）单击【运动副】对话框中的【确定】按钮，完成摩擦力的创建。

9）单击【主页】选项卡【解算方案】面组上的【解算方案】按钮，打开【解算方案】对话框。在【解算方案选项】中设置【时间】为0.2，【步数】为100，勾选【按“确定”进行求解】复选框，如图6-66所示。单击【确定】按钮，求解当前解算方案的结果。

10）单击【结果】选项卡【动画】面组上的【播放】按钮，运动仿真动画开始，加上摩擦力后，汽车在0.1s才冲出模拟地面，比没有启用摩擦力少0.07s，如图6-67所示。说明摩擦力是影响物体运动的关键因素。

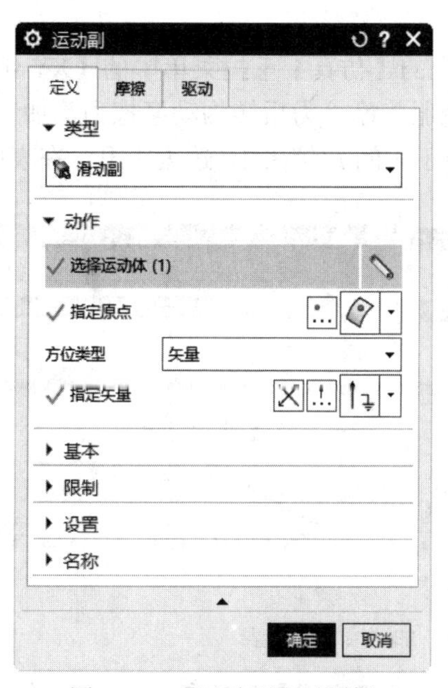

图6-64　【运动副】对话框

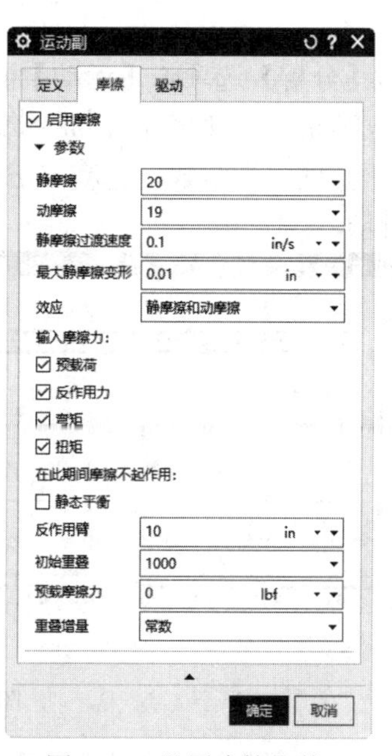

图6-65　设置摩擦参数

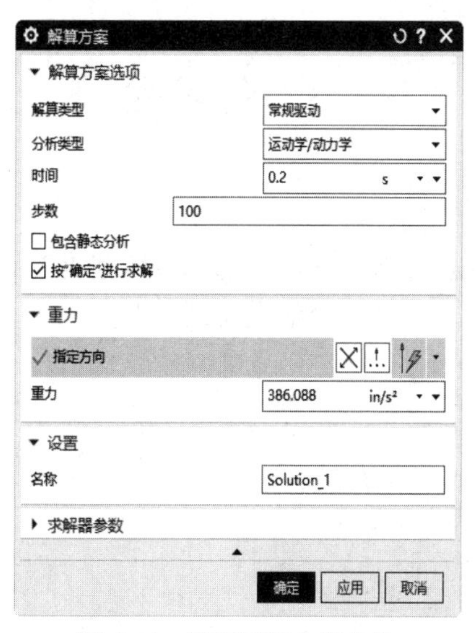

图6-66　设置解算方案参数

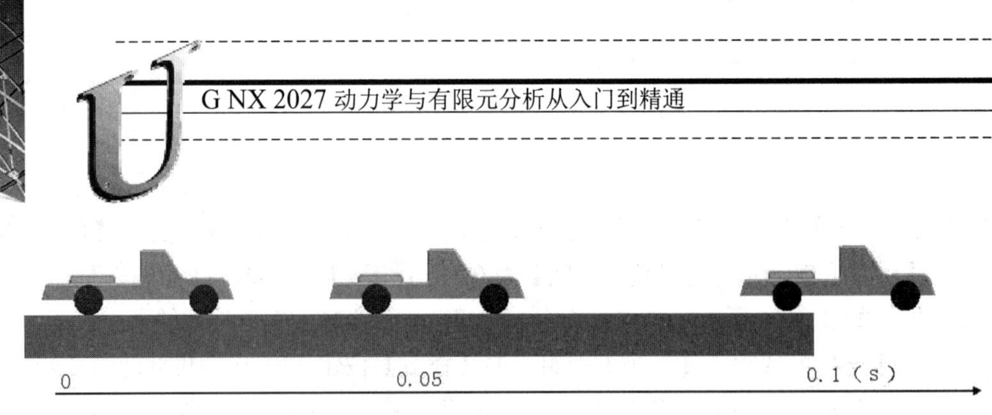

图 6-67　动画结果

1）单击【分析】选项卡【运动】面组上的【仿真】下拉菜单中的【XY 结果】按钮，使用图表分析，加速度 $a=F/m$，汽车克服静摩擦力后转为动摩擦力，加速度在下降瞬间后为水平直线，为常数。速度 $V=at$，由于时间 t 的增加，速度上升，在表中为斜线，如图 6-68 所示。

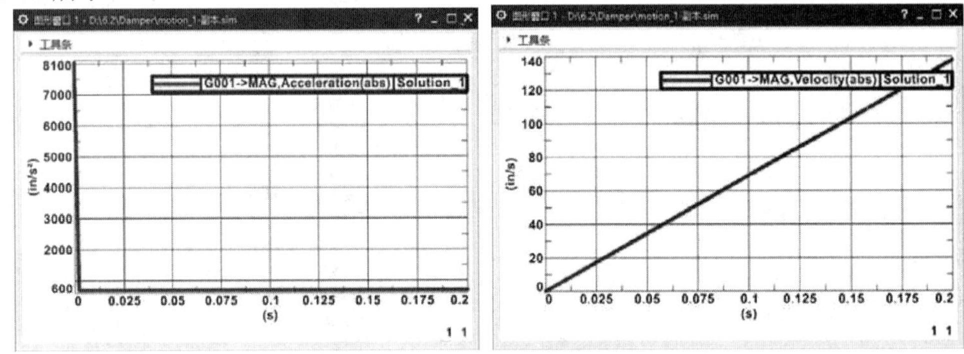

图 6-68　加速度与速度表

12）单击【结果】选项卡【动画】面组上的【完成】按钮，完成当前模型的动画分析。

6.3　练习题

1. 标量力和矢量力有什么不同？
2. 创建矢量扭矩时需要注意什么，它需要选择旋转副吗？
3. 如何定义力由零逐渐增大或从某个值变化到零？

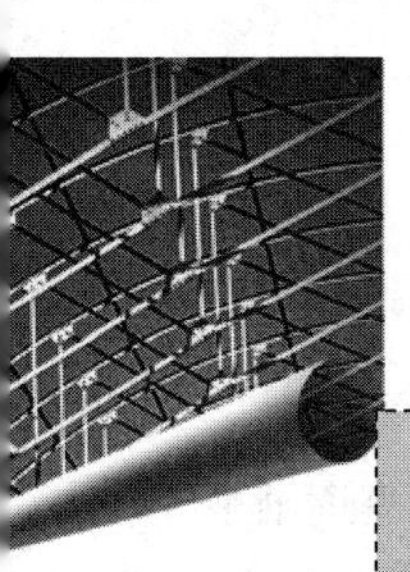

第7章

连接器

连接器可对零件进行弹性连接、阻尼连接、定义接触。它包含弹簧、衬套、阻尼、2D 接触、3D 接触。通过连接器的使用提高了运动仿真的全面性。

重点与难点

- 创建各种连接器，尤其是弹簧、3D 接触。
- 熟悉各种连接器对运动的影响。
- 理解 2D 接触、3D 接触各参数的含义。

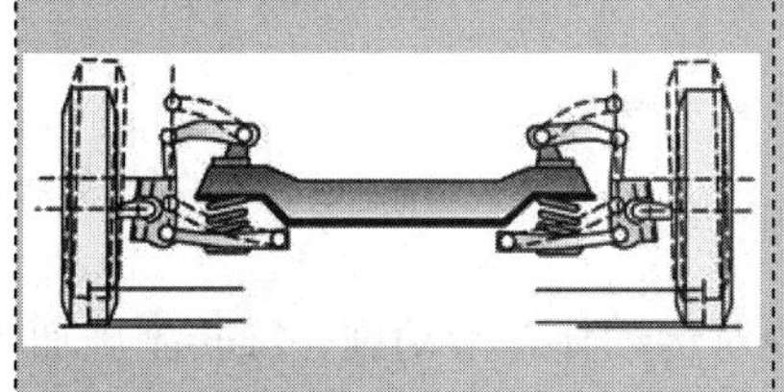

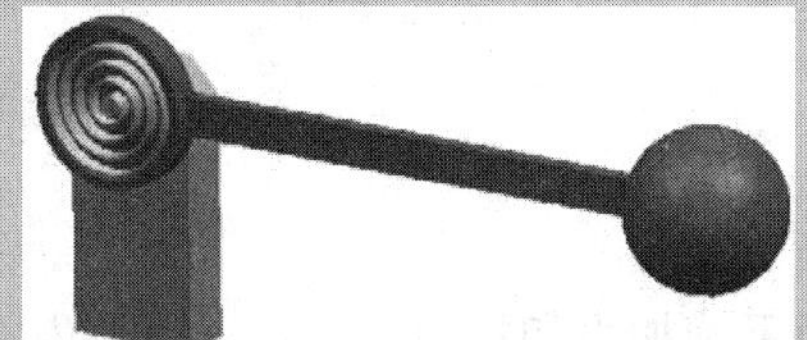

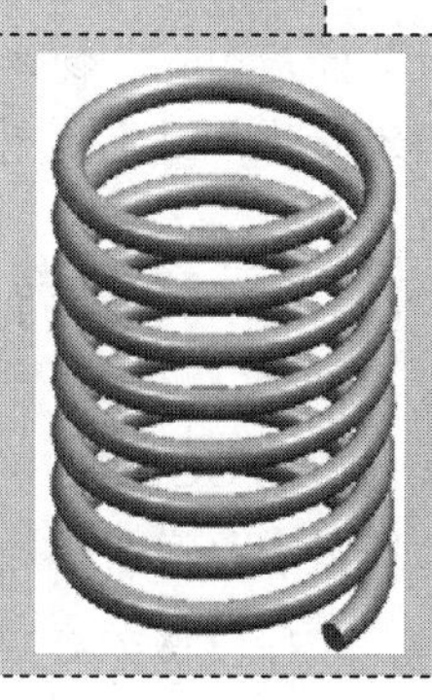

7.1 弹性连接

弹性连接主要包含弹簧和衬套，它们都可以对作用力进行缓冲，使速度、动量等逐渐变小，在现实中可以减少对物体的变形，比如汽车的减振装置，可以使汽车在路况不好的情况下也能平缓地行驶，如图 7-1 所示。

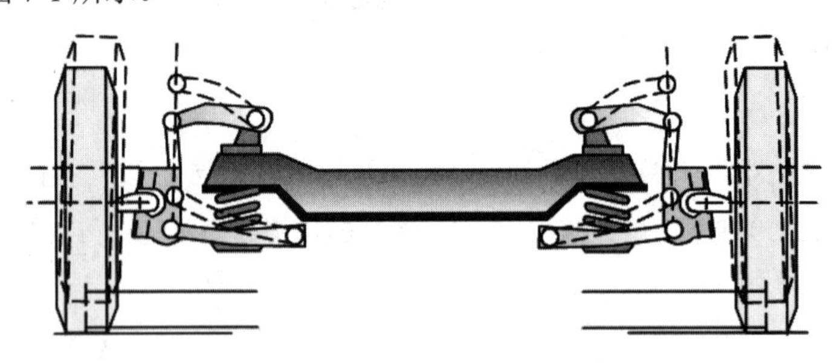

图 7-1 汽车的减振装置

7.1.1 弹簧

弹簧（spring）是一种弹性元件，如螺旋弹簧、钟表发条弹簧、载重汽车减振钢板弹簧等。弹簧最大的特点是在受力时会发生形变，撤销力之后恢复原形状。

弹簧的弹力和形变的大小有关，形变越大弹力也就越大，形变为零，弹力也为零。在 UG NX 2027 中，形变有两种情况：

- ❑ 弯曲形变。物体弯曲时发生的形变，如弹簧生长或缩短。
- ❑ 扭转形变。物体扭曲时发生的形变，如扭转钢丝，扭转的角度越大弹力就越大。

根据胡克定律弹簧弹力的大小 F 和弹簧的变形长度 x 成正比，即

$$F=kx$$

说明：k 是比例常数，为弹簧的劲度系数（在 UG NX 中为刚度系数），劲度系数的国际单位是 N/m。物体的弹性形变有一定的范围，超出范围，即使撤销外力，物体也不能恢复原来的形状，因此胡克定律只适用于弹性形变范围内。

7.1.2 弹簧力

在 UG NX 中，弹簧用于施加力和扭矩，在运动仿真内能对运动体、滑动副、旋转副施加弹簧力。弹簧力是位移（displacement）和刚度（stiffness）的函数。

1. 位移

弹簧在自由状态下没有任何形变时，弹簧的作用力为零。当拉长或缩短发生形变时，产生

和位移正比的力，弹簧形变的单位如下：

- ❑ 拉伸弹簧（translation spring）：毫米（mm）或英寸（in）。
- ❑ 扭转弹簧（torsional spring）：度或（degree）弧度（radians）。

说明：创建弹簧力并不需要创建弹簧模型，而是以符号的形式标记，它和矢量力、标量力一样只是力的一种。

2. 刚度

在相同的形变下，弹簧越粗、材料性能越好，它所产生的弹力就越大。弹簧粗细、材料性能可以定义弹簧的刚度，刚度越大，则弹簧力越大。弹簧刚度的单位如下：

- ❑ 拉伸弹簧（translation spring）（见图 7-2）：牛顿每毫米（N/mm）或磅力每英寸（lbf/in）。
- ❑ 扭转弹簧（torsional spring）（见图 7-3）：牛顿毫米每弧度或（N • mm/radian）磅力英寸每弧度（lbf • in /radians）。

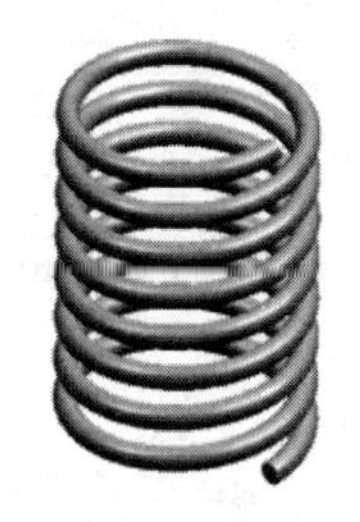
图 7-2 拉伸弹簧

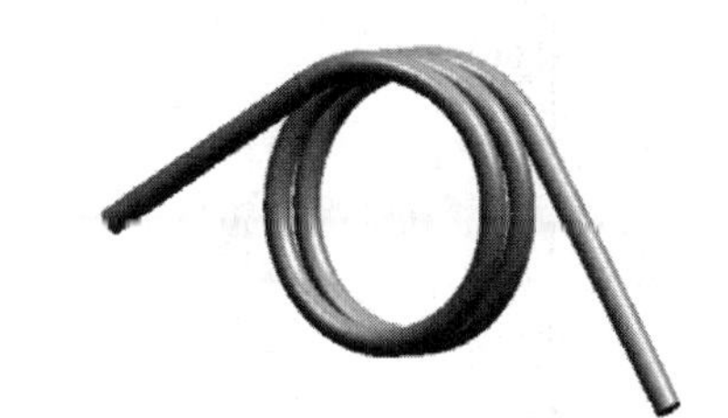
图 7-3 扭转弹簧

7.1.3 创建拉伸弹簧

本实例为试验砝码之间的碰撞试验。其中砝码之间加入了弹簧。在重力的作用下砝码，会下降接近另一个砝码。整个碰撞试验，除了弹簧，其他运动体、运动副等都已经创建。具体步骤如下：

1. 创建弹簧

1）启动 UG NX 2027，打开源文件/chapter7/原始文件 /7.1 / Spring/ motion_1.sim，弹簧模型如图 7-4 所示。

2）单击【主页】选项卡【连接器】面组上的【弹簧】按钮，或者选择【菜单】→【插入】→【连接器】→【弹簧】命令，打开【弹簧】对话框，如图 7-5 所示。在【连接体】下拉列表框中选择【运动体】。

3）单击【选择运动体】选项，选择下面的砝码为运动体 B001。

4）单击【指定原点】选项，选择运动体 B001 的底部圆心，如图 7-6 所示。

5）单击【基本】选项卡【点对话框】按钮，打开【点】对话框，如图 7-7 所示。

说明：如果需要第一个运动体对第二个运动体的反作用力，可以选择第二个运动体。

6）设置原点 X、Y、Z 都为零。

7）单击【点】对话框中的【确定】按钮，完成点的输入，软件自动计算弹簧的原始长度为两点距离。

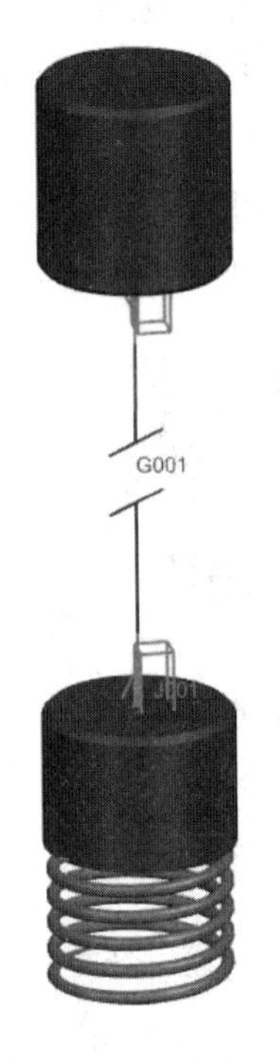

图 7-4　弹簧模型

图 7-5　【弹簧】对话框

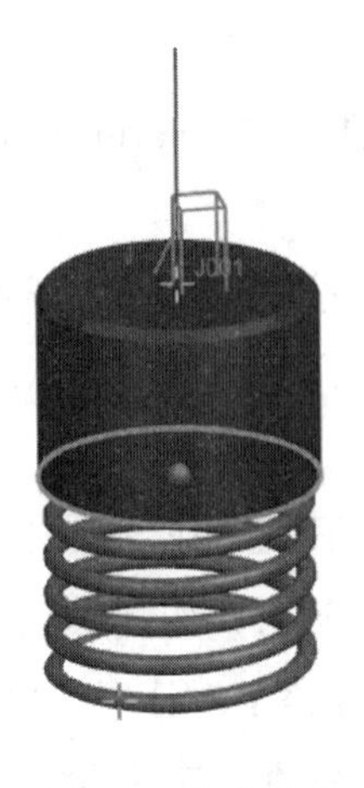

图 7-6　指定原点

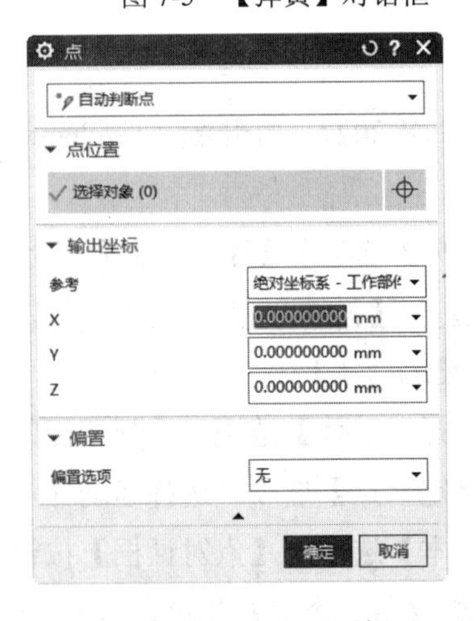

图 7-7　【点】对话框

8）在【刚度】文本框输入12，在【预紧长度】文本框输入23，如图7-8所示。

9）单击【弹簧】对话框中的【确定】按钮，完成弹簧的创建。

2. 动画分析

1）单击【主页】选项卡【解算方案】面组上的【解算方案】按钮，打开【解算方案】对话框，如图7-9所示。

2）在【解算方案选项】中设置【时间】为0.6，【步数】为400。

3）勾选【按“确定”进行求解】复选框。

4）单击【解算方案】对话框中的【确定】按钮，完成解算方案的创建。

说明：由于仿真模型涉及3D接触及极限运动，请把解算时间尽量缩短到合理范围，步数加大。这样才能得到符合实际的结果和减少解算时间。

5）单击【结果】选项卡【动画】面组上的【播放】按钮，运动仿真动画开始，如图7-10所示。

6）单击【结果】选项卡【动画】面组上的【完成】按钮，完成当前模型的动画分析。

试验结果：从空中落下的砝码运动是最剧烈的，它不停地周期性跳动，本例使用图表记录了砝码下落的位移变化情况，如图7-11所示。

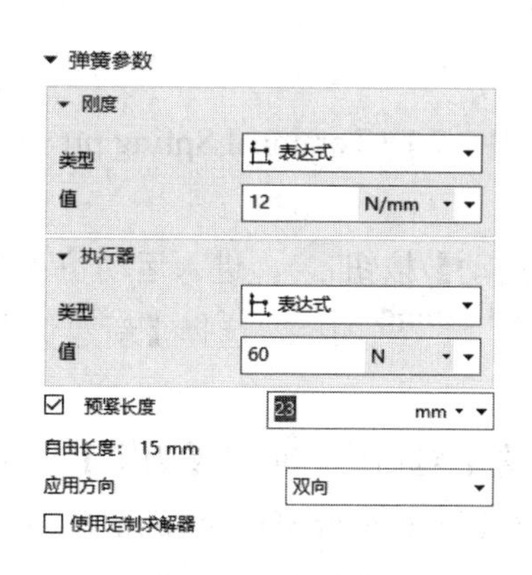

图7-8 设置弹簧参数

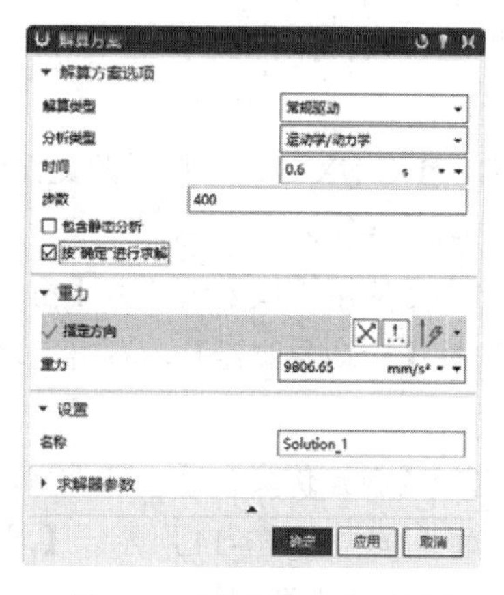

图7-9 【解算方案】对话框

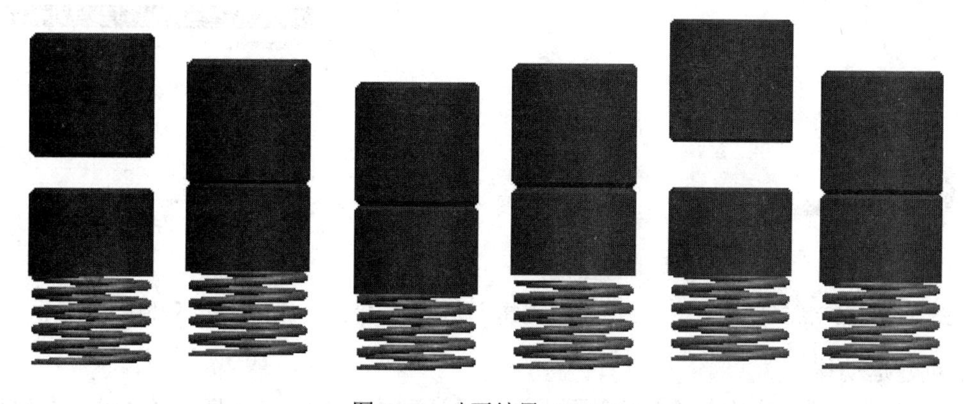

图7-10 动画结果（0~0.6s）

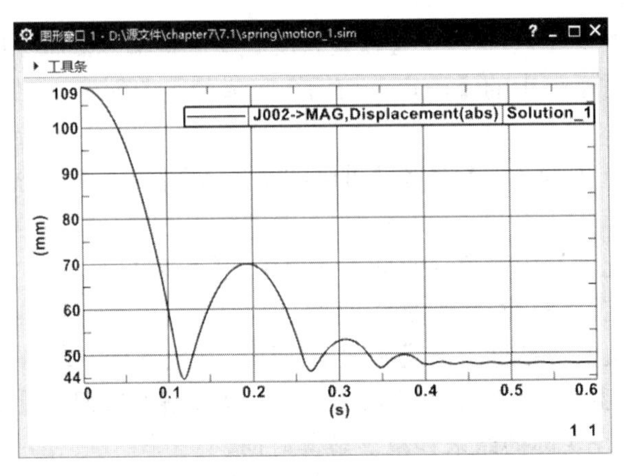

图 7-11　位移变化情况

7.1.4　创建扭转弹簧

本实例将讲解扭转弹簧的创建，并模拟模型的运动。其中，扭转弹簧模型在转轴处安装了一个扭转弹簧，它将阻止球体的下落。具体步骤如下：

1. 新建仿真

1）启动 UG NX 2027，打开源文件/chapter7/原始文件 /7.1 / Torsional Spring.prt，扭转弹簧模型如图 7-12 所示。

2）单击【应用模块】选项卡【仿真】面组上的【运动】按钮，进入运动仿真界面。

3）选择【运动导航器】，右击运动仿真 Torsional Spring 图标，选择【新建仿真】，如图 7-13 所示。

4）选择【新建仿真】后，软件自动打开【新建仿真】对话框。单击【确定】按钮，打开【环境】对话框，如图 7-14 所示。【求解器选项】选择【Simcenter 3D Motion】，其他参数选择默认，单击【确定】按钮。

图 7-12　扭转弹簧模型

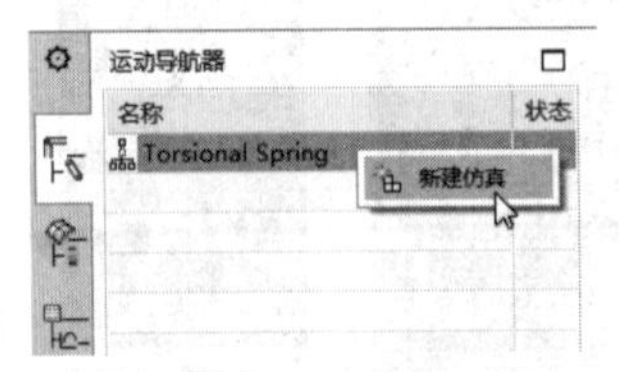

图 7-13　选择【新建仿真】

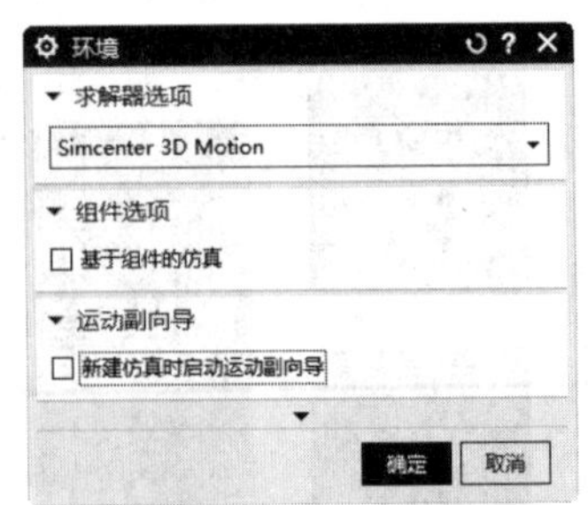

图 7-14　【环境】对话框

2. 创建运动体

1）单击【主页】选项卡【机构】面组上的【运动体】按钮，打开【运动体】对话框，如图 7-15 所示。

2）在绘图区选择摆锤作为运动体 B001。

3）单击【运动体】对话框中的【确定】按钮，完成运动体的创建，如图 7-16 所示。

图 7-15　【运动体】对话框

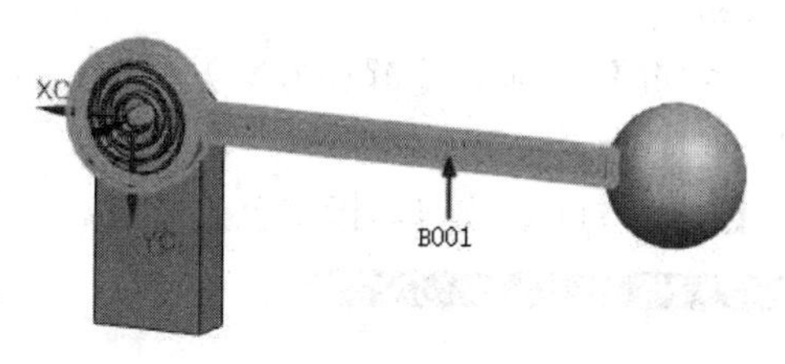

图 7-16　创建运动体

3. 创建旋转副

1）单击【主页】选项卡【机构】面组上的【运动副】按钮，打开【运动副】对话框，如图 7-17 所示。在【类型】下拉列表框中选择【旋转副】。

2）单击【选择运动体】选项，在绘图区选择运动体 B001。

3）单击【指定原点】选项，在绘图区选择运动体 B001 上转轴的圆心，如图 7-18 所示。

4）单击【指定矢量】选项，选择运动体 B001 转轴的柱面，使方向指向轴心。

5）单击【运动副】对话框中的【确定】按钮，完成旋转副的创建。

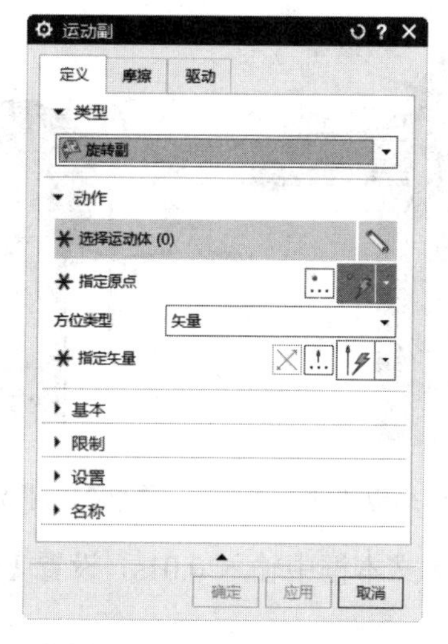

图 7-17　【运动副】对话框

图 7-18　指定原点

4. 创建弹簧

1）单击【主页】选项卡【连接器】面组上的【弹簧】按钮，打开【弹簧】对话框，如图 7-19 所示。

2）在【连接体】下拉列表框中选择【旋转】。

3）单击【选择运动副】选项，选择旋转副 J001，如图 7-20 所示。

4）在【刚度】选项组【值】文本框输入 0.1，【预紧角度】默认为零。

说明：除了运动体类型，旋转副和滑动副不需要指定弹簧的原始长度。自由角度（长度）的含义是运动副预加载的变形角度（长度）。

5）单击【弹簧】对话框中的【确定】按钮，完成弹簧的创建。

5. 动画分析

1）单击【主页】选项卡【解算方案】面组上的【解算方案】按钮，打开【解算方案】对话框，如图 7-21 所示。

2）单击【重力方向】按钮，指定重力方向。

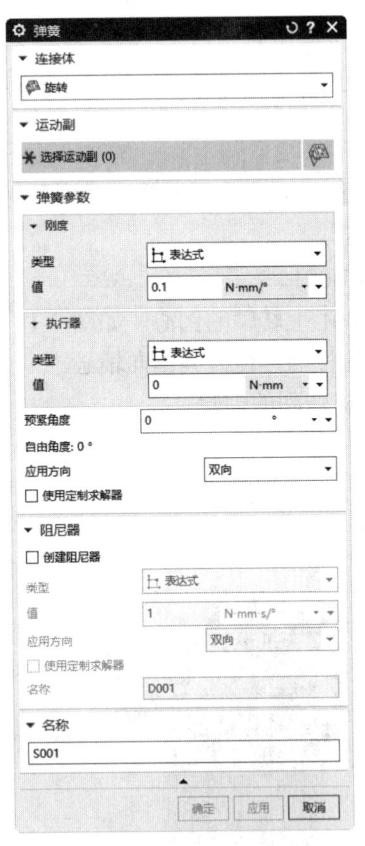

图 7-19 【弹簧】对话框

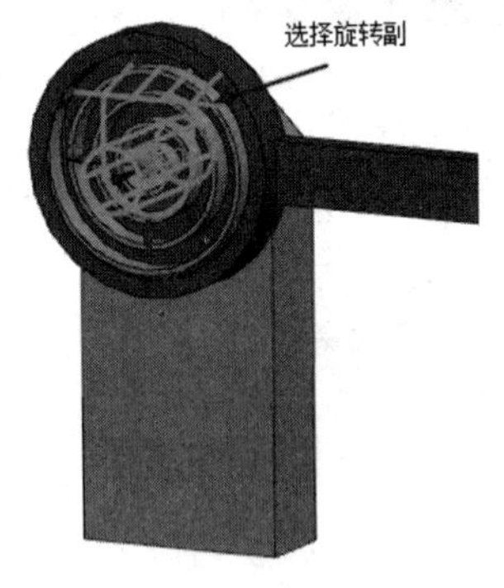

图 7-20 选择旋转副

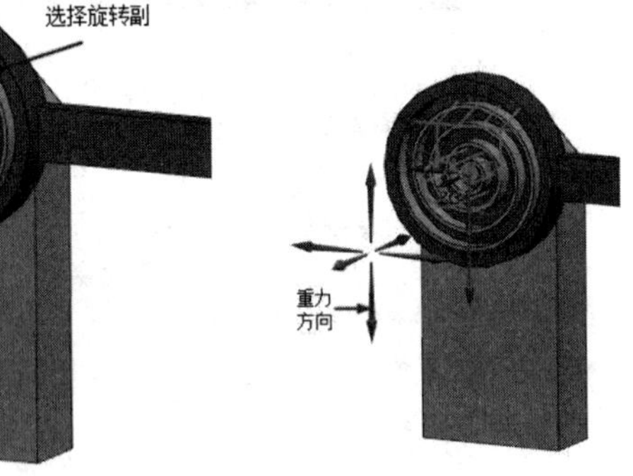

图 7-21 指定方向

3）在【解算方案选项】选项组中【固定步数】文本框中输入 0.01s，设置【解算开始时间】为 0，【解算结束时间】为 5，如图 7-22 所示。

4）单击【解算方案】对话框中的【确定】按钮，完成解算方案的创建。

5）单击【主页】选项卡【解算方案】面组上的【求解】按钮，求解当前解算方案的结果。

6）单击【结果】选项卡【动画】面组上的【播放】按钮，模型的运动开始，如图 7-23

所示。

7）单击【结果】选项卡【动画】面组上的【完成】按钮，完成当前模型的动画分析。

试验结果：小球在松手后，随着重力和扭转弹簧力，它不停地周期性摆动直到停止，本实例使用图表演示小球的位移图表，如图 7-24 所示。

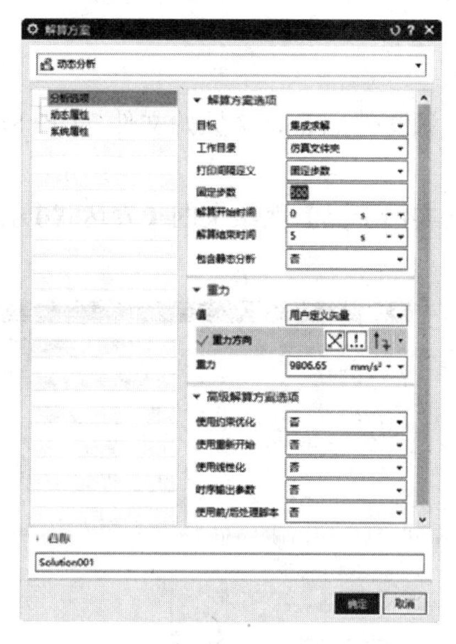

图 7-22　设置解算方案参数

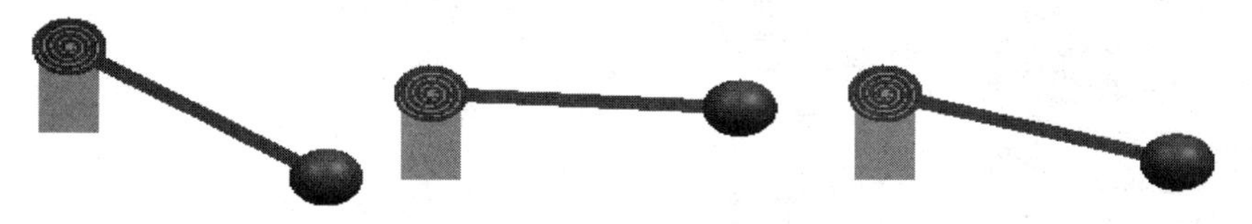

图 7-23　动画结果（0.1s、0.2s、2s）

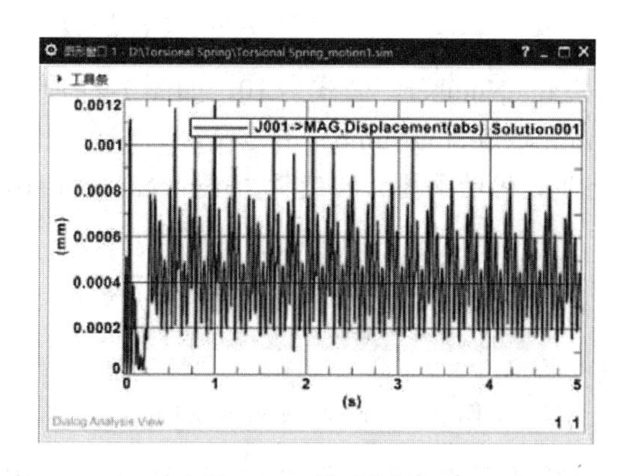

图 7-24　位移图表

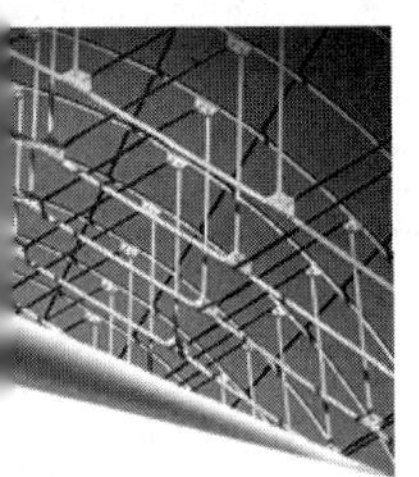

7.1.5 弹簧柔性变形动画

在 UG NX 运动仿真内的物体都是刚性的，不能模拟弹簧的柔性变形。本小节将在建模模块中采用参数化动画来实现弹簧的柔性变形，它是通过改变螺旋线的节距大小来实现弹簧的变形。具体步骤如下：

1. 创建表达式

1）启动 UG NX 2027，打开源文件/chapter7/原始文件 /7.1 / Spring-1.prt，弹簧模型如图 7-25 所示。

2）单击【工具】选项卡【实用工具】面组上的【表达式】按钮 ═，打开【表达式】对话框，如图 7-26 所示。

图 7-25 弹簧模型

图 7-26 【表达式】对话框

3）新建表达式名称为 FrameNumber，公式为 10，如图 7-27 所示。

4）单击【应用】按钮，完成 FrameNumber 的定义。

说明：FrameNumber 是参数化动画播放的变量，FrameNumber=10 则 FrameNumber 在播放动画时值从 1 ~ 11。

	↑ 名称	公式	值	单位	量纲	类型
1	∨ 默认组					
2				mm	长度	数字
3	FrameNumber	10	10		无单位	数字

图 7-27 定义 Frame Number

5）在表达式列表框查找螺旋形的螺距的公式，更改 P16=2 为 P16= FrameNumber，如图 7-28 所示。

6）单击【表达式】对话框的【确定】按钮，完成螺旋形的节距的定义。

图 7-28　更改表达式

2. 创建弹簧动画

1）选择【菜单】→【视图】→【可视化】→【创建动画】命令，打开【高质量图像动画】对话框，如图 7-29 所示。

2）单击【重新定义】按钮，单击【关键帧】按钮，打开【关键帧】对话框，如图 7-30 所示。

3）输入关键帧【名称】为 FrameNumber，【步数】为 10。

4）单击【添加/复制】按钮，把 FrameNumber 加入关键帧，如图 7-31 所示。

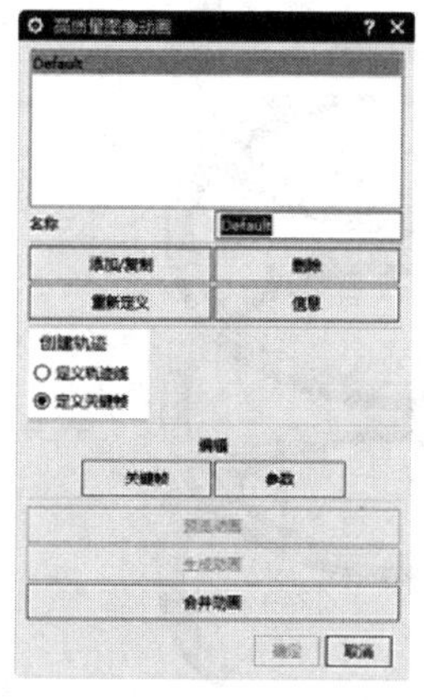

图 7-29　【高质量图像动画】对话框

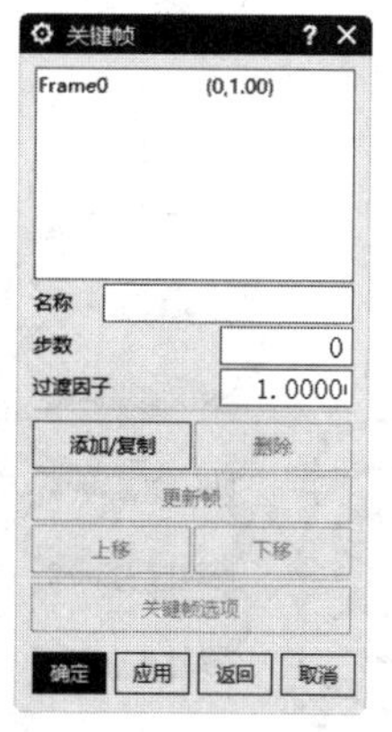

图 7-30　【关键帧】对话框

图 7-31　设置关键帧参数对话框

5）单击【关键帧】对话框中的【确定】按钮，完成关键帧的定义。

6）单击【参数】按钮，打开【编辑参数】对话框，如图 7-32 所示。

7）勾选【更新表达式】复选框，根据关键帧的变化更新 FrameNumber 的值。

8）单击【编辑参数】对话框中的【确定】按钮，完成编辑参数的定义。

9）在【高质量图像动画】对话框中单击【生成动画】按钮，打开【生成动画】对话框，如图 7-33 所示，从 0～9 共有 10 帧。

10）单击【生成动画】对话框中的【确定】按钮，以默认的参数生成动画。

11）单击【预览动画】按钮，打开【预览动画】对话框，如图 7-34 所示。

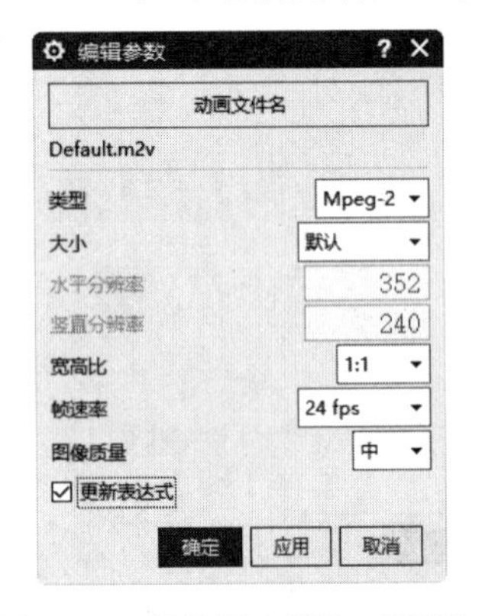

图 7-32 【编辑参数】对话框

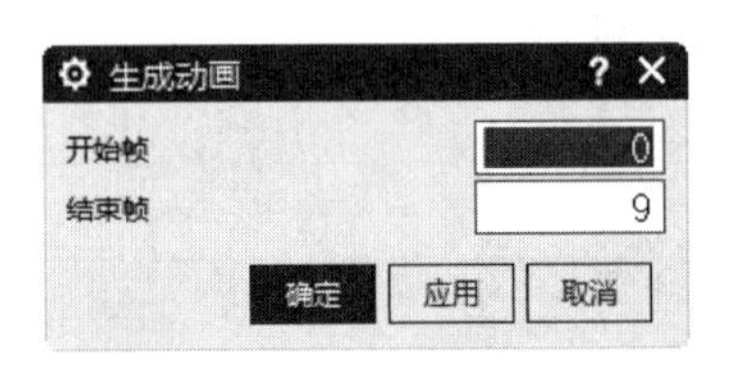

图 7-33 【生成动画】对话框

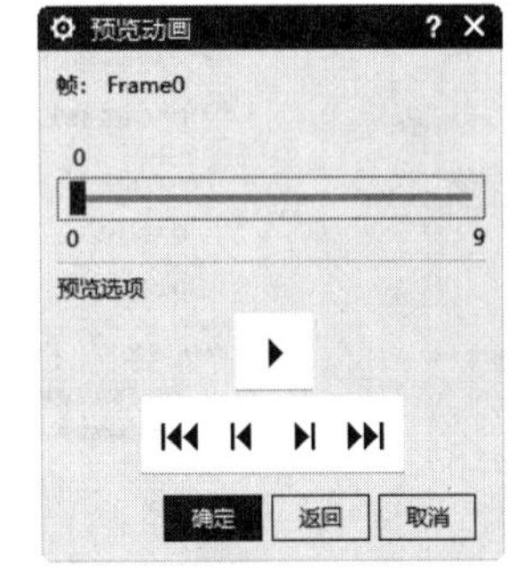

图 7-34 【预览动画】对话框

12）单击【播放】按钮▶，弹簧的节距值由 FrameNumber 1 到 11 逐渐增大，弹簧柔性变形开始，如图 7-35 所示。

13）单击【预览动画】对话框中的【确定】按钮，完成弹簧柔性变形动画的创建。

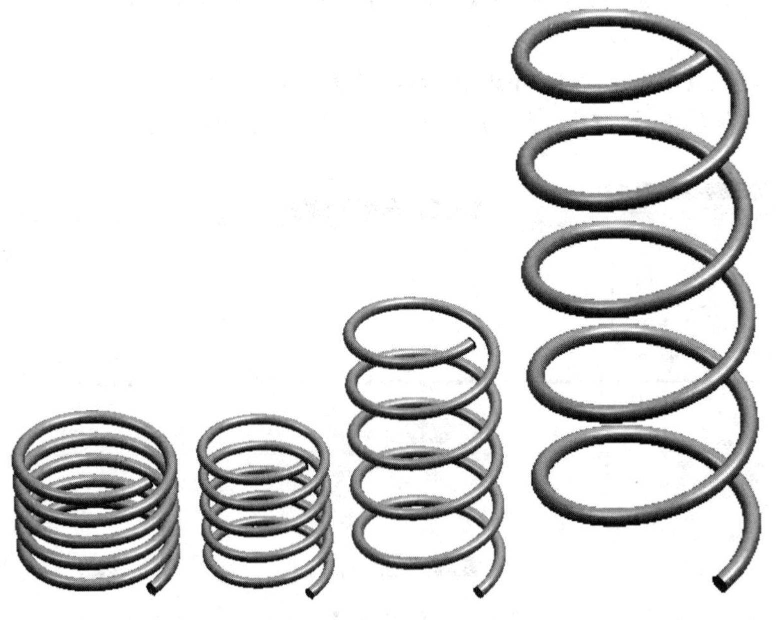

图 7-35 弹簧柔性变形（第 1、3、5、7 步）

7.1.6 衬套

衬套（bushing）是定义两个运动体之间的弹性关系机构对象，衬套类似于骨骼的骨关节。骨关节之间有一定的弹性和韧性，可以在一定范围内转动、拉伸和缩短。在仿真运动中，衬套用于建立柔性的运动副，或者给机构增加一些约束、补偿自由度。

1. 衬套的自由度

衬套也相当于运动副，只是它没有完全限制任何一个自由度。衬套连接的物体能在任何矢量内运动，但某个矢量受到刚度、阻尼和载荷的约束。衬套连接的两个运动体之间具有 6 个自由度：

- 沿 X、Y、Z 方向的平移自由度。
- 沿 X、Y、Z 轴的旋转自由度，如图 7-36 所示。

说明：两个运动体中的一个必须要固定（接地），否则不能创建衬套。

2. 衬套的类型

6 个自由度由刚度、阻尼和载荷参数约束，一共需要 18 个参数控制。为了简化输入参数，衬套分为两个类型，即柱坐标衬套和常规衬套，具体的含义如下：

- 柱坐标衬套：需要定义 4 种运动类型和刚度、阻尼系数，共 8 个参数。
- 常规衬套：需要定义 X、Y、Z 的平移和旋转的刚度、阻尼、载荷系数，共 18 个参数。

图 7-36 衬套的自由度

7.1.7 创建衬套

本实例将讲解衬套的创建，模拟推动操纵杆模型的动画分析，操纵杆模型如图 7-37 所示。具体步骤如下：

1. 新建仿真

1）启动 UG NX2027，打开源文件/chapter7/原始文件 /7.1/ Bushing.prt。

2）单击【应用模块】选项卡【仿真】面组上的【运动】按钮，进入运动仿真界面。

图 7-37　操纵杆模型

3）选择【运动导航器】，右击运动仿真 Bushing 图标，选择【新建仿真】。

4）选择【新建仿真】后，软件自动打开【新建仿真】对话框。单击【确定】按钮，打开【环境】对话框，如图 7-38 所示。【求解器选项】选择【Simcenter 3D Motion】,单击【确定】按钮。

2. 创建运动体

1）单击【主页】选项卡【机构】面组上的【运动体】按钮，打开【运动体】对话框，如图 7-39 所示。

2）在绘图区选择操纵杆为运动体 B001。

图 7-38　【环境】对话框

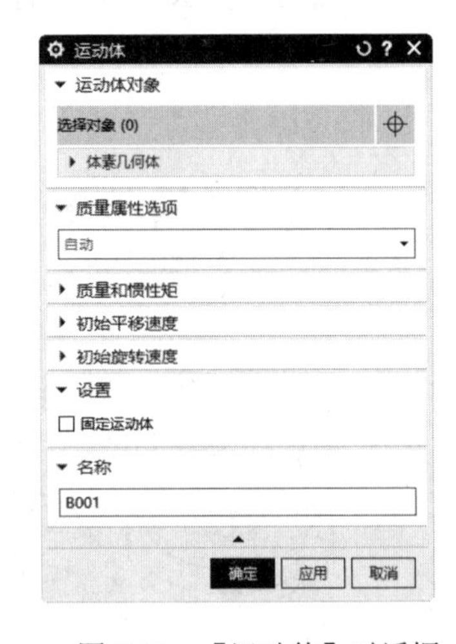

图 7-39　【运动体】对话框

3）单击【运动体】对话框中的【应用】按钮，完成运动体 B001 的创建。

4）在绘图区选择底座作为运动体 B002。

5）在【运动体】对话框勾选【固定运动体】复选框，单击【确定】按钮，完成运动体 B002 的创建，如图 7-40 所示。

3. 创建衬套

1）单击【主页】选项卡【连接器】面组上的【衬套】按钮，或者选择【菜单】→【插入】→【连接器】→【衬套】命令，打开【衬套】对话框，如图 7-41 所示。在【类型】下拉列表框中选择【柱面副】选项。

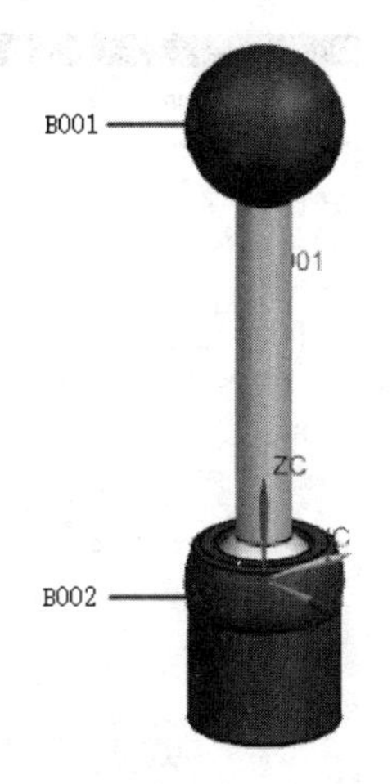

图7-40　创建运动体

2）单击【选择运动体】选项，在绘图区选择B001。
3）单击【指定原点】选项，在绘图区选择关节的球点，如图7-42所示。
4）单击【指定矢量】选项，选择系统提示的Z轴，如图7-43所示。
5）在【基本】选项组中单击【选择运动体】选项，在绘图区选择B002，如图7-44所示。
6）单击【指定原点】选项，在绘图区选择关节的球点。
7）单击【刚度】标签，打开【刚度】选项卡，各选项设置如图7-45所示。
8）单击【阻尼】标签，打开【阻尼】选项卡，如图7-46所示。
9）单击【衬套】对话框中的【确定】按钮，完成衬套的创建。

图7-41　【衬套】对话框

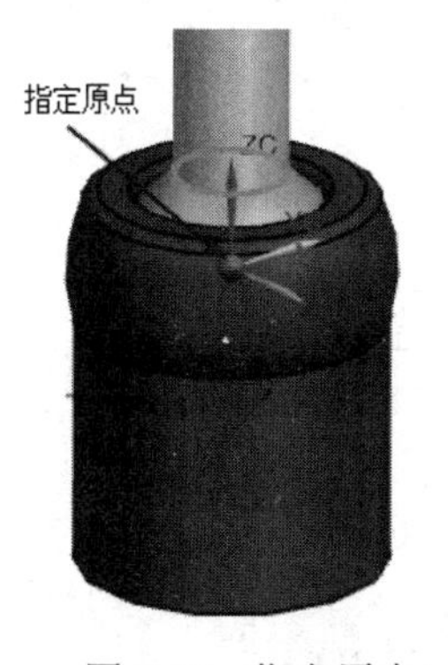

图7-42　指定原点

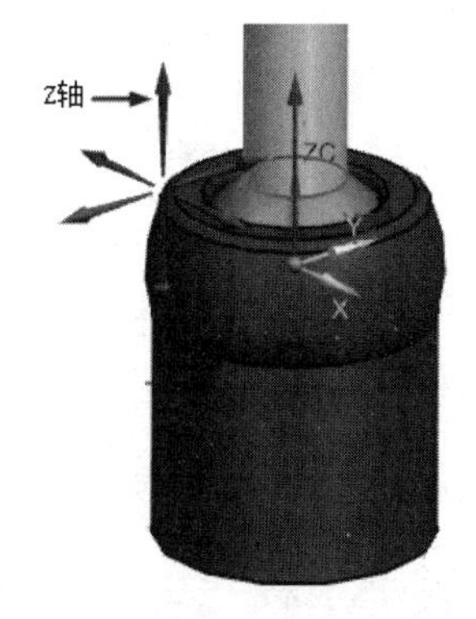

图7-43　指定矢量

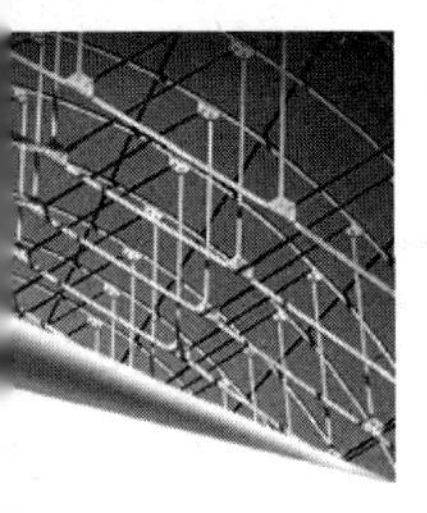

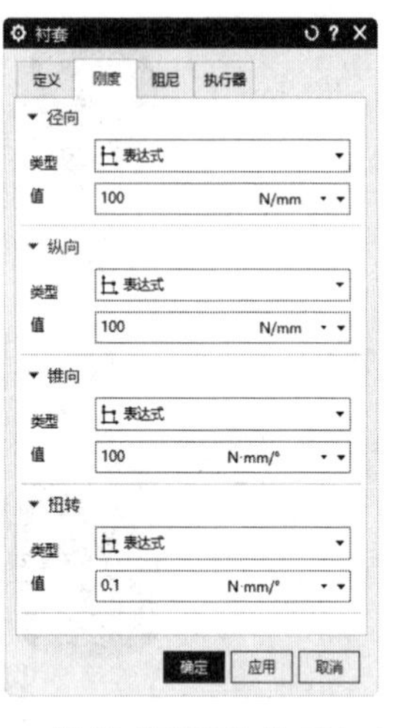
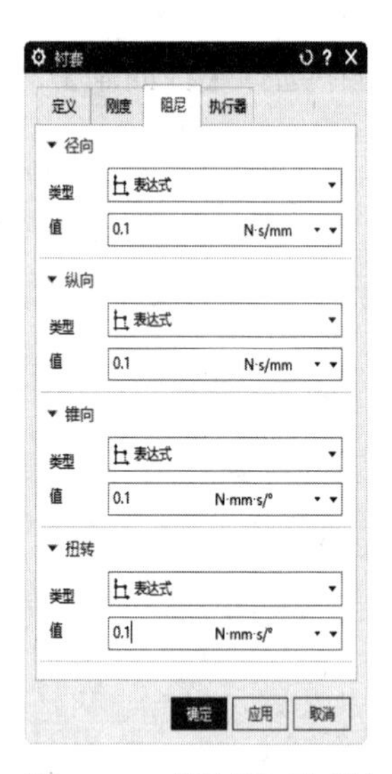

图 7-44　选择运动体 B002　　图 7-45　设置【刚度】选项卡中的选项　　图 7-46　【阻尼】选项卡

4. 创建矢量力

1）单击【主页】选项卡【加载】面组上的【矢量力】按钮，打开【矢量力】对话框，如图 7-47 所示。在【类型】下拉列表框中选择【幅值和方向】选项。

2）在【动作】选项组中单击【选择运动体】选项，在绘图区选择运动体 B001。

3）单击【指定原点】选项，在绘图区选择手柄球心点。

4）在【参考】选项组中单击【选择运动体】选项，在绘图区选择运动体 B001。

5）单击【指定原点】选项，在绘图区选择手柄球心点。

6）单击【指定矢量】选项，选择系统提示的 X 轴，如图 7-48 所示。

图 7-47　【矢量力】对话框

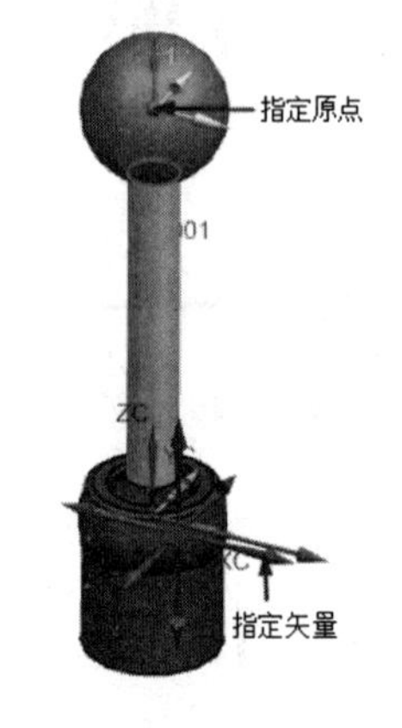

图 7-48　指定原点和矢量

7）在【幅值】选项组的【类型】下拉列表框中选择【$f(x)$函数】，如图 7-49 所示。

8）单击【函数】右侧按钮，选择【函数管理器】类型，打开【XY 函数管理器】对话框，如图 7-50 所示。

9）单击【新建】按钮，打开【XY 函数编辑器】对话框，如图 7-51 所示。

10）在【插入】下拉列表框中选择【运动-函数】类型。在列表框中选择简谐 SHF 类型。

11）单击【添加】按钮，加入 SHF 函数。

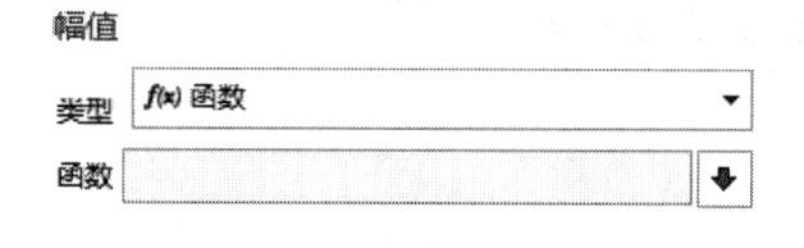

图 7-49　选择【$f(x)$函数】

图 7-50　【XY 函数管理器】对话框

12）在公式文本框修改 SHF 为 SHF (x, 0,30, 10, 0,0)。

13）单击【XY 函数编辑器】对话框中的【确定】按钮，完成编辑。

14）单击【矢量力】对话框中的【确定】按钮，完成力的定义，它将以周期性的力推动手柄。

5. 动画分析

1）单击【主页】选项卡【解算方案】面组上的【解算方案】按钮，打开【解算方案】对话框，如图 7-52 所示。

2）在【解算方案选项】选项组【固定步数】文本框中输入 300，设置【解算开始时间】为 0，【解算结束时间】为 3。

3）单击【解算方案】对话框中的【确定】按钮，完成解算方案的创建。

4）单击【主页】选项卡【解算方案】面组上的【求解】按钮，求解当前解算方案的结果。

5）单击【结果】选项卡【动画】面组上的【播放】按钮，运动仿真动画开始，如图 7-53 所示。

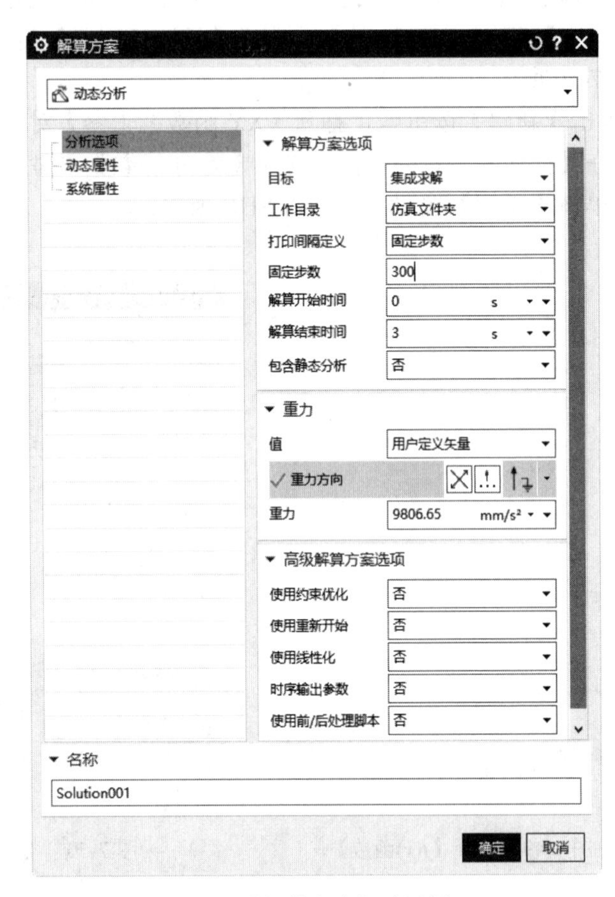

图 7-51 【XY 函数编辑器】对话框　　　　图 7-52 【解算方案】对话框

6）单击【结果】选项卡【动画】面组上的【完成】按钮，完成当前模型的动画分析。

图 7-53 动画结果（0.1s、0.31s、0.47s）

试验结果：由于手柄被衬套连接在底座上，手柄被固定在底座上。在力的推动下，手柄周期摆动，又由于衬套的反作用使手柄摆动不至于激烈，如果撤销力则手柄复原。

7.2 阻尼连接

阻尼类似于摩擦力，它能消耗能量，逐步降低运动的速度。例如，飞机降落时放出的减速伞迅速让飞机速度下降；汽车行驶在泥泞的路上会严重降低行驶的速度。

7.2.1 阻尼

阻尼（damper）是运动机构的命令，它和一般的滑动摩擦力不同的是阻力不是恒定的。阻尼对物体的运动起反作用力，作用力和物体运动的速度有关，方向和物体运动方向相反，阻尼力公式如下：

$$F= Cv$$

式中，C 是阻尼系数；v 是物体的运动速度。在公制单位中，阻尼力的单位是 N；在英制单位中，阻尼力的单位是 lbf。

7.2.2 创建阻尼

本实例试验汽车在紧急情况下的制动状态，试验时设置一定的阻力，使汽车不冲出模拟的地面。其中，汽车制动时的阻力使用阻尼力模拟。试验时只需要定义推力和阻尼，其他的运动体、滑动副已经创建。具体步骤如下：

1. 创建阻尼器

1）启动 UG NX 2027，打开源文件/chapter7/原始文件 /7.2 / Damper/ motion_1.sim，汽车模型如图 7-54 所示。

图 7-54 汽车模型

2）单击【主页】选项卡【连接器】面组上的【阻尼器】按钮，打开【阻尼器】对话框，如图 7-55 所示。

3）在【连接体】下拉列表框中选择【平移】。

4）在绘图区或导航器中选择滑动副 J001，如图 7-56 所示。

5）在【值】文本框输入 1.0。

6）单击【阻尼器】对话框中的【确定】按钮，完成阻尼器的创建。

2. 创建矢量力

1）单击【主页】选项卡【加载】面组上的【矢量力】按钮，打开【矢量力】对话框，如图 7-57 所示。在【类型】下拉列表框中选择【幅值和方向】选项。

图 7-55 【阻尼器】对话框

图 7-56 选择滑动副

图 7-57 【矢量力】对话框

2）在【动作】选项组中单击【选择运动体】选项，在绘图区选择运动体 B001，注意单击面的中心，如图 7-58 所示。

3）在【参考】选项组中单击【选择运动体】选项，在绘图区选择运动体 B001，单击【指定原点】选项，选择如图 7-58 所示的点。单击【指定矢量】选项，选择与 X 轴垂直的实体表面。

4）在【幅值】选项组的【类型】下拉列表框中选择【$f(x)$函数】，如图 7-59 所示。

5）单击【函数】右侧的按钮，选择【函数管理器】类型，打开【XY 函数管理器】对话框，如图 7-60 所示。

6）单击【新建】按钮，打开【XY 函数编辑器】对话框，如图 7-61 所示。

7）在【插入】下拉列表框中选择【运动-函数】类型，并在列表框中选择 STEP 类型。

8）单击【添加】按钮，加入 STEP 函数。

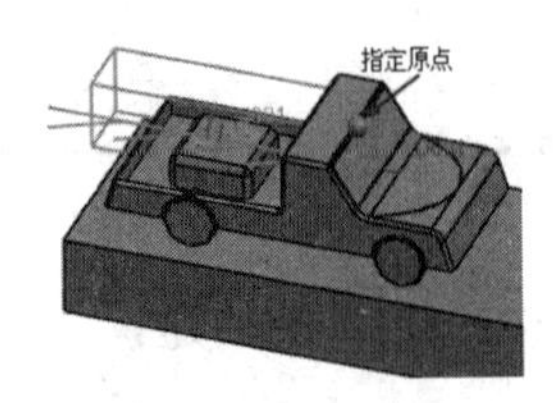

图 7-58 选择点

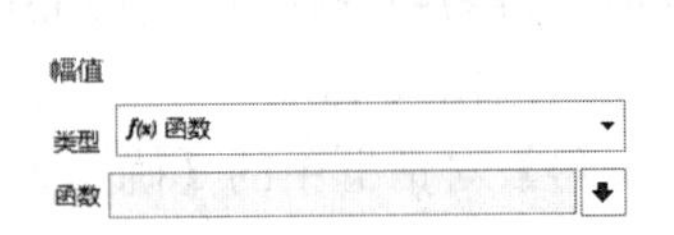

图 7-59 选择【$f(x)$函数】

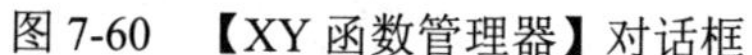
图 7-60　【XY 函数管理器】对话框

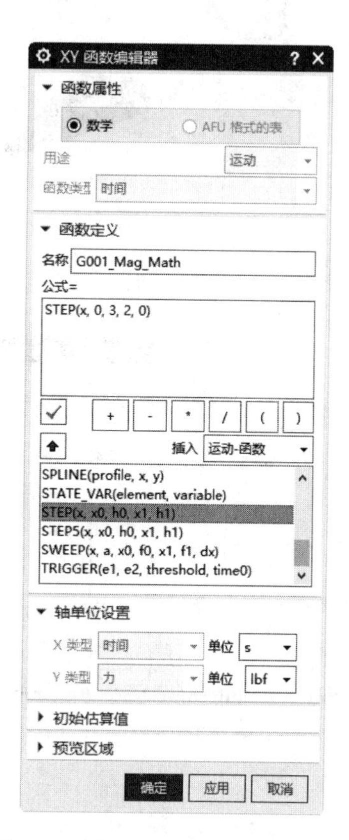

图 7-61　【XY 函数编辑器】对话框

9）在【公式】文本框中修改 STEP 为 STEP (x, 0,3 , 2，0)。

说明：由于 UG NX 2027 还无法定义汽车行驶时的动量，本实例使用 STEP 函数使推力逐渐降低，达到创建汽车动量的目的。

10）单击【XY 函数编辑器】对话框中的【确定】按钮，完成编辑。

11）单击【矢量力】对话框中的【确定】按钮，完成力的定义。

3. 动画分析

1）单击【主页】选项卡【解算方案】面组上的【解算方案】按钮，打开【解算方案】对话框。在【解算方案选项】的【固定步数】文本框中输入 200，设置【解算开始时间】为 0，【解算结束时间】为 2。

2）单击【主页】选项卡【解算方案】面组上的【求解】按钮，求解当前解算方案的结果。

3）单击【结果】选项卡【动画】面组上的【播放】按钮，运动仿真动画开始，如图 7-62 所示。

4）单击【结果】选项卡【动画】面组上的【完成】按钮，完成当前模型的动画分析。

试验结果：汽车在 0.6s 后冲出模拟地面，2s 后汽车停止，说明阻尼力过小。修改阻尼力为 1 重新解算，汽车在 2s 后停止，并且不超出模拟地面。汽车的速度变化图表如图 7-63 所示。

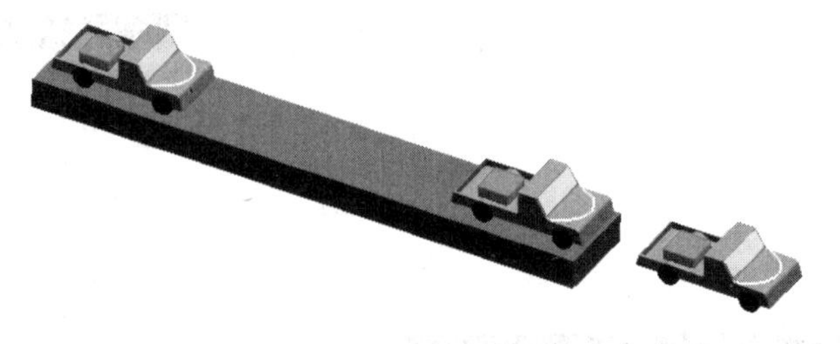

图 7-62　动画结果

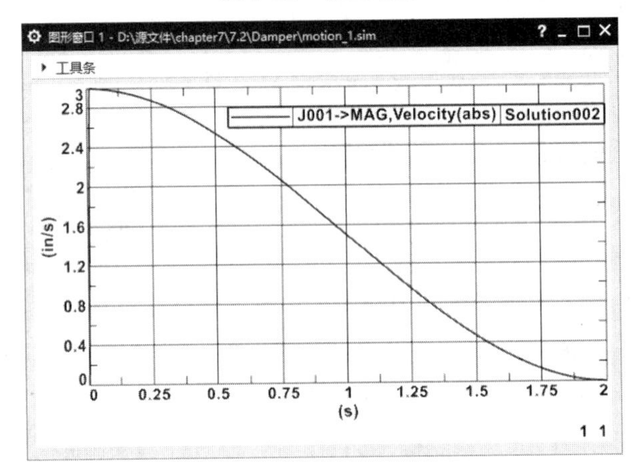

图 7-63　速度变化图表

7.3　接触单元

在 UG NX 运动仿真中，如果没有定义接触单元，运动体在发生相碰情况下并不会反弹，而是直接穿入而过，这样严重地降低了试验的真实性。对于两物体之间的接触问题，可以使用接触单元（2D 接触、3D 接触）解决，只是解算的时间比较长。

7.3.1　2D 接触

2D 接触（2D contacts）是二维平面中的接触命令，它的约束和线在线上副命令一样，都是选择两组平面的曲线。运动时曲线与曲线相互接触，如图 7-64 所示。

图 7-64　2D 接触

2D 接触同线在线上副相比，能更精确地描述机构的运动，运动时能定义摩擦、阻尼等，甚至还允许运转时分离。2D 接触的参数比较多，具体的含义如下：

- 刚度：物体穿透材料所需要的力，刚度越大，材料硬度越大。
- 力指数：用于计算法向力，ADAMS 解释器会使用力指数计算材料的刚度对瞬间法向力的作用。力指数必须大于 1，对于钢力指数一般给定在 1.1~1.3。
- 材料阻尼：代表碰撞中负影响的量。材料阻尼必须大于等于零，值越大，物体跳动越小。
- 穿透值：用于计算法向力，定义解算器达到完全阻尼系数时的接触穿透深度。此值必须大于零，但值很小，一般为 0.001 左右。
- 接触曲线属性：系统在每个迭代中检查的点数，软件会在下方显示曲线划分的点数，设置时一般不要大于显示的值，如图 7-65 所示。

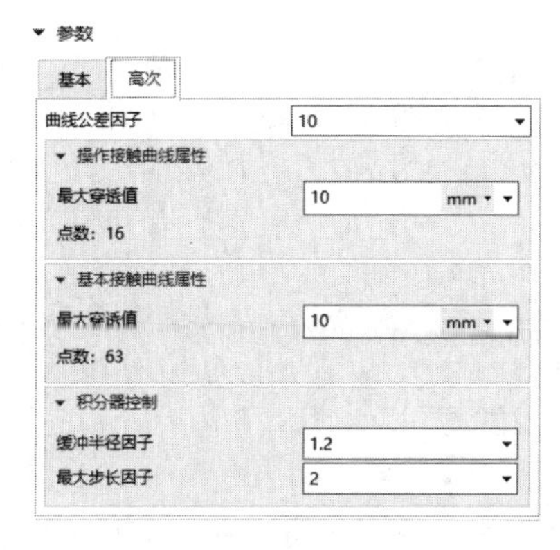

图 7-65　接触曲线属性

7.3.2　创建 2D 接触

本实例对凸轮的运动进行模拟，使用 2D 接触连接机构。试验只需要定义 2D 接触，其他的运动体、运动副已经创建。具体步骤如下：

1. 创建 2D 接触

1）启动 UG NX 2027，打开源文件/chapter7/原始文件/7.3/ 2D/ motion_1.sim，2D 接触模型如图 7-66 所示。

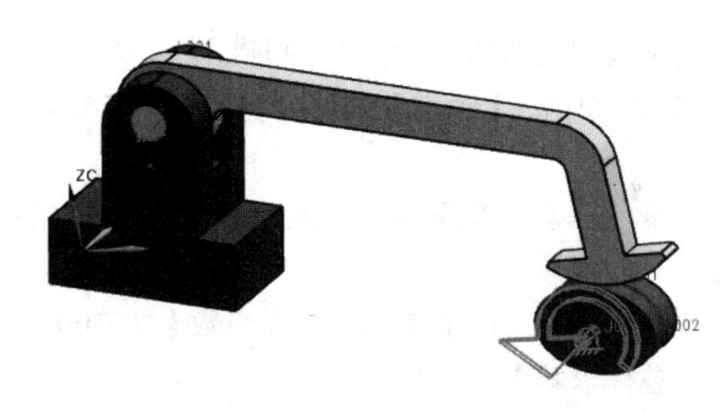

图 7-66　2D 接触模型

2）选择【菜单】→【插入】→【接触】→【2D 接触】命令，打开【2D 接触】对话框，如图 7-67 所示。

3）选择第一组曲线，方向向上。

4）在【基本】选项组中单击【选择平面曲线】按钮，选择第二组曲线，方向向内，如图 7-68 所示。

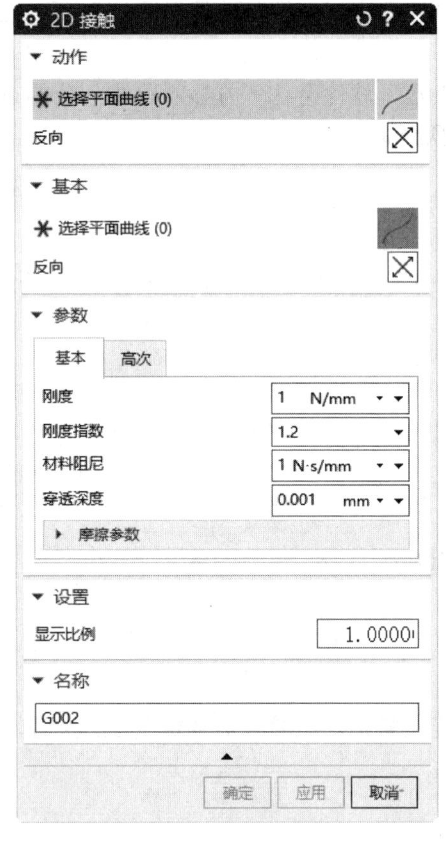

图 7-67 【2D 接触】对话框

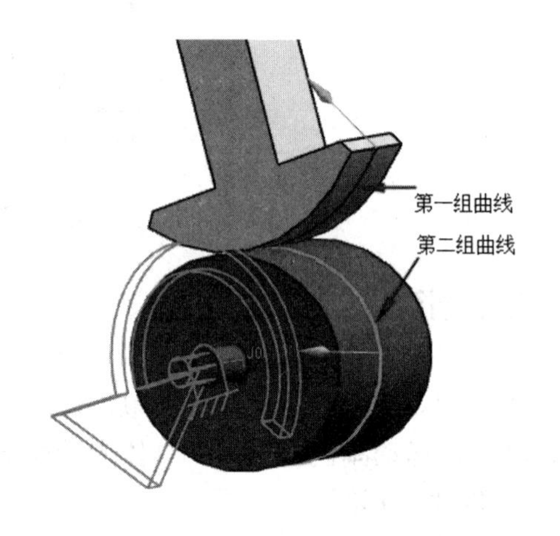

图 7-68 选择曲线

5）在【参数】选项组输入相应的值，如图 7-69 所示。

6）单击【2D 接触】对话框中的【确定】按钮，完成 2D 接触的创建。

2. 动画分析

1）单击【主页】选项卡【解算方案】面组上的【解算方案】按钮，打开【解算方案】对话框，如图 7-70 所示。

2）在【解算方案选项】中设置【时间】为 3，【步数】为 300。

3）勾选【按“确定”进行求解】复选框。

4）单击【解算方案】对话框中的【确定】按钮，完成解算方案的创建。

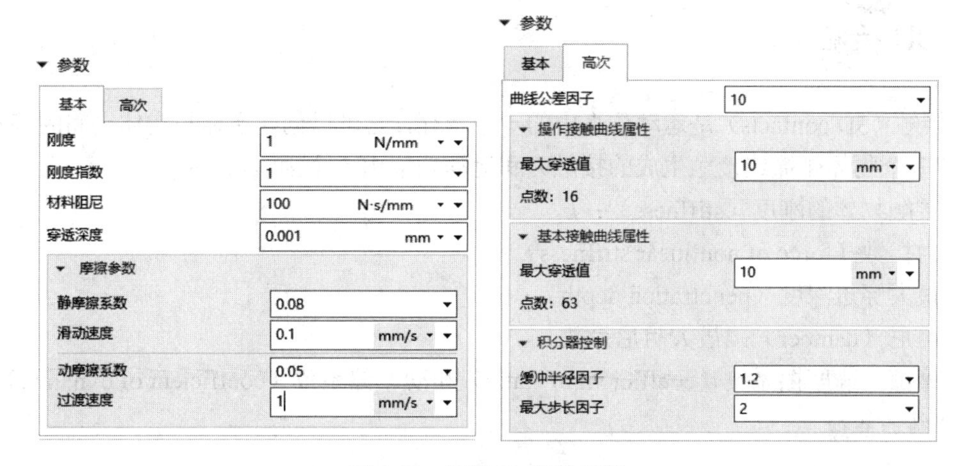

图 7-69　设置 2D 解触参数

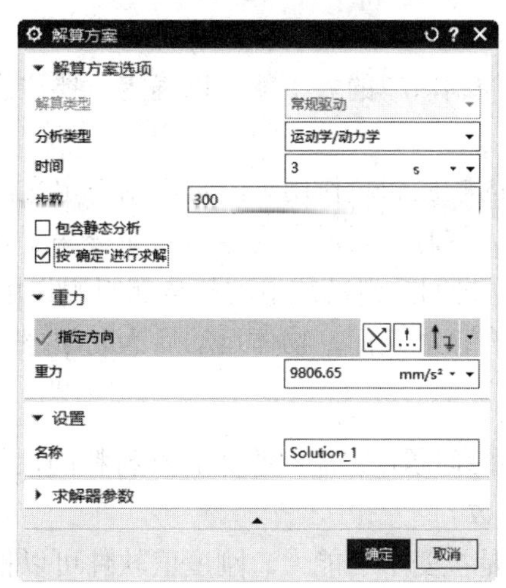

图 7-70　【解算方案】对话框

5）单击【结果】选项卡【动画】面组上的【播放】按钮，运动仿真动画开始，如图 7-71 所示。

6）单击【结果】选项卡【动画】面组上的【完成】按钮，完成当前模型的动画分析。

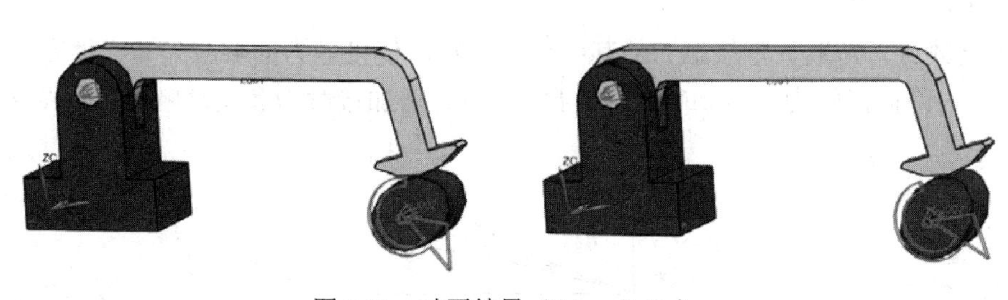

图 7-71　动画结果（0.1s、0.16s）

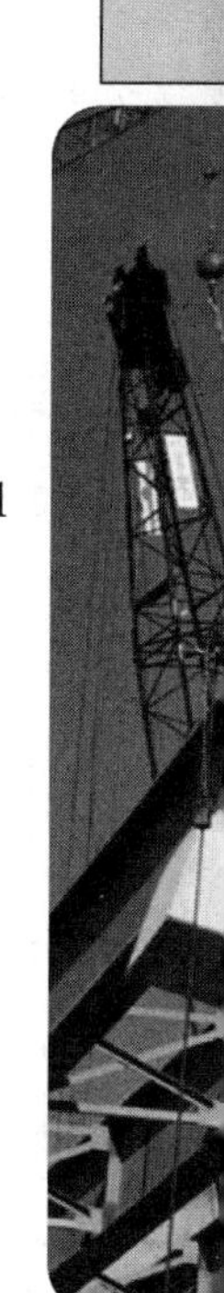

7.3.3　3D 接触

3D 接触（3D contacts）是运动仿真中的一个特征，它可以创建实体与实体之间的接触。一个物体和多个物体碰撞或接触生成的接触力和运动响应由 5 个因素决定：

- ❑ 接触物体的刚度（stiffness）：k。
- ❑ 力指数（force of nonlinear stiffness）：e。
- ❑ 最大穿透深度（penetration depth）：x。
- ❑ 阻尼（damper）：最大阻尼系数。
- ❑ 摩擦：静摩擦系数（coefficient of static）和动摩擦系数（coefficient of dynamic）。

1. 接触力原理

接触力受 5 个因素的影响，它们之间有一定的关系。接触力原理方程如下：

$$F(\text{contact})=kx^{e}$$

式中，k、x、e 由用户定义和控制，F 的大小就可以确定。要注意的是接触力方程还可以使用阻尼、摩擦修正。

- ❑ 阻尼：它对接触运动的响应起负作用。阻尼由用户定义，它作为穿透深度的函数逐渐起作用。当穿透深度为零时，阻尼也为零；当穿透深度为最大时，阻尼也为最大。
- ❑ 摩擦：摩擦对接触表面之间的滑动或滑动趋势起阻碍作用。在接触的瞬间，静摩擦（较大的摩擦系数）作用在接触表面，物体运动后为动摩擦（较小的摩擦系数）。

2. 接触参数

指定接触参数是难以控制的问题，它需要收集各种材料的性能数据，还需要根据经验分析处理。一般可以默认原先的参数。

- ❑ 刚度：可以简单认为是抗变形的能力。刚度值软件可以根据指定的材料、质量等自动计算，如钢和钢接触为 10^7。刚度太大，ADAMS 求解器计算很困难，在允许的情况下，刚度值尽量设大些。指定刚度时，可以根据经验，如果没有，用 10 的倍数增加或减少值。
- ❑ 最大穿透深度：穿透深度是接触力 $F(\text{contact})=kx^{e}$ 的重要参数，它是允许物体进入接触面的深度。在最大深度时会出现最大阻尼，为了消除不连续性，通常穿透深度设置得很小，在 0.01 左右。
- ❑ 力指数：力指数 e 是接触力的其中一个参数，使接触力的响应为非线性变化。指数小于 1，降低接触力和运动响应；指数大于 1，增加接触力和运动响应，如图 7-72 所示。

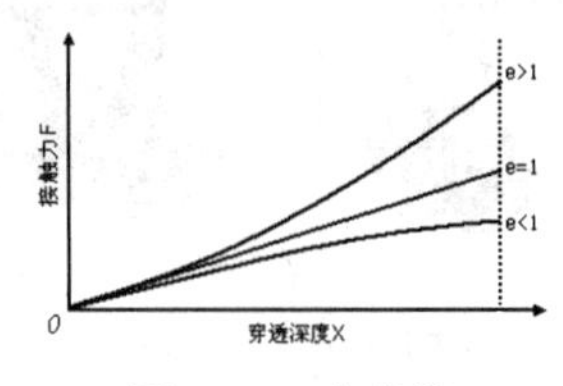

图 7-72　力指数

- 材料阻尼：阻尼力对接触运动响应为负作用，软件不默认分配阻尼系数。用户在定义时，较好的办法是设置为刚度值的 0.1%。

7.3.4　创建 3D 接触

本实例对物体进行碰撞试验，试验时只需要定义 3D 接触，其他的运动体、运动副已经创建。具体步骤如下：

1. 创建 3D 接触

1）启动 UG NX 2027，打开源文件/chapter7/原始文件 /7.3 /3D/ motion_1.sim，模型如图 7-73 所示。

图 7-73　模型

2）单击【主页】选项卡【接触】面组上的【3D 接触】按钮，或者选择【菜单】→【插入】→【接触】→【3D 接触】，打开【3D 接触】对话框，如图 7-74 所示。

3）选择第一个实体 B001。

4）在【基本】选项组中单击【选择体】选项，选择第二实体 B002。

5）在【参数】选项组输入相应的值，如图 7-75 所示。

图 7-74　【3D 接触】对话框　　　　图 7-75　设置接触参数

6）单击【3D 接触】对话框中的【确定】按钮，完成 3D 接触的创建。

7）按照相同的步骤完成 B002 与 B003 的 3D 接触创建，如图 7-76 所示。

2. 动画分析

1）单击【主页】选项卡【解算方案】面组上的【解算方案】按钮，打开【解算方案】对话框，如图 7-77 所示。

2）在【解算方案选项】中设置【时间】为 3，【步数】为 300。

3）勾选【按“确定”进行求解】复选框。

4）单击【解算方案】对话框中的【确定】按钮，完成解算方案的创建。

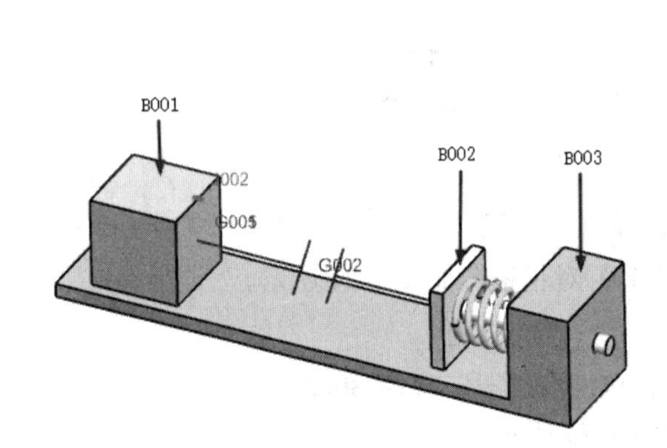

图 7-76　创建 3D 接触

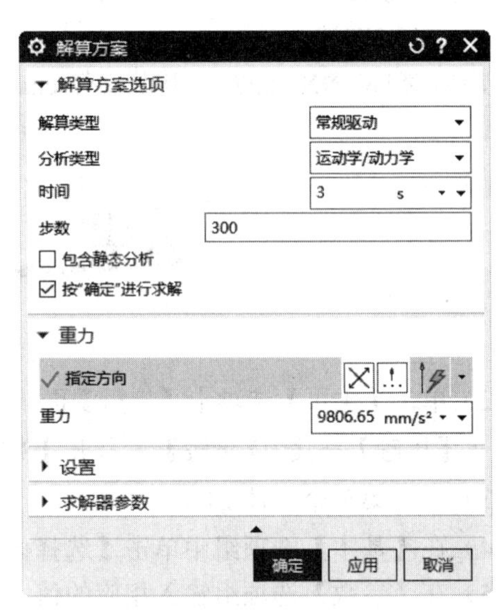

图 7-77　【解算方案】对话框

5）单击【结果】选项卡【动画】面组上的【播放】按钮，运动仿真动画开始。长方体在推力的作用下碰撞弹簧挡块，达到力的平衡后长方体开始反弹，如图 7-78 所示。

6）单击【结果】选项卡【动画】面组上的【完成】按钮，完成当前模型的动画分析。

7）弹簧挡块在模型当中受到弹簧力作用，撞击时的受力图表如图 7-79 所示。

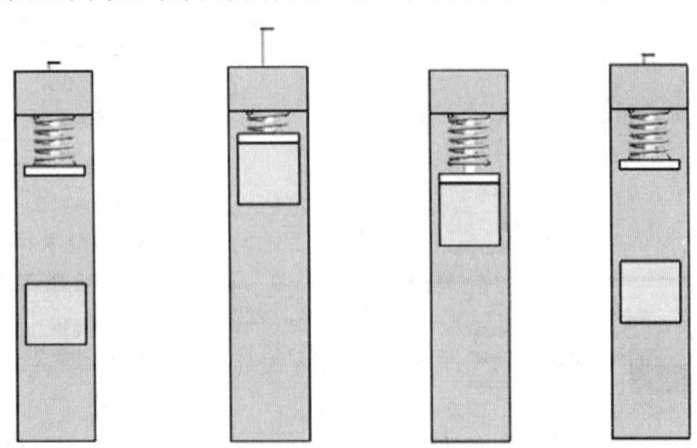
图 7-78　动画结果（0.7s、1.3s、2.6s、3s）

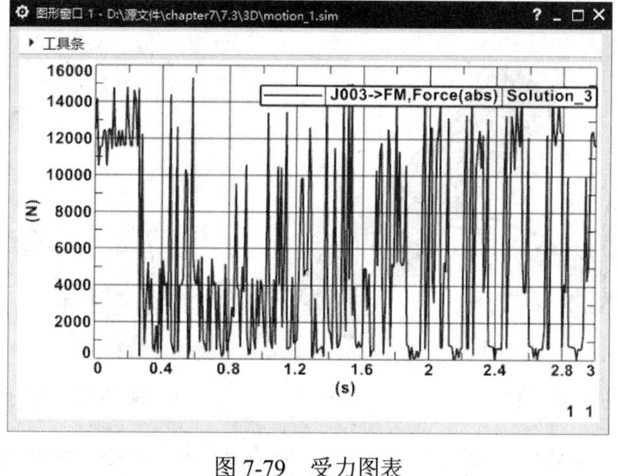

图 7-79　受力图表

7.4　实例——离合器

离合器可以控制两转轴之间扭矩的接触和分离、防止过载等。本节将对离合器进行运动分析，模拟离合器接触的过程，如图 7-80 所示。

图 7-80　离合器模型

7.4.1　离合器运动分析

当踏下离合板后，从离合器片向主离合器片方向运动，接触后随主离合器片一起转动。其中的踏下离合板使用标量扭矩模拟。

由于离合器模型零件较多，在创建运动仿真前有必要先分析出运动体、运动副等。创建运动仿真的分析思路如下：

1）运动体的划分。在整个仿形运动机构模型内找出参与运动的部件，并划分为运动体，一共是 6 个，如图 7-81 所示。所有的零件都要创建为运动体，其中 B006 要包含主离合器片与转轴两部分。

2）运动副的划分。主要的方法是根据设计要求主、从运动的设定，以及具体的形式推断，

如图 7-82 所示。

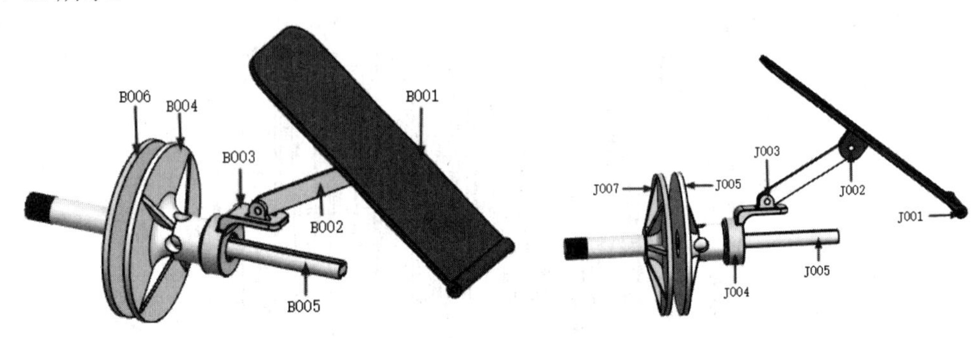

图 7-81 划分运动体　　图 7-82 划分运动副

- J001 为第一个运动副，属旋转副类型。它在踏下后旋转，使用标量扭矩模拟。
- J002、J003 为旋转副类型，分别对齐 B001、B003。
- J004、J005 为滑动副类型，其中 J004 要对齐 B005，即可滑动又可旋转。
- J006、J007 为旋转副类型，都需要接地，以免随重力掉下。

3）运动的传递。定义完运动副后，若不能达到正确的运动仿真结果，还需要定义必要的运动传递，如图 7-83 所示。

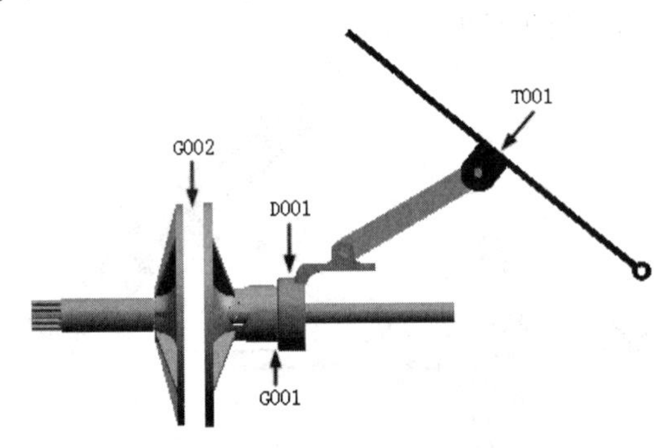

图 7-83 运动传递

- 踏下离合器板所需的力，使用标量扭矩 T001 定义。
- 运动体 B003 受力后要推动运动体 B004，需要创建 3D 接触 G001。
- 运动体 B004 受力后贴合 B006 一起旋转，需要创建 3D 接触及较大的摩擦力 G002。
- B003 向 B006 运动时不能太快，需要加阻尼 D001。

7.4.2 创建运动体

离合器模型需要创建 6 个运动体，随运动传递方向依次创建。具体步骤如下：

1. 新建仿真

1）启动 UG NX 2027，打开源文件/chapter7/原始文件 /7.4 /clutch.prt。

2）单击【应用模块】选项卡【仿真】面组上的【运动】按钮，进入运动仿真界面。

3）选择【运动导航器】，右击运动仿真 clutch 图标，选择【新建仿真】。

4）选择【新建仿真】后，软件自动打开【环境】对话框，【求解器选项】选择【Simcenter 3D Motion】，其他参数选择默认，单击【确定】按钮。

2. 创建运动体

1）单击【主页】选项卡【机构】面组上的【运动体】按钮，打开【运动体】对话框。

2）在绘图区选择脚踏板为运动体 B001。

3）单击【运动体】对话框中的【应用】按钮，完成运动体 B001 的创建。

4）在绘图区选择传递杆为运动体 B002。

5）单击【运动体】对话框中的【应用】按钮，完成运动体 B002 的创建。

6）在绘图区选择滑动杆为运动体 B003。

7）单击【运动体】对话框中的【应用】按钮，完成运动体 B003 的创建，如图 7-84 所示。

说明：B003 和 B004 之间可以传递推力，但不能传递扭矩，因此不能定义为一个运动体。

8）在绘图区选择从离合器片为运动体 B004，如图 7-85 所示。

9）单击【运动体】对话框中的【应用】按钮，完成运动体 B004 的创建。

10）在绘图区选择从动轴为运动体 B005。

11）单击【运动体】对话框中的【应用】按钮，完成运动体 B005 的创建。

12）在绘图区选择主离合器片和转轴为运动体 B006，如图 7-86 所示。

13）单击【运动体】对话框中的【确定】按钮，完成运动体 B006 的创建。

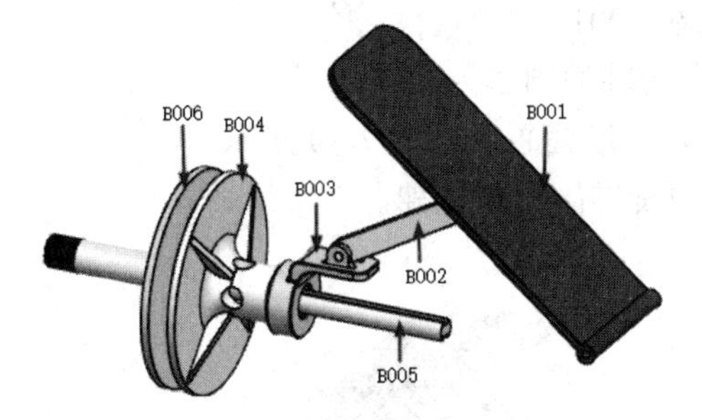

图 7-84 创建运动体

图 7-85 选择运动体 B004

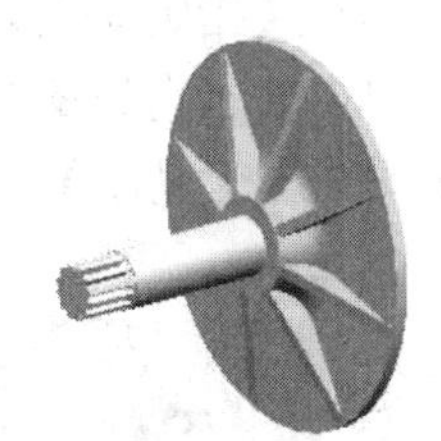
图 7-86 选择运动体 B006

7.4.3 创建运动副

离合器模型需要创建 7 个运动副，如图 7-87 所示。运动体 B004、B005、B007 分别为滑动副、其余 4 个为旋转副。具体步骤如下：

1. 创建旋转副 1

1）单击【主页】选项卡【机构】面组上的【运动副】按钮，打开【运动副】对话框，如图 7-88 所示。在【类型】下拉列表框中选择【旋转副】选项。

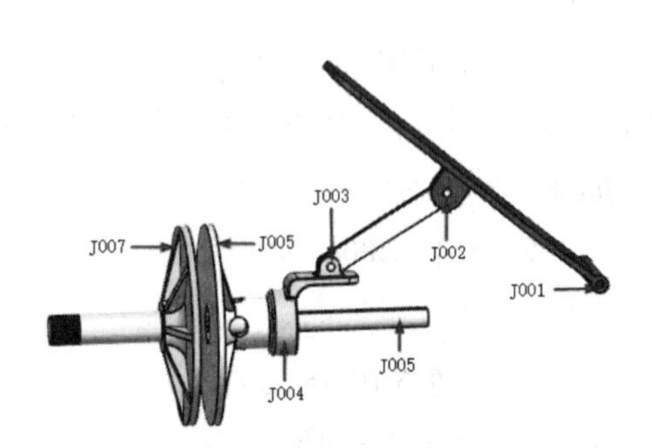

图 7-87　创建运动副

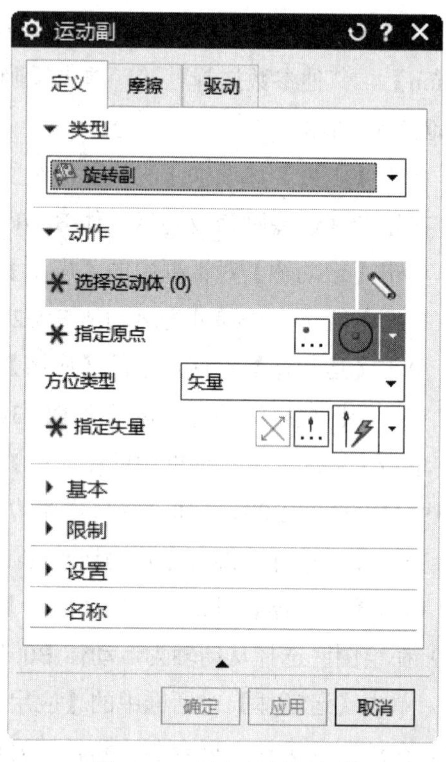

图 7-88　【运动副】对话框

2）单击【选择运动体】选项，在绘图区选择运动体 B001。

3）单击【指定原点】选项，在绘图区选择 B001 上转轴的圆心为原点。

4）单击【指定矢量】选项，选择转轴的柱面，使 Z 轴沿轴心，如图 7-89 所示。

5）单击【运动副】对话框中的【确定】按钮，完成旋转副 1 的创建。

图 7-89　指定原点、矢量

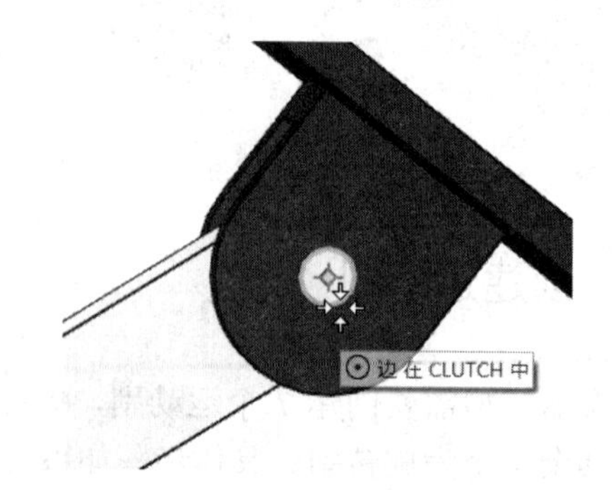

图 7-90　指定原点

2. 创建旋转副 2

1）单击【主页】选项卡【机构】面组上的【运动副】按钮，打开【运动副】对话框，在【类型】下拉列表框中选择【旋转副】选项。

2）单击【选择运动体】选项，在绘图区选择运动体 B002。

3）单击【指定原点】选项，在绘图区选择 B002 连接踏板的转轴圆心，如图 7-90 所示。

4）单击【指定矢量】选项，选择转轴的柱面或端面使 Z 方向指向 Y 轴，如图 7-91 所示。

5）在【基本】选项组中勾选【对齐运动体】复选框，如图 7-92 所示。

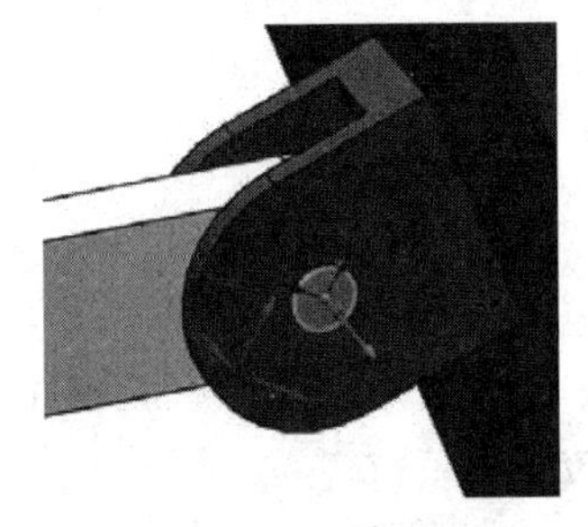

图 7-91　指定原点矢量

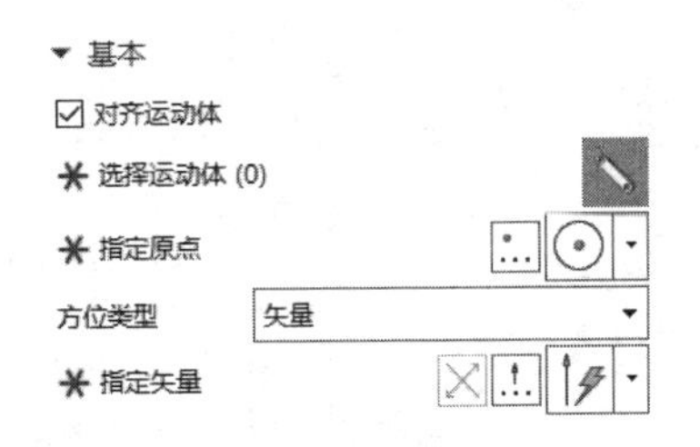

图 7-92　勾选【对齐运动体】复选框

6）单击【选择运动体】选项，在绘图区选择运动体 B001，采用和运动体 B002 相同的原点和矢量。

7）单击【运动副】对话框中的【应用】按钮，完成旋转副 J002 创建。

8）按照相同的步骤完成传递运动体与滑动杆之间旋转副 J003 的创建，其中 B002 需要对齐 B003。

3. 创建滑动副 1

1）单击【主页】选项卡【机构】面组上的【运动副】按钮，打开【运动副】对话框，如图 7-93 所示。

2）在【类型】下拉列表框中选择【滑动副】。

3）单击【选择运动体】选项，在绘图区选择运动体 B003。

4）单击【指定原点】选项，在绘图区选择运动体 B003 上的圆心。

5）单击【指定矢量】选项，选择运动体 B003 平行 X 轴的线性边缘或柱面，如图 7-94 所示。

6）单击【运动副】对话框中的【应用】按钮，完成滑动副 1 的创建。

7）按照相同的步骤创建从离合器片的滑动副 J005，并对齐运动体 B005。

4. 创建旋转副 3

1）单击【主页】选项卡【机构】面组上的【运动副】按钮，打开【运动副】对话框。

2）在【类型】下拉列表框中选择【旋转副】。

3）单击【选择运动体】选项，在绘图区选择运动体 B005。

4）单击【指定原点】选项，在绘图区选择 B005 右端的圆心。

5）单击【指定矢量】选项，选择柱面或端面使 Z 方向指向 X 轴，如图 7-95 所示。

6）单击【运动副】对话框中的【确定】按钮，完成旋转副 3 的创建。

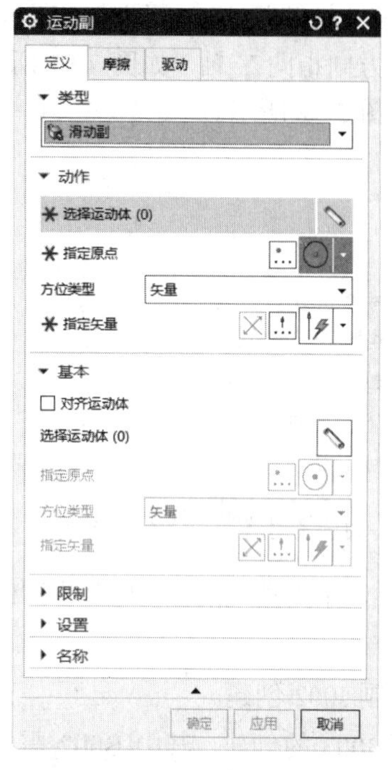

图 7-93 【运动副】对话框

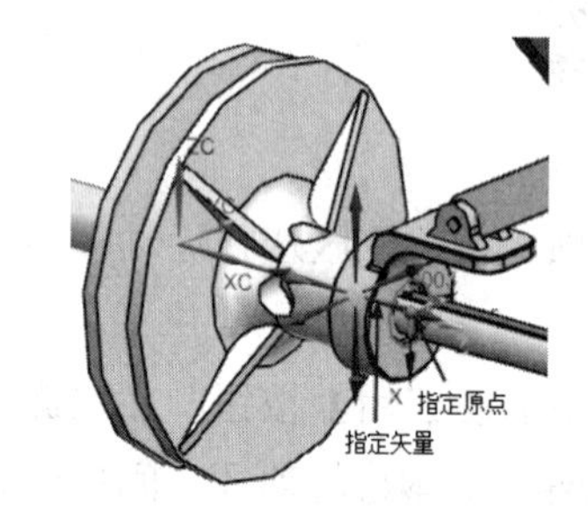

图 7-94 指定 J004 的原点和矢量

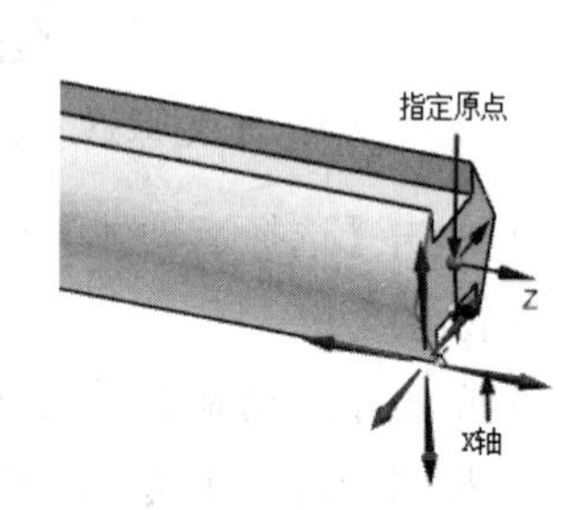

图 7-95 指定原点矢量

7）按照相同的步骤完成主离合器片旋转副 J007 的创建，如图 7-96 所示，并加上驱动，如图 7-97 所示。

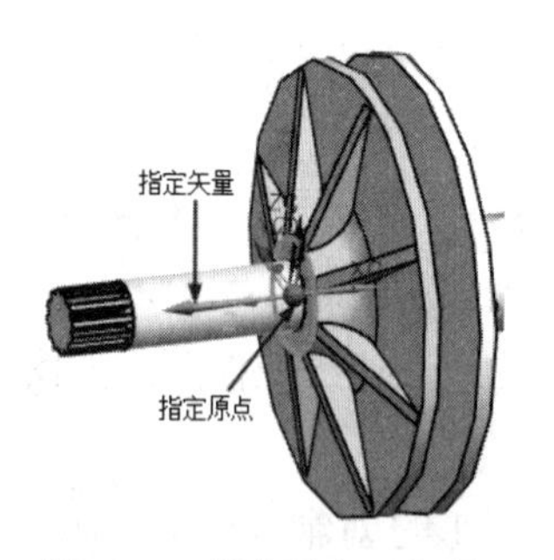

图 7-96 指定原点、矢量

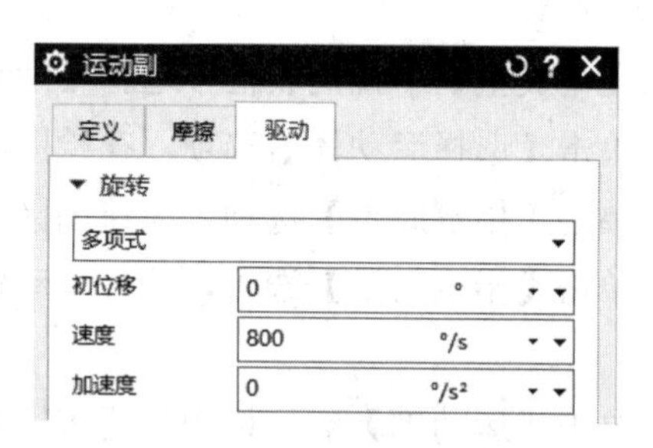

图 7-97 设置驱动参数

7.4.4 创建连接器与力

定义运动副之后，还需要定义必要的力和各种力的传递。脚踏离合器所需的力、两离合器片的 3D 接触、滑动杆和从离合器片的 3D 接触、滑动杆的阻尼力。

1. 标量扭矩

1）单击【主页】选项卡【加载】面组上的【标量扭矩】按钮，打开【标量扭矩】对话框。

2）单击【选择运动副】选项，在绘图区选择 J001 运动副，如图 7-98 所示。

3）在【值】文本框输入 200，施加 200N•mm 的扭矩，如图 7-99 所示。

4）单击【标量扭矩】对话框中的【确定】按钮，完成扭矩的定义。

图 7-98 选择运动副

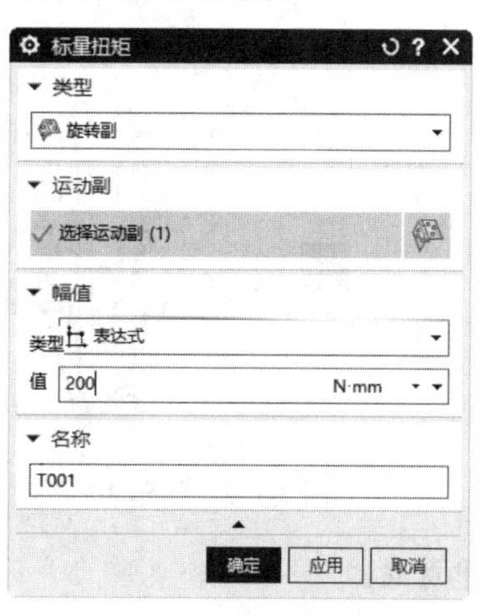

图 7-99 设置幅值

2. 创建 3D 接触

1）单击【主页】选项卡【接触】面组上的【3D 接触】按钮，打开【3D 接触】对话框，如图 7-100 所示。

2）在【基本】选项组输入相应的值。

3）选择第一个实体 B003，如图 7-101 所示。

图 7-100 【3D 接触】对话框

图 7-101 选择实体

4）在【基本】选项组中单击【选择体】选项，选择第二实体 B004，如图 7-101 所示。

5）单击【3D 接触】对话框中的【确定】按钮，完成 3D 接触的创建。

6）按照相同的步骤完成 B004 与 B006 的 3D 接触创建，如图 7-102 所示，并设置相关的参数，如图 7-103 所示。

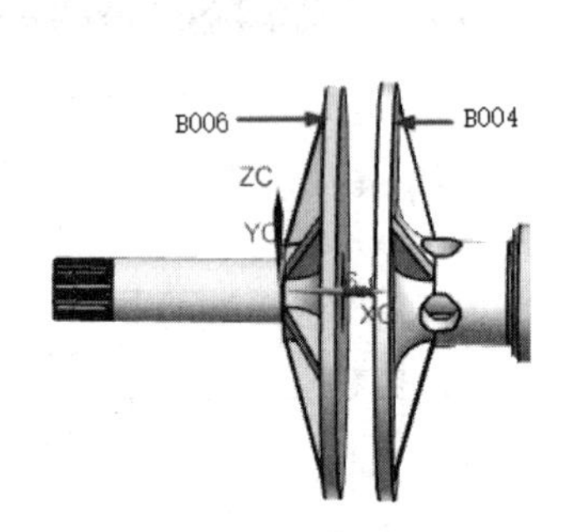

图 7-102　创建 3D 接触

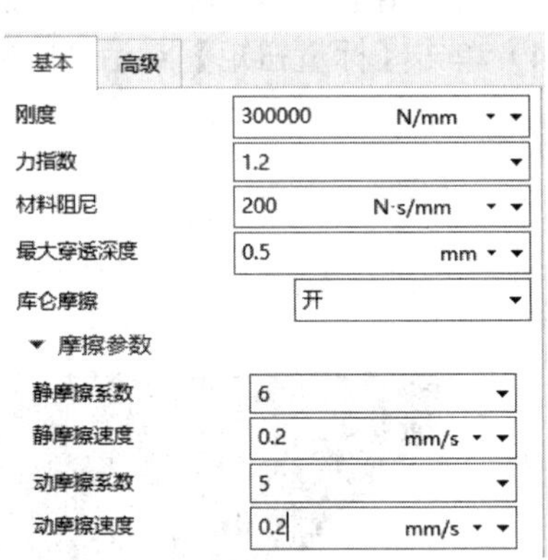

图 7-103　设置相关参数

3. 创建阻尼器

1）单击【主页】选项卡【连接器】面组上的【阻尼器】按钮，打开【阻尼器】对话框，如图 7-104 所示。

2）在【连接体】下拉列表框中选择【平移】。

3）在绘图区中选择滑动副 J004，如图 7-105 所示。

4）在【表达式】文本框输入 2。

5）单击【阻尼器】对话框中的【确定】按钮，完成阻尼器的创建。

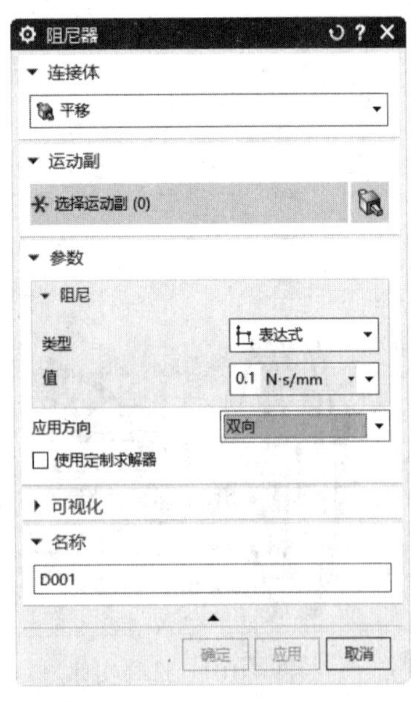

图 7-104　【阻尼器】对话框

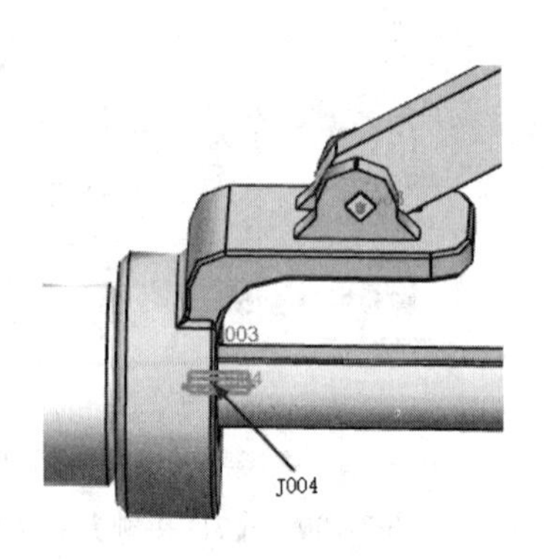

图 7-105　选择滑动副

7.4.5 动画分析

完成运动副的创建，接下来解算模型的运动是否符合要求，以及运动的相关参数输出和调整等。具体步骤如下：

1）单击【主页】选项卡【解算方案】面组上的【解算方案】按钮，打开【解算方案】对话框，如图 7-106 所示。

2）在【解算方案选项】的【固定步数】文本框输入 2500，设置【解算开始时间】为 0，【解算结束时间】为 2.5。

说明：由于多个 3D 的存在，解算时间比较长，可以适当调整较大的误差、步长等加快解算过程。一般存在 3D 接触解算的步数是时间的 1000 倍，否则仿真失真。

3）单击【解算方案】对话框中的【确定】按钮，完成解算方案的创建。

4）单击【主页】选项卡【解算方案】面组上的【求解】按钮，求解当前解算方案的结果。

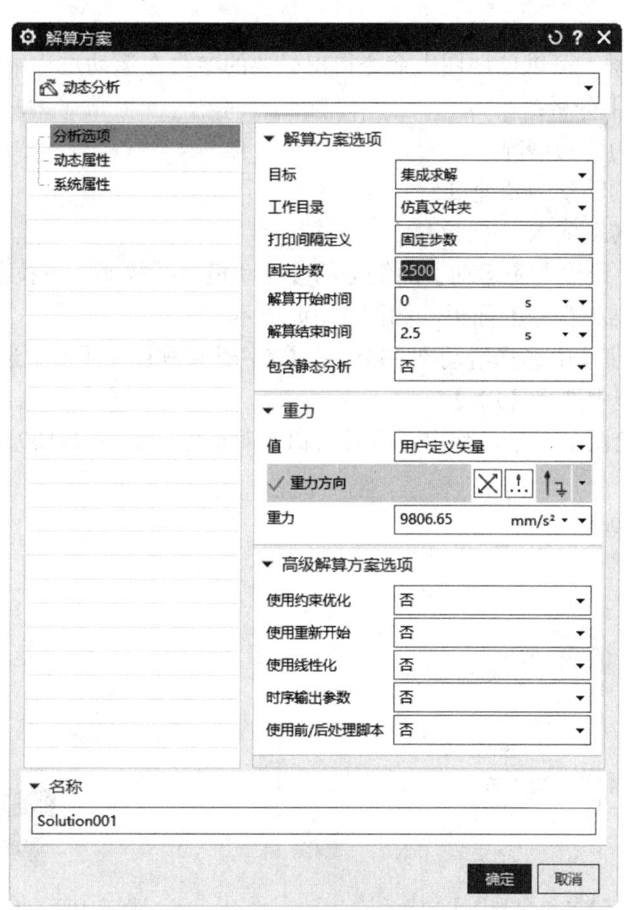

图 7-106 【解算方案】对话框

5）单击【结果】选项卡【动画】面组上的【播放】按钮，离合器动画分析开始，如图

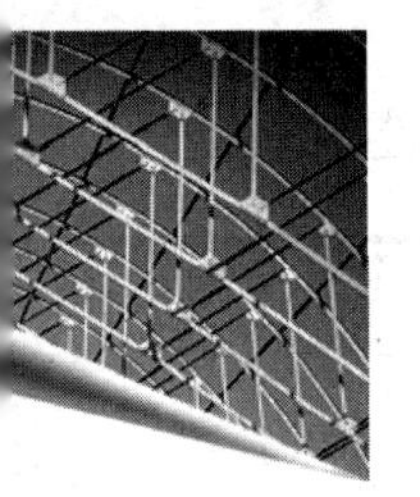

7-107 所示。

6）单击【结果】选项卡【动画】面组上的【完成】按钮，完成离合器的动画分析。

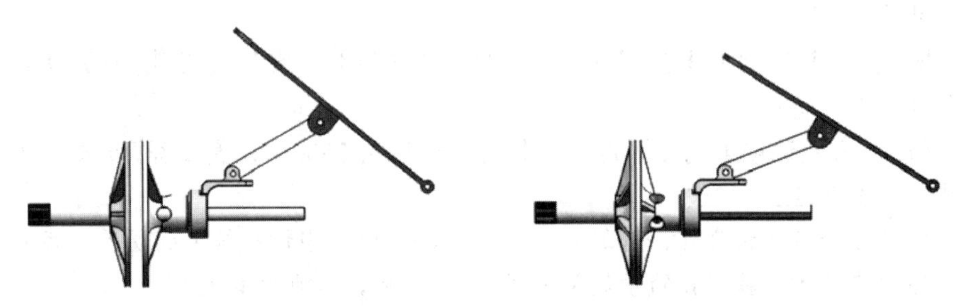

图 7-107　动画结果（左闭合前、右闭合后）

7.4.6　图表输出

完成离合器的解算，可以使用图表命令得出必要的参数在运动过程中的变化状态，本实例对从离合器片进行如下分析：

- ❑ 从离合器片的受力情况。
- ❑ 从离合器片的转动的角速度。
- ❑ 从离合器片转动的 X 方向位移。

1）单击【分析】选项卡【运动】面组上的【运动模拟播放器】下拉菜单中的【XY 结果】按钮，打开【XY 结果视图】面板，如图 7-108 所示。

2）在【运动导航器】中选择滑动副 J005，在【XY 结果视图】面板中选择【绝对】→【力】。

3）在【力】类型中选择【FX】。

4）右击选择【绘图】命令，弹出【查看窗口】对话框，如图 7-109 所示。选择绘图区为结果窗口。

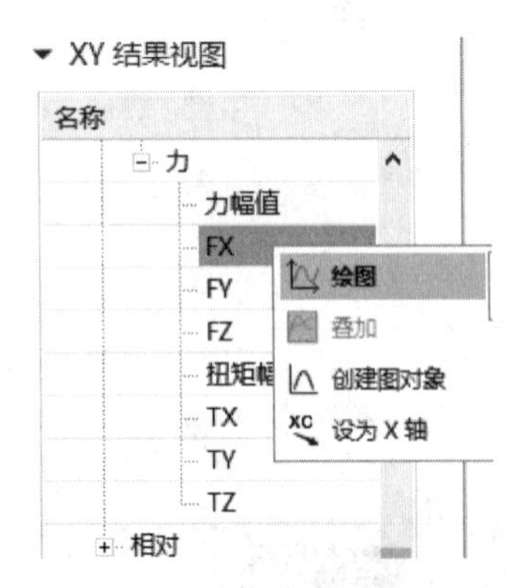

图 7-108　【XY 结果视图】面板

图 7-109　【查看窗口】对话框

5）单击【图表】对话框中的【应用】按钮，计算出力的图表，如图 7-110 所示。X 轴为时间、Y 轴为力。从图 7-110 中可以看出，1s 后两离合器片接触，由于摩擦、阻尼等诸多因素的影响，接触力不恒定。

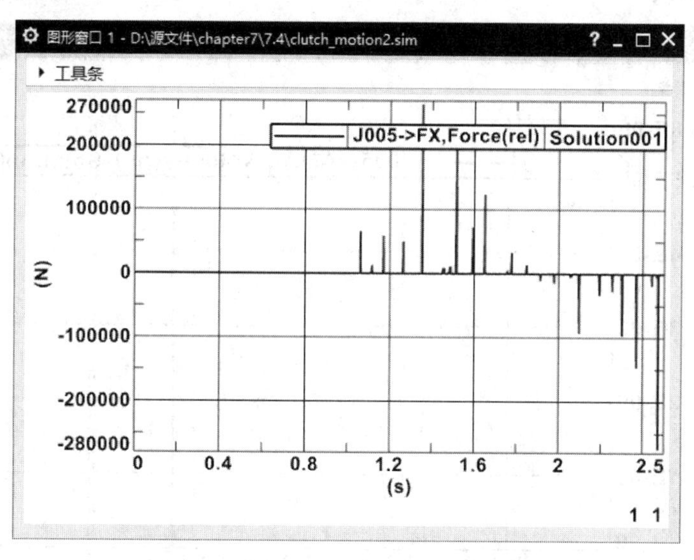

图 7-110　力的图表

6）在【运动导航器】中选择滑动副 J005，在【XY 结果视图】面板中选择【相对】→【位移】。

7）在【位移】类型中选择【X】。

8）右击选择【绘图】命令，弹出【查看窗口】对话框，选择【新建窗口】。计算出位移图表，如图 7-111 所示。

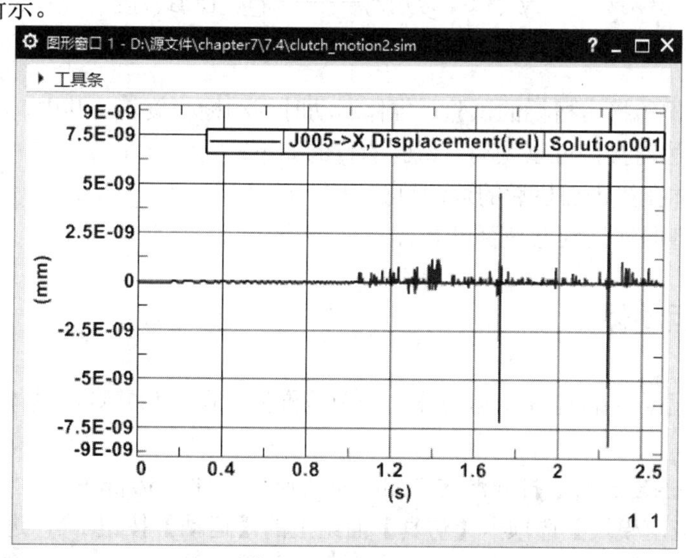

图 7-111　位移图表

9）在【运动导航器】中选择滑动副 J005，在【XY 结果视图】面板中选择【相对】→【速度】。

10）在【速度】类型中选择【角度幅值】。

11）右击选择【绘图】命令，弹出【查看窗口】对话框，选择【新建窗口】。计算出速度

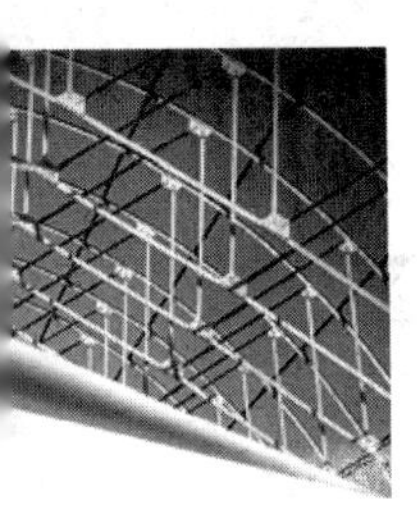
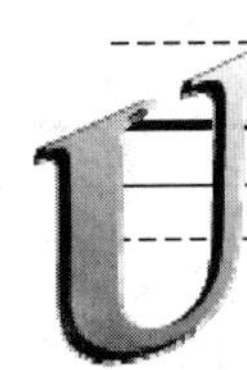

图表，如图 7-112 所示。

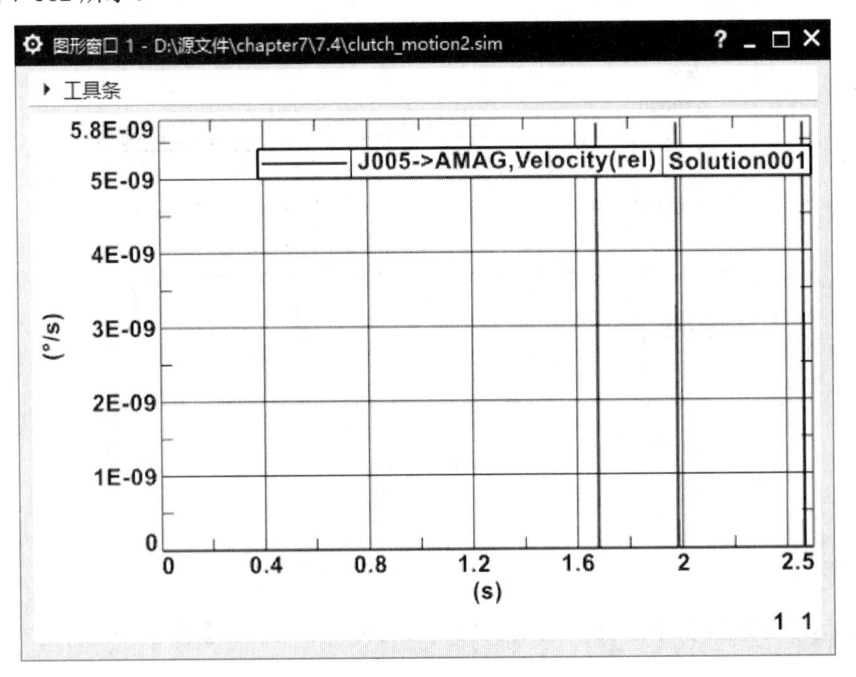

图 7-112　速度图表

7.5　实例——撞击试验

本节将模拟椎体撞击栅栏的试验，椎体运动时推动栅栏旋转。其中，栅栏上带一警灯，警灯和栅栏为非刚性连接，可以晃动。试验的目的如下：

- ❑ 输出椎体在撞击栅栏后的运动轨迹。
- ❑ 验证警灯的连接状态是否可靠。

7.5.1　创建运动体

撞击试验模型需要创建 3 个运动体，分别是椎体、栅栏和警灯。具体步骤如下：

1. 新建仿真

1）启动 UG NX 2027，打开源文件/chapter7/原始文件/7.5/zj.prt。

2）单击【应用模块】选项卡【仿真】面组上的【运动】按钮，进入运动仿真界面。

3）选择【运动导航器】，右击运动仿真 zj 图标，选择【新建仿真】，如图 7-113 所示。

4）选择【新建仿真】后，软件自动打开【新建仿真】对话框。单击【确定】按钮，打开【环境】对话框，如图 7-114 所示。【求解器选项】选择【Simcenter 3D Motion】，其他参数选择默认，单击【确定】按钮。

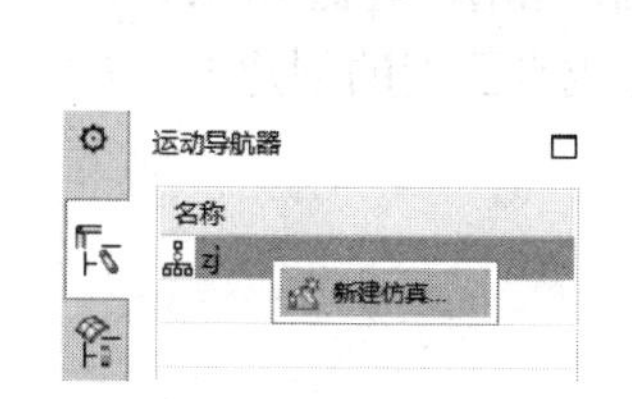

图 7-113 选择【新建仿真】

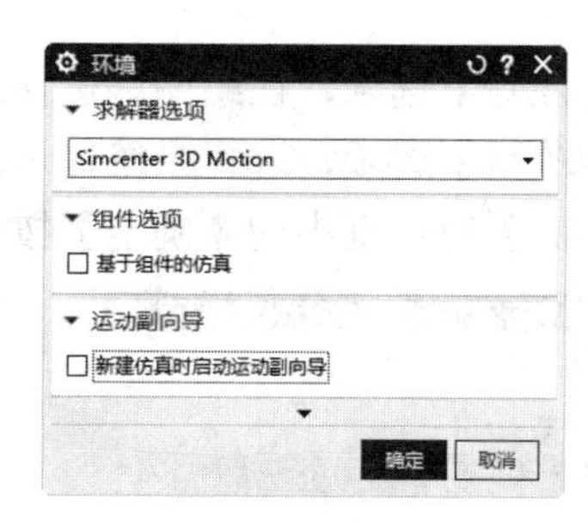

图 7-114 【环境】对话框

2. 创建运动体

1）单击【主页】选项卡【机构】面组上的【运动体】按钮，打开【运动体】对话框。

2）在绘图区选择椎体为运动体 B001。

3）单击【运动体】对话框中的【应用】按钮，完成运动体 B001 的创建。

4）在绘图区选择栅栏为运动体 B002。

5）单击【运动体】对话框中的【应用】按钮，完成运动体 B002 的创建。

6）在绘图区选择警灯为运动体 B003。

说明：实际情况下，警灯和栅栏之间的连接并不牢靠，为了验证这一情况，它们需要分别创建运动体。

7）单击【运动体】对话框中的【确定】按钮，完成运动体 B003 的创建，如图 7-115 所示。

7.5.2 创建运动副

撞击试验模型需要创建两个运动副，如图 7-116 所示。椎体需要在平面上任意滑动，创建的运动副为平面副，栅栏绕轴旋转需要创建旋转副。具体步骤如下：

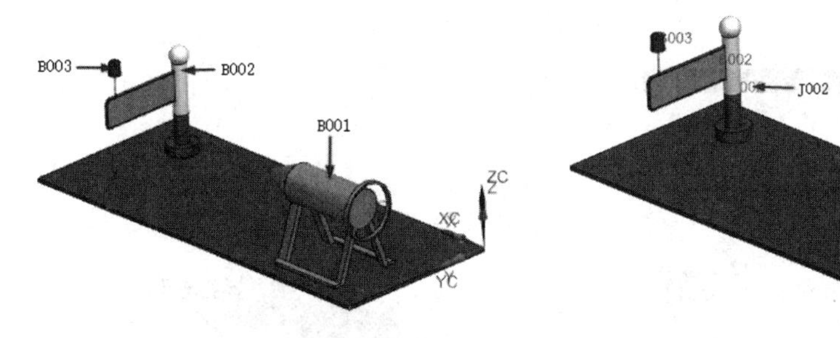

图 7-115 创建运动体

图 7-116 创建运动副

1. 创建平面副

1）单击【主页】选项卡【机构】面组上的【运动副】按钮，打开【运动副】对话框，如图 7-117 所示。

2）在【类型】下拉列表框中选择【平面副】。

3）单击【选择运动体】选项，在绘图区选择运动体 B001。

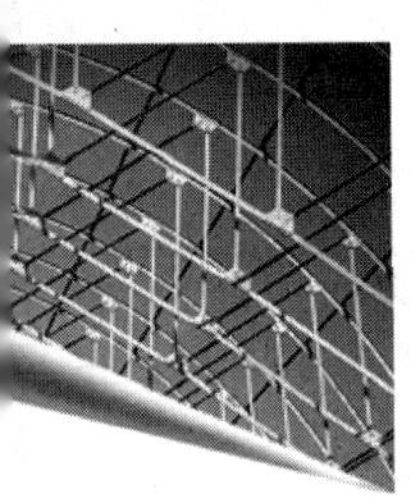

4）单击【指定原点】选项，在绘图区选择 B001 上的圆心为原点。

5）单击【指定矢量】选项，选择系统提示的 Z 轴，如图 7-118 所示。

6）单击【运动副】对话框中的【确定】按钮，完成平面副的创建。

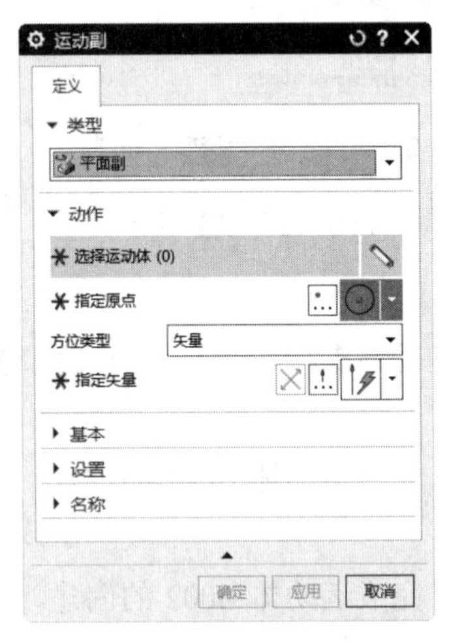

图 7-117 【运动副】对话框

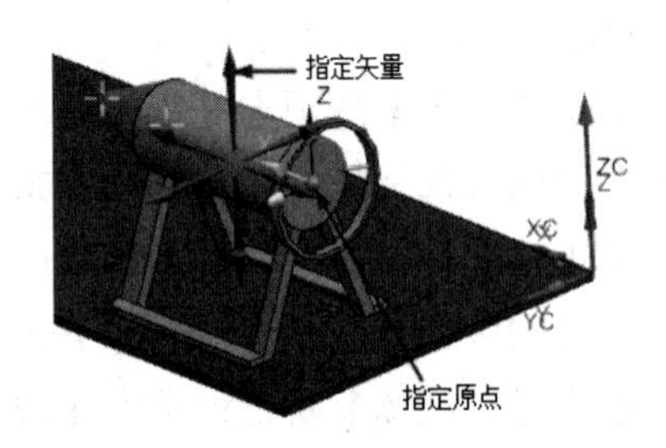

图 7-118 指定原点、矢量

2. 创建旋转副

1）单击【主页】选项卡【机构】面组上的【运动副】按钮，打开【运动副】对话框，如图 7-119 所示。

2）在【类型】下拉列表框中选择【旋转副】。

3）单击【选择运动体】选项，在绘图区选择运动体 B002。

4）单击【指定原点】选项，在绘图区选择 B002 上转轴圆心。

5）单击【指定矢量】选项，选择转轴的柱面，如图 7-120 所示。

6）单击【运动副】对话框中的【确定】按钮，完成旋转副的创建。

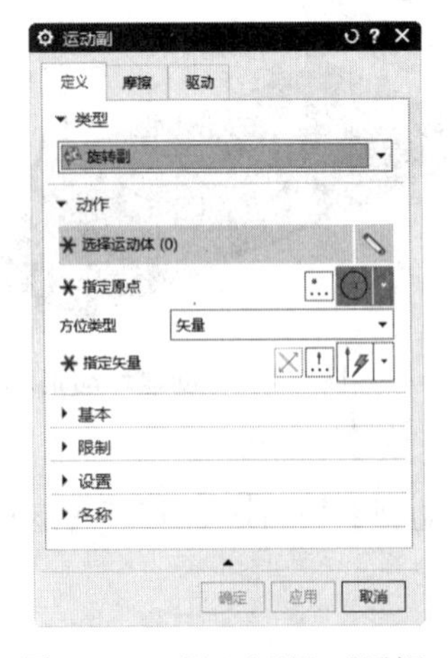

图 7-119 【运动副】对话框

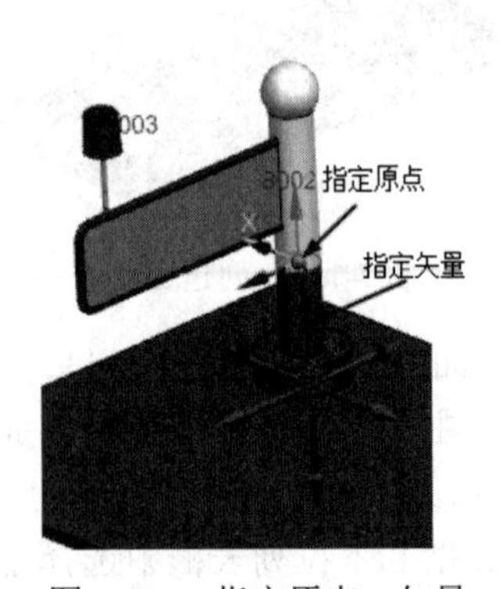

图 7-120 指定原点、矢量

7.5.3　创建力与连接器

完成运动副的创建后，需要定义推动椎体的矢量力、栅栏的阻尼力，以及警灯和栅栏的衬套连接。具体步骤如下：

1. 创建矢量力

1）单击【主页】选项卡【加载】面组上的【矢量力】按钮，打开【矢量力】对话框，如图 7-121 所示。

2）在【动作】选项组单击【选择运动体】选项，在绘图区选择运动体 B001。

3）单击【指定原点】选项，在绘图区选择椎体尾部圆心。

4）在【参考】选项组单击【选择运动体】选项，在绘图区选择运动体 B001。

5）单击【指定原点】选项，在绘图区选择椎体尾部圆心；单击【指定矢量】选项，选择力的方向，选择系统提示的 X 轴或椎体柱面，如图 7-122 所示。

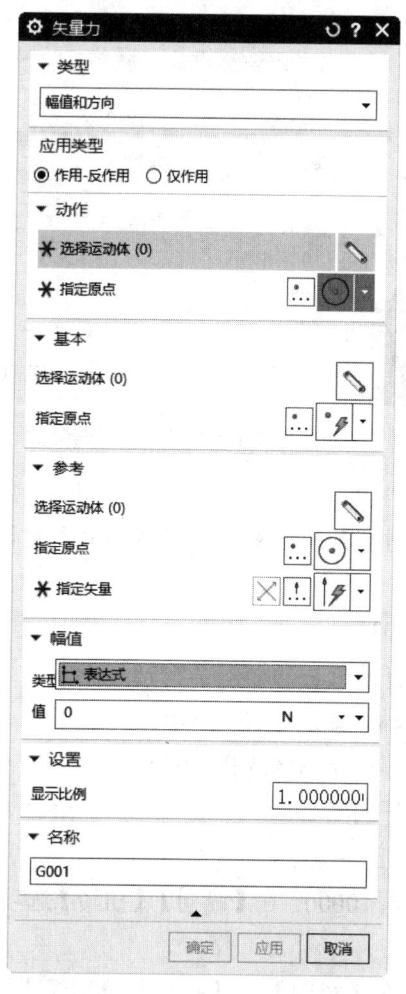

图 7-121　【矢量力】对话框

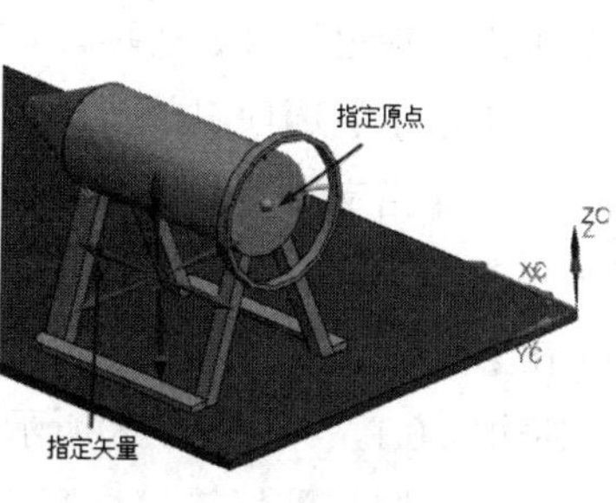
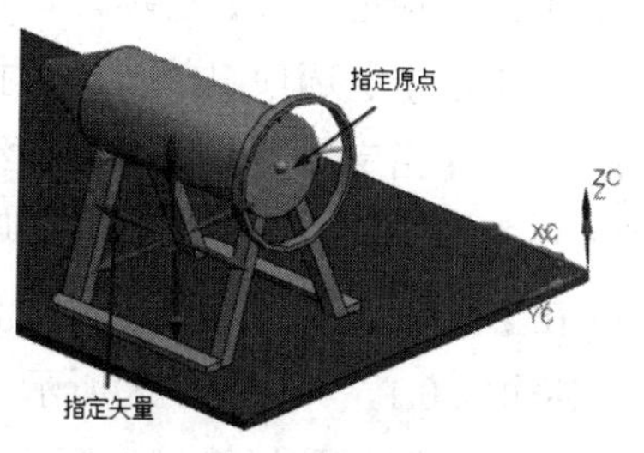

图 7-122　指定原点、矢量

6）在【值】文本框输入 5，施加 5N 的力，如图 7-123 所示。

7）单击【矢量力】对话框中的【确定】按钮，完成力的创建。

2. 创建阻尼器

1）单击【主页】选项卡【连接器】面组上的【阻尼器】按钮，打开【阻尼器】对话框。

2）在【连接体】下拉列表框中选择【旋转】。

3）选择旋转副 J002，如图 7-124 所示。

说明：如果直接在绘图区选择 J002 比较困难，可以在【运动导航器】中选择。

4）在【值】文本框输入 0.5，如图 7-125 所示。

5）单击【阻尼器】对话框中的【确定】按钮，完成阻尼器的创建。

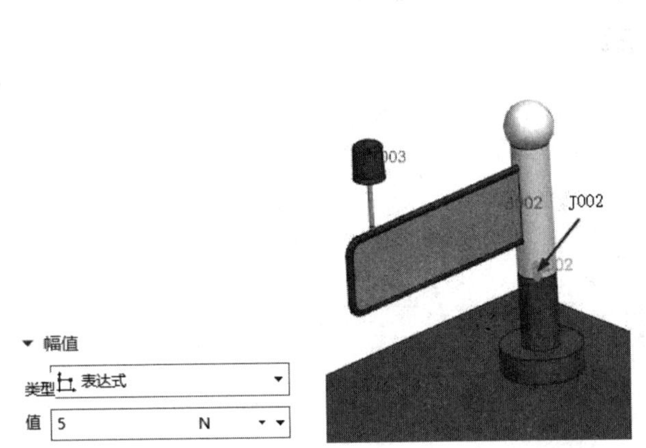

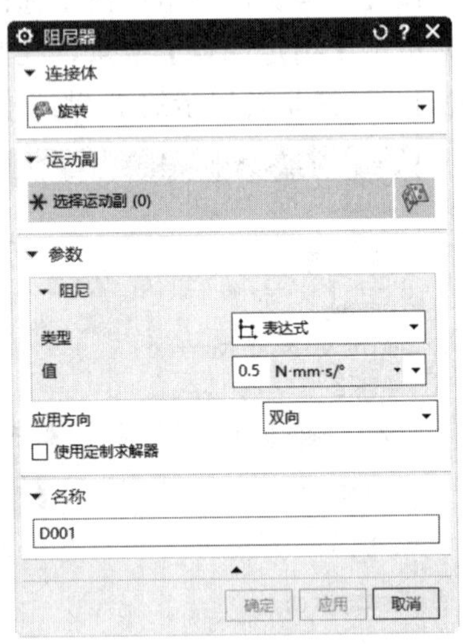

图 7-123 【幅值】选项卡　图 7-124 选择旋转副　图 7-125 设置阻尼器参数

3. 创建衬套

1）单击【主页】选项卡【连接器】面组上的【衬套】按钮，打开【衬套】对话框，如图 7-126 所示。

2）单击【选择运动体】选项，在绘图区选择 B003。

3）单击【指定原点】选项，在绘图区选择警灯杆的圆心，如图 7-127 所示。

4）单击【指定矢量】选项，选择系统提示的 Z 轴，如图 7-127 所示。

5）在【基本】选项组单击【选择运动体】选项，在绘图区选择 B002。

6）单击【指定原点】选项，在绘图区选择警灯杆的圆心。

7）单击【刚度】标签，打开【刚度】选项卡。

8）在【径向】【锥向】选项组【值】文本框各输入 10000，在【纵向】【扭转】选项组【值】文本框各输入 0.1，如图 7-128 所示。

9）单击【阻尼】标签，打开【阻尼】选项卡，在【径向】、【扭转】选项组【值】文本框各输入 10，在【纵向】、【锥向】选项组【值】文本框各输入 0.01，如图 7-129 所示。

说明：警灯和栅栏的连接在径向比较牢靠，因此刚度较大；在纵向连接松散，因此刚度较小。阻尼系数为对应刚度是 0.1%。

10）单击【衬套】对话框中的【确定】按钮，完成衬套的创建。

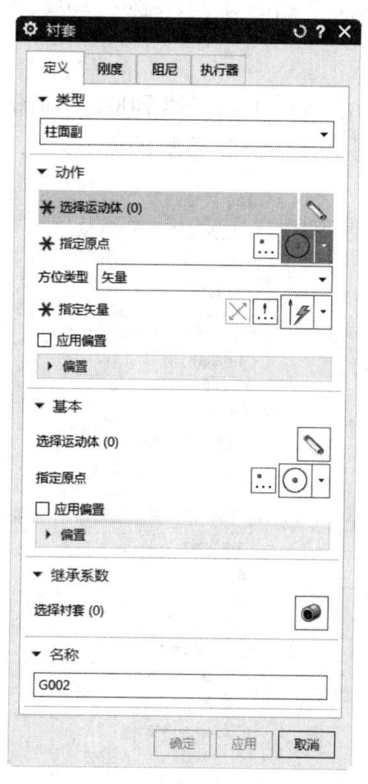

图 7-126 【衬套】对话框

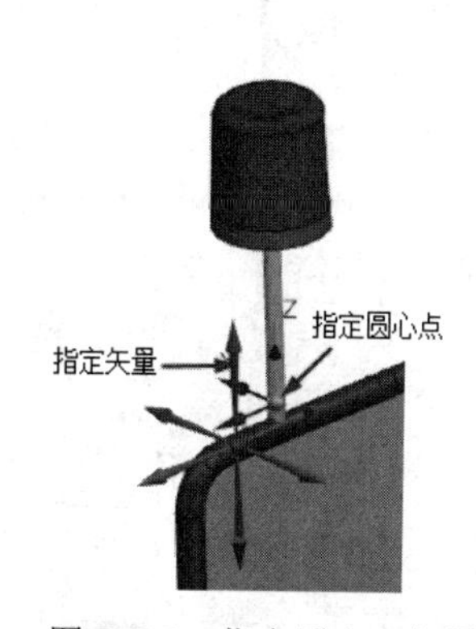

图 7-127 指定原点、矢量

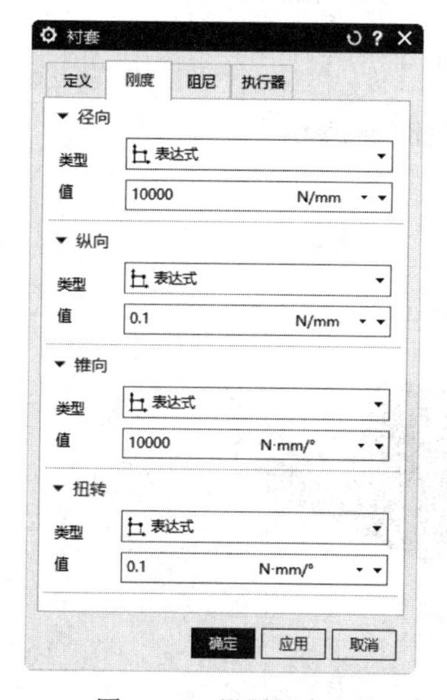

图 7-128 设置刚度参数

图 7-129 设置阻尼参数

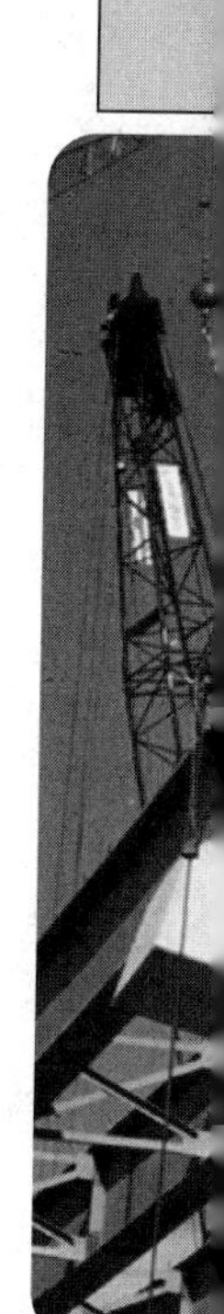

4. 创建 3D 接触

1）单击【主页】选项卡【接触】面组上的【3D 接触】按钮，打开【3D 接触】对话框，如图 7-130 所示。

2）在【基本】和【高级】选项组输入相应的值，如图 7-131 所示。

3）选择第一个实体 B001。

4）在【基本】选项组中单击【选择体】选项，选择第二实体 B002，如图 7-132 所示。

5）单击【3D 接触】对话框中的【确定】按钮，完成 3D 接触的创建。

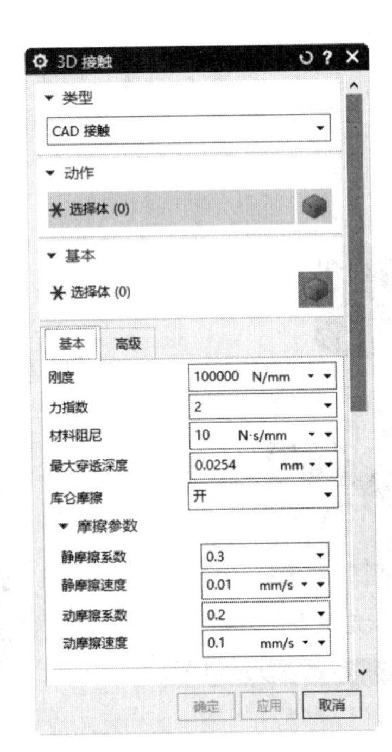

图 7-130 【3D 接触】对话框

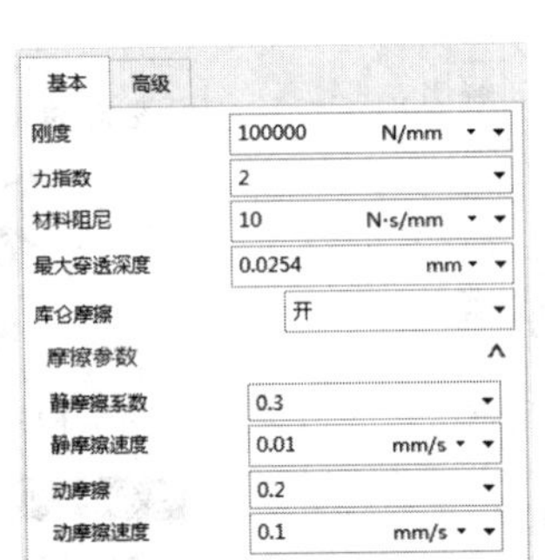

图 7-131 设置接触参数

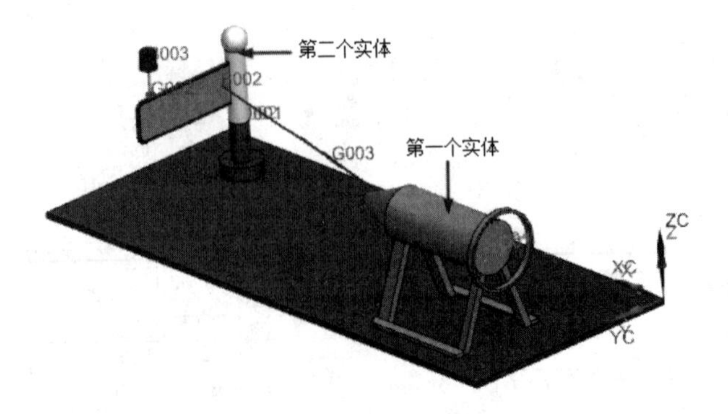

图 7-132 选择实体

7.5.4　创建动画

完成运动副的创建，接下来解算模型的运动是否符合要求。具体步骤如下：

1. 创建解算方案

1）单击【主页】选项卡【解算方案】面组上的【解算方案】按钮，打开【解算方案】对话框，如图 7-133 所示。

2）在【解算方案选项】的【固定步数】文本框输入 2000，设置【解算开始时间】为 0，【解算结束时间】为 2。

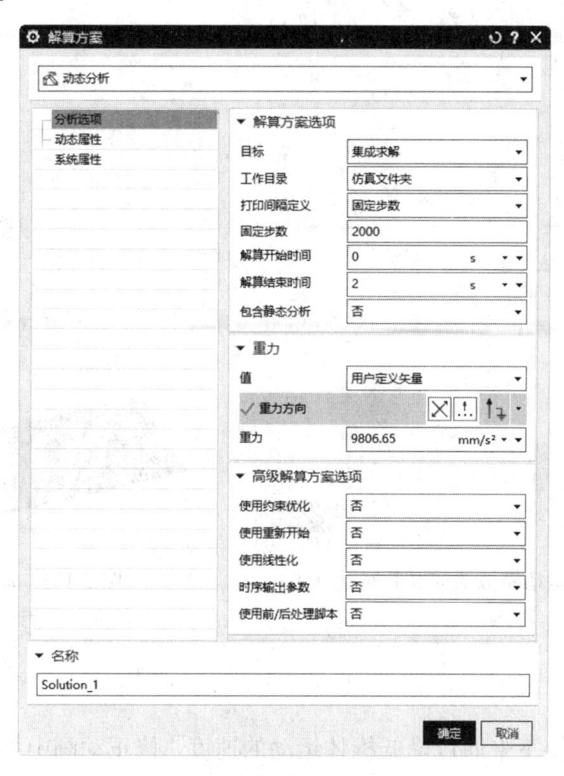

图 7-133　【解算方案】对话框

3）单击【解算方案】对话框中的【确定】按钮，完成解算方案的创建。

2. 求解

单击【主页】选项卡【解算方案】面组上的【求解】按钮，求解当前解算方案的结果。

3. 动画分析

1）单击【分析】选项卡【运动】面组上的【运动模拟播放器】按钮，打开【运动模拟播放器】对话框，如图 7-134 所示。

2）拖动时间滑块，发现在 0.32s 时椎体撞穿栅栏，说明椎体速度过快，需要降低椎体的速度，如图 7-135 所示。

3）单击对话框中的【关闭】按钮，完成椎体撞穿栅栏的动画分析。

说明：椎体撞穿栅栏是假象，在 UG NX 中的运动仿真模块是没有柔性的变形，实质上是发生了干涉。

图 7-134　【运动模拟播放器】对话框

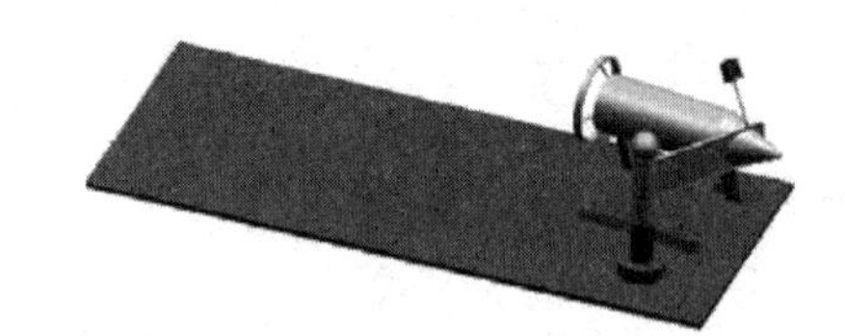

图 7-135　动画结果

7.5.5　修正参数

完成动画的创建，接下来通过降低椎体运动的速度，修正动画中椎体撞穿栅栏的缺陷。具体步骤如下：

1. 修改矢量力

1）选择【运动导航器】，如图 7-136 所示。

2）双击 G001，打开【矢量力】对话框，如图 7-137 所示。

3）在【值】文本框输入 3，施加 3N 的力。

4）单击【矢量力】对话框中的【确定】按钮，完成力的修正。

2. 动画分析

1）单击【主页】选项卡【解算方案】面组上的【求解】按钮，求解当前解算方案的结果。

图 7-136 运动导航器

图 7-137 【矢量力】对话框

2）单击【结果】选项卡【动画】面组上的【播放】按钮，运动仿真动画开始。运动完成后椎体穿透栅栏问题解决，但发现以下两个问题：

- ❑ 在 0.6s 后栅栏的旋转停止，如图 7-138 所示。说明阻尼力过大，导致栅栏旋转不自然，需要减小阻尼系数。
- ❑ 警灯的摆动角过大，如图 7-139 所示。警灯可能会掉下来，需要增加纵向刚度。

3）单击【结果】选项卡【动画】面组上的【完成】按钮，完成动画分析。

图 7-138 动画结果 1

图 7-139 动画结果 2

3. 修改阻尼器

1）选择【运动导航器】，如图 7-140 所示。

2）双击 D001，打开【阻尼器】对话框，如图 7-141 所示。

3）在【表达式】文本框输入 0.02。

4）单击【阻尼器】对话框中的【确定】按钮，完成阻尼器的修正。

4. 修改衬套

1）双击 G002，打开【衬套】对话框，如图 7-142 所示。

图 7-140　运动导航器

图 7-141　【阻尼器】对话框

2）在【刚度】选项卡的【纵向】【锥向】【扭转】选项组【值】文本框各输入 1。

3）在【阻尼】选项卡的【纵向】【锥向】【扭转】选项组【值】文本框各输入 0.1。

4）单击【衬套】对话框中的【确定】按钮，完成衬套的修正。

5. 动画分析

1）单击【主页】选项卡【解算方案】面组上的【求解】按钮，求解当前解算方案的结果。

2）单击【结果】选项卡【动画】面组上的【播放】按钮，运动仿真动画开始，如图 7-143 所示，符合实际情况。

3）单击【结果】选项卡【动画】面组上的【完成】按钮，完成新的动画分析。

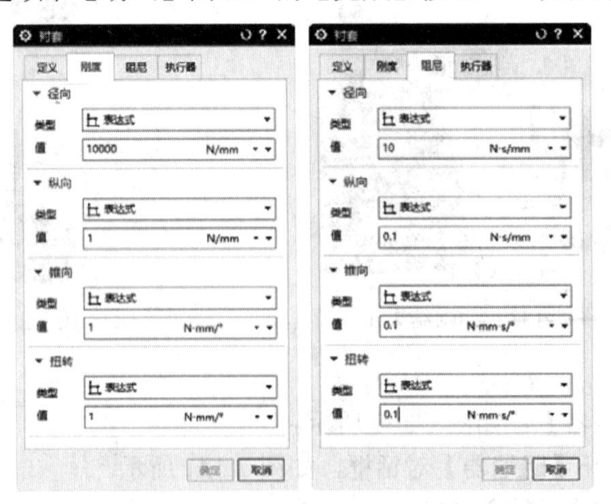

图 7-142　【衬套】对话框

图 7-143 动画结果

7.5.6 图表输出

完成椎体撞击栅栏的动画分析后，可以使用图表命令得出相关参数的变化情况。本实例需对椎体撞击栅栏进行如下图表分析：

- ❑ 椎体在 Y 方向的位移情况。
- ❑ 警灯的摆动角度。

1. 创建椎体位移图表

1）单击【分析】选项卡【运动】面组上的【运动模拟播放器】下拉菜单中的【XY 结果】按钮，打开【XY 结果视图】面板，如图 7-144 所示。

2）在【运动导航器】中选择平面副 J001，在【XY 结果视图】面板中选择【相对】→【位移】。

3）在【位移】类型中选择【Y】。

4）右击，在打开的快捷菜单中选择【绘图】命令，打开【查看窗口】对话框，单击【新建窗口】按钮，计算出锥体位移图表，如图 7-145 所示。

2. 创建警灯位移图表

1）在【运动导航器】中选择衬套 G002，在【XY 结果视图】面板中选择【绝对】→【位移】。

2）在【位移】类型中选择【幅值】。

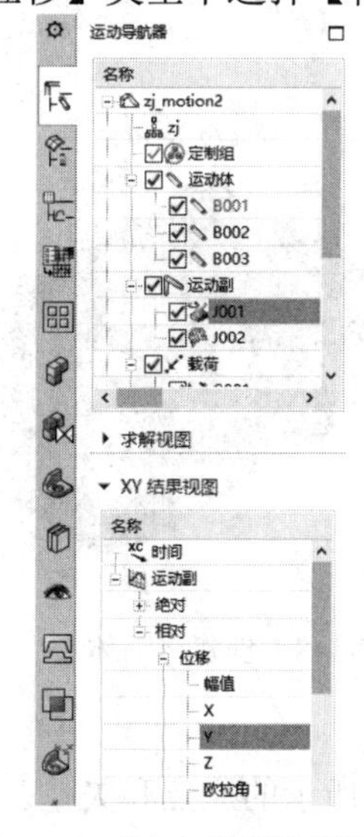

图 7-144 【XY 结果视图】面板

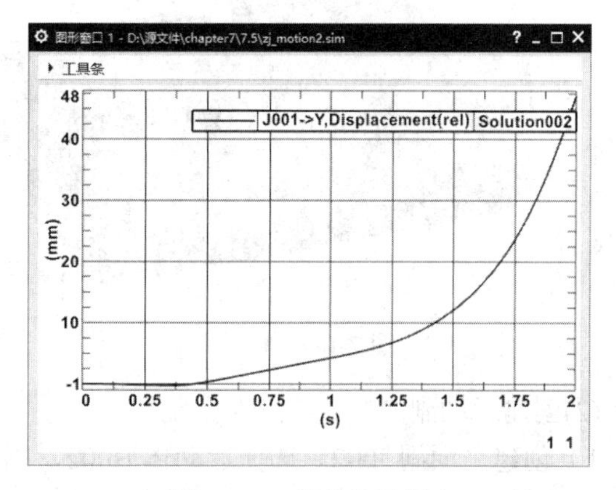

图 7-145 椎体位移图表

3）右击，在打开的快捷菜单中选择【绘图】命令，打开【查看窗】对话框，单击【新建窗口】按钮，计算出警灯位移幅值图表，如图 7-146 所示。

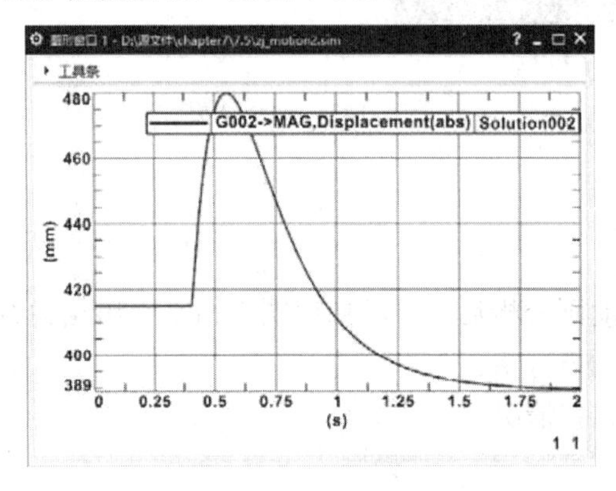

图 7-146　警灯位移幅值图表

7.6　练习题

1. UG NX 中弹簧的种类有哪些，弹簧力和那些参数有关？

2. 3D 接触中，接触力是由哪 5 个参数决定？

3. 完成台球的撞击运动仿真，如图 7-147 所示。在白球上定义矢量力，力在 0s 时为 10N，0.1s 后为零。由于 3D 接触每次只能定义两个组实体，在练习的过程中注意所有可能的 3D 接触都应该涉及。完成后观察球的运动状态。

操作提示：

（1）创建运动体 B001~B005(见图 7-148)。

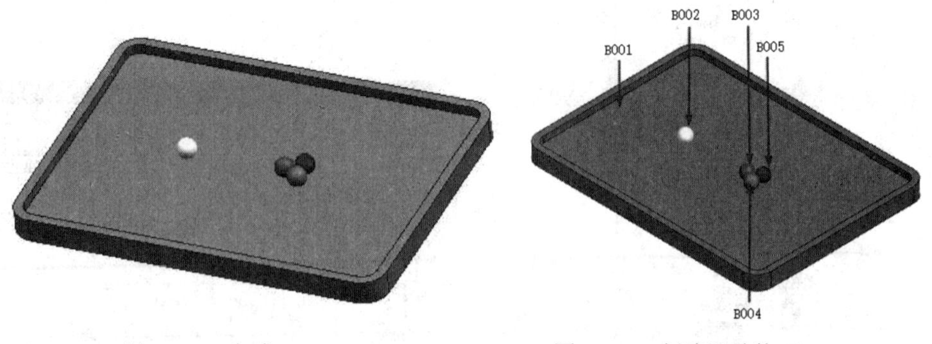

图 7-147　台球　　图 7-148　创建运动体

(2)创建运动副

1）创建平面副 J002。选择运动体 B002，指定图 7-149 所示的原点和矢量。

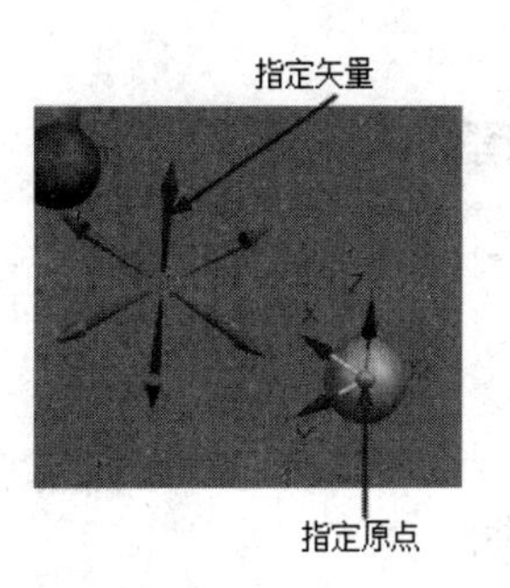

图 7-149 指定 J002 的原点和矢量

2）同样的方法对其他 3 个小球创建平面副。

(3)添加矢量力 G001 选择 B002 作为运动体，球心作为原点，方向选择系统坐标系 X 轴，力值设置为 15N，如图 7-150 所示。

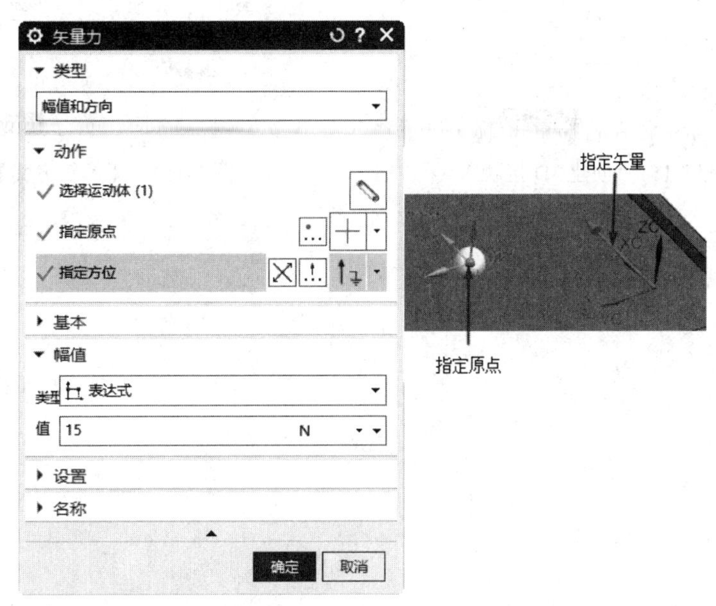

图 7-150 指定 G001 原点和矢量

（4）创建 3D 接触

1）创建 3D 接触 G002。选择运动体 B002 和运动体 B003，参数设置如图 7-151 所示。

2）同样的方法，创建运动体 B003 和运动体 B004 之间的 3D 接触 G003；创建运动体 B003 和运动体 B005 之间的 3D 接触 G004；创建运动体 B002 和运动体 B004 之间的 3D 接触 G005；创建运动体 B002 和运动体 B005 之间的 3D 接触 G006；创建运动体 B002 和运动体 B001 之间的 3D 接触 G007；创建运动体 B003 和运动体 B001 之间的 3D 接触 G008；创建运动体 B004 和运动体 B001 之间的 3D 接触 G009；创建运动体 B005 和运动体 B001 之间的 3D 接触 G0010。

（5）解算求解 【解算方案】对话框如图 7-152 所示。

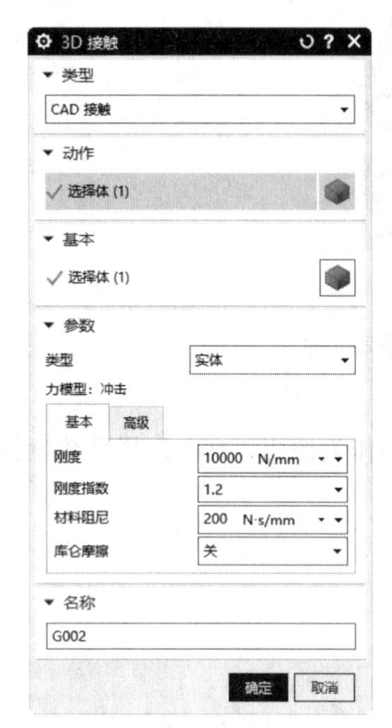

图 7-151　创建 3D 接触

图 7-152　【解算方案】对话框

第8章

仿真结果输出

本章将介绍仿真模型的运动分析结果如运动速度、受力等的输出，输出的形式有直观的模型动画、参数的曲线变化图表等。

重点与难点

- 灵活处理模型的解算与动画播放。
- 熟练使用图表输出模型受力、速度等。
- 理解铰接运动驱动和电子表格。
- 创建运动仿真的动画和视频。

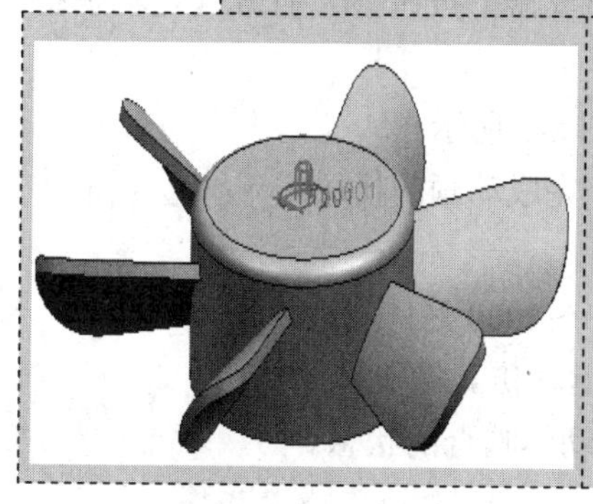

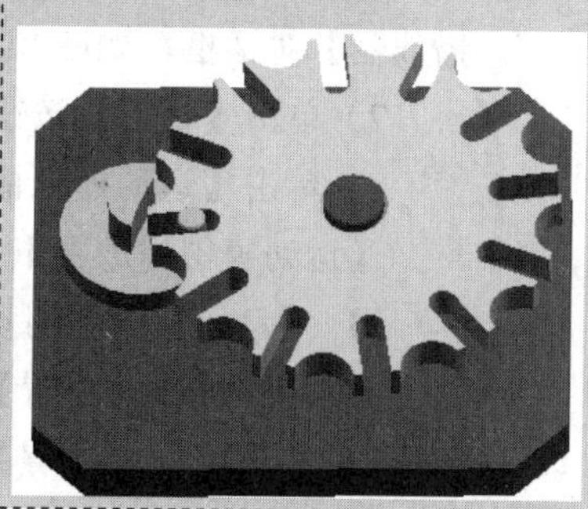

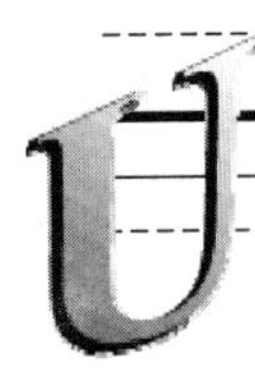

8.1 动画分析

仿真模型定义完成后，要定义运动分析的解算方案，并通过解算器完成每个时间点或位置的状态才能输出动画分析。仿真运动机构有 4 种解算方案，即常规驱动、铰接运动驱动、电子表格驱动和柔性体。

8.1.1 常规驱动

常规驱动是基于时间的一种运动形式。机构在指定的时间和步数进行运动仿真，它是最常用的一种驱动。要执行常规驱动，必须在运动副内选择以下 4 种运动类型。

- ❑ 无：没有外加任何驱动到运动副，也是软件默认的选项。
- ❑ 多项式：运动副的运动（旋转或移动）参数为恒定状态，如位移、速度、加速度。
- ❑ 谐波：谐波运动产生的周期性正弦运动。
- ❑ 函数：使用 XY 函数编辑器定义的复杂驱动方程。

使用常规驱动播放动画步骤如下：

1）启动 UG NX 2027，打开源文件/chapter8/原始文件/8.1/ASSEMBLY2/ motion_1.sim。

2）单击【主页】选项卡【解算方案】面组上的【解算方案】按钮，打开【解算方案】对话框，如图 8-1 所示。

3）在【解算方案选项】中设置【时间】为 10，【步数】5000。

4）单击【解算方案】对话框中的【确定】按钮，完成解算方案的创建。

5）单击【主页】选项卡【解算方案】面组上的【求解】按钮，求解当前解算方案的结果。

说明：解算也可以在【解算方案】对话框中勾选【按“确定”进行求解】复选框进行解算。播放时默认用时间模式，也可以使用步数模式，单击【滑动模式】下拉列表框，选择步数类型。

6）单击【分析】选项卡【运动】面组上的【运动模拟播放器】按钮，打开【运动模拟播放器】对话框，如图 8-2 所示。

7）单击【播放】按钮，仿真模型动画分析开始，如图 8-3 所示。

8）单击【运动模拟播放器】对话框中的【关闭】按钮，完成动画的播放。

【运动模拟播放器】对话框相关按钮含义如下：

- ❑ 【动画延时】可以使播放速度降低，延时滑动副在 0～1000 之间滑动。
- ❑ 单击【设计位置】图标，使运动模型回到未进行运动仿真的状态。
- ❑ 单击【装配位置】图标，使运动模型回到进行运动体啮合的状态。
- ❑ 单击【播放一次】图标，运动仿真完成后停止。
- ❑ 单击【循环播放】图标，运动仿真到结束位置后继续从开始位置播放，依次循环。

❑ 单击【往返播放】⇌图标，运动仿真到结束位置后从结束位置逆向播放，依次循环。

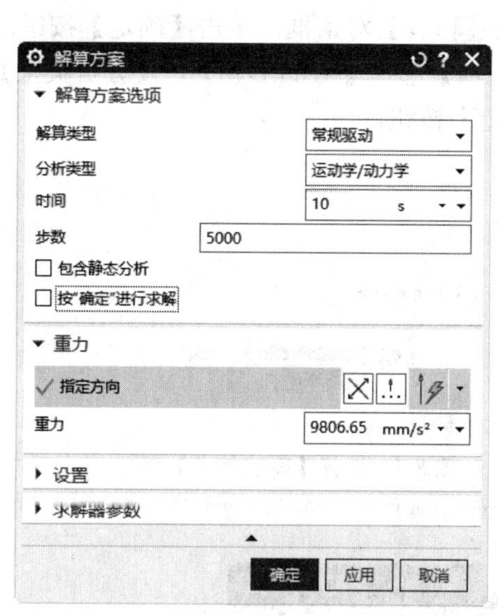

图 8-1　【解算方案】对话框

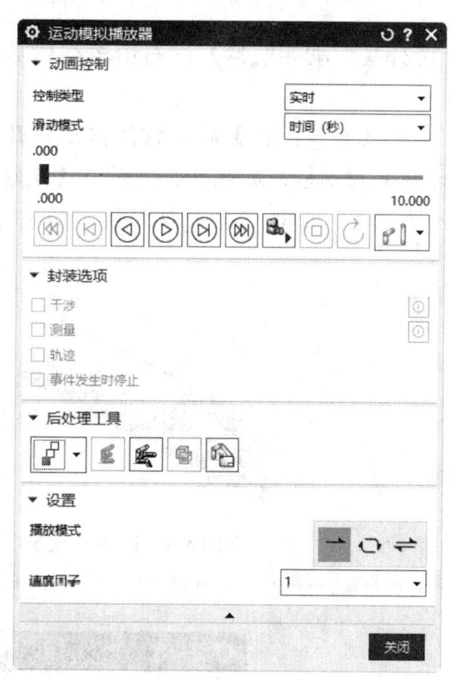

图 8-2　【运动模拟播放器】对话框

图 8-3　动画结果（0.5s、1.7s）

8.1.2　铰接运动驱动

铰接运动驱动（Articulation）是基于位移的一种运动形式。机构在指定的步长（旋转角度或直线距离）和步数进行动画分析。要执行铰接运动驱动，必须在运动副驱动内选择【铰接运动】。

本小节将使用铰接运动驱动模拟固体胶的运动。通过控制旋钮的顺时针、逆时针旋转来完成胶体的伸、缩运动。具体步骤如下：

1. 新建仿真

1）启动 UG NX 2027，打开源文件/chapter8/原始文件/8.1/gtj/gtj.prt，固体胶模型如图 8-4 所示。

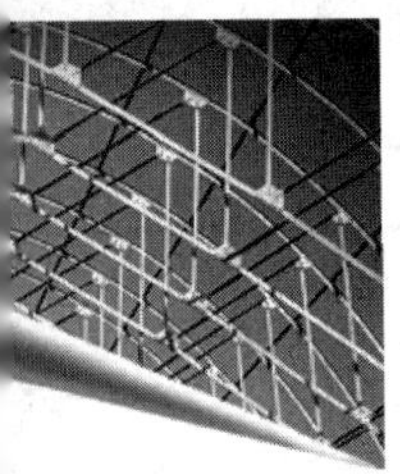

2）单击【应用模块】选项卡【仿真】面组上的【运动】按钮，进入运动仿真界面。

3）选择【运动导航器】，右击运动仿真 gtj 图标，选择【新建仿真】，如图 8-5 所示。

4）选择【新建仿真】后，软件自动打开【新建仿真】对话框。单击【确定】按钮，打开【环境】对话框，如图 8-6 所示。【求解器选项】选择【RecurDyn】，【分析类型】选择【动力学】，其他参数选择默认，单击【确定】按钮。

图 8-4　固体胶模型

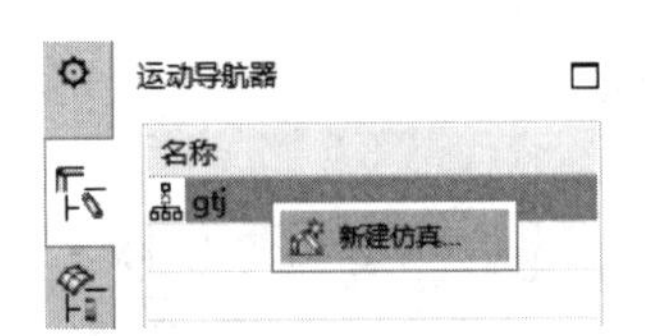

图 8-5　选择【新建仿真】

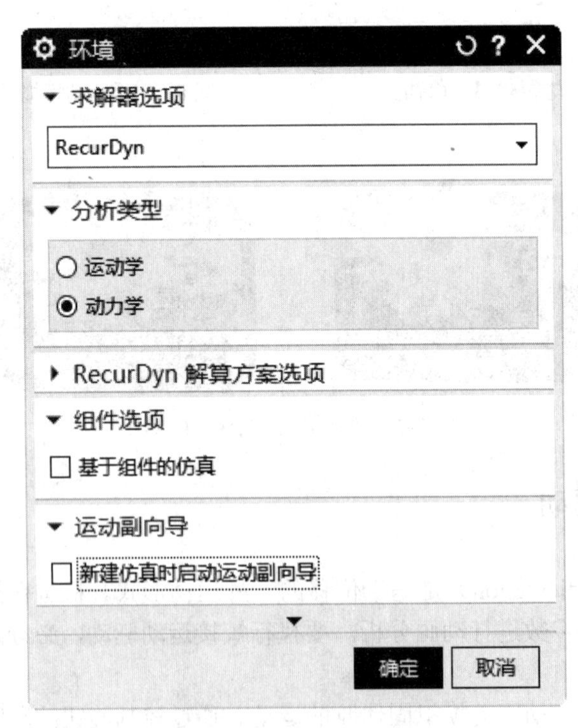

图 8-6　【环境】对话框

2. 创建运动体

1）单击【主页】选项卡【机构】面组上的【运动体】按钮，打开【运动体】对话框，如图 8-7 所示。

2）在绘图区选择旋钮为运动体 B001。

3）单击【运动体】对话框中的【应用】按钮，完成运动体 B001 的创建。

4）在绘图区选择托盘和胶体为运动体 B002。

5）单击【运动体】对话框中的【确定】按钮，完成运动体 B002 的创建，如图 8-8 所示。

3. 创建旋转副

1）单击【主页】选项卡【机构】面组上的【运动副】按钮，打开【运动副】对话框，如图 8-9 所示。在【类型】下拉列表框中选择【旋转副】选项。

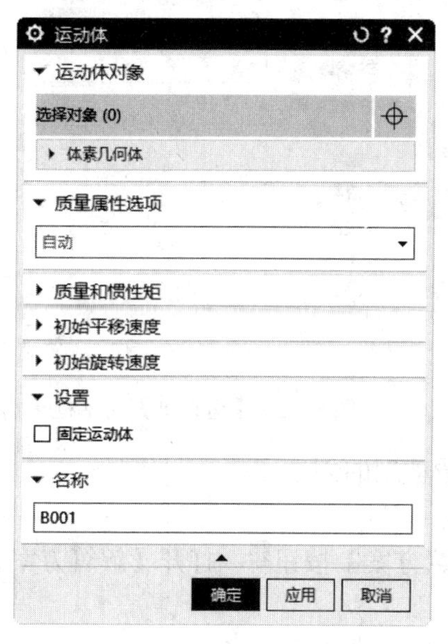

图 8-7　【运动体】对话框

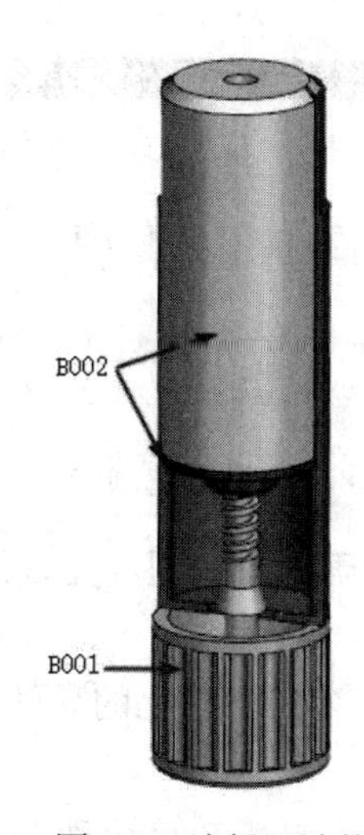

图 8-8　选择运动体

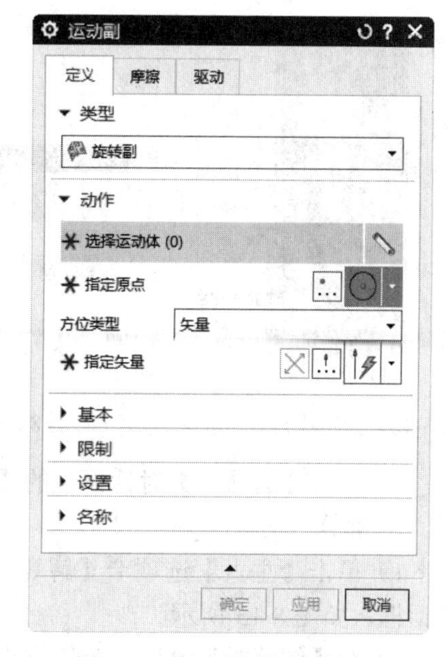

图 8-9　【运动副】对话框

2）单击【选择运动体】选项，在绘图区选择运动体 B001。

3）单击【指定原点】选项，在绘图区选择 B001 上轴心任意一点。

4）单击【指定矢量】选项，选择 B001 的柱面，如图 8-10 所示。

5）单击【驱动】标签，打开【驱动】选项卡，如图 8-11 所示。

6）在【旋转】下拉列表框中选择【铰接运动】。

7）单击【运动副】对话框中的【确定】按钮，完成旋转副的创建。

4. 创建滑动副

1）单击【主页】选项卡【机构】面组上的【运动副】按钮，打开【运动副】对话框，如图 8-12 所示。

2）在【类型】下拉列表框中选择【滑动副】选项。

3）单击【选择运动体】选项，在绘图区选择运动体 B002。

4）单击【指定原点】选项，在绘图区选择 B002 上任意一点。

5）单击【指定矢量】选项，选择 B002 的柱面。

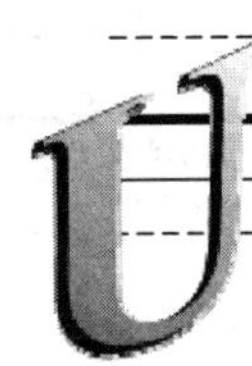

6）单击【驱动】标签，打开【驱动】选项卡。

7）在【平移】下拉列表框中选择【铰接运动】选项。

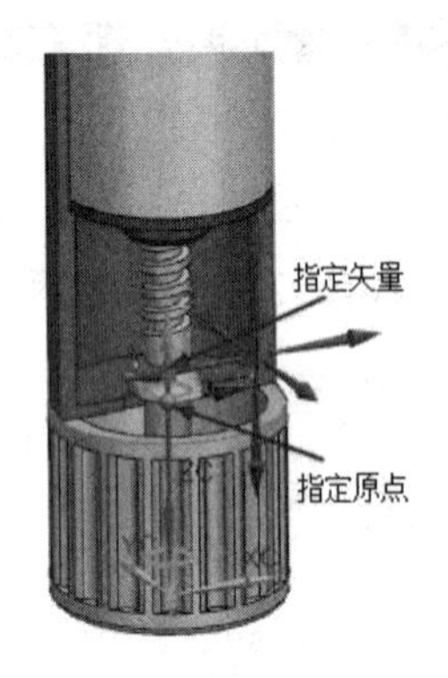

图 8-10　指定原点、矢量

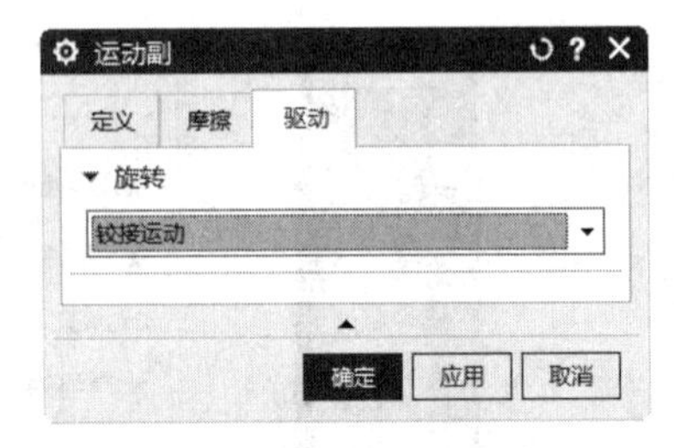

图 8-11　【驱动】选项卡

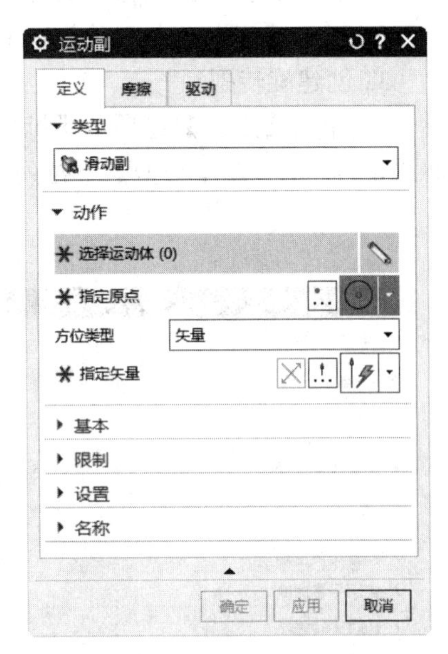

图 8-12　【运动副】对话框

8）单击【运动副】对话框中的【确定】按钮，完成滑动副的创建。

5. 解算方案

1）单击【主页】选项卡【解算方案】面组上的【解算方案】按钮，打开【解算方案】对话框，如图 8-13 所示。

2）在【解算类型】下拉列表框中选择【铰接运动】。

3）单击【解算方案】对话框中的【确定】按钮，完成解算方案的创建。

6. 求解

1）单击【主页】选项卡【解算方案】面组上的【求解】按钮，打开【铰接运动】对话框，如图 8-14 所示。

2）勾选【J001】、【J002】复选框，以它们一起作为驱动，并输入 J001 的步长为 10、J002 的步长为 1，步数为 10，如图 8-15 所示。

说明：输入参数的含义为 J001 每旋转 10°，J002 运动 1，每次播放后模型运行 10 步。

3）单击【单步向前】按钮，动画正向运动开始，如图 8-16 所示。单击【单步向后】按钮，动画负向运动开始。

说明：铰链运动驱动动画没有时间的限制，运动可以无极限的进行。在运动的过程中，如果想看慢镜头，可以拖动【动画延时】滑块到较大值。

4）单击对话框中的【关闭】按钮，完成当前模型的解算。

图 8-13　【解算方案】对话框

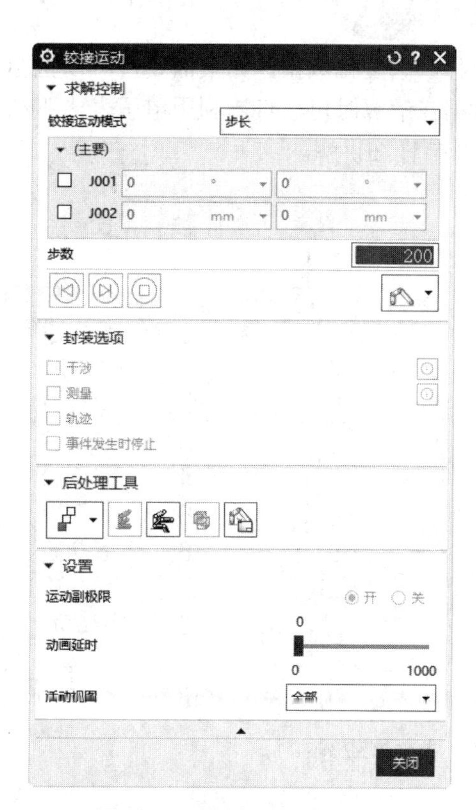

图 8-14　【铰接运动】对话框

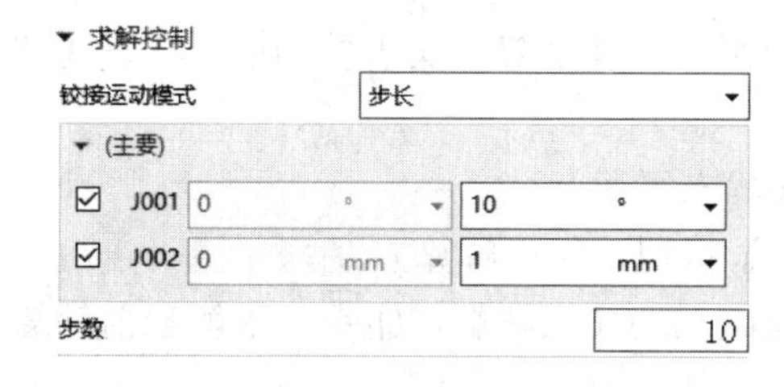

图 8-15　设置铰接运动参数

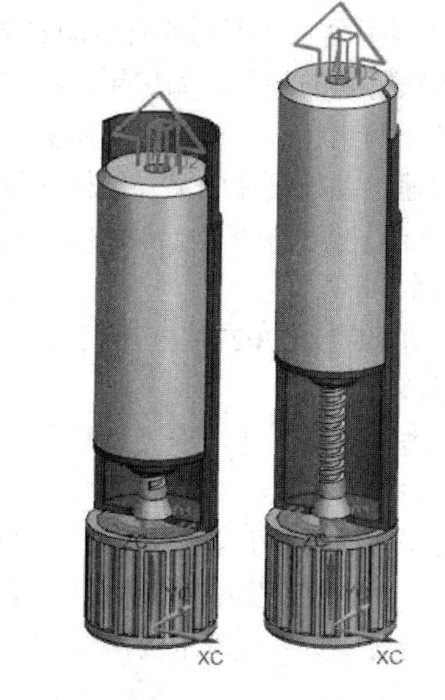

图 8-16　动画结果

8.1.3　电子表格驱动

当机构使用常规驱动或铰接运动驱动解算后，UG NX 内部将记录每个时间对应的驱动（角

度或位移）的变化数据。如果需要，可以把驱动的数据输出为电子表格，进行分析或修改等。这些数据在解算时可以直接利用电子表格驱动模型，如图 8-17 所示。关于电子表格功能，将在第 8.2 节详细讲解。

	A	B	C	D	E
1				**Mechanisms Driver**	
2	Time Step	Elapsed Ti	J001, revol	J002, slider	
3	0	*0.000*	**0.000**	**0**	
4	1	*1.000*	**-10.000**	**-1**	
5	2	*2.000*	**-20.000**	**-2**	
6	3	*3.000*	**-30.000**	**-3**	
7	4	*4.000*	**-40.000**	**-4**	
8	5	*5.000*	**-50.000**	**-5**	
9	6	*6.000*	**-60.000**	**-6**	
10	7	*7.000*	**-70.000**	**-7**	
11	8	*8.000*	**-80.000**	**-8**	

图 8-17　电子表格

8.1.4　静态平衡

静力学（statics）是研究物体静止状态的学科。静力学研究的对象是物体上的作用力之和为零，物体可以是永久不动或有运动趋势，具体包含以下物体的运动状态：

- ❑ 永久静止的物体，如房屋、横梁、支柱和钢支撑结构等。
- ❑ 处于静止状态，但有运动趋势的物体，如压缩过的弹簧、悬于空中的重物等。
- ❑ 匀速运动的物体中某一结构的瞬间分析。

使用静态平衡分析模型步骤如下：

1. 动画分析

1）启动 UG NX 2027，打开源文件 /chapter8/原始文件/8.1/ Statics / motion_1.sim，静态平衡模型如图 8-18 所示。

2）单击【主页】选项卡【解算方案】面组上的【解算方案】按钮，打开【解算方案】对话框，如图 8-19 所示。

3）在【分析类型】下拉列表框中选择【静态平衡】。

4）单击【解算方案】对话框中的【确定】按钮，完成解算方案。

5）单击【主页】选项卡【解算方案】面组上的【求解】按钮，求解当前解算方案的结果。

6）单击【结果】选项卡【运动模拟播放器】面组上的【播放】按钮，静力结果如图 8-20 所示。

说明：静态平衡分析只分析最后力平衡后的效果，没有中间的动画过程。

7）单击【结果】选项卡【运动模拟播放器】面组上的【完成】按钮，完成当前模型的解算。

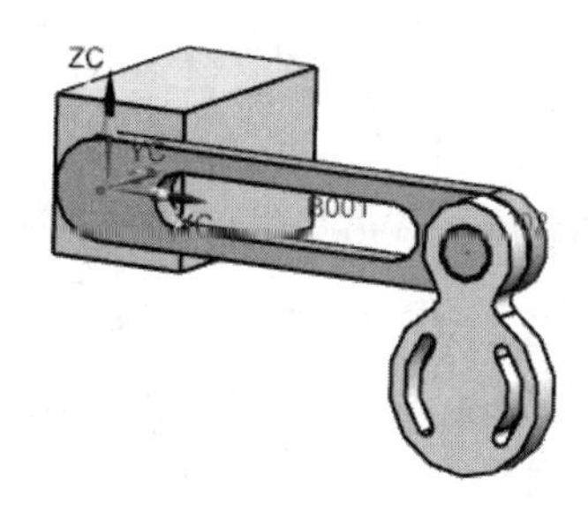

图 8-18　静态平衡模型

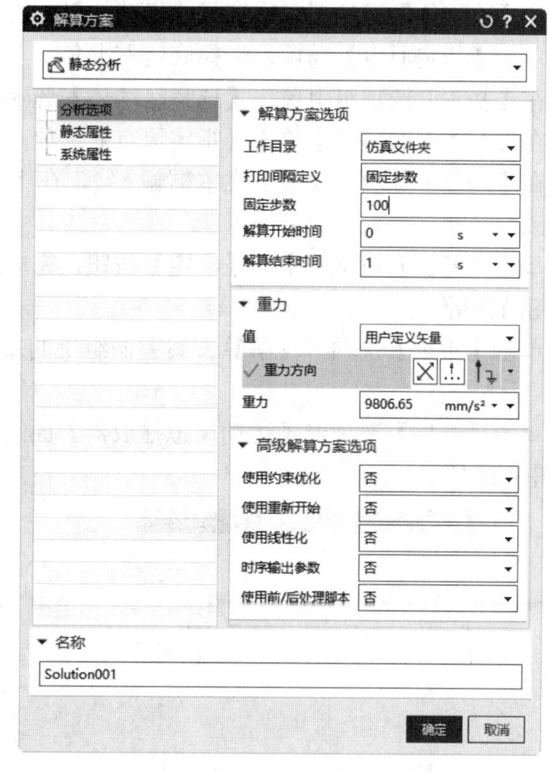

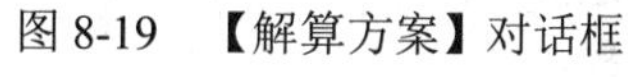

图 8-19　【解算方案】对话框

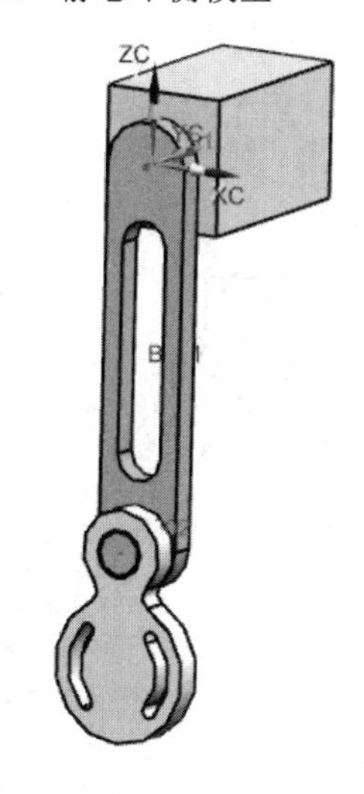

图 8-20　静力结果

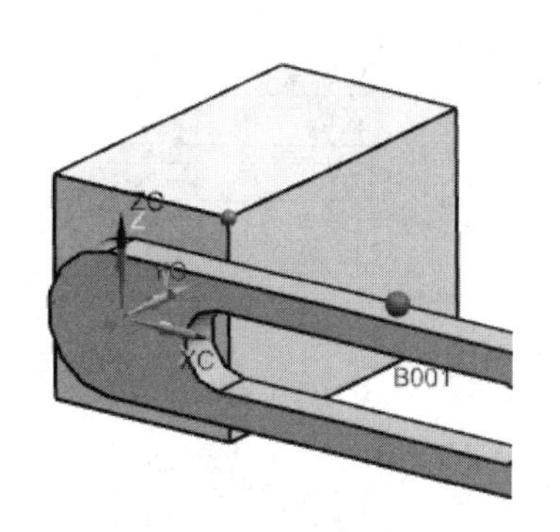

图 8-21　选择点

2. 创建弹簧

由于模型非常简单，模型最后静止的状态容易想象，接下来在模型的底座和力臂之间加入一个弹簧，加大分析的难度。

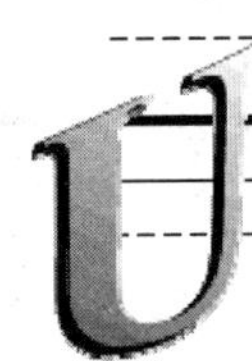

1）单击【主页】选项卡【连接器】面组上的【弹簧】按钮，打开【弹簧】对话框。

2）在【连接体】下拉列表中选择【运动体】，在绘图区选择底座。

3）单击【指定原点】选项，选择底座右上角。

4）在【基本】选项组中单击【选择运动体】选项，选择力臂。

5）在【基本】选项组中单击【指定原点】选项，选择力臂中点，如图 8-21 所示。

6）在【刚度】选项组【值】文本框输入 2，在【预紧长度】文本框输入 112，如图 8-22 所示。

7）单击【弹簧】对话框中的【确定】按钮，完成弹簧的创建。

3. 动画分析

1）单击【主页】选项卡【解算方案】面组上的【求解】按钮，求解当前解算方案的结果。

2）单击【结果】选项卡【运动模拟播放器】面组上的【播放】按钮，运动仿真动画开始，如图 8-23 所示。

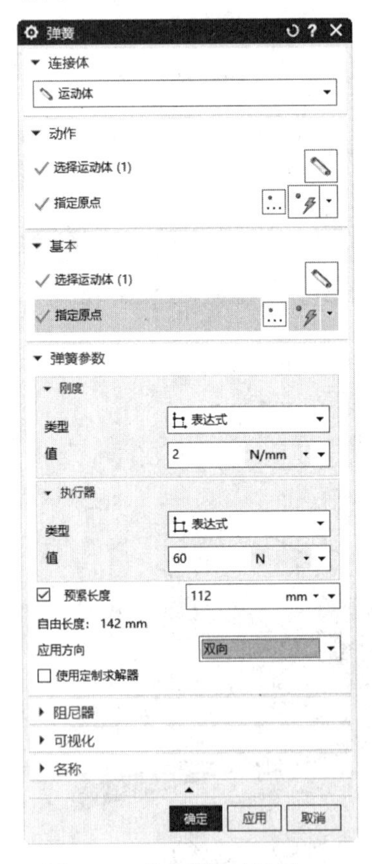

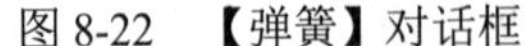
图 8-22 【弹簧】对话框

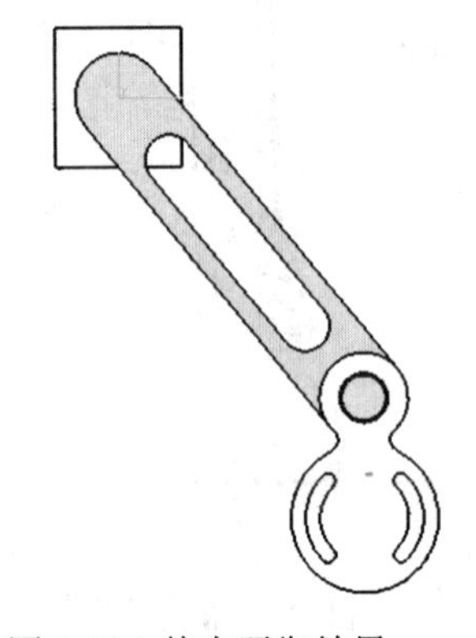
图 8-23 静态平衡结果

3）单击【结果】选项卡【运动模拟播放器】面组上的【完成】按钮，完成当前模型的动画分析。

说明：模型经过一段时间的运动，弹簧力平衡重力后，模型以一定的倾角达到平衡状态。

8.1.5　求解器参数

UG NX 中内置了四种求解器，即 Simcenter Motion、NX Motion、RecurDyn 和 Adams。其中 Simcenter Motion 求解器为 UG NX 默认，使用不同的求解器对应的参数也就有所不同。

四种求解器都通过积分器参数控制所用的积分和微分方程的求解精度，精度越高处理的时间越长，对计算机的配置要求越高。常见的求解器参数含义如下：

- 最大步长：用于控制积分和微分方程的 d*x* 因子，步长越小精度越高。
- 最大求解误差：用于控制求解结果和微分方程的误差，误差越小精度越高。
- 最大迭代次数：用于控制解释器的最大迭代次数。如果解释器的迭代次数达到最大，但结果和微分方程的误差未达到要求时，结束求解。
- 初始步长：用于控制 dynamic 求解器积分的初始步长大小。
- N-R：用于控制 Newton-Raphson 积分器的属性。
- 鲁棒 N-R：用于提高 Newton-Raphson 属性。

8.2　电子表格

电子表格驱动（spreadsheet run）与铰链运动驱动、常规驱动一样，可以作为某个运动副的驱动，使仿真模型的运动按照指定的时间和动作完成。电子表格不仅提供驱动信息，还是交互式的，用户可以根据需要修改电子表格，更新模型的运动。

8.2.1　电子表格和系统平台

在 Windows 操作系统中，电子表格一般使用的是 Microsoft Office Excel；在 UNIX 系统中，电子表格的应用软件是 XESS。使用 XESS 显示的图形和使用 Microsoft Office Excel 略有不同，但基本的操作步骤是一样的。

使用电子表格驱动模型后，观察电子表格有以下几种方式：

- 打开电子表格所在位置，如 d:\ motion_1_Solution_ 1.xls。
- 在【电子表格驱动】对话框中单击▦图标，打开电子表格，如图 8-24 所示。

图 8-24　打开电子表格

8.2.2 创建和编辑电子表格

使用电子表格驱动模型，必须要先创建电子表格数据，并且驱动的数据要和当前模型的驱动数据对应。一般情况下，电子表格来自于原先的数据，也可以是临时创建电子表格。

1. 创建电子表格

由于电子表格完全让用户创建、逐步输入数据很烦琐，一般情况下可以使用 UG NX 的填充电子表格命令创建。具体步骤如下：

1）启动 UG NX 2027，打开源文件/chapter8/原始文件/8.2/ Spreadsheet / motion_1.sim，气缸模型如图 8-25 所示。

2）单击【主页】选项卡【解算方案】面组上的【解算方案】按钮，打开【解算方案】对话框。

3）在【解算方案选项】中设置【时间】为 2，【步数】为 200。

说明：电子表格的步数和时间是由原解算方案的时间和步数决定。例如，输入时间为 2，步数为 200，则电子表格对应的时间和步数与解算方案中设置的是相同的。

4）单击【解算方案】对话框中的【确定】按钮，完成解算方案的创建。

5）单击【主页】选项卡【解算方案】面组上的【求解】按钮，求解当前解算方案的结果。

6）单击【分析】选项卡【运动】面组上的【运动模拟播放器】下拉菜单中的【填充电子表格】按钮，打开【填充电子表格】对话框，如图 8-26 所示。

说明：【填充电子表格】命令可以将每一步的位移数据填充到电子表格文件，使用填充电子表格前请确保当前的求解结果是有效的。

7）指定创建电子表格的位置和文件名称。可默认原位置和名称，也可自定义。

图 8-25 气缸模型

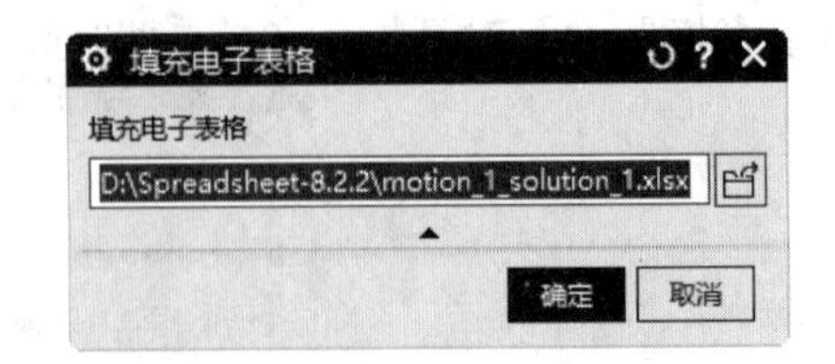

图 8-26 【填充电子表格】对话框

8）单击【填充电子表格】对话框中的【确定】按钮，完成电子表格的创建，如图 8-27 所示。

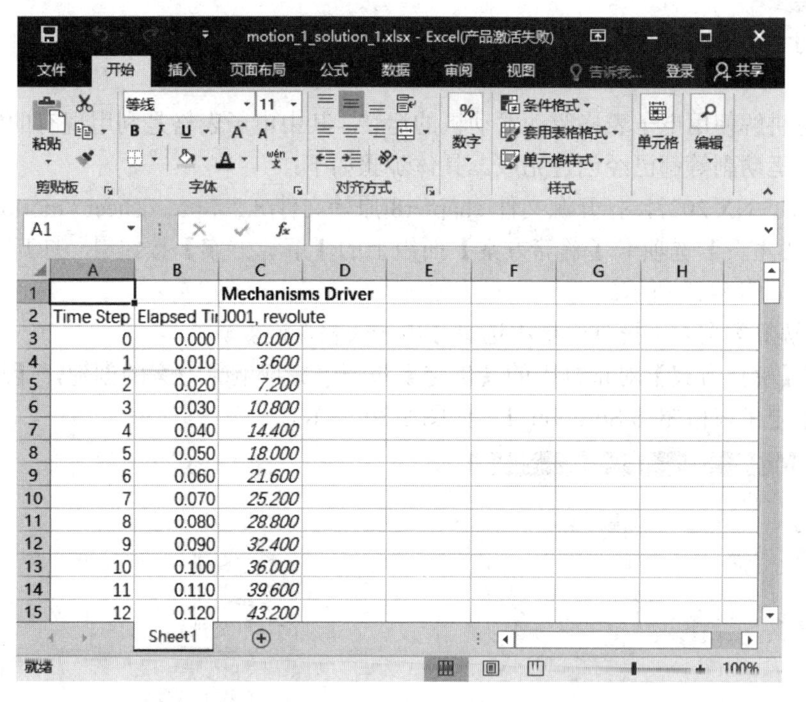

	A	B	C
1			Mechanisms Driver
2	Time Step	Elapsed Ti	J001, revolute
3	0	0.000	0.000
4	1	0.010	3.600
5	2	0.020	7.200
6	3	0.030	10.800
7	4	0.040	14.400
8	5	0.050	18.000
9	6	0.060	21.600
10	7	0.070	25.200
11	8	0.080	28.800
12	9	0.090	32.400
13	10	0.100	36.000
14	11	0.110	39.600
15	12	0.120	43.200

图 8-27　创建电子表格

2．编辑电子表格

编辑运动仿真的电子表格和一般办公的电子表格是一样的。找到要使用的电子表格，打开修改某些参数，如用时、位移等，如图 8-28 所示。注意，如果修改不恰当，可能仿真模型不能执行，如时间步数一定要按照顺序排列，模型的驱动在电子表格没有对应等。

	A	B	C
1			Mechanisms Driver
2	Time Step	Elapsed Time	J001, revolute
3	0	0.000	0
4	1	0.010	3.600000185
5	2	0.020	7.20000037
6	3	0.030	10.80000013
7	4	0.040	14.40000074
8	5	0.050	18.0000005
9	6	0.060	21.60000026
10	7	0.070	25.20000002
11	8	0.080	28.80000148
12	9	0.090	32.39999953
13	10	0.100	36.000001
14	11	0.110	39.59999905
15	12	0.120	43.20000052

图 8-28　电子表格

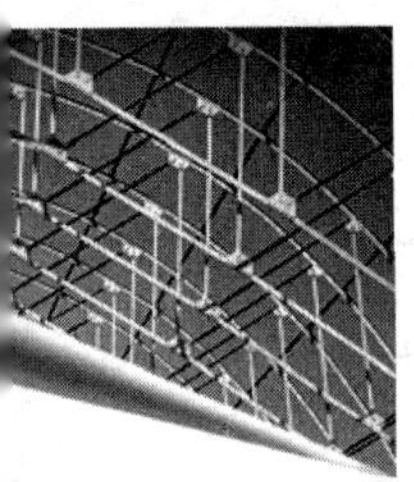

8.2.3 电子表格驱动模型

本小节将讲解使用电子表格驱动发动机的运转。其中电子表格是利用现有的数据，模型的运动体、运动副等都已经创建完成。具体步骤如下：

1）启动 UG NX 2027，打开源文件/chapter8/原始文件/8.2/ Spreadsheet / motion_1.sim。

2）单击【主页】选项卡【解算方案】面组上的【解算方案】按钮，打开【解算方案】对话框，如图 8-29 所示。

3）在【解算类型】下拉列表框中选择【电子表格驱动】。

4）单击【解算方案】对话框中的【确定】按钮，完成解算方案的创建，【运动导航器】中增加了电子表格驱动 Solution_1，如图 8-30 所示。

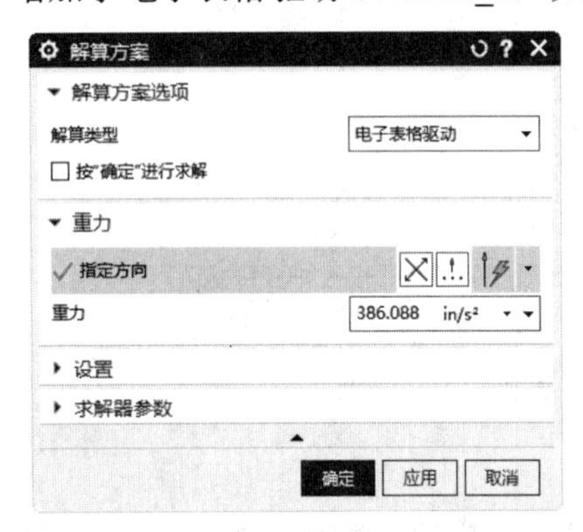

图 8-29 【解算方案】对话框

图 8-30 【运动导航器】中的 Solution_1

5）单击【主页】选项卡【解算方案】面组上的【求解】按钮，打开【电子表格文件】对话框。

6）指定电子表格文件和文件所在位置，原始文件 /chapter8 /8.2/ Spreadsheet / motion_1_Solution_1.xls 文件，如图 8-31 所示。

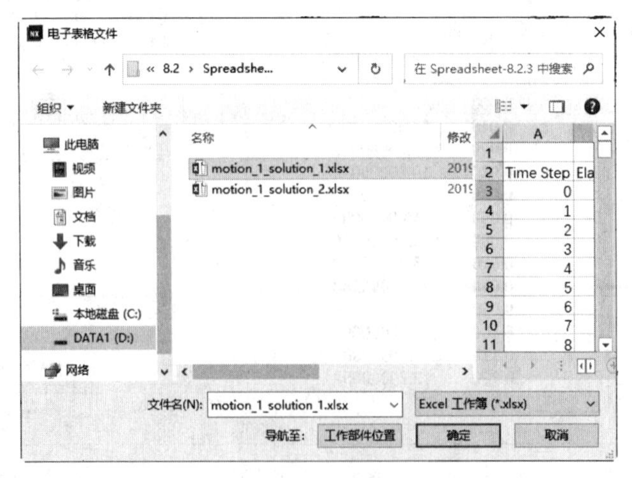

图 8-31 指定电子表格文件和文件所在位置

7）指定电子表格无误后，打开【电子表格驱动】对话框，如图 8-32 所示。

8）单击【播放】按钮，模型开始运动，如图 8-33 所示。

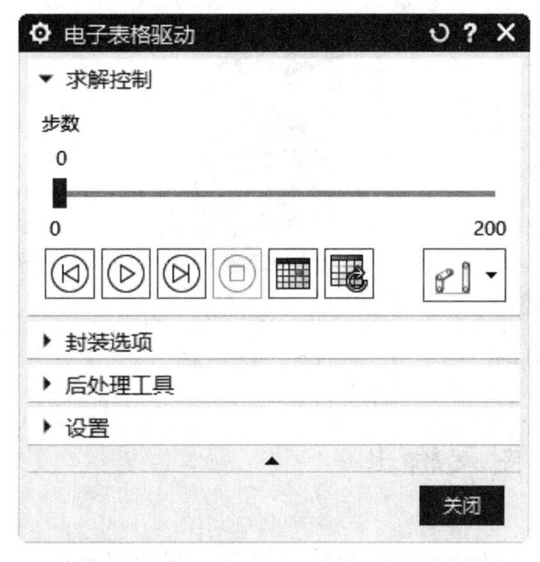

图 8-32　【电子表格驱动】对话框

图 8-33　动画结果

9）完成气缸的运转后，编辑电子表格数据，使气缸完成一个循环后反转一段时间。

10）打开原始文件 /chapter8/8.2/ Spreadsheet / motion_1_Solution_1.xls 文件，在 100 步后面再增加 5 步，步数、用时、位移，按图 8-34 所示修改。

11）单击【主页】选项卡【解算方案】面组上的【求解】按钮，系统提示是否【打开电子表格文件】，如图 8-35 所示。

99	96	0.960	345.6
100	97	0.970	349.2
101	98	0.980	352.8
102	99	0.990	356.4
103	100	1.000	360
104	101	1.010	355
105	102	1.020	350
106	103	1.030	345
107	104	1.040	340
108	105	1.050	335
109	106	1.060	381.6

图 8-34　修改电子表格

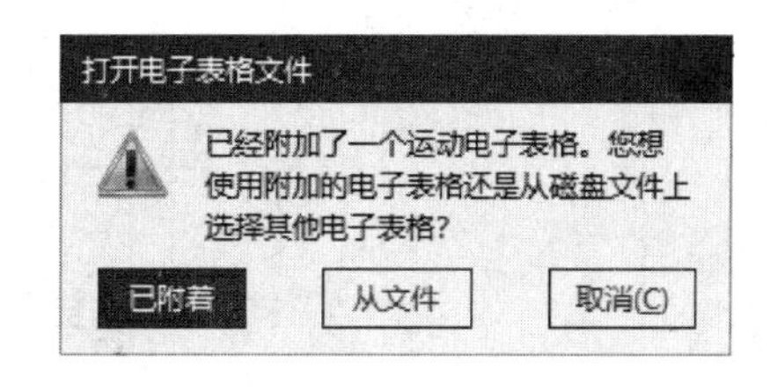

图 8-35　系统提示

12）单击【从文件】按钮，打开【电子表格驱动】对话框，如图 8-36 所示。选择原始文件 /chapter8/8.2/ Spreadsheet / motion_1_Solution_12.xls 文件，步数一共是 205 步。

说明：由于解算方案 Solution_1 在之前已经使用过电子表格，在下次使用时会提示使用已附着（附加的）、从文件（重新指定电子表格）和取消（结束解算）。

13）单击【播放】按钮，模型开始动画分析，如图 8-37 所示。

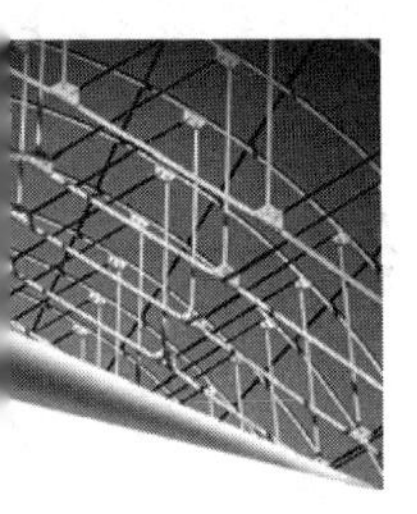

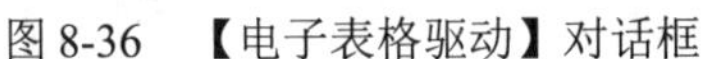

图 8-36 【电子表格驱动】对话框

图 8-37 动画结果

8.3 图表输出

图表命令（Graphing）能对机构仿真的结果生成直观的图表数据，如位移、速度、加速度等。与电子表格驱动不同的是，图表输出是独立的仿真解算器，输出的是图形，如图 8-38 所示。电子表格需要数据输入和解算器支持才能完成运动仿真，输出的结果是动画分析。

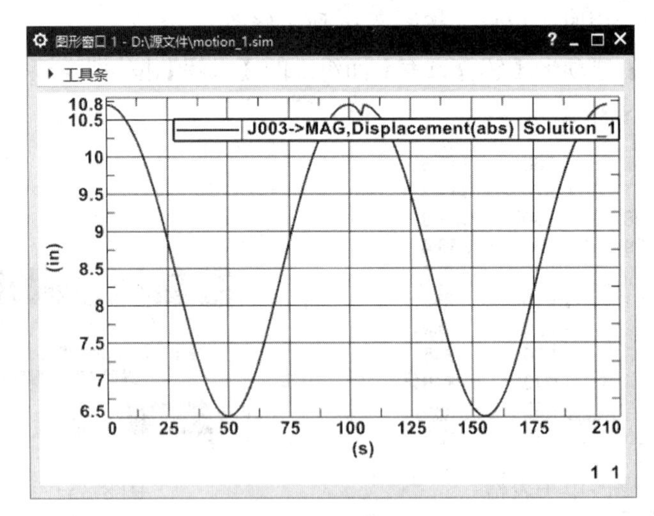

图 8-38 图表输出

UG NX 图表输出是利用软件本身的图表功能，在绘图区显示其分析内容。它不需要借助其他软件的支持，因此被经常使用。

启动 UG NX 2027，打开源文件/chapter8/原始文件/8.3/ Graphing / motion_1.sim，试验模型如图 8-39 所示。长方体为运动体 B001，片体模拟地面。在图 8-40 所示的【运动导航器】面板中，G001 为矢量力在 1s 内由 0 变化到 100N，长方体在力的推动下滑动。

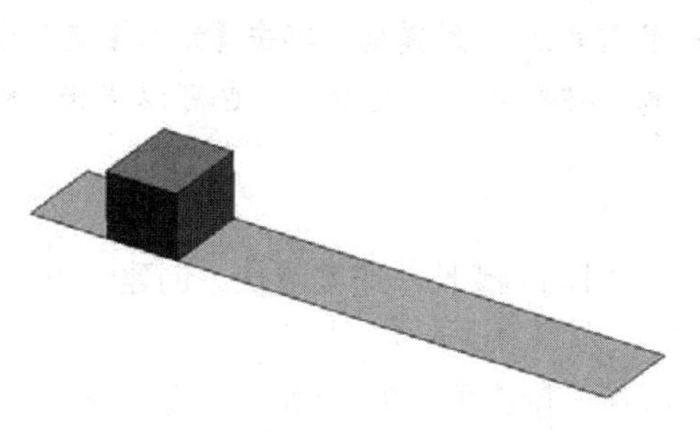

图 8-39　试验模型

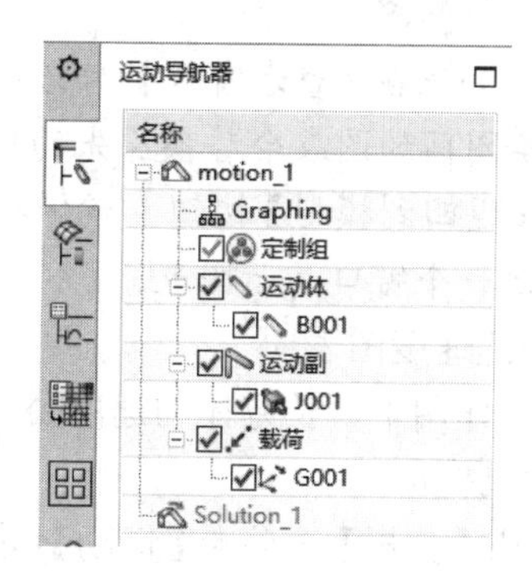

图 8-40　【运动导航器】面板

1．创建位移图表

在试验模型当中，能指定位移的对象有运动副 J001 和矢量力 G001。运动体是不能指定为图表的运动对象，但可以在运动体上创建标记间接输出图表。创建长方体滑动时的位移图表步骤如下：

1）单击【分析】选项卡【运动】面组上的仿真下拉菜单中的【XY 结果】按钮，打开【XY 结果视图】面板，如图 8-41 所示。

2）在【运动导航器】中选择 J001。

3）在【XY 结果视图】面板中选择【绝对】→【位移】。

4）在【位移】中选择【X】。

说明：X 指的物体是在 X 方向上的线性运动值。幅值是 X、Y、Z 的合值，不考虑各方向上的线性分量，本实例中 Y、Z 方向没有变化，幅值等于 X，因此也可以使用幅值。

5）选中【X】右击，在打开的快捷菜单中选择【绘图】命令，打开【查看窗口】对话框，单击【新建窗口】，计算出长方体的位移图表，如图 8-42 所示。

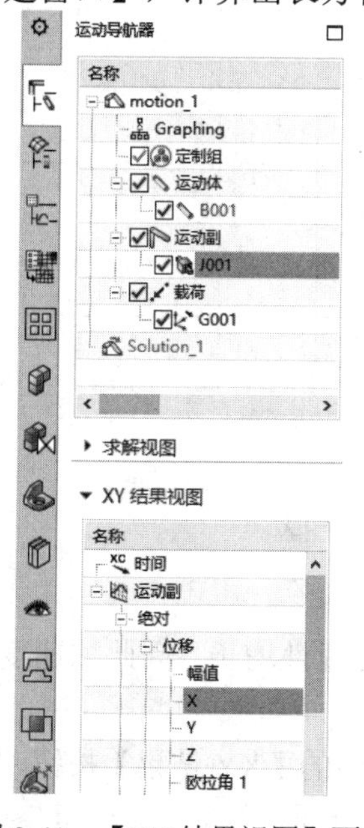

图 8-41　【XY 结果视图】面板

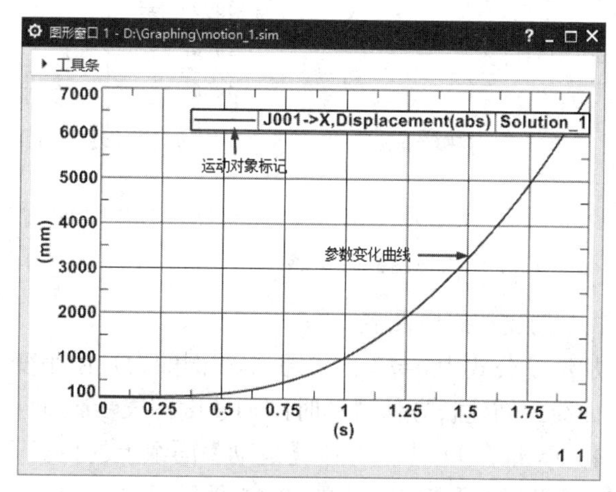

图 8-42　位移图表

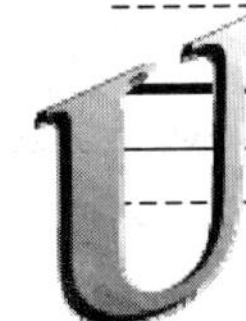

说明：如果在【查看窗口】对话框中选择【用光标选择查看窗口】方式计算图表，执行图表后，在绘图区的图表会替换原先的模型；如果需要返回到模型，单击【结果】选项卡【布局】面组上的【返回到模型】按钮或保存运动仿真，将恢复到模型显示；也可以单击【新建窗口】按钮，新建一个窗口显示图表。

2．创建速度图表

在力的作用下，长方体的速度公式为 $V=at$，时间 t 越长，速度越快。创建长方体滑动时的速度图表步骤如下：

1）单击【分析】选项卡【运动】面组上的仿真下拉菜单中的【XY 结果】按钮，打开【XY 结果视图】面板，如图 8-43 所示。

2）在【运动导航器】中选择 J001。

3）在【XY 结果视图】面板中选择【绝对】→【速度】。

4）在【速度】中选择【幅值】。

5）选中【幅值】右击，在打开的快捷菜单中选择【绘图】命令，打开【查看窗口】对话框，单击【新建窗口】，计算出长方体的速度图表，如图 8-44 所示。

图 8-43 【XY 结果视图】面板

图 8-44 速度图表

3. 创建加速度图表

加速度公式为 $a=F/m$。由于本实例的力是由小变大，为非线性增长，因此加速度为非线性曲线。创建长方体滑动时的加速度图表步骤如下：

1）单击【分析】选项卡【运动】面组上的仿真下拉菜单中的【XY 结果】按钮，打开【XY 结果视图】面板，如图 8-45 所示。

2）在【运动导航器】中选择 J001。

3）在【XY 结果视图】面板中选择【绝对】→【加速度】。

4）在【加速度】中选择【幅值】。

说明：输出图表时可选择参照坐标系、相对或绝对坐标系。在输出图表时，测量以相对或绝对坐标系获取数据。当运动副的方向和绝对坐标系不一致时，采用相对坐标系。

5）选中【幅值】右击，在打开的快捷菜单中选择【绘图】命令，打开【查看窗口】对话框，单击【新建窗口】，计算出长方体的加速度图表，如图 8-46 所示。

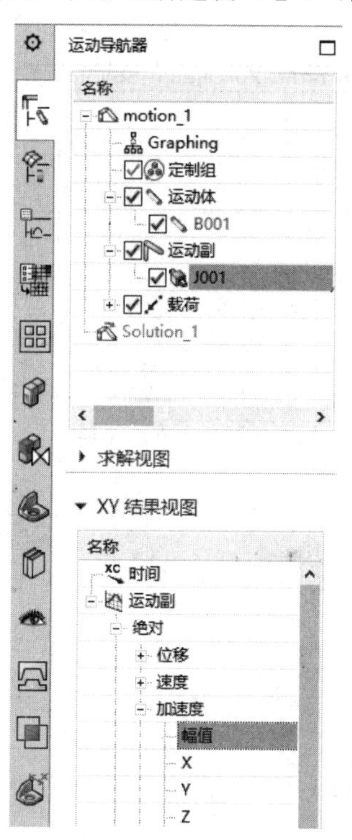

图 8-45　【XY 结果视图】面板

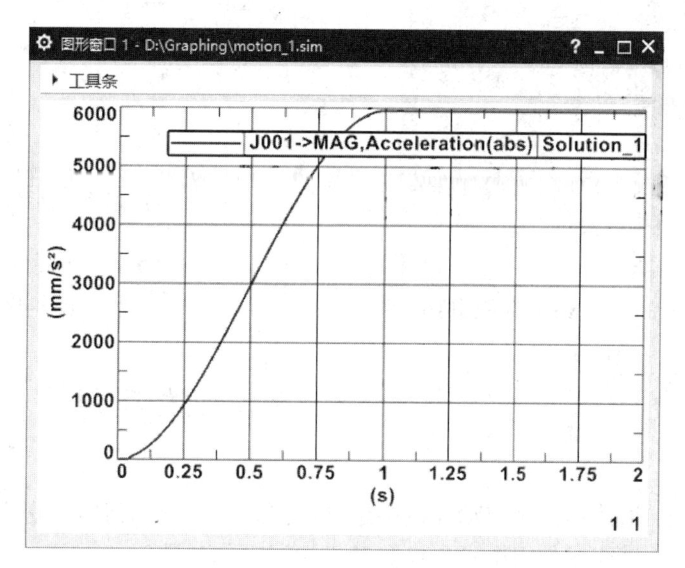

图 8-46　加速度图表

说明：本实例解算的时间为 2s，推力在 1s 后恒定为 100N，所以在 1s 后长方体的加速度为常数。

4. 创建力图表

推力 G001 使用的是 STEP 函数，STEP(x, 0,0,1,100)，创建长方体推力图表步骤如下：

1）单击【分析】选项卡【运动】面组上的仿真下拉菜单中的【XY 结果】按钮，打开【XY 结果视图】面板，如图 8-47 所示。

2）在【运动导航器】中选择 G001。

3）在【XY 结果视图】面板中选择【绝对】→【力】。

4）在【力】中选择【力幅值】。

5）选中【力幅值】右击，在打开的快捷菜单中选择【绘图】命令，打开【查看窗口】对话框，单击【新建窗口】，计算出长方体的力图表，如图 8-48 所示。

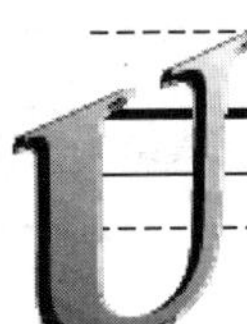

图 8-47 【XY 结果视图】面板

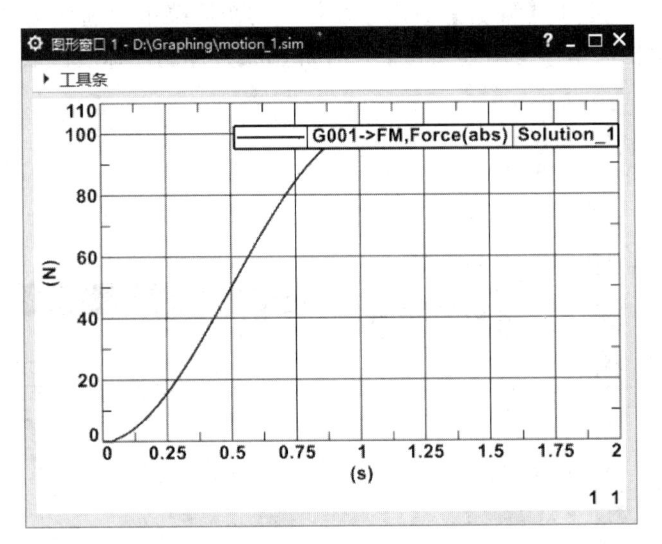

图 8-48 力图表

8.4 练习题

1. 请简述常规驱动和铰接运动的区别，以及如何定义它们？
2. 请简述使用电子表格驱动机构运动的步骤？

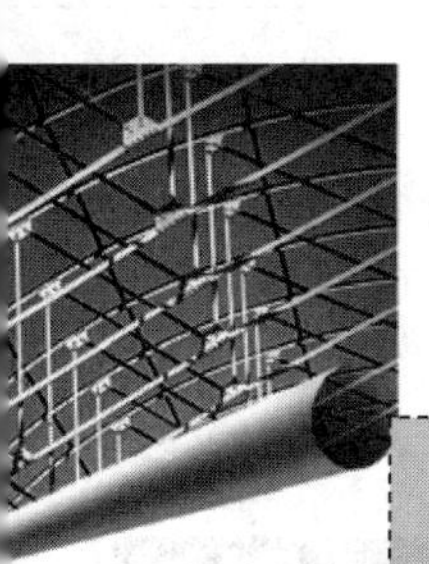

第9章

机构检查

进行运动仿真的目的，不仅是让运动机构运动起来，还要保证运动机构的合理性，如是否有干涉、运动幅度够不够等。如果不满足条件，必须对模型进行修改，因此机构运动的检查是必不可少的过程。

重点与难点

- 理解机构检查对运动机构是否合理的重要性。
- 熟练使用封装选项的三大命令。
- 学会使用标记、智能点，并输出它们的图表。

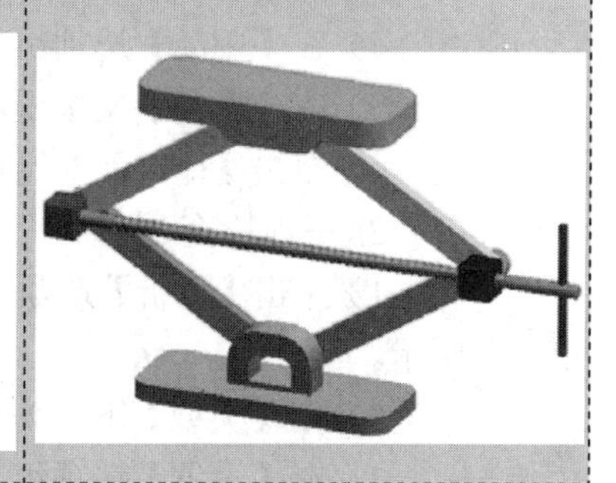

9.1 封装选项

封装选项（packageing options）包含三大检查工具，即干涉检查、测量和追踪。它们可以在运动工具栏、铰接运动驱动对话框中定义，在动画分析中执行，如图 9-1 所示。

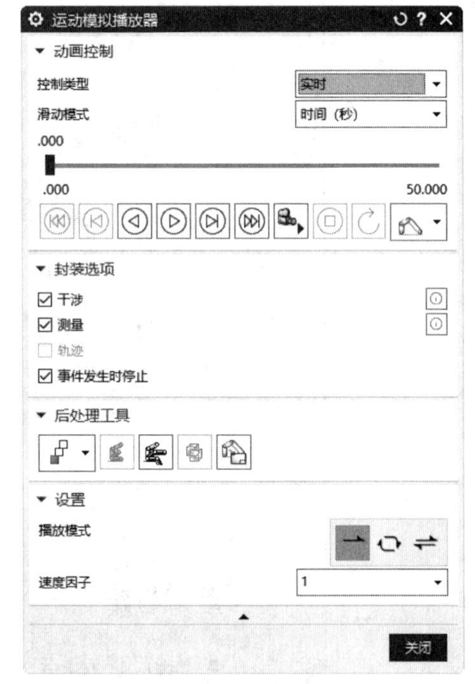

图 9-1 【运动模拟播放器】对话框

9.1.1 干涉检查

干涉（interference）命令可以检查运动机构中选定对象每一步存在的碰撞，可帮助用户排除运动机构存在的缺陷，干涉以三种类型显示存在碰撞的结果。

- ❑ 高亮显示：发生干涉时对象高亮显示，显示的颜色默认为红色，在 UG NX 中，两物体面接触也算为干涉，请注意区分。
- ❑ 创建实体：发生干涉时，软件会生成非参数的相交实体。
- ❑ 显示相交曲线：发生干涉时，显示两对象的相交曲线。

本小节将对物体穿过通道是否存在干涉进行检查。请注意，凡是改动过仿真的参数或添加过运动副、约束等必须重新解算一次。具体步骤如下：

1. 创建驱动

1）启动 UG NX 2027，打开源文件/chapter9/原始文件/9.1/ Interference / motion_1.sim。

2）单击【主页】选项卡【机构】面组上的【驾驶员】按钮，打开【驱动】对话框。

3）在绘图区选择运动副 J002 为驱动对象，如图 9-2 所示。

4）在【驱动】选项组的【平移】下拉列表框中选择【多项式】。

5）在【速度】文本框输入 600，【加速度】文本框输入 20，如图 9-3 所示。

6）单击【驱动】对话框中的【确定】按钮，完成驱动的创建。

2. 干涉检查

1）单击【分析】选项卡【运动】面组上【干涉】按钮，打开【干涉】对话框，如图 9-4 所示。

2）在【类型】下拉列表框中选择【创建实体】。

3）在【设置】选项组（见图 9-5）中勾选【事件发生时停止】复选框和【激活】复选框。

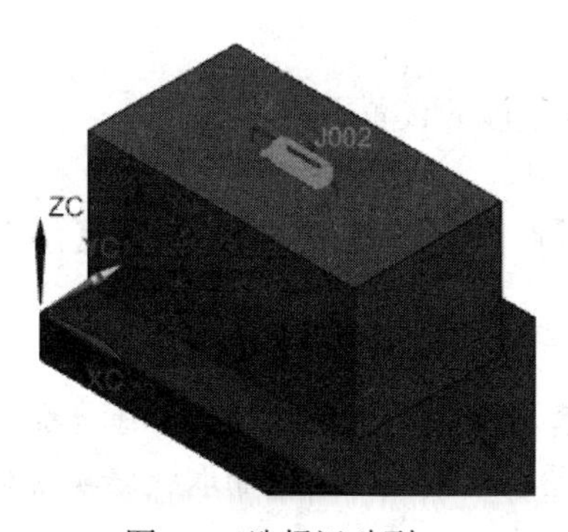

J002
ZC
YC
XC

图 9-2　选择运动副

驱动
驱动类型
运动副驱动
驱动对象
选择驱动对象 (1)
驱动
平移
多项式
初位移
0
mm
速度
600
mm/s
加速度
20
mm/s²
加加速度
0
mm/s³
设置
名称
Drv002
预览
< 确定 >
应用
取消

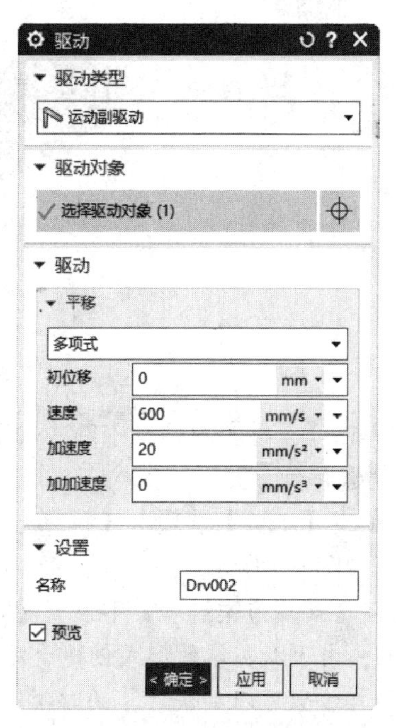

图 9-3　设置驱动参数

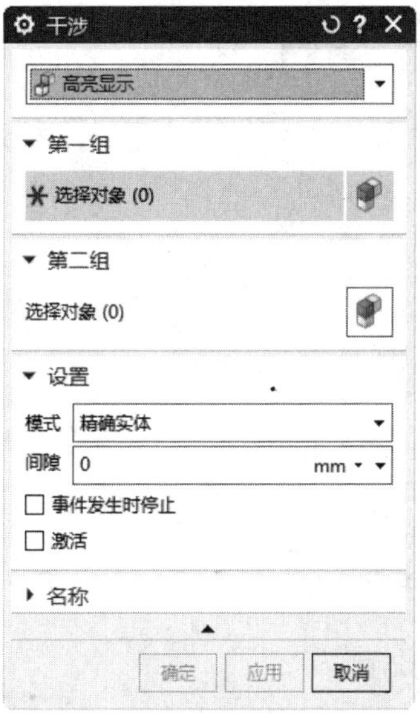

干涉
高亮显示
第一组
选择对象 (0)
第二组
选择对象 (0)
设置
模式
精确实体
间隙
0
mm
事件发生时停止
激活
名称
确定
应用
取消

图 9-4　【干涉】对话框

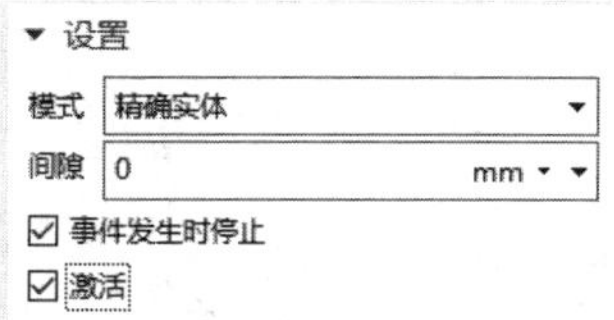

设置
模式
精确实体
间隙
0
mm
事件发生时停止
激活

图 9-5　【设置】选项组

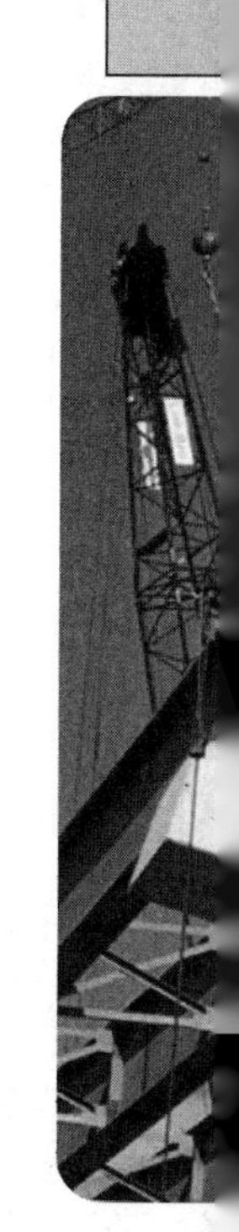

4）在绘图区选择长方体作为第一组对象，如图 9-6 所示。

5）在【第二组】选项组中单击【选择对象】选项，在绘图区选择通道作为第二组对象。对象可以是组件、实体、片头和运动体 4 种类型。

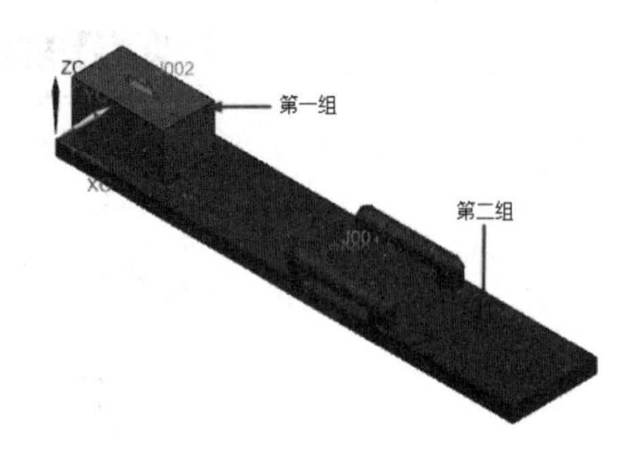

图 9-6　选择对象

6）单击【干涉】对话框中的【确定】按钮，完成干涉的设置。

3. 创建解算方案

1）单击【主页】选项卡【解算方案】面组上的【解算方案】按钮，打开【解算方案】对话框，如图 9-7 所示。

2）在【解算方案选项】中设置【时间】为 2，【步数】为 100。

说明：由于以实体的形式创建干涉结果，运动仿真机构在发生碰撞时解算速度会很慢，因此减少解算步数可以加快计算的时间，当然也可以设置干涉模式为小平面取代精确实体，使创建干涉的精度降低，加快软件计算的速度。

3）单击【解算方案】对话框中的【确定】按钮，完成解算方案的创建。

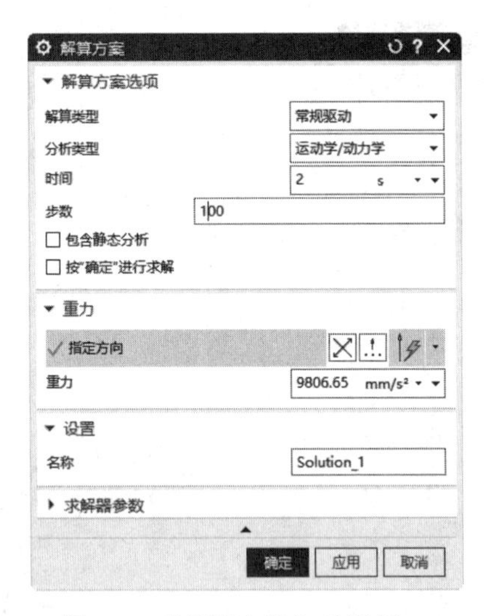

图 9-7　【解算方案】对话框

4. 求解结果

单击【主页】选项卡【解算方案】面组上的【求解】按钮，求解当前解算方案的结果。

5. 创建动画

1）单击【分析】选项卡【运动】面组上的【运动模拟播放器】，打开【运动模拟播放器】对话框，如图 9-8 所示。

2）在对话框中勾选【事件发生停止】复选框和【干涉】复选框，如图 9-9 所示。

3）单击【播放】按钮 ，运动仿真动画开始。

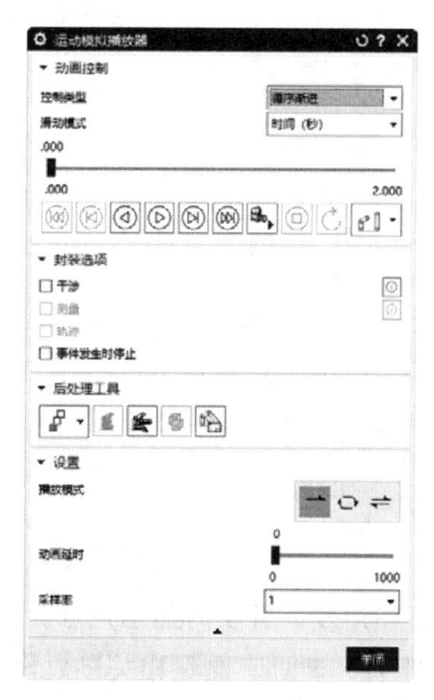

图 9-8　【运动模拟播放器】对话框

图 9-9　设置封装选项

4）当运动仿真动画在 0.82s 时，物体与通道发生碰撞，动画停止，并打开【动画事件】提示框，如图 9-10 所示。

5）单击【动画事件】提示框的【确定】按钮，取消暂停。

说明：在发生干涉的同时，软件创建每一步的干涉实体，干涉实体在当前的运动仿真模型内（见图 9-11）不在主模型，删除时直接在画面或部件导航器删除。模型只有在勾选【事件发生停止】复选框、【干涉】复选框后播放动画时才会创建干涉和暂停。

6）单击【列出干涉】按钮，打开【信息】窗口，如图 9-12 所示。在发生干涉的步进处显示干涉类型。测量出干涉的距离以修改主模型尺寸。

7）单击【运动模拟播放器】对话框中的【关闭】按钮，完成干涉检查。

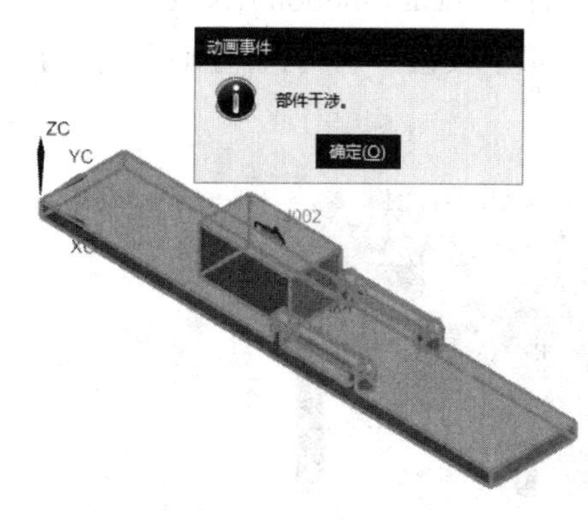

图 9-10　动画结果

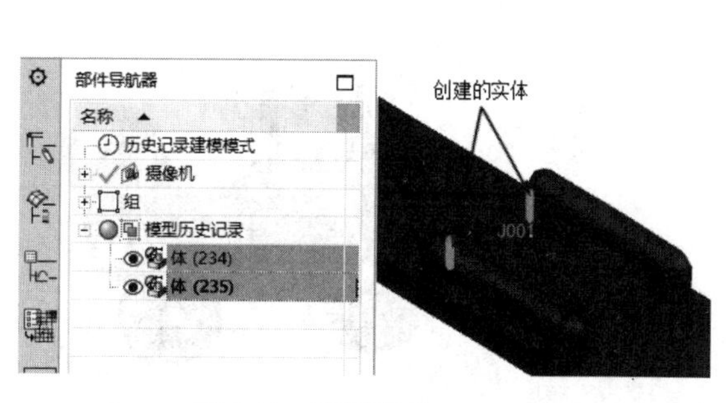

图 9-11　干涉实体

图 9-12 【信息】窗口

9.1.2 测量

测量（measure）命令可以测量两对象之间的距离和角度，并实时显示尺寸。测量命令甚至可以创建安全尺寸，当物体运动到安全尺寸时发生报警、暂停。测量相关参数含义如下：

- ❑ 最小距离：测量对象之间的最小距离，对象可以是实体、片体、曲线、标记和智能点。
- ❑ 角度：测量直线或线性边缘的角度。
- ❑ 大于：当物体运动的测量值大于安全尺寸时，测量事件发生。
- ❑ 小于：当物体运动的测量值小于安全尺寸时，测量事件发生。
- ❑ 目标：当物体运动的测量值等于安全尺寸时，测量事件发生。
- ❑ 事件发生时停止：当测量事件发生时，运动仿真机构停止。

本小节将对玩具小车的转向机构进行测量，测量轮胎的最大转角（当两机构发生干涉，也就是对象距离为零时，轮胎转角最大），如图 9-13 所示。

1. 测量距离

1）启动 UG NX 2027，打开源文件/chapter9/原始文件/9.1/ car / motion_1.sim。

2）单击【分析】选项卡【运动】面组上的【动画测量】按钮，打开【动画测量】对话框。

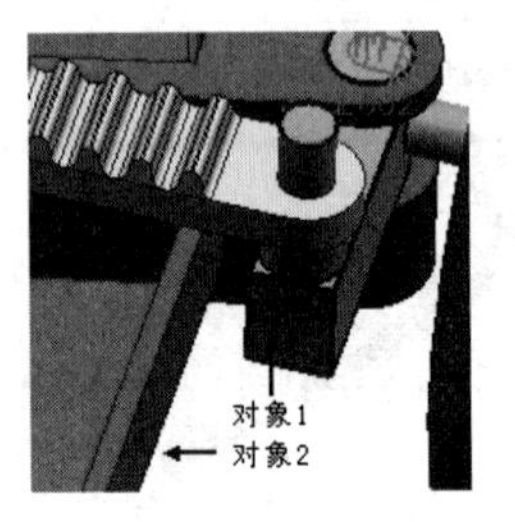

图 9-13 玩具小车的转向机构

3）在绘图区选择车身的侧面作为第一组对象。

4）在【第二组】选项组中单击【选择对象】选项，在绘图区选择转向运动体作为第二组对象，如图 9-14 所示。

5）在【设置】选项组的【阀值】文本框输入 0.1，在【测量条件】下拉列表框中选择【小于】。

说明：此步骤的含义是当两物体的距离小于 0.1 时，测量事件发生。它使运动仿真机构停止，以方便进行角度的测量。

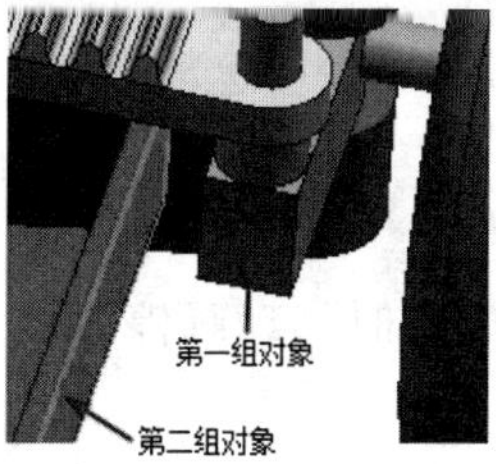

图 9-14　选择对象

图 9-15　设置动画测量参数

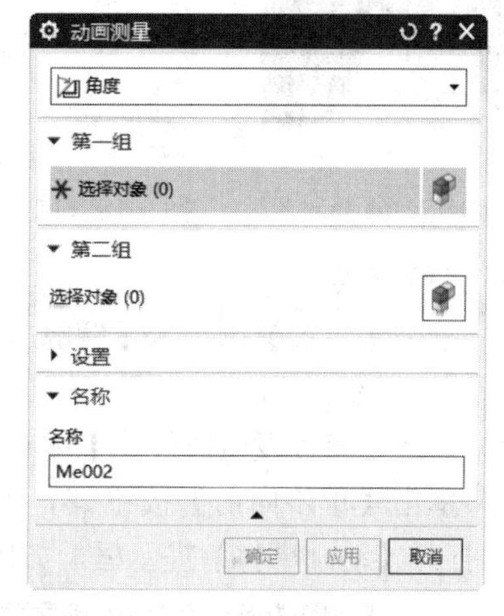

图 9-16　【动画测量】对话框

6）勾选【事件发生时停止】复选框和【激活】复选框，如图 9-15 所示。

7）单击【动画测量】对话框中的【确定】按钮，完成测量距离的设置。

2. 测量角度

1）单击【主页】选项卡【运动】面组上的【动画测量】按钮，打开【动画测量】对话框，如图 9-16 所示。

2）在【类型】下拉列表框中选择【角度】。

3）在绘图区选择车身的边缘 1 作为第一组对象。2 作为第二组对象，如图 9-17 所示。

4）在【第二组】选项卡中单击【选择对象】选项，在绘图区选择转向运动体的边缘。

5）在【设置】选项组的【测量条件】下拉列表框中选择【目标】，勾选【激活】复选框，如图 9-18 所示。

6）单击【动画测量】对话框中的【确定】按钮，完成测量角度的设置。

3. 创建解算方案

1）单击【主页】选项卡【解算方案】面组上的【解算方案】按钮，打开【解算方案】对话框，如图 9-19 所示。

2）在【解算类型】下拉列表框中选择【铰接运动】。

3）单击【解算方案】对话框中的【确定】按钮，完成解算方案的创建。

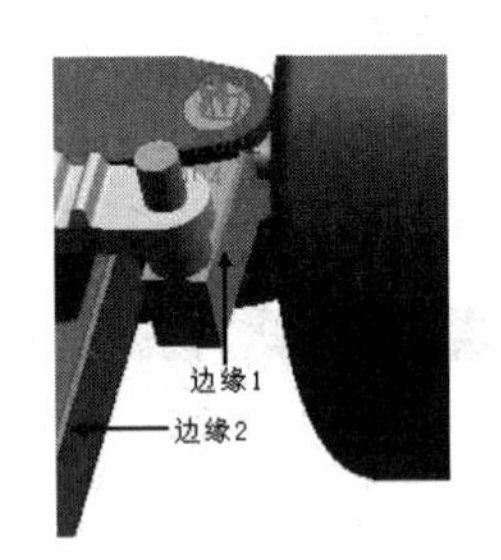

图 9-17　选择对象

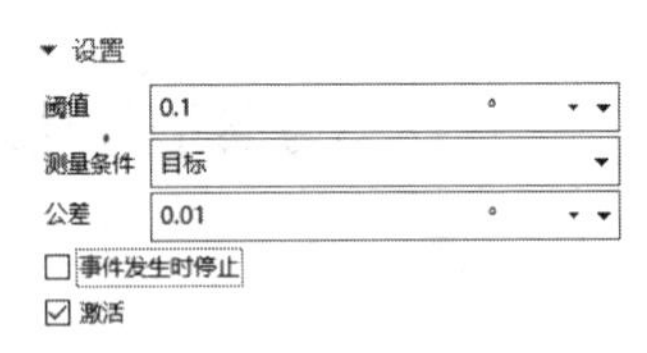

图 9-18 设置动画测量参数

图 9-19　【解算方案】对话框

4. 求解结果

1）单击【主页】选项卡【解算方案】面组上的【求解】按钮，打开【铰接运动】对话框，如图 9-20 所示。

2）勾选【事件发生时停止】复选框和【测量】复选框。

3）单击【单步向前】按钮，运动仿真动画开始。当两物体发生碰撞时，动画停止，并打开【动画事件】提示框，如图 9-21 所示。

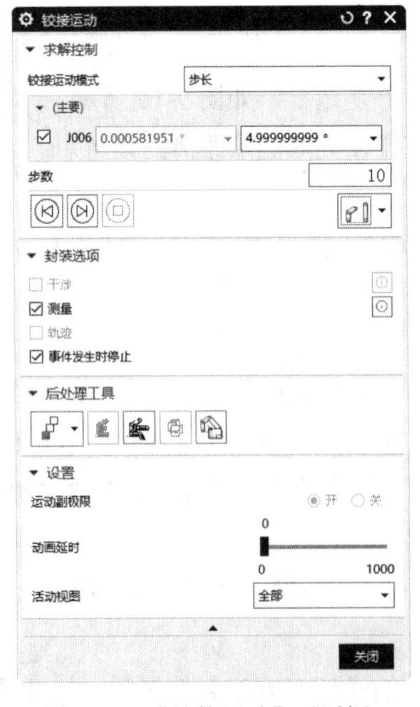

图 9-20　【铰接运动】对话框

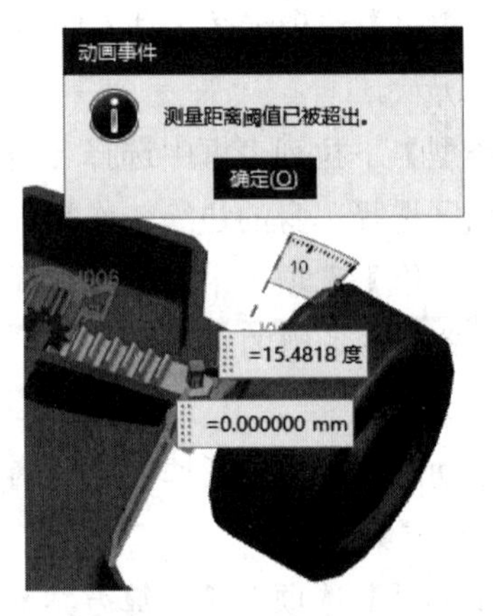

图 9-21　动画停止

4）单击【动画事件】对话框中的【确定】按钮，取消暂停。

5）单击【列出测量值】按钮，打开【信息】窗口，如图 9-22 所示。从记事本当中可以看出，当驱动 J006 转动到 41.9141° 时轮胎的转角为 14.5046° 。

6）单击【铰接运动】对话框中的【关闭】按钮，完成当前模型的运动分析。

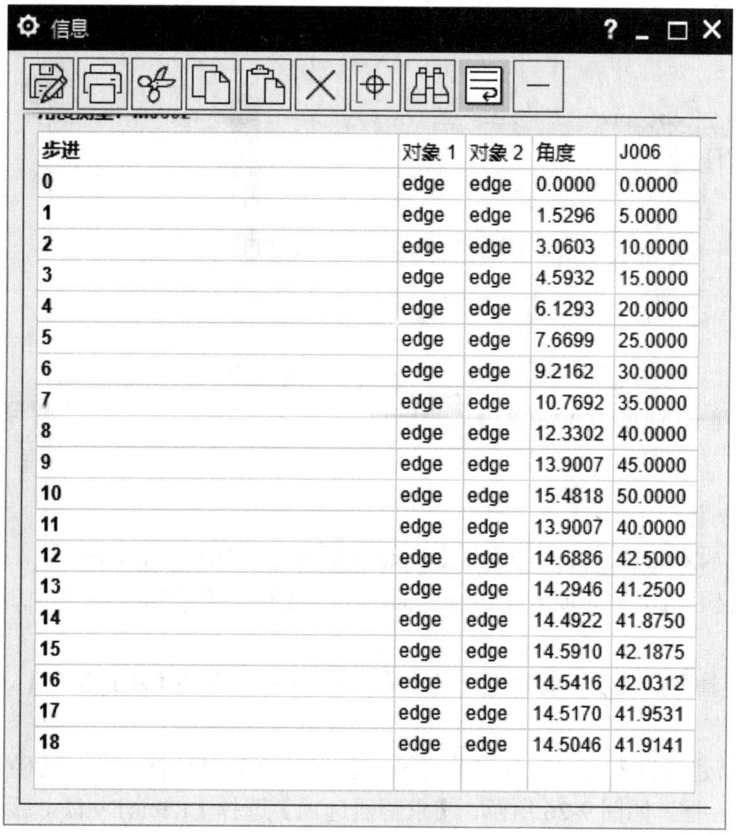

信息

步进	对象 1	对象 2	角度	J006
0	edge	edge	0.0000	0.0000
1	edge	edge	1.5296	5.0000
2	edge	edge	3.0603	10.0000
3	edge	edge	4.5932	15.0000
4	edge	edge	6.1293	20.0000
5	edge	edge	7.6699	25.0000
6	edge	edge	9.2162	30.0000
7	edge	edge	10.7692	35.0000
8	edge	edge	12.3302	40.0000
9	edge	edge	13.9007	45.0000
10	edge	edge	15.4818	50.0000
11	edge	edge	13.9007	40.0000
12	edge	edge	14.6886	42.5000
13	edge	edge	14.2946	41.2500
14	edge	edge	14.4922	41.8750
15	edge	edge	14.5910	42.1875
16	edge	edge	14.5416	42.0312
17	edge	edge	14.5170	41.9531
18	edge	edge	14.5046	41.9141

图 9-22　【信息】窗口

9.1.3　追踪

追踪（trace）命令可以复制模型在某个位置的备份，通过追踪可以记录机构重要的动作或对比模型之间的区别。追踪命令不仅可以手动追踪在某一时刻的模型备份，还可以自动追踪在每一步时模型备份。具体的含义如下：

- 追踪：复制指定物体在每一步的模型。
- 追踪当前位置：复制指定物体在某一时刻的模型。
- 追踪整个机构：复制整个机构在某一时刻的模型，如图 9-23 所示。

本小节将对小球的自由落体进行追踪，如图 9-24 所示。具体步骤如下：

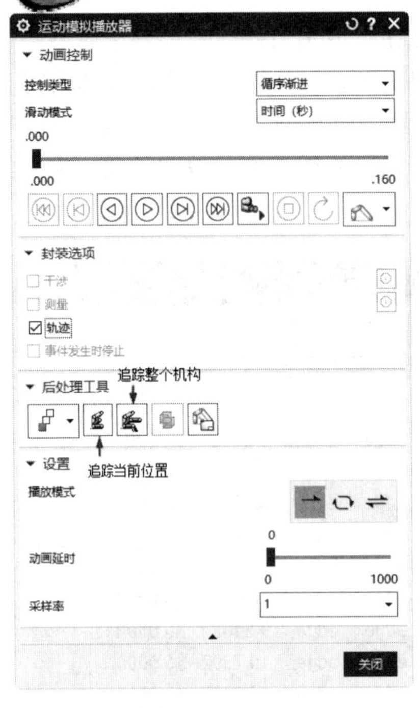

图 9-23 追踪

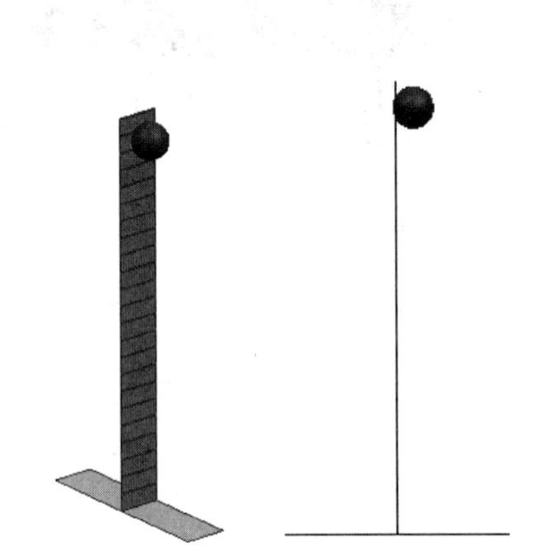
图 9-24 自由落体模型

1. 新建仿真

1）启动 UG NX 2027，打开源文件/chapter9/原始文件/9.1 / Trace.prt。

2）单击【应用模块】选项卡【仿真】面组上的【运动】按钮，进入运动仿真界面。

3）选择【运动导航器】，右击运动仿真 Trace 图标，选择【新建仿真】，如图 9-25 所示。

4）选择【新建仿真】后，软件自动打开【新建仿真】对话框。单击【确定】按钮，打开【环境】对话框，如图 9-26 所示。【求解器选项】选择【RecurDyn】，【分析类型】选择【动力学】，其他参数选择默认，单击【确定】按钮。

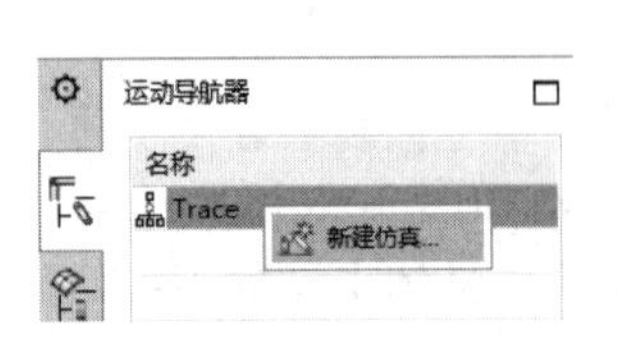

图 9-25 选择【新建仿真】

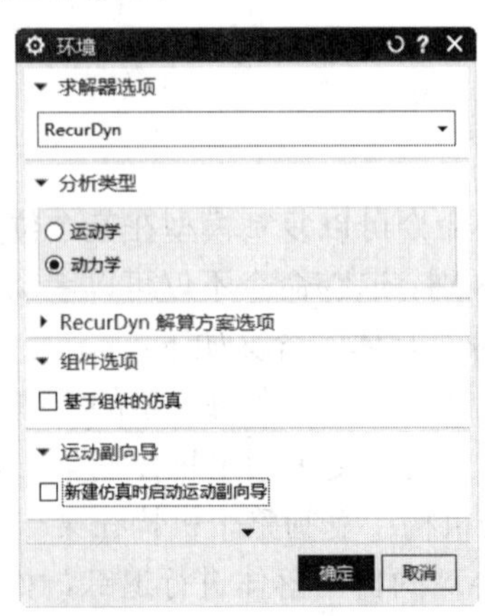

图 9-26 【环境】对话框

2. 创建运动体

1）单击【主页】选项卡【机构】面组上的【运动体】按钮，打开【运动体】对话框，如图 9-27 所示。

2）在绘图区选择小球为运动体 B001。

3）单击【运动体】对话框的【应用】按钮，完成运动体 B001 的创建。

4）在绘图区选择底面片体为运动体 B002，如图 9-28 所示。

5）在【质量属性选项】下拉列表框中选择【用户定义】，如图 9-29 所示。软件自动打开【质量和惯性矩】选项组。

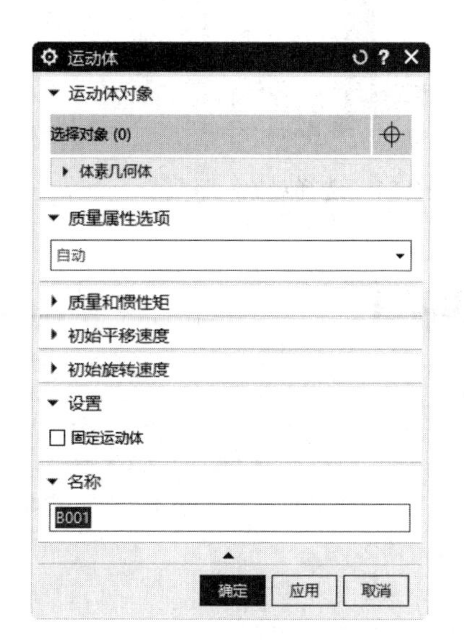

图 9-27　【运动体】对话框

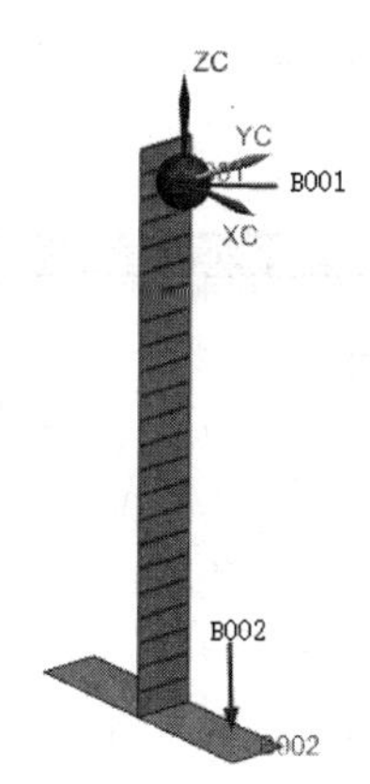

图 9-28　创建运动体

图 9-29　设置质量属性选项

6）单击【质心】选项，选择 B002 任意一点作为运动体的质心，并在对应的【质量和惯性矩】文本框输入参数，如图 9-30 所示。

7）勾选【固定运动体】复选框，固定 B002。

说明：如果整个运动机构模型没有一个固定运动体，将不能对其进行解算。因此，本实例的运动体 B002 只是起一个辅助解算作用。

8）单击【运动体】对话框中的【确定】按钮，完成运动体 B002 的创建。

3. 追踪小球

1）单击【分析】选项卡【运动】面组上的【轨迹】按钮，打开【轨迹】对话框。

2）在绘图区选择小球为追踪对象，如图 9-31 所示。

3）勾选【激活】复选框，如图 9-32 所示。

4）单击【追踪】对话框中的【确定】按钮，完成追踪的设置。

4. 动画分析

1）单击【主页】选项卡【解算方案】面组上的【解算方案】按钮，打开【解算方案】对话框，如图 9-33 所示。

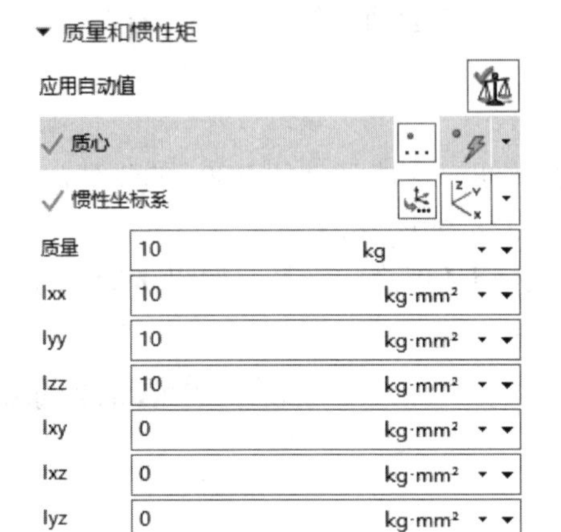

图 9-30　设置质量和惯性矩参数

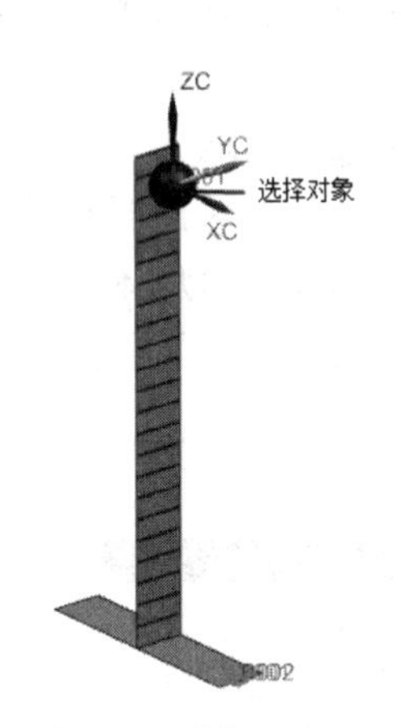

图 9-31　选择对象

图 9-32　勾选【激活】复选框

2）在【解算类型】下拉列表框中选择【常规驱动】。

3）单击【解算方案】对话框中的【确定】按钮，完成解算方案的创建。

4）单击【主页】选项卡【解算方案】面组上的【求解】按钮，求解当前解算方案的结果。

5）单击【分析】选项卡【运动】面组上的【运动模拟播放器】，打开【运动模拟播放器】对话框，如图 9-34 所示。

6）勾选【轨迹】复选框。

7）单击【播放】按钮，运动仿真动画开始。小球的自由落体开始，每一步都自动追踪，如图 9-35 所示。

说明：如果需要追踪某个时刻的对象，拖动时间滑块到特定的时间，单击【追踪当前位置】图标；如果需要追踪整个机构，则单击【追踪整个机构】图标。

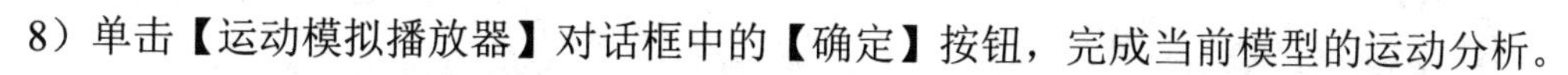

8）单击【运动模拟播放器】对话框中的【确定】按钮，完成当前模型的运动分析。

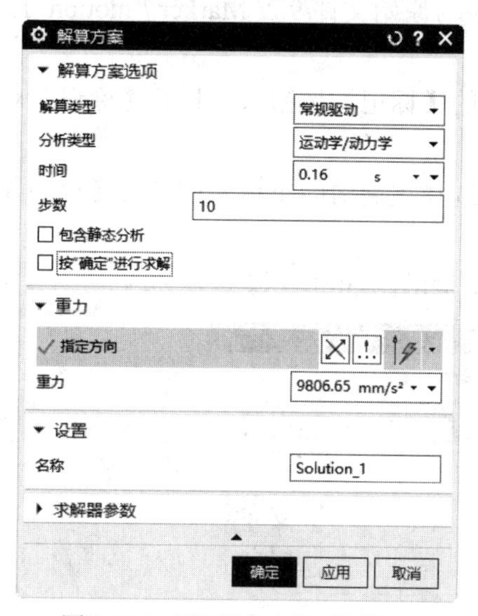

图 9-33　【解算方案】对话框

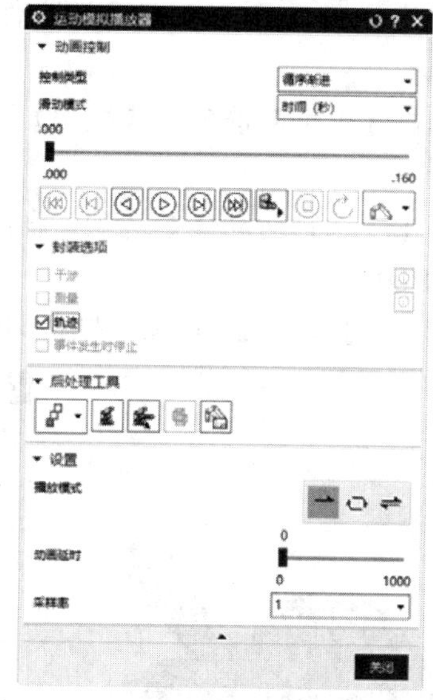

图 9-34　【运动模拟播放器】对话框

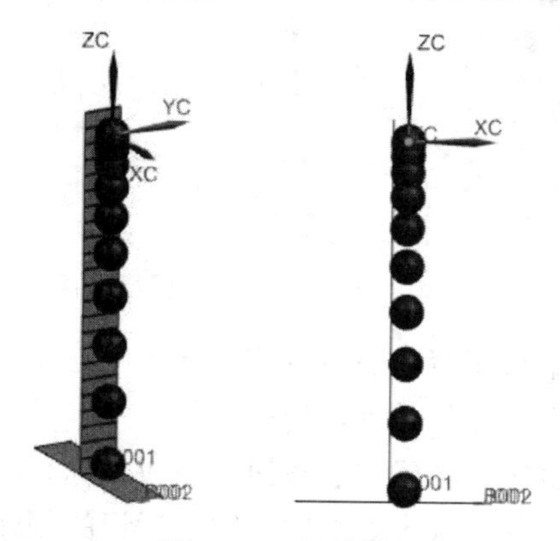

图 9-35　动画结果

9.2　标记功能

标记功能通常和追踪、测量一起使用，它有 3 个命令，即标记、智能点和传感器。通过标记，可以创建某一点的位移、速度和加速度图表，甚至可以构成运动轨迹的点集。

9.2.1　标记

标记（marker）用于定义运动体上的某个点，标记和智能点相比有明确的方向定义。标记的方向特性在复杂的动力学分析，如分析运动体的速度、位移等中特别有用。

本小节将对发射后的炮弹使用标记求取它的高度位移和速度。具体步骤如下：

1. 创建标记

1）启动 UG NX 2027，打开源文件/chapter9/原始文件/9.2/ Marker / motion_1.sim，模型如图 9-36 所示。

2）单击【主页】选项卡【机构】面组上的【标记】按钮，打开【标记】对话框，如图 9-37 所示。

3）单击【选择运动体】选项，在绘图区选择炮筒内的小球，或者在【运动导航器】内选择运动体 B001。

4）单击【指定点】选项，选择小球球心，如图 9-38 所示。

图 9-36 模型

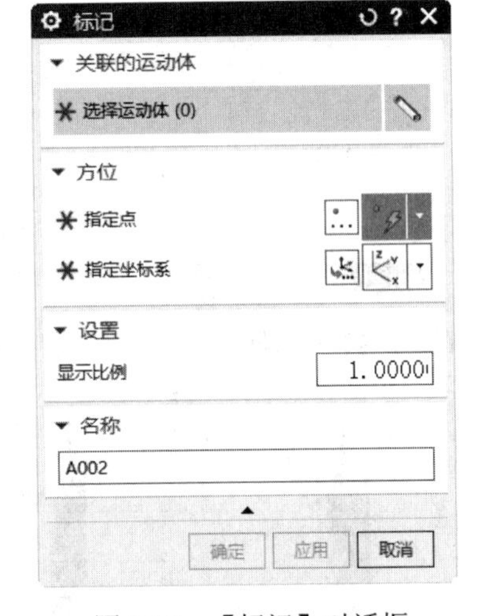

图 9-37 【标记】对话框

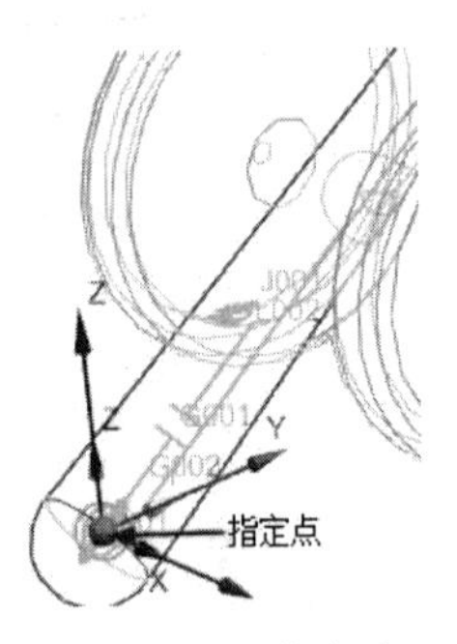

图 9-38 指定点

5）单击【坐标系对话框】按钮，打开【坐标系】对话框，如图 9-39 所示。

6）在【类型】下拉列表框中选择【绝对坐标系】。

7）单击【坐标系】对话框中的【确定】按钮，完成坐标系的设置。

8）单击【标记】对话框中的【确定】按钮，完成标记的创建。

2. 解算结果

1）单击【主页】选项卡【解算方案】面组上的【解算方案】按钮，打开【解算方案】对话框，如图 9-40 所示。

2）在【解算方案选项】中设置【时间】为 0.5，固定【步数】为 100。

3）单击【解算方案】对话框中的【确定】按钮，完成解算方案的创建。

4）单击【主页】选项卡【解算方案】面组上的【求解】按钮，求解当前解算方案的结果。

3. 创建高度位移图表

1）单击【分析】选项卡【运动】面组上的仿真下拉菜单中的【XY 结果】按钮，打开【XY 结果视图】面板，如图 9-41 所示。

2）在【运动导航器】中选择 A001。

3）在【XY 结果视图】面板中选择【标记】→【绝对】→【位移】。

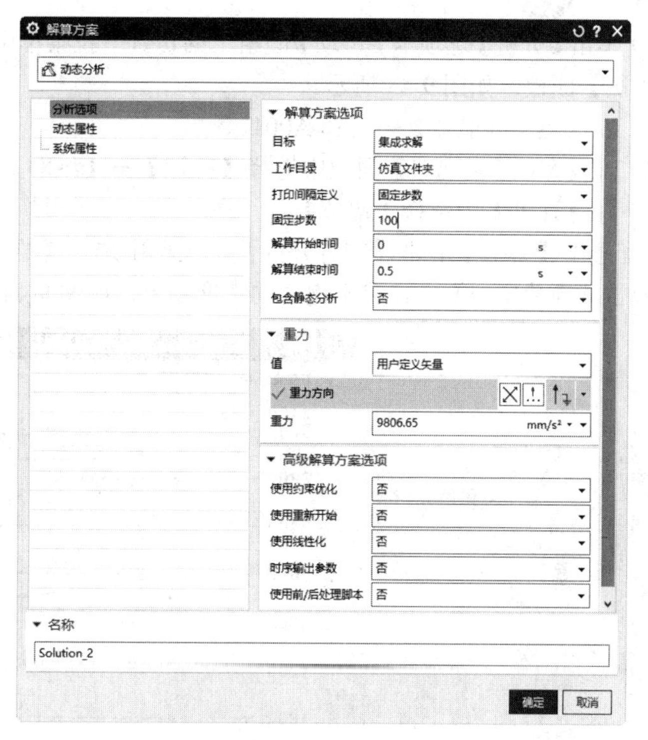

图 9-39　坐标系对话框

图 9-40　【解算方案】对话框

4）在【位移】中选择【Z】。

5）选中【Z】右击，在打开的快捷菜单中选择【绘图】命令，打开【查看窗口】对话框，单击【新建窗口】，计算出炮弹的高度位移图表，如图 9-42 所示。

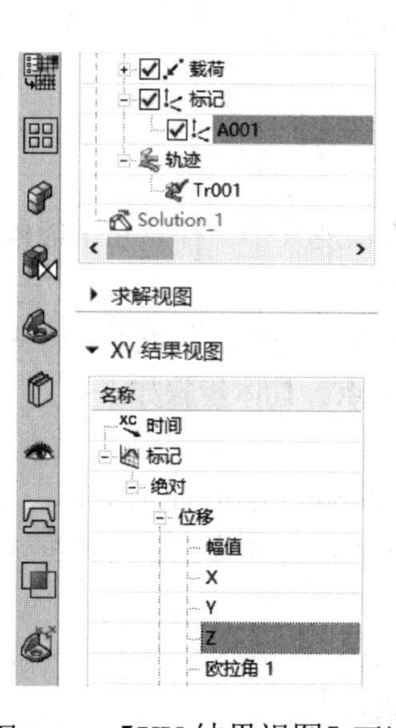

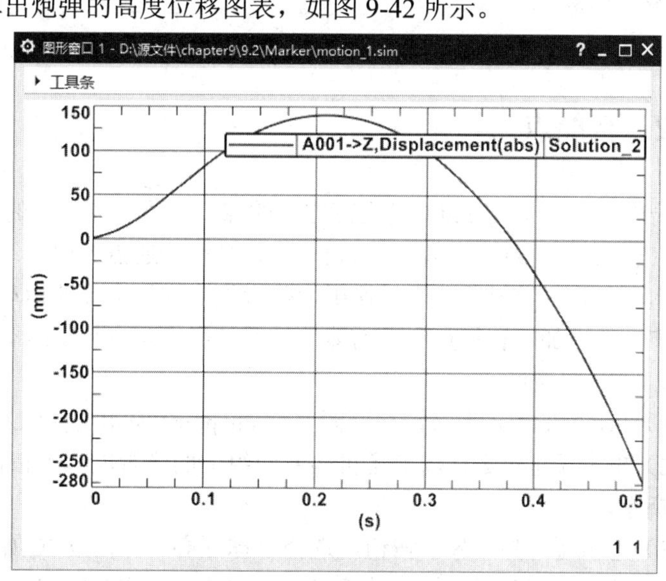

图 9-41　【XY 结果视图】面板

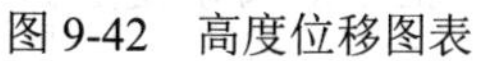
图 9-42　高度位移图表

4. 创建速度图表

1）单击【分析】选项卡【运动】面组上的仿真下拉菜单中的【XY 结果】按钮，打开【XY 结果视图】面板，如图 9-43 所示。

2）在【运动导航器】中选择 A001。

3）在【XY 结果视图】面板中选择【标记】→【绝对】→【速度】。

4）在【速度】中选择【幅值】。

5）选中【幅值】右击，在打开的快捷菜单中选择【绘图】命令，打开【查看窗口】对话框，单击【新建窗口】，计算出炮弹的速度图表，如图 9-44 所示。

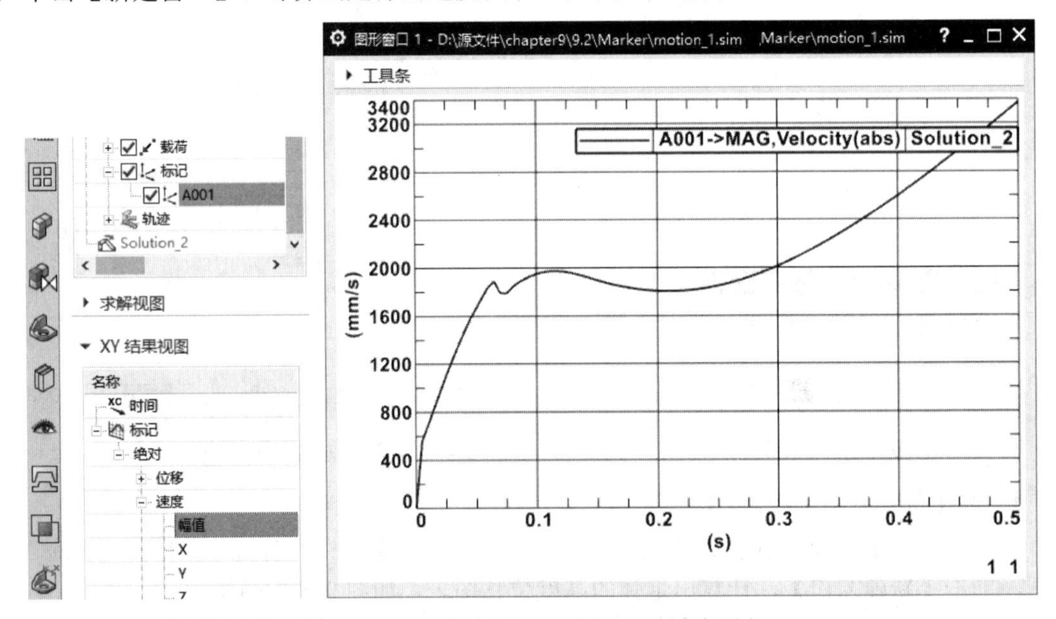

图 9-43 【XY 结果视图】面板

图 9-44 速度图表

9.2.2 智能点

智能点（smart point）是没有方向的点，实质上和普通的点功能几乎一样。它不能依附运动体，也不能和标记一样输出图表，使用时和普通点的用法一样。

本小节将对发射后的炮弹使用追踪智能点描绘炮弹的运动轨迹。完成的思路是：首先创建智能点，然后加入智能点到运动体，最后使用追踪命令追踪智能点。具体步骤如下：

1. 创建智能点

1）启动 UG NX 2027，打开源文件/chapter9/原始文件/9.2/ Marker / motion_1.sim。

2）单击【主页】选项卡【机构】面组上的【智能点】按钮+，打开【点】对话框，如图 9-45 所示。

3）单击【选择对象】按钮，选择小球球心，如图 9-46 所示。

4）单击【点】对话框中的【确定】按钮，完成智能点的创建。

图 9-45　【点】对话框

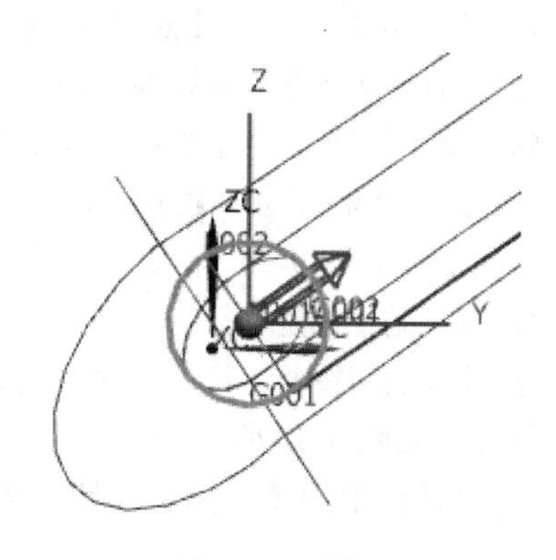

图 9-46　选择球心

2. 编辑运动体

1）打开【运动导航器】面板，如图 9-47 所示。双击运动体 B001，打开【运动体】对话框，如图 9-48 所示。

2）在绘图区选择智能点加入运动体 B001。

3）单击【运动体】对话框中的【确定】按钮，完成运动体 B001 的修改。

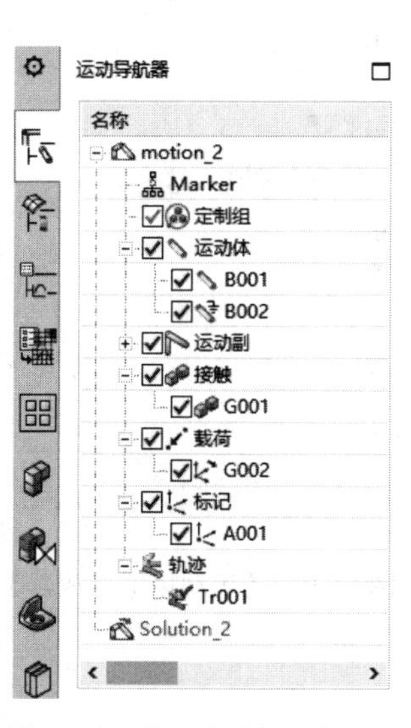

图 9-47　【运动导航器】面板

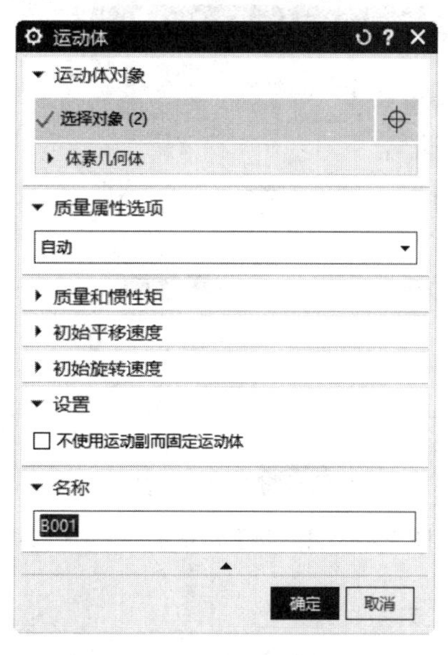

图 9-48　【运动体】对话框

3. 创建追踪

1）单击【分析】选项卡【运动】面组上的【轨迹】按钮，打开【轨迹】对话框，如图 9-49 所示。

2）在绘图区选择智能点，勾选【激活】复选框。

3）单击【轨迹】对话框中的【确定】按钮，完成追踪的设置。

4. 动画分析

1）单击【主页】选项卡【解算方案】面组上的【解算方案】按钮，打开【解算方案】对话框。输入时间为 0.5，步数为 100。单击【确定】按钮，完成解算方案。单击【主页】选项卡【解算方案】面组上的【求解】按钮，求解当前解算方案的结果。

2）单击【分析】选项卡【运动】面组上的【运动模拟播放器】按钮，打开【运动模拟播放器】对话框，如图 9-50 所示。

3）勾选【轨迹】复选框。

4）单击【播放】图标，运动仿真动画开始。炮弹发射的运动开始，每一步都自动追踪智能点的位置，如图 9-51 所示。

5）单击对话框中的【关闭】按钮，完成当前模型的动画分析。

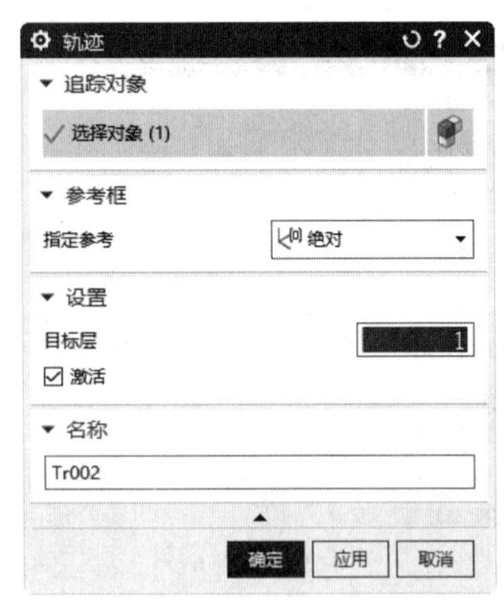

图 9-49 【轨迹】对话框

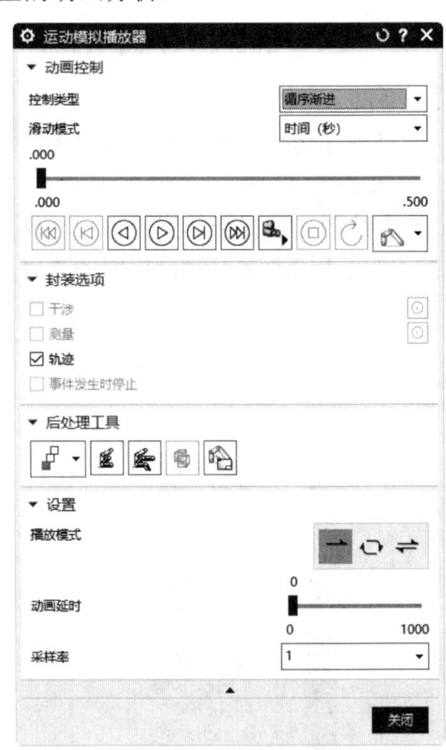

图 9-50 【运动模拟播放器】对话框

图 9-51 动画结果

9.2.3　传感器

传感器（sensors）是图表输出的一种快速标记，传感器可以检查物体的速度、位移、加速度和力。它的优点在于可以参照任何物体检查数据，输出图表时不需要设置图表参数。

本小节将对两钢球相碰实验过程中一小球相对于另一小球的速度和位移进行检查。具体步骤如下：

1. 创建传感器

1）启动 UG NX 2027，打开源文件/chapter9/原始文件/9.2 / sensors / motion_1.sim，模型如图 9-52 所示。

2）单击【主页】选项卡【机构】面组上的【传感器】按钮，打开【传感器】对话框。

3）在【类型】下拉列表框中选择【位移】类型。

4）在【组件】下拉列表框中选择【线性幅值】类型，在【参考框】下拉列表框中选择【相对】类型。如图 9-53 所示。

5）单击【测量】选项，在运动导航器中选择左边小球内的标记【A001】。

6）单击【相对】选项，在运动导航器中选择右边小球内的标记【A002】，如图 9-54 所示。

7）单击【传感器】对话框中的【确定】按钮，完成传感器的创建。

8）按照相同的步骤创建两标记之间的速度传感器 Se002。

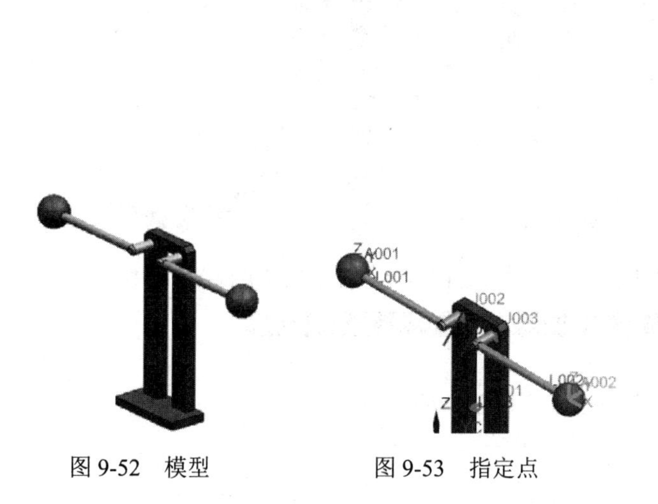

图 9-52　模型　　图 9-53　指定点

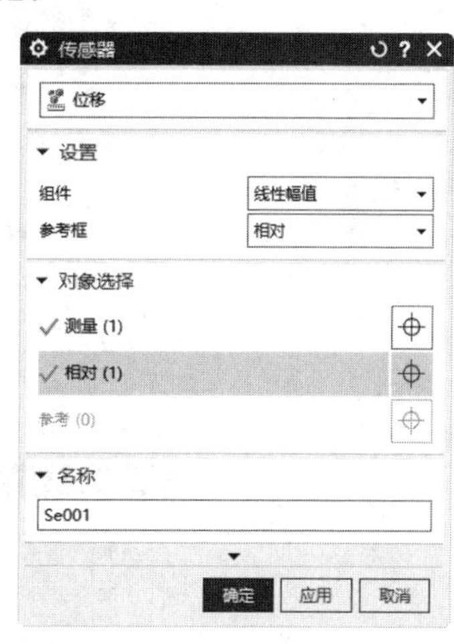

图 9-54　设置传感器参数

2. 创建解算方案

1）单击【主页】选项卡【解算方案】面组上的【解算方案】按钮，打开【解算方案】对话框，如图 9-55 所示。

2）在【解算方案选项】中设置【时间】为 0.5，固定【步数】为 100。

3）单击【解算方案】对话框中的【确定】按钮，完成解算方案的创建。

4）单击【主页】选项卡【解算方案】面组上的【求解】按钮，求解当前解算方案的结果。

3. 创建位移图表

1）单击【分析】选项卡【运动】面组上的仿真下拉菜单中的【XY 结果】按钮，打开【XY 结果视图】面板，如图 9-56 所示。

2）在【运动导航器】中框选择 Se001。

3）在【XY 结果视图】面板中选择【传感器】→【相对】→【位移】。

4）在【位移】中选择【幅值】。

5）选中【幅值】右击，在打开的快捷菜单中选择【绘图】命令，打开【查看窗口】对话框，单击【新建窗口】，计算出一小球的相对于另一小球的位移图表，如图 9-57 所示。

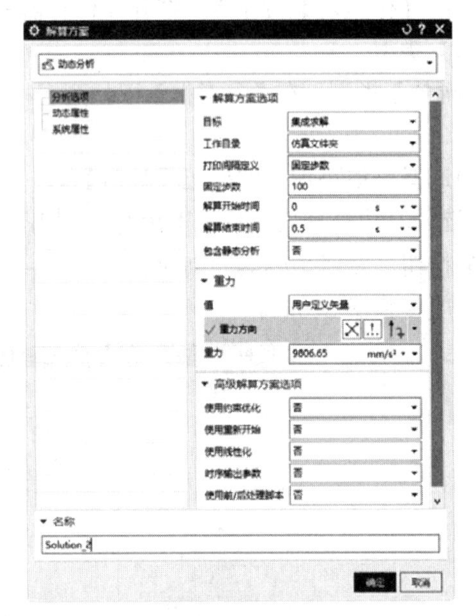

图 9-55 【解算方案】对话框

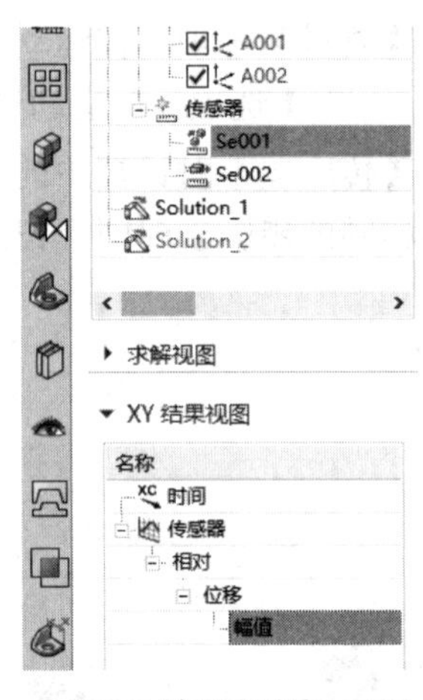

图 9-56 【XY 结果视图】面板

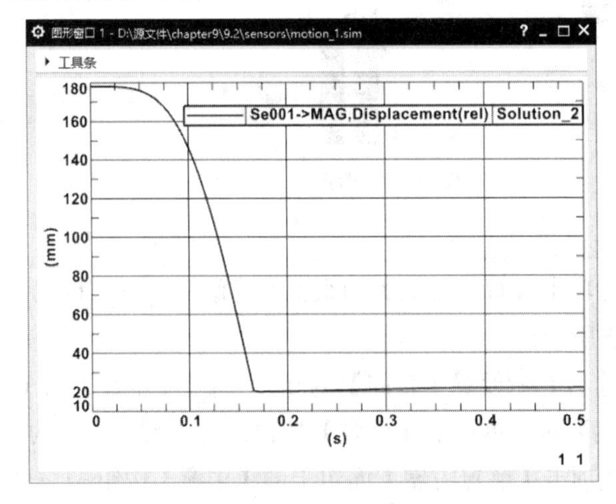

图 9-57 位移图表

4. 创建速度图表

1）单击【分析】选项卡【运动】面组上的仿真下拉菜单中的【XY 结果】按钮，打开【XY 结果视图】面板，如图 9-58 所示。

2）在【运动导航器】中选择 Se002。

3）在【XY 结果视图】面板中选择【传感器】→【相对】→【速度】。

4）在【速度】中选择【幅值】。

5）选中【幅值】右击，在打开的快捷菜单中选择【绘图】命令，打开【查看窗口】对话框，单击【新建窗口】，计算出一小球相对于另一小球的速度图表，如图 9-59 所示。

图 9-58　【XY 结果视图】面板

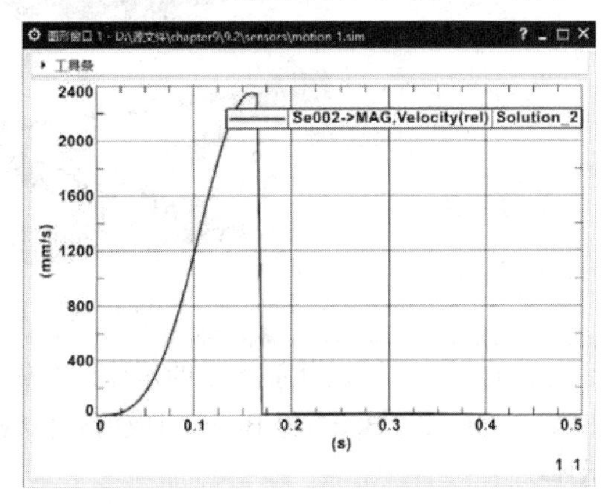

图 9-59　速度图表

9.3　实例——剪式千斤顶

剪式千斤顶可以通过手柄的旋转顶起重物，如图 9-60 所示。剪式千斤顶和一般的千斤顶相比没有油路系统，因此它有结构简单、携带方便的特点，受小型汽车用户的喜欢。

9.3.1　运动要求及分析思路

剪式千斤顶通过手柄的旋转顶起重物，结构为两大部分，即螺杆机构和剪式机构。创建剪式千斤顶运动仿真机构的要求如下：

图 9-60　剪式千斤顶

- ❑ 螺杆的转速为 1～3r/s，比率值为 3。
- ❑ 检查剪式千斤顶模型是否存在干涉。
- ❑ 创建螺杆转速和顶起速度的图标。
- ❑ 创建剪式千斤顶的最大顶起高度。

了解剪式千斤顶相关的参数和要求后，对模型进行分析，具体思路如下：

1）运动体的划分。在整个剪式千斤顶模型内找出参与运动的部件，并划分为运动体，一共是 8 个，如图 9-61 所示。底座为非运动体机构，当然也可以被创建为固定运动体。

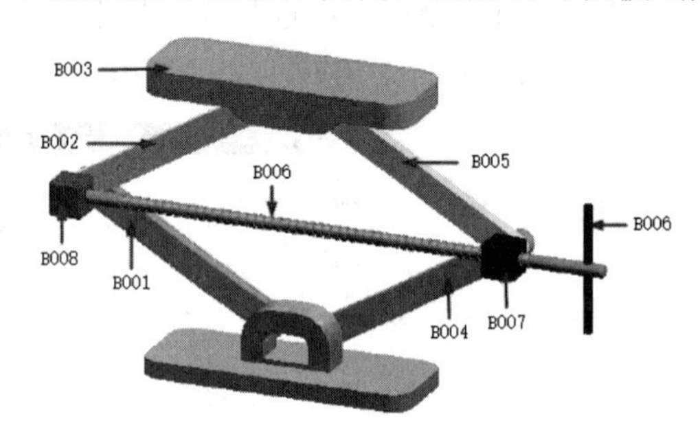

图 9-61　划分运动体

2）运动副的划分。通过从简入难的规律，在先不加螺杆机构的情况下创建运动副。

- ❑ B001、 B002、B004 和 B005 组成剪式机构，运动的类型是旋转副，并且需要对齐运动体。
- ❑ B003 沿顶起的方向运动为滑动副。
- ❑ B006 是主运动，即可以旋转也可以移动，运动的类型为螺旋副。由于螺旋副没有驱动，还需要在 B006 上创建旋转副。
- ❑ B007、 B008 要随着其他运动体移动，因需要保持水平，运动的类型为旋转副。

3）运动传递。本实例没有任何齿轮、线缆、3D 接触等，仅通过旋转副来完成。主要经过了二次力的转化：

- ❑ 螺杆的旋转减小 B007、 B008 之间的距离。
- ❑ 由平行四边形法则推断 B001、 B002 之间的角度增大，B002、 B005 之间的角度减小，从而推动 B003 向上运动。

9.3.2　创建运动体

剪式千斤顶模型需要创建 8 个运动体。为了简化模型，将螺杆和手柄合为一个运动体、底座没有定义为运动体。具体步骤如下：

1. 新建仿真

1）启动 UG NX 2027，打开源文件/chapter9/原始文件/9.3/qjd.prt。

2）选择【运动导航器】，右击运动仿真 qjd 图标，选择【新建仿真】。

3）选择【新建仿真】后，软件自动【新建仿真】对话框，单击【确定】按钮，打开【环境】对话框。【求解器选项】选择【Simcenter 3D Motion】，其他参数选择默认，单击【确定】按钮。

2. 创建运动体

1）单击【主页】选项卡【机构】面组上的【运动体】按钮，打开【运动体】对话框，如图9-62所示。

2）在绘图区选择左下方运动杆为运动体B001。

3）单击【运动体】对话框中的【应用】按钮，完成运动体B001的创建。

4）在绘图区选择左上方运动杆为运动体B002。

5）单击【运动体】对话框中的【应用】按钮，完成运动体B002的创建，如图9-63所示。

6）在绘图区选择顶部顶块为运动体B003。

7）单击【运动体】对话框中的【应用】按钮，完成运动体B003的创建，如图9-64所示。

8）按照完成运动体B003的步骤，完成运动体B004、运动体B005的创建。

说明：从运动体B001~B005组成了剪式千斤顶的剪式结构，也就是平行四边形机构。运动体B006~B008组成了控制剪式结构角度的螺杆机构。

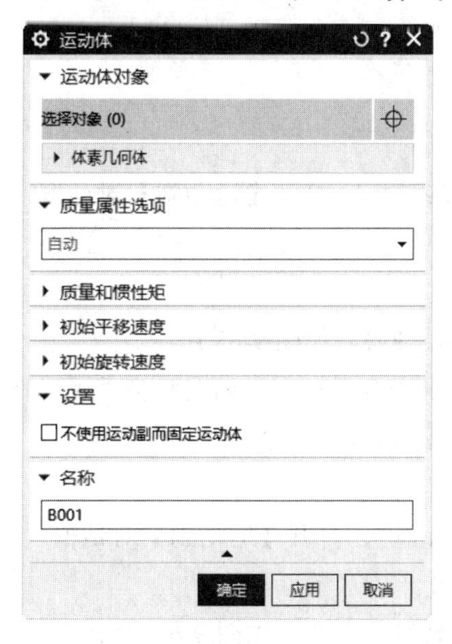

图9-62　【运动体】对话框

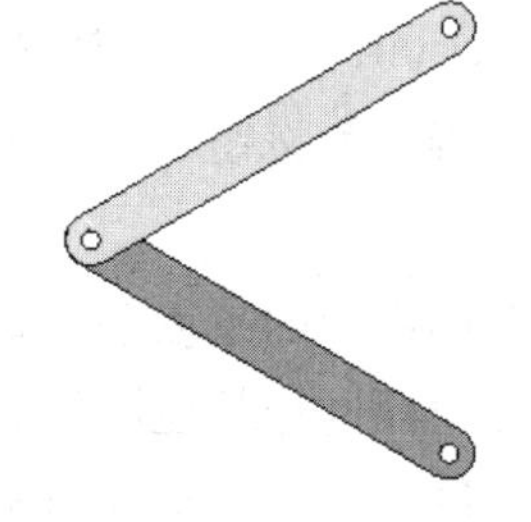

图9-63　运动体B001、B002

图9-64　创建运动体B003

9）在绘图区选择螺杆和手柄为运动体B006。

10）单击【运动体】对话框中的【应用】按钮，完成运动体B006的创建，如图9-65所示。

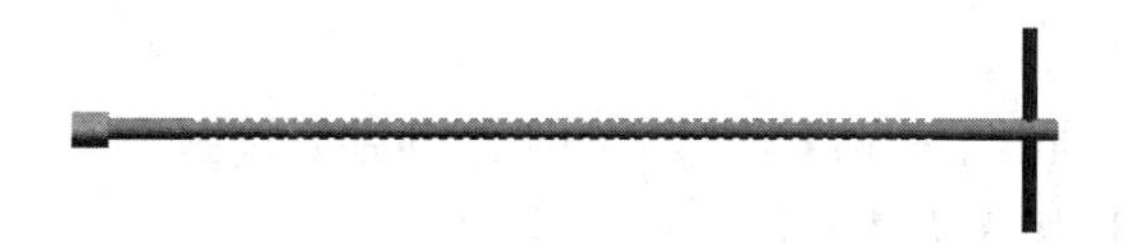

图9-65　创建运动体B006

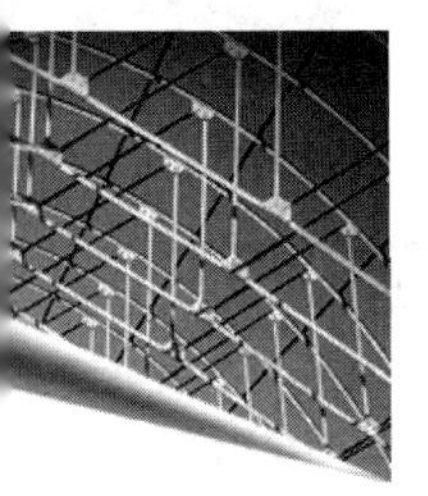

11）在绘图区选择左侧小方块为运动体 B007，B007 和 B008 的区别是 B007 带有螺纹。

12）单击【运动体】对话框中的【应用】按钮，完成运动体 B007 的创建。

13）在绘图区选择右侧小方块为运动体 B008。

14）单击【运动体】对话框中的【确定】按钮，完成运动体 B008 的创建。

9.3.3 创建剪式机构运动副

由于剪式千斤顶的运动副较多，为了避免出错无处下手，首先创建剪式机构的运动副，如图 9-66 所示；经过解算合格后再进行螺杆机构运动副的创建。具体步骤如下：

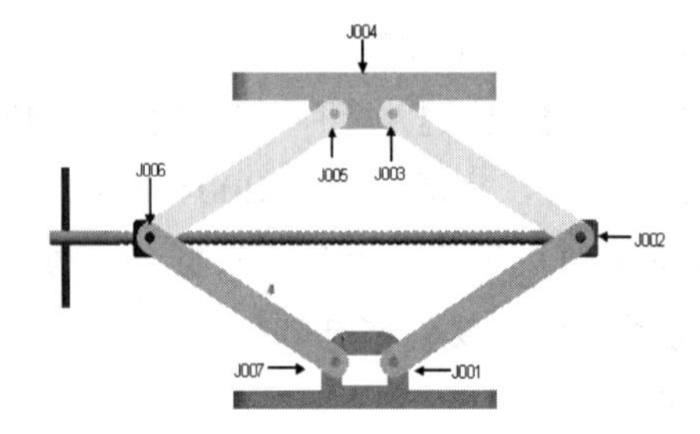

图 9-66 剪式机构运动副

1. 创建旋转副 J001

1）单击【主页】选项卡【机构】面组上的【运动副】按钮 ，打开【运动副】对话框，如图 9-67 所示。在【类型】下拉列表中选择【旋转副】。

2）单击【选择运动体】选项，在绘图区选择运动体 B001。

3）单击【指定原点】选项，在绘图区选择 B001 底板转轴圆心，如图 9-68 所示。

4）单击【指定矢量】选项，选择 B001 的端面，使 Z 方向平行于轴心，如图 9-68 所示。

5）单击【运动副】对话框中的【确定】按钮，完成旋转副 J001 的创建。

2. 创建旋转副 J002

1）单击【主页】选项卡【机构】面组上的【运动副】按钮，打开【运动副】对话框。

2）单击【选择运动体】选项，在绘图区选择运动体 B001。

3）单击【指定原点】选项，在绘图区选择运动体 B001 转轴的圆心，如图 9-69 所示。

4）单击【指定矢量】选项，选择 B001 的端面，使 Z 方向平行于轴心。

5）单击【基本】标签，打开【基本】选项组。

6）单击【选择运动体】选项，在绘图区选择运动体 B002，对齐运动体如图 9-70 所示。

7）单击【运动副】对话框中的【确定】按钮，完成旋转副 J002 的创建。

3. 创建旋转副 J003

1）单击【主页】选项卡【机构】面组上的【运动副】按钮，打开【运动副】对话框，在【类型】下拉列表中选择【旋转副】。

2）单击【选择运动体】选项，在绘图区选择运动体B002。

3）单击【指定原点】选项，在绘图区选择运动体B002上的圆心为原点，如图9-71所示。

图9-67　【运动副】对话框

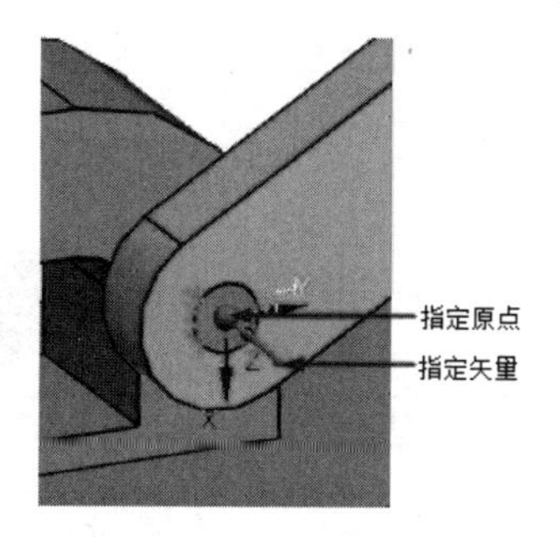

图9-68　指定原点、矢量

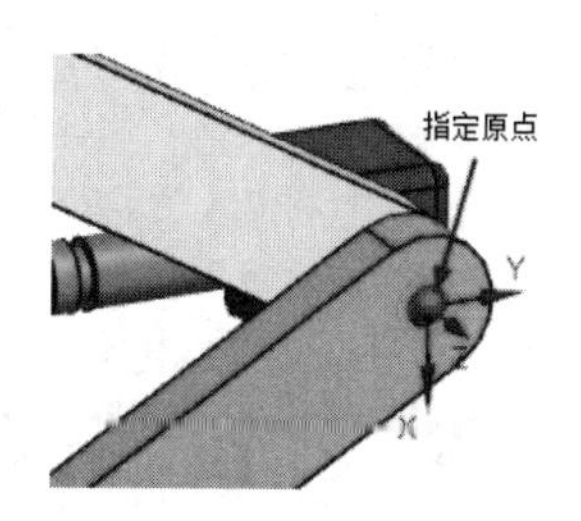

图9-69　指定原点

4）单击【指定矢量】选项，选择运动体B003上柱面，使Z方向指向轴心，如图9-72所示。

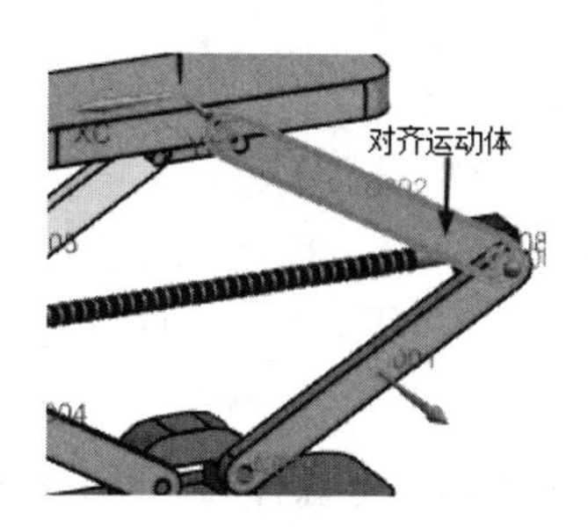

图9-70　对齐运动体

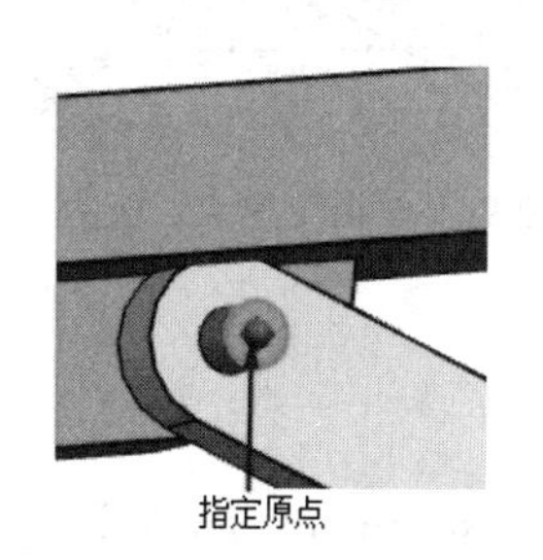

图9-71　指定原点

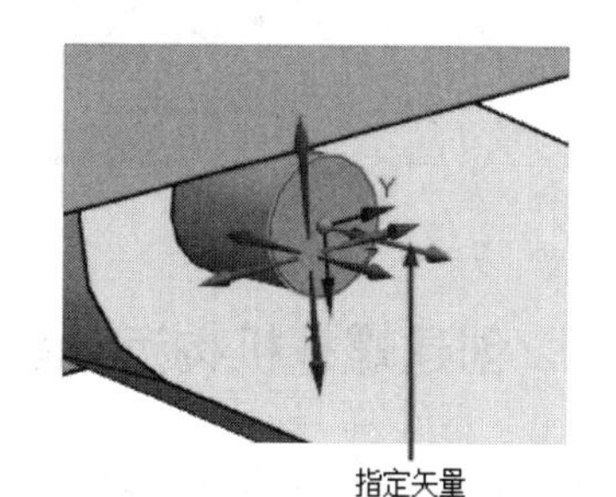

图9-72　指定矢量

5）单击【基本】标签，打开【基本】选项组，如图9-73所示。

6）单击【选择运动体】选项，在绘图区选择运动体B003，对齐运动体，如图9-74所示。

7）单击【运动副】对话框中的【确定】按钮，完成旋转副J003的创建。

4. 创建滑动副J004

1）单击【主页】选项卡【机构】面组上【运动副】按钮，打开【运动副】对话框，如图9-75所示。

2）在【类型】下拉列表框中选择【滑动副】。

3）单击【选择运动体】选项，在绘图区选择运动体B003。

4）单击【指定原点】选项，在绘图区选择运动体B003中任一点为原点。

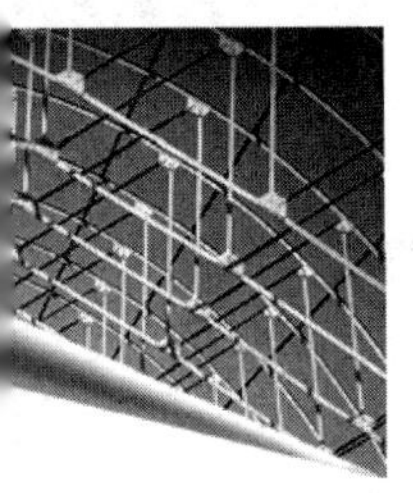
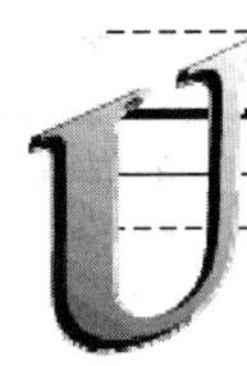

5）单击【指定矢量】选项，选择运动体 B003 上表面，如图 9-76 所示。

6）单击【运动副】对话框【确定】按钮，完成滑动副 J004 的创建。

7）按照前面的步骤，创建另一边的 3 个旋转副，并解算验证剪式机构的运动是否正确。

图 9-73 【运动副】对话框

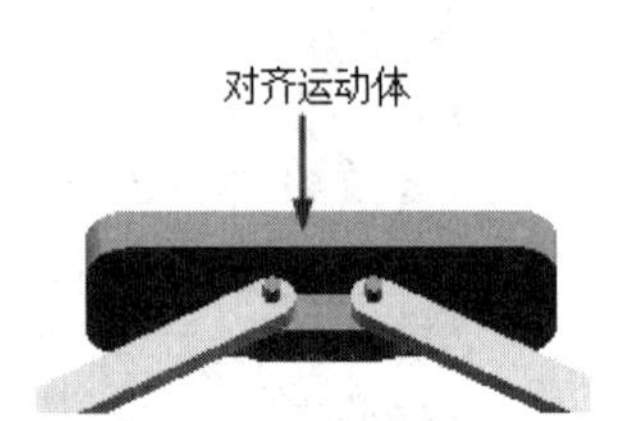

图 9-74 对齐运动体

图 9-75 【运动副】对话框

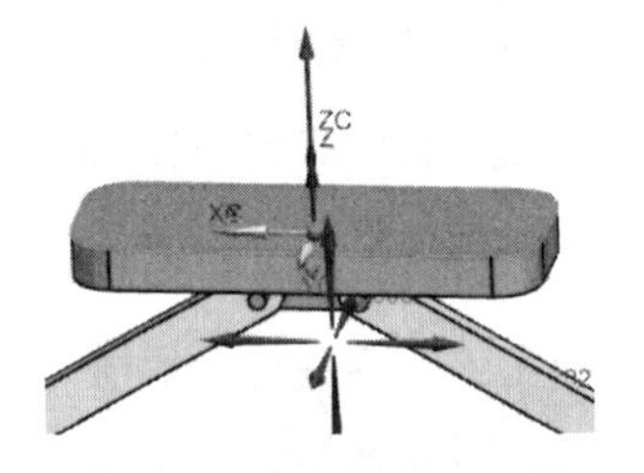

图 9-76 指定原点、矢量

9.3.4 创建螺杆机构运动副

螺杆机构的运动原理是运动块 1 相对螺杆可以滑动，运动块 2 则固定螺杆的一端。螺杆旋转时，两运动块的距离减小，从而顶起重物，如图 9-77 所示。它一共需要创建 4 个运动副，具体的步骤如下：

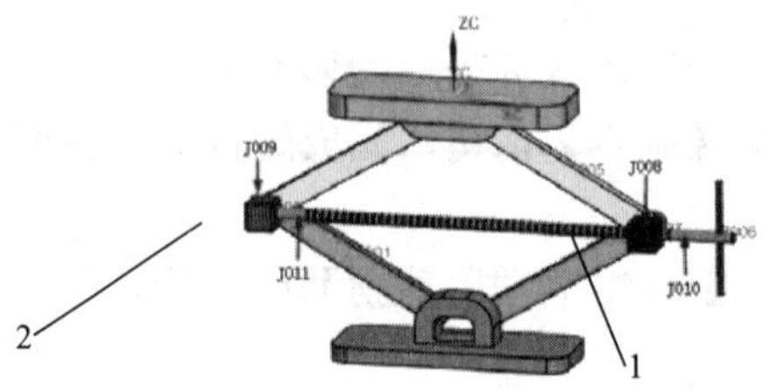

图 9-77 螺杆机构运动副

说明：J008 、J009 为旋转副，需要对齐对应的运动体；J010 为螺旋副，对齐运动块 1；J011 为旋转副，对齐运动块 2 且为主运动。

1. 创建旋转副 J008

1）单击【主页】选项卡【机构】面组上的【运动副】按钮，打开【运动副】对话框。在【类型】下拉列表框中选择【旋转副】。

2）单击【选择运动体】选项，在绘图区选择运动体 B007。

3）单击【指定原点】选项，在绘图区选择运动体 B005 上的圆心为原点，如图 9-78 所示。

4）单击【指定矢量】选项，选择运动体 B004 上表面，使 Z 方向指向轴心，如图 9-79 所示。

5）单击【基本】标签，打开【基本】选项组，如图 9-80 所示。

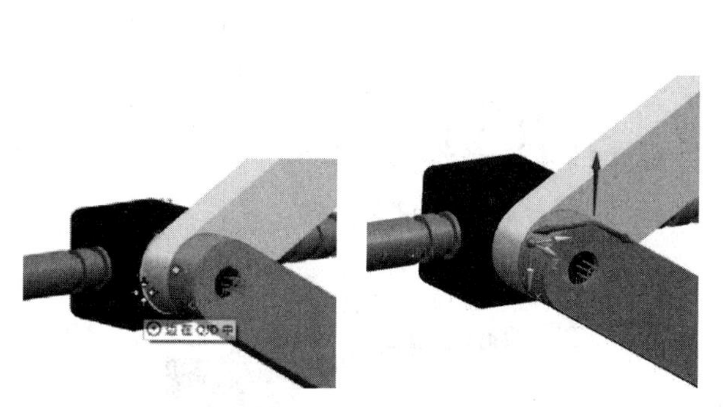

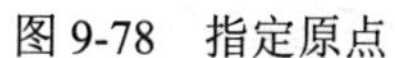

图 9-78　指定原点　　　图 9-79　指定矢量

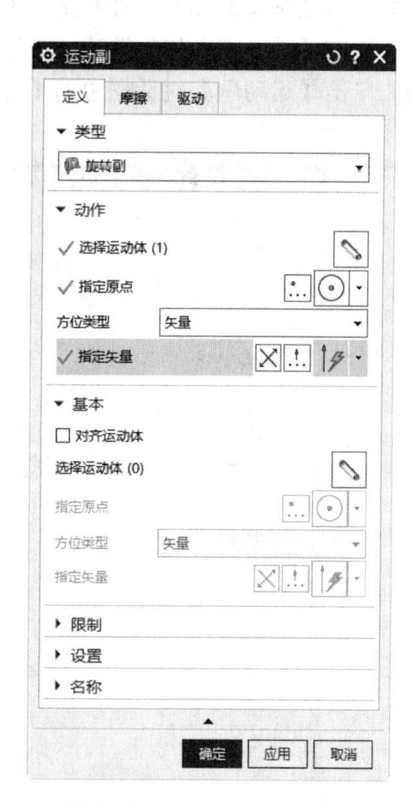

图 9-80　打开【基本】选项组

6）单击【选择运动体】选项，在绘图区选择运动体 B005，对齐运动体，如图 9-81 所示。

7）单击【运动副】对话框中的【确定】按钮，完成旋转副 J008 的创建。

2. 创建旋转副 J009

1）单击【主页】选项卡【机构】面组上的【运动副】按钮，打开【运动副】对话框。

2）单击【选择运动体】选项，在绘图区选择运动体 B008。

3）单击【指定原点】选项，在绘图区选择运动体 B002 上的圆心为原点，如图 9-82 所示。

4）单击【指定矢量】选项，选择系统提示的 Y 方向，如图 9-83 所示。

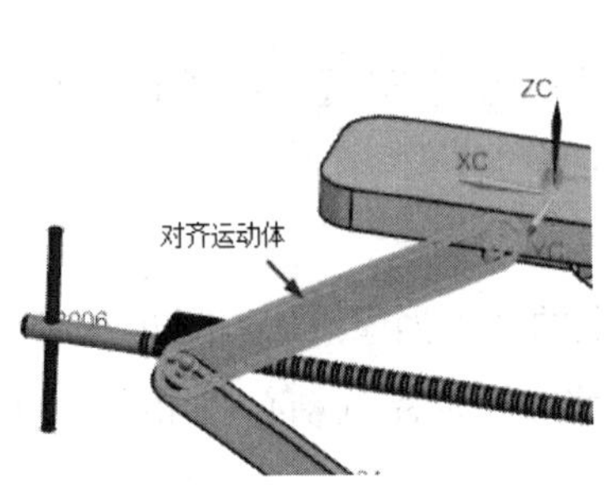

图 9-81　对齐运动体 B005

图 9-82　指定原点

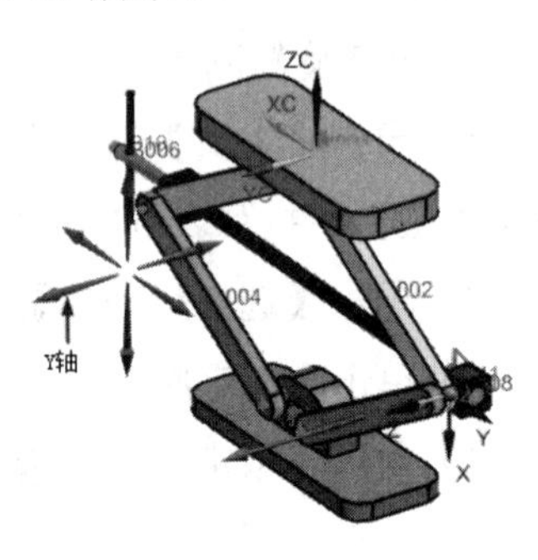

图 9-83　指定矢量

5）单击【基本】标签，打开【基本】选项组，如图 9-84 所示。

6）单击【选择运动体】选项，在绘图区选择运动体 B002，如图 9-85 所示。

7）单击【运动副】对话框中的【确定】按钮，完成旋转副 J009 的创建。

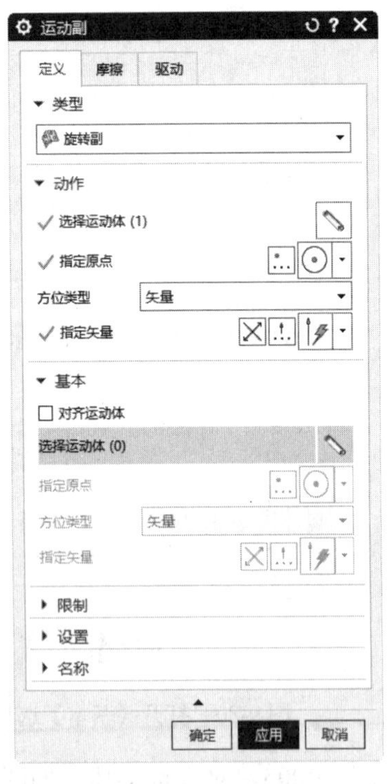

图 9-84　打开【基本】选项组

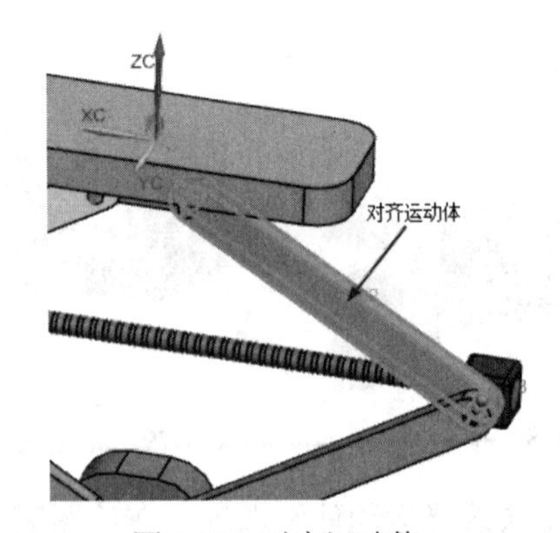

图 9-85　对齐运动体

3. 创建螺旋副 J010

1）单击【主页】选项卡【机构】面组上【运动副】按钮，打开【运动副】对话框，如图 9-86 所示。

2）在【类型】下拉列表框中选择【螺旋副】。

3）单击【选择运动体】选项，在绘图区选择螺杆B006。

4）单击【指定原点】选项，在绘图区选择B006的圆心，如图9-87所示。

图9-86 【运动副】对话框

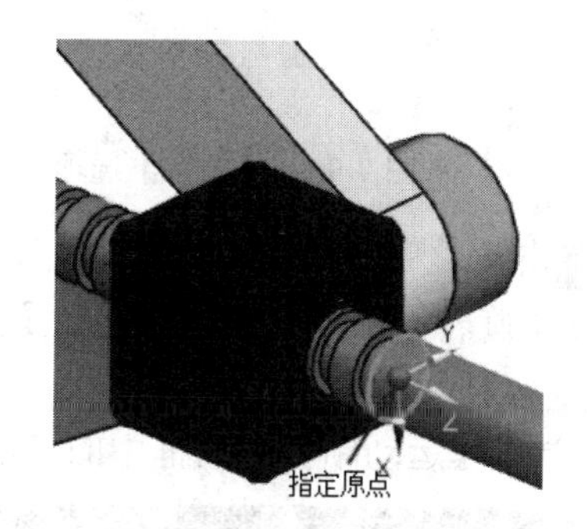

图9-87 指定原点

5）单击【指定矢量】选项，选择B006的柱面，如图9-88所示。

6）单击【基本】标签，打开【基本】选项组。

7）单击【选择运动体】选项，选择运动体B007。

8）单击【方法】标签，打开【方法】选项组。

9）在【方法】下拉列表中选择【比率】，在【值】文本框输入3，如图9-89所示。

10）单击【运动副】对话框中的【确定】按钮，完成螺旋副J010的创建。

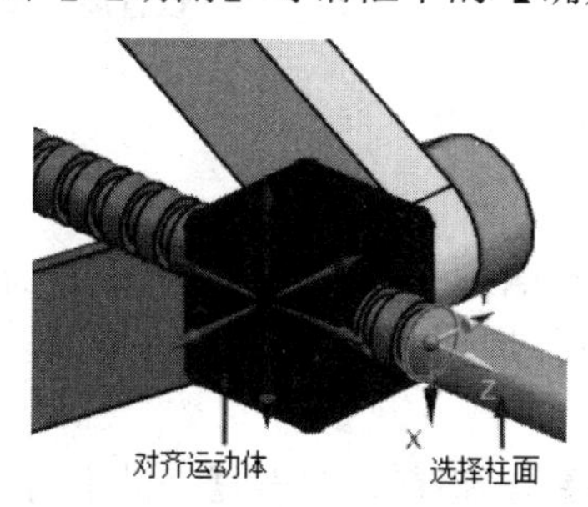

图9-88 指定矢量

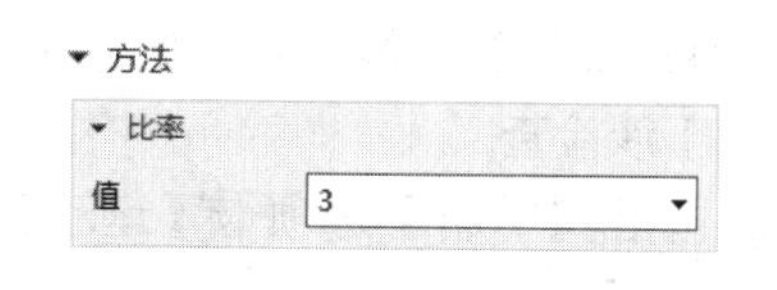

图9-89 设置比率参数

4. 创建旋转副J011

1）单击【主页】选项卡【机构】面组上的【运动副】按钮，打开【运动副】对话框。

2）在【类型】下拉列表框中选择【旋转副】。

3）单击【选择运动体】选项，在绘图区选择运动体B006。

4）单击【指定原点】选项，在绘图区选择运动体 B008 上的圆心为原点。

5）单击【指定矢量】选项，选择运动体 B006 上柱面，使 Z 方向指向轴心。

6）单击【基本】标签，打开【基本】选项组，如图 9-90 所示。

7）单击【选择运动体】选项，在绘图区选择运动体 B008，如图 9-91 所示。

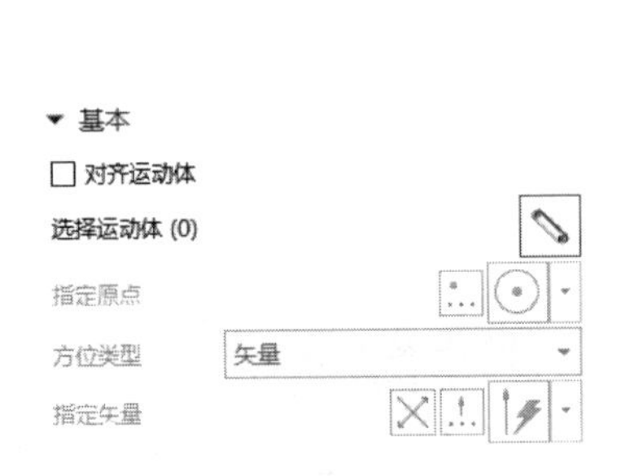

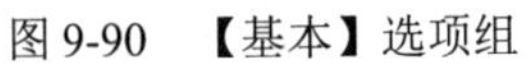
图 9-90 【基本】选项组

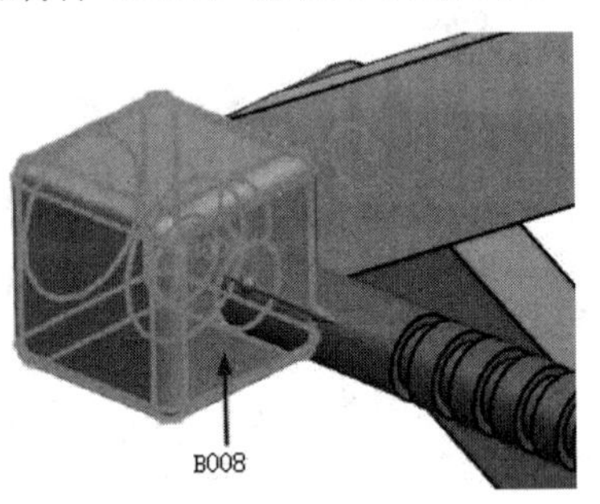

图 9-91 选择运动体 B008

8）单击【驱动】标签，打开【驱动】选项卡，如图 9-92 所示。

9）在【旋转】下拉列表框中选择【多项式】类型，在【速度】文本框输入 800，如图 9-93 所示。

10）单击【运动副】对话框中的【确定】按钮，完成旋转副 J011 的创建。

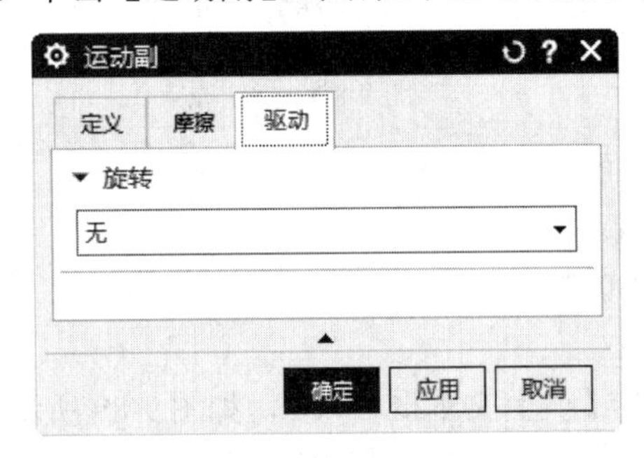

图 9-92 【驱动】选项卡

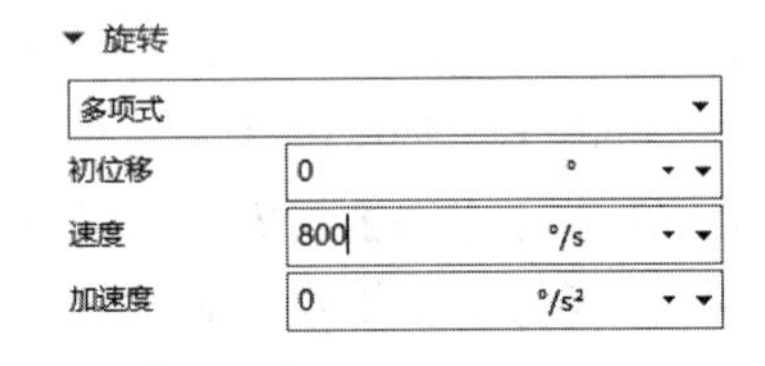

图 9-93 设置旋转参数

9.3.5 干涉检查

剪式千斤顶一共有 8 个运动体，全面的干涉检查比较花费时间。本实例对比较重要的 3 个连接点进行干涉检查，如运动块、顶块等。具体步骤如下：

1. 干涉检查

1）单击【分析】选项卡【运动】面组上【干涉】按钮，打开【干涉】对话框，如图 9-94 所示。

2）在【类型】下拉列表框中选择【创建实体】类型。

3）在【设置】选项组（见图 9-95）中勾选【事件发生时停止】复选框和【激活】复选框。

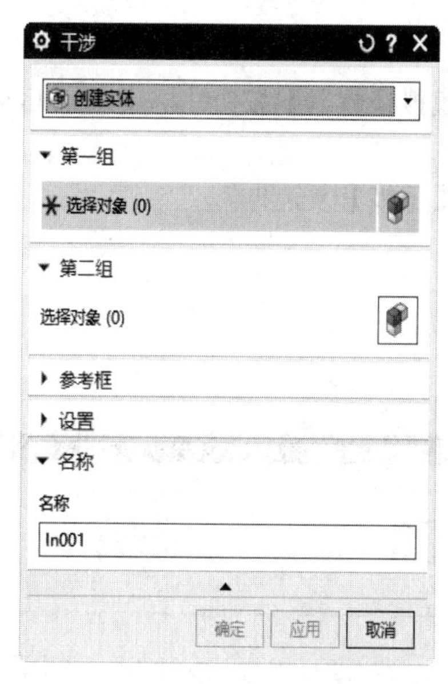

图 9-94　【干涉】对话框

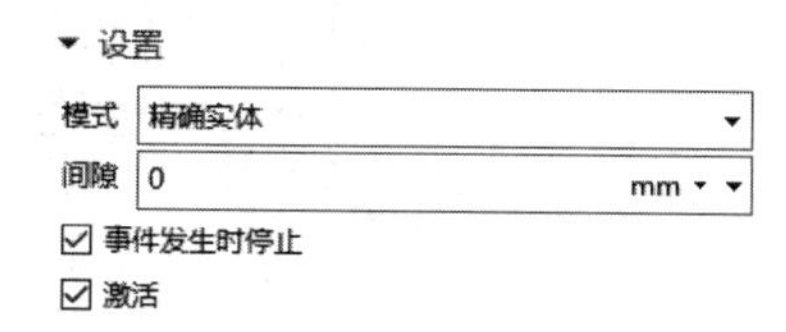

图 9-95　【设置】选项组

4）在绘图区选择运动块 2 作为第一组对象。

5）在绘图区选择通道作为第二组对象，如图 9-96 所示。

6）单击【干涉】对话框的【确定】按钮，完成干涉的设置。

7）按照相同的步骤完成运动块 2 的干涉设置、顶块和连接杆的干涉设置，如图 9-97 所示。

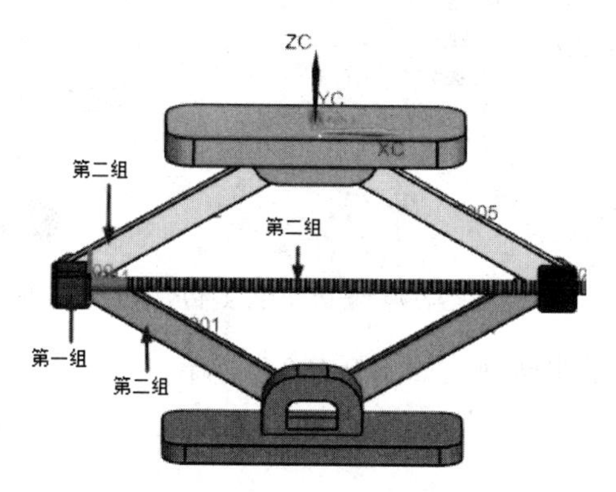

图 9-96　选择对象

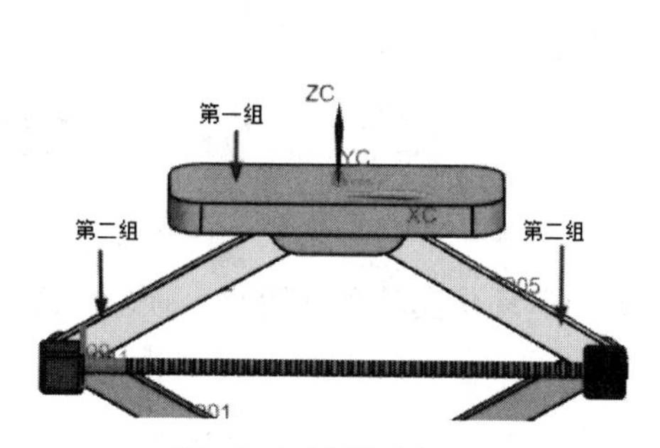

图 9-97　选择对象

2. 求解结果

1）单击【主页】选项卡【解算方案】面组上的【解算方案】按钮，打开【解算方案】对话框，如图 9-98 所示。

2）在【解算方案选项】中设置【解算结束时间】为 10，【固定步数】为 1000。

3）单击【解算方案】对话框中的【确定】按钮，完成解算方案的创建。

4）单击【主页】选项卡【解算方案】面组上的【求解】按钮，求解当前解算方案的结果。

3. 动画分析

1）单击【分析】选项卡【运动】面组上的【运动模拟播放器】按钮，打开【运动模拟播放器】对话框，如图 9-99 所示。

2）在对话框中勾选【事件发生时停止】复选框和【干涉】复选框。

3）单击【播放】按钮，运动仿真动画开始。

图 9-98 【解算方案】对话框

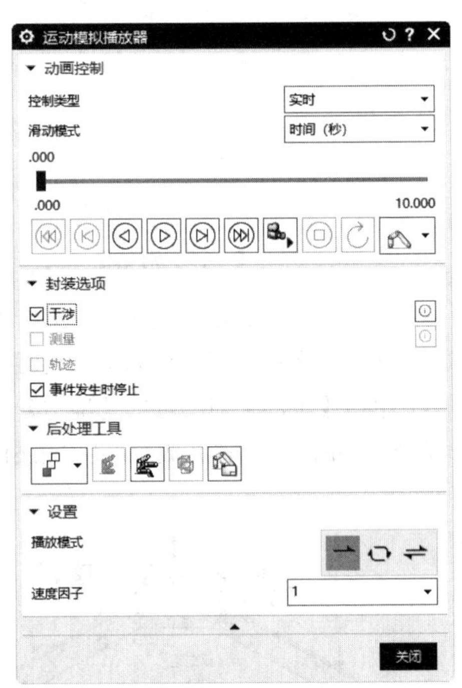

图 9-99 【运动模拟播放器】对话框

4）当运动仿真动画开始时，顶块与运动杆发生碰撞，如图 9-100 所示。

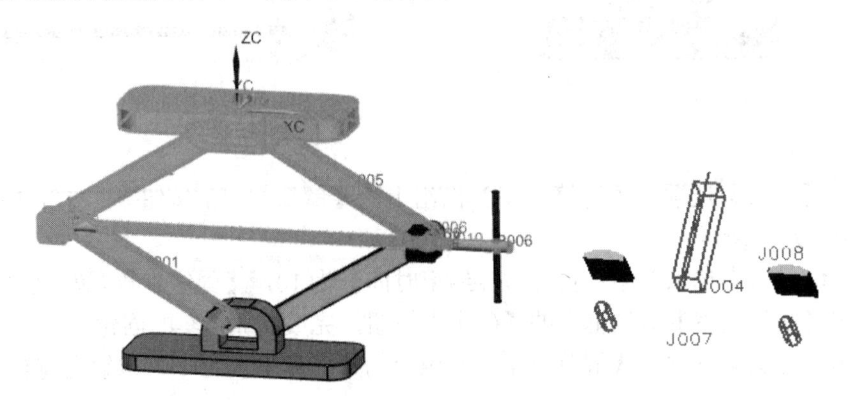

图 9-100 动画结果（右为创建的干涉实体）

说明：一旦发生干涉，软件在每一步都需要创建干涉体，速度相当慢，因此暂停或结束动画分析。

5）单击【列出干涉】按钮，打开【信息】窗口，如图 9-101 所示，显示 In001 和 In002 干涉。

6）单击【运动模拟播放器】对话框中的【关闭】按钮，完成干涉检查。顶块与运动杆有明显的干涉需要进行修整。

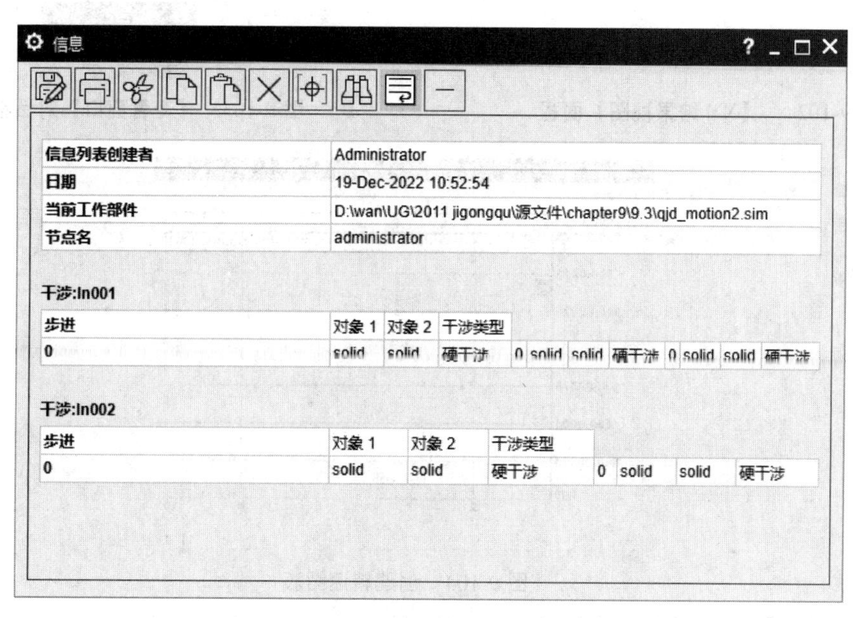

图 9-101　【信息】窗口

9.3.6　转速和顶起速度的图表

创建剪式千斤顶转速和顶起速度的图标，可以通过 UG NX 的图表输出求取。具体步骤如下：

1）单击【分析】选项卡【运动】面组上的【XY 结果】按钮，打开【XY 结果视图】面板，如图 9-102 所示。

2）在【运动导航器】中选择螺旋副 J010 作为运动对象。

3）在【XY 结果视图】面板中选择【绝对】→【速度】

4）在【速度】中选择【角度幅值】。

5）选中【角度幅值】右击，在打开的快捷菜单中选择【绘图】，打开【查看窗口】对话框，如图 9-103 所示。单击【新建窗口】按钮，打开【图形窗口 1】窗口，完成剪式千斤顶转速图表的创建，如图 9-104 所示。

6）在【运动导航器】中选择滑动副 J004 作为运动对象。

7）在【XY 结果视图】面板中选择【绝对】→【速度】。

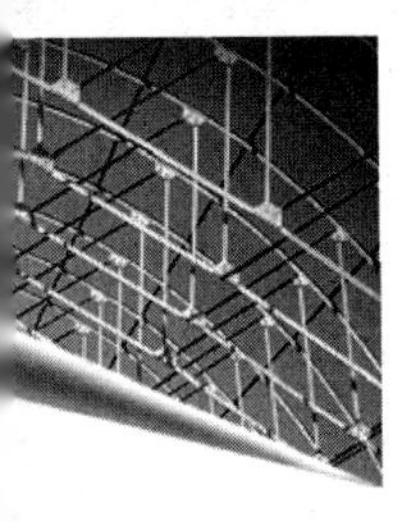

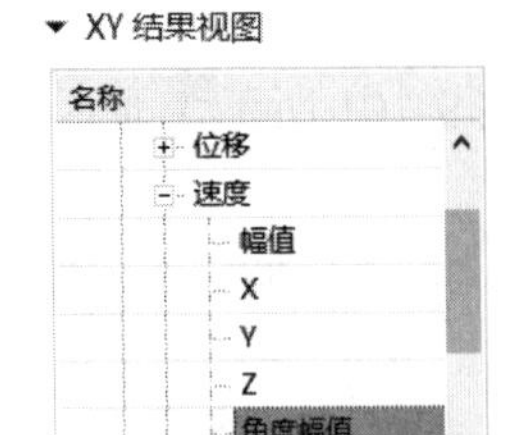

图 9-102 【XY 结果视图】面板

图 9-103 【查看窗口】对话框 1

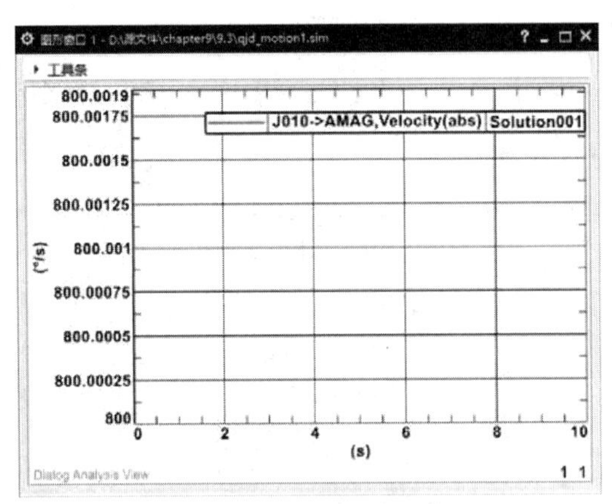

图 9-104 创建转速图表

8）在【速度】中选择【幅值】，如图 9-105 所示。

9）选中【幅值】右击，在打开的快捷菜单中选择【绘图】，打开【查看窗口】对话框 2，如图 9-106 所示。单击【新建窗口】按钮，打开【图形窗口 1】窗口，完成剪式千斤顶顶起速度图表的创建，如图 9-107 所示。

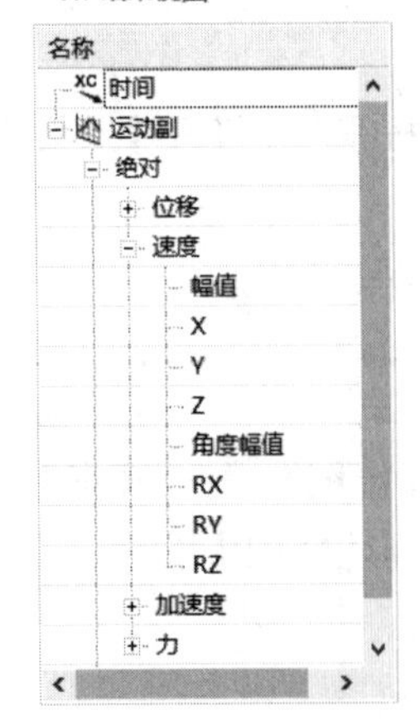

图 9-105 选择【幅值】

图 9-106 “查看窗口”对话框 2

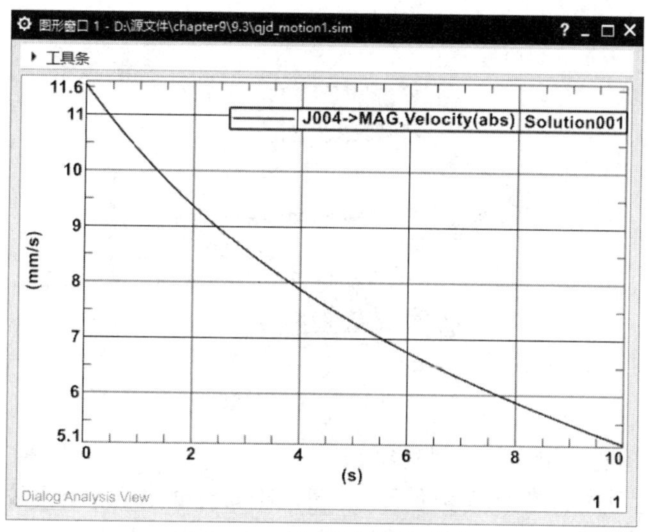

图 9-107　**创建顶起速度图表**

9.3.7　测量最大顶起高度

剪式千斤顶的理论最大顶起高度在两运动块相接触时测量得出。测量时，先需要定义两运动块的干涉，再使用测量命令定义底座和顶块的距离。具体步骤如下：

1. 干涉检查

1）在“运动导航器”列表框中选择 In001 和 In002，右击，在弹出的快捷菜单中选择“停用”命令。单击【分析】选项卡【运动】面组上【干涉】按钮，打开【干涉】对话框，如图 9-108 所示。

2）在【类型】下拉列表框中选择【创建实体】类型。

3）在【设置】选项组（见图 9-109）中勾选【事件发生时停止】复选框和【激活】复选框。

4）在绘图区选择长方体作为第一组对象，如图 9-110 所示。

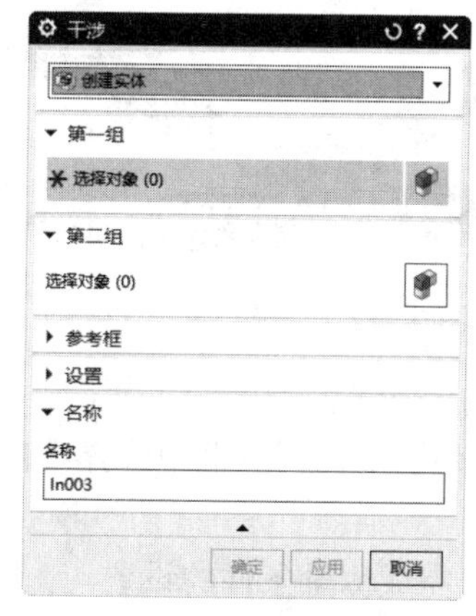

图 9-108　【干涉】对话框

图 9-109　【设置】选项组

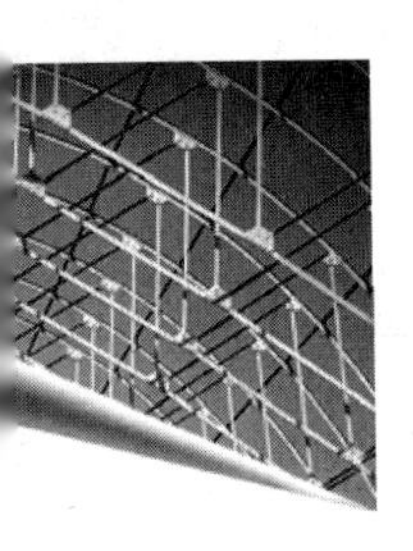

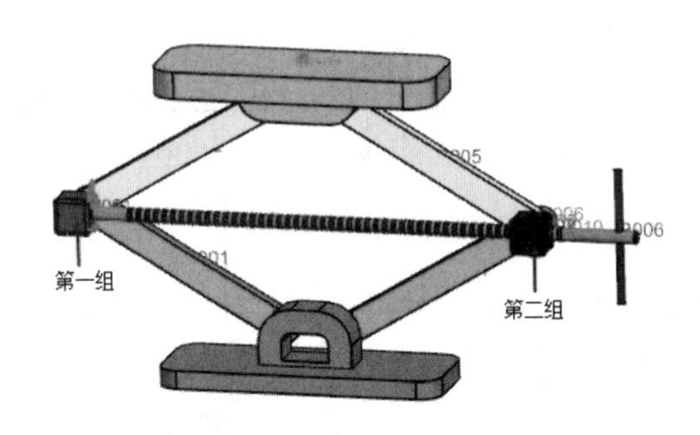

图 9-110　选择对象

5）在绘图区选择通道作为第二组对象。

说明：为了避免原先创建干涉体的干扰，请删除之前创建的 3 个干涉命令。

6）单击【干涉】对话框中的【确定】按钮，完成干涉的设置。

2. 测量距离

1）单击【分析】选项卡【运动】面组上的【动画测量】按钮，打开【动画测量】对话框，如图 9-111 所示。

2）在【类型】下拉列表框中选择【最小距离】。

3）在绘图区选择底座作为第一组对象，如图 9-112 所示。

图 9-111　【动画测量】对话框

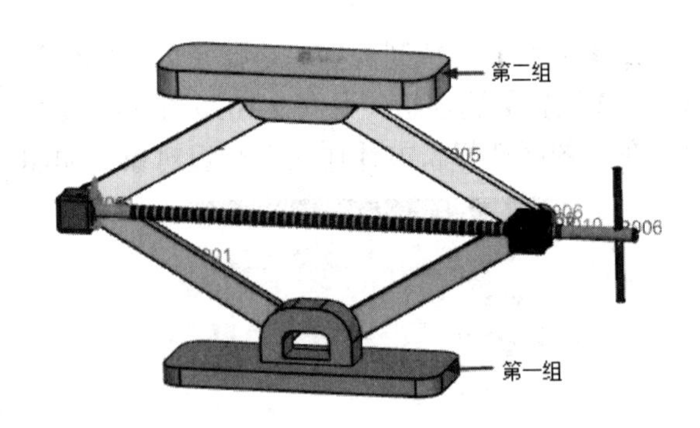

图 9-112　选择对象

4）在绘图区选择顶块作为第二组对象，如图 9-112 所示。

5）在【设置】选项组（见图 9-113）的【测量条件】下拉列表框中选择【目标】，勾选【激活】复选框。

6）单击【动画测量】对话框中的【确定】按钮，完成测量条件的设置。

3. 求解结果

1）单击【主页】选项卡【解算方案】面组上的【解算方案】按钮，打开【解算方案】对话框，如图 9-114 所示。

2）在【解算方案选项】中设置【解算结束时间】为 50，【固定步数】为 1000。

3）单击【解算方案】对话框中的【确定】按钮，完成解算方案的创建。

4）单击【主页】选项卡【解算方案】面组上的【求解】按钮，求解当前解算方案的结果。

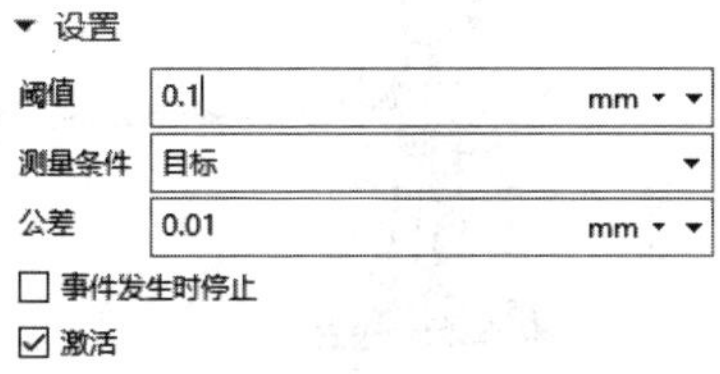

▼ 设置
阈值 0.1 mm
测量条件 目标
公差 0.01 mm
☐ 事件发生时停止
☑ 激活

图 9-113　【设置】选项组

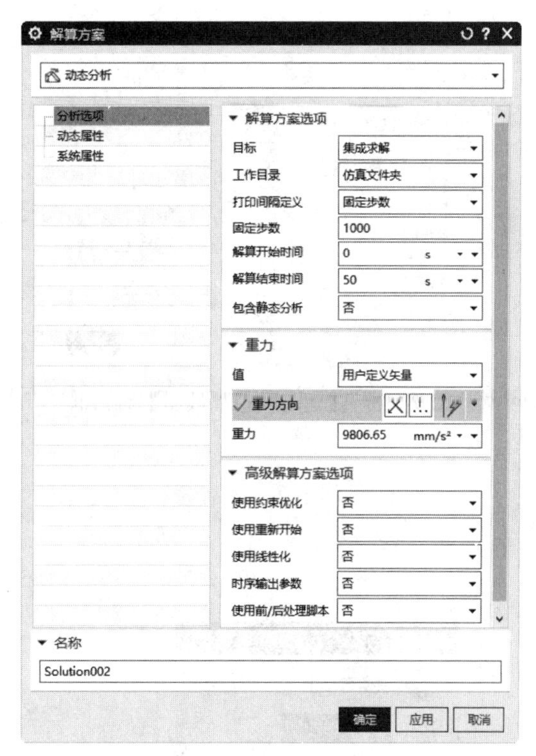

图 9-114　【解算方案】对话框

4. 动画分析

1）单击【分析】选项卡【运动】面组上的【运动模拟播放器】按钮，打开【运动模拟播放器】对话框，如图 9-115 所示。

2）勾选【事件发生时停止】复选框、【干涉】复选框和【测量】复选框，如图 9-116 所示。

3）单击【播放】按钮，运动仿真动画开始。

4）当运动仿真动画在第 36s 时，模型发生干涉，动画停止，并打开【动画事件】提示框，如图 9-117 所示，结果如图 9-118 所示。

5）单击【动画事件】提示框中的【确定】按钮，取消暂停，此时绘图区显示距离为 306.5573。

6）单击【运动模拟播放器】对话框中的【关闭】按钮，求得剪式千斤顶的理论最大顶起高度为 306.5573。

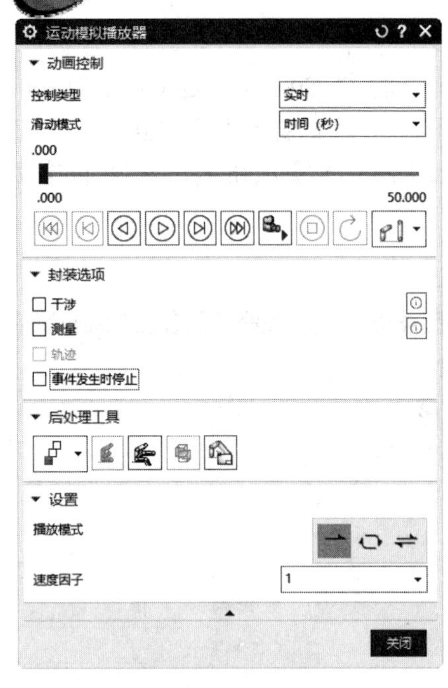

图 9-115 【运动模拟播放器】对话框

图 9-116 设置封装选项

图 9-117 【动画事件】提示框

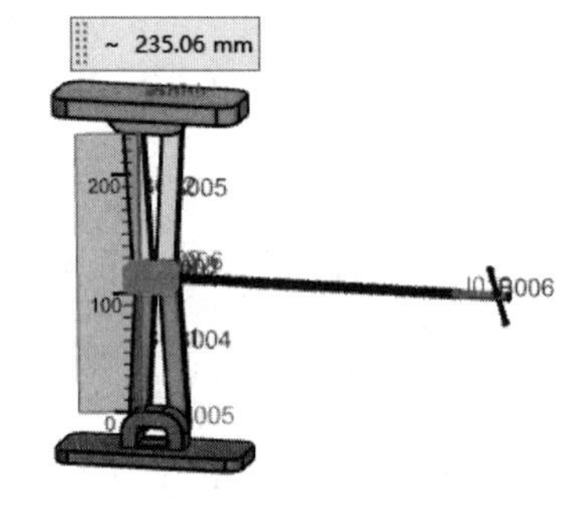

图 9-118 动画结果

9.4 练习题

1. 干涉命令和测量命令在运动机构设计中的意义？
2. 追踪、追踪当前位置和追踪整个机构这三个命令有什么不同？
3. 智能点和标记的定义是什么，智能点可以用于图表输出吗？

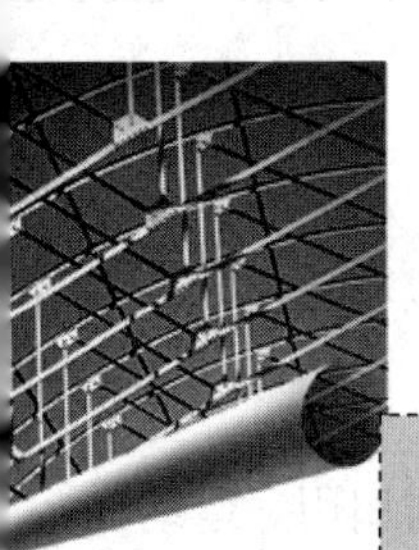

第10章

XY函数编辑器

在运动仿真应用模块中，通过XY函数编辑器，可以定义复杂的函数，以控制位移、速度、加速度和力。XY函数编辑器分为数学函数、AFU格式的表两大类型。

重点与难点

- 理解并使用XY函数编辑器、XY函数管理器。
- 创建简谐运动函数、阶梯函数、多项式函数等。
- 创建简单的AFU格式的表。

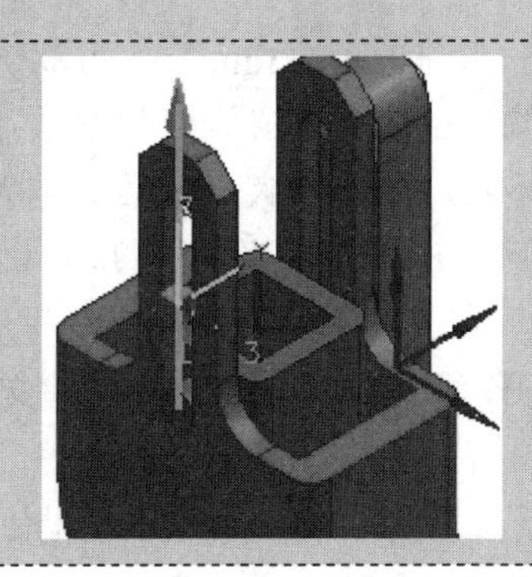

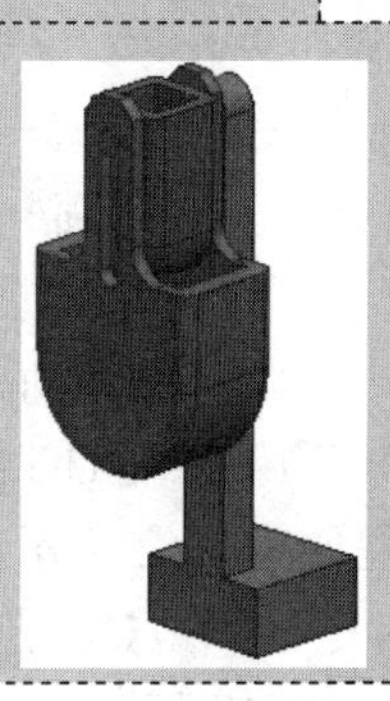

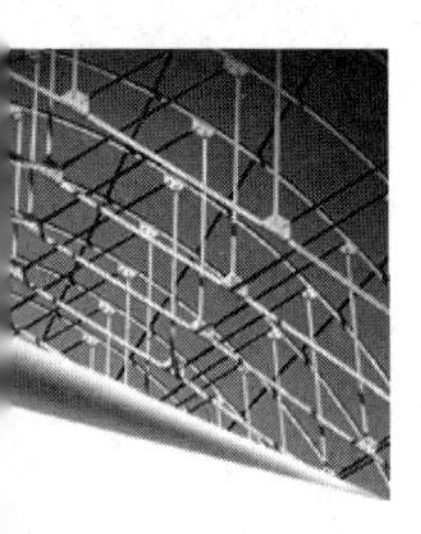

10.1　运动-函数

运动-函数是基于时间的复杂数学函数，通过如图 10-1 所示的 XY 函数管理器调用。运动-函数可以定义运动驱动、施加力、扭矩等所需函数。常用的运动-函数包含多项式函数、简谐运动-函数、间歇函数。XY 函数编辑器的用途如下：

- 一般：创建一个用于一般用途的函数。
- 运动：创建一个用于运动仿真应用模块的函数。
- 响应仿真：创建一个用于响应仿真应用模块的激励函数。

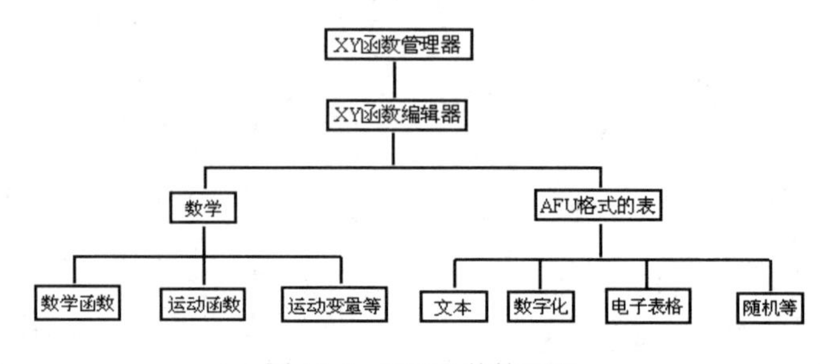

图 10-1　XY 函数管理器

10.1.1　多项式函数

多项式函数 POLY (x，x0，a0，a1，….，　a30)可以创建光顺变化的函数值，主要用于递增或递减的速度或加速度。它的方程定义如下：

$$P(x)=\sum_{j=0}^{n}a_j(x-x_0)^j$$

$$=a_0+a_1(x-x_0)+a_2(x-x_0)^2+\cdots+a_n(x-x_0)^n$$

式中　　x——自变量，一般是时间（time），可默认不设置；

x_0——多项式的偏移量，可定义为任何常数；

a_1，…，a_{30}——多项式的系数，系数越大，函数值越大。

本小节使用多项式函数对风扇旋转副定义加速度，具体步骤如下：

1. 编辑运动副

1）启动 UG NX 2027，打开 源文件 /chapter10/原始文件/10.1/ Fan / motion_1.sim，风扇模型如图 10-2 所示。

2）在【运动导航器】面板（见图 10-3）中双击运动副 J001，打开【运动副】对话框，如图 10-4 所示。

3）单击【驱动】标签，打开【驱动】选项卡，如图 10-5 所示。

4）在【旋转】下拉列表框中选择【函数】。

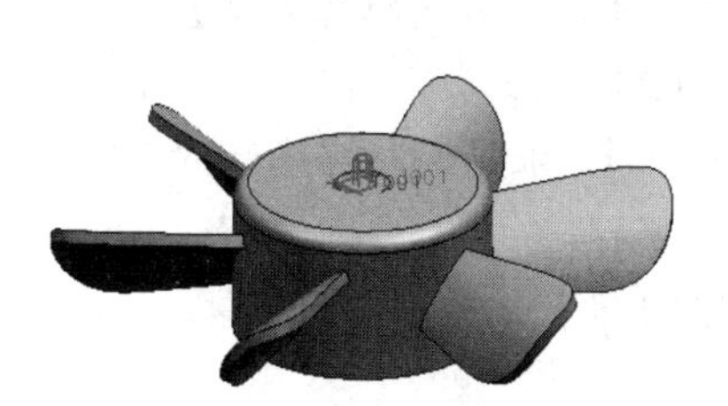

图 10-2　风扇模型

图 10-3　【运动导航器】面板

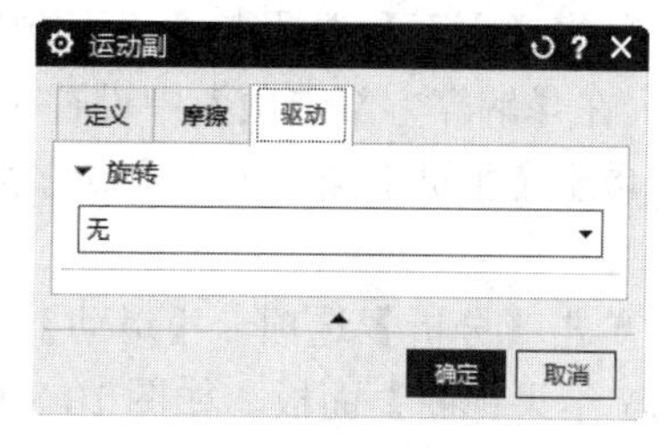

图 10-4　【运动副】对话框

5）在【数据类型】下拉列表框中选择【加速度】。

6）单击【函数】右侧按钮，选择【函数管理器】，打开【XY 函数管理器】对话框，如图 10-6 所示。

图 10-5　【驱动】选项卡

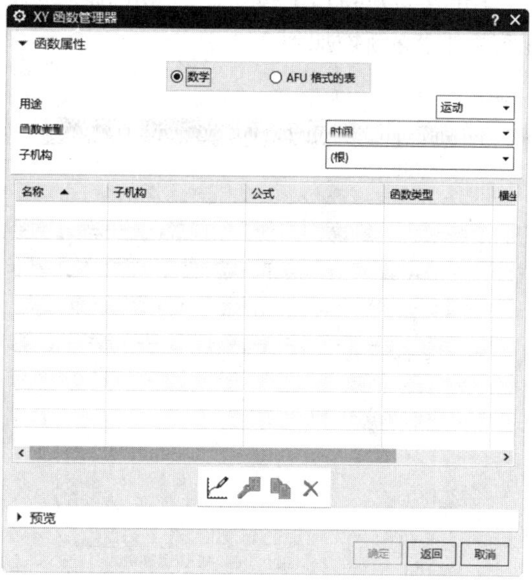

图 10-6　【XY 函数管理器】对话框

7）单击【新建】按钮，打开【XY 函数编辑器】对话框，如图 10-7 所示。

8）在【函数定义】选项组的【插入】下拉列表框中选择【运动-函数】，并在列表框中选择 POLY 函数。

9）单击【添加】按钮，加入多项式函数。

10）在公式文本框中修改 POLY (x，x0，a0，a1，….，　a30)为 POLY (x，0，0，1，30)。

说明：运动-函数是不可以在对话框中预览的，但根据图表输出数据可推断其曲线变化。

11）单击【XY 函数编辑器】对话框中的【确定】按钮，完成编辑。

12）单击【XY 函数管理器】对话框中的【确定】按钮，选择函数 POLY。

13）单击【运动副】对话框中的【确定】按钮，完成运动副加速度的定义。

2. 创建图表

1）单击【主页】选项卡【解算方案】面组上的【求解】按钮，打开【解算方案】对话框。在【解算方案选项】中设置【时间】为 3，【步数】为 300。

2）单击【主页】选项卡【解算方案】面组上的【求解】按钮，求解当前解算方案的结果。

3）单击【分析】选项卡【运动】面组上【仿真】下拉菜单中的【XY 结果】按钮，打开【XY 结果视图】面板，如图 10-8 所示。

4）在【运动导航器】中选择旋转副 J001 作为运动对象。

5）在【XY 结果视图】面板中选择【运动副】→【绝对】→【加速度】。

6）在【加速度】中选择【角度幅值】。

7）选中【角度幅值】右击，在打开的快捷菜单中选择【绘图】，打开【查看窗口】对话框。单击【新建窗口】按钮，计算出加速度在 3s 内曲线变化的图表，如图 10-9 所示。加速度由零逐渐增加到 280。

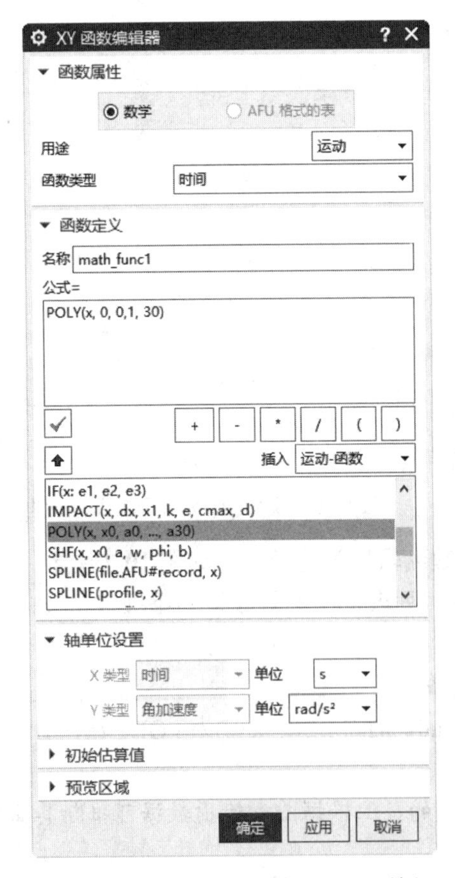

图 10-7 【XY 函数编辑器】对话框

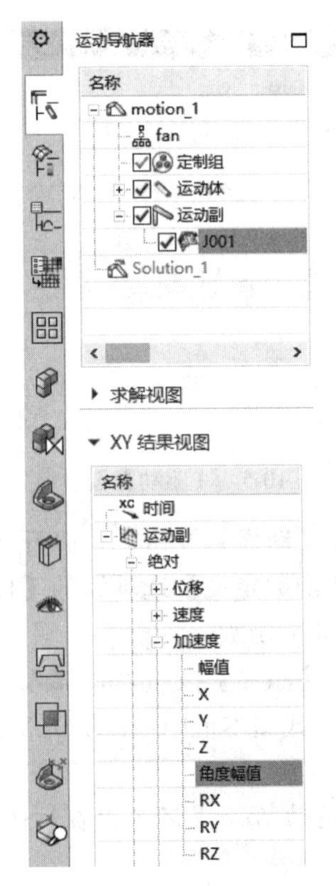

图 10-8 【XY 结果视图】面板

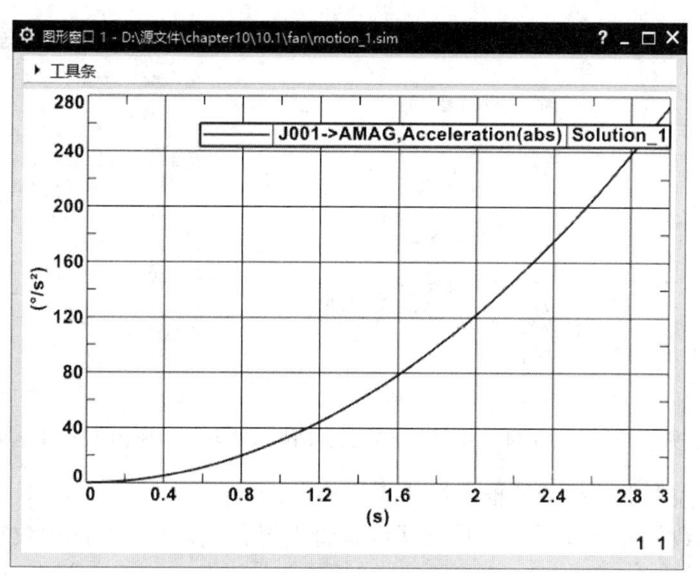

图 10-9 风扇加速度图表

10.1.2 简谐运动-函数

简谐运动-函数 SHF (x，x0，a，ω，phi，b)的波形为正弦线，主要用于摇摆机构上。简谐运动-函数的方程定义如下：

$$SHF=a\sin[\omega(x-x_0)\text{-phi}]+b$$

式中 x——自变量，一般是时间（time），可默认不定义；

x_0——自变量的相位偏移；

a——振幅，振幅越大值越大；

ω——频率；

phi——正弦函数的相位偏差；

b——平均位移。

本小节使用简谐运动-函数对单摆旋转副定义周期性的摆动角度，具体步骤如下：

1. 编辑运动副

1）启动 UG NX 2027，打开源文件 /chapter10/原始文件/10.1/ Shf / motion_1.sim, 单摆模型如图 10-10 所示。

2）在【运动导航器】面板（见图 10-11）中双击运动副 J001，打开【运动副】对话框，如图 10-12 所示。

3）单击【驱动】标签，打开【驱动】选项卡，如图 10-13 所示。

4）在【旋转】下拉列表框中选择【函数】选项。

说明：谐波函数除了可在 XY 函数编辑器创建，一般可以直接在 【旋转】下拉列表框选择【谐波】，如图 10-12 所示。

图 10-10　单摆模型

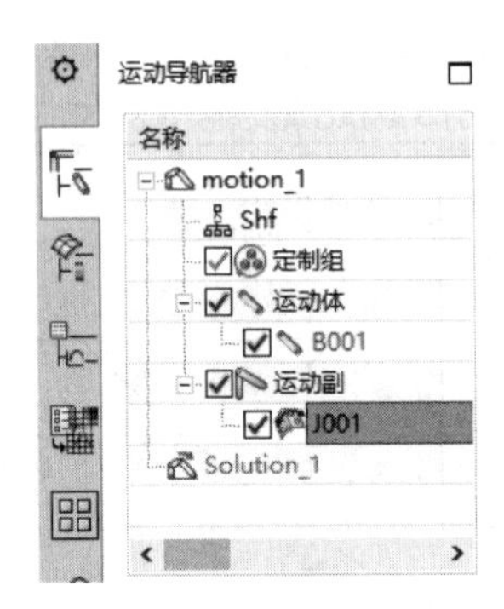

图 10-11　【运动导航器】面板

图 10-12　【运动副】对话框

5）在【数据类型】下拉列表框中选择【位移】。

6）单击【函数】右侧按钮，选择【函数管理器】，打开【XY 函数管理器】对话框，如图 10-14 所示。

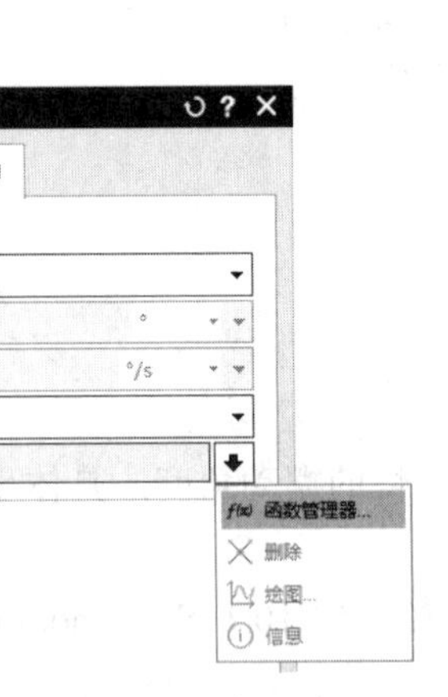

图 10-13　【驱动】选项卡

图 10-14　【XY 函数管理器】对话框

7）单击【新建】按钮，打开【XY 函数编辑器】对话框，如图 10-15 所示。

8）在【函数定义】选项组（见图 10-16）的【插入】下拉列表框中选择【运动-函数】类型，并在列表框中选择 SHF 函数。

9）单击【添加】按钮，加入谐波运动-函数。

10）在公式文本框中修改 SHF(x，x0，a，ω，phi，b)为 SHF(x，0，45，10，0，0)。

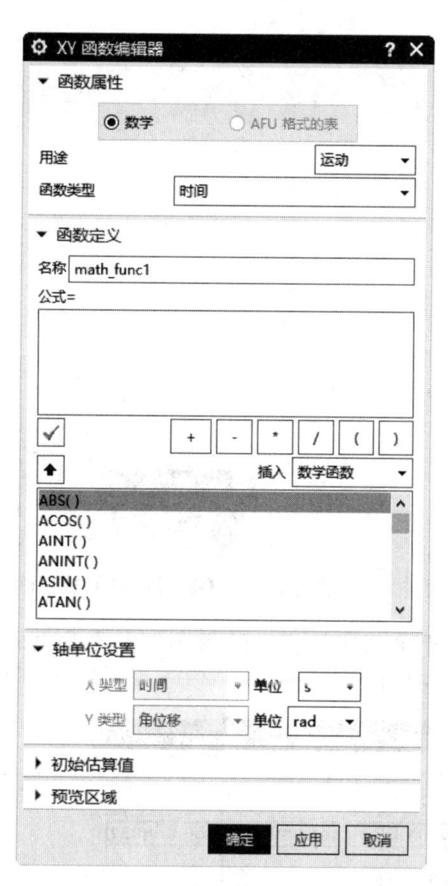

图 10-15　【XY 函数编辑器】对话框

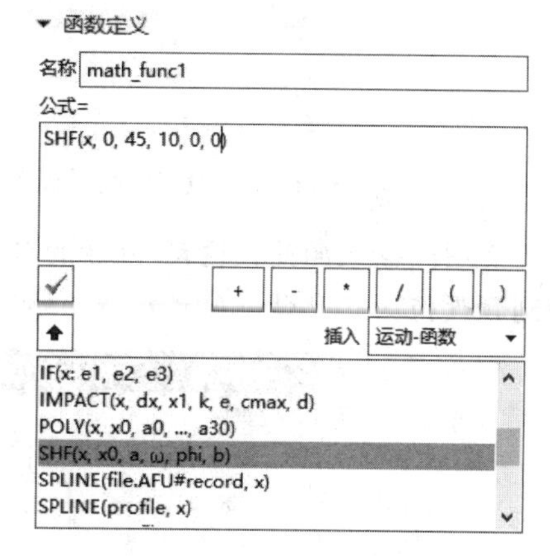

图 10-16　【函数定义】选项组

11）单击【XY 函数编辑器】对话框中的【确定】按钮，完成编辑。

12）单击【XY 函数管理器】对话框中的【确定】按钮，选择函数 SHF。

13）单击【运动副】对话框中的【确定】按钮，完成运动副角度位移的定义。

2. 创建图表

1）单击【主页】选项卡【解算方案】面组上的【求解】按钮，打开【解算方案】对话框。在【解算方案选项】中设置【时间】为 10，【步数】为 1000。

2）单击【主页】选项卡【解算方案】面组上的【求解】按钮，求解当前解算方案的结果。

3）单击【分析】选项卡【运动】面组上【仿真】下拉菜单中的【XY 结果】按钮，打开【XY 结果视图】面板，如图 10-17 所示。

4）在【运动导航器】中选择旋转副 J001 作为运动对象。

5）在【XY 结果视图】面板中选择【运动副驱动（旋转）】→【绝对】→【位移】。

6）在【位移】中选择。

7）选中【角度】并右击，在打开的快捷菜单中选择【绘图】，打开【查看窗口】对话框，如图 10-18 所示。单击【新建窗口】按钮，计算出单摆在 10s 内角度变化的图表，如图 10-19 所示。

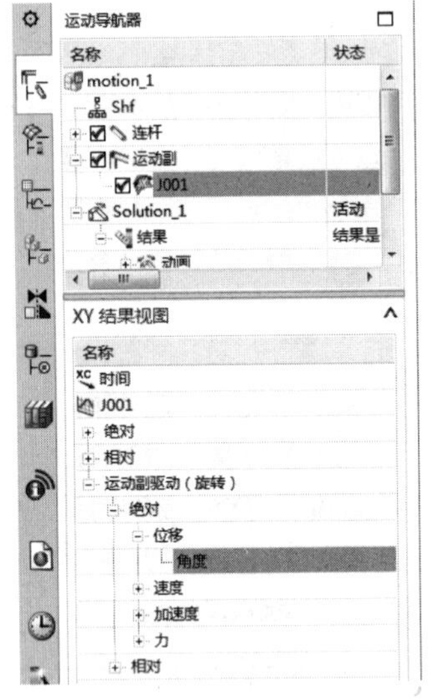

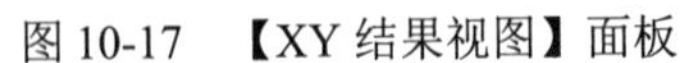
图 10-17 【XY 结果视图】面板

图 10-18 【查看窗口】对话框

说明：输入的简谐运动-函数的频率并不等于单摆实际摆动的频率，需要多次的修正才能达到预设值。

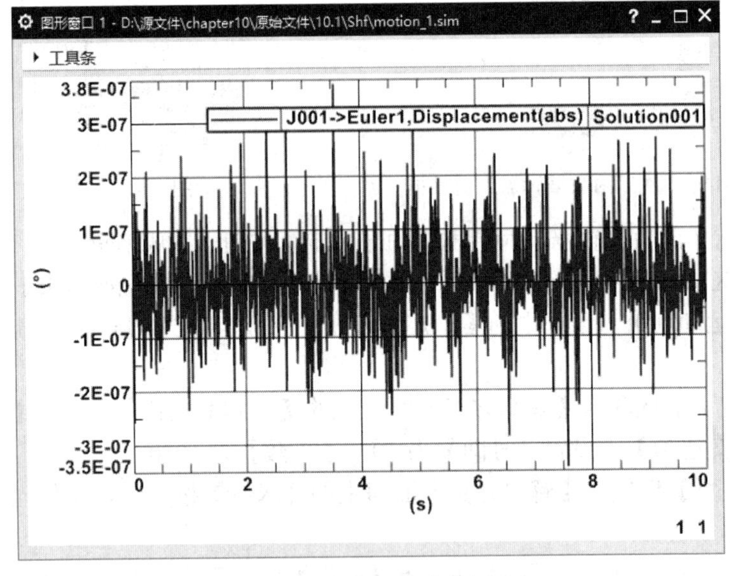

图 10-19 单摆角度变化图表

10.1.3 间歇函数

间歇函数 STEP (x，x0，h0，x1，h1)的波形如图 10-20 所示。主要用于复杂时间控制运动机构。间歇函数的方程定义如下：

$$a = h_1 - h_0$$

$$\Delta = (x - x_0)/(x_1 - x_0)$$

$$\text{STEP} = \begin{cases} h_0 & : \quad x \le x_0 \\ h_0 + \alpha\Delta^2(3 - 2\Delta) & : \quad x_0 < x < x_1 \\ h_1 & : \quad x \ge x_1 \end{cases}$$

式中　x——自变量，可以是 time 或 time 的任一函数。

x_0——自变量的 STEP 函数开始值，可以是常数、函数表达式或设计变量。

x_1——自变量的 STEP 函数结束值，可以是常数、函数表达式或设计变量。

h_0——STEP 函数的初始值，可以是常数、设计变量或其他函数表达式。

h_1——STEP 函数的最终值，可以是常数、设计变量或其他函数表达式。

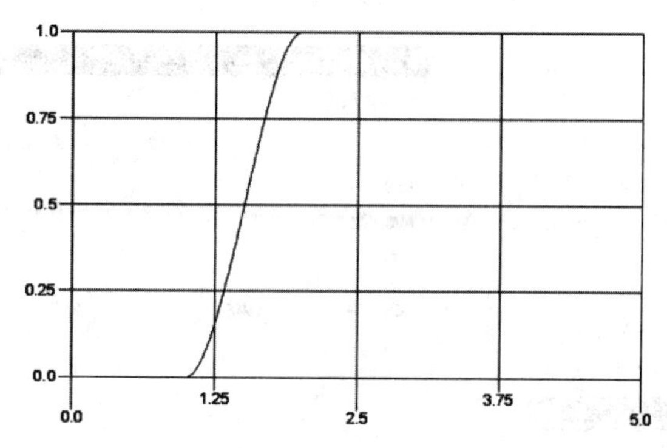

图 10-20　间歇函数的波形

本小节使用间歇函数控制小车行驶到模拟道路尽头后停止，具体步骤如下：

1. 编辑运动副

1）启动 UG NX 2027，打开源文件 /chapter10/原始文件/10.1/ Damper / motion_1.sim，小车模型如图 10-21 所示。

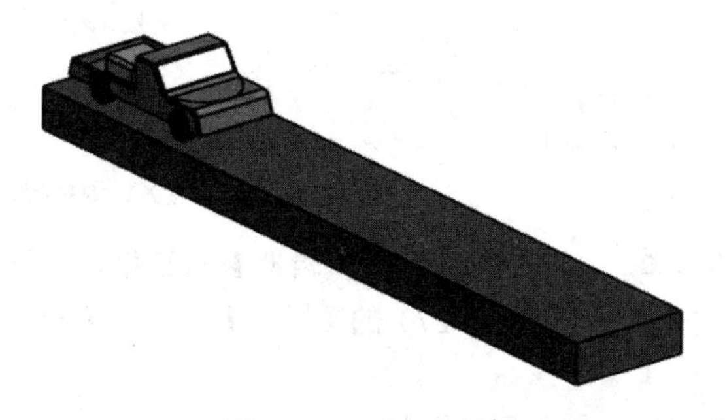

图 10-21　小车模型

2）在【运动导航器】面板（见图 10-22）中双击运动副 J001，打开【运动副】对话框，如图 10-23 所示。

3）单击【驱动】标签，打开【驱动】选项卡，如图 10-24 所示。

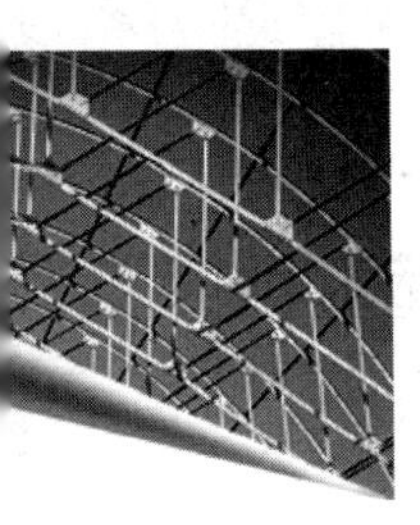

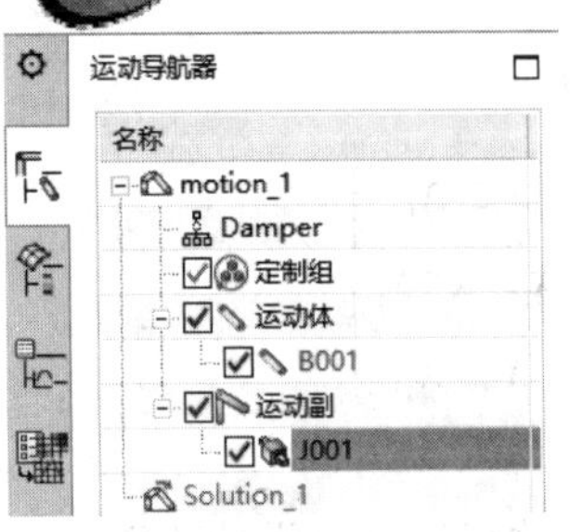

图 10-22　【运动导航器】面板

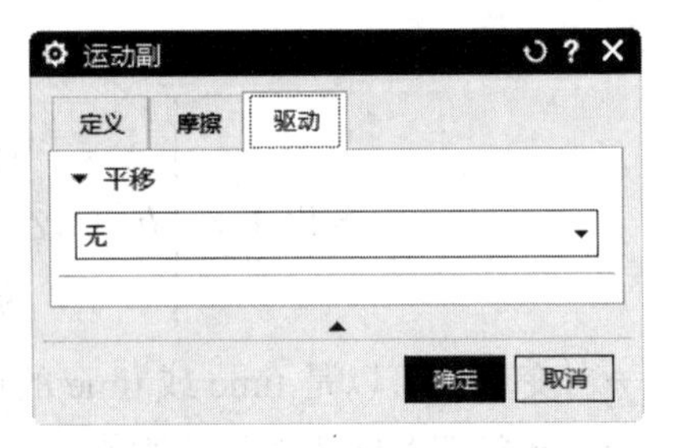

图 10-23　【运动副】对话框

4）在【平移】下拉列表框中选择【函数】。

5）在【数据类型】下拉列表框中选择【位移】。

6）单击【函数】右侧按钮 ，选择【函数管理器】，打开【XY 函数管理器】对话框，如图 10-25 所示。

图 10-24　【驱动】选项

图 10-25　【XY 函数管理器】对话框

7）单击【新建】按钮 ，打开【XY 函数编辑器】对话框，如图 10-26 所示。

8）在【函数定义】选项组（见图 10-27）的【插入】下拉列表框中选择【运动-函数】并选择 STEP 函数。

9）单击【添加】 图标，加入间歇函数。

10）在公式文本框中修改 STEP(x，x0，h0，x1，h1)为 STEP(x，0，0，1，75)。

说明：h1=75 是 STEP 函数的最终值，此值为测量车头到模拟道路终点的距离。

11）单击【XY 函数编辑器】对话框中的【确定】按钮，完成编辑。

12）单击【XY 函数管理器】对话框中的【确定】按钮，选择函数 STEP。

13）单击【运动副】对话框中的【确定】按钮，完成运动副位移的定义。

2. 动画分析

1）单击【主页】选项卡【解算方案】面组上的【求解】按钮，打开【解算方案】对话框。在【解算方案选项】中设置【时间】为 1，【步数】为 100。

2）单击【主页】选项卡【解算方案】面组上的【求解】按钮，求解当前解算方案的结果。

3）单击【分析】选项卡【运动】面组上的【运动模拟播放器】按钮，打开【运动模拟播放器】对话框。

4）单击【播放】按钮，运动仿真动画开始，如图 10-28 所示。

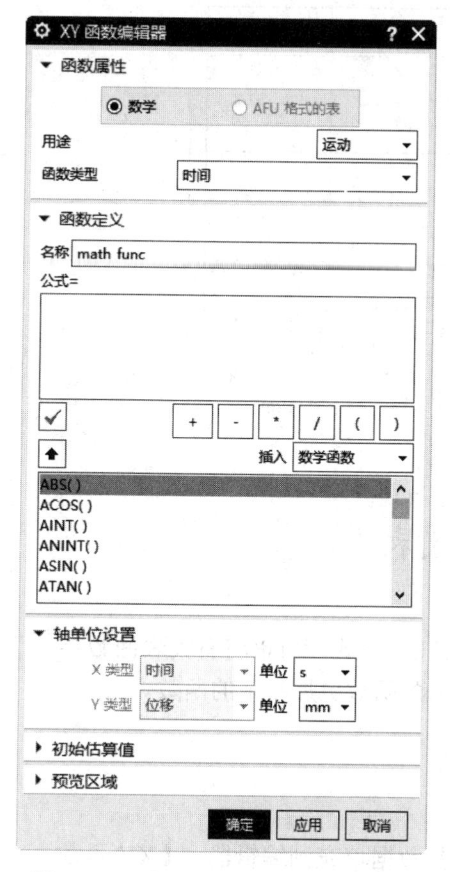

图 10-26　【XY 函数编辑器】对话框

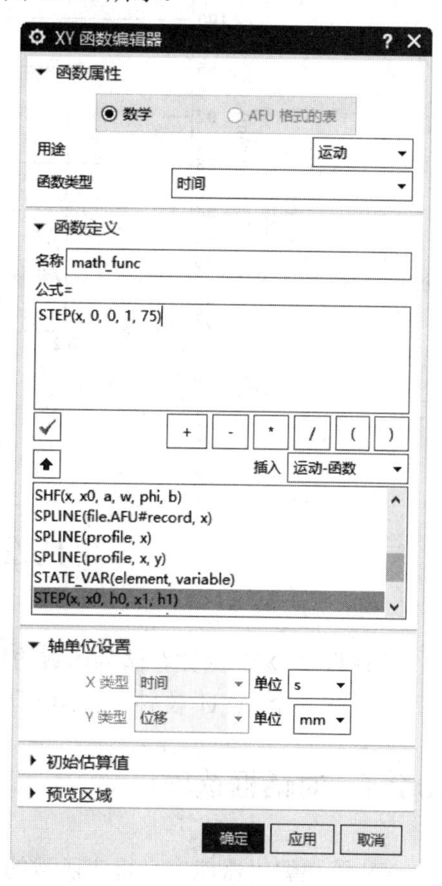

图 10-27　【函数定义】选项组

5）单击【运动模拟播放器】对话框中的【关闭】按钮，完成动画分析。

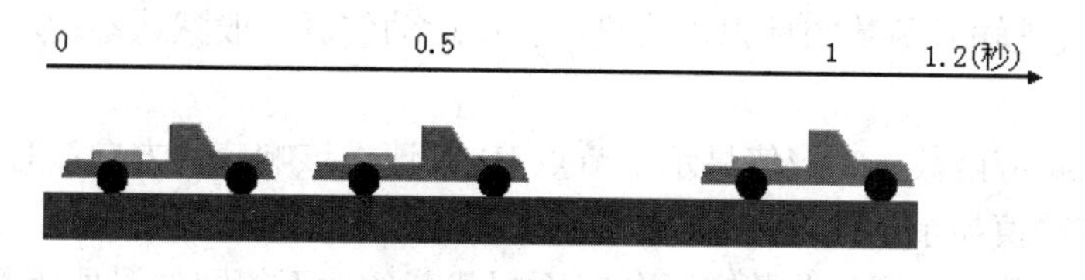

图 10-28　运动仿真动画

6）在【运动导航器】中选择滑动副 J001 作为运动对象，在【XY 结果视图】面板中选择【绝对】→【位移】，在【位移】中选择【幅值】，选中【幅值】右击，在打开的快捷菜单中选择【绘图】，打开的【查看窗口】对话框。单击【新建窗口】按钮，软件计算出小车在 2s 的位移变化的图表，如图 10-29 所示。在 0s 时曲线缓缓增加，在 0.2s 后为 45° 斜线，最后在 1s 后过渡到水平曲线，表示小车已经停止。

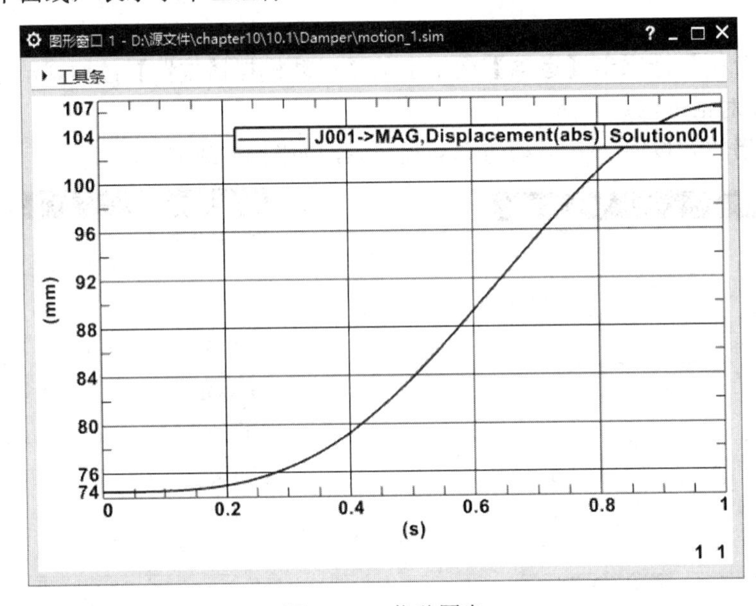

图 10-29 位移图表

10.2 AFU 格式表

软件将表 XY 函数存储为函数的辅助数据文件 (AFU) 格式，可以将有关表函数存储到一个或多个 AFU 文件中。AFU 格式表能生成比运动-函数更加复杂的函数。

10.2.1 对话框选项

XY 函数编辑器能定义特定函数的属性，可以将某些数据填充到编辑器。【XY 函数编辑器】对话框，如图 10-30 所示。创建 AFU 格式表有 3 个步骤：

1. ID 信息

ID 信息的含义是输入函数的标识符信息，它在运动仿真一般默认不动。其选项组含义如下：

- ❑ 对于节点响应函数，响应值显示了节点 ID 及请求该响应的方向；对于模态响应函数，这些值显示了模态类型（柔性体模态的 MFLX）和模态 ID。
- ❑ 指出函数的载荷工况。此数字区分在不同载荷条件下相同位置处所测量的函数。

- ❑ 坐标系：指出函数的坐标系，使用代表坐标系的数字。例如：输入 0 表示笛卡儿坐标系，输入 1 表示柱坐标系，输入 2 表示球坐标系。
- ❑ ID 第 1 行：允许输入或修改函数的标题，最多可以输入 80 个字符。

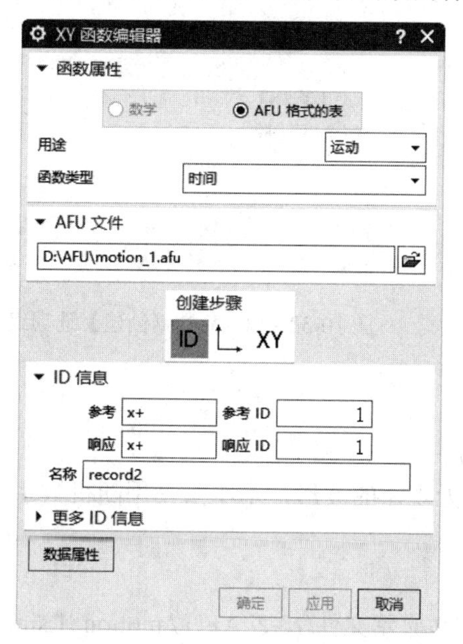

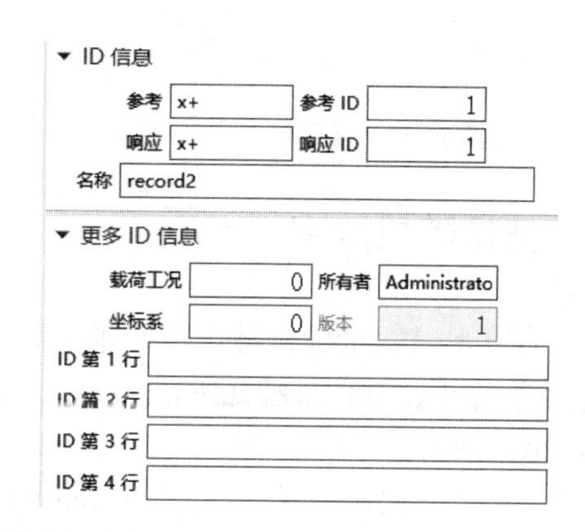

图 10-30　【XY 函数编辑器】对话框

2. 轴定义

【轴定义】选项组是定义与 X 轴相关联的属性，其中【横坐标】的【间距】下拉列表框使用最为频繁，如图 10-31 所示。具体的含义如下：

- ❑ 等距：横坐标以恒定增量增加。
- ❑ 非等距：指定软件认为每个横坐标值都是唯一的。
- ❑ 序列：按顺序显示 X 轴数据并按顺序标记 X 轴值，无论实际 X 值如何。软件以递增方式将每个值放置在图表的 X 轴上，而不用 X 值替代 X 轴的位置。

3. XY 数据

输入或生成函数的 XY 数据，也就是所讲解的创建 AFU 格式表方法。根据坐标系间距的定义不同，创建的方法也有所不同，如图 10-32 所示。

使用等距可以创建 AFU 格式表的类型有：

- ❑ 在文本编辑器中手工输入数据点。
- ❑ 在电子表格中手工输入数据点 。
- ❑ 在图表栅格上选择数据点。
- ❑ 从另一个选定函数选择数据点。

使用非等距和序列可以创建 AFU 格式表的类型有：

- ❑ 从当前绘制在图表窗口的另一个函数选择数据点。
- ❑ 随机生成数据点（基于用户输入的参数）。

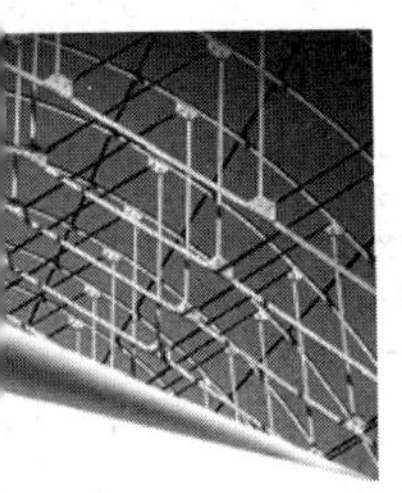

- ❑ 使用波形扫掠生成数据点。
- ❑ 使用现有数学函数生成数据点。

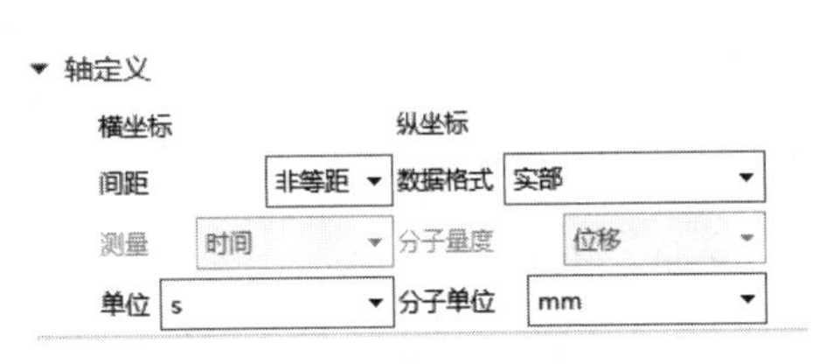

图 10-31 【轴定义】选项组

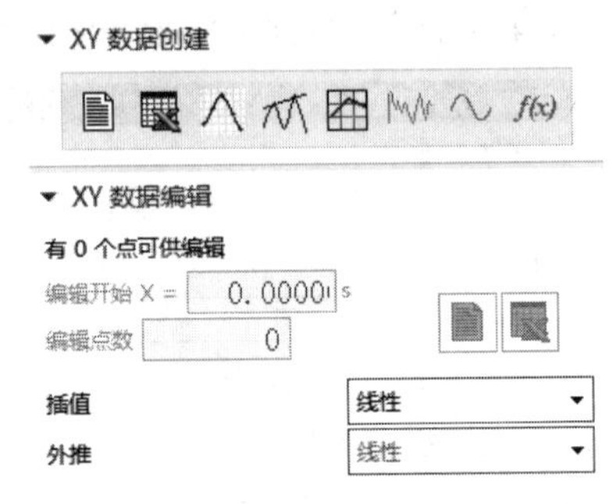

图 10-32 【XY 数据创建】选项组

10.2.2 使用随机数字

使用 AFU 格式表的随机数字类型能产生毫无规律的波形，本小节使用随机数字作为驱动使振动工作台工作。具体步骤如下：

1．编辑运动副

1）启动 UG NX 2027，打开源文件 /chapter10/原始文件/10.2/ AFU / motion_1.sim，模型如图 10-33 所示。

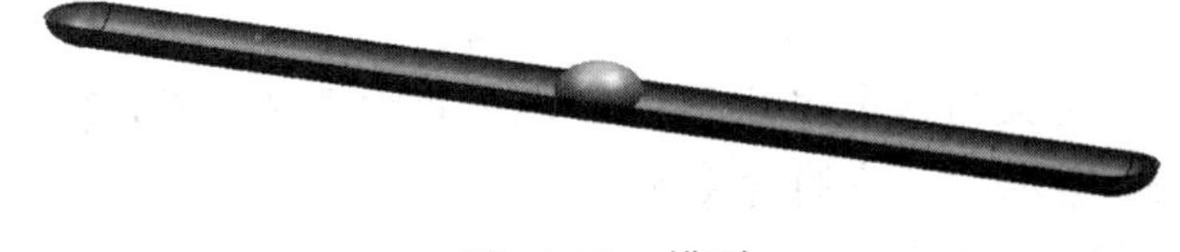

图 10-33 模型

2）在【运动导航器】面板（见图 10-34）中双击滑动副 J001，打开【运动副】对话框，如图 10-35 所示。

3）单击【驱动】标签，打开【驱动】选项卡，如图 10-36 所示。

4）在【平移】下拉列表框中选择【函数】。

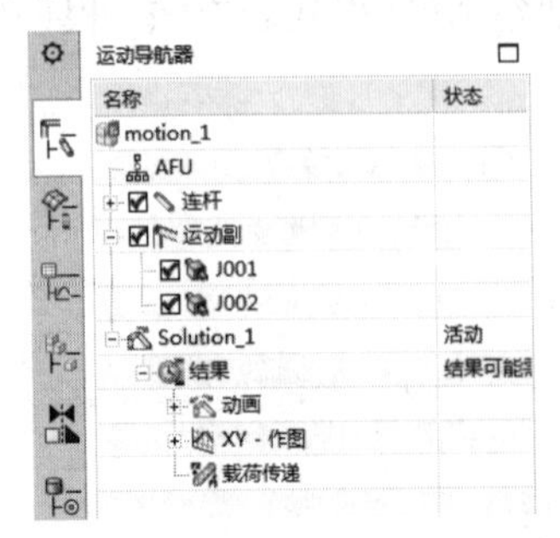

图 10-34 【运动导航器】面板

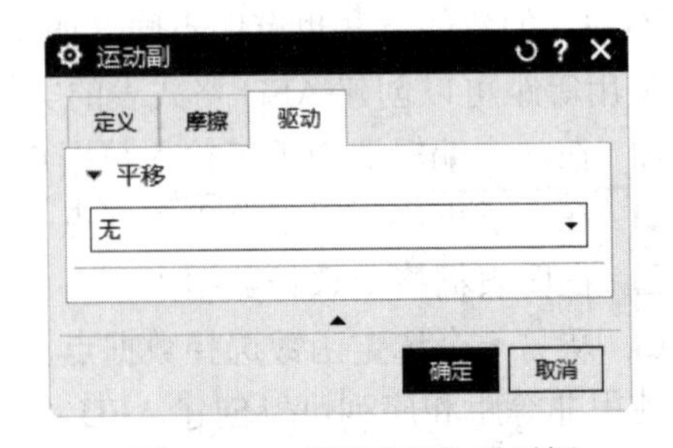

图 10-35 【运动副】对话框

5）在【数据类型】下拉列表框中选择【位移】。

6）在【函数】下拉列表框中选择【函数管理器】，打开【XY 函数管理器】对话框，如图 10-37 所示。

7）单击【AFU 格式的表】单选按钮，设置创建类型为 AFU 格式的表。

图 10-36　【驱动】选项卡

图 10-37　【XY 函数管理器】对话框

8）单击【新建】按钮，打开【XY 函数编辑器】对话框，如图 10-38 所示。

9）单击【XY 轴定义】按钮，打开【轴定义】选项组，如图 10-39 所示。设置【间距】为【等距】。

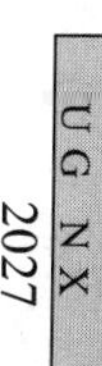

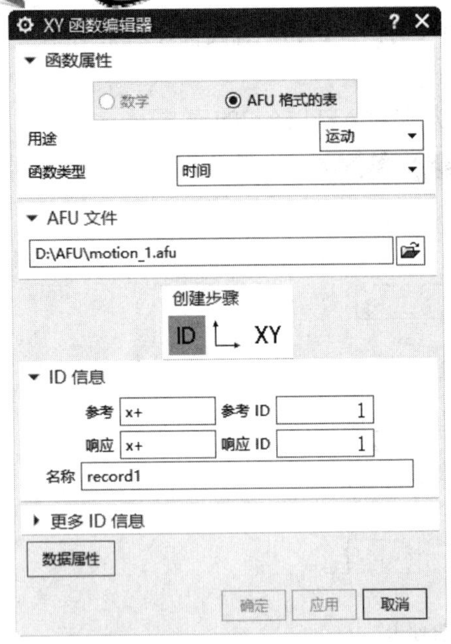

图 10-38 【XY 函数编辑器】对话框

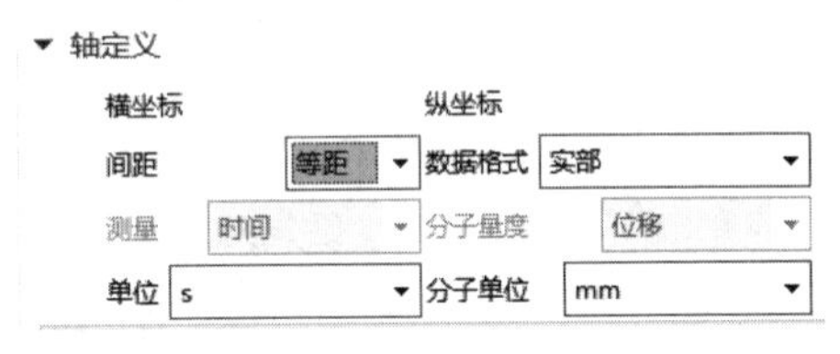

图 10-39 【轴定义】选项组

10）单击【XY 数据】按钮XY，打开【XY 数据创建】选项组，如图 10-40 所示。

11）单击【随机】按钮，选择随机类型。

12）在【预览】选项组中单击【预览】按钮，打开【预览】选项组，如图 10-41 所示。显示随机的波形。

13）单击【XY 函数编辑器】对话框中的【确定】按钮，完成编辑。

14）在【XY 函数管理器】对话框中单击【确定】按钮，选择随机函数。

15）单击【运动副】对话框中的【确定】按钮，完成运动副位移的定义。

说明：单击[绘图]按钮，在绘图区显示随机的波形；如果需要返回模型，单击【结果】选项卡【布局】面组上的【返回到模型】图标，将恢复到模型显示。

2. 创建图表

1）单击【主页】选项卡【解算方案】面组上的【求解】按钮，打开【解算方案】对话框。在【解算方案选项】中设置【时间】为 5，【步数】为 500。

2）单击【主页】选项卡【解算方案】面组上的【求解】按钮，求解当前解算方案的结果。

3）单击【分析】选项卡【运动】面组上【仿真】下拉菜单中的【XY 结果】按钮，打开【XY 结果视图】面板。

4）在【运动导航器】中选择滑动副 J001 作为运动对象。

5）在【XY 结果视图】面板中选择【位移】。

6）在【位移】中选择【幅值】。

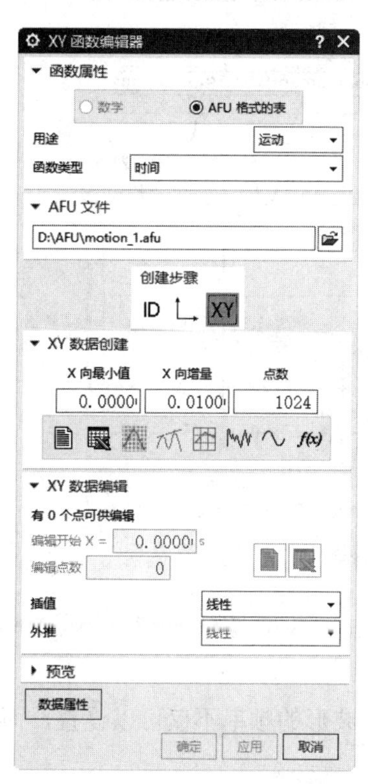

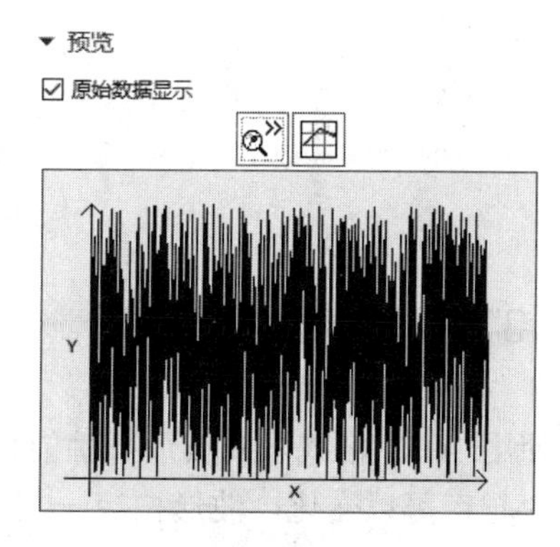

图 10-40　【XY 数据创建】选项组　　　　图 10-41　【预览】选项组

7）选中【幅值】并右击，在打开的快捷菜单中选择【绘图】，打开【查看窗口】对话框。单击【新建窗口】按钮，计算出振动台在 5s 内位移图表，如图 10-42 所示。

8）按照相同的步骤定义 J002 的小球位移图表，如图 10-43 所示。

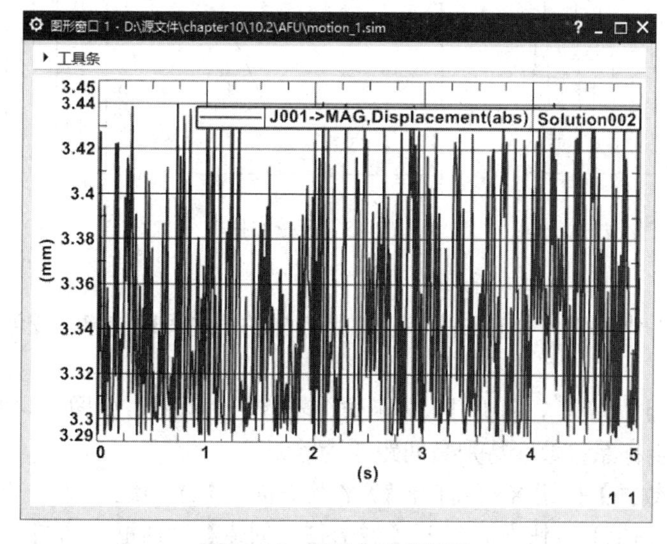

图 10-42　振动台位移图表

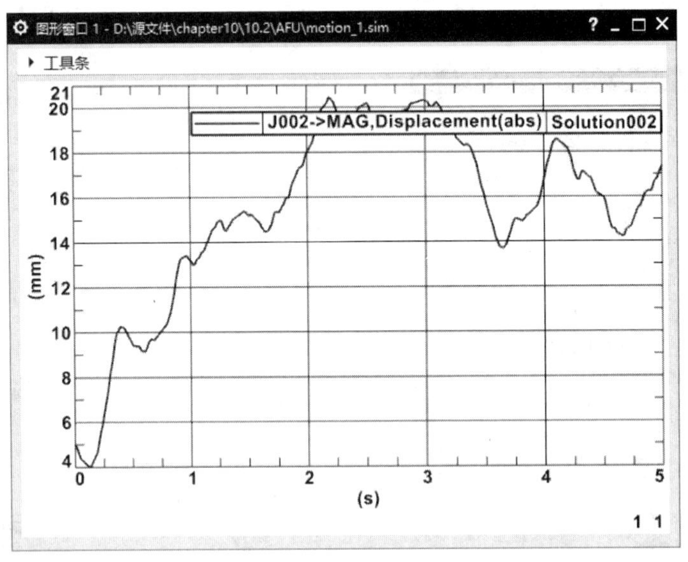

图 10-43　小球位移图表

10.2.3　执行波形扫掠

使用 AFU 格式表的波形扫掠能提供常见波形，波形的频率不仅可以设置，而且在同一个波形内频率可以变化。波形扫掠一共有 4 种类型：

- ❑ 正弦波扫掠，如图 10-44 所示。
- ❑ 余弦波扫掠，如图 10-45 所示。
- ❑ 方波扫掠，如图 10-46 所示。

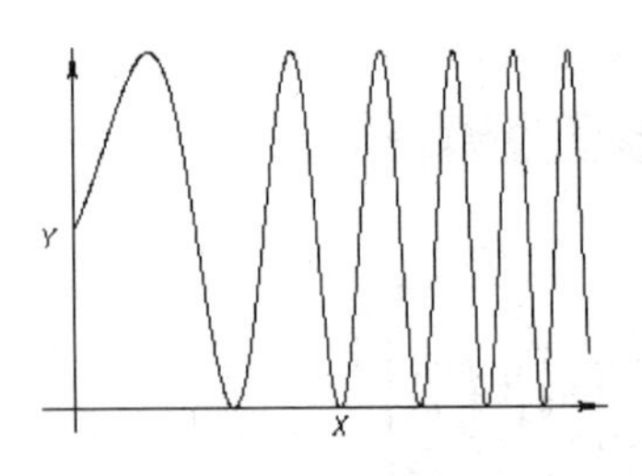

图 10-44　正弦波扫掠

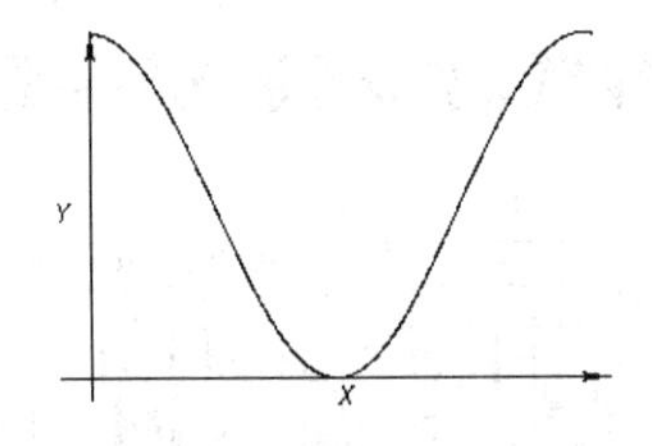

图 10-45　余弦波扫掠

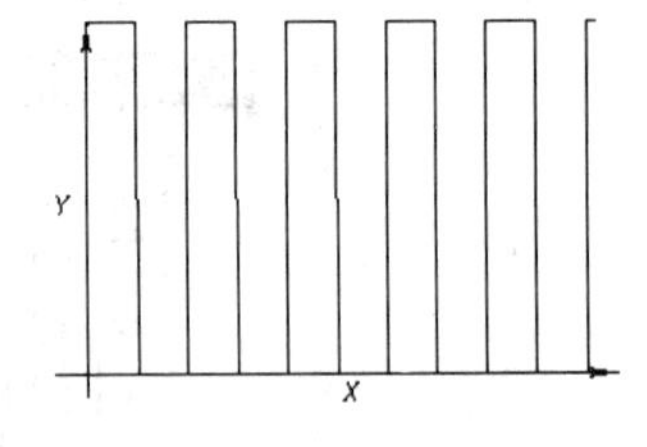

图 10-46　方波扫掠

- ❑ 滤方波扫掠，如图 10-47 所示。

使用波形扫掠创建任何一种波形的步骤都是一样的，这里以创建正弦波为例进行讲解，具体步骤如下：

1）单击【新建】按钮，打开【XY 函数编辑器】对话框，如图 10-48 所示。

2）默认 ID 和坐标系参数，特别是间距要为等距。

3）单击【XY 数据】按钮 XY，打开【XY 数据创建】选项组。

4）单击【波形扫掠】按钮，打开【波形扫掠创建】对话框，如图 10-49 所示。

5）默认类型为正弦波扫掠，并设置频率参数。

6）单击【波形扫掠创建】对话框中的【确定】按钮，完成波形设置。

7）单击【XY 函数编辑器】对话框中的【确定】按钮，完成正弦波扫掠创建。

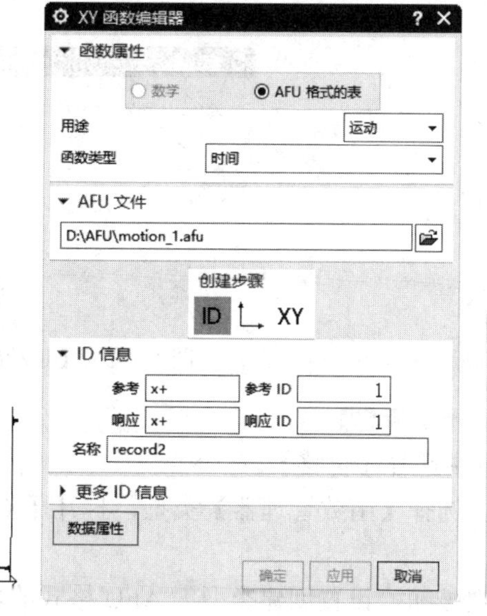

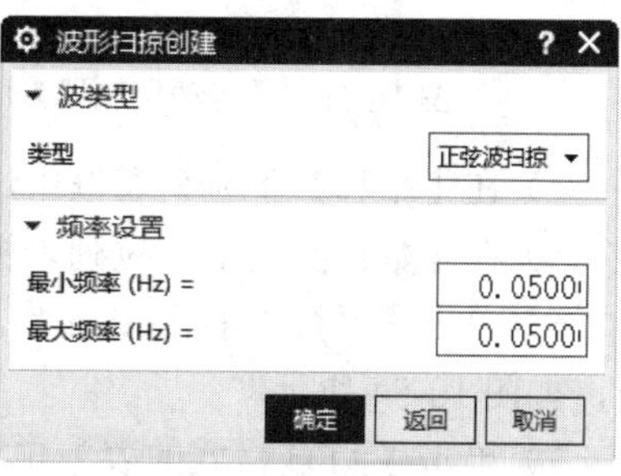

图 10-47　滤方波扫掠　　图 10-48　【XY 函数编辑器】对话框　　图 10-49　【波形扫掠创建】对话框

10.2.4　从栅格数字化

本小节使用从栅格数字化控制小车，使小车行驶到模拟道路中间停止 1s，然后继续前进到尽头后停止。具体步骤如下：

1. 编辑运动副

1）启动 UG NX 2027，打开源文件 /chapter10/原始文件/10.2/ Damper / motion_1.sim，小车模型如图 10-50 所示。

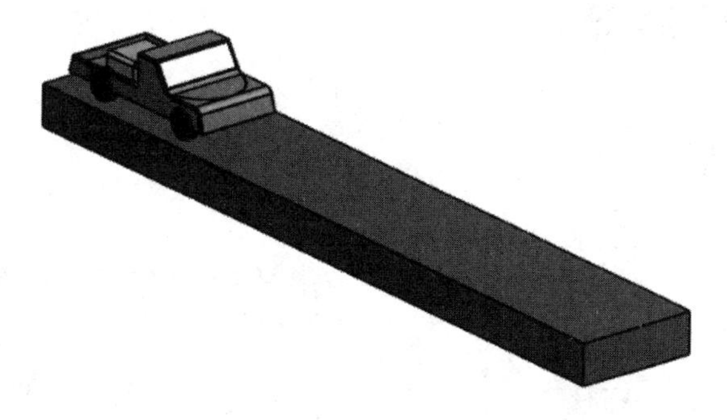

图 10-50　小车模型

2）在【运动导航器】面板（见图 10-51）中双击运动副 J001，打开【运动副】对话框，如图 10-52 所示。

3）单击【驱动】标签，打开【驱动】选项卡，如图 10-53 所示。

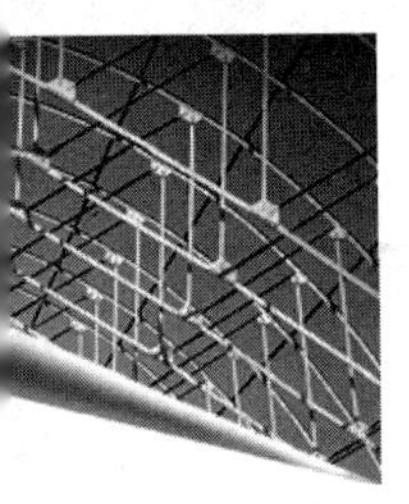
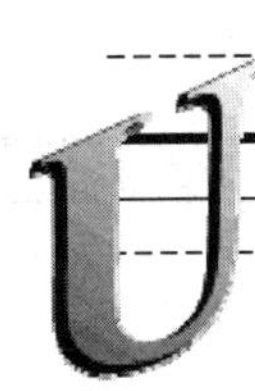

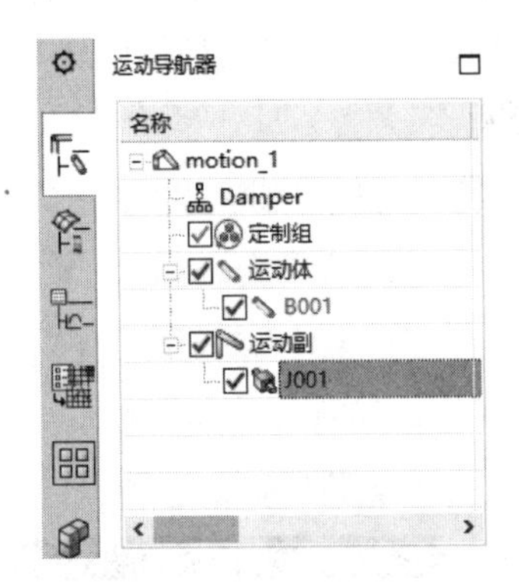

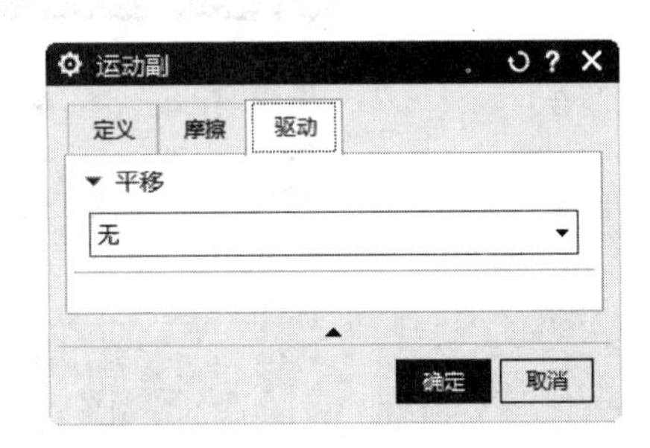

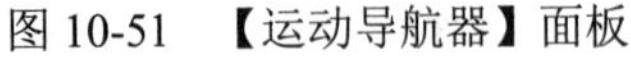

图 10-51 【运动导航器】面板　　　　图 10-52 【运动副】对话框

4）在【平移】下拉列表框中选择【函数】。

5）在【数据类型】下拉列表框中选择【位移】。

6）单击【函数】右侧按钮，选择【函数管理器】类型，打开【XY 函数管理器】对话框，如图 10-54 所示。

7）单击【AFU 格式的表】单选按钮，设置创建类型为 AFU 格式的表。

8）单击【新建】按钮，打开【XY 函数编辑器】对话框，如图 10-55 所示。

9）单击【XY 轴定义】按钮，打开【轴定义】选项组。

图 10-53 【驱动】选项卡　　　　图 10-54 【XY 函数管理器】对话框

10）在【间距】下拉列表框中选择【非等距】。

11）单击【XY 数据】按钮 XY，打开【XY 数据创建】选项组，如图 10-56 所示。

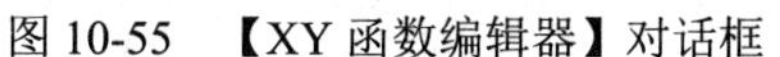
图 10-55　【XY 函数编辑器】对话框

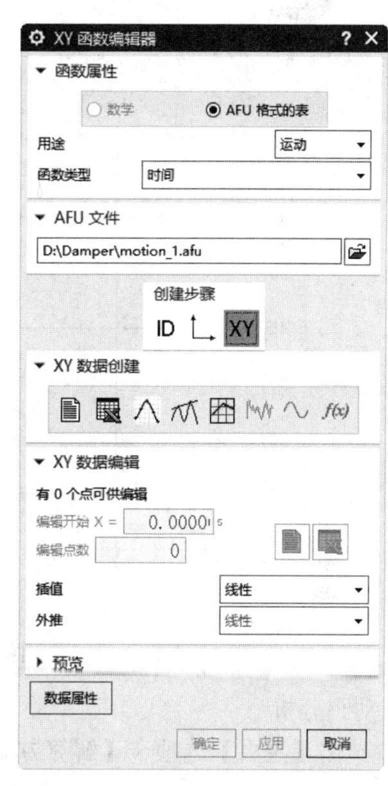

图 10-56　【XY 数据创建】选项组

12）单击【从栅格数字化】图标，打开【数据点设置】对话框，如图 10-57 所示。

13）在【第二点】文本框输入【x】为 10（10s）、【y】为 75（位移距离为 75）。

14）单击【数据点设置】对话框中的【确定】按钮，在绘图区单击，打开【选取值】对话框，如图 10-58 所示。

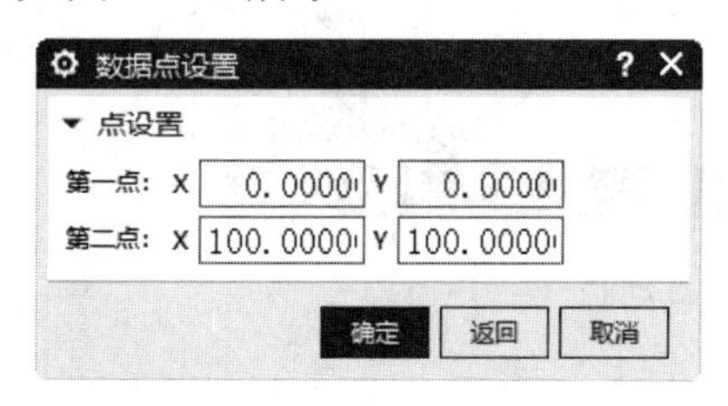

图 10-57　【数据点设置】对话框

图 10-58　【选取值】对话框

15）在绘图区绘制如图 10-59 所示的曲线。

说明：如果需要精确地定义曲线，可以在完成绘制后单击【用文本编辑器编辑数据】图标，就可以对数据进行精确的修改。

16）单击【选取值】对话框中的按钮，完成栅格数字化波形的取值。

17）单击【XY 函数编辑器】对话框中的【确定】按钮，选择栅格数字化波形的创建。

18）单击【运动副】对话框中的【确定】按钮，完成运动副位移的定义。

19）单击【结果】选项卡【关联】面组上的【返回到模型】按钮，恢复到模型显示。

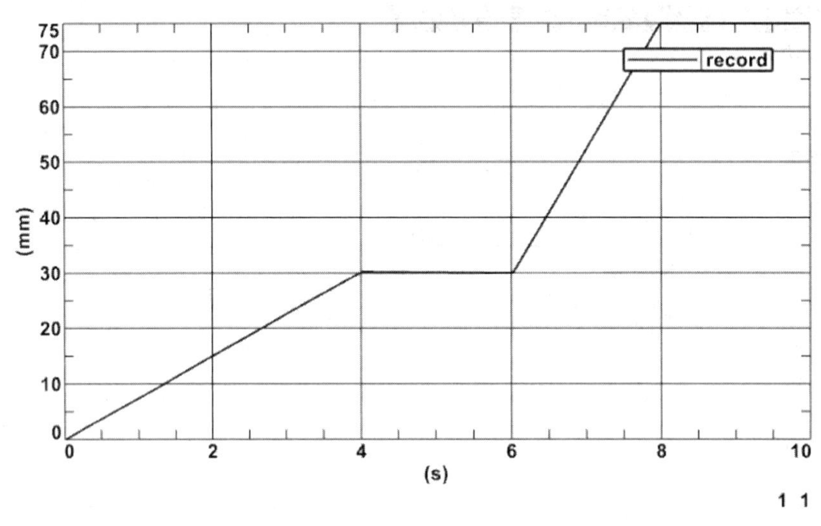

图 10-59　绘制曲线

2. 动画分析

1）单击【主页】选项卡【解算方案】面组上的【求解】按钮，求解当前解算方案的结果。

2）单击【分析】选项卡【运动】面组上的【运动模拟播放器】按钮，打开【运动模拟播放器】对话框。

3）单击【播放】按钮，运动仿真动画开始，如图 10-60 所示。

4）单击【运动模拟播放器】对话框中的【关闭】按钮，完成动画分析。

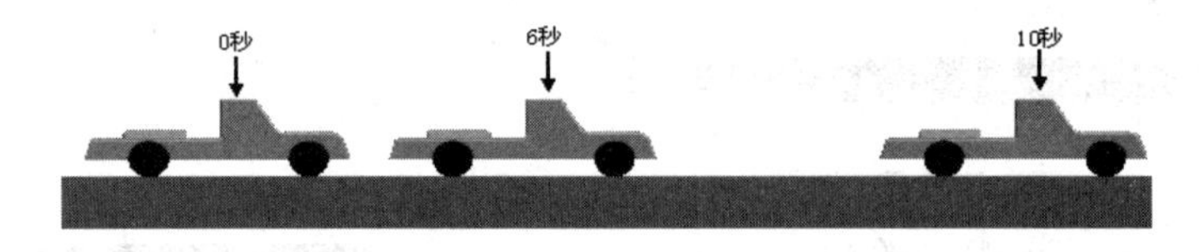

图 10-60　运动仿真动画

10.2.5　从数据（绘图）数字化

从数据（绘图）数字化类型能编辑原 AFU 格式的表，创建新的波形，因此它可以很容易继承原波形，其具体含义如下：

- 从数据数字化：在原 AFU 记录表上选择某个表，进入图表创建新的波形。
- 从绘图数字化：如果绘图区存在图表，则以原图表创建新的波形；如果没有图表，则不可以创建。从绘图数字化和从数据数字化相比少一个选择表的步骤。

使用从数据数字化类型创建 AFU 格式表的步骤如下：

1）单击【新建】按钮，打开【XY 函数编辑器】对话框，如图 10-61 所示。

2）单击【XY 轴定义】按钮，打开【轴定义】选项组。

3）在【间距】下拉列表框中选择【非等距】。

4）单击【XY 数据】按钮 XY，打开【XY 数据创建】选项组，如图 10-62 所示。

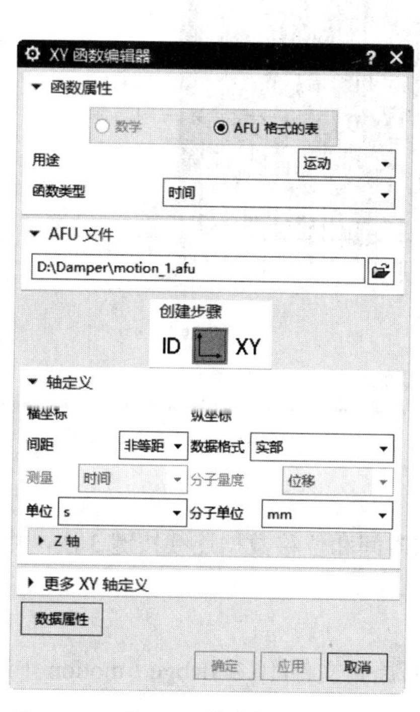

图 10-61　【XY 函数编辑器】对话框

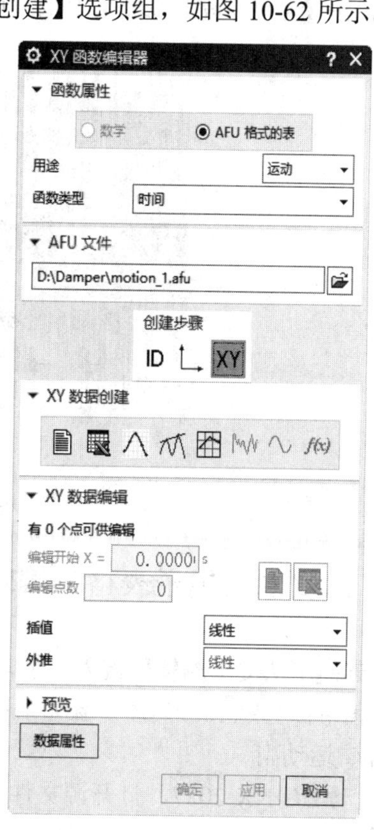

图 10-62　【XY 数据创建】选项组

5）单击【从数据数字化】图标，打开【AFU 记录选择】对话框，如图 10-63 所示。

6）选择某个 AFU 格式的表。

7）单击【AFU 记录选择】对话框中的【确定】按钮，在绘图区中单击，打开【选取值】对话框。

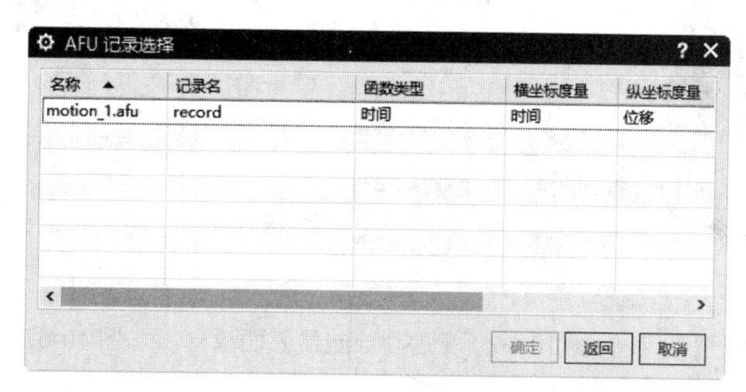

图 10-63　【AFU 记录选择】对话框

8）可以在原正弦曲线上创建控制点，绘制新的曲线，如图 10-64 所示。

9）单击【选取值】对话框中的按钮✔，完成栅格数字化波形创建。

10）单击【XY 函数编辑器】对话框中的【确定】按钮，选择栅格数字化波形。

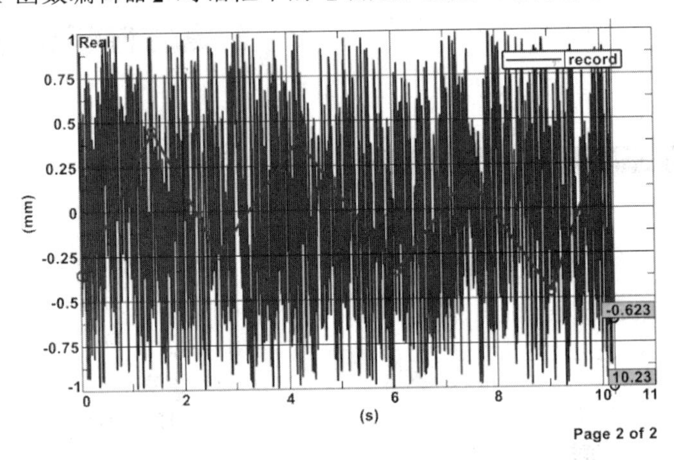

图 10-64　绘制新的曲线

10.2.6　从文本（电子表格）编辑器键入

本小节使用从文本编辑器键入类型，对输入的时间和位移数据连续按键 3 次，并在回弹和按下的过程中都暂停 1s。具体步骤如下：

1. 编辑运动副

1）启动 UG NX 2027，打开源文件 /chapter10/原始文件/10.2/ dzbge / motion_1.sim，按键模型如图 10-65 所示。

2）在【运动导航器】面板（见图 10-66）中双击滑动副 J001，打开【运动副】对话框，如图 10-67 所示。

3）单击【驱动】标签，打开【驱动】选项卡，如图 10-68 所示。

4）在【平移】下拉列表框中选择【函数】选项。

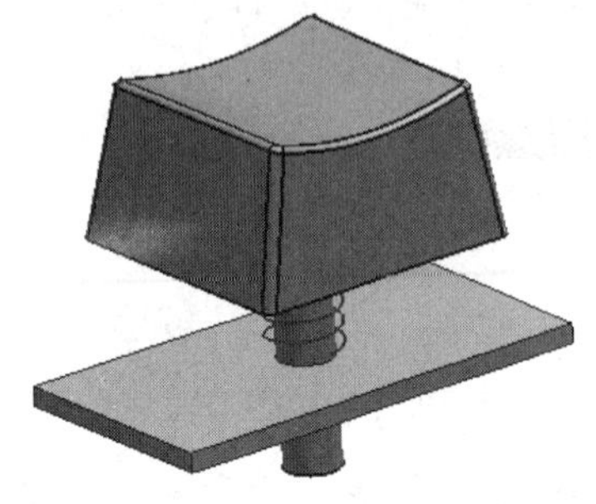

图 10-65　按键模型

图 10-66　【运动导航器】面板

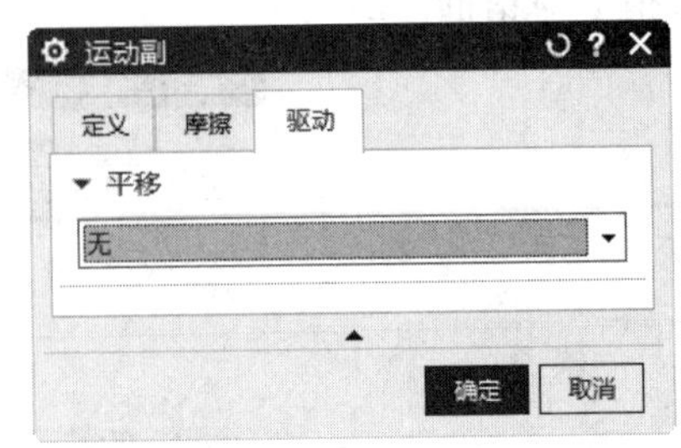

图 10-67　【运动副】对话框

5）在【数据类型】下拉列表框中选择【位移】选项。

6）在【函数】下拉列表框中选择【函数管理器】选项，打开【XY 函数管理器】对话框，如图 10-69 所示。

7）单击【AFU 格式的表】单选按钮，设置创建类型为 AFU 格式的表。

图 10-68　【驱动】选项卡

图 10-69　【XY 函数管理器】对话框

8）单击【新建】按钮，打开【XY 函数编辑器】对话框，如图 10-70 所示。

9）单击【XY 轴定义】按钮，打开【轴定义】选项组。在【间距】下拉列表中选择【等距】。单击【XY 数据】按钮 XY，打开【XY 数据创建】选项组，如图 10-71 所示。

10）在【X 向最小值】文本框输入 1，【X 向增量】文本框输入 1，【点数】文本框输入 10。

11）单击【从文本编辑器键入】图标，打开【键入】对话框，如图 10-72 所示。

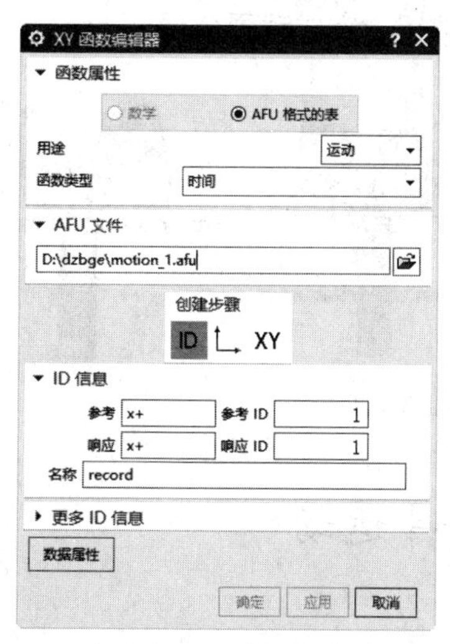

图 10-70　【XY 函数编辑器】对话框

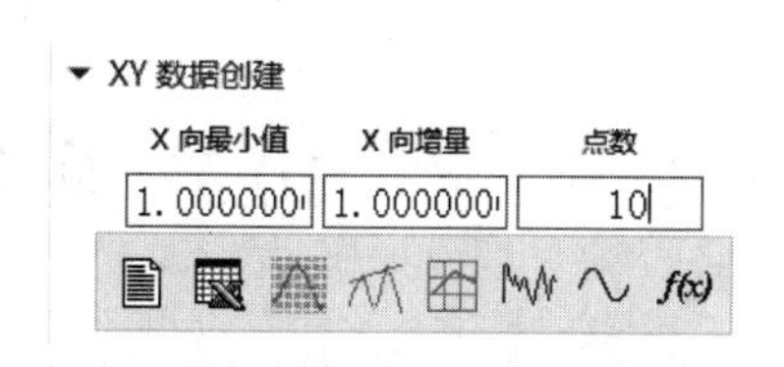

图 10-71　【XY 数据创建】选项卡

12）在【键入】文本框输入参数。

13）单击【键入】对话框中的【确定】按钮，完成值的输入；如果点数不够，还可以在后面添加。

14）在【预览】选项组中单击【预览】图标，预览显示随机的波形，如图 10-73 所示。

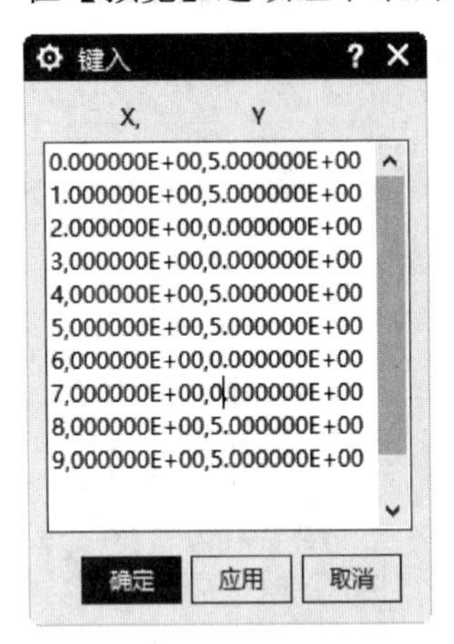

图 10-72 【键入】对话框

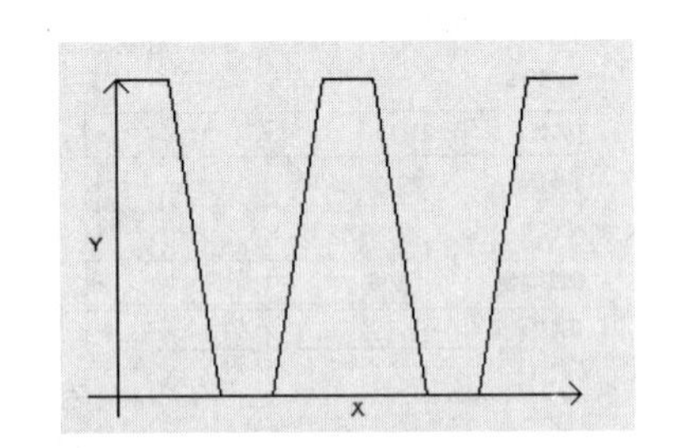

图 10-73 预览显示随机的波形

15）单击【XY 函数编辑器】对话框中的【确定】按钮，选择栅格数字化波形。

16）单击【运动副】对话框中的【确定】按钮，完成运动副位移的定义。

2. 动画分析

1）单击【主页】选项卡【解算方案】面组上的【求解】按钮，求解当前解算方案的结果。

2）单击【分析】选项卡【运动】面组上的【运动模拟播放器】按钮，打开【运动模拟播放器】对话框。

3）单击【播放】按钮，运动仿真动画开始，如图 10-74 所示。

4）单击【运动模拟播放器】对话框中的【关闭】按钮，完成动画分析。

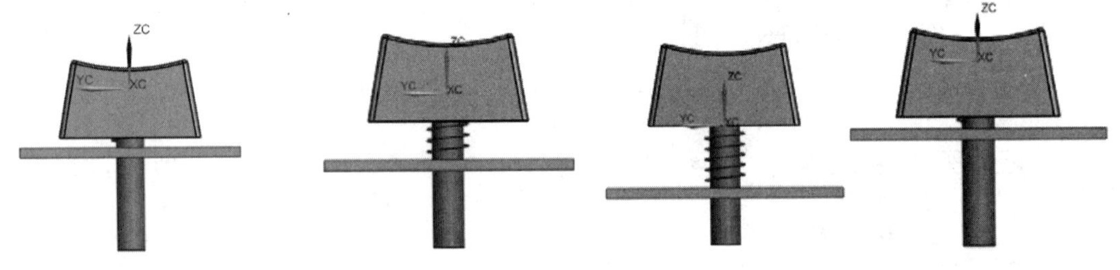

图 10-74 动画结果（0s、2.5s、3s、6s）

10.3 实例——料斗运动

本节综合所学的 XY 函数编辑器命令，完成料斗模型的材料运输。它需要在各时间段对多个部件运动状态进行控制。料斗模型在一个工作周期的运动状态见表 10-1。

表 10-1　料斗运动状态

时间	料斗动作	外壳动作	图例
0	上升45mm		
1			
2			
3		旋转90° 避让料斗	
4	旋转180° 卸料		
5			
6	逆时针旋转180° 复原	逆时针旋转90° 复原	
7			
8			
9	下降45mm复原		
10			

10.3.1　分析思路

通过料斗模型在一个工作周期的运动状态可以得出，料斗模型的结构很简单，只有两个物体在运动——料斗和外壳，但它们的动作和时间配合相当紧密。

（1）运动体的划分　在整个运动状态中，只有两个物体在运动，但料斗要完成两个动作，即位移和旋转。因此，必须为它创建一个辅助的运动体，以分配其中的一个动作，那么料斗模型一共有 3 个运动体，如图 10-75 所示。

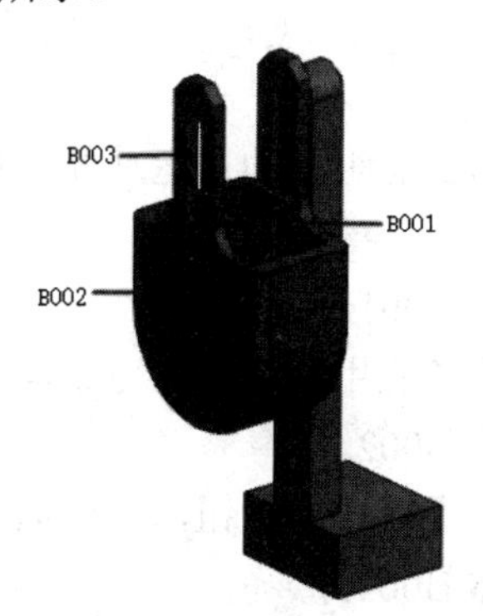

图 10-75　划分运动体

（2）运动副的划分　按照料斗模型规定的动作划分运动副。

- B001、B002 的运动类型是旋转副。

- ❑ B003 运动的类型是滑动副，并啮合 B001。

（3）运动-函数　本实例中 3 个运动副均为主运动，它们都有自己的驱动。各函数如下：

- ❑ B001、B002 的运动-函数较复杂、时间节点多，使用 AFU 格式的表从文本数字化键入类型。
- ❑ B003 的动作只是上升与下降，使用 STEP 函数。

10.3.2　定义运动体

根据前面的分析，需要创建 3 个运动体。具体步骤如下：

1. 新建仿真

1）启动 UG NX 2027，打开源文件 /chapter10/原始文件/10.3/ weizfz.prt。

2）单击【应用模块】选项卡【仿真】面组上的【运动】按钮，进入运动仿真界面。

3）选择【运动导航器】，右击运动仿真 weizfz 图标，选择【新建仿真】，如图 10-76 所示。

4）选择【新建仿真】后，软件自动打开【新建仿真】对话框。单击【确定】按钮，打开【环境】对话框，如图 10-77 所示。【求解器选项】选择【Simcenter 3D Motion】，其他参数选择默认，单击【确定】按钮。

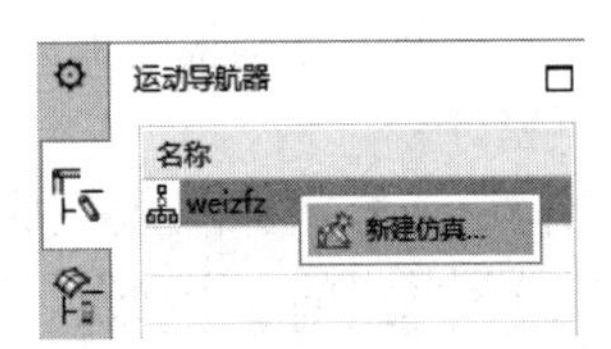

图 10-76　选择【新建仿真】

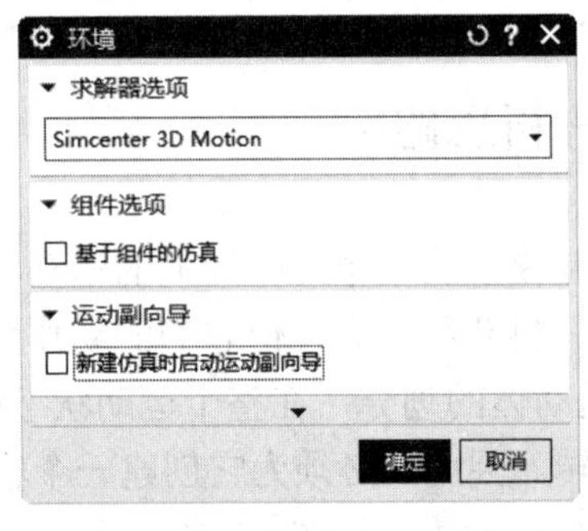

图 10-77　【环境】对话框

2. 创建运动体

1）单击【主页】选项卡【机构】面组上的【运动体】按钮，打开【运动体】对话框，如图 10-78 所示。

2）在绘图区选择料斗为运动体 B001。

3）单击【运动体】对话框中的【应用】按钮，完成运动体 B001 的创建。

4）在绘图区选择外壳为运动体 B002。

5）单击【运动体】对话框中的【应用】按钮，完成运动体 B002 的创建。

6）在绘图区选择曲线为运动体 B003。

说明：由于辅助运动体 B003 为曲线，因此需要定义质量特性才能完成创建，如图 10-79 所示。

7）单击【运动体】对话框中的【确定】按钮，完成运动体 B003 的创建。

图 10-78　【运动体】对话框

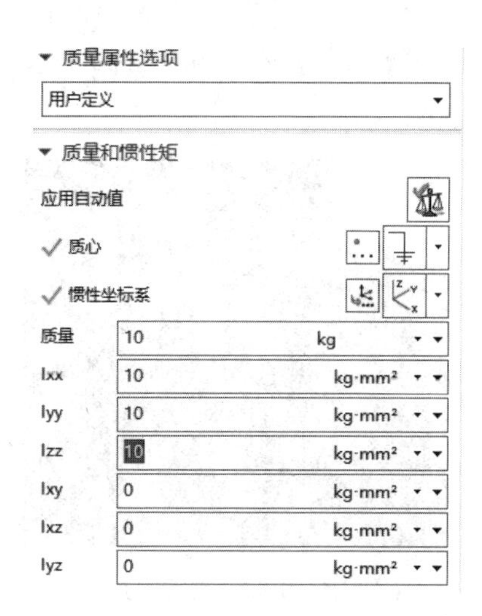

图 10-79　【质量和惯性矩】选项组

10.3.3　创建料斗函数

料斗是本实例中完成动作最多的一个，它的运动状态是先上升 45mm，再顺时针旋转 180°、逆时针旋转 180°，最后下降 45mm，具体步骤如下：

1）单击【主页】选项卡【机构】面组上的【运动副】按钮，打开【运动副】对话框，如图 10-80 所示。

2）单击【选择运动体】选项，在绘图区选择运动体 B001。

3）单击【指定原点】选项，在绘图区选择 B001 料斗转轴圆心，如图 10-81 所示。

图 10-80　【运动副】对话框

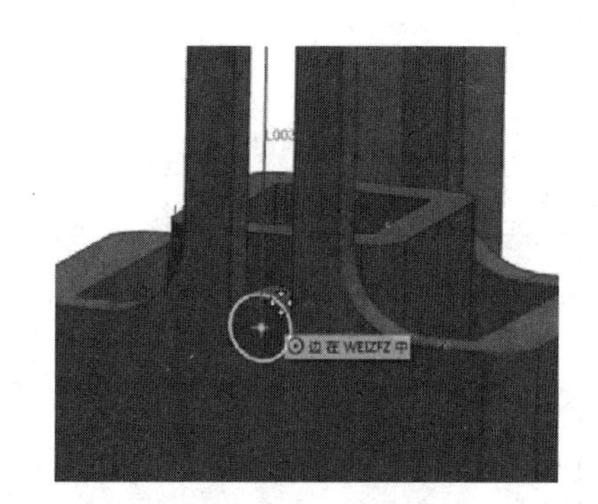

图 10-81　指定原点

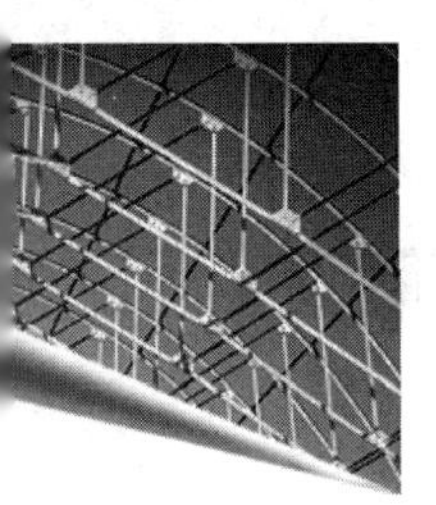

4）单击【指定矢量】选项，选择 B001 的柱面使 Z 方向平行于轴心，如图 10-82 所示。

5）在【基本】选项组（见图 10-83）中单击【选择运动体】选项，在绘图区选择运动体 B003。

图 10-82　指定矢量

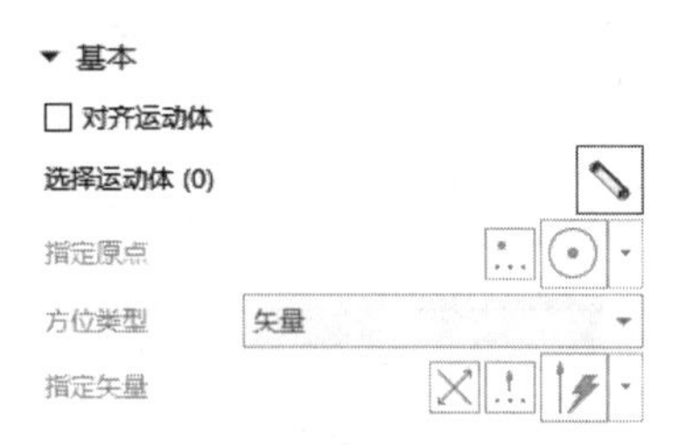

图 10-83　【基本】选项组

6）单击【驱动】标签，打开【驱动】选项卡，如图 10-84 所示。

7）在【旋转】下拉列表框中选择【函数】。

8）在【数据类型】下拉列表框中选择【位移】。

9）单击【函数】下拉列表框中选择【函数管理器】类型，打开【XY 函数管理器】对话框，如图 10-85 所示。

10）单击【AFU 格式的表】单选按钮，设置创建类型为 AFU 格式的表。

图 10-84　【驱动】选项卡

图 10-85　【XY 函数管理器】对话框

11）单击【新建】按钮，打开【XY 函数编辑器】对话框，如图 10-86 所示。

12）单击【XY 轴定义】按钮，打开【轴定义】选项组，在【间距】下拉列表中选择【等距】。

13）单击【XY 数据】按钮XY，打开【XY 数据创建】选项组，如图 10-87 所示。

14）在【X 向最小值】文本框输入 1、【X 向增量】文本框输入 1、【点数】文本框输入 10。

15）单击【从文本编辑器键入】图标，打开【键入】对话框，如图 10-88 所示。

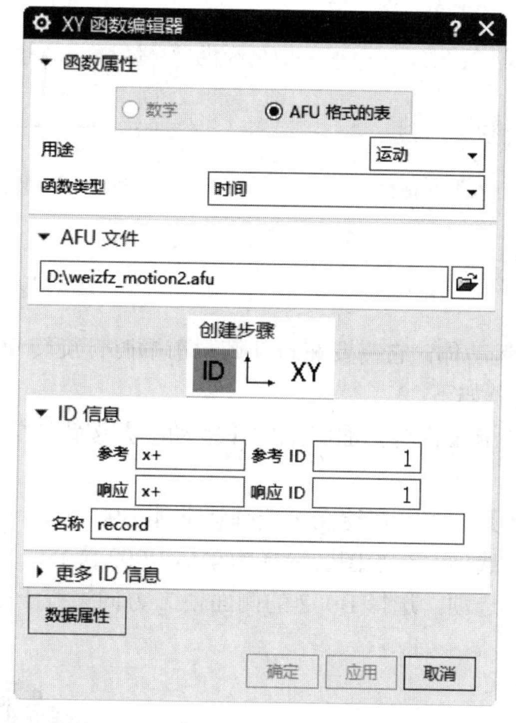

图 10-86　【XY 函数编辑器】对话框

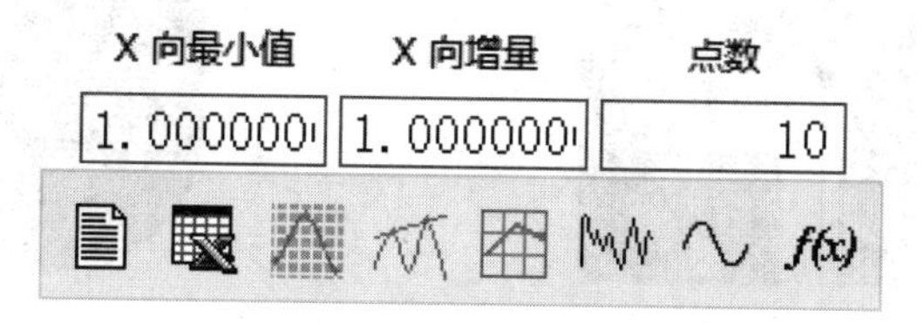

图 10-87　【XY 数据创建】选项卡

16）在【键入】文本框输入参数。

17）单击【键入】对话框中的【确定】按钮，完成值的输入。

18）在【预览】选项组中单击【预览】图标，预览显示的波形，如图 10-89 所示。

19）单击【XY 函数编辑器】对话框中的【确定】按钮，选择从文本数字化键入表。

20）单击【运动副】对话框中的【确定】按钮，完成运动副的创建。

UG NX 2027

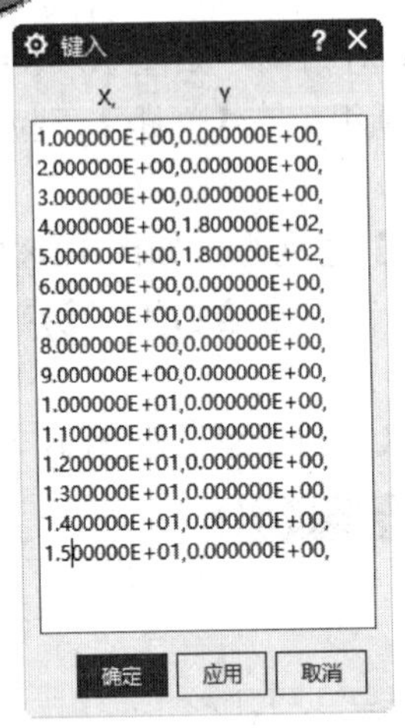

图 10-88 【键入】对话框

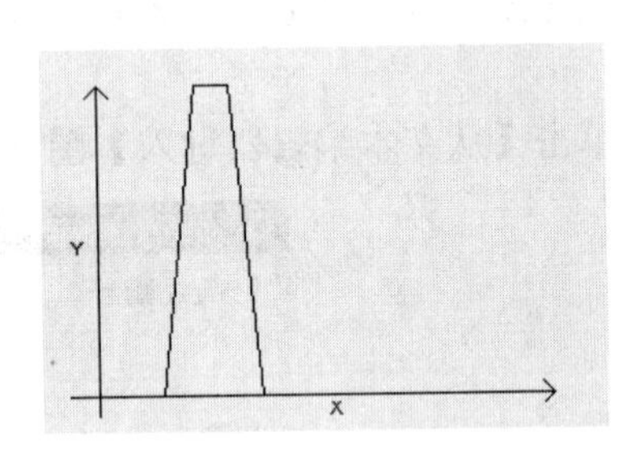

图 10-89 预览显示的波形

10.3.4 创建外壳函数

外壳是模型的第二个运动体，它需要在料斗卸料前顺时针旋转 90°，料斗卸料以后逆时针旋转 90°。具体步骤如下：

1）单击【主页】选项卡【机构】面组上的【运动副】按钮，打开【运动副】对话框。

2）单击【选择运动体】选项，在绘图区选择运动体 B002。

3）单击【指定原点】选项，在绘图区选择运动体 B002 圆心，如图 10-90 所示。

4）单击【指定矢量】选项，选择 B002 的侧面使 Z 方向平行于轴心，如图 10-91 所示。

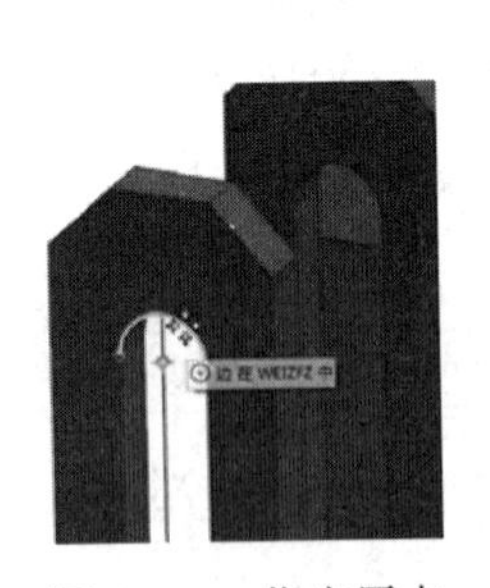

图 10-90 指定原点

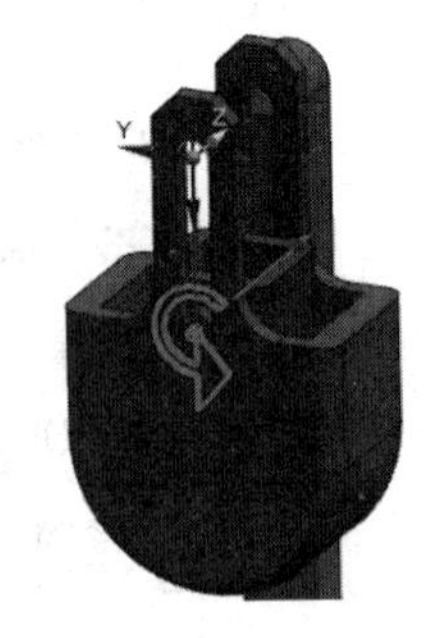

图 10-91 指定矢量

5）单击【驱动】标签，打开【驱动】选项卡，如图 10-92 所示。

6）在【旋转】下拉列表框中选择【函数】。

7）在【数据类型】下拉列表框中选择【位移】。

8）单击【函数】右侧按钮，选择【函数管理器】类型，打开【XY 函数管理器】对话框，如图 10-93 所示。

9）单击【AFU 格式的表】单选按钮，设置创建类型为 AFU 格式的表。

图 10-92　【驱动】选项卡

图 10-93　【XY 函数管理器】对话框

10）单击【新建】按钮，打开【XY 函数编辑器】对话框，如图 10-94 所示。

11）单击【XY 轴定义】按钮，打开【轴定义】选项组，在【间距】下拉列表中选择【等距】。

12）单击【XY 数据】按钮 XY，打开【XY 数据创建】选项组，如图 10-95 所示。

13）在【X 向最小值】文本框输入 1、【X 向增量】文本框输入 1、【点数】文本框输入 10。

14）单击【从文本编辑器键入】图标，打开【键入】对话框，如图 10-96 所示。

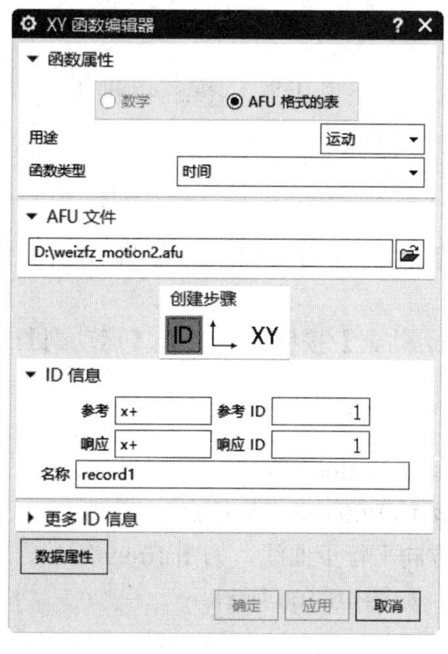

图 10-94　【XY 函数编辑器】对话框

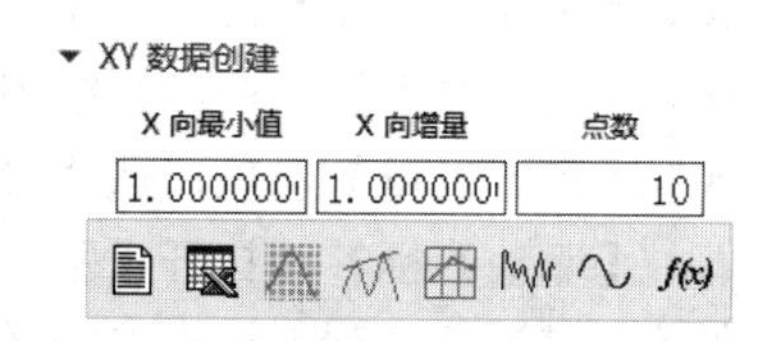

图 10-95　【XY 数据创建】选项组

15）在【键入】文本框输入参数。

16）单击【键入】对话框中的【确定】按钮，完成值的输入。

17）在【预览】选项组中单击【预览】图标，预览显示的波形，如图 10-97 所示。

18）单击【XY 函数编辑器】对话框中的【确定】按钮，选择从文本数字化键入。

19）单击【运动副】对话框中的【确定】按钮，完成运动副的创建。

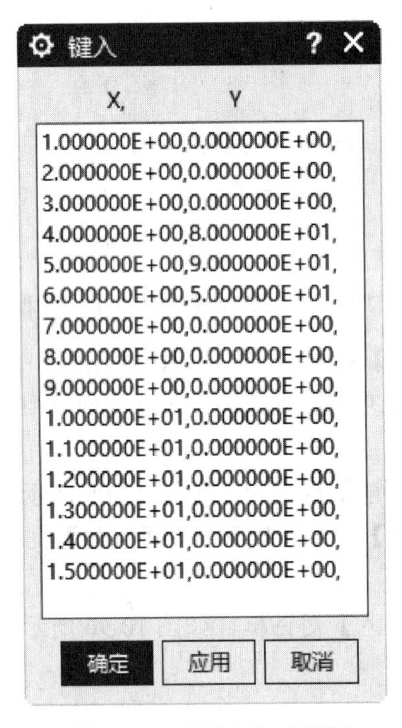

图 10-96 【键入】对话框

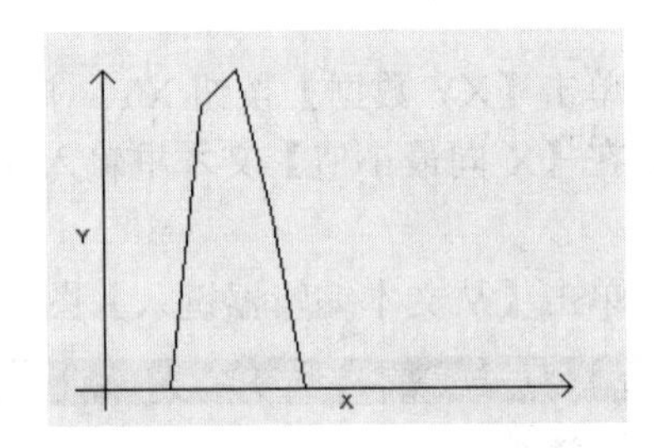

图 10-97 预览显示的波形

10.3.5 创建辅助运动体函数

由于料斗既要旋转还要移动，因此必须创建辅助运动体分配位移的运动副，并完成位移的驱动函数。具体步骤如下：

1）单击【主页】选项卡【机构】面组上的【运动副】按钮，打开【运动副】对话框，如图 10-98 所示。

2）在【类型】下拉列表框中选择【滑动副】。

3）单击【选择运动体】选项，在绘图区选择运动体 B003。

4）单击【指定原点】选项，在绘图区选择运动体 B003 中点为原点。

5）单击【指定矢量】选项，选择 B003 使 Z 方向平行于曲线，如图 10-99 所示。

6）单击【驱动】标签，打开【驱动】选项卡，如图 10-100 所示。

7）在【平移】下拉列表框中选择【函数】。

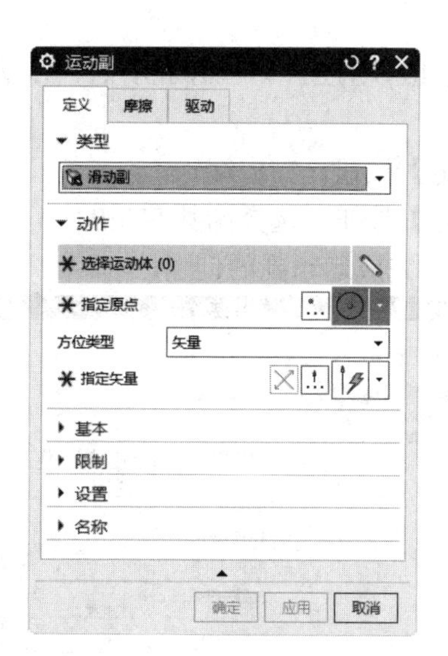

图 10-98　【运动副】对话框

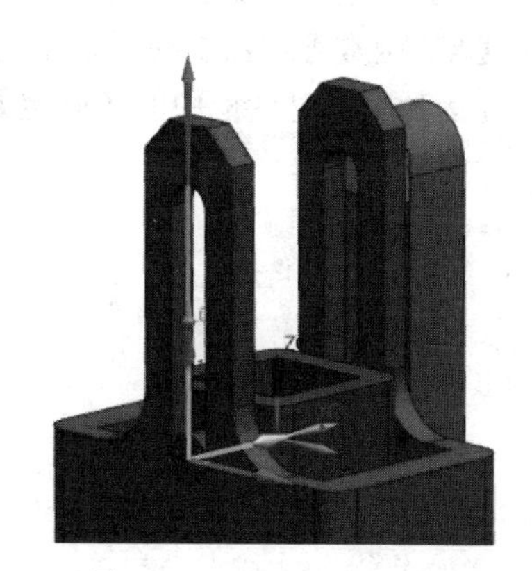

图 10-99　指定原点、矢量

8）在【数据类型】下拉列表框中选择【位移】。

9）单击【函数】右侧按钮，选择【函数管理器】类型，打开【XY 函数管理器】对话框，如图 10-101 所示。

图 10-100　【驱动】选项卡

图 10-101　【XY 函数管理器】对话框

说明：由于 STEP 函数只能控制两个时间节点，而本实例有 3 个节点，因此需要增加一个 STEP 函数。

10）单击【新建】按钮，打开【XY 函数编辑器】对话框，如图 10-102 所示。

11）在【插入】下拉列表框中选择【运动-函数】选项，并选择 STEP 函数。

12）单击【添加】图标，加入间歇函数。

13）单击【加号】图标，加入间歇函数，再单击【添加】图标，又加入间歇函数。

14）在公式文本框中修改 STEP(x，x0，h0，x1，h1)+STEP(x，x0，h0，x1，h1)为 STEP(x，0，0，2，45)+STEP(x，8，0，10，-45)。

15）单击【XY 函数编辑器】对话框中的【确定】按钮，完成编辑。

16）单击【XY 函数管理器】对话框中的【确定】按钮，选择函数 STEP。

17）单击【运动副】对话框中的【确定】按钮，完成运动副的创建。

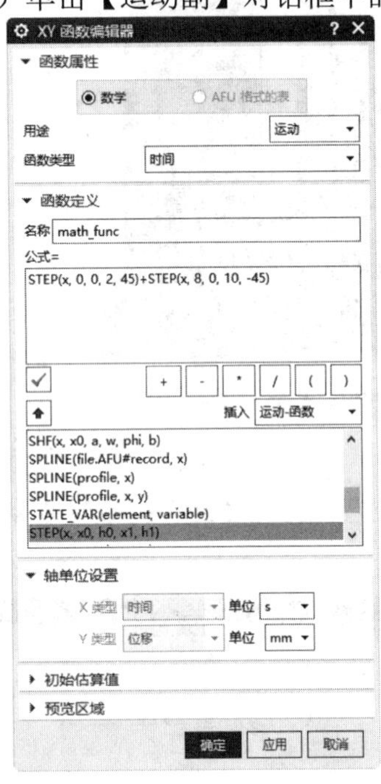

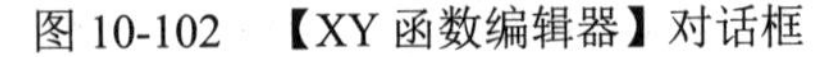
图 10-102 【XY 函数编辑器】对话框

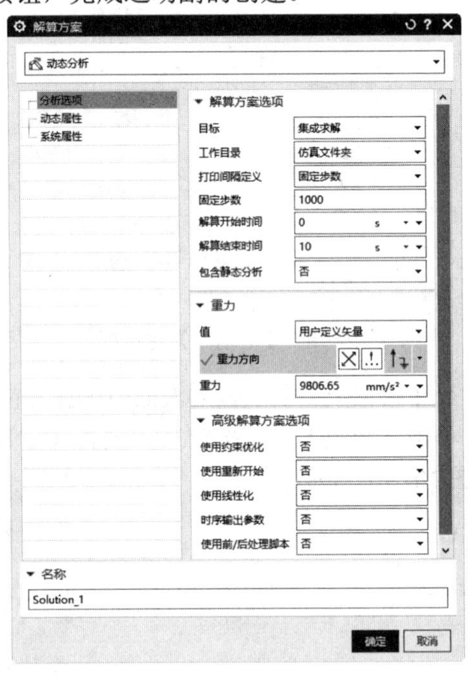

图 10-103 【解算方案】 对话框

10.3.6 运动分析

由于料斗模型的运动状态和时间配合相当紧密，可以通过动画和图表输出观察模型的运动，以查出动作是否到位。具体步骤如下：

1. 求解结果

1）单击【主页】选项卡【解算方案】面组上的【解算方案】按钮，打开【解算方案】对话框，如图 10-103 所示。

2）在【解算方案选项】设置【解算结束时间】为 10，【固定步数】为 1000。

3）单击【解算方案】对话框中的【确定】按钮，完成解算方案的创建。

4）单击【主页】选项卡【解算方案】面组上的【求解】按钮，求解当前解算方案的结果。

5）单击【结果】选项卡【动画】面组上的【播放】按钮，运动仿真动画开始，如图 10-104 所示。

6）单击【结果】选项卡【动画】面组上的【完成】按钮，完成动画分析。

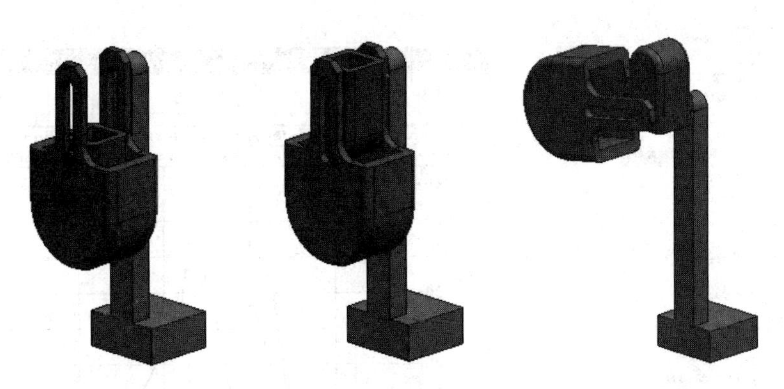

图 10-104　动画结果（0s、1.5s、4s）

2. 创建图表 1

1）单击【分析】选项卡【运动】面组上【仿真】下拉菜单中的【XY 结果】按钮，打开【XY 结果视图】面板，如图 10-105 所示。

2）在【运动导航器】选择 J001 作为运动对象。

3）在【XY 结果视图】面板中选择“运动副驱动（旋转）”下的【绝对】→【位移】。

4）在【位移】中选择【角度】。

5）选中【角度】右击，在打开的快捷菜单中选择【绘图】，打开【查看窗口】对话框。单击【新建窗口】按钮，计算出料斗角度位移图表，如图 10-106 所示。

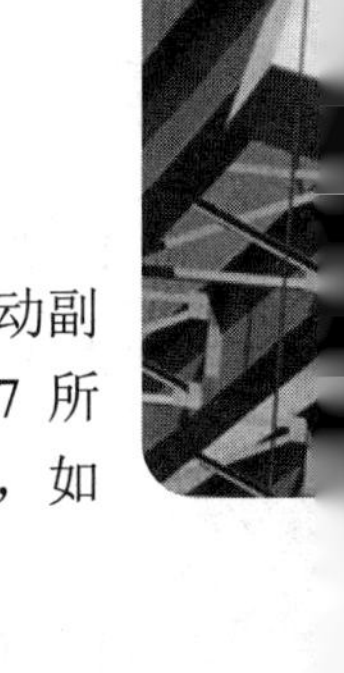

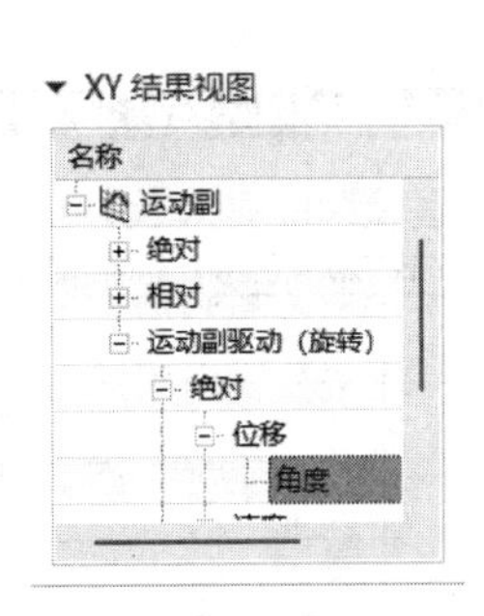

图 10-105　【XY 结果视图】面板

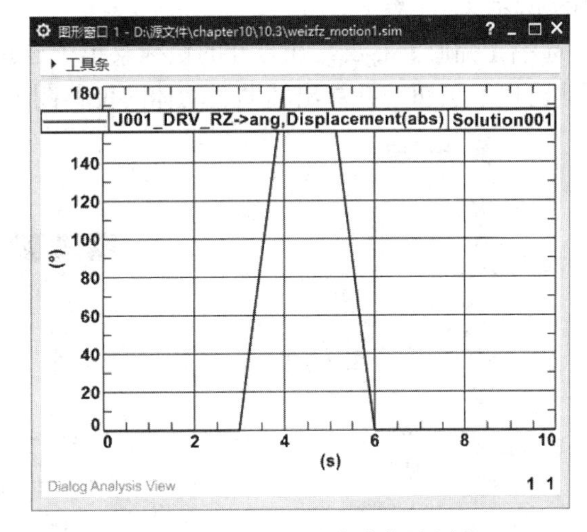

图 10-106　料斗的角度位移图表

6）在【运动导航器】中选择 J002 作为运动对象，在【XY 结果视图】面板中选择“运动副驱动（旋转）”下的【绝对】→【位移】，在【位移】中选择【角度】选项，如图 10-107 所示。选中【角度】右击，在打开的快捷菜单中选择【叠加】，计算出外壳的角度位移图表，如图 10-108 所示。

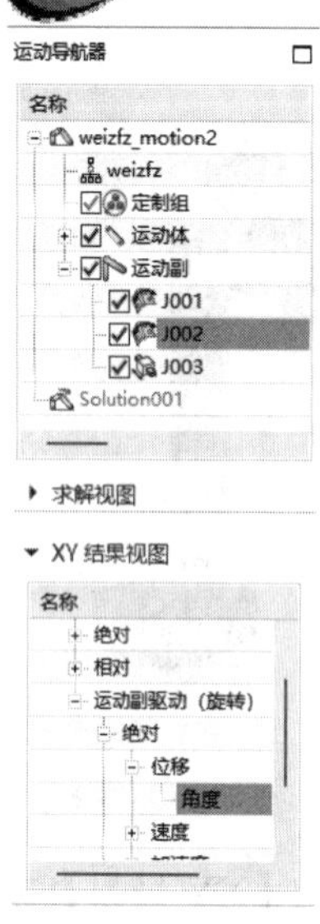

图 10-107 【XY 结果视图】面板

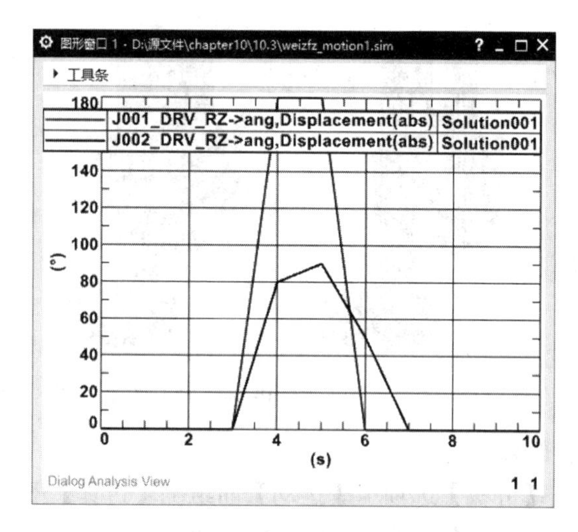

图 10-108 外壳的角度位移图表

3. 创建图表 2

1）单击【分析】选项卡【运动】面组上【仿真】下拉菜单中的【XY 结果】按钮，打开【XY 结果视图】面板，如图 10-109 所示。

2）在【运动导航器】中选择运动副 J003 作为运动对象。

3）在【XY 结果视图】面板中选择【相对】→【位移】，在【位移】中选择【幅值】，如图 10-109 所示。

4）选中【幅值】右击，在打开的快捷菜单中选择【绘图】，打开【查看窗口】对话框。单击【新建窗口】按钮，计算出辅助运动体的位移图表，如图 10-110 所示。

图 10-109 【XY 结果视图】面板

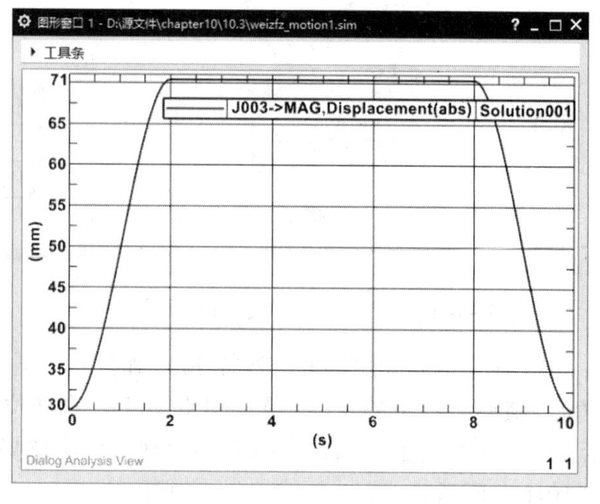

图 10-110 辅助运动体的位移图表

10.3.7　干涉检查

料斗模型的运动状态和时间配合很紧密，一旦时间和动作不协调就可能发生干涉。为了避免实际情况下干涉的发生，现在对料斗和外壳进行干涉检查。具体步骤如下：

1. 干涉检查

1）单击【分析】选项卡【运动】面组上【干涉】按钮，打开【干涉】对话框，如图 10-111 所示。

2）在【类型】下拉列表框中选择【创建实体】。

3）在【设置】选项组中勾选【事件发生时停止】复选框和【激活】复选框。

4）在绘图区选择料斗作为第一组对象。

5）在绘图区选择外壳作为第二组对象，如图 10-112 所示。

6）单击【干涉】对话框中的【确定】按钮，完成干涉的设置。

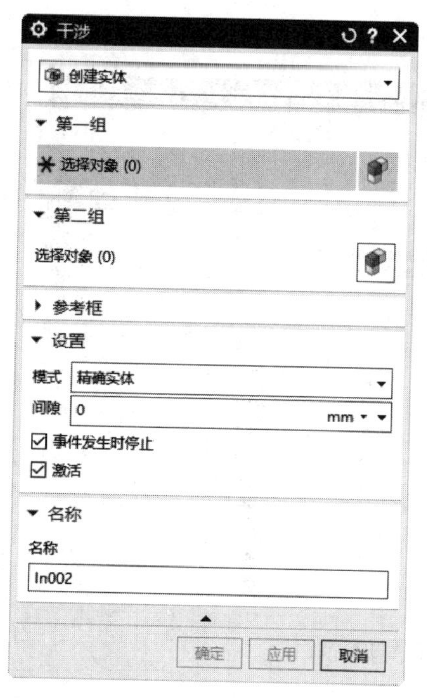

图 10-111　【干涉】对话框

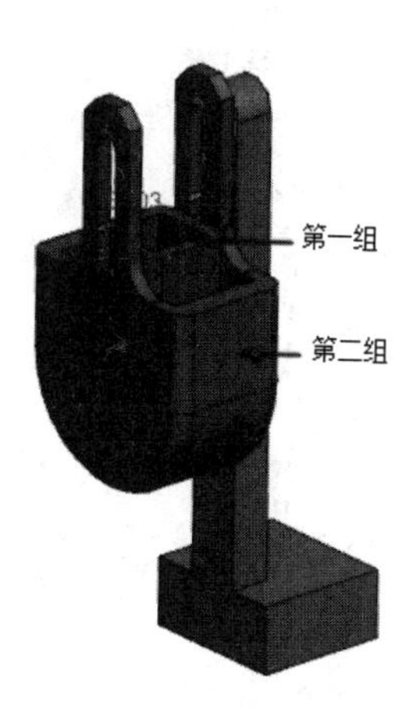

图 10-112　选择对象

2. 动画分析

1）单击【分析】选项卡【运动】面组上的【运动模拟播放器】按钮，打开【运动模拟播放器】对话框。

2）勾选【干涉】复选框，单击【播放】按钮，运动仿真动画开始。

3）当料斗在上升 40mm 后，红色高亮显示干涉设置的对象，说明发生模型干涉，如图 10-113 所示。

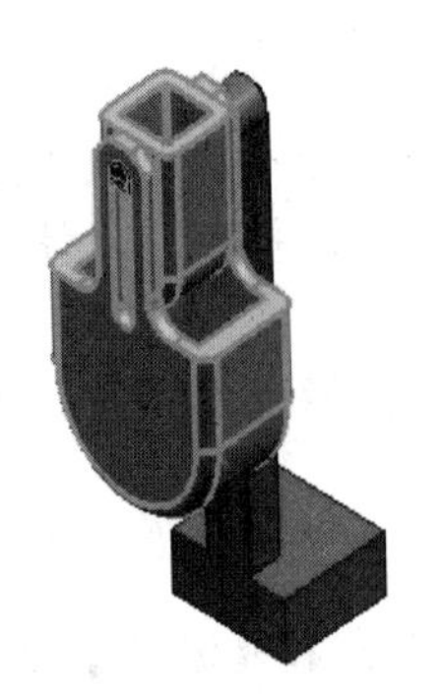

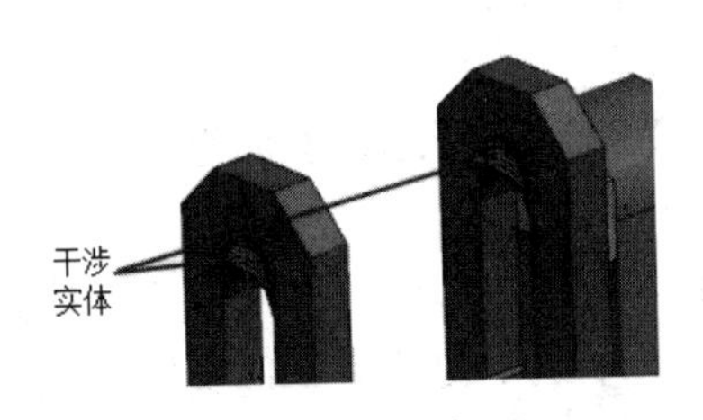

图 10-113　动画结果（右为干涉实体）

4）单击【列出干涉】按钮，打开【信息】窗口，如图 10-114 所示，显示 In001 干涉。

5）单击【运动模拟播放器】对话框中的【确定】按钮，完成干涉检查。由于存在干涉，需要对定义的上升距离或沟槽的长度尺寸进行修整，避免干涉的发生。

信息

信息列表创建者	Administrator
日期	19-Dec-2022 18:50:48
当前工作部件	D:\wan\UG\2011 jigongqu\源文件\chapter10\10.3\weizfz_motion1.sim
节点名	administrator

干涉:In001

步进	对象 1	对象 2	干涉类型
0	solid	solid	硬干涉
1	solid	solid	硬干涉
2	solid	solid	硬干涉
5	solid	solid	硬干涉
7	solid	solid	硬干涉
10	solid	solid	硬干涉
11	solid	solid	硬干涉
13	solid	solid	硬干涉

图 10-114　【信息】窗口

10.4　练习题

1. 对比列出简谐运动-函数、间歇函数、多项式函数三者的区别？

2. 运动-函数和 AFU 格式的表相比有什么区别？

3. 使用 XY 函数编辑器创建特殊正弦线函数，正弦线随时间的增长振幅也增加，如图 10-115 所示。

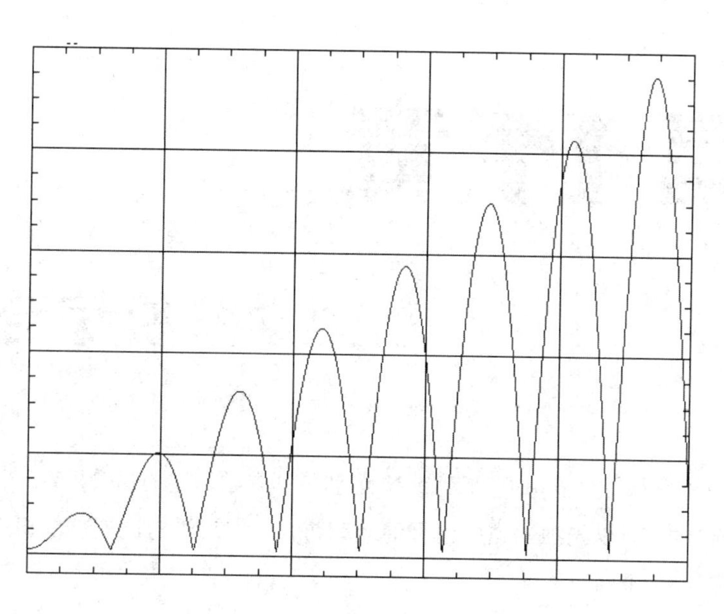

图 10-115　特殊正弦线函数

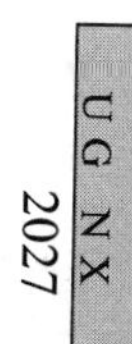

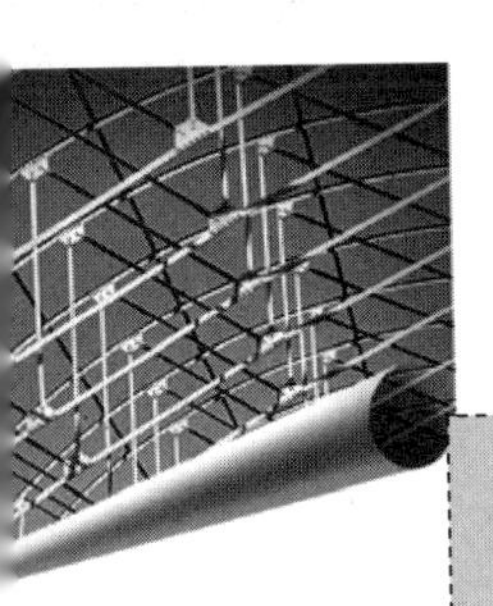

第11章 动力学分析综合实例

本章将综合复习 UG NX 2027 运动仿真中学习过的相关内容。读者在学习的时候，可以先独立完成模型的运动仿真，然后再对比实例的讲解思路，看看有什么不同。

重点与难点

- 理解动力学分析的基本思路。
- 掌握动力学分析的方法。

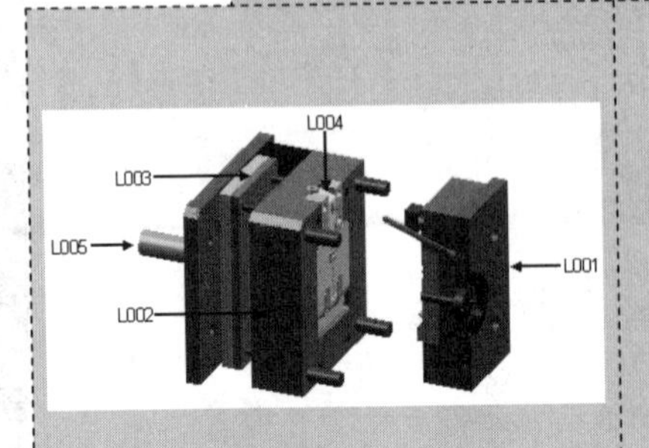

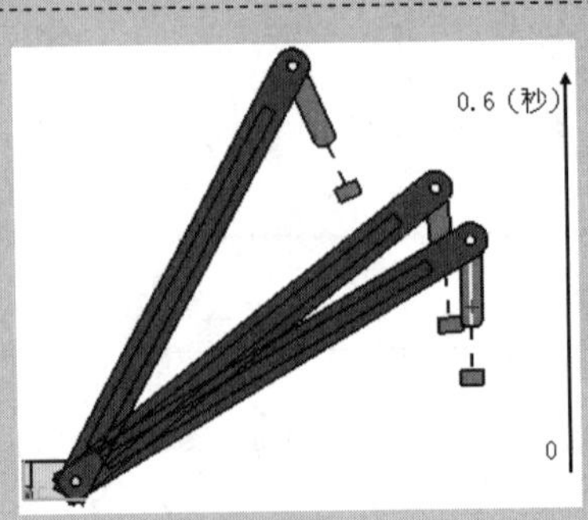

11.1　起重机模型优化

本节以起重机模型作为研究对象讲解模型优化的命令：编辑主模型尺寸和更新主模型。优化模型的方法可以是在运动仿真模块直接修改，也可以是在主模型修改，如图 11-1 所示。

11.1.1　定义载荷

为了模拟起重机工作的过程，模型需要定义起重的扭矩（最大 400000N）和吊起重物的拉力（预设 800N）。它们分别使用矢量扭矩和矢量力创建，具体步骤如下：

1. 创建矢量扭矩

1）打开源文件 /chapter11/原始文件/11.1/ Model/ motion_1.sim，起重机模型如图 11-2 所示。

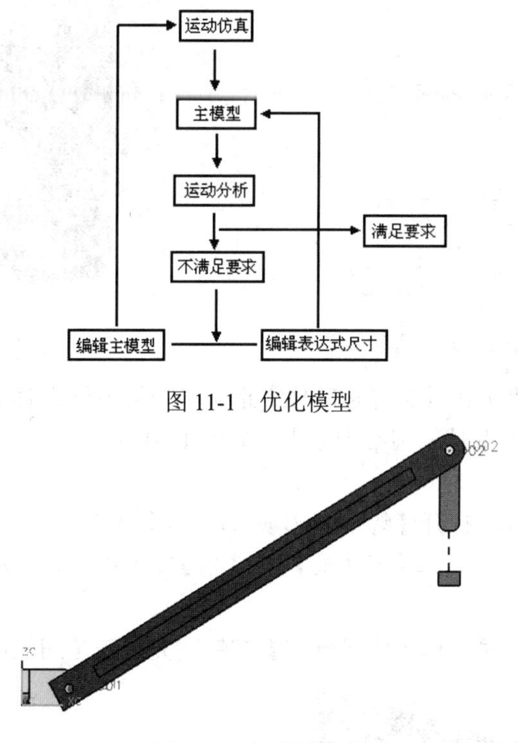

图 11-1　优化模型

图 11-2　起重机模型

2）单击【主页】选项卡【加载】面组上的【矢量扭矩】按钮，打开【矢量扭矩】对话框，如图 11-3 所示。

3）在【动作】选项组单击【选择运动体】选项，在绘图区选择 B001。

4）单击【指定原点】选项，在绘图区选择 B001 上转轴圆心为原点，如图 11-4 所示。

图 11-3 【矢量扭矩】对话框

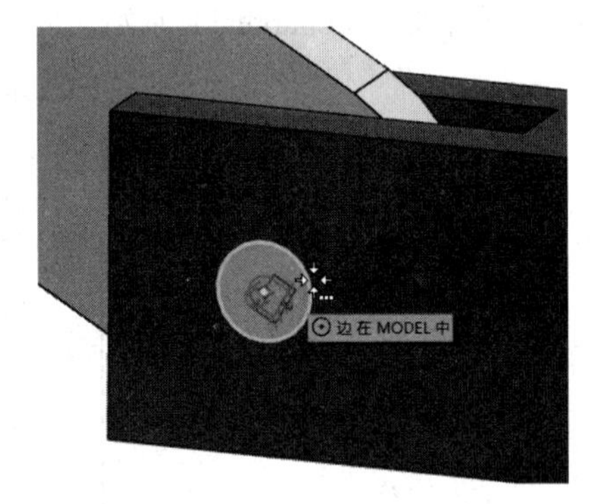

图 11-4 指定原点

5）在【参考】选项组单击【选择运动体】选项，在绘图区选择 B001；单击【指定原点】选项，在绘图区选择 B001 上转轴圆心为原点，如图 11-4 所示。单击【指定矢量】选项，选择长方体侧面，如图 11-5 所示。

6）单击【幅值】标签，打开【幅值】选项组，如图 11-6 所示。

7）在【类型】下拉列表中选择【表达式】，在【值】文本框输入 400000，施加 400000N·mm 的扭矩。

8）单击【矢量扭矩】对话框中的【确定】按钮，完成矢量扭矩的创建。

图 11-5 指定矢量

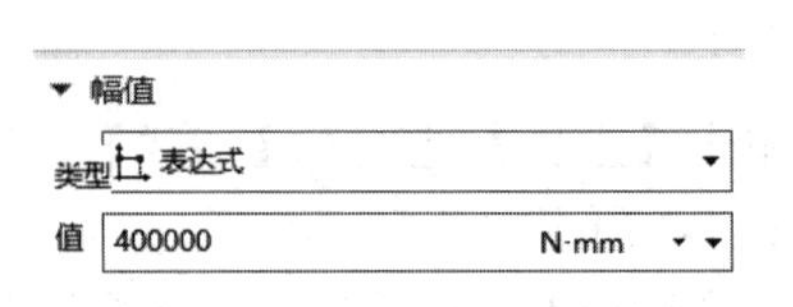

图 11-6 【幅值】选项组

2. 创建矢量力

1）单击【主页】选项卡【加载】面组上的【矢量力】按钮，打开【矢量力】对话框，如图 11-7 所示。

2）在【动作】选项组，单击【选择运动体】选项，在绘图区选择运动体 B002。

3）单击【指定原点】选项，在绘图区选择运动体 B002 上的任意一点。

4）在【参考】选项组，单击【选择运动体】选项，在绘图区选择运动体 B002；单击【指定原点】选项，在绘图区选择运动体 B002 上的任意一点；单击【指定矢量】选项，指定力的方向为重力的方向，如图 11-8 所示。

5）打开【幅值】选项组，在【类型】下拉列表中选择【表达式】，在【值】文本框输入 800，施加 800N 的力。

6）单击【矢量力】对话框的【确定】按钮，完成力的创建。

图 11-7　【矢量力】对话框

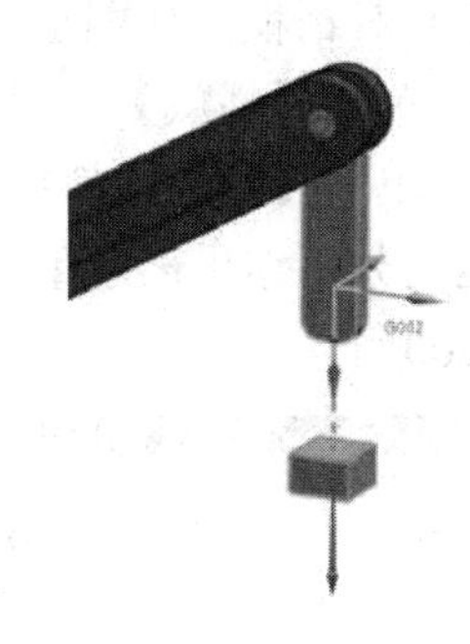

图 11-8　指定原点、矢量

11.1.2　运动分析

完成载荷的定义后，使用动画观察起重机的运动状态，其中模型必须需要考虑重力（默认 Gx=0、Gy=0、Gz=-9806.65）对整个模型的影响。具体步骤如下：

1）单击【主页】选项卡【解算方案】面组上的【解算方案】按钮，打开【解算方案】对话框，如图 11-9 所示。

2）在【解算方案选项】中设置【解算结束时间】为 0.7，【固定步数】为 400。

3）单击【解算方案】对话框中的【确定】按钮，完成解算方案的创建。

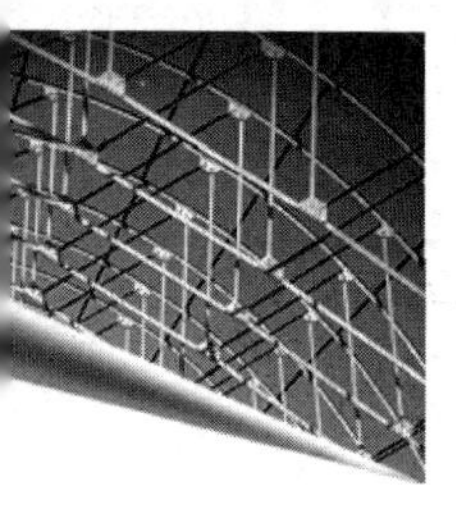

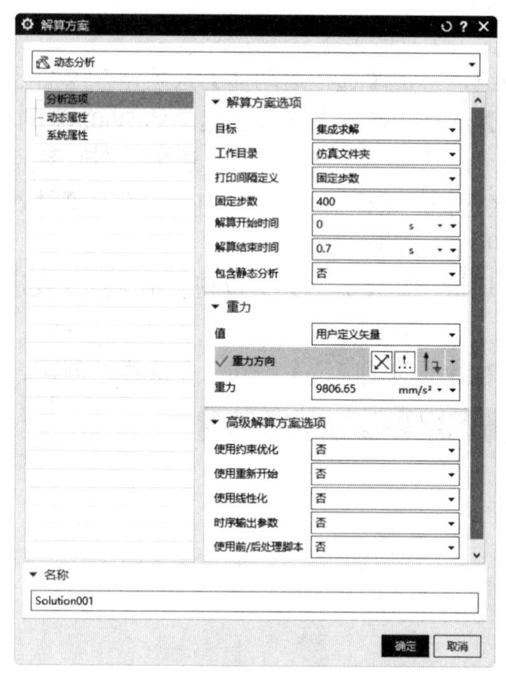

图 11-9　【解算方案】对话框

4）单击【分析】选项卡【运动】面组上的【运动模拟播放器】按钮，打开【运动模拟播放器】对话框，如图 11-10 所示。

5）单击【播放】按钮，运动仿真动画开始，如图 11-11 所示。

6）单击【运动模拟播放器】对话框中的【关闭】按钮，完成动画分析。

运动分析结果：起重机的扭矩不够大，无法拉起 800N 的载荷，需要减小力臂的长度（运动体 B001）。

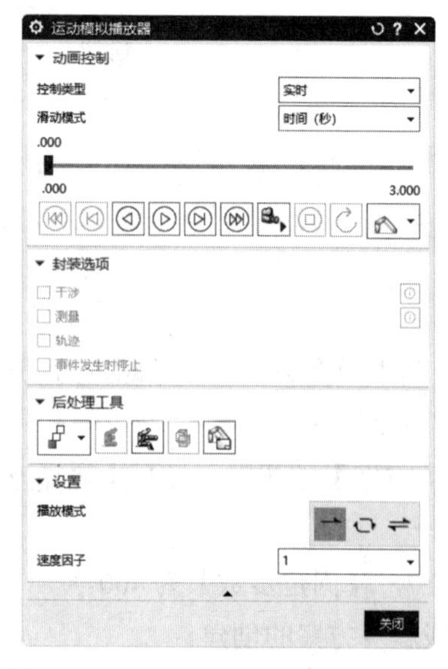

图 11-10　【运动模拟播放器】对话框

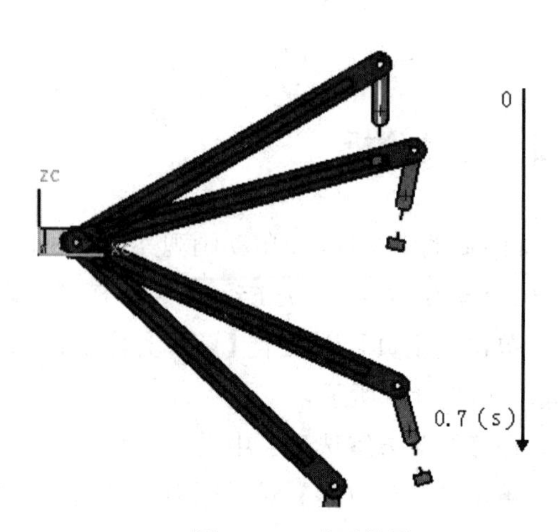

图 11-11　动画结果

11.1.3　编辑主模型尺寸

根据分析的结果，需要减小力臂的长度，可以在主模型尺寸进行编辑。其中要注意的是，几何参数要有表达式，非参数的模型不可以在主模型尺寸进行编辑。具体步骤如下：

1）单击【应用模块】选项卡【仿真】面组上的【前后处理】按钮，进入前后处理模块。

2）单击【主页】选项卡【关联】面组上的【新建理想化部件】按钮，系统弹出【新建理想化部件】对话框，如图 11-12 所示。

图 11-12　【新建理想化部件】对话框

3）单击【确定】按钮，系统弹出【理想化部件警告】提示框，如图 11-13 所示。

4）单击【确定】按钮，关闭该提示框。

5）单击【主页】选项卡【开始】面组上的【提升】按钮，系统弹出【提升体】对话框，如图 11-14 所示。在绘图区选择力臂，单击【确定】按钮，关闭该对话框。

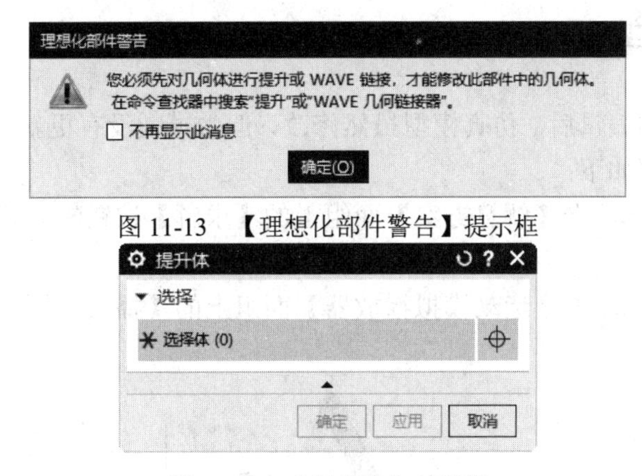

图 11-13　【理想化部件警告】提示框

图 11-14　【提升体】对话框

6）选择菜单栏中的【菜单】→【编辑】→【主模型尺寸】命令，打开【编辑尺寸】对话框，如图 11-15 所示。

7）在【尺寸】列表框选择创建力臂的草图【SKETCH_000:草图(23)】。

8）在【特征表达式】列表框选择力臂的长度尺寸【Model*::p66=600】。

9）在【值】文本框输入 550，按 Enter 键，如图 11-16 所示。

10）单击【编辑尺寸】对话框中的【确定】按钮，完成尺寸的编辑。

说明：为了防止用户误操作，【编辑尺寸】对话框中的【确定】按钮默认为灰色，必须在编辑表达式后，按 Enter 键时是才能激活。对于非参数的模型，必须回到主模型进行编辑。

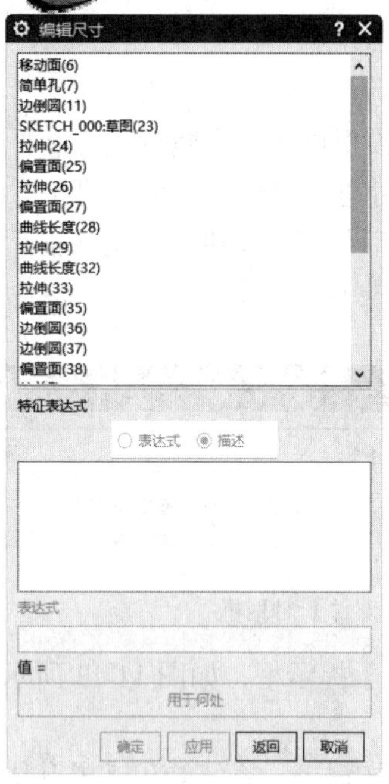

图 11-15 【编辑尺寸】对话框

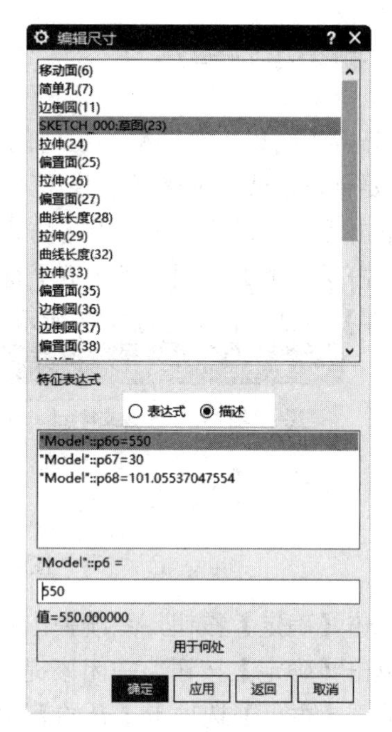

图 11-16 编辑尺寸

11.1.4 更新主模型

完成主模型尺寸的编辑后，仿真模型虽然修改，但主模型没有更新。更新可使用导出表达式命令执行，具体步骤如下：

1）单击【主页】选项卡【解算方案】面组上的【求解】按钮，求解当前解算方案的结果。

2）单击【结果】选项卡【运动模拟播放器】面组上的【播放】按钮，运动仿真动画开始，如图 11-17 所示。

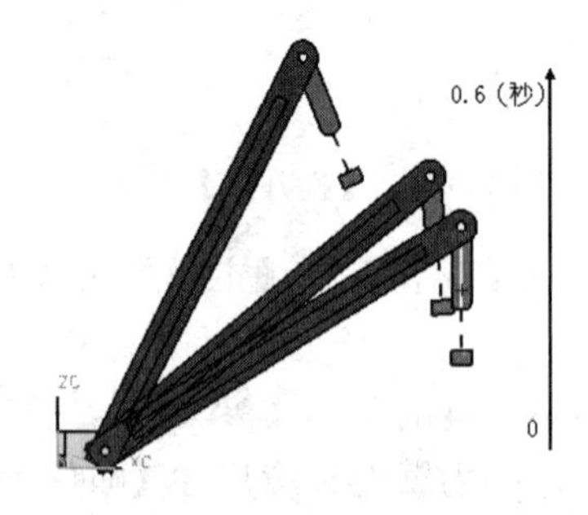

图 11-17 动画结果

3）单击【结果】选项卡【运动模拟播放器】面组上的【完成】按钮，完成动画分析。运动分析结果：起重机的扭矩能拉起 800N 的载荷，力臂的长度适合。

4）选择【菜单】→【工具】→【表达式】命令，打开图 11-18 所示的【表达式】对话框。

5）在【导入/导出】选项卡单击【导出表达式】按钮，打开图 11-19【导出表达式文件】对话框。在该对话框中输入表达式数据文件的名称，单击【确定】按钮，完成主模型的更新。

图 11-18　【表达式】对话框

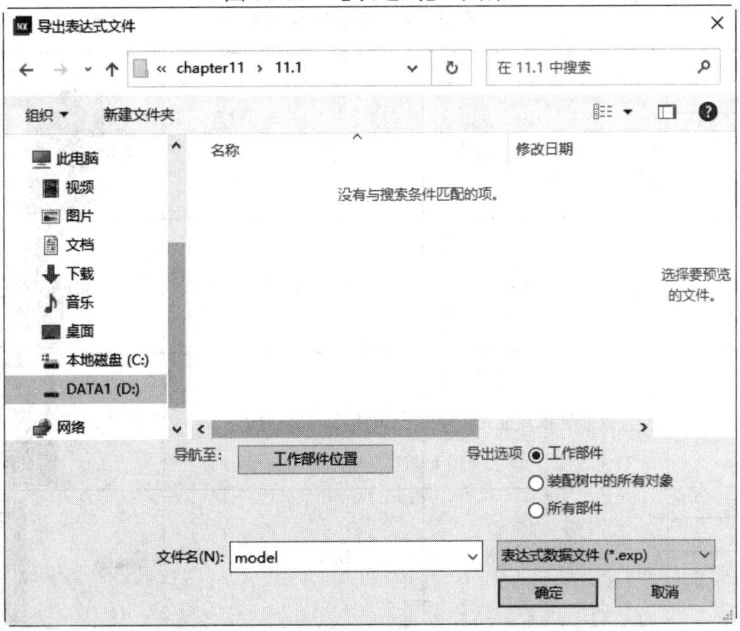

图 11-19　【导出表达式文件】对话框

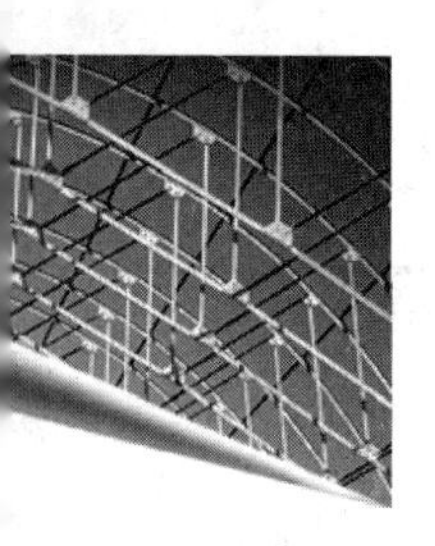

11.2　注射模

本节将模拟注射模在完成一个注射周期内模具各部件的动作。该模具带有一抽芯机构，特别要注意部件的干涉。为了减少模具的复杂程度和观看性，本实例对原模具某些部件进行了剖开或删除。

11.2.1　运动要求及分析思路

注射模的动作一般来自注塑机的牵引，不过有部分来自模具的弹簧（如顶针板弹簧、滑动副弹簧等）、抽芯机构和液压缸。本实例注射模要完成的动作见表 11-1。

了解注射模相关的参数和要求后，对模型进行分析，具体思路如下：

1）运动体的划分。整个注射模所包含的零件很多，但有些动作是相同的，可以并为一个运动体。最终，运动体是 5 个，如图 11-20 所示。其中顶出杆是注塑机的部件，定模为固定运动体。

2）运动副的划分。根据各部件规定的动作给出对应的运动副，其中滑动副和顶针板是固定在动模上，需要对齐运动体。

- ❑ B001 固定在定固定板上，为固定副。
- ❑ B002、B003、B004 和 B005 只能沿开模方向运动，全部为滑动副。
- ❑ B002、B005 由注塑机控制，为主运动。

表 11-1　注射模动作要求

时间	动作	部件	图例
0	开模200mm，抽芯打开	动模，滑动副	
1			
2			
3	顶针板顶出	顶针板，顶出杆，产品	
4	顶针板复位	顶针板，顶出杆，产品	
5	合模，抽芯复位	动模，滑动副	
6			
7			

3）动作的约束。滑动副的运动轨迹是以斜导柱为参照，顶针板只能在一定的范围内滑动，还要被顶出杆顶出，需要创建的约束如下：

- ❑ B004 的动作受 B001 控制，因此它们之间需要约束为点在曲线上。
- ❑ B003 只能在范围内滑动，还要被顶出，因此需要它和动模底座、顶出杆有两个 3D 接触。

说明：点在曲线上约束需要事先创建好曲线，曲线要圆弧过渡，如图 11-21 所示。

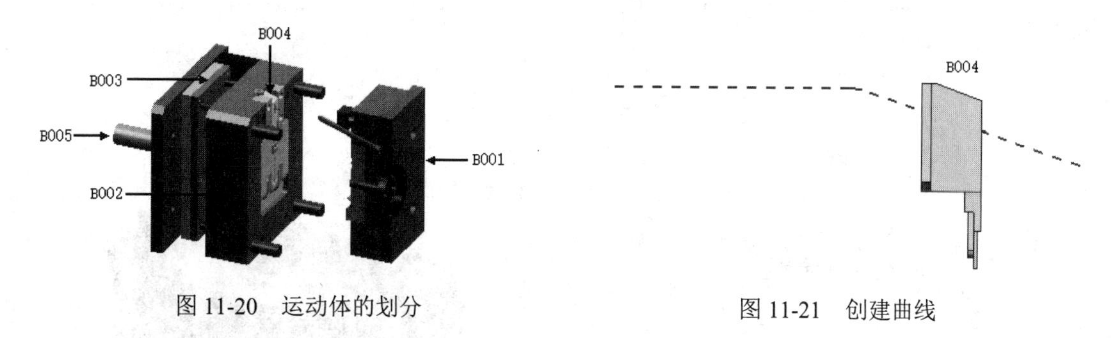

图 11-20　运动体的划分　　图 11-21　创建曲线

11.2.2　创建运动体

注射模共有 46 个部件，根据模具结构的归类，最终需要创建 5 个运动体。具体步骤如下：

1. 新建仿真

1）启动 UG NX 2027，打开源文件 /chapter11/原始文件 /11.2 / STC-08011.prt。

2）单击【应用模块】选项卡【仿真】面组上的【运动】按钮，进入运动仿真界面。

3）选择【运动导航器】，右击运动仿真 STC-08011 图标，选择【新建仿真】，如图 11-22 所示。

4）选择【新建仿真】后，软件自动打开【新建仿真】对话框。单击【确定】按钮，打开【环境】对话框，如图 11-23 所示，【求解器选项】选择【Simcenter 3D Motion】，其他参数选择默认，单击【确定】按钮。

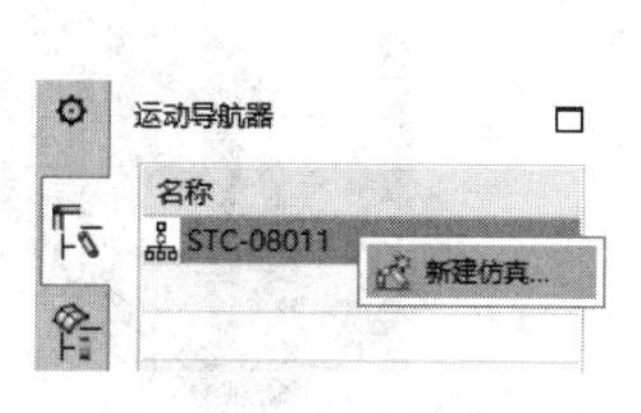

图 11-22　新建仿真

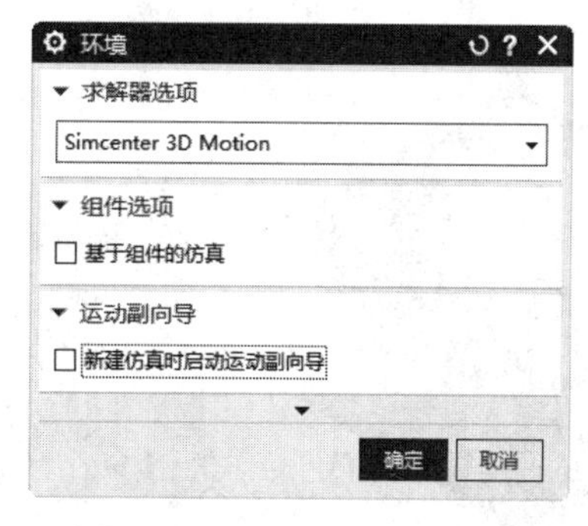

图 11-23　【环境】对话框

2. 创建运动体

1）单击【主页】选项卡【机构】面组上的【运动体】按钮，打开【运动体】对话框，如图 11-24 所示。

2）在绘图区选择定模为运动体 B001。

3）勾选【不使用运动副而固定运动体】复选框，固定定模。

4）单击【运动体】对话框中的【应用】按钮，完成运动体 B001 的创建，如图 11-25 所示。

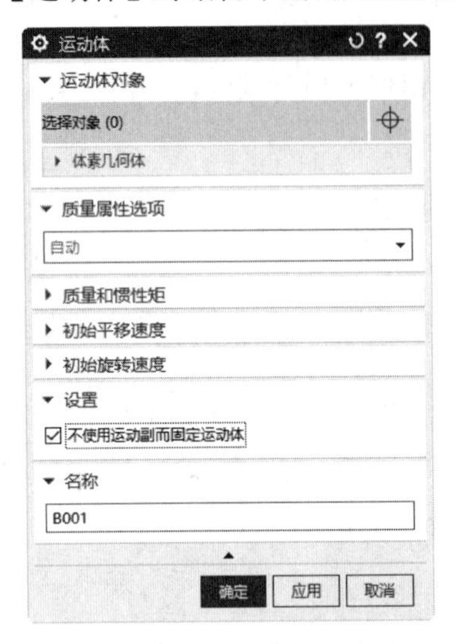

图 11-24 【运动体】对话框

图 11-25 创建运动体 B001

5）在绘图区选择动模为运动体 B002。

6）单击【运动体】对话框中的【应用】按钮，完成运动体 B002 的创建，如图 11-26 所示。

说明：为了方便地选择部件，可以把先创建好的运动体隐藏。方法为在【运动导航器】中取消运动体前的勾选，如果需要显示，勾选复选框，如图 11-27 所示。

7）在绘图区选择顶针、顶针板、导柱、成品为运动体 B003。

8）单击【运动体】对话框中的【应用】按钮，完成运动体 B003 的创建，如图 11-28 所示。

图 11-26 创建运动体 B002

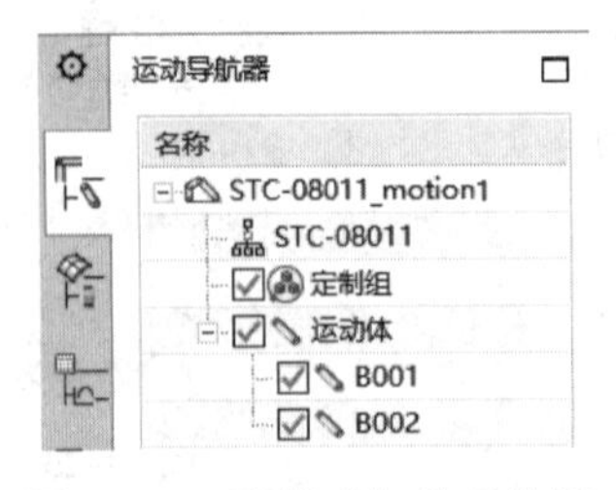

图 11-27 取消或勾选复选框

图 11-28 创建运动体 B003

9）在绘图区选择滑动副和点为运动体 B004。

10）单击【运动体】对话框中的【应用】按钮，完成运动体 B004 的创建，如图 11-29 所示。

说明：由于需要创建点在曲线上约束，请事先在斜孔上创建点，再和滑动副一起创建运动体。

11）在绘图区选择顶出杆运动体 B005。

12）单击【运动体】对话框中的【确定】按钮，完成运动体 B005 的创建，如图 11-30 所示。

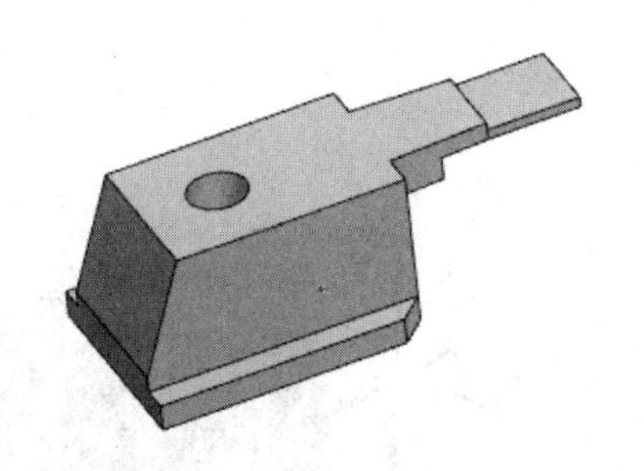

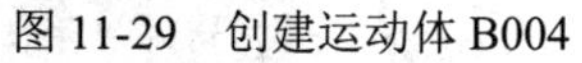

图 11-29　创建运动体 B004

图 11-30　创建运动体 B005

11.2.3　动模动作

动模为滑动副在 2s 时要开模 200mm 的距离，中间还要暂停一段时间再合模，因此需要运动函数才能完成规定的动作。具体步骤如下：

1）单击【主页】选项卡【机构】面组上的【运动副】按钮，打开【运动副】对话框，如图 11-31 所示。

2）在【类型】下拉列表框中选择【滑动副】。

3）单击【选择运动体】选项，在绘图区选择运动体 B002。

4）单击【指定原点】选项，在绘图区选择运动体 B002 上的任意一点。

5）单击【指定矢量】选项，选择运动体 B002 的底面，如图 11-32 所示。

6）单击【驱动】标签，打开【驱动】选项卡，如图 11-33 所示。

7）在【平移】下拉列表框中选择【函数】。

8）在【数据类型】下拉列表框中选择【位移】。

9）单击【函数】右侧按钮，选择【函数管理器】类型，打开【XY 函数管理器】对话框，如图 11-34 所示。

10）单击【新建】按钮，打开【XY 函数编辑器】对话框，如图 11-35 所示。

11）在【插入】下拉列表框中选择【运动-函数】类型。在列表框中选择 STEP 子类型。

12）单击【添加】图标，加入间歇函数。

13）单击【加号】图标，加入间歇函数。再单击【添加】图标，又加入间歇函数。

14）在公式文本框修改 STEP(x，x0，h0，x1，h1)+STEP(x，x0，h0，x1，h1)为 STEP(x，0，0，2，200)+STEP(x，5，0，7，-200)。

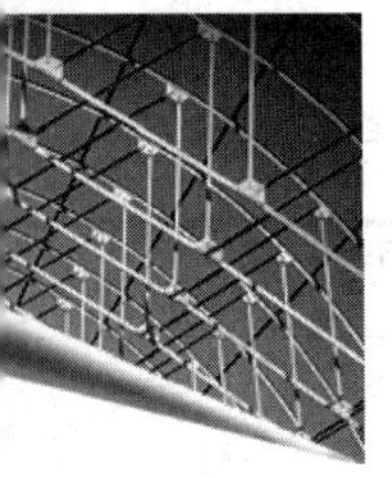

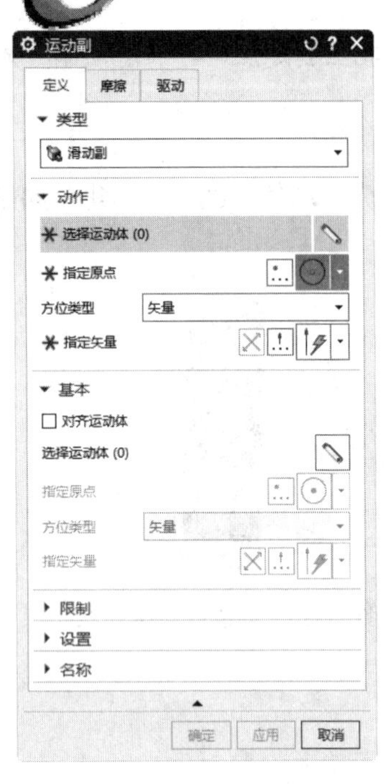

图 11-31 【运动副】对话框

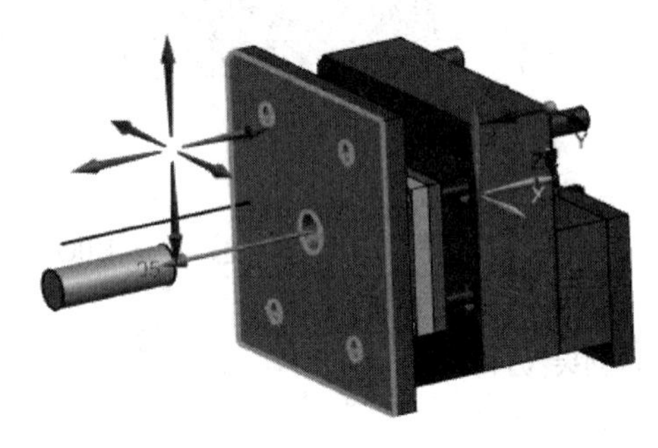

图 11-32 指定原点、矢量

15）单击【XY 函数编辑器】对话框中的【确定】按钮，完成编辑。

16）单击【XY 函数管理器】对话框中的【确定】按钮，选择函数 STEP。

17）单击【运动副】对话框中的【确定】按钮，完成运动副的定义。

图 11-33 【驱动】选项卡

图 11-34 【XY 函数管理器】对话框

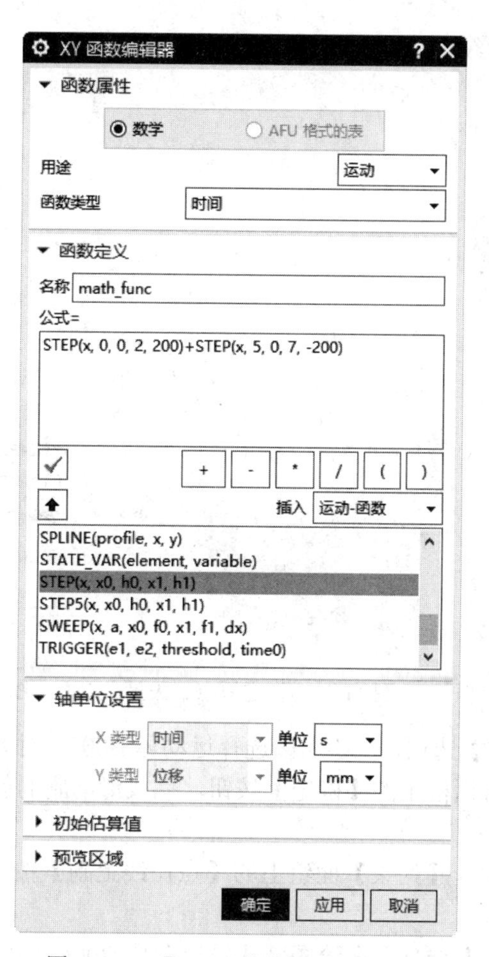

图 11-35　【XY 函数编辑器】对话框

11.2.4　滑动副动作

滑动副严格来说是动模的一部分，它可以相对动模滑动。滑动副动作是通过控制定模上的斜导柱完成的。为了简化仿真难度，滑动副的运动轨迹是以斜导柱为参照的曲线。具体步骤如下：

1. 创建滑动副

1）单击【主页】选项卡【机构】面组上的【运动副】按钮，打开【运动副】对话框，如图 11-36 所示。

2）在【类型】下拉列表框中选择【滑动副】。

3）单击【选择运动体】选项，在绘图区选择运动体 B004。

4）单击【指定原点】选项，在绘图区选择运动体 B004 上的任意一点。

5）单击【指定矢量】选项，选择运动体 B004 的侧面使矢量指向-Y，如图 11-37 所示。

6）单击【基本】标签，打开【基本】选项组，如图 11-38 所示。

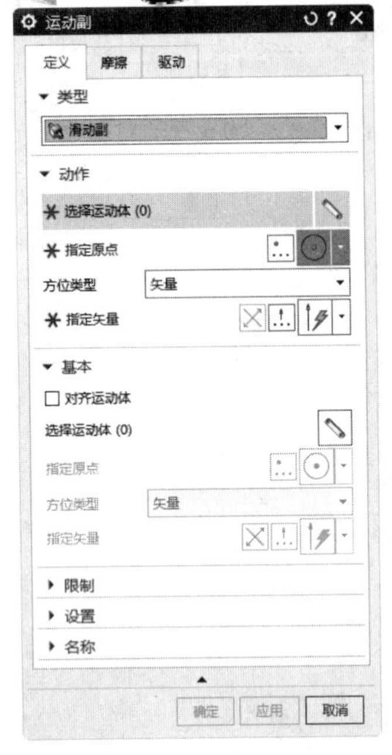

图 11-36 【运动副】对话框

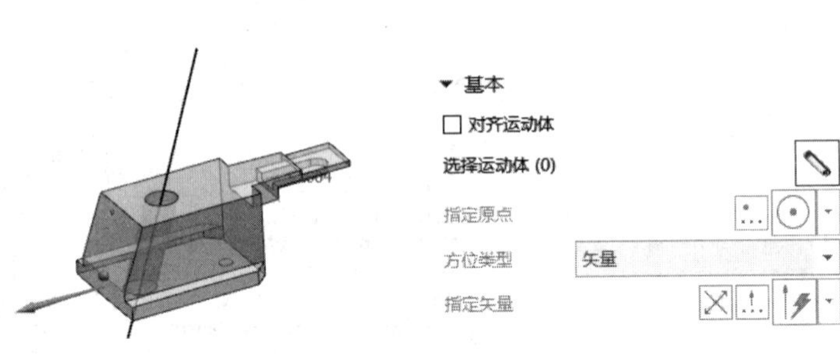

图 11-37 指定原点、矢量

图 11-38 【基本】选项组

7）单击【选择运动体】选项，在绘图区选择运动体 B002，对齐运动体，如图 11-39 所示。

8）单击【运动副】对话框中的【确定】按钮，完成滑动副的创建。

2. 创建点在线上副

1）单击【主页】选项卡【约束】面组上的【点在线上副】按钮，打开【点在线上副】对话框，如图 11-40 所示。

2）单击【选择运动体】选项，在绘图区选择运动体 B004；单击【点】选项，选择运动体 B004 上的点，如图 11-41 所示。注意，开启点捕捉的已存在点功能。

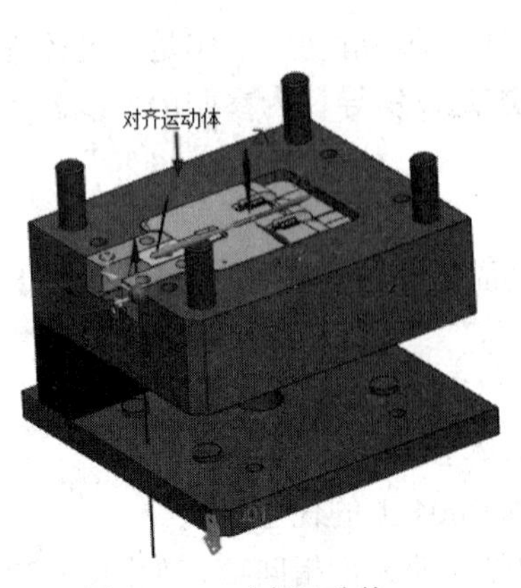

图 11-39 对齐运动体

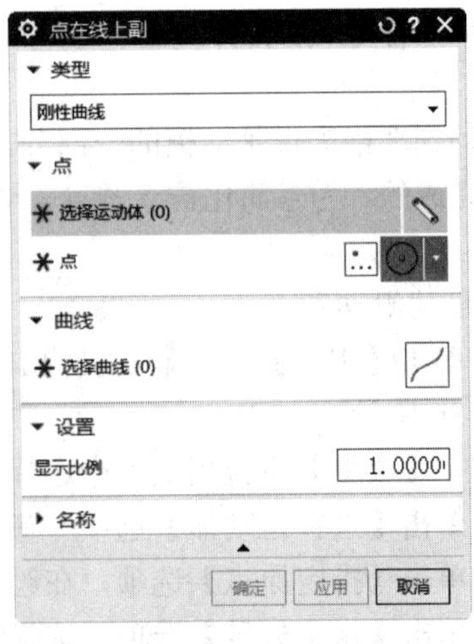

图 11-40 【点在线上副】对话框

3）单击【选择曲线】选项，在绘图区选择 3 段曲线，如图 11-42 所示。

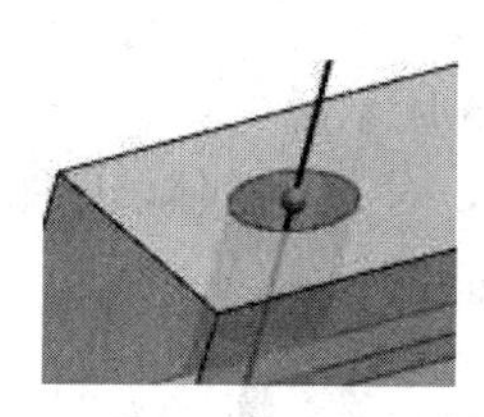

图 11-41　指定点

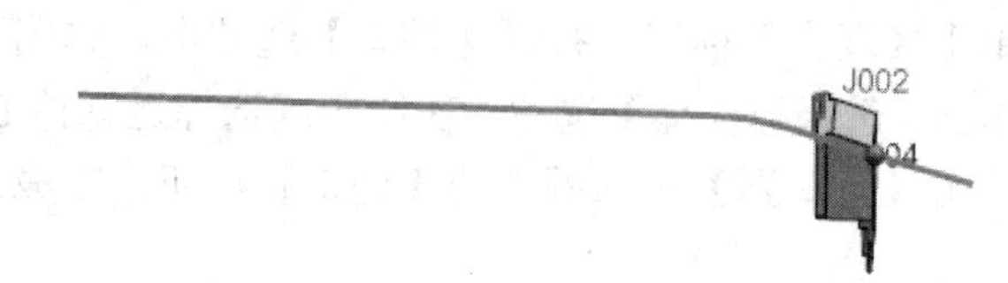

图 11-42　选择曲线

4）单击【点在线上副】对话框中的【确定】按钮，完成点在线上副的创建。

11.2.5　顶针板动作

顶针板动作是注射模中最复杂的一个，它需要伴随动模运动，还要被顶出杆推动，完成顶出后再使用弹簧复位。具体步骤如下：

1. 创建滑动副

1）单击【主页】选项卡【机构】面组上【运动副】按钮，打开【运动副】对话框，如图 11-43 所示。

2）在【类型】下拉列表框中选择【滑动副】。

3）单击【选择运动体】选项，在绘图区选择运动体 B003。

4）单击【指定原点】选项，在绘图区选择运动体 B003 上的任意一点。

5）单击【指定矢量】选项，选择运动体 B003 的上表面使矢量指向 Z，如图 11-44 所示。

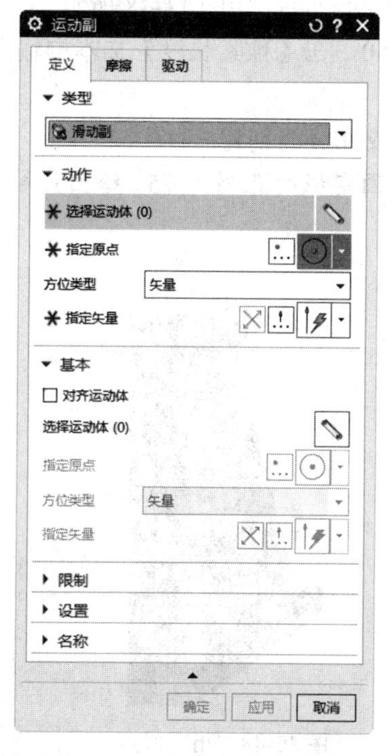

图 11-43　【运动副】对话框

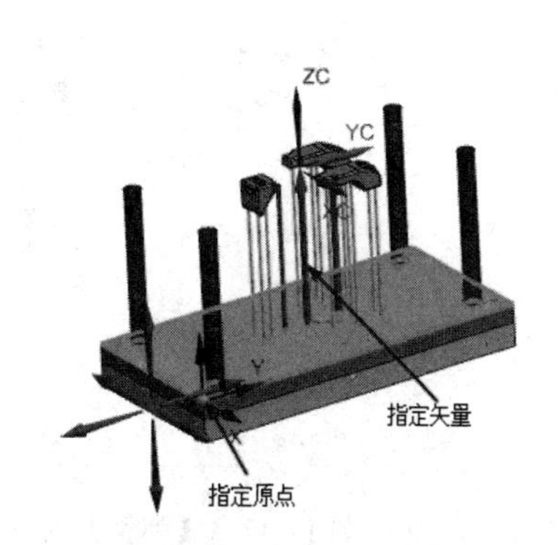

图 11-44　指定原点、矢量

6）单击【基本】标签，打开【基本】选项组，如图 11-45 所示。

7）单击【选择运动体】选项，在绘图区选择运动体 B002，对齐运动体，如图 11-46 所示。

8）单击【运动副】对话框中的【确定】按钮，完成滑动副的创建。

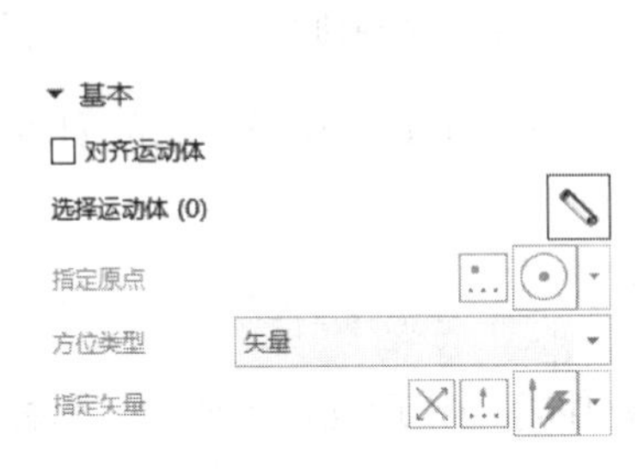

图 11-45 【基本】选项组

图 11-46 对齐运动体

2. 创建弹簧

1）单击【主页】选项卡【连接器】面组上的【弹簧】按钮，打开【弹簧】对话框，如图 11-47 所示。

2）在【连接体】下拉列表框中选择【运动体】。

3）在【动作】选项组中单击【选择运动体】选项，选择运动体 B003。

4）单击【指定原点】选项，选择运动体 B002 上的一点。

5）在【基本】选项中单击【选择运动体】选项，选择运动体 B002。

6）单击【指定原点】选项，选择运动体 B002 中的一点，如图 11-48 所示。

7）在【弹簧参数】选项组的【值】文本框输入 50，在【预紧长度】文本框输入 80，如图 11-49 所示。

8）单击【弹簧】对话框中的【确定】按钮，完成弹簧的创建。

说明：注射模弹簧要考虑预紧力，顶针板和动模固定板的距离为 75，给出弹簧的自由长度为 80。

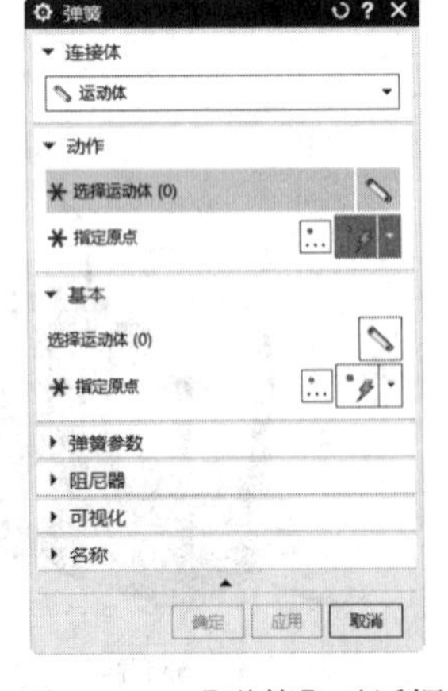

图 11-47 【弹簧】对话框

图 11-48 指定原点

3. 创建 3D 接触

1）单击【主页】选项卡【接触】面组上的【3D 接触】按钮，打开【3D 接触】对话框，如图 11-50 所示。

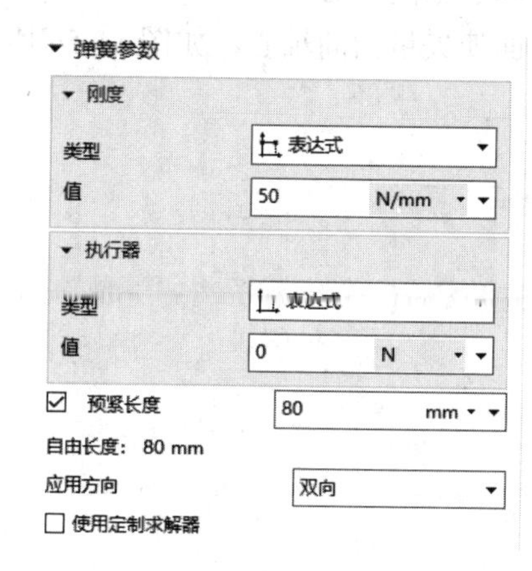

图 11-49　设置弹簧参数

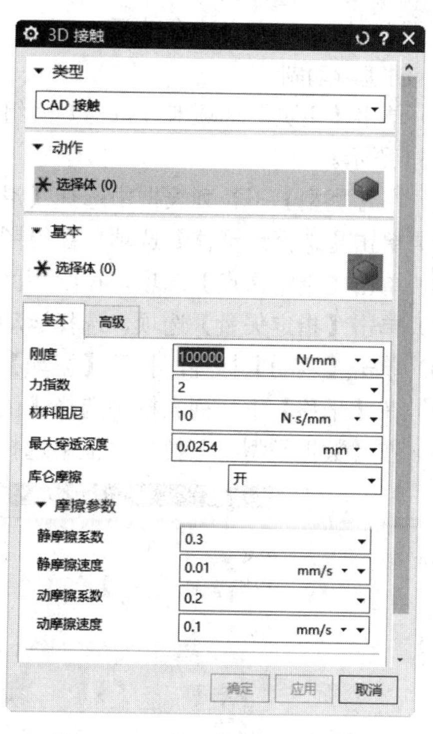

图 11-50　【3D 接触】对话框

2）在【基本】和【高级】选项组输入相应的参数值，如图 11-51 所示。

3）单击【动作】选项组中的【选择体】选项，选择第一个实体 B003 最下面的实体。

4）单击【基本】选项组中的【选择体】选项，选择第二实体 B002 最下面的实体，如图 11-52 所示。

5）单击【3D 接触】对话框中的【确定】按钮，完成 3D 接触的创建。

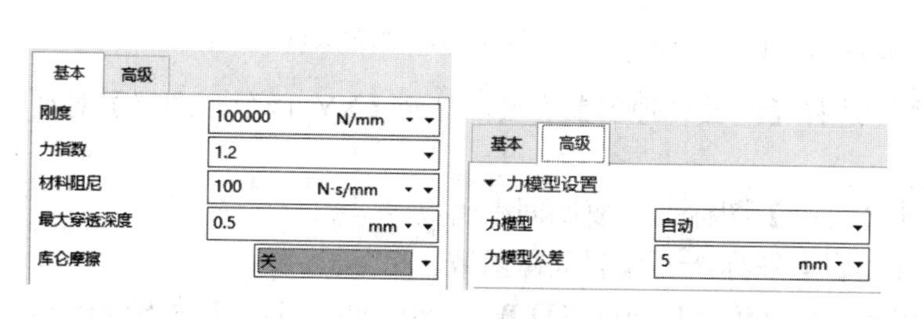

图 11-51　设置参数

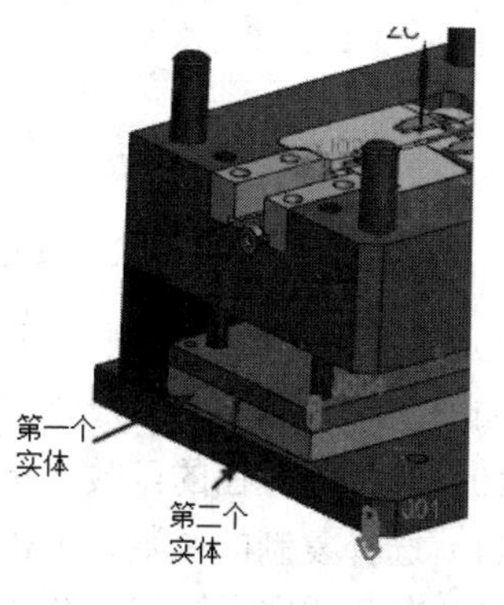

图 11-52　选择实体

11.2.6 顶出杆动作

顶出杆是注射机上的一部分，可以在开模方向上运动。它不需要对齐任何运动体，但要定义与顶针板的 3D 接触。具体步骤如下：

1. 创建滑动副

1）单击【主页】选项卡【机构】面组上【运动副】按钮，打开【运动副】对话框，如图 11-53 所示。

2）在【类型】下拉列表框中选择【滑动副】。

3）单击【选择运动体】选项，在绘图区选择运动体 B005。

4）单击【指定原点】选项，在绘图区选择运动体 B005 上的圆心。

5）单击【指定矢量】选项，选择运动体 B005 的柱面使矢量指向轴心，如图 11-54 所示。

6）单击【驱动】标签，打开【驱动】选项卡。

7）在【平移】下拉列表框中选择【函数】。

8）在【数据类型】下拉列表框中选择【位移】。

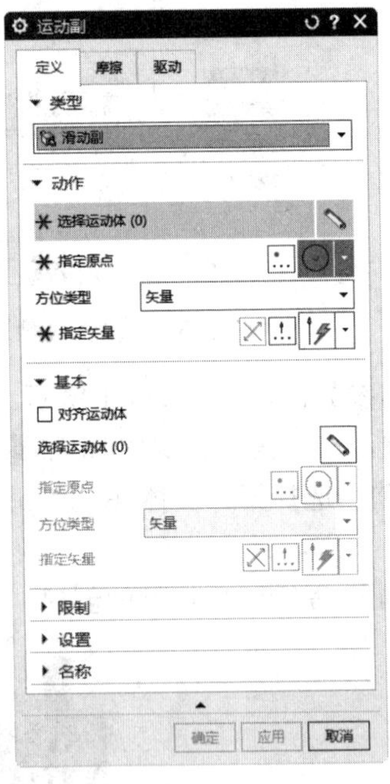

图 11-53 【运动副】对话框

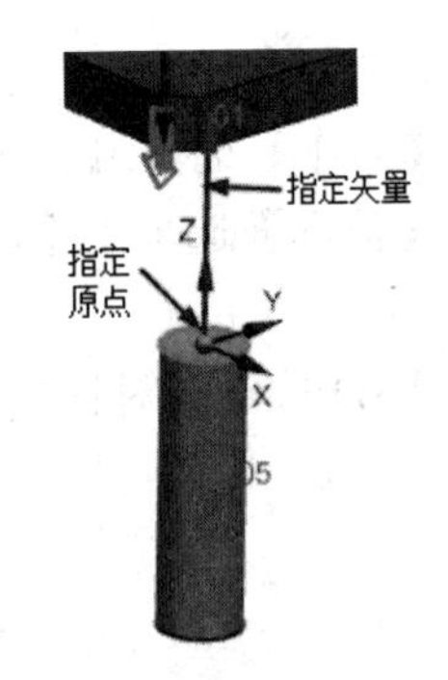

图 11-54 指定原点、矢量

9）单击【函数】右侧按钮，选择【函数管理器】类型，打开【XY 函数管理器】对话框，如图 11-55 所示。

10）选择已存在的函数，单击【复制】图标，复制间歇函数。

11）选择复制的函数，单击【编辑】图标，编辑间歇函数。

12）在公式文本框修改 STEP(x，x0，h0，x1，h1)+STEP(x，x0，h0，x1，h1)为 STEP(x，3， 0，4，35)+STEP(x，4，0，5，-35) ，如图 11-56 所示。

13）单击【XY 函数编辑器】对话框中的【确定】按钮，完成编辑。

14）单击【XY 函数管理器】对话框中的【确定】按钮，选择函数 STEP。

15）单击【运动副】对话框中的【确定】按钮，完成滑动副的创建。

2. 创建 3D 接触

1）单击【主页】选项卡【接触】面组上的【3D 接触】按钮，打开【3D 接触】对话框，如图 11-57 所示。

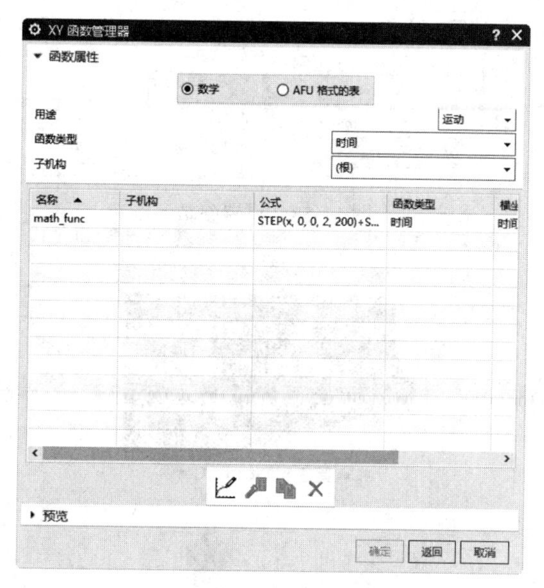

图 11-55　【XY 函数管理器】对话框

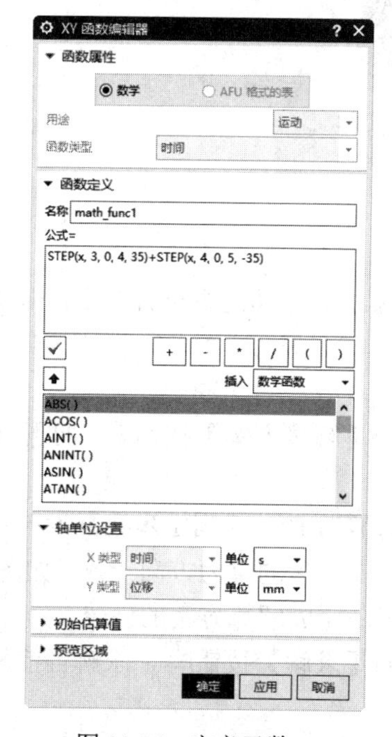

图 11-56　定义函数

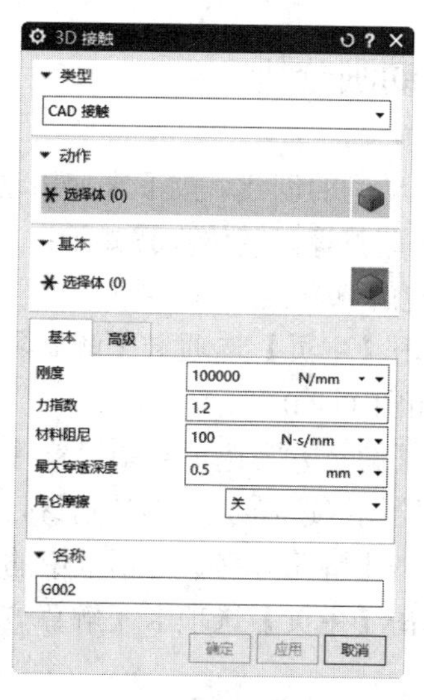

图 11-57　【3D 接触】对话框

UG NX 2027

2）在【基本】和【高级】选项组输入相应的参数值，如图 11-58 所示。

3）单击【动作】选项组中的【选择体】选项，选择第一个实体 B005。

4）单击【基本】选项组中的【选择体】选项，选择第二实体 B003 最下面的实体，如图 11-59 所示。

5）单击【3D 接触】对话框中的【确定】按钮，完成 3D 接触的创建。

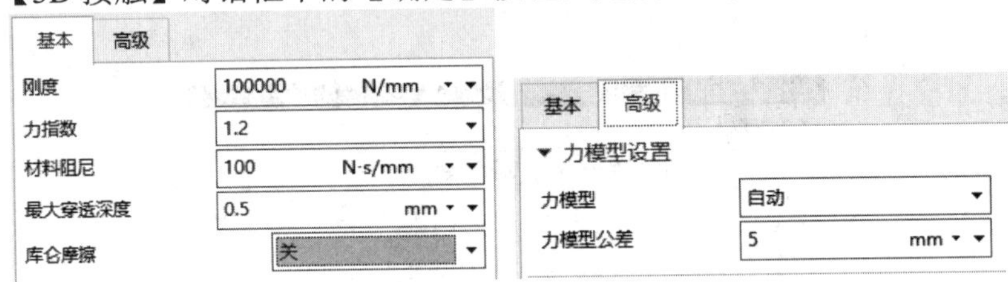

图 11-58　设置参数

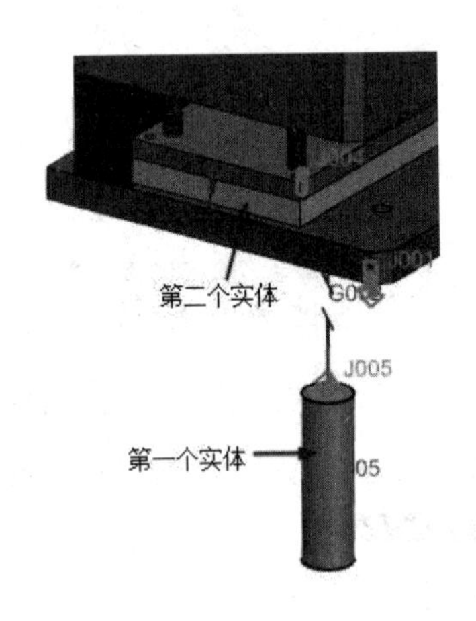

图 11-59　选择实体

11.2.7　动画分析

完成运动副的创建，接下来使用动画分析检查模型的运动是否符合要求，以及运动的相关参数输出和调整等。具体步骤如下：

1. 创建解算方案

1）单击【主页】选项卡【解算参数】面组上的【解算方案】按钮，打开【解算方案】对话框，如图 11-60 所示。

2）在【解算方案选项】中设置【解算结束时间】为 10，【固定步数】为 5000。

3）在绘图区选择 Y 方向的边缘，使方向和模具安装后的重力方向一致，如图 11-61 所示。

4）单击【解算方案】对话框中的【确定】按钮，完成解算方案的创建。

5）单击【主页】选项卡【解算方案】面组上的【求解】按钮，求解当前解算方案的结果。

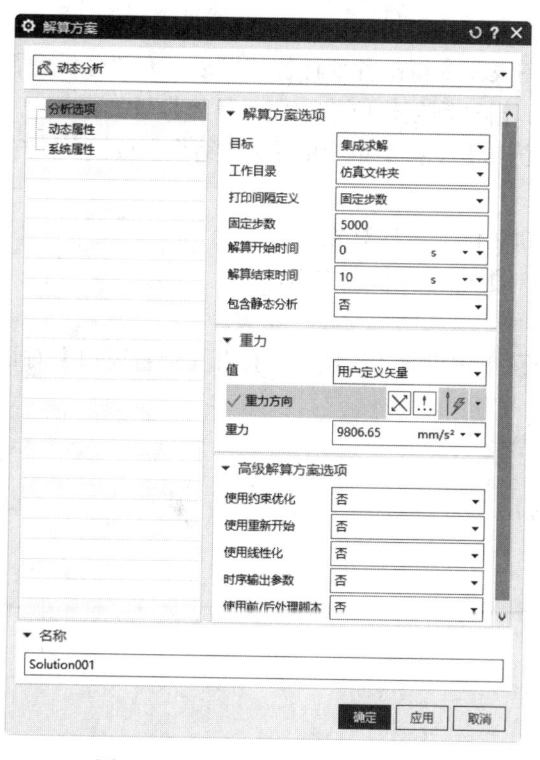

图 11-60　【解算方案】对话框

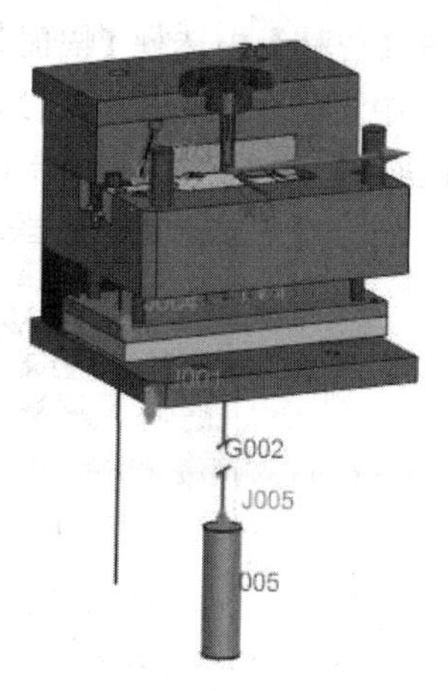

图 11-61　指定方向

2. 动画分析

1）单击【分析】选项卡【运动】面组上的【运动模拟播放器】按钮，打开【运动模拟播放器】对话框。

2）单击【播放】按钮，运动仿真动画开始，如图 11-62 所示。

3）单击【运动模拟播放器】对话框中的【关闭】按钮，完成动画分析。

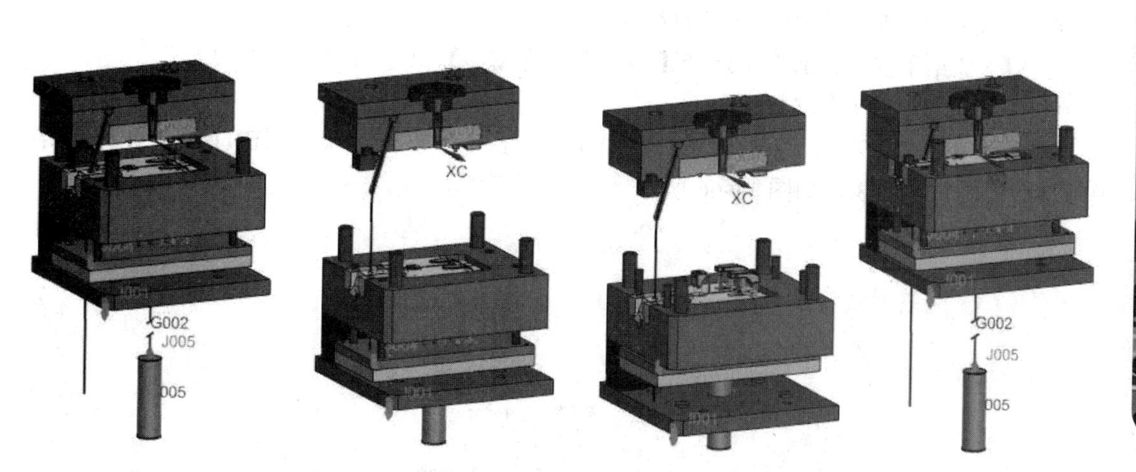

图 11-62　动画结果（滑动副的运动，0.6s、2.5s、4s、7s）

11.2.8 图表输出

完成注射模的动画分析后，可以使用图表命令得出各部件位移图表，方便分析是否能缩短模具动作的周期。本实例对动模、顶针板、滑动副创建位移图表。具体步骤如下：

1）单击【分析】功能区【运动】组【仿真】下拉菜单中的【XY 结果】按钮，打开【XY 结果视图】面板，如图 11-63 所示。

2）在【运动导航器】中选择滑动副 J002 作为运动对象。

3）【XY 结果视图】面板中选择【相对】→【位移】类型。

4）在【位移】中选择【幅值】。

5）选中【幅值】右击，在打开的快捷菜单中选择【绘图】，打开【查看窗口】对话框，如图 11-64 所示，选择绘图区为结果窗口。

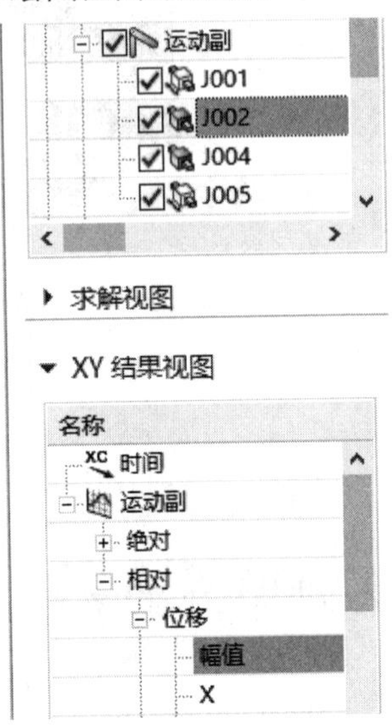

图 11-63 【XY 结果视图】面板

图 11-64 【查看窗口】对话框

6）在【运动导航器】中选择滑动副 J005。

7）【XY 结果视图】面板中选择【相对】→【位移】。

8）在【位移】中选择【幅值】。

9）选中【幅值】右击，在打开的快捷菜单中选择【叠加】选项（见图 11-65），计算出动模与顶针板的位移图表，如图 11-66 所示。

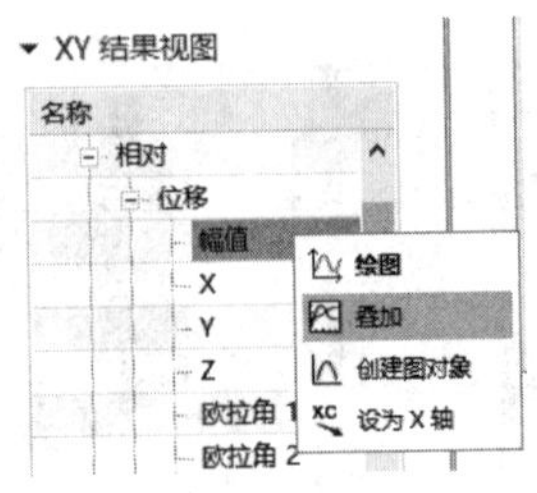

图 11-65 选择【叠加】选项

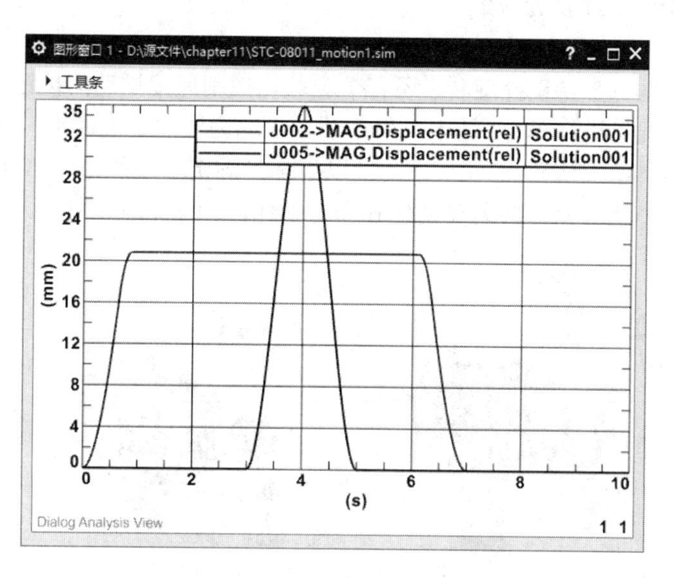

图 11-66　动模与顶针板的位移图表

10）按照相同的步骤创建点在线上副（J003）的位移图表，如图 11-67 所示。

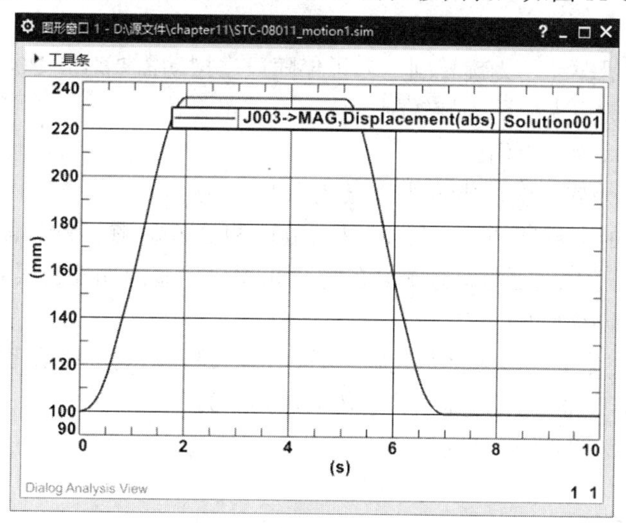

图 11-67　点在线上副的位移图表

11.3　落地扇

本节将讲解普通落地扇的运动仿真。落地扇通常由电动机的转轴直接带动扇叶旋转，之间没有任何齿轮、传动带等，比较容易创建运动仿真，而风扇的摆动需要创建其他的传动副予以控制。

11.3.1 运动要求及分析思路

落地扇通常除电动机带动扇叶旋转，还有一个可以控制风扇摆动的按钮。本例实假设在开启风扇摆动按钮的情况下进行模拟，其中风扇摆动的主动力依然是电动机，具体分析思路如下：

1）运动体的划分。落地扇的部件从摆动轴以下都是固定不动的，头部有 14 个零件。相对固定零件可以并为一个运动体，共需要创建 6 个运动体，如图 11-68 所示。

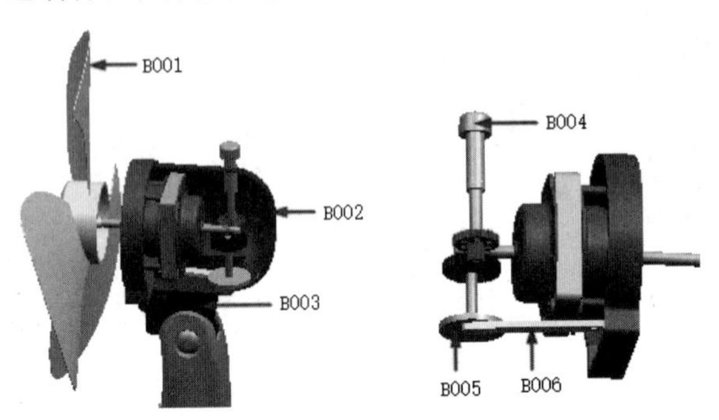

图 11-68 划分运动体

2）运动副的划分。根据各部件规定的动作给出对应的运动副，其中大部分运动体都需要对齐风扇的外壳。

- B001 由电动机驱动，为旋转副，为了伴随风扇摆动需要对齐 B002。
- B002 为摆动的主支持，为旋转副。
- B003 需固定，为固定副。
- B004、B005 为旋转副，伴随外壳一起摆动。
- B006 为摆动的关键部件，它需要连接 B002 和 B003，在两端都需要创建旋转副。

3）运动的传动。落地扇通过高速旋转的电动机得到风扇周期性的摆动，其间经过了 3 次传动。需要创建的传动副如下：

- B004 和 B001 之间需要创建齿轮，并且为蜗轮蜗杆形式，传动比为 0.1。
- B005 和 B004 之间需要创建齿轮，传动比为 0.3。
- B006 和 B007 之间为普通的运动副。

11.3.2 创建运动体

落地扇固定不动的部件可以不用设置为运动体，最终需要创建 6 个运动体。具体步骤如下：

1. 新建仿真

1）启动 UG NX 2027，打开源文件 /chapter11/原始文件/11.3/dfs.prt，落地扇模型如图 11-69 所示。

2）单击【应用模块】选项卡【仿真】面组上的【运动】按钮，进入运动仿真界面。

3）选择【运动导航器】，右击运动仿真 dfs 图标，选择【新建仿真】。

4）选择【新建仿真】后，软件自动打开【新建仿真】对话框。单击【确定】按钮，打开

【环境】对话框，如图 11-70 所示。【求解器选项】选择【Simcenter 3D Motion】，其他参数选择默认，单击【确定】按钮，激活运动工具栏。

2. 创建运动体

1）单击【主页】选项卡【机构】面组上的【运动体】按钮，打开【运动体】对话框，如图 11-71 所示。

2）在绘图区选择叶片为运动体 B001。

3）单击【运动体】对话框中的【应用】按钮，完成运动体 B001 的创建，如图 11-72 所示。

图 11-69　落地扇模型

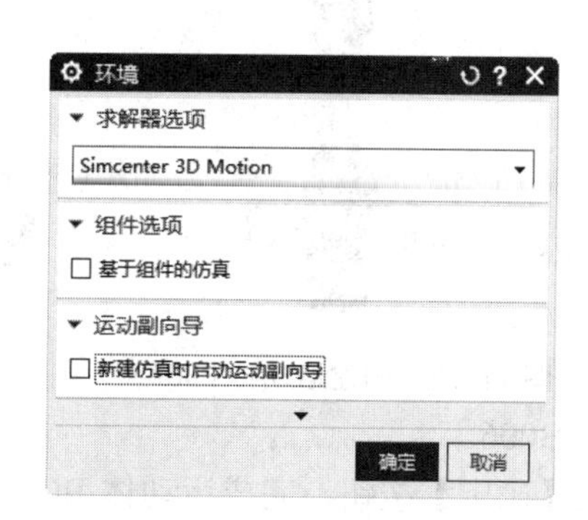

图 11-70　【环境】对话框

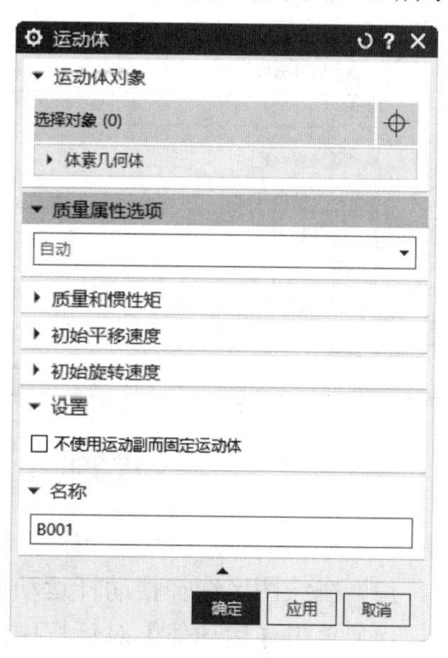

图 11-71　【运动体】对话框

4）在绘图区选择外壳、电动机为运动体 B002。

5）单击【运动体】对话框中的【应用】按钮，完成运动体 B002 的创建，如图 11-73 所示。

6）在绘图区选择支柱为运动体 B003，如图 11-74 所示。

图 11-72　创建运动体 B001

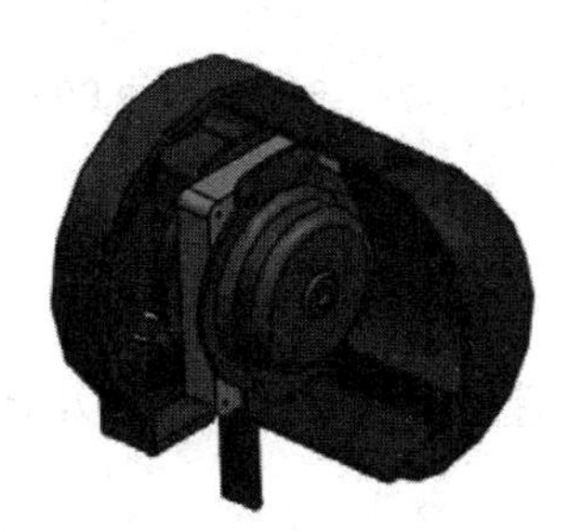

图 11-73　创建运动体 B002

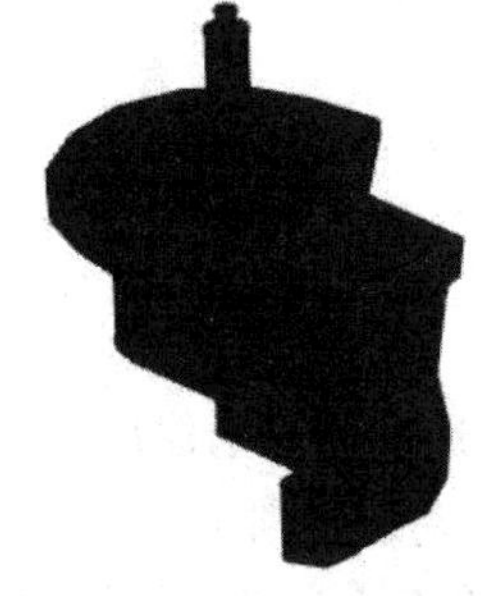

图 11-74　选择运动体 B003

7）勾选【不使用运动副而固定运动体】复选框，固定运动体，如图 11-75 所示。

8）单击【运动体】对话框中的【应用】按钮，完成运动体 B003 的创建。

9）在绘图区选择摆动按钮、小齿轮为运动体 B004。

10）单击【运动体】对话框中的【应用】按钮，完成运动体 B004 的创建，如图 11-76 所示。

11）在绘图区选择大齿轮、转盘为运动体 B005。

12）单击【运动体】对话框中的【应用】按钮，完成运动体 B005 的创建，如图 11-77 所示。

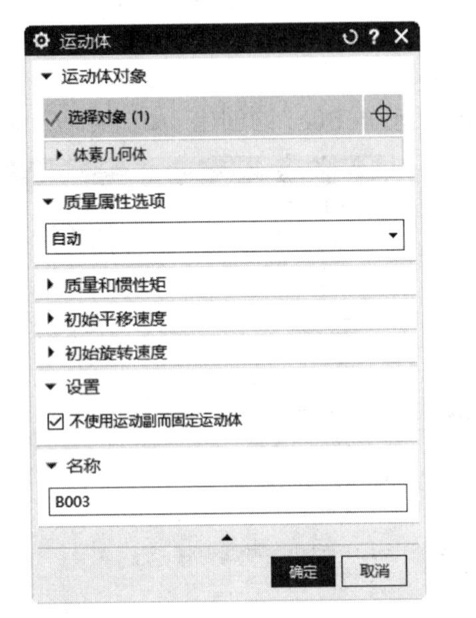

图 11-75　固定运动体

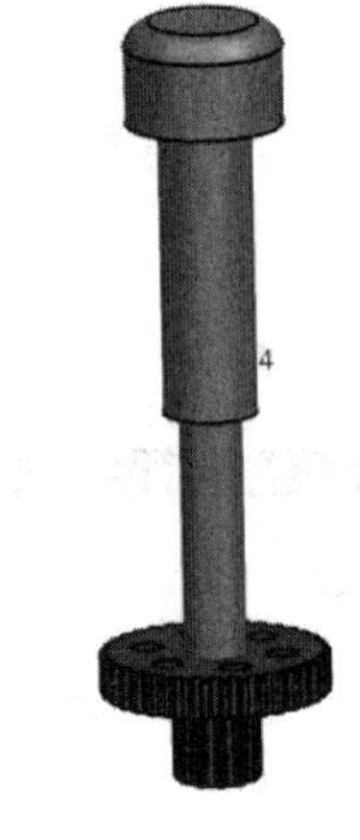

图 11-76　创建运动体 B004

图 11-77　创建运动体 B005

13）在绘图区选择摆动杆运动体 B006。

14）单击【运动体】对话框中的【确定】按钮，完成运动体 B006 的创建，如图 11-78 所示。

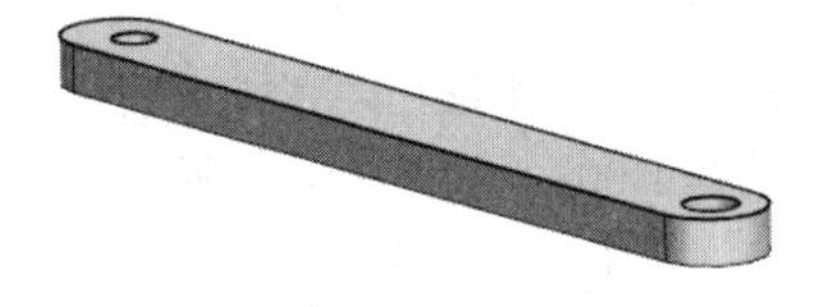

图 11-78　创建运动体 B006

11.3.3　创建运动副

完成运动体的创建后，按照创建运动体顺序依次创建它们的运动副。具体步骤如下：

1. 创建旋转副 1

1）单击【主页】选项卡【机构】面组上的【运动副】按钮，打开【运动副】对话框，如图 11-79 所示。在【类型】下拉列表框中选择【旋转副】。

2）单击【选择运动体】选项，在绘图区选择运动体 B001。

3）单击【指定原点】选项，在绘图区选择运动体 B001 转轴上的圆心，如图 11-80 所示。

4）单击【指定矢量】选项，选择 B001 的柱面，使方向指向轴心。

5）单击【基本】标签，打开【基本】选项组，如图 11-81 所示。

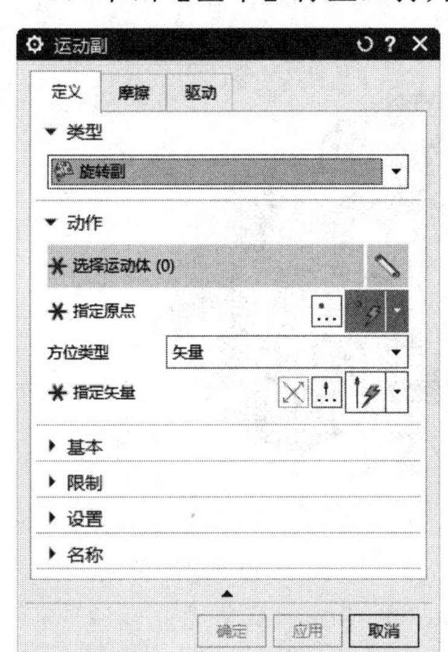

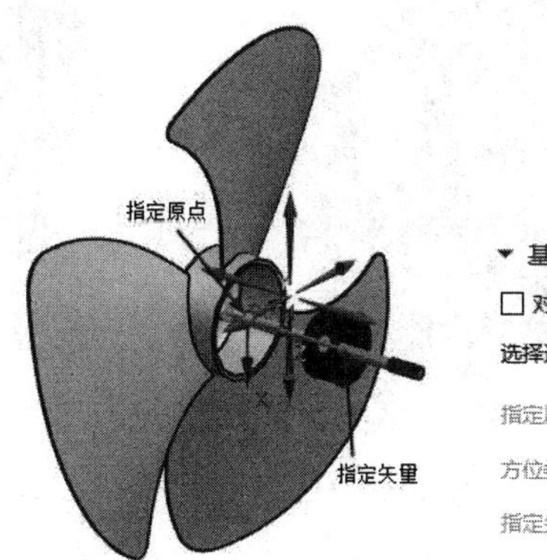

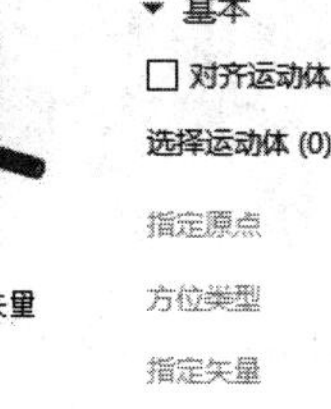
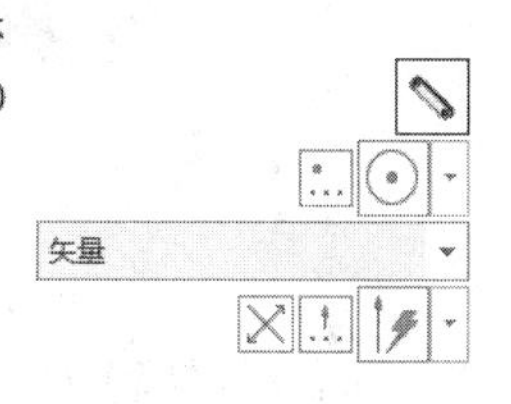

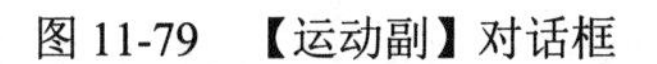
图 11-79　【运动副】对话框　　图 11-80　指定原点　　图 11-81　【基本】选项组

6）单击【选择运动体】选项，在绘图区选择运动体 B002，对齐运动体，如图 11-82 所示。

7）单击【驱动】标签，打开【驱动】选项卡，如图 11-83 所示。

8）在【旋转】下拉列表框中选择【多项式】。

9）在【速度】文本框输入 800，如图 11-84 所示。

10）单击【运动副】对话框中的【确定】按钮，完成旋转副 1 的创建。

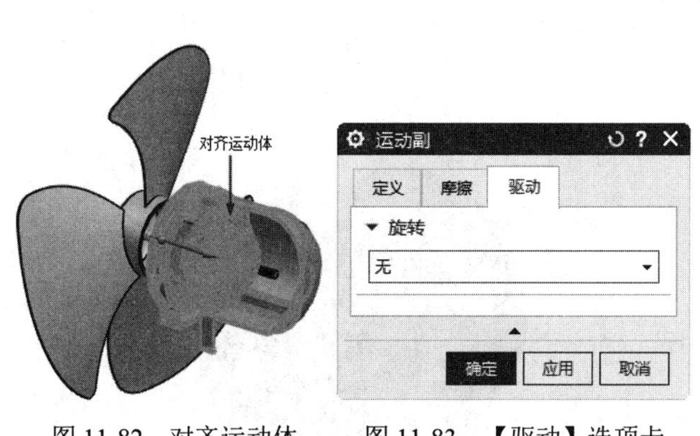

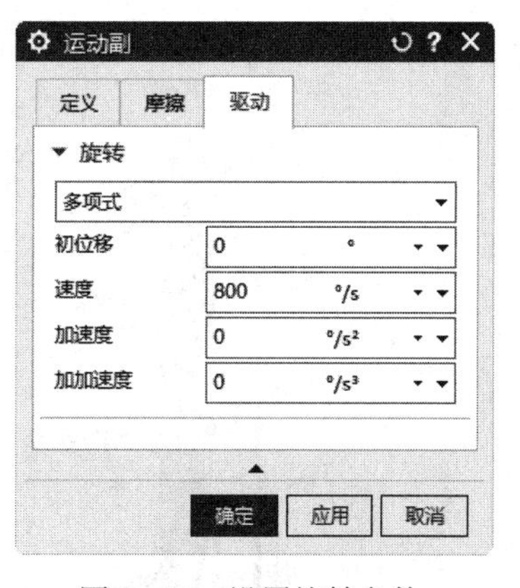

图 11-82　对齐运动体　　图 11-83　【驱动】选项卡　　图 11-84　设置旋转参数

2. 创建旋转副 2

1）单击【主页】选项卡【机构】面组上的【运动副】按钮，打开【运动副】对话框。

2）单击【选择运动体】选项，在绘图区选择运动体 B002。

3）单击【指定原点】选项，在绘图区选择运动体 B002 转轴上的圆心，如图 11-85 所示。

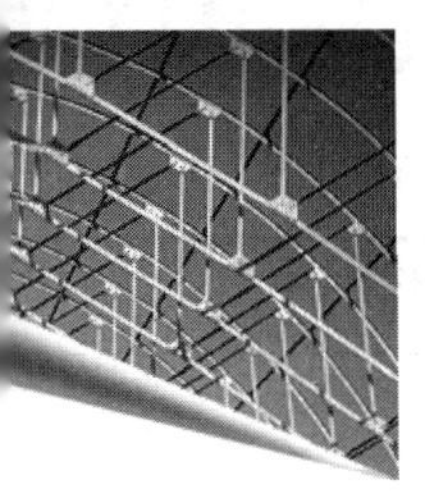

4）单击【指定矢量】选项，选择运动体 B002 转轴的柱面，如图 11-86 所示。

5）单击【运动副】对话框中的【确定】按钮，完成运动副 2 的创建。

图 11-85　指定原点

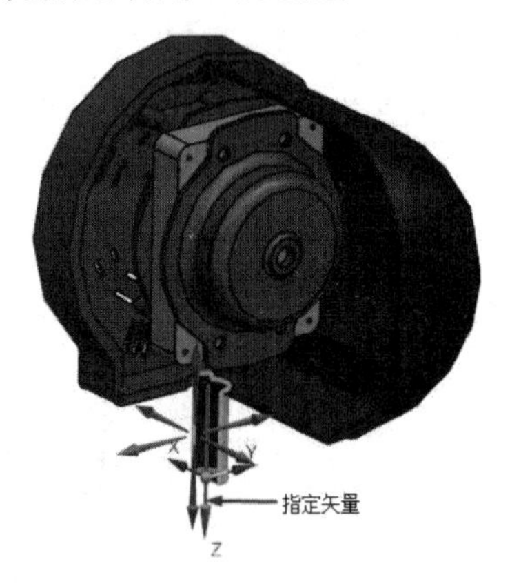

图 11-86　指定矢量

3. 创建旋转副 3

1）单击【主页】选项卡【机构】面组上的【运动副】按钮，打开【运动副】对话框。

2）单击【选择运动体】选项，在绘图区选择运动体 B004。

3）单击【指定原点】选项，在绘图区选择 B004 上的圆心为原点。

4）单击【指定矢量】选项，选择 B004 的柱面，如图 11-87 所示。

5）单击【基本】标签，打开【基本】选项组。

6）单击【选择运动体】选项，在绘图区选择运动体 B002，对齐运动体，如图 11-88 所示。

7）单击【运动副】对话框中的【确定】按钮，完成旋转副 3 的创建。

8）按照相同的步骤完成大齿轮旋转副的创建，并对齐 B002。

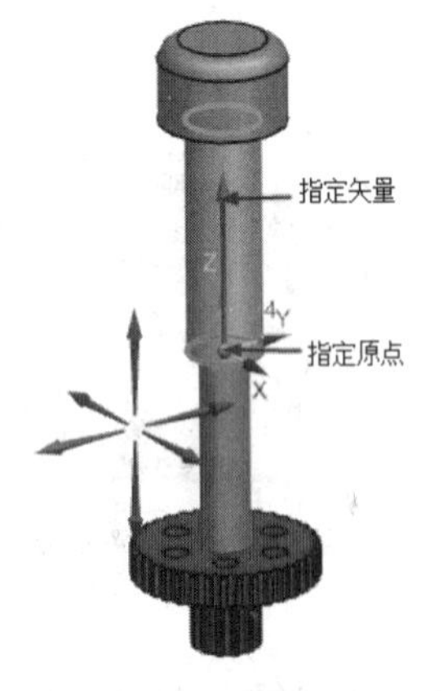

图 11-87　指定原点、矢量

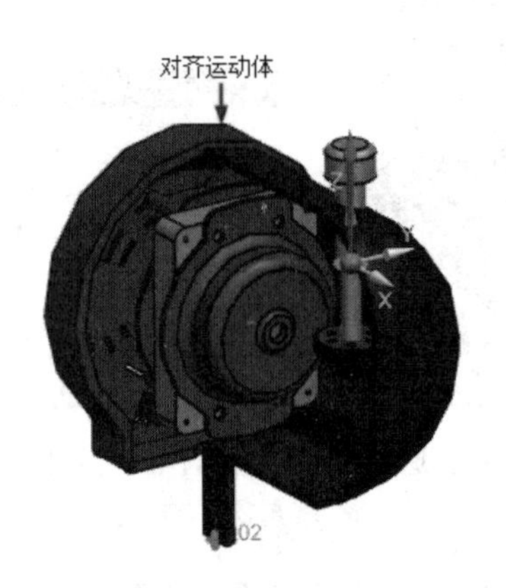

图 11-88　对齐运动体

11.3.4　创建传动副

落地扇通过高速旋转的电动机得到风扇周期性的摆动，在运动的过程中经过了 3 次传递，即蜗轮蜗杆、齿轮和常规运动。具体步骤如下：

1.创建蜗轮蜗杆运动

1）为了方便选择运动副，打开【运动导航器】面板，如图 11-89 所示。取消勾选运动体 ☑ 运动体 图标前面的复选框，隐藏运动体模型，只显示运动副图标，如图 11-90 所示。

2）单击【主页】选项卡【耦合副】面组上的【齿轮耦合副】按钮，打开【齿轮耦合副】对话框，如图 11-91 所示。

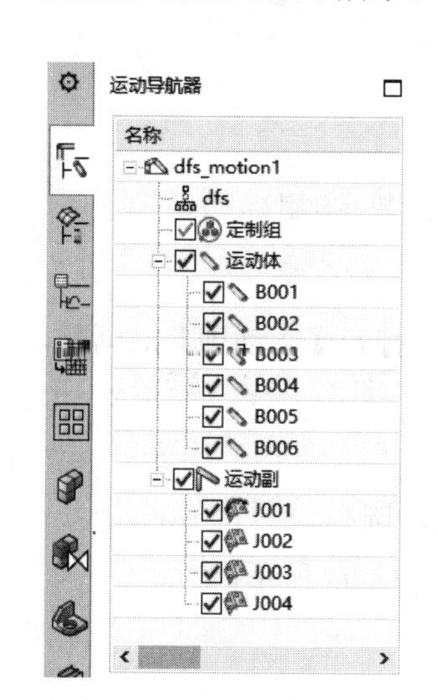

图 11-89　【运动导航器】面板

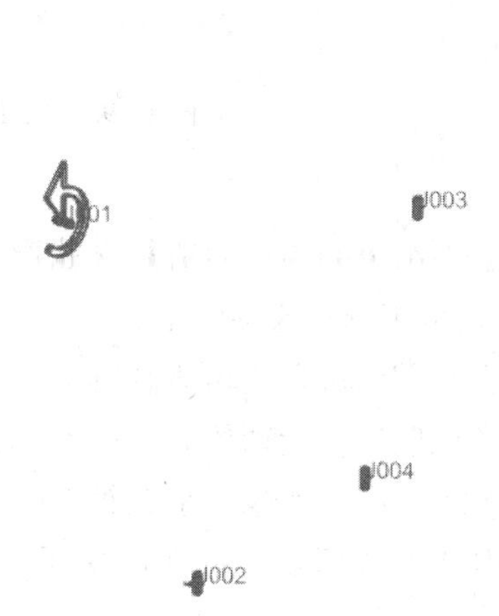

图 11-90　运动副图标

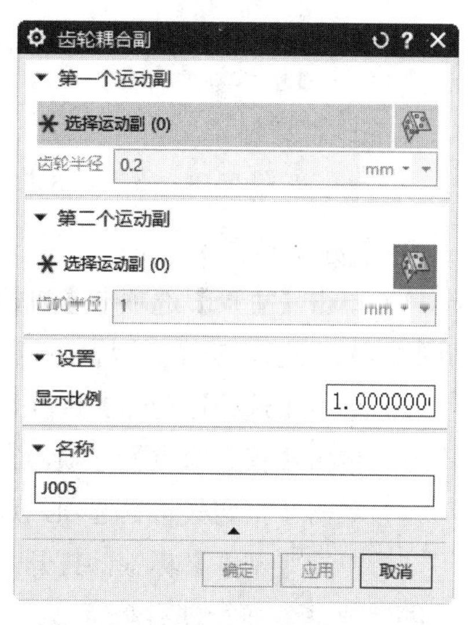

图 11-91　【齿轮耦合副】对话框

3）在绘图区选择第一个旋转副 J001、第二个旋转副 J003。

4）在【设置】选项组的【显示比例】文本框中输入 1，如图 11-92 所示。

5）单击【齿轮耦合副】对话框中的【确定】按钮，完成蜗轮蜗杆运动的创建，如图 11-93 所示。

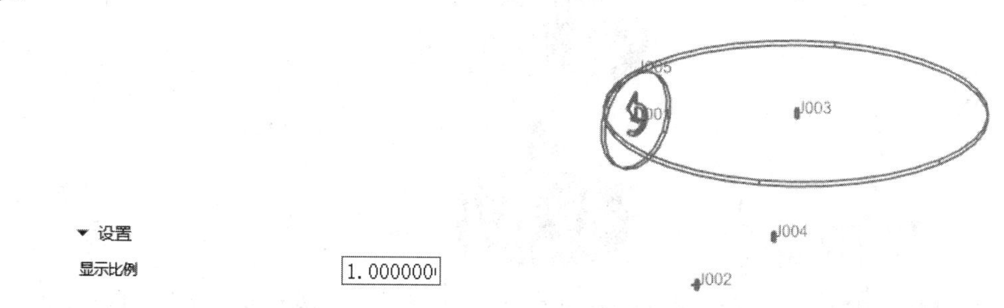

图 11-92　设置显示比例　　图 11-93　创建蜗轮蜗杆运动

2. 创建齿轮耦合副

1）单击【主页】选项卡【耦合副】面组上【齿轮耦合副】按钮，打开【齿轮耦合副】

对话框。

2）在绘图区选择第一个旋转副 J003、第二个旋转副 J004。

3）在【显示比例】文本框输入 0.3，如图 11-94 所示。

4）单击【齿轮耦合副】对话框中的【确定】按钮，完成齿轮耦合副的创建，如图 11-95 所示。

▾ 设置

显示比例 0.300000

图 11-94 设置显示比例

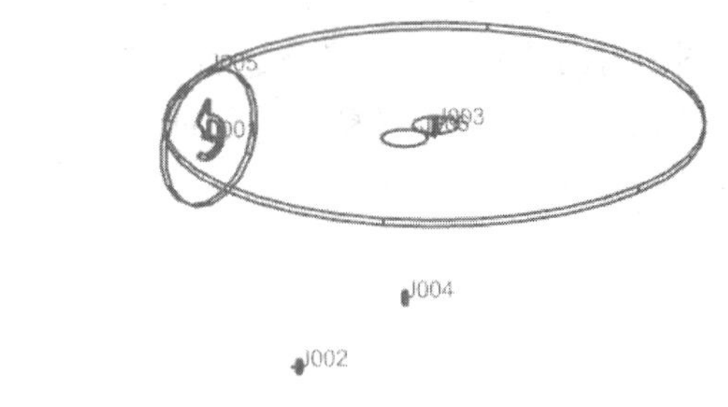

图 11-95 创建齿轮耦合副

3. 创建旋转副 1

1）单击【主页】选项卡【机构】面组上的【运动副】按钮，打开【运动副】对话框，如图 11-96 所示。在【类型】下拉列表框中选择【旋转副】。

2）单击【选择运动体】选项，在绘图区选择运动体 B006。

3）单击【指定原点】选项，在绘图区选择运动体 B006 转轴上的圆心。

4）单击【指定矢量】选项，选择系统提示的坐标系 Z 轴，如图 11-97 所示。

5）单击【基本】标签，打开【基本】选项组，如图 11-98 所示。

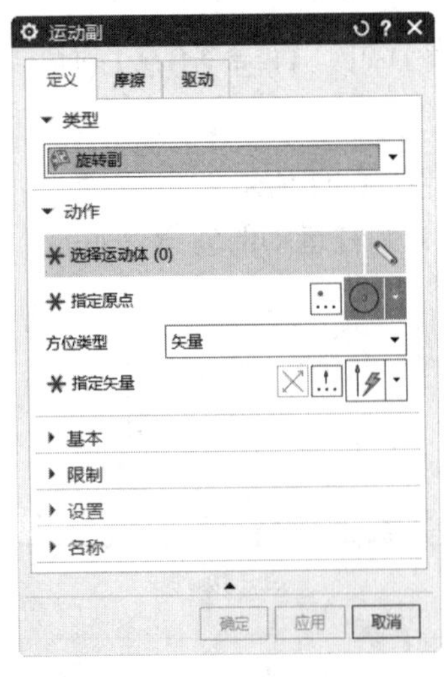

图 11-96 【运动副】对话框

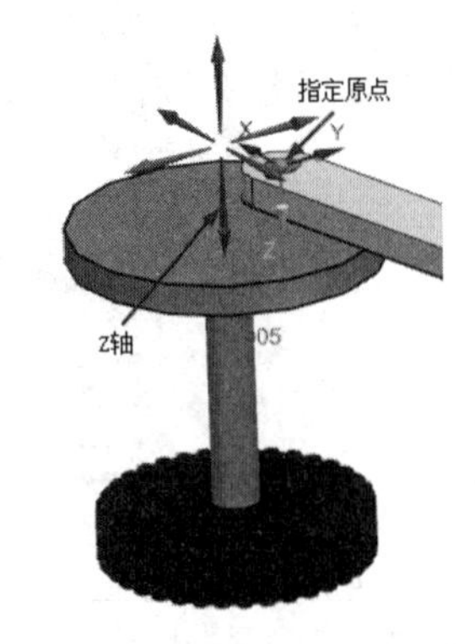

图 11-97 指定原点、矢量

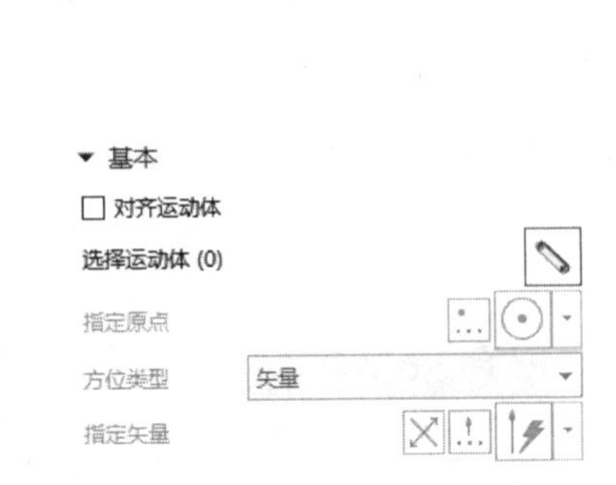

图 11-98 【基本】选项组

6）单击【选择运动体】选项，在绘图区选择运动体 B005，对齐运动体，如图 11-99 所示。

7）单击【运动副】对话框中的【确定】按钮，完成旋转副 1 的创建。

4. 创建旋转副 2

1）单击【主页】选项卡【机构】面组上【运动副】按钮，打开【运动副】对话框。

2）单击【选择运动体】选项，在绘图区选择运动体 B006。

3）单击【指定原点】选项，在绘图区选择运动体 B006 孔上的圆心，如图 11-100 所示。

4）单击【指定矢量】选项，选择系统提示的坐标系 Z 轴，如图 11-101 所示。

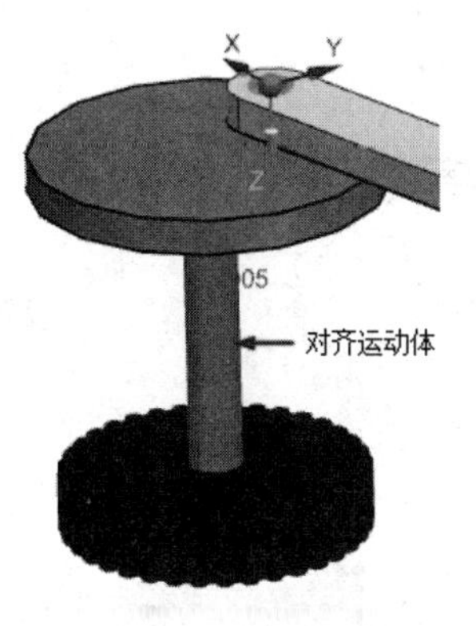

图 11-99　对齐运动体

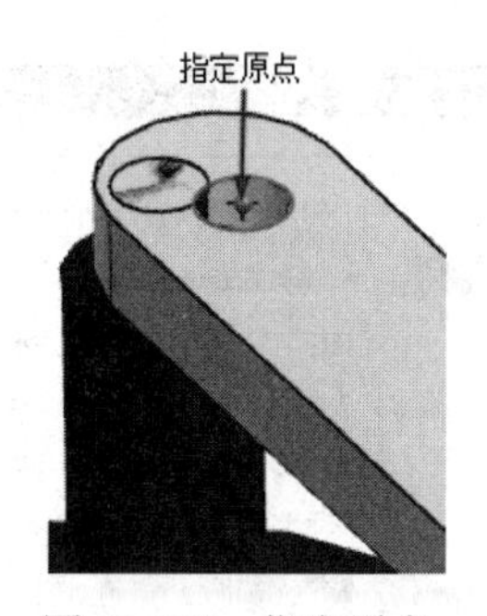

图 11-100　指定原点

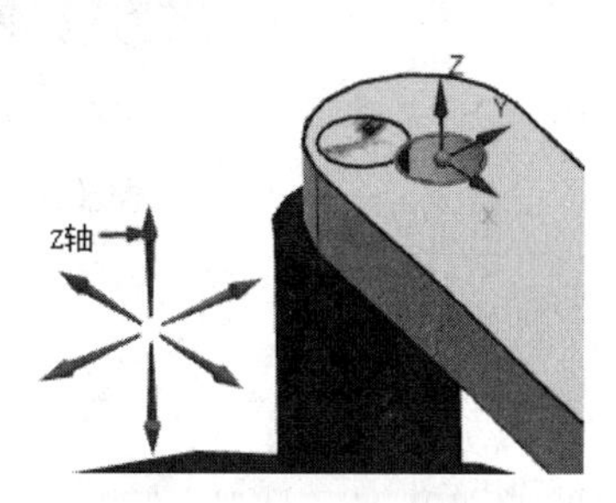

图 11-101　指定矢量

5）在【基本】选项卡中勾选【对齐运动体】复选框，激活【基本】选项组，如图 11-102 所示

6）单击【选择运动体】选项，在绘图区选择运动体 B003。

7）单击【指定原点】选项，在绘图区选择运动体 B003 上转轴的圆心，如图 11-103 所示。

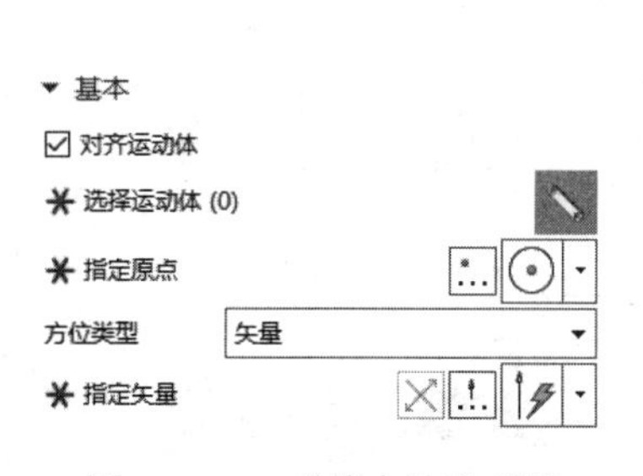

图 11-102　【基本】选项组

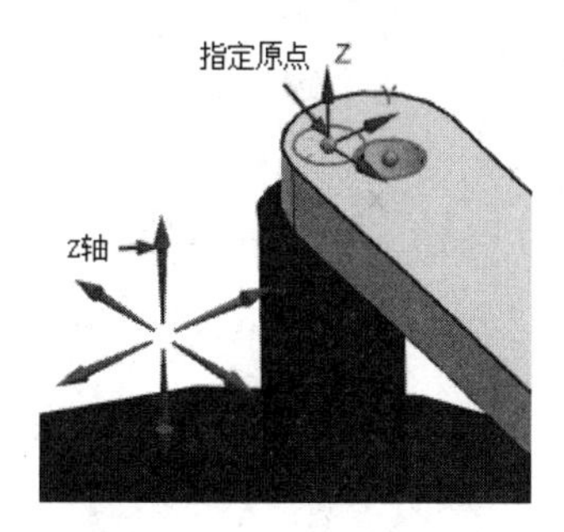

图 11-103　指定原点

8）单击【指定矢量】选项，选择系统提示的坐标系 Z 轴。

9）单击【运动副】对话框中的【确定】按钮，完成旋转副 2 的创建。

11.3.5　动画分析

完成运动副的创建后，接下来解算模型的运动是否符合要求。具体步骤如下：

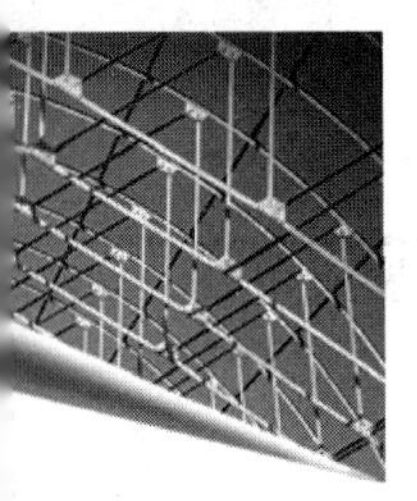
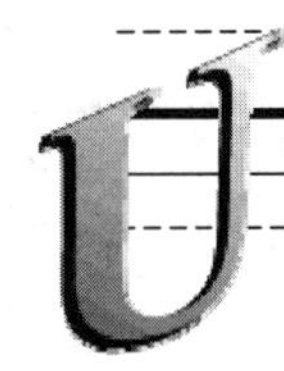

1. 创建解算方案

1）单击【主页】选项卡【解算方案】面组上的【解算方案】按钮，打开【解算方案】对话框，如图 11-104 所示。

2）在【解算方案选项】中设置【解算结束时间】为 10，【固定步数】为 1000。

3）单击【解算方案】对话框中的【确定】按钮，完成解算方案的创建。

4）单击【主页】选项卡【解算方案】面组上的【求解】按钮，求解当前解算方案的结果。

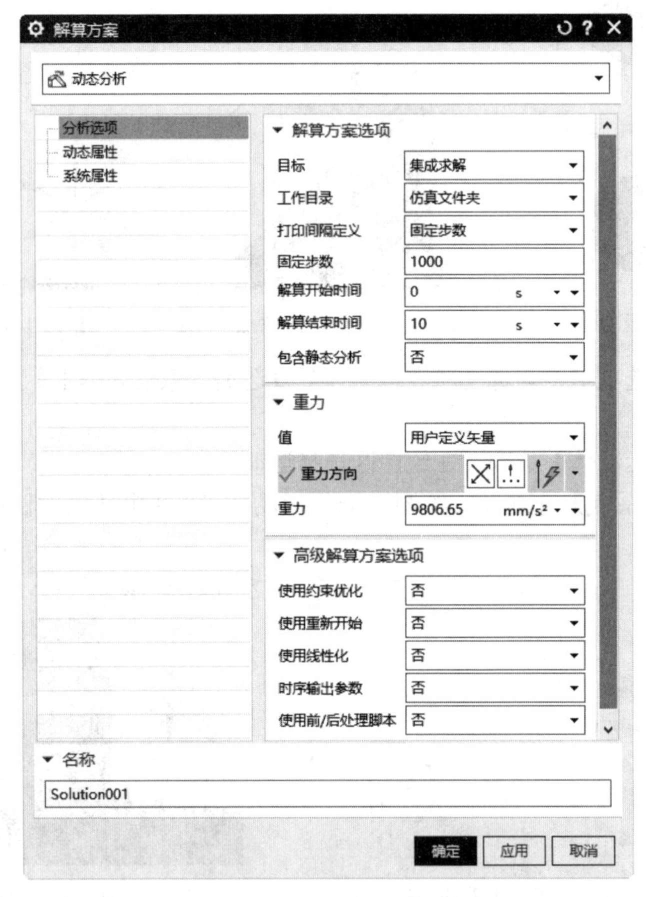

图 11-104 【解算方案】对话框

2. 动画分析

1）单击【分析】选项卡【运动】面组上的【运动模拟播放器】按钮，打开【运动模拟播放器】对话框。

2）单击【播放】按钮，动画分析开始，如图 11-105 所示。

3）单击【运动模拟播放器】对话框中的【关闭】按钮，完成动画分析。

图 11-105　动画结果（0s、4s、10s）

11.4　练习题

1．对于非参数模型，没有表达式如何进行修改？

2．对不合理的模型，运动仿真优化有哪些步骤？

3. 注射模实例的解算过程很慢，如何加快解算的过程？

4. 如果要模拟注射模顶出的产品下落到地面，需要如何改变运动机构？

5. 尝试把落地扇实际的电动机转速输入到运动仿真模型，观察模型的运动状态和解算的时间？

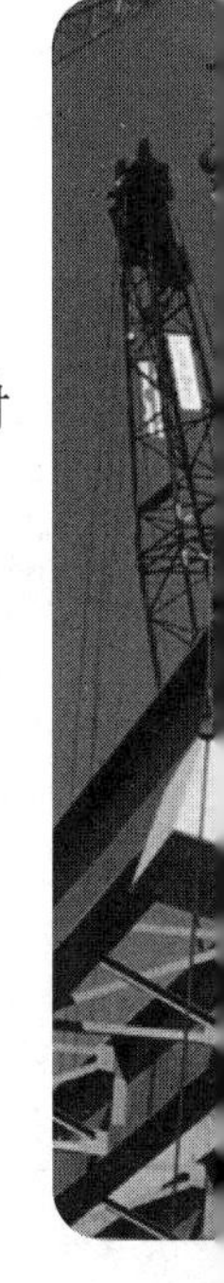

第 2 篇

有限元分析篇

本篇主要介绍 UG NX2027 有限元分析的一些基础知识和操作实例，包括有限元分析准备，建立有限元模型，有限元模型的编辑，分析和查看结果，球摆分析综合实例。

第12章

有限元分析准备

本章主要介绍建立有限元分析模型前的相关准备工作，具体内容包括分析模块的选择、分析模型的建立、分析环境的设置和模型的预处理。

重点与难点

- 了解分析模块的建立
- 掌握分析环境的设置和模型的预处理

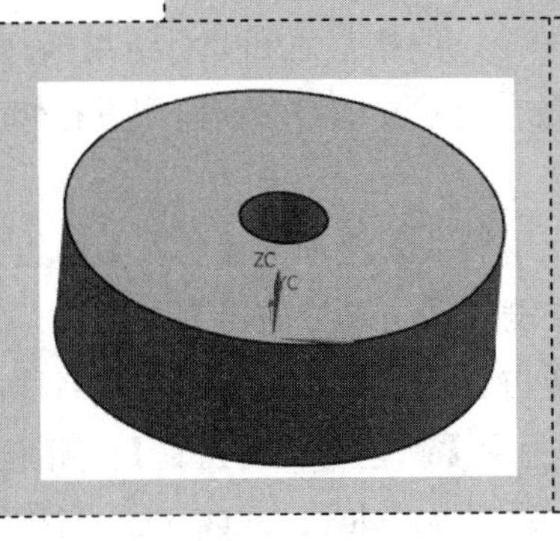

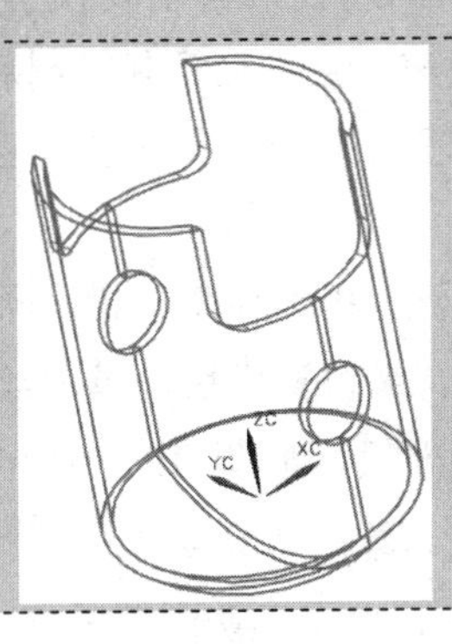

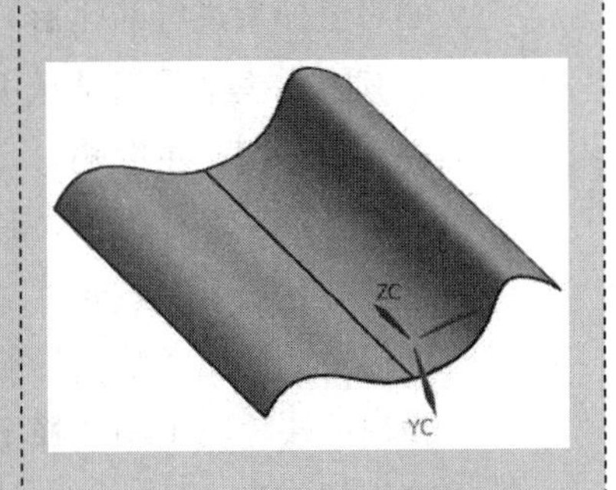

12.1 分析模块的介绍

在 UG NX 系统的高级分析模块中，首先将几何模型转换为有限元模型；然后进行前处理，包括赋予质量属性、施加约束和载荷等，接着提交解算器进行分析求解；最后进入后处理，采用直接显示资料或采用图形显示等方法来表达求解结果。

该模块是专门针对设计工程师和对几何模型进行专业分析的人员开发的，功能强大，采用图形应用接口，使用方便。具有以下 4 个特点：

- ❑ 图形接口，交互操作简便。
- ❑ 前置处理功能强大。在 UG NX 系统中建立模型，在高级分析模块中直接可以转化为有限元模型，并可以对模型进行简化，忽略一些不重要的特征；可以添加多种类型载荷，指定多种边界条件，采用网格生成器自动生成网格
- ❑ 支持多种分析求解器，如 NX.NASTRAN、NX 热流、NX 空间系统热、MSC.NASTRAN、ANSYS 和 ABAQUS 等，以及多种分析解算类型，包括结构分析、稳态分析、模态分析、热和热-结构分析等。
- ❑ 后处理功能强大。后处理器在一个独立窗口中运行，可以让分析人员同时检查有限元模型和后处理结果，结果可以以图形的方式直观地显示，方便分析人员的判断，分析人员也可以采用动画形式反映分析过程中对象的变化过程。

12.2 有限元模型和仿真模型的建立

在 UG NX 建模模块中建立的模型称为主模型，它可以被系统中的装配、加工、工程图和高级分析等模块引用。有限元模型是在引用零件主模型的基础上建立起来的，用户可以根据需要由同一个主模型建立多个包含不同属性的有限元模型。有限元模型主要包括几何模型的信息（如对主模型进行简化后），在前后处理后还包括材料属性信息、网格信息和分析结果等。

有限元模型虽然是从主模型引用而来，但在资料存储上是完全独立的，对该模型进行修改不会对主模型产生影响。

在 UG NX 建模模块中完成需要分析的模型建模，单击【应用模块】选项卡【仿真】面组上的【前/后处理】按钮，进入高级仿真模块。单击绘图区左侧的【仿真导航器】按钮，在绘图区左侧弹出【仿真导航器】面板，如图 12-1 所示。在【仿真导航器】中右击模型名称，在弹出的快捷菜单中选择【新建 FEM 和仿真】，弹出图 12-2 所示【新建 FEM 和仿真】对话框。系统根据模型名称，默认给出有限元和仿真模型名称（模型名称为 model1.prt，FEM 名称为 model1_fem1.fem，仿真名称为 model1_sim1.sim），用户根据需要在求解器下拉菜单和分析类

型下拉菜单中选择合适的求解器和分析类型，单击【确定】按钮，弹出【解算方案】对话框，如图 12-3 所示。在展开的选项中接受系统设置的各选项值（包括最大作业时间，默认温度等）。

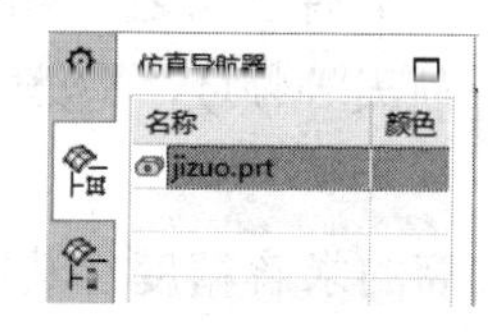

图 12-1　【仿真导航器】面板

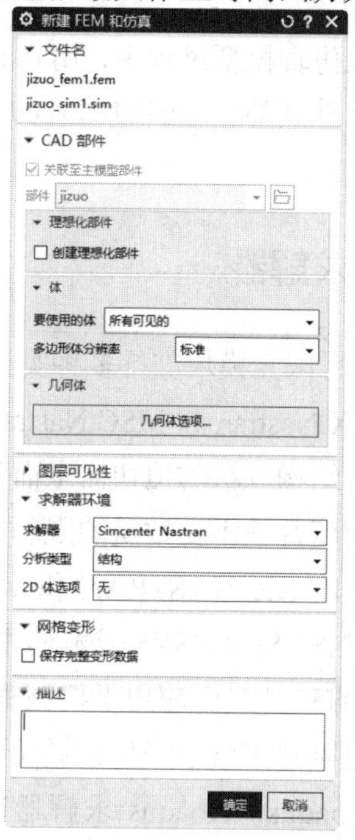

图 12-2　【新建 FEM 和仿真】对话框

设置完毕后，单击【确定】按钮，完成求解方案的设置。这时，单击【仿真导航器】按钮，进入该面板，用户可以清楚地看到各模型间的层级关系，如图 12-4 所示。

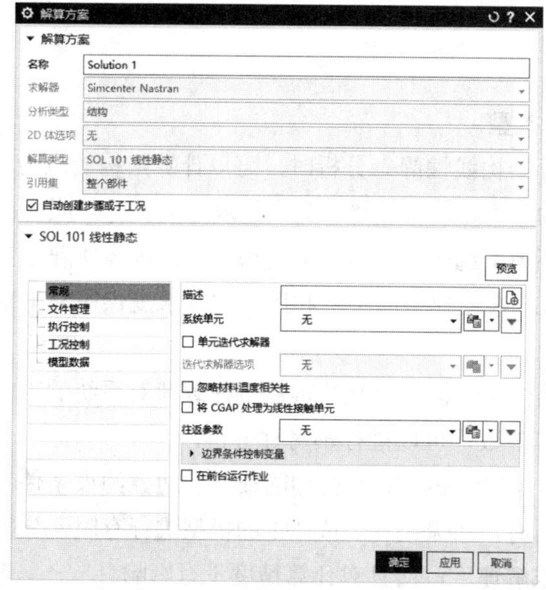

图 12-3　【解算方案】对话框

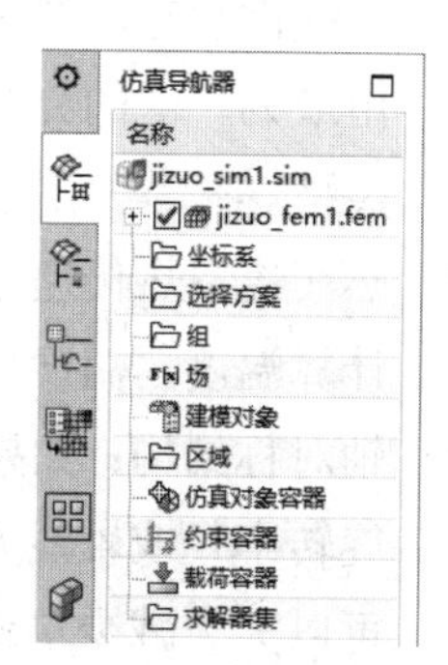

图 12-4　各模型间的层级关系

12.3 求解器和分析类型

在建立仿真模型过程中，用户必须了解系统提供的各项求解器和分析类型。各种类型的求解器在各自领域都有很强的优势，用户只有选择合适的求解器和分析类型才能得到最佳的分析结果。

12.3.1 求解器

UG NX 有限元模块支持多种类型的解算器，这里简要说明其中的 3 种。

- NX.Nastran 和 MSC.Nastran：Nastran 是美国航空航天局推出的为了满足航空航天工业对结构分析的迫切需求而开发的大型应用有限元程序。使用该求解器，求解对象的自由度几乎不受数量的限制，在求解各方面都有相当高的精度。其中包括 UGS 公司开发的 NX. NASTRAN 和 MSC 公司开发的 MSC.NASTRAN。
- ANSYS：ANSYS 求解器由世界上最大的有限元分析软件公司之一 ANSYS 公司开发，ANSYS 广泛应用于机械制造、石油化工、航空、航天等领域，是集结构、热、流体、电磁和声学于一体的通用型求解器。
- Abaqus：Abaqus 求解器在非线性求解方面有很高的求解精度，其求解对象也很广泛。

当用户选择了求解器后，分析工作被提交到所选的求解器并进行求解，然后在 UG NX 中进行后处理。

12.3.2 分析类型

UG NX 的分析模块主要包括以下分析类型。

- 结构（线性静态分析）：在进行结构线性静态分析时，可以计算结构的应力、应变、位移等参数；施加的载荷包括力、力矩、温度等，其中温度主要计算热应力；可以进行线性静态轴对称分析（在【环境】选中【轴对称】选项）。结构线性静态分析是使用最为广泛的分析之一，UG NX 根据模型的不同和用户的需求提供极为丰富的单元类型。
- 热（稳态热传递分析）：稳态热传递分析主要是分析稳定热载荷对系统的影响，可以计算温度、温度梯度和热流量等参数，可以进行轴对称分析。
- 轴对称结构：如果分析模型是一个旋转体，并且施加的载荷和边界约束条件仅作用在旋转半径或轴线方向，则在分析时，可采用 1/2 或 1/4 的模型进行有限元分析，这样可以大大减少单元数量，提高求解速度，而且对计算精度没有影响。

12.4 模型准备

在 UG NX 高级仿真模块中进行有限元分析，可以直接引用建立的有限元模型，也可以通过模型准备操作简化模型，经过模型准备处理过的仿真模型有助于网格划分，提高分析精度，缩短求解时间。

12.4.1 理想化几何体

在建立仿真模型过程中，为模型划分网格是这一过程重要的一步。模型中有些小孔、圆角对分析结果影响并不重要，如果对包含这些不重要特征的整个模型进行自动划分网格，会产生数量巨大的单元，虽然得到的精度可能会高些，但在实际的工作中意义不大，而且会对计算机产生很高的要求并影响求解速度。通过简化几何体，可将一些不重要的细小特征从模型中去掉，而保留原模型的关键特征和用户认为需要分析的特征，缩短划分网格时间和求解时间。

创建理想化几何体的步骤如下：

1）打开源文件 /chapter12/原始文件/12.4/12.4.1.prt。

2）单击【应用模块】选项卡【仿真】面组上的【前/后处理】按钮，并按 12.2 节所述完成仿真模型的创建。

3）单击【12.4.1.prt】窗口 12.4.1.prt，再单击绘图区左侧【仿真导航器】，进入【仿真导航器】并选中名称为【12.4.1.prt】的节点，右击并选择【新建理想化部件】选项，系统弹出【新建理想化部件】对话框，如图 12-5 所示。

图 12-5 【新建理想化部件】对话框

4）单击【确定】按钮，系统弹出【理想化部件警告】提示框，如图 12-6 所示。

5）单击【确定】按钮，关闭该提示框，系统打开【（理想）12.4.1_i.prt】窗口。

6）单击【主页】选项卡【开始】面组上的【提升】按钮，系统打开【提升体】对话框，如图 12-7 所示。

7）在绘图区选择模型，单击【确定】按钮，关闭该对话框。

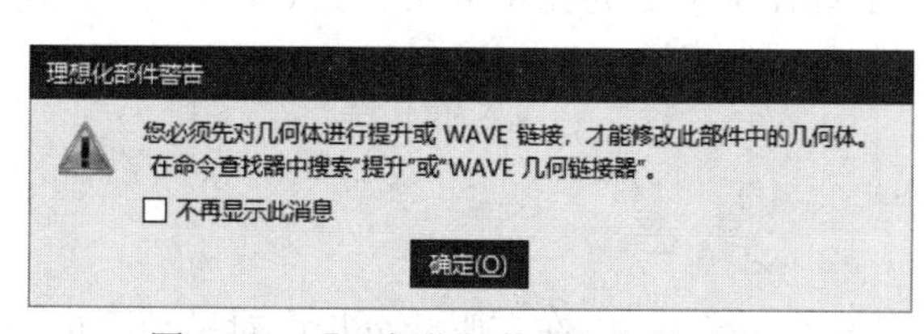

图 12-6 【理想化部件警告】提示框

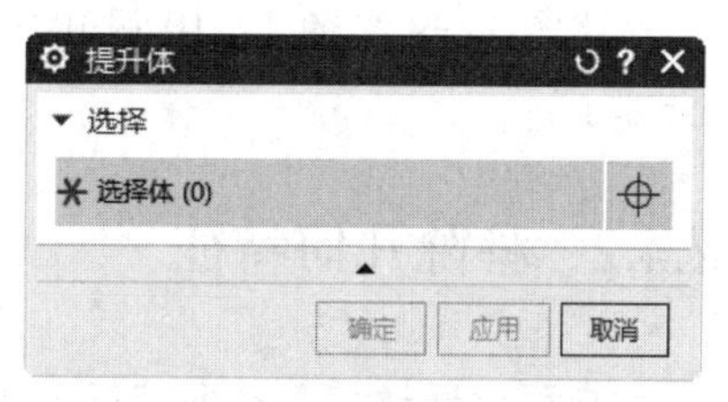

图 12-7 【提升体】对话框

UG NX 2027

8）单击【主页】选项卡【几何体准备】面组上的【理想化几何体】按钮或选择【菜单】→【插入】→【模型准备】→【理想化】选项，打开图 12-8 所示的【理想化几何体】对话框。有两种进行优化的方法，一种是根据所选实体进行优化；另一种是选择一定区域对区域中符合优化要求的特征进行优化。

9）单击【理想化几何体】对话框中的【体】按钮，激活【选择步骤】中的【要求体】选项。

图 12-8 【理想化几何体】对话框

10）单击【选择步骤】的【要求体】按钮，在绘图区中选择模型，此时自动激活【移除面】按钮，选择要删除的 3 个小孔面和 2 个圆角面，如图 12-9 所示。

11）在对话框【自动删除特征】选项组中勾选【孔】和【圆角】复选框，分别输入直径<2 和半径<1。

12）单击【确定】按钮，创建如图 12-10 所示的简化模型。

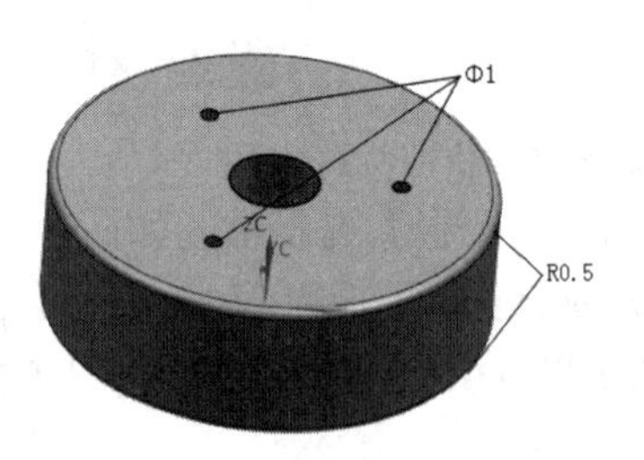

图 12-9 选择移除面

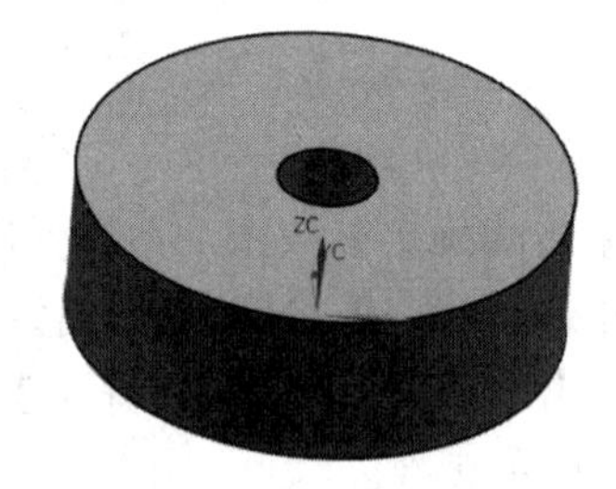

图 12-10 创建简化模型

对比图 12-9 和图 12-10 可知，对于直径小于 2 的孔及半径小于 1 的圆角特征都从原模型中去掉了。

12.4.2 移除几何特征

用户可以通过移除几何特征直接对模型进行操作，在有限元分析中对模型不重要的特征进行移除。

移除几何特征的操作步骤如下：

1）打开源文件 /chapter12/原始文件 /12.4 /12.4.2.prt。

2）单击【应用模块】选项卡【仿真】面组上的【前/后处理】按钮，按 12.2 节所述完成仿真模型的创建。

3）单击【12.4.2.prt】窗口 12.4.2.prt，再单击绘图区左侧【仿真导航器】，进入【仿真导航器】并选中名称为【12.4.2.prt】的节点，右击并选择【新建理想化部件】选项，系统弹出【新建理想化部件】对话框。

4）单击【确定】按钮，系统弹出【理想化部件警告】提示框。

5）单击【确定】按钮，关闭该提示框，系统打开【（理想）12.4.2_i.prt】窗口。

6）单击【主页】选项卡【开始】面组上的【提升】按钮，系统打开【提升体】对话框。

7）在绘图区选择模型，单击【确定】按钮，关闭该对话框。

8）单击【主页】选项卡【几何体准备】面组上【更多】库下【移除几何特征】按钮或选择【菜单】→【插入】→【模型准备】→【移除特征】选项，打开如图 12-11 所示的【移除几何特征】对话框。

9）可以直接在模型中选择单个面，也可以选择与之相关的面和区域，如添加与选择面相切的边界、相切的面及区域。

10）选择图 12-12 所示模型中的单个曲面。

11）单击【确定】按钮，完成移除几何特征操作后生成图 12-13 所示的模型。

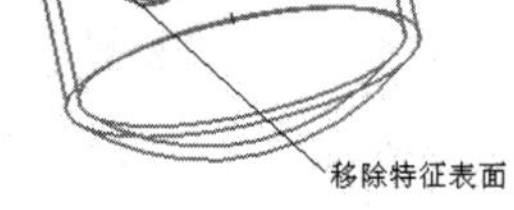

图 12-11　【移除几何特征】对话框

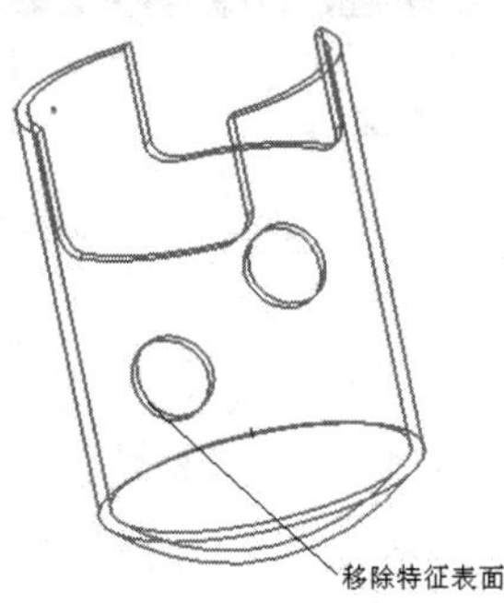

图 12-12　选择曲面

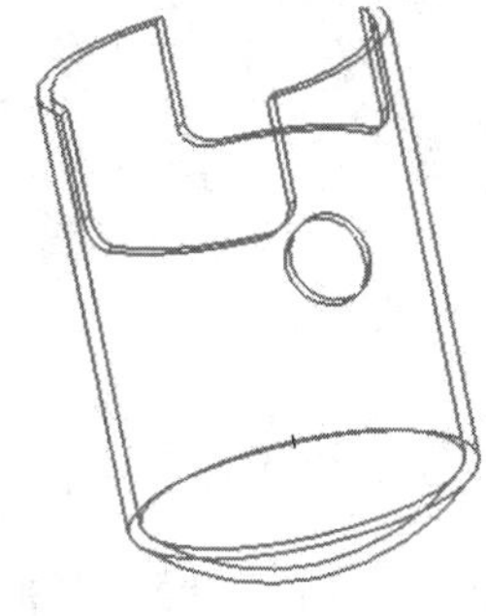

图 12-13　移除操作后的模型

12.4.3　拆分体

在分析过程中，有时需要对模型的某一部分进行分析。拆分体操作可对有限元模型进行分割，可以为用户提供所需的各种形状的分割体，并且系统更够在分割位置自动创建网格配对条件。系统提供多种分割工具，包括基准平面、片体、平面和曲线等。拆分体操作步骤如下：

1）打开源文件 /chapter12/原始文件/12.4/12.4.3prt。

2）单击【应用模块】选项卡【仿真】面组上的【前/后处理】按钮，按 12.2 节所述完成仿真模型的创建。

3）单击【12.4.3.prt】窗口 12.4.3.prt，再单击绘图区左侧【仿真导航器】，进入【仿真

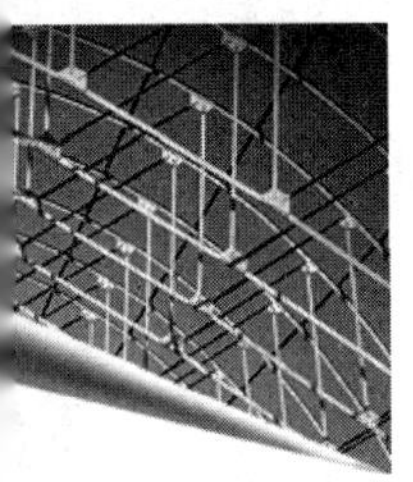

导航器】并选中名称为【12.4.3.prt】的节点，右击并选择【新建理想化部件】命令。系统弹出【新建理想化部件】对话框。

4）单击【确定】按钮，系统弹出【理想化部件警告】提示框。

5）单击【确定】按钮，关闭该提示框，系统打开【（理想）12.4.3_i.prt】窗口。

6）单击【主页】选项卡【开始】面组上的【提升】按钮，系统打开【提升体】对话框。

7）在绘图区选择模型，单击【确定】按钮，关闭该对话框。

8）单击【主页】选项卡【几何体准备】面组上【拆分体】按钮 或选择【菜单】→【插入】→【模型准备】→【修剪】→【拆分体】选项，打开图 12-14 所示的【拆分体】对话框。

9）单击【目标】选项组中的【选择体】选项，选择绘图区中的模型。

10）在【工具】选项组的【工具选项】下拉列表框中选择【新建平面】选项，【指定平面】被激活。

11）单击【平面对话框】按钮，打开【平面】对话框，如图 12-15 所示。

有多种创建拆分平面的方法，如自动判断、点和方向、曲线和点、曲线上和固定基准等。在【平面】对话框中选择【类型】下拉列表框中的【YC-ZC 平面】选项，并选择合适的偏置距离和平面方位。

12）拆分平面创建完成后，单击【确定】按钮，返回【拆分体】对话框。

13）选择刚创建的平面，单击【确定】按钮，完成对模型的拆分操作，生成如图 12-16 所示模型。在图 12-16 中，模型被【YC-ZC】平面分成两部分。

图 12-14 【拆分体】对话框

图 12-15 【平面】对话框

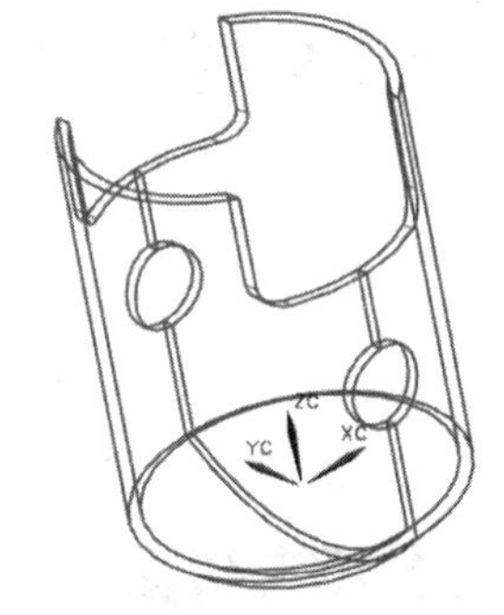

图 12-16 拆分操作后的模型

12.4.4 中面

抽取中面操作常用于对薄壁等模型进行简化，取代对薄壁模型进行三维网格分析而用中面进行二维网格分析。

单击【主页】选项卡【几何体准备】面组上的【按面对的中面】按钮或选择【菜单】→【插入】→【模型准备】→【中面】→【面对】选项，打开图 12-17 所示【按面对的中面】对话框。

UG NX 系统提供两种产生中面的方法。

- 面对：通过指定实体的内表面和外表面，产生中面。操作对话框如图 12-17 所示。

面对操作步骤如下：

1）打开源文件 /chapter12/原始文件/12.4/12.4.4.prt。

2）单击【应用模块】选项卡【仿真】面组上的【前/后处理】按钮，按 12.2 节所述完成仿真模型的创建。

3）单击【12.4.4.prt】窗口 12.4.4.prt，再单击绘图区左侧【仿真导航器】，进入【仿真导航器】并选中名称为【12.4.4.prt】的节点，右击并选择【新建理想化部件】选项，系统弹出【新建理想化部件】对话框。

4）单击【确定】按钮，系统弹出【理想化部件警告】提示框。

5）单击【确定】按钮，关闭该提示框，系统打开【（理想）12.4.4_i.prt】窗口。

6）单击【主页】选项卡【开始】面组上的【提升】按钮，系统打开【提升体】对话框。

7）在绘图区选择模型，单击【确定】按钮，关闭该对话框。

8）单击【主页】选项卡【几何体准备】面组上的【按面对创建中面】按钮或选择【菜单】→【插入】→【模型准备】→【中面】→【面对】选项，打开图 12-17 所示的【按面对创建中面】对话框。

9）首先选择实体，然后在【策略】下拉列表框中选择【手动】选项，单击【选择第 1 侧的单个面】按钮，在绘图区选择实体上表面。

10）单击【选择第 2 侧的单个面】按钮，在绘图区选择实体的下表面。

11）单击【确定】按钮，创建如图 12-18 所示的中面。

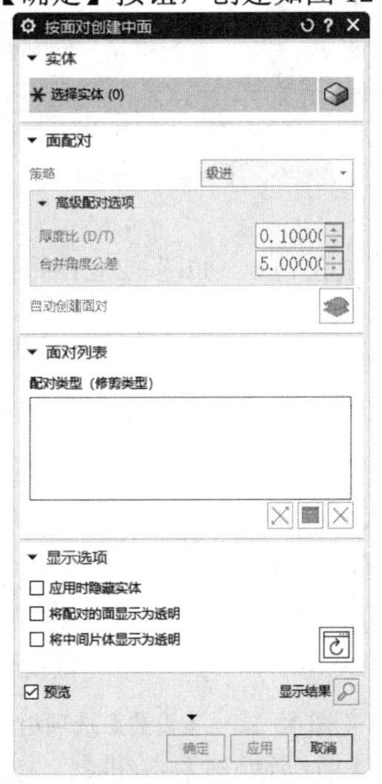

图 12-17 【按面对创建中面】对话框

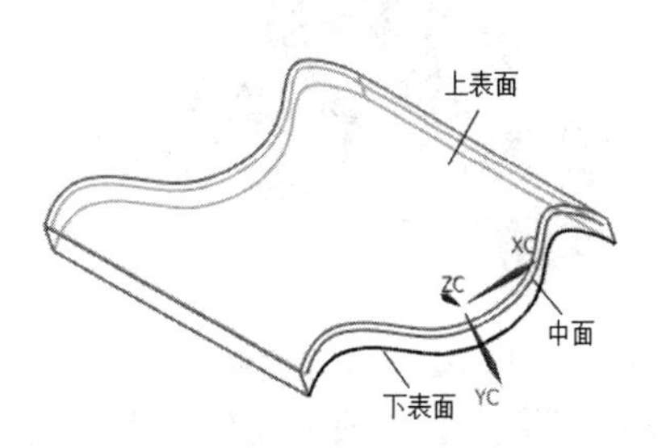

图 12-18 创建中面

- 自定义：用户可根据需要为实体自定义一个中面。单击【主页】选项卡【几何体准备】面组上【更多】库下【用户定义】按钮或选择【菜单】→【插入】→【模型准备】→【中面】→【用户定义】命令，打开图 12-19 所示的【用户定义中面】对话框。该方法操作与面对的方法类似，在此不再赘述。

12.4.5 缝合

为完成整个实体的网格一致划分，常采用缝合操作，它将各片体或实体表面缝合在一起。单击【主页】选项卡【几何体准备】面组上【缝合】按钮或选择【菜单】→【插入】→【模型准备】→【缝合】选项，打开图 12-20 所示【缝合】对话框。

缝合操作有两种类型：

❑ 片体：将两个或多个片体缝合成一个片体。

❑ 实体：将两个或多个实体缝合成一个实体。

在缝合操作中，缝合片体或实体间的间隙都不得大于用户给定的缝合公差，否则操作不能成功。

图 12-19 【用户定义中面】对话框

图 12-20 【缝合】对话框

缝合的操作步骤如下：

1）打开源文件 /chapter12/原始文件/12.4/12.4.5.prt，如图 12-21 所示。

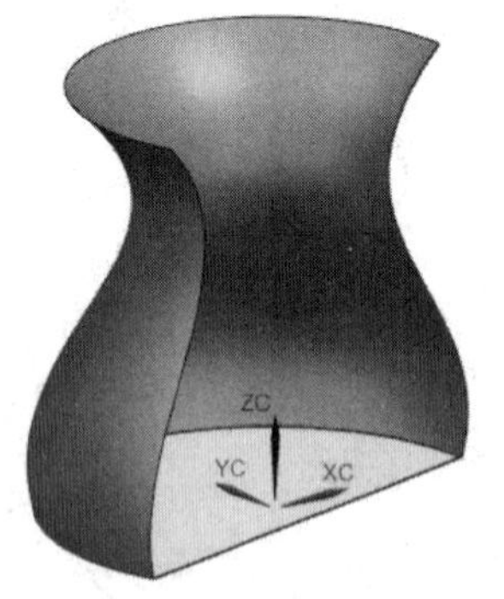

图 12-21 模型文件

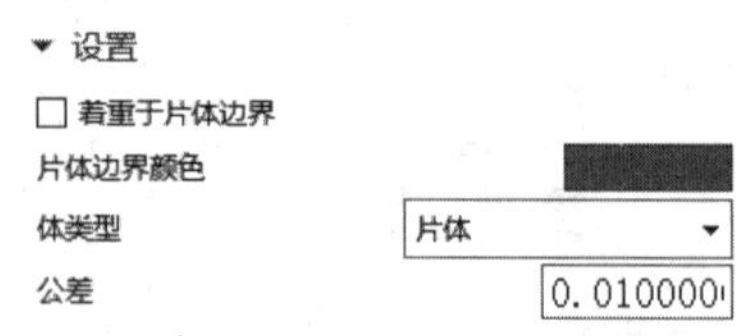

图 12-22 【设置】选项组

2）单击【应用模块】选项卡【仿真】面组上的【前/后处理】按钮，按 12.2 节所述完成仿真模型的创建。

3）单击【12.4.5.prt】窗口 12.4.5.prt ，再单击绘图区左侧【仿真导航器】，进入【仿真导航器】并选中名称为【12.4.5.prt】的节点，右击并选择【新建理想化部件】选项。系统弹出【新建理想化部件】对话框。

4）单击【确定】按钮，系统弹出【理想化部件警告】提示框。

5）单击【确定】按钮，关闭该提示框，系统打开【（理想）12.4.5_i.prt】窗口。

6）单击【主页】选项卡【开始】面组上的【提升】按钮，系统打开【提升体】对话框。

7）在绘图区选择模型的两个曲面，单击【确定】按钮，关闭该对话框。

8）单击【主页】选项卡【几何体准备】面组上【缝合】按钮或选择【菜单】→【插入】→【模型准备】→【缝合】选项，打开如图12-20所示【缝合】对话框。

9）单击【目标】选项组中的【选择片体】选项，在绘图区选择旋转曲面。

10）单击【工具】选项组中的【选择片体】选项，在绘图区选择底面。

11）单击【设置】标签，打开【设置】选项组，【体类型】选择【片体】，如图12-22所示。

12）单击【确定】按钮，缝合完成。

12.4.6　分割面

在有限元分析中，常对一个实体的某部分重点分析，这时该部分的网格划分就应当细致一些，或者在一个实体表面的不同部分施加不同的表面载荷，这时也需根据用户要求将一个表面划分成为几个表面，分割面可以满足划分表面的要求。

分割面操作步骤如下：

1）打开源文件 /chapter12/原始文件/12.4/12.4.6.prt。

2）单击【应用模块】选项卡【仿真】面组上的【前/后处理】按钮，按12.2节所述完成仿真模型的创建。

3）单击【12.4.6.prt】窗口 12.4.6.prt ，再单击绘图区左侧【仿真导航器】，进入【仿真导航器】并选中名称为【12.4.4.prt】的节点，右击并选择【新建理想化部件】选项。系统弹出【新建理想化部件】对话框。

4）单击【确定】按钮，系统弹出【理想化部件警告】提示框。

5）单击【确定】按钮，关闭该提示框，系统打开【（理想）12.4.2_i.prt】窗口。

6）单击【主页】选项卡【开始】面组上的【提升】按钮，系统打开【提升体】对话框。

7）在绘图区选择模型曲面，单击【确定】按钮，关闭该对话框。

8）单击【主页】选项卡【几何体准备】面组上【分割面】按钮或选择【菜单】→【插入】→【模型准备】→【修剪】→【分割面】选项，打开图12-23所示的对话框。

9）在绘图区中选择模型曲面为要分割的表面。

10）在【分割对象】选项组（见图12-24）的【工具选项】下拉列表框中选择【在面上偏置曲线】选项，【偏置】距离设置为100。

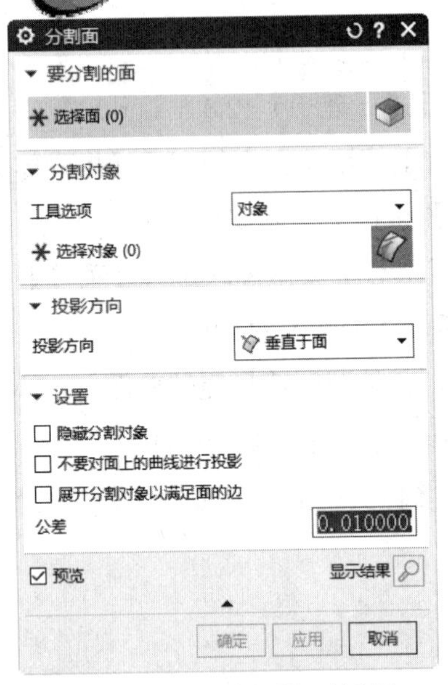

图 12-23 【分割面】对话框

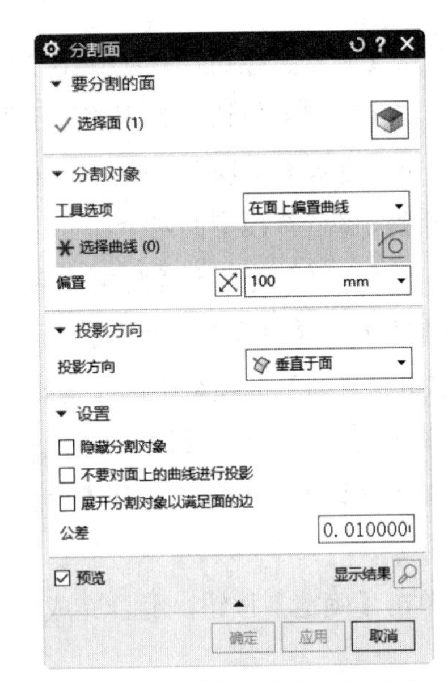

图 12-24 【分割对象】选项组

11）单击【选择曲线】选项，在绘图区选择图 12-25 所示的曲线，单击【反向】按钮⊠，调整偏置方向。

12）单击【确定】按钮，完成分割面操作，创建如图 12-26 所示的分割面。

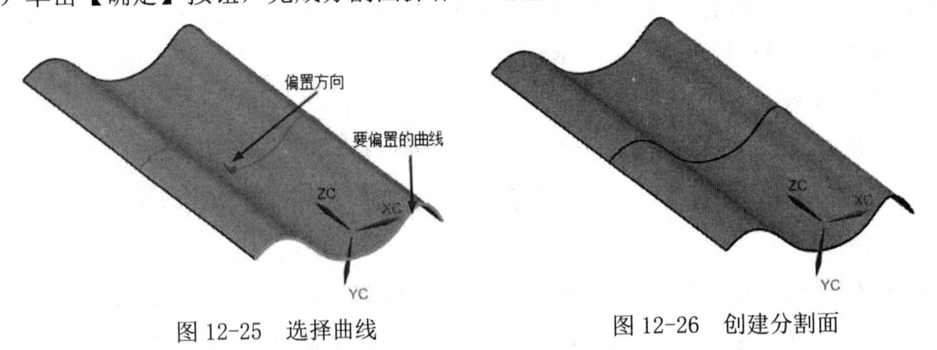

图 12-25 选择曲线　　图 12-26 创建分割面

12.5 实例——轴承座

本实例进行轴承座有限元分析前的准备，包括对轴承座进行简化、移除几何特征、拆分体和分割面操作。

12.5.1 简化模型

1）打开源文件 /chapter12/原始文件/12.5/轴承座. prt。

2）单击【轴承座. prt】窗口 轴承座.prt，再单击绘图区左侧【仿真导航器】，进入【仿真导航器】并选中名称为【轴承座. prt】的节点，右击并选择【新建理想化部件】选项，系统弹出【新建理想化部件】对话框，如图 12-27 所示。

图 12-27　【新建理想化部件】对话框

3）单击【确定】按钮，系统弹出【理想化部件警告】提示框，如图 12-28 所示。

4）单击【确定】按钮，关闭该提示框，系统打开【（理想）轴承座_i.prt】窗口。

5）单击【主页】选项卡【开始】面组上的【提升】按钮，系统打开【提升体】对话框，如图 12-29 所示。

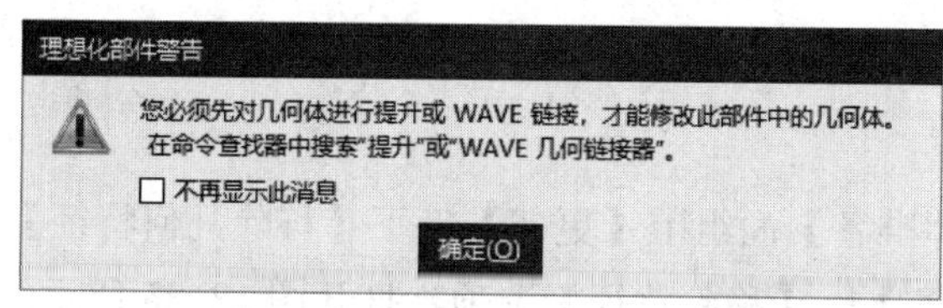

图 12-28　【理想化部件警告】对话框

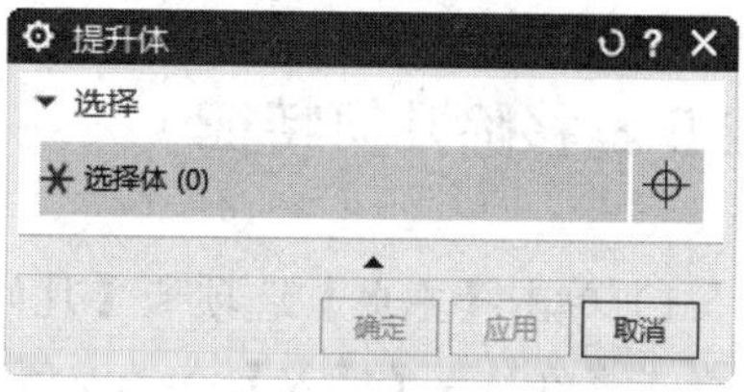

图 12-29　【提升体】对话框

6）绘图区选择轴承座模型，单击【确定】按钮，关闭该对话框。

7）单击【主页】选项卡【几何体准备】面组上的【理想化几何体】按钮或选择【菜单】→【插入】→【模型准备】→【理想化】选项，打开图 12-30 所示【理想化几何体】对话框。

8）单击【理想化几何体】对话框中的【区域】按钮，激活【选择步骤】中的【要求种子面】选项，如图 12-31 所示。

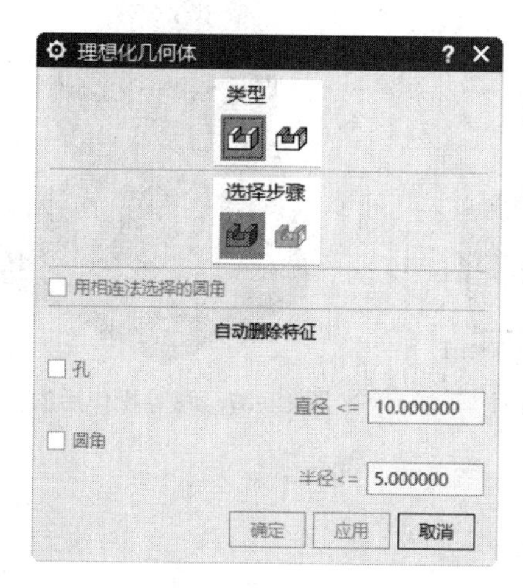

图 12-30　【理想化几何体】对话框

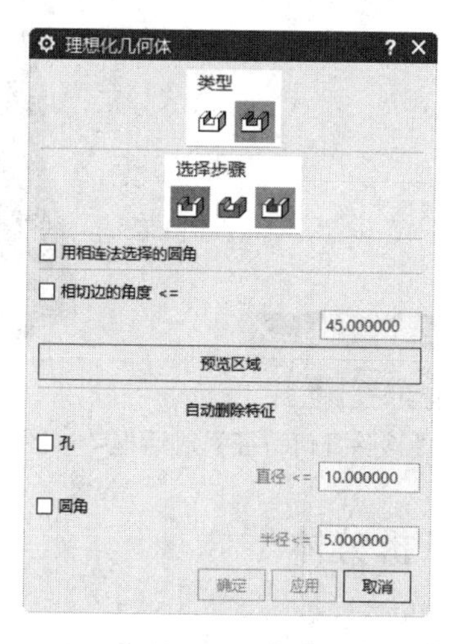

图 12-31　选择【区域】

9）单击【选择步骤】的【要求种子面】按钮，在绘图区选择图 12-32 所示的面为种子面。

10）单击【移除面（可选）】按钮，在绘图区选择图12-33所示的两个阶梯孔面。

11）在【自动删除特征】选项组勾选【孔】和【圆角】复选框，分别输入相应的数值。

12）单击【确定】按钮，创建如图12-34所示的简化模型。

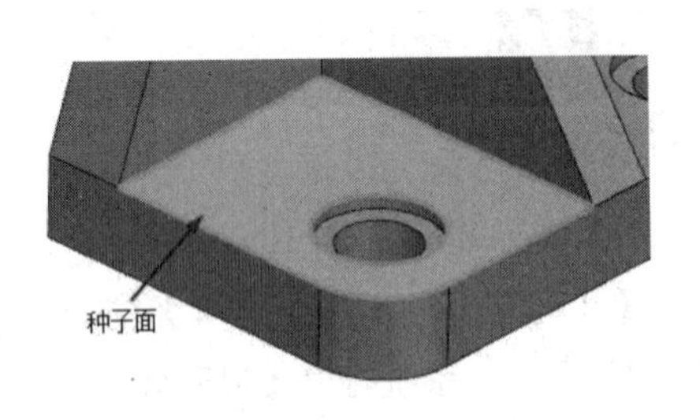

图12-32　选择种子面

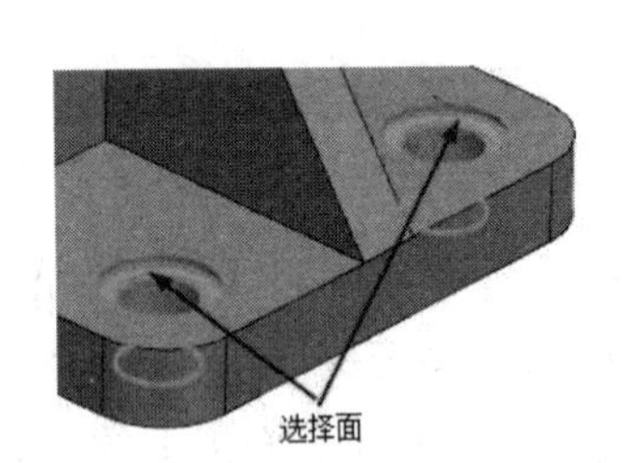

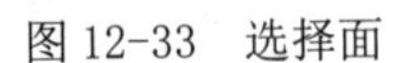
图12-33　选择面

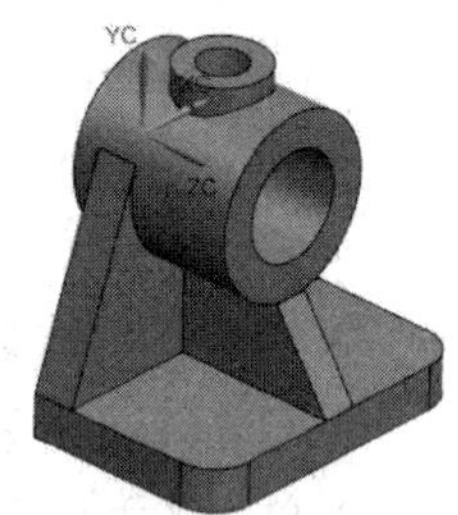

图12-34　创建简化模型

12.5.2 移除几何特征

1）单击【主页】选项卡【几何体准备】面组上【更多】库下【移除几何特征】按钮或选择【菜单】→【插入】→【模型准备】→【移除特征】选项，打开图12-35所示的【移除几何特征】对话框。

2）可以直接在模型中选择单个面，也可以选择与之相关的面和区域，如添加与选择面相切的边界、相切的面及区域。

3）选择图12-36所示模型中的单个曲面。

4）单击【确定】按钮，完成移除几何特征操作后生成如图12-37所示的模型。

图12-35　【移除几何特征】对话框

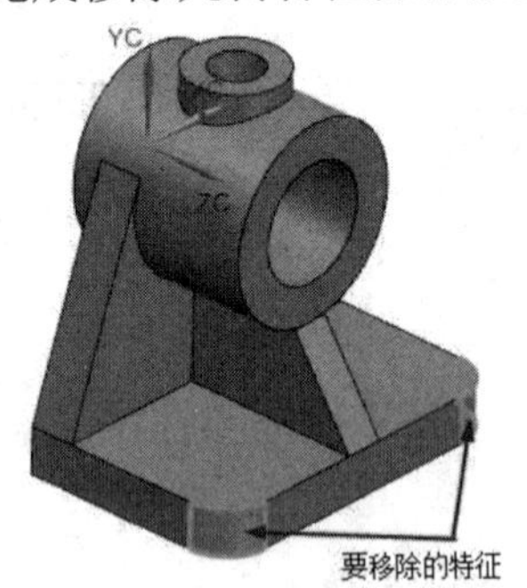

图12-36　选择曲面

图12-37　移除操作后的模型

12.5.3　拆分体

1）单击【主页】选项卡【几何体准备】面组上【拆分体】按钮或选择【菜单】→【插入】→【模型准备】→【修剪】→【拆分体】选项，打开图12-38所示的【拆分体】对话框。

2）单击【目标】选项组中的【选择体】选项，在绘图区选择轴承座模型。

3）在【工具】选项组的【工具选项】下拉列表中选择【新建平面】选项，【指定平面】

被激活。在其右侧的下拉列表中选择【按某一距离】选项，然后在绘图区选择轴承座的底面，设置【距离】为-62，如图 12-39 所示。

4）单击【确定】按钮，完成对模型的拆分操作，生成如图 12-40 所示模型。

5）单击【视图】选项卡【内容】面组上【立即隐藏】按钮，打开【立即隐藏】对话框。在绘图区选择上半部分拆分体进行隐藏，关闭该对话框，效果如图 12-41 所示。

12.5.4　分割面

1）单击【主页】选项卡【几何体准备】面组上【分割面】按钮或选择【菜单】→【插入】→【模型准备】→【修剪】→【分割面】选项，打开图 12-42 所示的对话框。

图 12-38　【拆分体】对话框

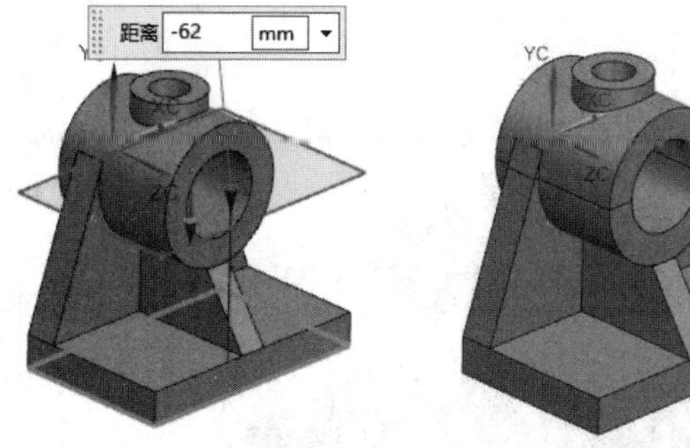

图 12-39　指定平面　　图 12-40　拆分操作后的模型

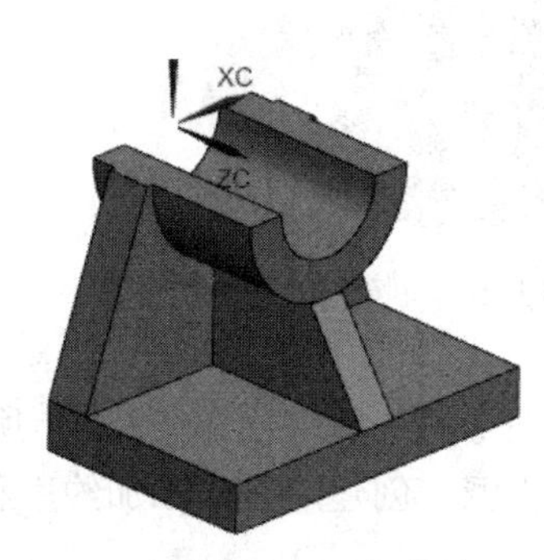

图 12-41　隐藏部分拆分体的效果

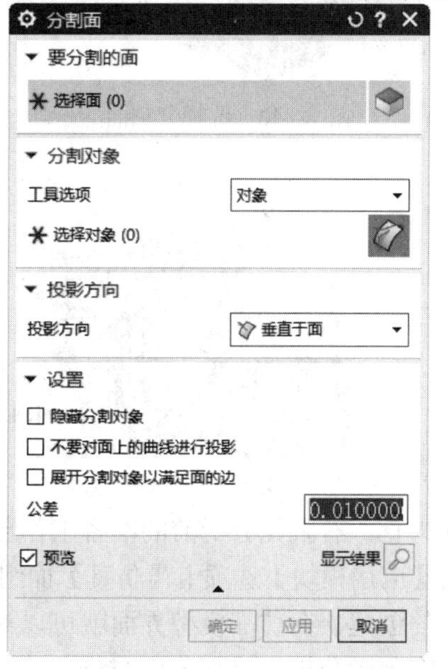

图 12-42　【分割面】对话框

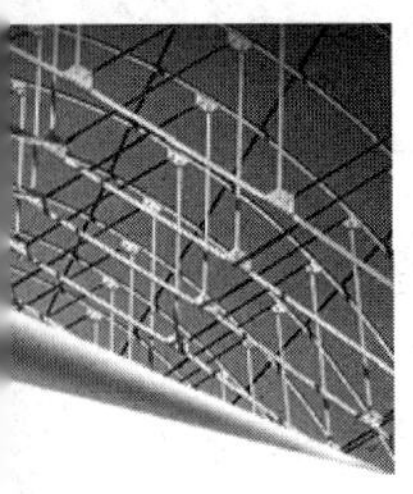

2）在绘图区选择轴承座的轴孔面为要分割的表面，如图 12-43 所示。

3）在【分割对象】选项组（见图 12-44）的【工具选项】下拉列表框中选择【在面上偏置曲线】选项，【偏置】距离设置为 15。

4）单击【选择曲线】选项，在绘图区选择图 12-45 所示的曲线，单击【反向】按钮⊠，调整偏置方向。

5）单击【确定】按钮，完成分割面操作。

6）采用同样的方法，对另一端进行分割，创建分割面，如图 12-46 所示。

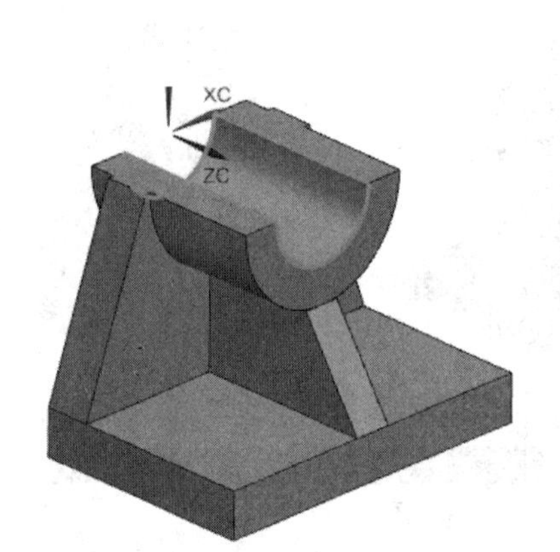

图 12-43　选择分割面

图 12-44　【分割对象】选项组

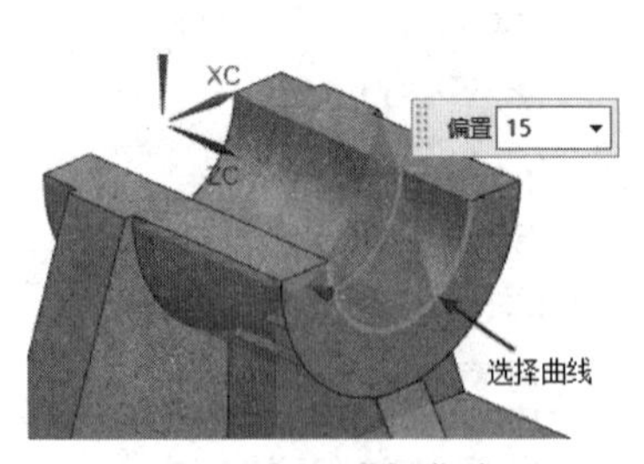

图 12-45　选择曲线

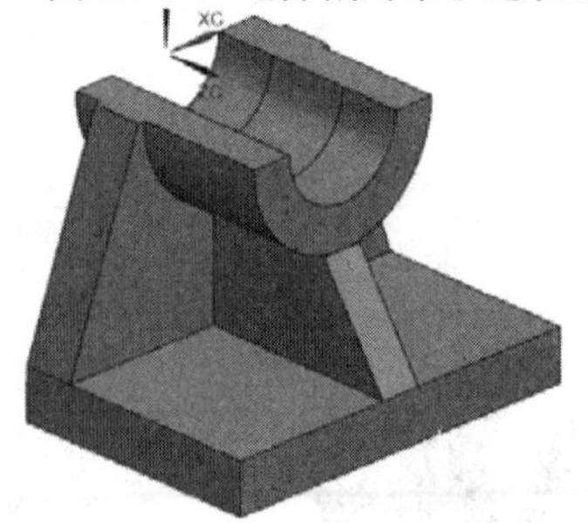

图 12-46　创建分割面

到此为止，有限元分析前的准备工作已完成。

单击【应用模块】选项卡【仿真】面组上的【前/后处理】按钮，并按 12.2 节所述完成仿真模型的创建。在仿真模型界面就可以对模型进行材料指派，创建网格，添加约束和载荷，然后进行有限元分析。该部分内容将在第 13 章进行讲解。

12.6　练习题

1．UG NX 2027 可以使用哪几种求解器？

2．UG NX 2027 有限元分析有哪几种类型？

3．理想化几何体和移除几何特征各有什么目的？

4．什么情况下需要分割模型？

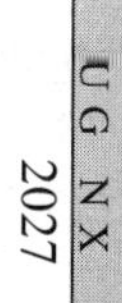

第13章

建立有限元模型

本章主要介绍如何为模型指定材料属性，添加载荷、约束和划分网格等操作。用户通过对本章的学习，可基本掌握有限元分析的前处理部分。

重点与难点

- 熟悉材料属性和载荷、边界条件的生成
- 掌握实体模型的网格划分

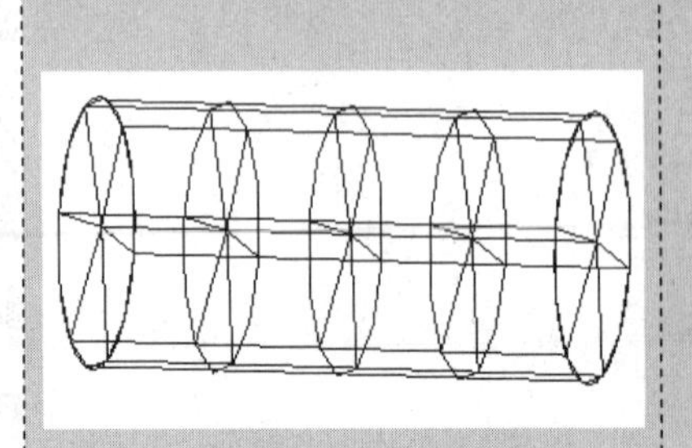

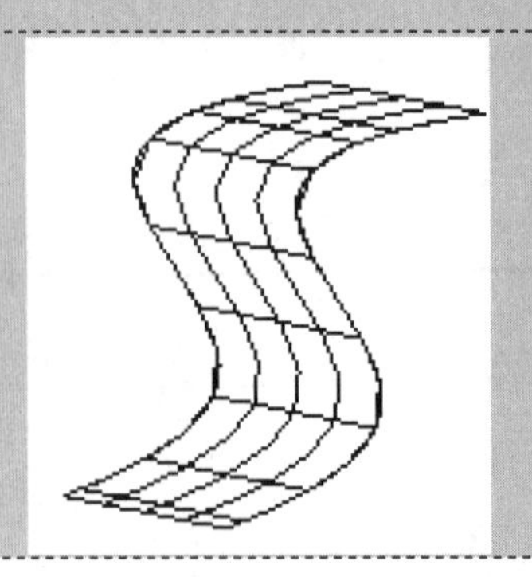

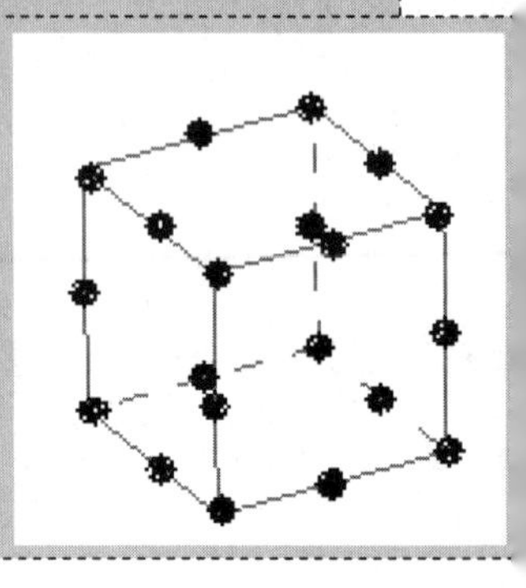

13.1　材料属性

在有限元分析中，实体模型必须赋予一定的材料，指派材料属性是将材料的各项性能，包括物理性能或化学性能赋予模型，然后系统才能对模型进行有限元分析求解。

材料的物理性能包括以下几种：

1）各向同性材料。在材料的各个方向具有相同的物理特性，大多数金属材料都是各向同性的，在 UG NX 中列出了各向同性材料常用物理参数，如图 13-1 所示。

图 13-1　各向同性材料常用物理参数

2）正交各向异性材料。该材料是用于壳单元的特殊各向异性材料，在模型中包含 3 个正交的材料对称平面，在 UG NX 中列出了正交各向异性材料常用物理参数，如图 13-2 所示。

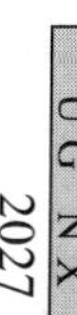

正交各向异性材料主要常用的物理参数和各向同性材料相同，但由于正交各向异性材料在各正交方向的物理参数值不同，为方便计算列出了材料在 3 个正交方向（X，Y，Z）的物理参数值，同时也可根据温度不同给出各参数值，建立方式同上。

3）各向异性材料。在材料各个方向的物理特性都不同，在 UG NX 中列出了各向异性材料物理参数，如图 13-3 所示。对于各向异性材料，由于在材料的各个方向具有不同的物理特性，不可能把每个方向的物理参数都详细列出，用户可以根据分析需要列出材料重要的 6 个方向的物理参数值，同时也可根据温度不同给出各物理参数值。

正交各向异性材料
视图
所有属性
名称 - 描述
正交各向异性
标签 1
描述
基于当前属性视图检查属性
分类
属性
质量密度 (RHO) 0 kg/mm³
机械
强度
耐久性
热
电气
蠕变
粘弹性
粘塑性
损伤
杂项
杨氏模量 (Ei)
杨氏模量 (E1) MPa
杨氏模量 (E2) MPa
杨氏模量 (E3) MPa
压缩杨氏模量 (YCi)
压缩杨氏模量 (YC1) MPa
压缩杨氏模量 (YC2) MPa
压缩杨氏模量 (YC3) MPa
主泊松比
泊松比 (NUij)
泊松比 (NU12)
泊松比 (NU13)
泊松比 (NU23)
剪切模量 (Gij)
剪切模量 (G12) MPa
剪切模量 (G13) MPa
剪切模量 (G23) MPa
与频率无关的阻尼属性
确定 取消

图 13-2　正交各向异性材料常用物理参数

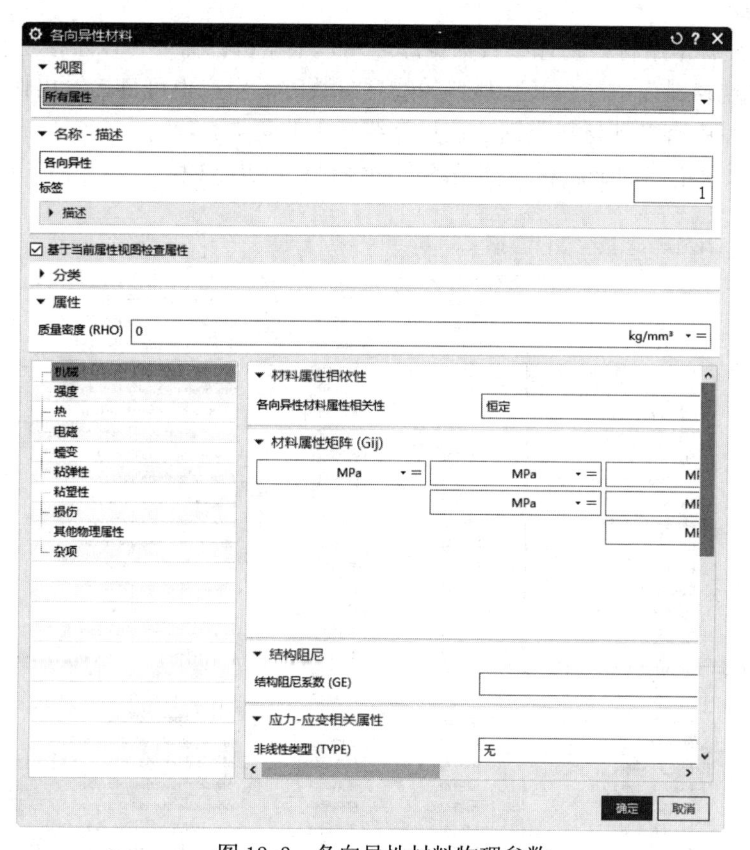

图 13-3　各向异性材料物理参数

4）流体。在进行热或流体分析中，会用到材料的流体特性。系统给出了液态水和气态空气常用物理特性参数，如图 13-4 所示。

图 13-4　流体材料常用物理特性参数

在 UG NX 中设有常用材料物理参数数据库，用户根据自己需要可以直接从材料库中调出相应的材料。当发现材料库中缺少某些材料的物理参数时，用户也可直接给出作为补充。

在系统数据库中有多种材料类别，这里介绍其中的两类。

- ❑ 金属：系统给出的金属材料都是各向同性材料，共 32 种，如图 13-5 所示。

▾ 材料

名称	已用	类别 ▲	类型	标签	库
AISI_310_SS		METAL	各向同性		physicalmateriallibrary.xm
AISI_410_SS		METAL	各向同性		physicalmateriallibrary.xm
AISI_SS_304-Annealed		METAL	各向同性		physicalmateriallibrary.xm
AISI_Steel_1005		METAL	各向同性		physicalmateriallibrary.xm
AISI_Steel_1008-HR		METAL	各向同性		physicalmateriallibrary.xm
AISI_Steel_4340		METAL	各向同性		physicalmateriallibrary.xm
AISI_Steel_Maraging		METAL	各向同性		physicalmateriallibrary.xm
Aluminum_2014		METAL	各向同性		physicalmateriallibrary.xm
Aluminum_5086		METAL	各向同性		physicalmateriallibrary.xm
Aluminum_6061		METAL	各向同性		physicalmateriallibrary.xm
Aluminum_A356		METAL	各向同性		physicalmateriallibrary.xm
Brass		METAL	各向同性		physicalmateriallibrary.xm
Bronze		METAL	各向同性		physicalmateriallibrary.xm
Copper_C10100		METAL	各向同性		physicalmateriallibrary.xm
Inconel_718-Aged		METAL	各向同性		physicalmateriallibrary.xm
Iron_40		METAL	各向同性		physicalmateriallibrary.xm
Iron_60		METAL	各向同性		physicalmateriallibrary.xm
Iron_Cast_G25		METAL	各向同性		physicalmateriallibrary.xm
Iron_Cast_G40		METAL	各向同性		physicalmateriallibrary.xm
Iron_Cast_G60		METAL	各向同性		physicalmateriallibrary.xm
Iron_Malleable		METAL	各向同性		physicalmateriallibrary.xm
Iron_Nodular		METAL	各向同性		physicalmateriallibrary.xm
Magnesium_Cast		METAL	各向同性		physicalmateriallibrary.xm
S/Steel_PH15-5		METAL	各向同性		physicalmateriallibrary.xm
Steel-Rolled		METAL	各向同性		physicalmateriallibrary.xm
Steel		METAL	各向同性		physicalmateriallibrary.xm
Titanium-Annealed		METAL	各向同性		physicalmateriallibrary.xm
Titanium_Alloy		METAL	各向同性		physicalmateriallibrary.xm
Titanium_Ti-6Al-4V		METAL	各向同性		physicalmateriallibrary.xm
Tungsten		METAL	各向同性		physicalmateriallibrary.xm
Waspaloy		METAL	各向同性		physicalmateriallibrary.xm
Manten		METAL	各向同性		physicalmateriallibrary.xm

图 13-5　金属材料

- ❑ 塑料：系统给出的塑料材料都是各向同性材料，共 13 种，如图 13-6 所示。

材料属性定义操作步骤如下：

1）单击【主页】选项卡【属性】面组上【更多】库下【指派材料】按钮，打开如图 13-7 所示的【指派材料】对话框。

2）在绘图区选择需要赋予材料特性的模型；若材料栏中有该材料，则单击图 13-7 中所示的材料。

3）在【材料】和【类型】选项组中分别选择用户材料所需选项，若出现用户所需材料，用户即可选中材料。

4）若用户需要对材料进行删除、更名，取消材料赋予的对象或更新材料库等操作，可以单击图 13-7 对话框中下方的命令按钮。

注意：

只有在有限元模型中才能添加材料属性，有限元模型系统默认名称为 model1_fem1.fem。

ABS	PLASTIC	各向同性	physicalmateriallibrary.xm
ABS-GF	PLASTIC	各向同性	physicalmateriallibrary.xm
Acrylic	PLASTIC	各向同性	physicalmateriallibrary.xm
Nylon	PLASTIC	各向同性	physicalmateriallibrary.xm
Polycarbonate	PLASTIC	各向同性	physicalmateriallibrary.xm
Polycarbonate-GF	PLASTIC	各向同性	physicalmateriallibrary.xm
Polyethylene	PLASTIC	各向同性	physicalmateriallibrary.xm
Polypropylene	PLASTIC	各向同性	physicalmateriallibrary.xm
Polypropylene-GF	PLASTIC	各向同性	physicalmateriallibrary.xm
Polyurethene-Hard	PLASTIC	各向同性	physicalmateriallibrary.xm
Polyurethene-Soft	PLASTIC	各向同性	physicalmateriallibrary.xm
PVC	PLASTIC	各向同性	physicalmateriallibrary.xm
SMC	PLASTIC	各向同性	physicalmateriallibrary.xm

图 13-6　塑料材料

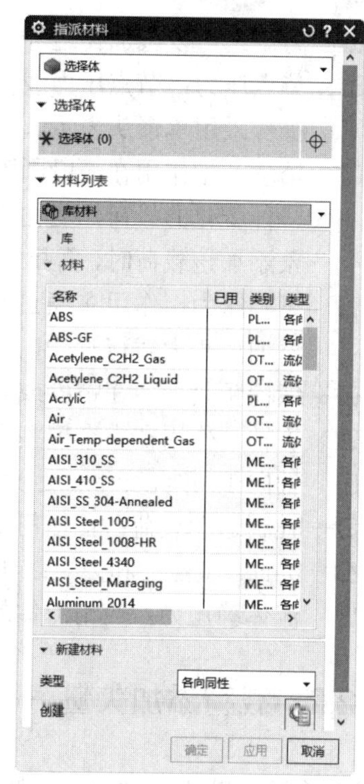

图 13-7　【指派材料】对话框

13.2　添加载荷

在 UG NX 高级分析模块中，载荷包括力、力矩、重力、压力、边界剪切、轴承载荷、离心力等，用户可以将载荷直接添加到几何模型上，载荷与作用的实体模型关联，当修改模型参数时，载荷可自动更新，而不必重新添加；在创建有限元模型时，系统通过映射关系作用到有限元模型的节点上。

13.2.1　载荷类型

载荷类型一般根据分析类型的不同包含不同的形式，在结构分析中常包括以下形式。

- 温度：可以施加在面、边界、点、曲线和体上，符号采用单箭头表示。
- 加速度：作用在整个模型上，符号采用单箭头表示。
- 力：可以施加到点、曲线、边和面上，符号采用单箭头表示。
- 力：对圆柱的法向轴加载力载荷。
- 重力：作用在整个模型上，不需用户指定，符号采用单箭头在坐标原点处表示。
- 压力：可以作用在面、边界和曲线上，和正压力相区别，压力可以在作用对象上指定作用方向，而不一定是垂直于作用对象的，符号采用单箭头表示。

- 力矩：可以施加在边界、曲线和点上，符号采用双箭头表示。
- 节点压力：节点压力载荷是垂直施加在作用对象上的，施加对象包括边界和面两种，符号采用单箭头表示。
- 轴承：指作用在一段圆弧面或圆弧边界上的载荷，并且在作用对象上分布不均匀，是一种变化的载荷，变化规律可以按正弦规律变化，也可以按抛物线规律变化。当为对象添加该载荷时，需指定最大载荷的作用点和作用范围的角度。符号采用单箭头表示。
- 离心压力：作用在绕回转中心转动的模型上，系统默认坐标系的 Z 轴为回转中心。当添加离心力载荷时，用户需指定回转中心与坐标系的 Z 轴重合。符号采用双箭头表示。
- 螺栓预紧力：在螺栓或紧固件中定义拧紧力或长度调整。
- 旋转：作用在整个模型上，通过指定角加速度和角速度，提供旋转载荷。
- 轴向 1D 单元变形：定义静力学问题中使用的 1D 单元的强制轴向变形。
- 强制运动载荷：在任何单独的六个自由度上施加集位移值载荷。
- Darea 节点力和力矩：作用在整个模型上，为模型提供节点力和力矩。
- 流体静压力：应用流体静压力载荷以仿真每个深度静态流体处的压力。

13.2.2 载荷添加矢量

在多数载荷添加过程中，都会同时定义载荷添加方向，UG NX 系统提供 5 种载荷方向定义方式：

- XYZ 分量：用户按 XYZ 直角坐标系定义各方向载荷分量大小。
- RTZ 分量：用户按 RTZ 圆柱坐标系定义各分量载荷大小。
- RTP 分量：用户按 RTP 球坐标系定义各分量载荷大小。
- 垂直于：用户添加的载荷垂直于作用对象。
- 沿边界：用户添加的载荷分别沿边界的 3 个分量 Ft、Fn、Fs，分别表示沿边界的切线方向、边界所在面的法线方向和与前述两方向垂直并指向模型内部的方向。

13.2.3 载荷添加方案

在用户建立一个加载方案过程中，所有添加的载荷都包含在这个加载方案中。当用户需在不同加载状况下对模型进行求解分析时，系统允许提供建立多个加载方案，并为每个加载方案提供一个名称，用户也可以自定义加载方案名称，还可以对加载方案进行复制、删除操作。添加载荷操作步骤如下：

1）打开源文件 /chapter13 /原始文件/13.2.1.prt

2）单击【应用模块】选项卡【仿真】面组上的【前/后处理】按钮，按 12.2 节所述完成仿真模型的创建。

3）在仿真模型界面中单击【载荷类型】按钮下的下三角按钮，弹出的下拉菜单如图 13-8 所示。单击【轴承】按钮，弹出图 13-9 所示的【轴承】对话框。

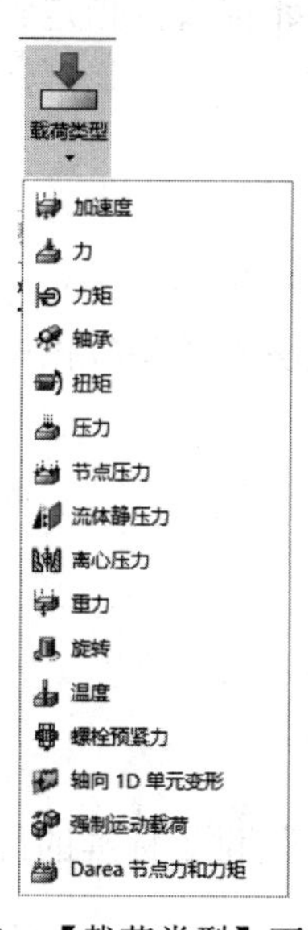

图 13-8　【载荷类型】下拉菜单

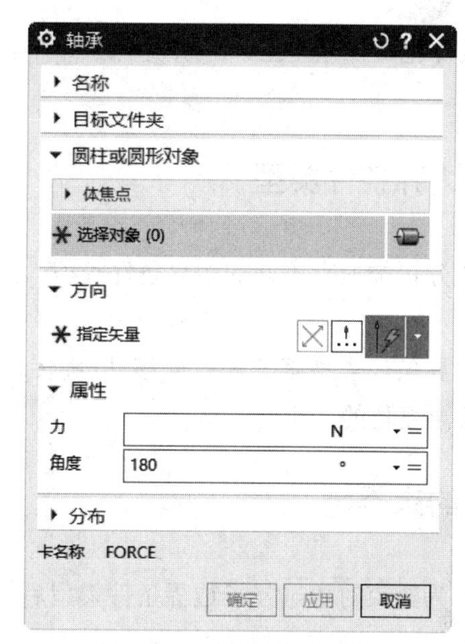

图 13-9　【轴承】对话框

4）根据对话框的选择步骤，选择模型的外圆柱面为载荷施加面。

5）单击【方向】选项中的【矢量对话框】按钮，弹出【矢量】对话框。在【类型】下拉列表框中选择【XC】方向为载荷矢量方向，单击【确定】按钮，返回【轴承】对话框。

6）接受系统默认载荷名称，并分别在【轴承】对话框中设置力的大小（50N），力的分布角度(120°)范围及分布方法（抛物线）。其中有两种分布方法可供选择，分别为抛物线和正弦曲线。

7）单击【确定】按钮，完成轴承载荷的加载，如图 13-10 所示。

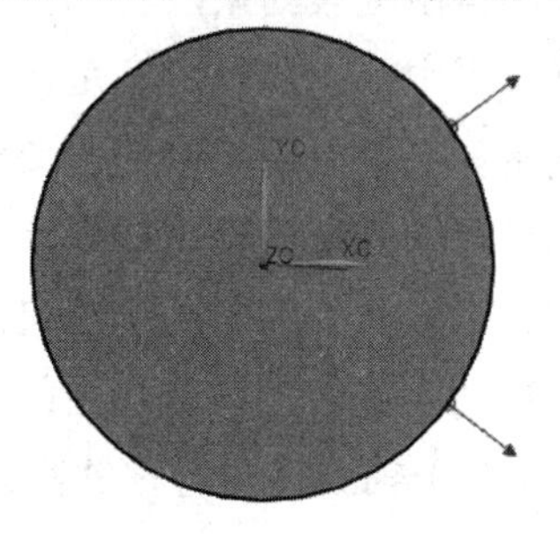

图 13-10　加载轴承载荷

13.3　边界条件的加载

一个独立的分析模型，在不受约束的情况下，存在 3 个移动自由度和 3 个旋转自由度，边界条件是为了限制模型的某些自由度，约束模型的运动。边界条件是 Unigraphics 系统的参数化对象，与作用的几何对象关联。当模型进行参数化修改时，边界条件自动更新，而不必重新添加。

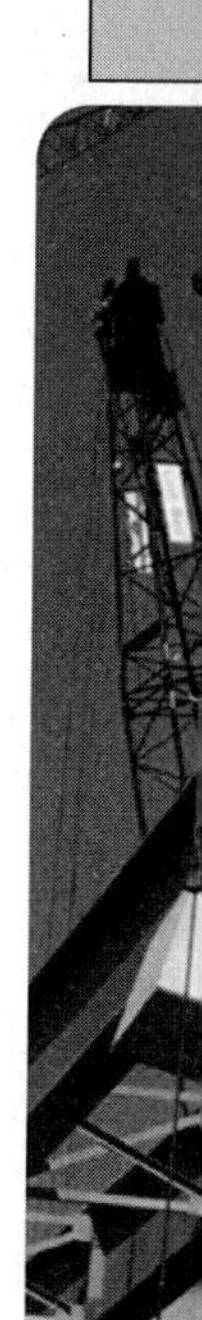

边界条件施加在模型上，由系统映射到有限元单元的节点上，不能直接指定到单独的有限元单元上。

13.3.1 边界条件类型

不同的分析类型有不同的边界条件类型，系统根据用户选择的分析类型提供相应的边界条件类型。

常用边界条件类型有 5 种，即移动/旋转、移动、旋转、固定温度边界、自由传导，后两者主要用于温度场的分析。

13.3.2 约束类型

在用户为约束对象选择了边界条件类型后，UG NX 系统为用户提供了标准的约束类型，共有以下几类：

- 用户定义约束：根据用户自身要求设置所选对象的移动和旋动自由度，各自由度可以设置成为固定、自由或限定幅值的运动。
- 强制位移约束：用户可以为 6 个自由度分别设置一个运动幅值。
- 固定约束：用户选择对象的 6 个自由度都被约束。
- 固定平移约束：3 个移动自由度被约束，而旋转副都是自由的。
- 固定旋转约束：3 个转动自由度被约束，而移动副都是自由的。
- 简支约束：在选择面的法向自由度被约束，其他自由度处于自由状态。
- 销住约束：在一个圆柱坐标系中，旋转自由度是自由的，其他自由度被约束。
- 圆柱形约束：在一个圆柱坐标系中，用户根据需要设置径向长度、旋转角度和轴向高度 3 个值，各值可以分别设置为固定、自由和限定幅值的运动。
- 滑块约束：在选择平面的一个方向上的自由度是自由的，其他各自由度被约束。
- 滚子约束：对于滚子轴的移动和旋转方向是自由的，其他自由度被约束。
- 对称约束和反对称约束：在关于轴或平面对称的实体中，用户可以提取实体模型的 1/2 或 1/4 部分进行分析，在实体模型的分割处施加对称约束或反对称约束。

加载边界条件操作过程如下：

1）单击【主页】选项卡【载荷和条件】面组上的【约束类型】下三角按钮 ▾，打开图 13-11 所示的【约束类型】下拉菜单。

2）在下拉菜单中单击【固定约束】按钮，弹出图 13-12 所示的【固定约束】对话框。

3）接受系统默认的约束名称，在绘图区选择需要对模型进行边界条件操作的对象，如图 13-13 所示。单击【确定】按钮，完成边界条件操作。

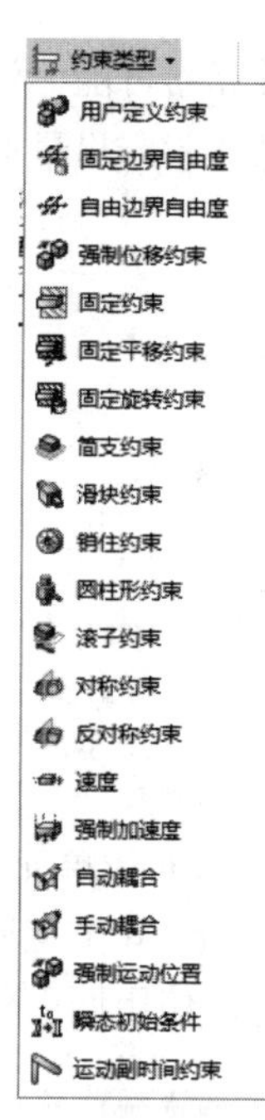

图 13-11　【约束类型】下拉菜单

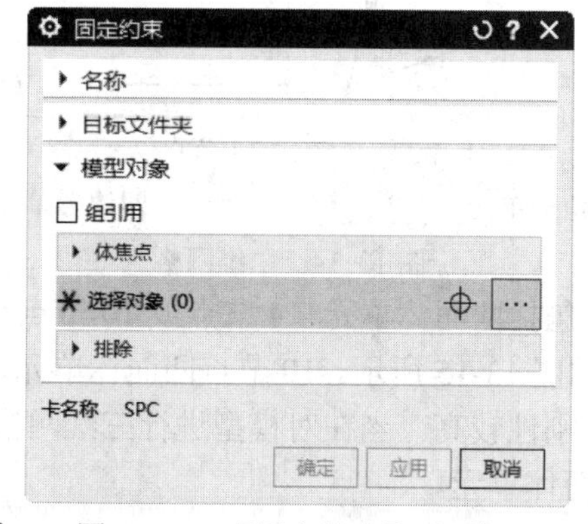

图 13-12　【固定约束】对话框

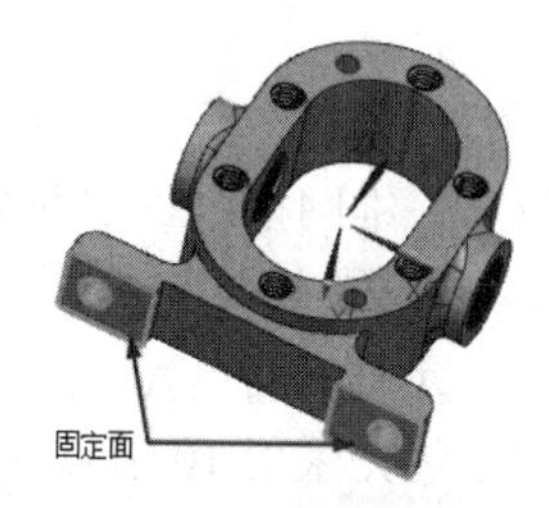

图 13-13　选择固定面

13.4　划分网格

划分网格是有限元分析的关键一步，网格划分的优劣直接影响最后的结果，甚至会影响求解是否能完成。UG NX 高级分析模块为用户提供了一种直接在模型上划分网格的工具——网格生成器。使用网格生成器为模型（包括点、曲线、面和实体）建立网格单元，可以快速建立网格模型，大幅度缩短划分网格的时间。

13.4.1　网格类型

在 UG NX 高级分析模块中包括零维网格、一维网格、二维网格、三维网格和接触网格 5 种类型，每种类型都适用于一定的对象。

- 零维网格：用于指定产生集中质量单元，这种类型适合在节点处产生质量单元。
- 一维网格：一维网格单元由两个节点组成，用于对曲线、边的网格划分（如杆、梁）。
- 二维网格：二维网格包括三角形单元（3 节点或 6 节点组成）、四边形单元（4 节点或 8 节点组成），适用于对片体、壳体实体进行划分网格，如图 13-14 所示。注意，当使用二维网格划分网格时，尽量采用正方形单元，这样分析结果就比较精确；如果无法使用正方形网格，则要保证四边形的长宽比小于 10；如果是不规则四边形，则应保证四边形的各角度在 45°~135°之间；在关键区域应避免使用有尖角的单元，并且应

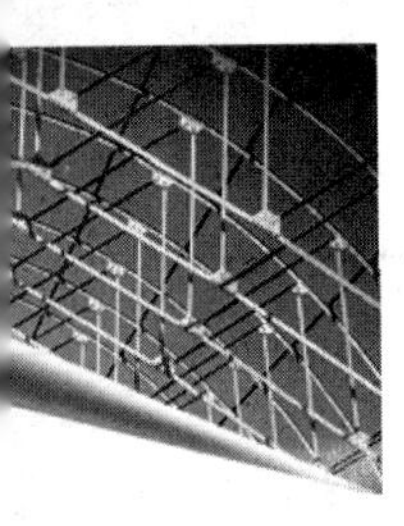

避免产生扭曲单元，因为对于严重的扭曲单元，UG NX 的各解算器可能无法完成求解。当使用三角形单元划分网格时，应尽量使用等边三角形单元，还应尽量避免混合使用三角形和四边形单元对模型划分网格。

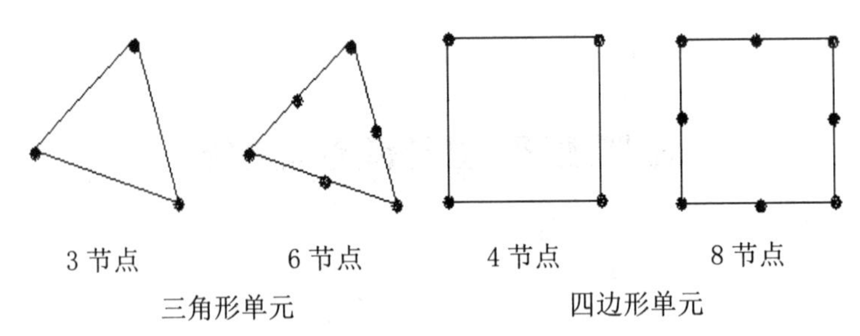

图 13-14　二维网格

- 三维网格：三维网格包括四面体单元（4 节点或 10 节点组成）、六面体单元（8 节点或 20 节点组成），如图 13-15 所示。10 节点四面体单元是应力单元，4 节点四面体单元是应变单元，后者刚性较高。当在对模型进行三维网格划分时，使用四面体单元应优先采用 10 节点四面体单元。

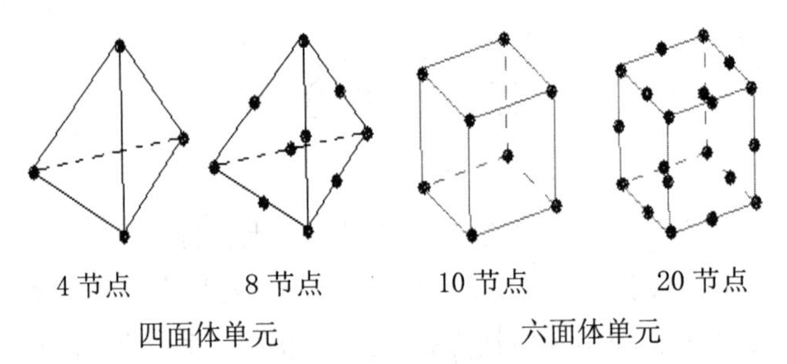

图 13-15　三维网格

- 接触网格：连接单元在两条接触边或接触面上产生点到点的接触单元，适用于有装配关系的模型的有限元分析。UG NX 系统提供焊接、边接触、曲面接触和边面接触 4 类接触单元。

13.4.2　零维网格

零维网格用于产生集中质量点，适用于为点、线、面、实体或网格的节点处产生质量单元。

在有限元模型界面中单击【主页】选项卡【网格】面组上【更多】库下的【0D 网格】按钮∴或选择【菜单】→【插入】→【网格】→【0D 网格】选项，打开图 13-16 所示的【0D 网格】对话框。

用户可以在【单元属性】选项组中选择单元的属性，可以通过设置单元大小或数量，将质量集中到用户指定的位置。

图 13-16　【0D 网格】对话框

零维网格的创建步骤如下：

1）打开源文件 /chapter13 /原始文件/13.4.2.prt

2）单击【应用模块】选项卡【仿真】面组上的【前/后处理】按钮，按 12.2 节所述完成仿真模型的创建。

3）在有限元模型界面中单击【主页】选项卡【网格】面组上【更多】库下的【0D 网格】按钮或选择【菜单】→【插入】→【网格】→【0D 网格】选项，打开图 13-16 所示的【0D 网格】对话框。

4）单击【选择对象】选项，在绘图区选择曲面，如图 13-17 所示。选择要创建的 0D 单元的【类型】为【CONM1】。

5）单击【确定】按钮，完成 0D 网格的创建如图 13-18 所示。

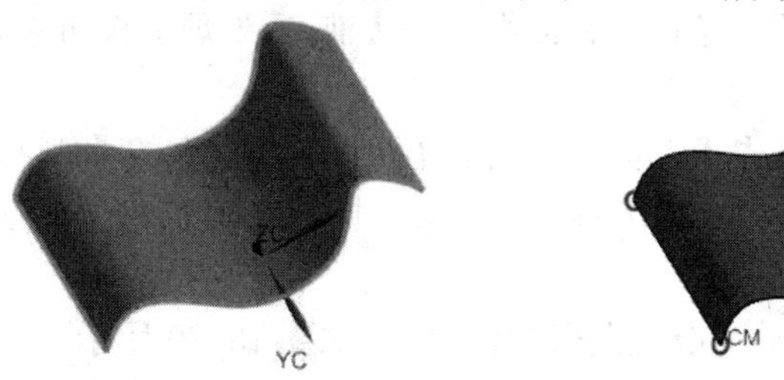

图 13-17　选择曲面

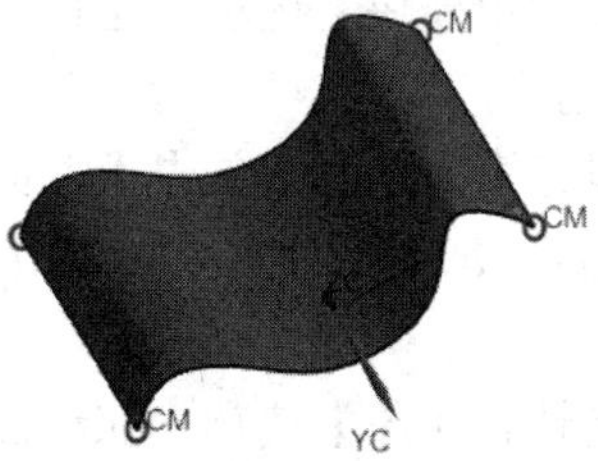

图 13-18　创建 0D 网格

13.4.3　一维网格

一维网格用于对曲线、边的网格划分。单击【主页】选项卡【网格】面组上的【1D 网格】按钮或选择【菜单】→【插入】→【网格】→【1D 网格】选项，打开【1D 网格】对话框，如图 13-19 所示。其中主要选项含义如下：

- 类型：一维网格包括梁、杆、棒，以及带阻尼弹簧、两自由度弹簧和刚性件等多种类型。

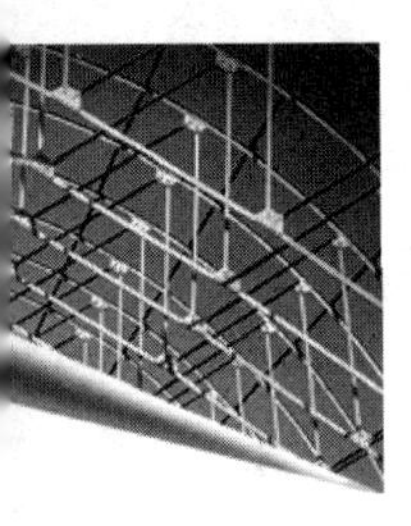

图 13-19 【1D 网格】对话框

- 网格密度选项有两个选项：一是数目，表示在所选定的对象上产生的单元个数；另一个是大小，表示在所选定的对象按指定的大小产生单元。

在建立梁和棒的一维网格单元时，还需定义一维单元方向。

一维网格创建步骤如下：

1）打开源文件 /chapter13 /原始文件/13.4.3.prt

2）单击【应用模块】选项卡【仿真】面组上的【前/后处理】按钮，按 12.2 节所述完成仿真模型的创建。

3）在有限元模型界面中单击【主页】选项卡【网格】面组上的【1D 网格】按钮或选择【菜单】→【插入】→【网格】→【1D 网格】选项，打开【1D 网格】对话框，如图 13-19 所示。

4）单击【选择对象】选项，在绘图区选择曲面，如图 13-20 所示。

5）【类型】采用默认，【单元数】设置为 6，【合并节点公差】为 0.0001，如图 13-21 所示。

6）单击【确定】按钮，完成一维网格的创建，如图 13-22 所示。

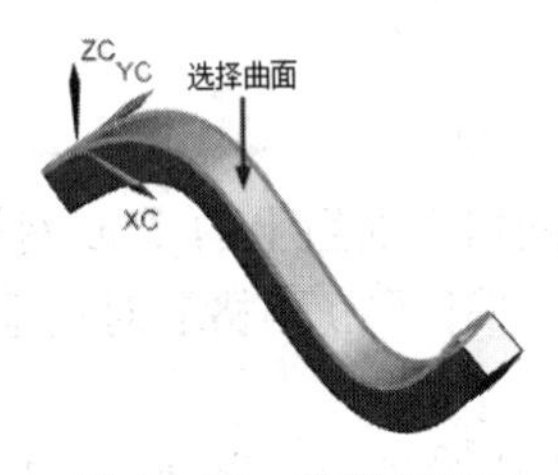

图 13-20 选择曲面

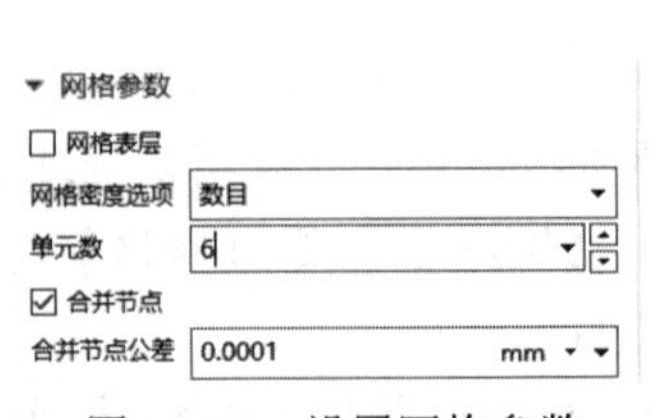

图 13-21 设置网格参数

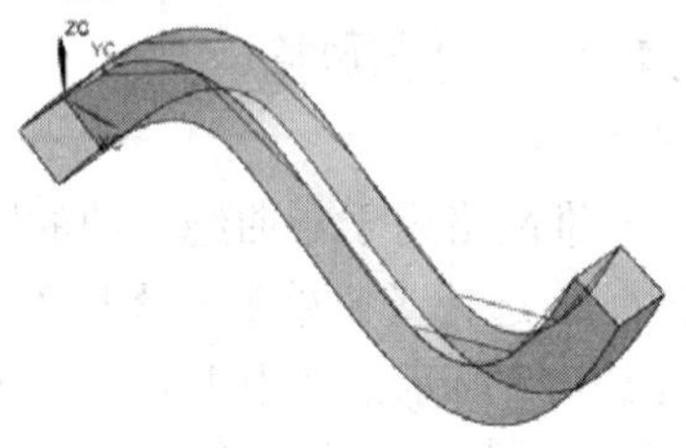

图 13-22 创建 1D 网格

13.4.4　二维网格

对于片体或壳体常采用二维网格划分单元。单击【主页】选项卡【网格】面组上的【2D 网格】按钮或选择【菜单】→【插入】→【网格】→【2D 网格】选项，打开图 13-23 所示的【2D 网格】对话框。对话框中主要选项含义如下：

- 【类型】下拉列表框：二维网格可以对面、片体及二维网格进行再编辑的操作，生成网格的类型包括 3 节点三角形单元、6 节点三角形单元、4 节点四边形单元和 8 节点四边形单元。
- 【网格参数】选项组：控制二维网格生成单元的方法和大小，用户根据需要设置大小。单元越小，分析精度可以在一定范围内提高，但解算时间也会增加。
- 【网格质量选项】选项组：当在【类型】选项中选择 6 节点三角形单元或 8 节点四边形单元时，【中节点方法】选项被激活。该选项用来定义三角形单元或四边形单元中间节点位置类型，定义中节点的类型可以是线性、弯曲或混合 3 种，【线性】中节点如图 13-24 所示，【弯曲】中节点如图 13-25 所示。两图中片体均采用 4 节点四边形单元划分网格，图 13-24 所示的中节点为线性，网格单元边为直线，网格单元中节点可能不在曲面片体上；图 13-25 所示的中节点为弯曲，网格单元边成为分段直线，网格单元中节点在曲面片体上，对于单元尺寸大小相同的单元，采用中节点为弯曲的可以更好为片体划分网格，解算的精度也较高。

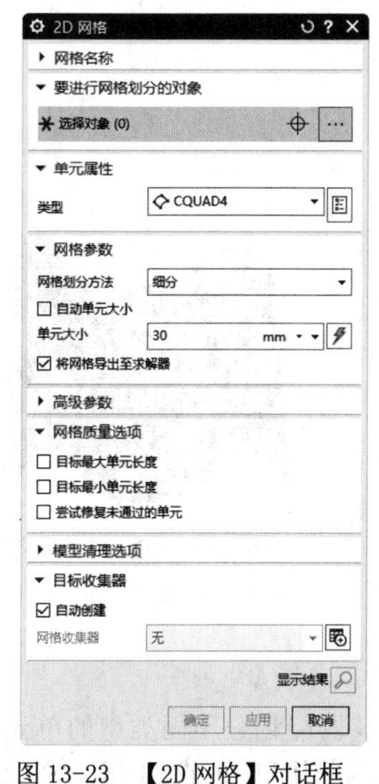

图 13-23　【2D 网格】对话框

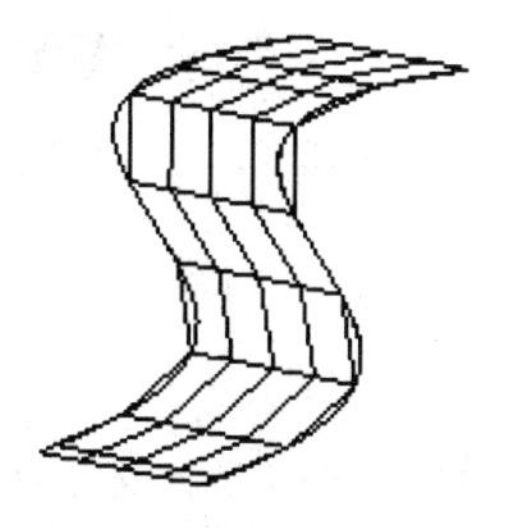

图 13-24　【线性】中节点

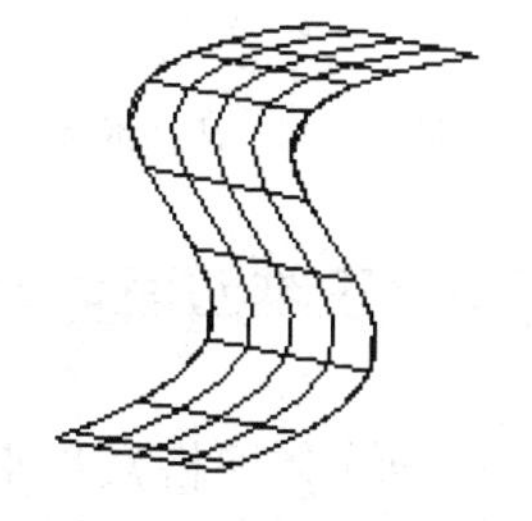

图 13-25　【弯曲】中节点

- 【模型清理选项】选项组：可设置【匹配边】，通过输入匹配边的距离公差，来判定

两条边是否匹配。当两条边的中点间距离小于用户设置的距离公差时，系统判定两条边匹配。

二维网格创建步骤如下：

1）打开源文件 /chapter13 /原始文件/13.4.4.prt。

2）单击【应用模块】选项卡【仿真】面组上的【前/后处理】按钮，按 12.2 节所述完成仿真模型的创建。

3）在有限元模型界面中单击【主页】选项卡【网格】面组上的【2D 网格】按钮或选择【菜单】→【插入】→【网格】→【2D 网格】选项，打开图 13-23 所示的【2D 网格】对话框。

4）单击【选择对象】选项，选择图 13-26 所示的曲面。

5）在【单元属性】选项中设置【类型】为【CQUAD4】选项，【网格划分方法】选择【细分】,【单元大小】设置为 60,【基于曲率的大小变化】设置为 80，其他参数采用默认，如图 13-27 所示。

6）单击【确定】按钮，完成二维网格的创建，如图 13-28 所示。

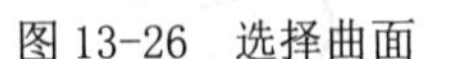

图 13-26 选择曲面

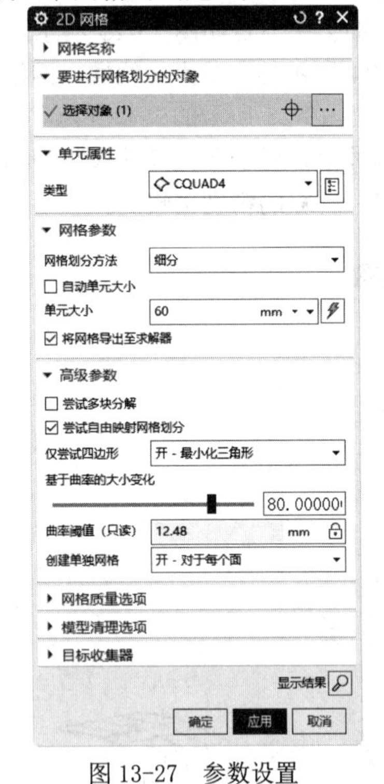

图 13-27 参数设置

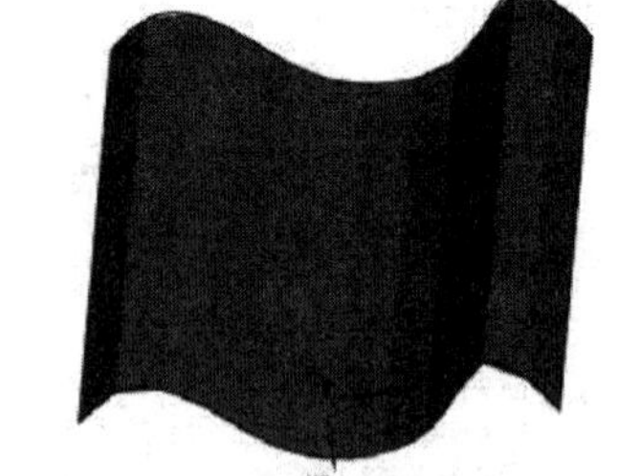

图 13-28 创建 2D 网格

13.4.5 三维四面体网格

3D 四面体网格常用来划分三维实体模型。不同的解算器能划分不同类型的单元，在 NX.NASTRAN、MSC.NASTRAN 和 ANSYS 解算器中都包含 4 节点四面体和 10 节点四面体单元，在 ABAQUS 解算器中，三维四面体网格包含 tet4 和 tet10 两单元。

单击【主页】选项卡【网格】面组上的【3D 四面体】按钮或选择【菜单】→【插入】→【网格】→【3D 四面体网格】选项，打开图 13-29 所示的【3D 四面体网格】对话框。其中主要选项含义如下：

- 【单元大小】下拉列表框：用户可以自定义全局单元尺寸大小，当系统判定用户定义单元大小不理想时，系统会根据模型判定单元大小并自动划分网格。
- 【中节点方法】下拉列表框：包含混合、弯曲和线性 3 种选择，含义同 13.4.4 节中所述。

3D 四面体网格创建步骤如下：

1）打开源文件 /chapter13 /原始文件/13. 4. 3. prt。

2）单击【应用模块】选项卡【仿真】面组上的【前/后处理】按钮，按 12. 2 节所述完成仿真模型的创建。

3）在有限元模型界面中单击【主页】选项卡【网格】面组上的【3D 四面体】按钮或选择【菜单】→【插入】→【网格】→【3D 四面体网格】选项，打开图 13-29 所示的【3D 四面体网格】对话框。

4）单击【选择对象】选项，选择图 13-30 所示的实体。

图 13-29　【3D 四面体网格】对话框

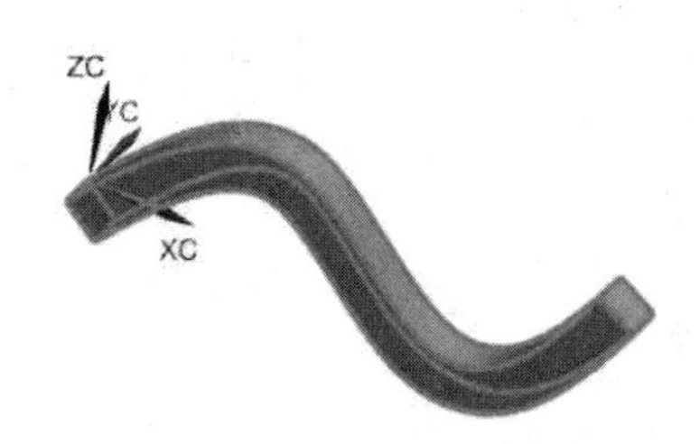

图 13-30　选择实体

5）【类型】选择【CTETRA(10)】，【单元大小】设置为 10mm，其他参数设置如图 13-31 所示。

6）单击【确定】按钮，创建图 13-32 所示网格单元。

7）修改【类型】为【CTETRA(4)】，其他参数不变，结果如图 13-33 所示。

图 13-32 采用 10 节点四面体单元划分网格，图 13-33 采用 4 节点四面体单元划分网格。从图 13-32 和图 13-33 可以看出，4 节点各面是完全的平面，不能完全拟合模型曲面，而 10 节点各面是分段平面且尽可能地对模型进行了拟合。

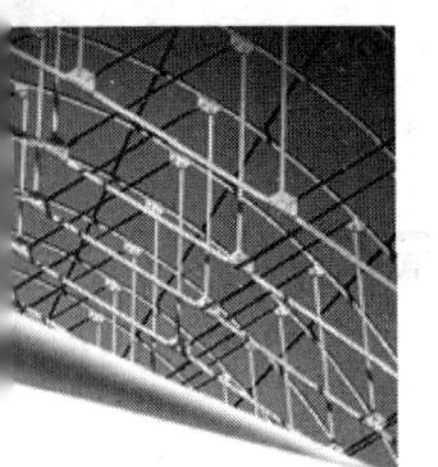

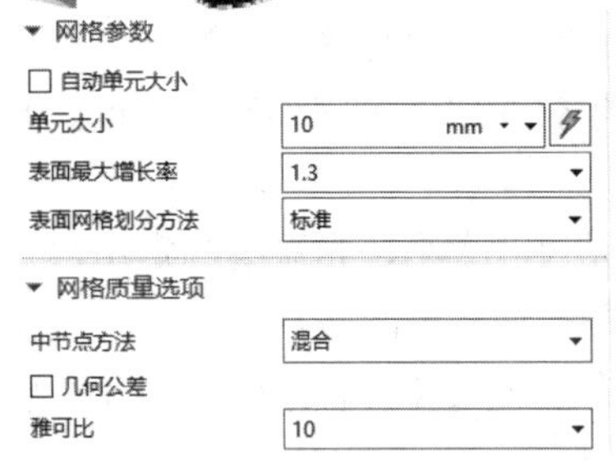

图 13-31 设置参数

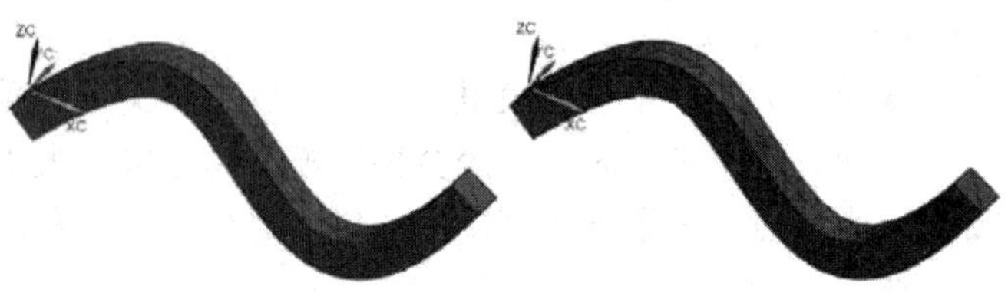

图 13-32 10 节点划分网格　　图 13-33 4 节点划分网格

13.4.6 三维扫掠网格

在 UG NX 高级分析模块中，若实体模型的某个截面在一个方向保持不变或按固定规律变化，则可采用三维扫掠网格为实体模型划分网格。系统在进行网格扫掠时，先在选择的实体面上划分二维平面单元，再按拓扑关系向各截面映射单元，最后在实体上生成六面体单元。

单击【主页】选项卡【网格】面组上的【3D 扫掠网格】按钮或选择【菜单】→【插入】→【网格】→【3D 扫掠网格】选项，打开图 13-34 所示的【3D 扫掠网格】对话框。

图 13-34 【3D 扫描网格】对话框

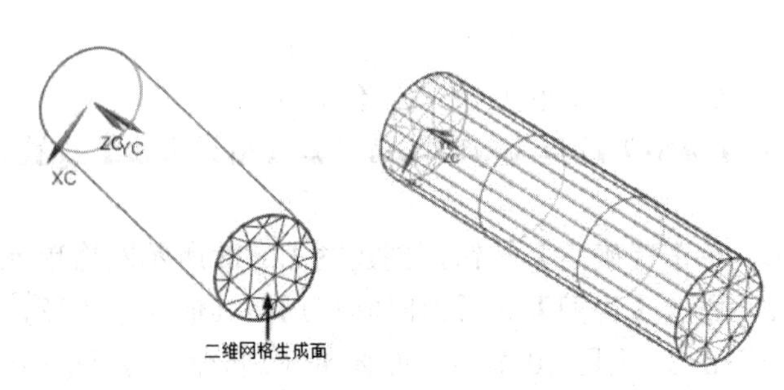

图 13-35 创建二维网格　图 13-36 创建三维网格模型

3D 扫掠网格有两种网格类型，即 8 节点六面体单元和 20 节点六面体单元。一般来说，网格单元越密，节点越多，相应的解算精度就高。用户可以通过源元素大小自定义指定面上的扫掠单元大小，该尺寸也粗略地决定扫掠实体模型产生的单元层数。

3D 扫掠网格创建步骤如下：

1）打开源文件 /chapter13 /原始文件/13.4.4.prt。

2）单击【应用模块】选项卡【仿真】面组上的【前/后处理】按钮，按 12.2 节所述完成仿真模型的创建。

3）按 13.4.4 节所述方法，为实体模型指定面，创建图 13-35 所示的二维网格。

4）在有限元模型界面中单击【主页】选项卡【网格】面组上的【3D 扫掠网格】按钮或选择【菜单】→【插入】→【网格】→【3D 扫掠网格】选项，打开图 13-34 所示的【3D 扫掠网格】对话框。

5）在绘图区选择圆柱体作为要进行网格划分的对象，【类型】选择【CHEXA（8）】，【源单元大小】设置为 10。

6）单击【确定】按钮，创建图 13-36 所示的三维网格模型。

13.4.7　接触网格

接触网格是在两条边上或两条边的一部分上产生点到点的接触。选择【菜单】→【插入】→【网格】→【接触网格】选项，打开图 13-37 所示的【接触网格】对话框。该对话框中主要选项含义如下：

- 【类型】下拉列表框：在不同解算器中有不同的类型单元。在 NX. NASTRANH 和 MSC.NASTRAN 解算器中只有【接触】一种类型，在 ANSYS 解算器中包含【接触弹簧】和【接触】两种类型，在 ABAQUS 解算器中包含一种【GAPUNI】单元。
- 【单元数】文本框：用户自定义在接触两边中间产生接触单元的个数。
- 【对齐目标边节点】复选框：确定目标边上的节点位置，当选中该选项时，目标边上的节点位置与接触边上的节点对齐。对齐方式有两种，分别是按【最小距离】和【垂直于接触边】方式对齐。
- 【间隙公差】复选框：通过间隙公差来判断是否生成接触网格，当两条接触边的距离大于间隙公差时，系统不会产生接触单元，只有小于或等于接触公差，才能产生接触单元。

接触网格创建步骤如下：

1）打开源文件 /chapter13 /原始文件/13.4.5.prt。

2）单击【应用模块】选项卡【仿真】面组上的【前/后处理】按钮，按 12.2 节所述完成仿真模型的创建。

3）在有限元模型界面中选择【菜单】→【插入】→【网格】→【接触网格】选项，打开图 13-37 所示的【接触网格】对话框。

4）在【接触边】选项组中单击【选择边】选项，在绘图区选择曲线 1。

5）在【接触边终点】选项组中单击【起点】，在绘图区指定接触边上的起点；单击【终点】，在绘图区指定接触边上的终点。

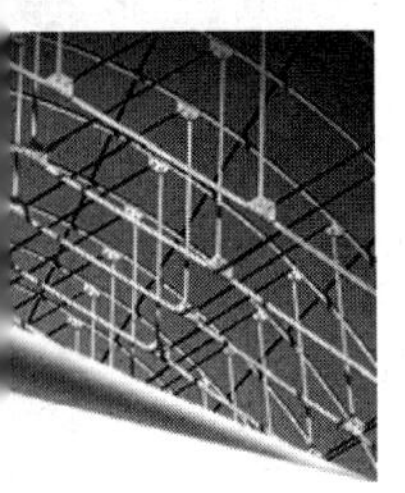

6）在【目标边】选项组中单击【选择边】，在绘图区选择曲线 2。

7）在【目标边终点】选项组中单击【起点】，在绘图区指定目标边上的起点；单击【终点】，在绘图区指定目标边上的终点，如图 13-38 所示。

8）不勾选【对齐目标边节点】复选框，【单元数】设置为 6。

9）单击【确定】按钮，创建图 13-39 所示的接触网格。

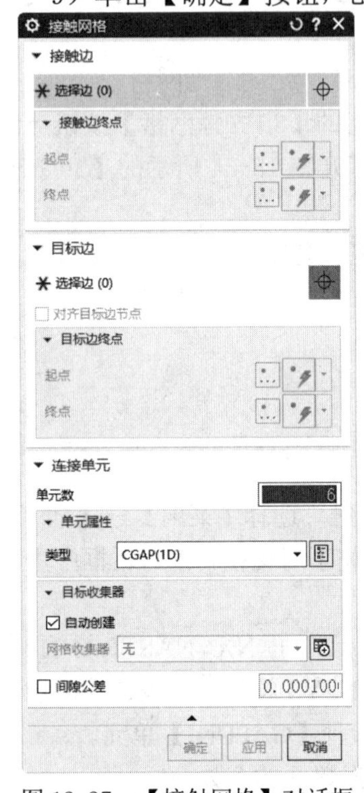

图 13-37 【接触网格】对话框

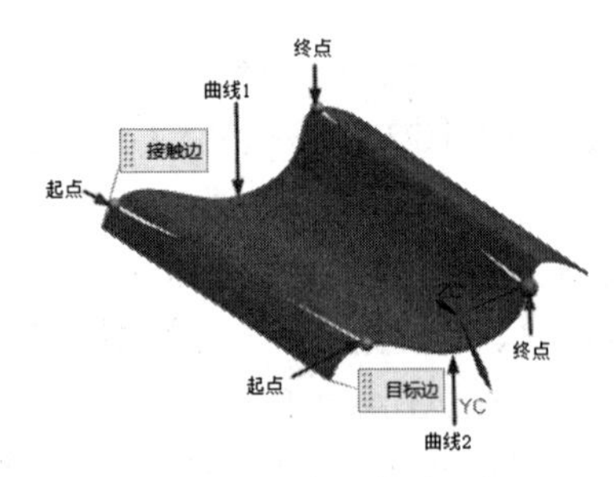

图 13-38 选择曲线

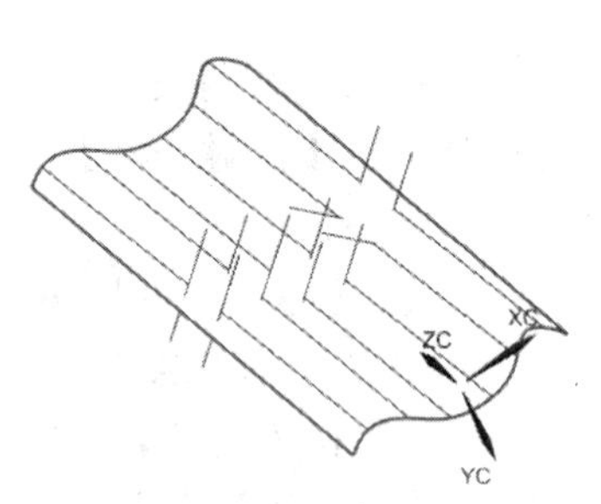

图 13-39 创建接触网格

13.4.8 面接触网格

面接触网格常用于装配模型间各零件装配面的网格划分。单击【菜单】→【插入】→【网格】→【面接触网格】选项，打开【面接触网格】对话框，如图 13-40 所示。对话框中主要选项含义如下：

- 【选择步骤】按钮组：当创建面接触网格时，用户可以通过【选择步骤】选择操作对象。
- 【自动创建接触对】复选框：选中该复选框，由系统根据用户设置的捕捉距离自动判断各接触面是否进行面接触操作。不选中该复选框，选择步骤选项被激活，【翻转侧】选项表示转化源面和目标面的关系。

面接触网格创建步骤如下：

1）打开源文件 /chapter13 /原始文件/13.4.8.prt。

2）单击【应用模块】选项卡【仿真】面组上的【前/后处理】按钮，按 12.2 节所述完成仿真模型的创建。

3）在有限元模型界面中选择【菜单】→【插入】→【网格】→【面接触网格】选项，打开图 13-40 所示的【接触网格】对话框。

4）在【选择步骤】按钮组中单击【源】按钮，在绘图区选择下方的曲面，如图 13-41 所示。

5）在【选择步骤】按钮组中单击【目标】按钮，选择绘图区上面的曲面。

6）在【目标边】选项组中单击【选择边】，在绘图区选择下方的曲面。

7）单击【确定】按钮，创建图 13-42 所示的接触网格。

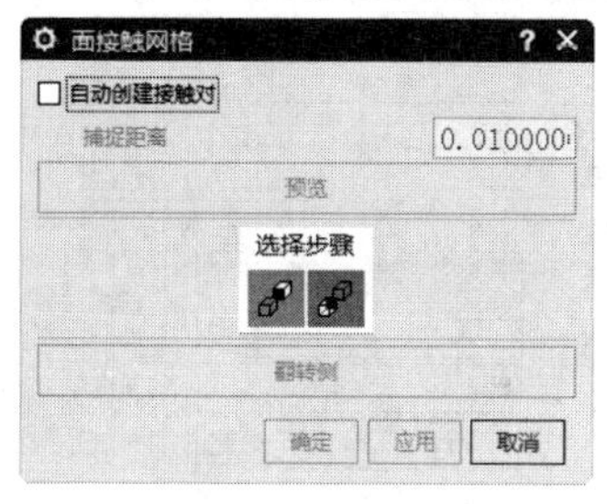

图 13-40　【面接触网格】对话框

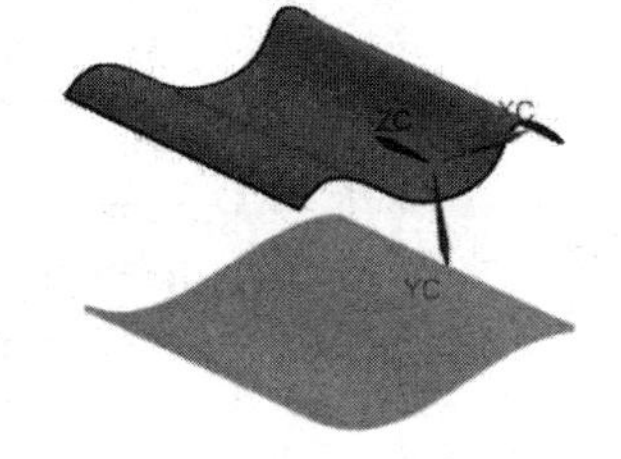

图 13-41　选择曲面

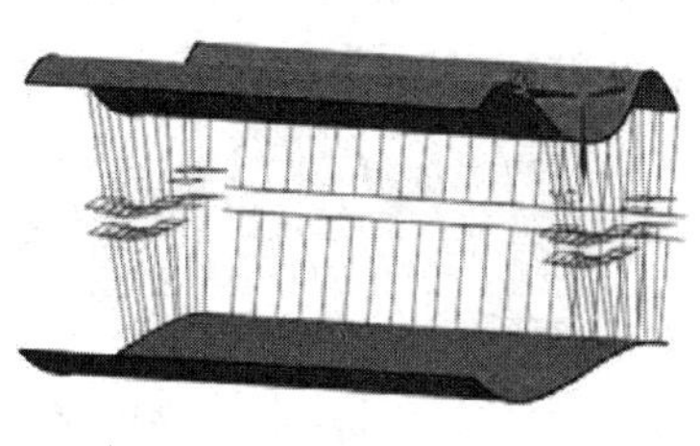

图 13-42　创建接触网格

13.5　解算方案

解算方案包括解算方案、步骤-子工况和从条件序列新建计算方案 3 部分。

13.5.1　创建解算方案

进入仿真模型界面后（文件名为*.sim），单击【主页】选项卡【解算方案】面组上的【解算方案】按钮或选择【菜单】→【插入】→【解算方案】选项，弹出图 13-43 所示的【解算方案】对话框。

根据用户需要和第 13 章介绍，选择解法的名称、求解器、分析类型和解算类型等。一般根据不同的求解器和分析类型，【解算方案】对话框有不同的选项。【解算类型】有多种，一般采用系统自动选择的最优算法。在【SOL 101 线性静态 –全局约束】中可以设置最长作业时间、估算温度等参数。

用户可以选定解算完成后的结果输出选项。

13.5.2　步骤-子工况

用户可以通过该步骤为模型加载多种约束和载荷，系统最后解算时按各子工况分别进行求解，最后对结果进行叠加。单击【主页】选项卡【解算方案】面组下【步骤-子工况】按钮或选择【菜单】→【插入】→【步骤-子工况】选项，弹出图 13-44 所示的【解算步骤】对话框。

不同的解算方案包括不同的选项， 若在【仿真导航器】中出现子工况名称，激活该选项，在其中可以新装入约束和载荷。

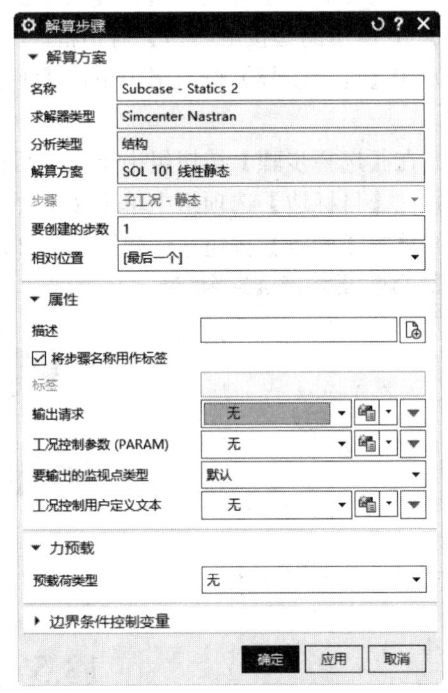

图 13-43 【解算方案】对话框

图 13-44 【解算步骤】对话框

13.6 实例——内六角扳手有限元分析

制作思路

本实例为内六角扳手（见图 13-45）的有限元分析，可以直接打开已经建立好的模型，然后为模型指派材料，进行网格的划分，最后为内六角扳手添加约束和力就可以进行求解操作。求解后进行后处理，导出分析的报告。

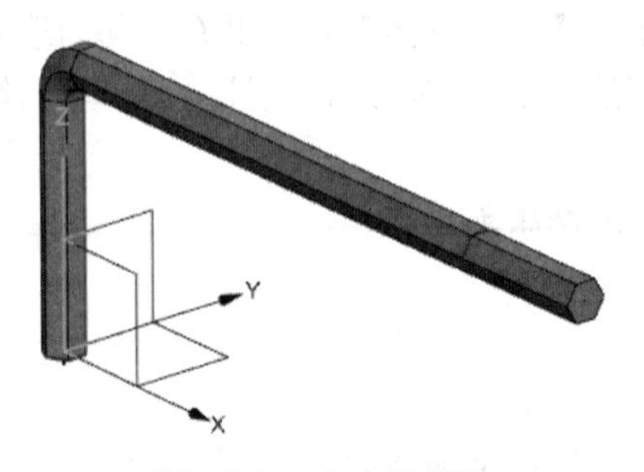

图 13-45 内六角扳手

13.6.1　打开模型

打开原始文件/13/13.6/内六角扳手.prt。单击【确定】按钮，在 UG NX 系统中打开目标模型。

13.6.2　进入高级仿真界面

1）单击【应用模块】选项卡【仿真】面组中的【前/后处理】按钮，进入高级仿真界面。

2）单击【主页】选项卡【关联】面组中的【新建 FEM 和仿真】按钮，打开【新建 FEM 和仿真】对话框，如图 13-46 所示。接受系统各选项，单击【确定】按钮，打开图 13-47 所示的【解算方案】对话框。采用默认设置，然后选择【创建解算方案】选项。

3）【解算方案】对话框将显示为如图 13-48 所示，采用默认设置，单击【确定】按钮，系统将自动切换到【（FEM）内六角扳手_fem1.fem】编辑有限元模型窗口。

图 13-46　【新建 FEM 和仿真】对话框

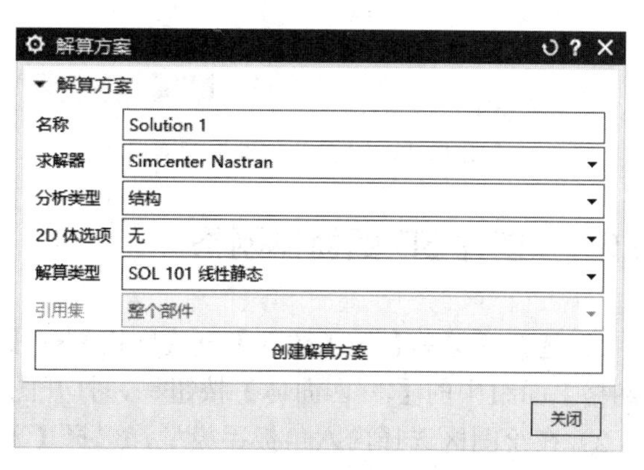

图 13-47　【解算方案】对话框 1

UG NX 2027

13.6.3　指派材料

1）单击【主页】选项卡【属性】组→【更多】库→【材料】库中的【指派材料】按钮，或者选择【菜单】→【工具】→【材料】→【指派材料】选项，打开【指派材料】对话框，如图 13-49 所示。

2）在【材料列表】中选择【Steel】。

3）单击【选择体】选项，然后在绘图区选择内六角扳手模型。单击【确定】按钮，完成材料设置。

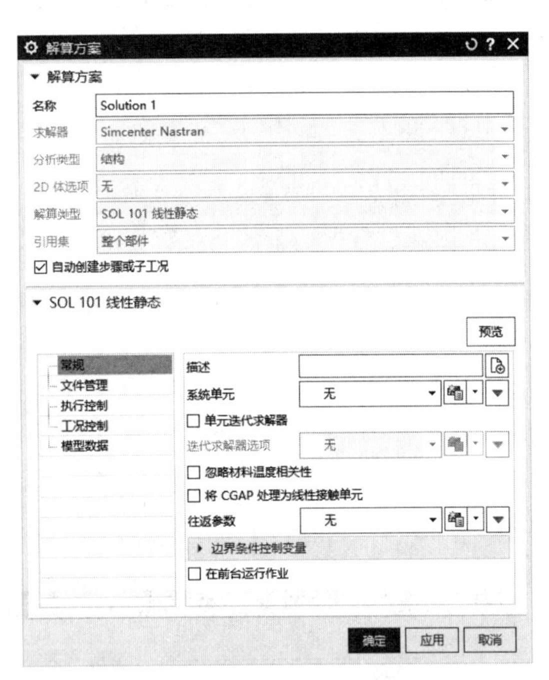

图 13-48　【解算方案】对话框 2

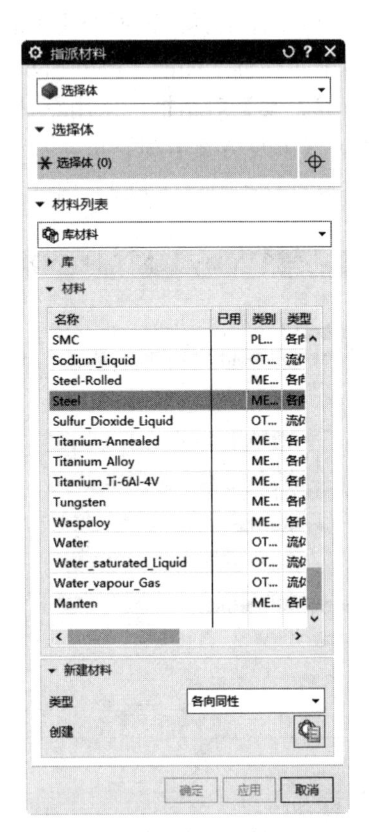

图 13-49　【指派材料】对话框

13.6.4　创建 3D 四面体网格

1）选择【菜单】→【插入】→【网格】→【3D 四面体网格】选项或单击【主页】选项卡【网格】面组中的【3D 四面体】按钮，打开图 13-50 所示的【3D 四面体网格】对话框。

2）在绘图区选择内六角扳手模型，选择【单元属性】的【类型】为【CTETRA（10）】，设置【单元大小】为 10，【雅可比】为 20，其他参数采用默认设置。

3）单击【确定】按钮，开始划分网格，创建图 13-51 所示的有限元模型。

13.6.5 施加约束

1）在【仿真导航器】中选择【内六角扳手_fem1.fem】的节点，右击并选择【显示仿真】→【内六角扳手_sim1.sim】选项，如图 13-52 所示，进入仿真模型界面。用户也可直接单击绘图区上方的【（仿真）内六角扳手_sim1.sim】标签，进入仿真模型界面。

2）单击【主页】选项卡【载荷和条件】面组【约束类型】下拉菜单中的【固定约束】按钮，打开图 13-53 所示的【固定约束】对话框。

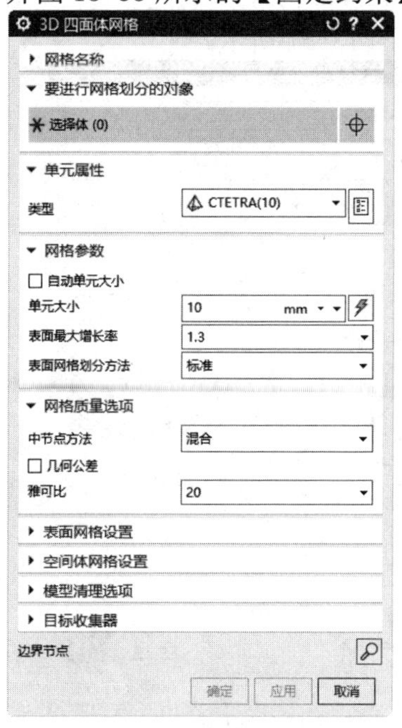

图 13-50　【3D 四面体网格】对话框

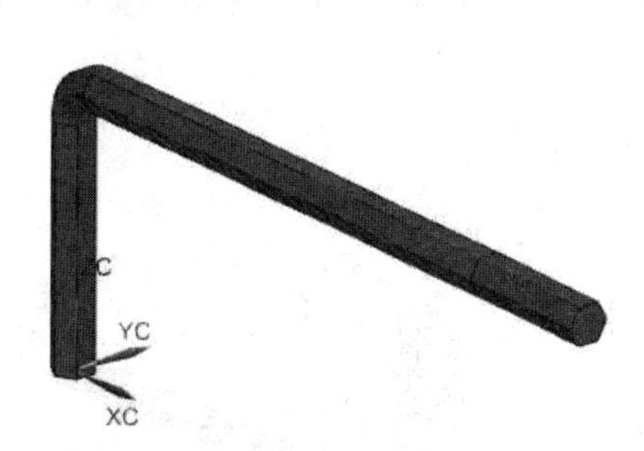

图 13-51　创建有限元模型

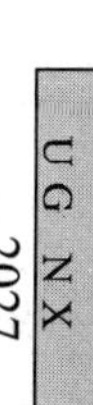

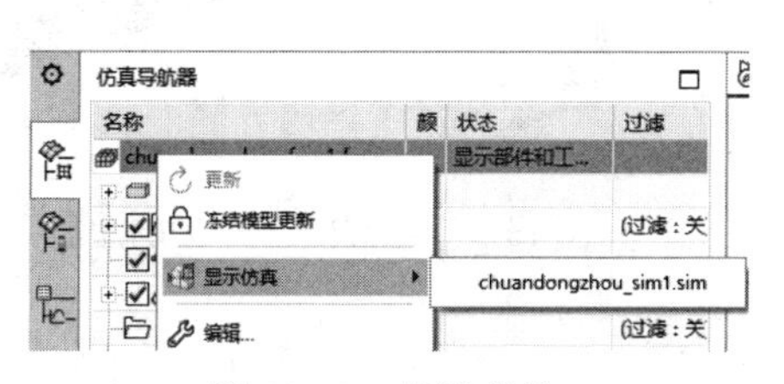

图 13-52　快捷菜单

图 13-53　【固定约束】对话框

3）在绘图区选择需要施加约束的模型面，单击【固定约束】对话框中的【确定】按钮，施加固定约束，如图 13-54 所示。

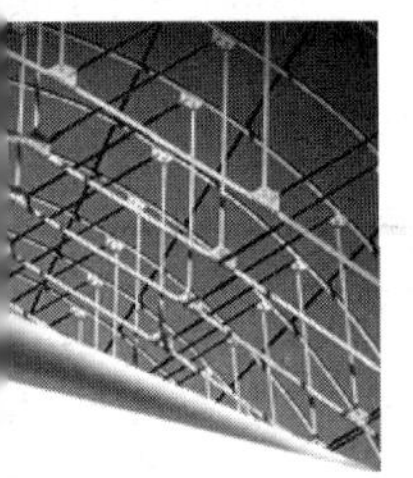

13.6.6 添加载荷 1

1）单击【主页】选项卡【载荷和条件】面组【载荷类型】下拉菜单中的【力】按钮，打开图 13-55 所示的【力】对话框。

2）在绘图区选择内六角扳手的上表面作为力的作用面，力的方向选择-ZC 轴，如图 13-56 所示。

3）在【力】文本框输入 20。

4）单击【确定】按钮，完成第一个力的添加，如图 13-57 所示。

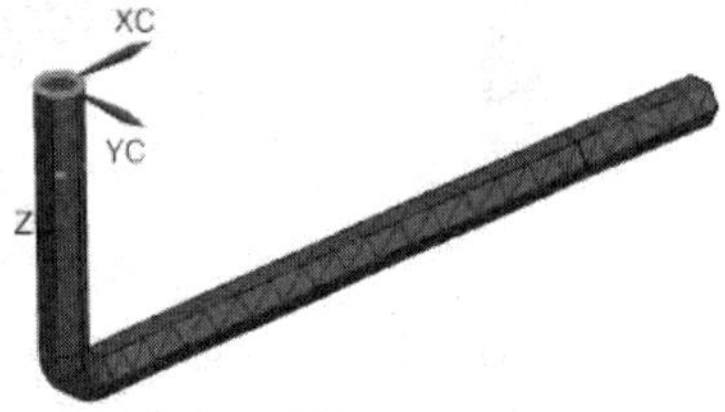

图 13-54 施加固定约束

图 13-55 【力】对话框

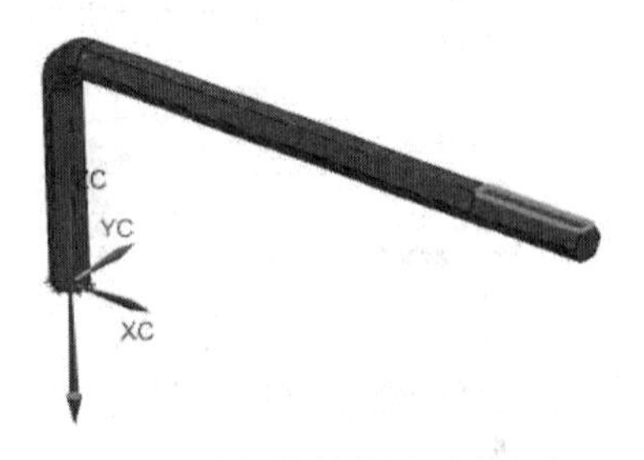

图 13-56 选择力的作用面和方向

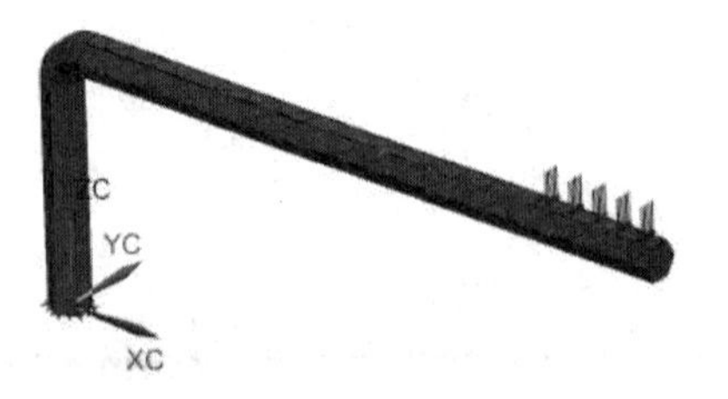

图 13-57 完成第一个力的添加

13.6.7 添加载荷 2

1）单击【主页】选项卡【载荷和条件】面组【载荷类型】下拉菜单中的【力】按钮，打开【力】对话框。

2）在绘图区选择内六角扳手的两个侧面，如图 13-58 所示。

3）在【力】文本框输入 100，力的方向选择-YC 轴。

4）单击【确定】按钮，完成第二个力的添加，如图 13-59 所示。

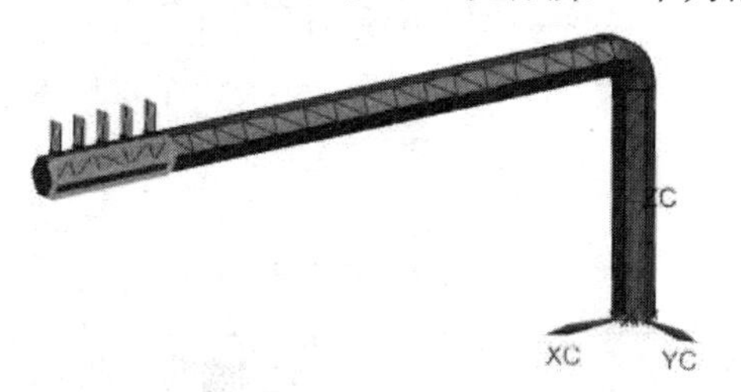

图 13-58　选择面

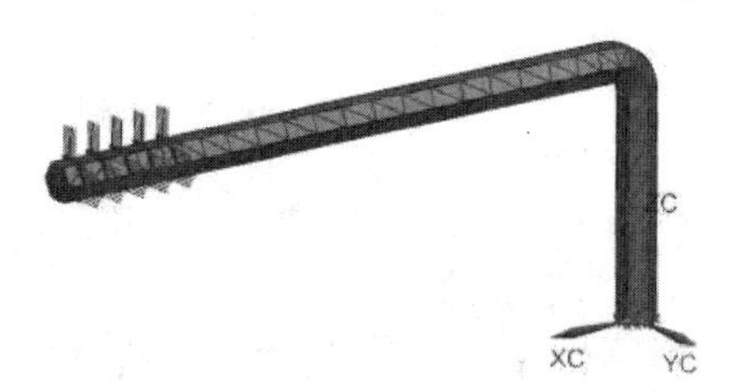

图 13-59　完成第二个力的添加

13.6.8　求解

1）单击【主页】选项卡【解算方案】面组中的【求解】按钮或选择【菜单】→【分析】→【求解】选项，打开图 13-60 所示的【求解】对话框。

2）单击【确定】按钮，打开图 13-61 所示的【Solution Monitor】（解算监视器）窗口和图 13-62 所示的【分析作业监视】对话框。

3）单击【关闭】和【取消】按钮，完成求解。

图 13-60　【求解】对话框

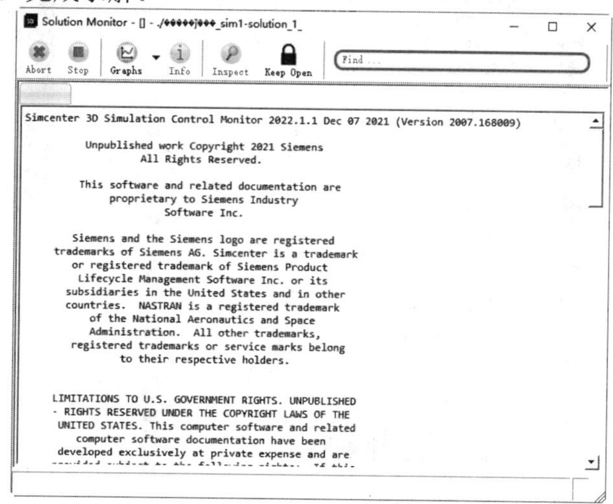

图 13-61　【Solution Monitor】窗口

13.6.9　云图

1）单击资源条中的【后处理导航器】按钮，在打开的【后处理导航器】中选择【已导入的结果】，右击，选择【导入结果】选项，如图 13-63 所示，系统打开【导入结果】对话框，如图 13-64 所示。在用户硬盘中选择结果文件，单击【确定】按钮，系统激活后处理工具。

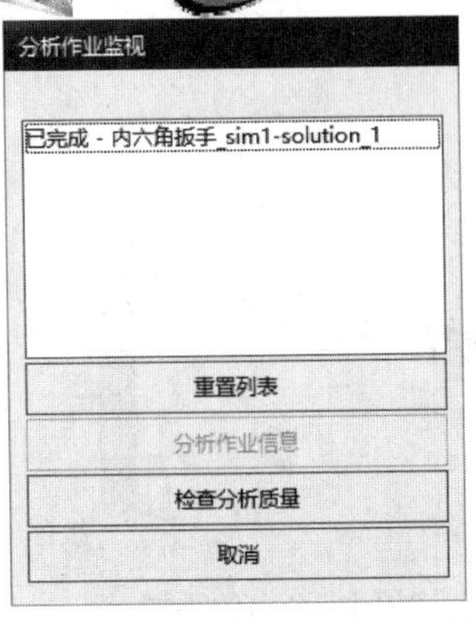

图 13-62 【分析作业监视】对话框

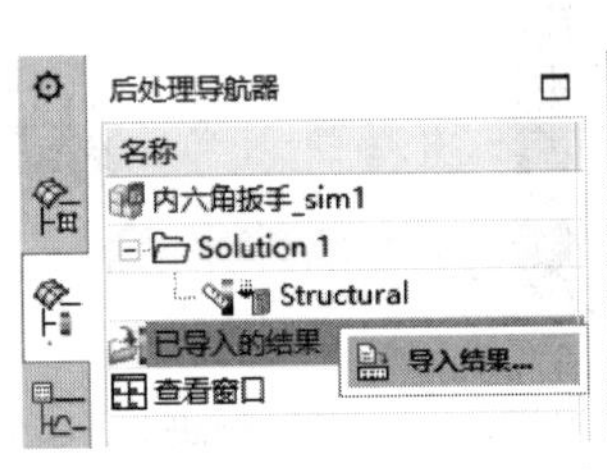

图 13-63 选择【导入结果】选项

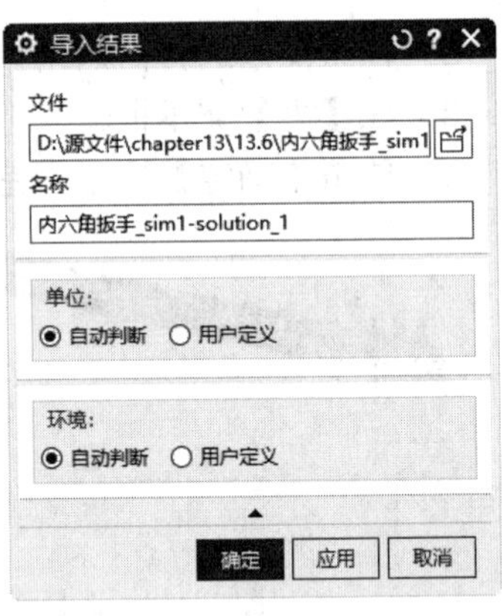

图 13-64 【导入结果】对话框

2）在屏幕左侧【后处理导航器】中选择【已导入的结果】→【应力-单元】→【Von-Mises】并右击，在打开的快捷菜单中选择【新建绘图】选项，如图 13-65 所示。云图显示有限元模型的应力情况，如图 13-66 所示。

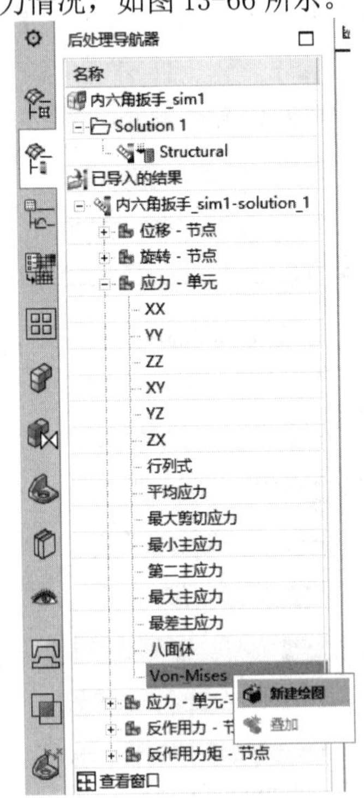

图 13-65 选择【新建绘图】选项

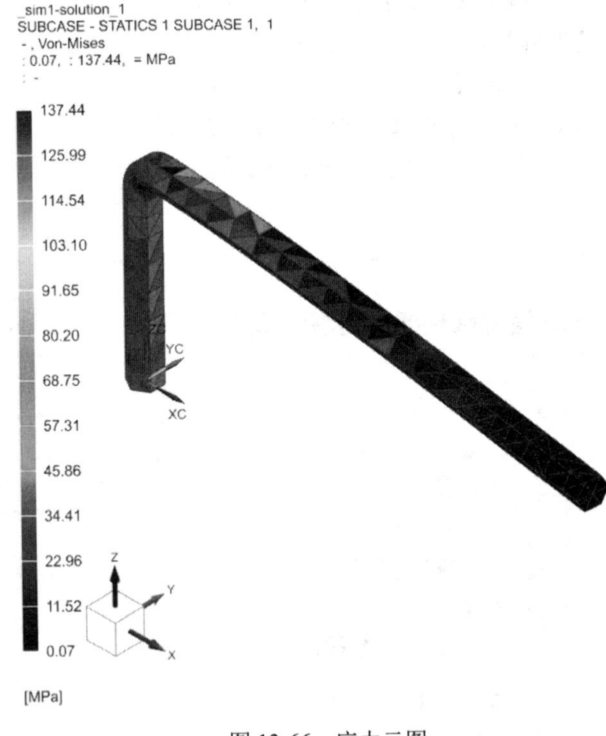

图 13-66 应力云图

3）双击【后处理导航器】中的【已导入的结果】→【位移-节点】选项，云图显示有限元模型的位移情况，如图 13-67 所示。

13.6.10 报告

1）单击【主页】选项卡【解算方案】面组中的【创建报告】按钮，或者选择【菜单】

→【工具】→【创建报告】选项，打开【在站点中显示模板文件】对话框。选择其中的一个模板，如【SPLM_Demo_Report_Template_01.docx】，单击【确定】按钮，系统将根据整个分析过程，创建一份完整的分析报告。

2）在【仿真导航器】中选中【报告】并右击，在打开的快捷菜单中选择【发布报告】选项，如图 13-68 所示，打开【指定新的报告文档名称】对话框。输入文件名称，单击【确定】按钮，进行报告文档的保存，系统显示上述创建的报告，如图 13-69 所示。至此，整个分析过程结束。

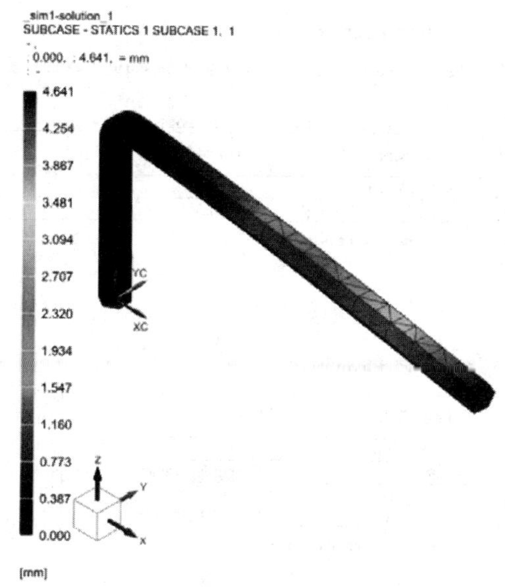

图 13-67　位移云图

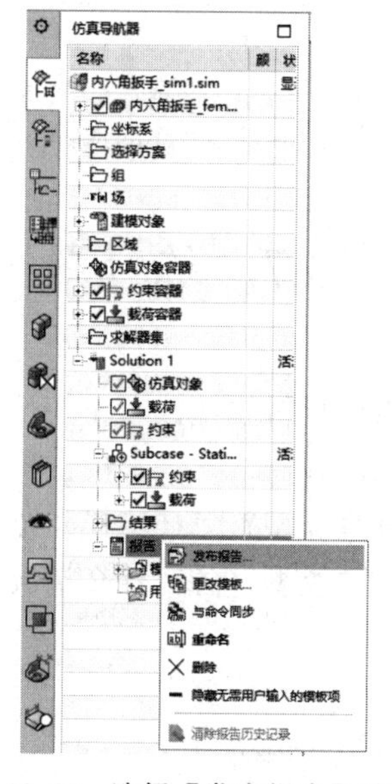

图 13-68　选择【发布报告】选项

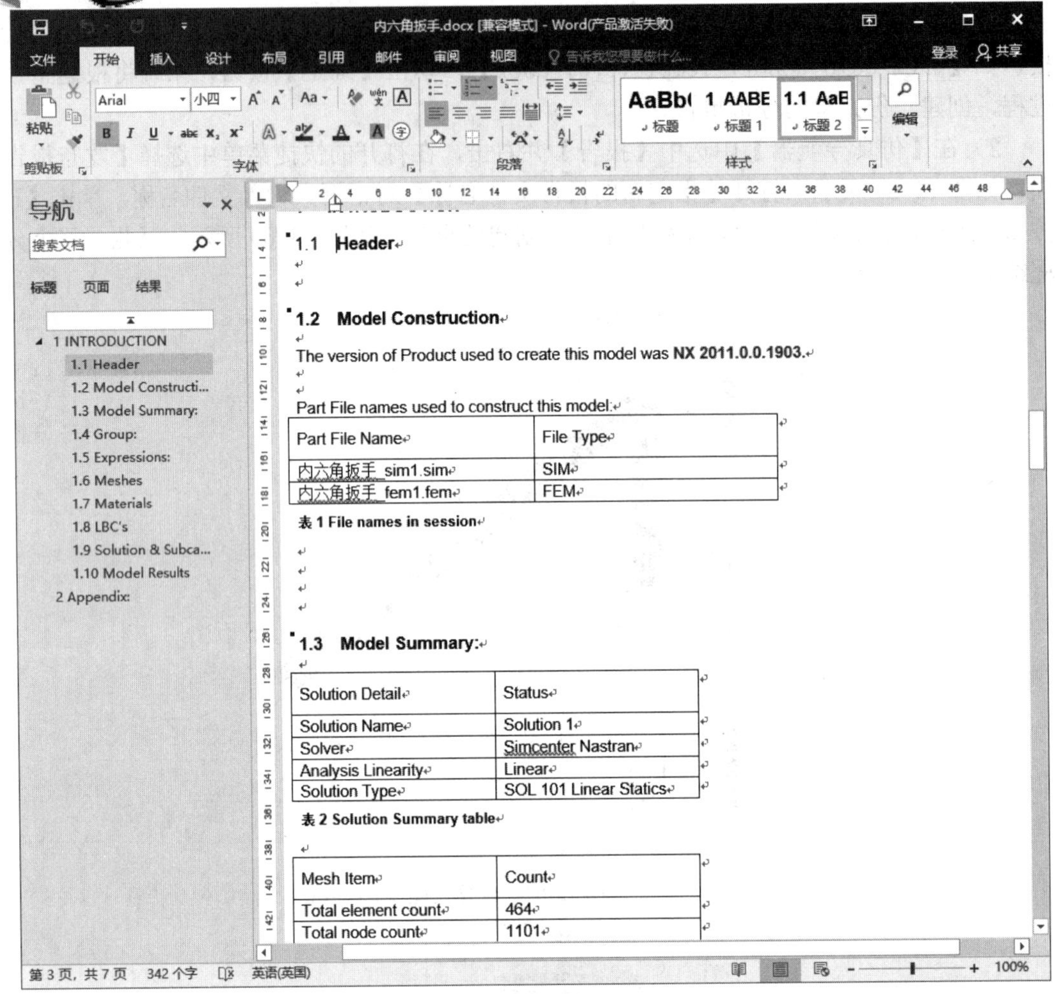

图 13-69　创建的报告

13.7　练习题

1. UG NX 2027 中怎样给模型添加材料属性？
2. UG NX 2027 中怎样给模型添加载荷？
3. UG NX 2027 中边界条件有哪些类型？怎样给模型添加载荷？
4. UG NX 2027 中网格分成哪几种类型？各在什么情况下使用？

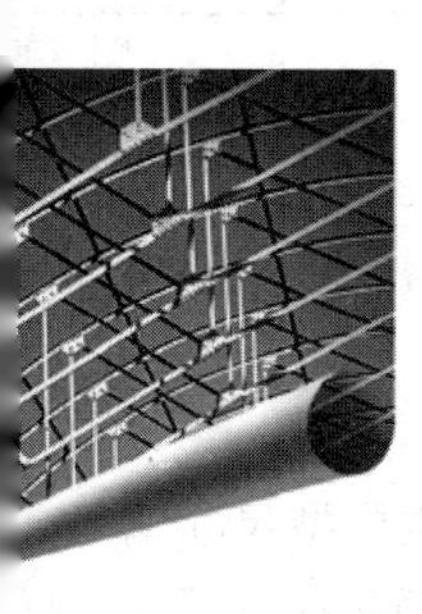

第14章

有限元模型的编辑

用户建立完成有限元模型后，若对模型的某一部分感到不满意，可以重新对有限元模型不满意的部分进行编辑；若重新建立有限元模型，则要花费大量时间。本章是在前两章的基础上介绍一系列的有限元模型编辑功能，主要包括分析模型的编辑、主模型尺寸的编辑、二维网格的编辑和属性编辑器。

重点与难点

- 掌握分析模型，模型主尺寸的编辑方法。
- 熟悉属性编辑器的操作。

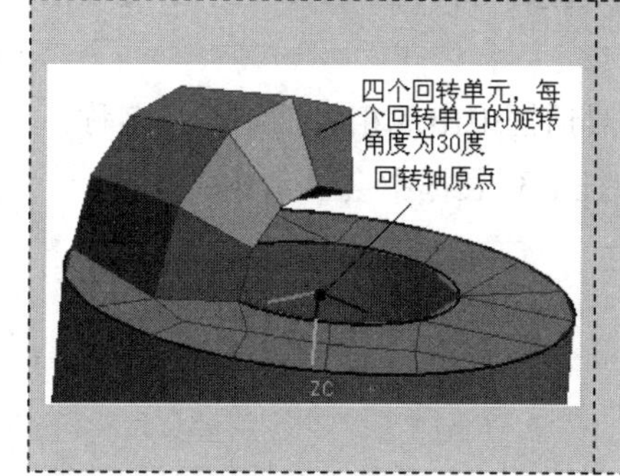

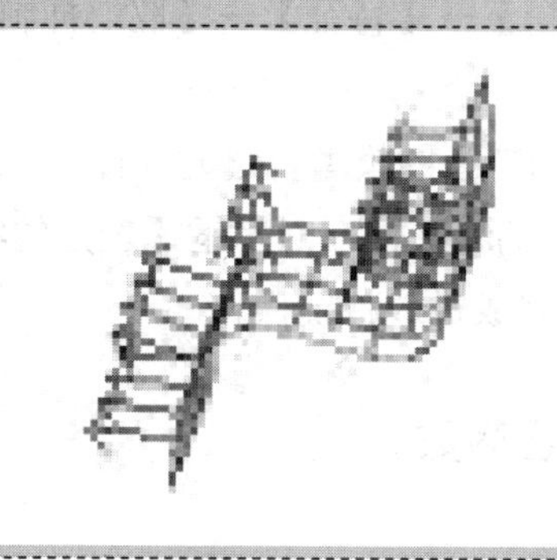

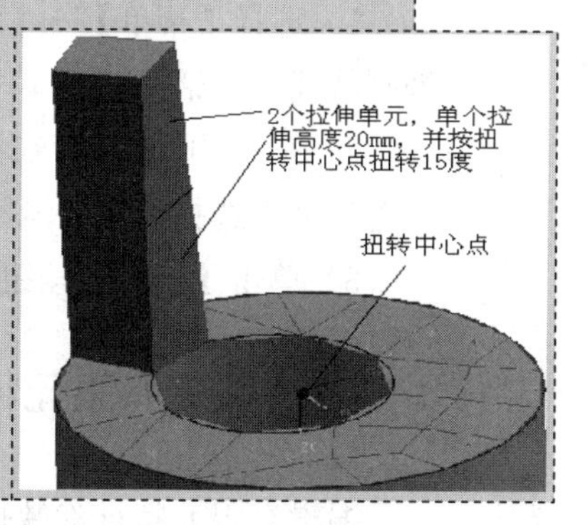

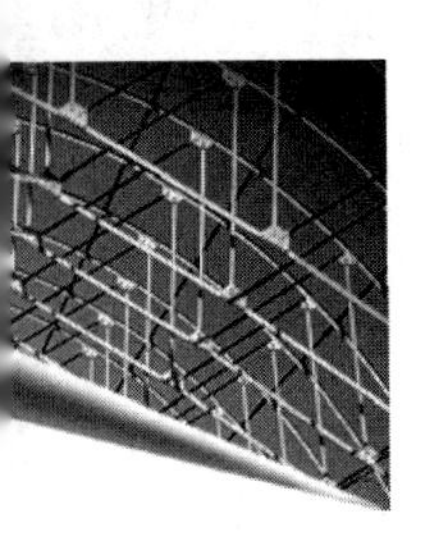

14.1 分析模型的编辑

对分析模型的编辑主要包括抑制特征、释放特征、编辑有限元特征参数和主模型尺寸编辑 4 项操作，前 3 项编辑都是在部件模型界面中完成的（名称为*.prt），后 1 项是在有限元模型界面中完成的（名称为*_i.prt）。

14.1.1 抑制特征

抑制特征同模型准备中的简化模型相似，也是简化分析模型的主要方式。它从几何模型中移去小孔、圆角和小的倒角等不重要的几何特征，这些特征被抑制后不参加网格划分和分析，但通常不会对分析结果产生太大的影响。

抑制特征操作步骤如下：

1）选择【菜单】→【编辑】→【特征】→【抑制】选项，打开图 14-1 所示的【抑制特征】对话框。

2）在绘图区选择需要进行抑制特征的模型，在图 14-1 对话框中会显示选中的特征。

3）单击【确定】按钮，完成抑制特征操作。

注意：

抑制特征只能对有限元模型中建立的特征进行操作，而不能直接对建模模块中建立的特征进行操作，这是抑制特征和简化模型的区别。

14.1.2 释放特征

释放特征是抑制特征的逆操作，可以解除抑制的特征，恢复原有限元模型。

释放特征操作步骤如下：

1）选择【菜单】→【编辑】→【特征】→【取消抑制】选项，打开图 14-2 所示的【取消抑制特征】对话框。

2）在绘图区选择存在抑制特征的模型，这时在图 14-2 对话框中出现相关抑制特征名称；在对话框中选择需要取消抑制的特征，在对话框【选定的特征】列表框中会显示相关特征。

3）单击【确定】按钮，完成释放特征操作。

14.1.3 编辑有限元特征参数

编辑有限元特征参数操作可以对在有限元模型中建立的特征进行编辑操作，如对在模型准备中建立的简化几何体、分割面等特征的编辑。操作步骤如下：

1）选择【菜单】→【编辑】→【特征】→【特征参数】选项，打开图 14-3 所示的【编辑参数】对话框。

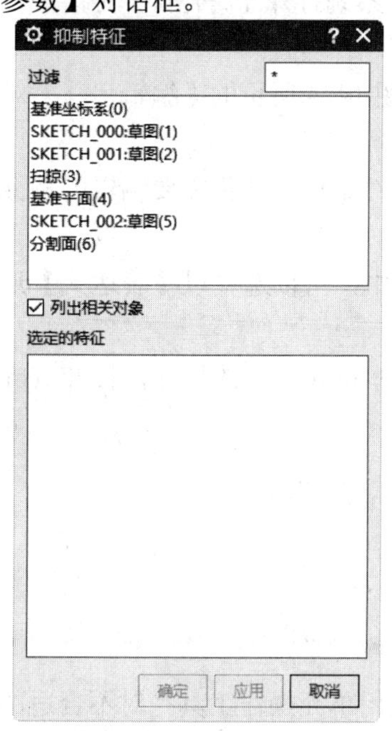

图 14-1　【抑制特征】对话框

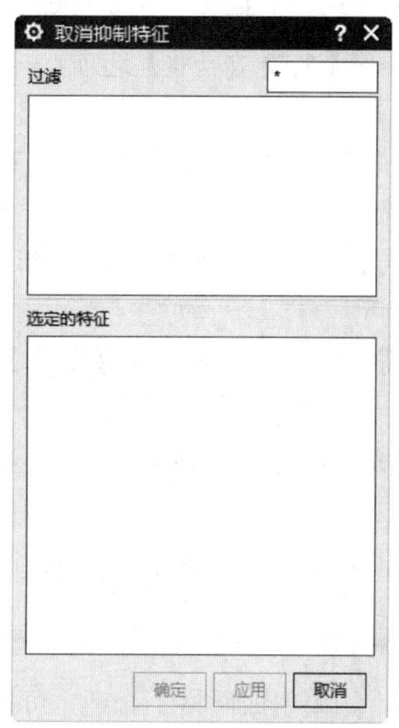

图 14-2　【取消抑制特征】对话框

图 14-3　【编辑参数】对话框

2）在【编辑参数】对话框中选择需要编辑的特征，单击【确定】按钮，弹出生成该特征的对话框（不同的特征，对话框显示内容也不同）。

3）根据用户需要，在对话框中重新输入特征参数值。

4）单击【确定】按钮，完成编辑有限元特征参数的操作。

14.1.4　主模型尺寸编辑

主模型尺寸编辑操作可以对有限元模型各尺寸参数进行修改，但不会对主模型造成任何改变，对在有限元模型中建立的特征编辑无效。主模型尺寸编辑操作步骤如下：

1）单击【应用模块】选项卡【仿真】面组上的【前/后处理】按钮，进入高级仿真模块。

2）单击绘图区左侧的【仿真导航器】按钮，在绘图区左侧弹出【仿真导航器】面板。在【仿真导航器】中右击模型名称，在弹出的快捷菜单中选择【新建理想化部件】选项，弹出【新建理想化部件】对话框。

3）单击【确定】按钮，系统弹出【理想化部件警告】提示框。单击【确定】按钮，关闭该提示框，系统打开【(理

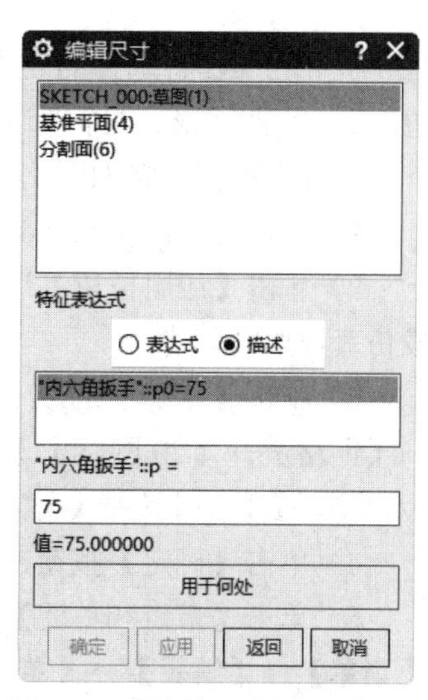

图 14-4　【编辑尺寸】对话框

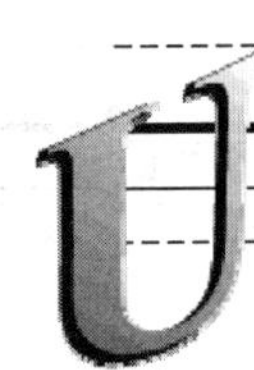

想）*_i.prt】窗口。

4）单击【主页】选项卡【开始】面组上的【提升】按钮，系统打开【提升体】对话框。

5）在绘图区选择模型，单击【确定】按钮，关闭该对话框。

6）选择【菜单】→【编辑】→【主模型尺寸】选项，打开图 14-4 所示的【编辑尺寸】对话框。

7）【编辑尺寸】对话框列出了有限元模型的所有特征，在该对话框中选择需要编辑的特征或从绘图区直接选择实体模型特征。

8）选择对象的【特征表达式】显示在对话框下方的列表框中，可以选择以【表达式】形式或以【描述】形式显示。

9）单击【特征表达式】中需要修改的尺寸，在【尺寸】文本框输入修改尺寸，按 Enter 键。

10）单击【确定】按钮，完成主模型尺寸编辑操作。

14.2 单元操作

对于已产生网格单元的模型，如果生成网格不合适，可以采用单元操作工具栏对不合适的单元和节点进行编辑，以及对二维网格进行拉伸，旋转等操作。单元操作包括拆分壳、合并三角形单元、移动节点、删除单元和创建单元、单元拉伸、单元旋转、单元复制和平移等，该功能是在有限元模型界面中操作完成的（文件名称为*_fem1.fem）。

14.2.1 拆分壳

拆分壳操作将选择的四边形单元分割成多个单元（包括两个三角形、3 个三角形、两个四边形、3 个四边形、4 个四边形和按线划分多种形式）。

拆分壳操作步骤如下：

1）打开源文件/chapter14 /原始文件/14.2.1.prt。

2）单击【应用模块】选项卡【仿真】面组上的【前/后处理】按钮，按 12.2 节所述完成仿真模型的创建。

3）单击【主页】选项卡【网格】面组上的【2D 网格】按钮或选择【菜单】→【插入】→【网格】→【2D 网格】选项，系统打开【2D 网格】对话框，如图 14-5 所示。在绘图区选择模型，【类型】选择【CQUAD4】，【单元大小】设置为 300mm，同时完成其他参数设置。

4）单击【确定】按钮，创建四边形单元，如图 14-6 所示。

5）单击【节点和单元】选项卡【单元】面组上【更多】库下的【拆分壳】按钮或选择【菜单】→【编辑】→【单元】→【拆分壳】选项，打开图 14-7 所示的【拆分壳】对话框。

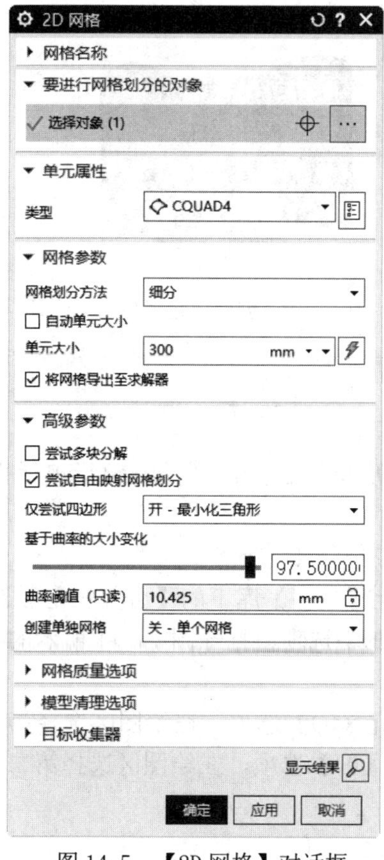

图 14-5　【2D 网格】对话框

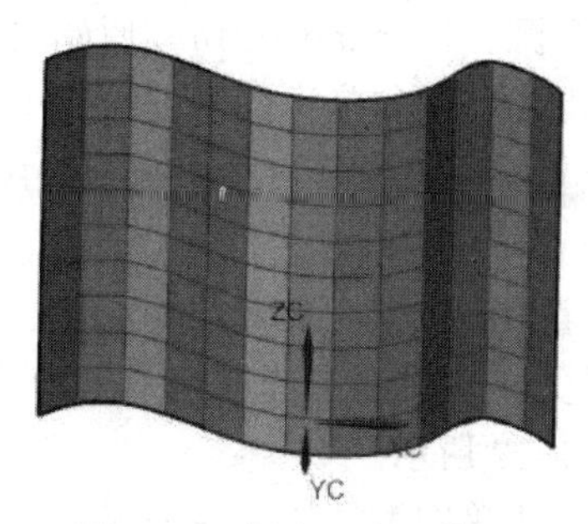

图 14-6　创建四边形单元

图 14-7　【拆分壳】对话框

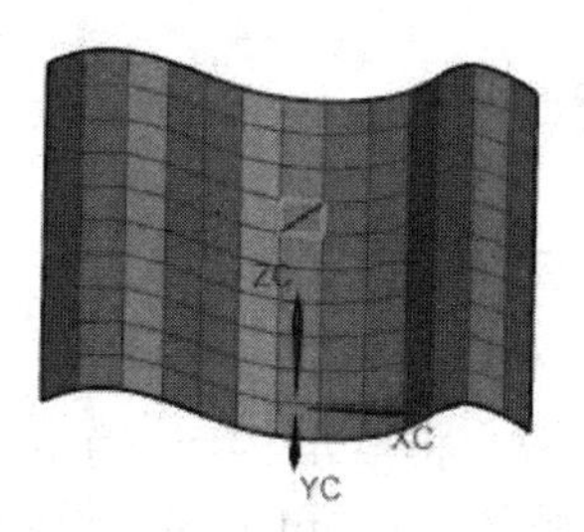

图 14-8　创建两个三角形单元

6）在【类型】下拉列表框中选择【四边形分为 2 个三角形】，然后选择任意四边形单元，系统自动创建两个三角形单元，如图 14-8 所示。单击对话框中的【翻转拆分线】按钮，系统变换对角分割线，如图 14-9 所示，创建不同形式两个三角形单元。

7）单击【确定】按钮，创建图 14-10 所示的三角形单元。

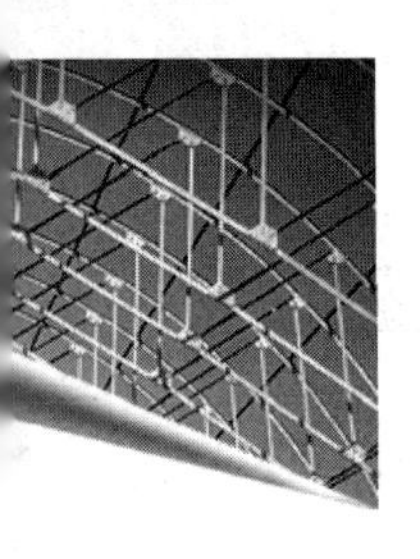
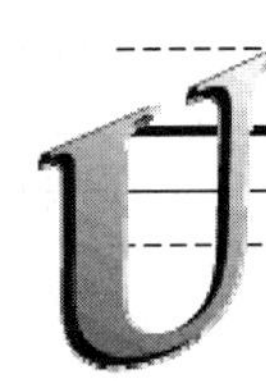

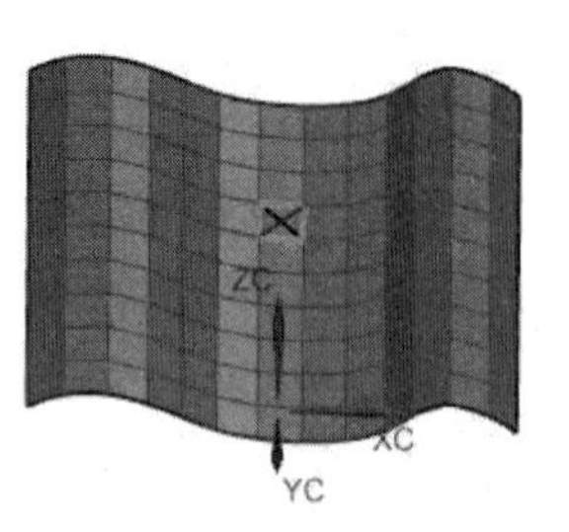

图 14-9　翻转拆分线

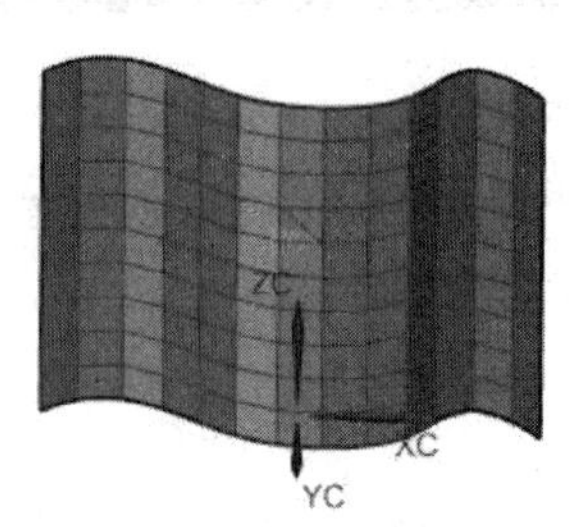

图 14-10　创建三角形单元

14.2.2　合并三角形单元

合并三角形单元操作将模型两个临近的三角形单元合并。合并三角形单元操作步骤如下：

1）打开源文件/chapter14 /原始文件/14.2.2/14.2.2.fem。

2）单击【节点和单元】选项卡【单元】面组上【更多】库下的【合并三角形】按钮或选择【菜单】→【编辑】→【单元】→【合并三角形】选项，打开图 14-11 所示的【合并三角形】对话框。

3）在【第一个单元】选项组中单击【选择单元（0)】选项，在绘图区选择第一个三角形单元；在【第二个单元】选项组中单击【选择单元（0)】选项，在绘图区选择第二个三角形单元，如图 14-12 所示。

4）单击【确定】按钮，完成操作，结果如图 14-13 所示。

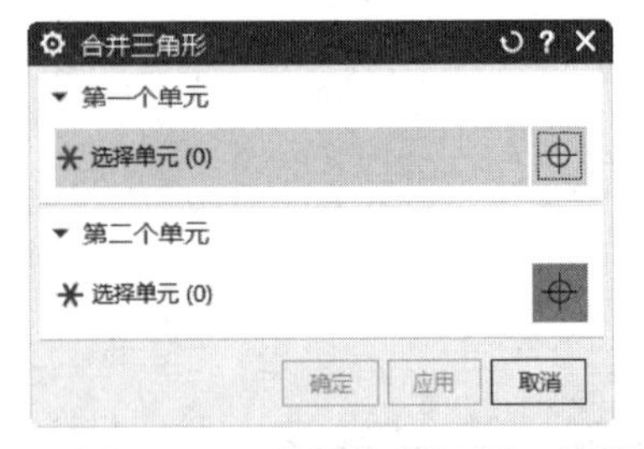

图 14-11　【合并三角形】对话框

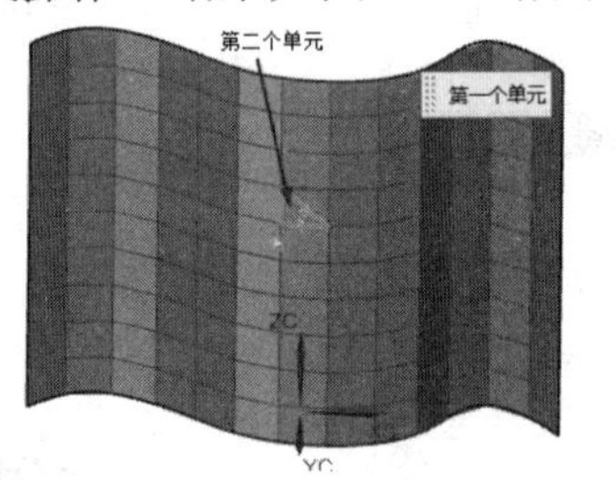

图 14-12　选择三角形单元

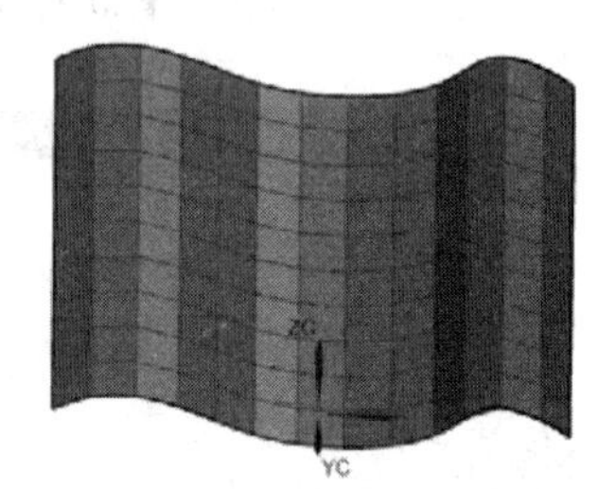

图 14-13　合并三角形单元操作结果

14.2.3　移动节点

移动节点操作将单元中一个节点移动到面上或网格的另一节点上。操作步骤如下：

1）打开源文件/chapter14 /原始文件/14.2.3/14.2.3.fem。

2）单击【节点和单元】选项卡【节点】面组上【更多】库下的【移动】按钮或选择【菜单】→【编辑】→【移动】→【移动节点】选项，打开图 14-14 所示的【移动节点】对话框。

3）在绘图区上选择【源节点】和【目标节点】，如图 14-15 所示。

4）单击【确定】按钮，完成移动节点操作，结果如图 14-16 所示。

图 14-14　【移动节点】对话框

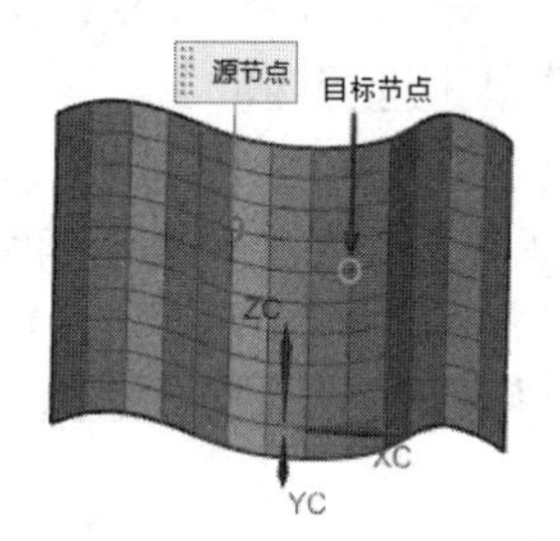

图 14-15　选择节点

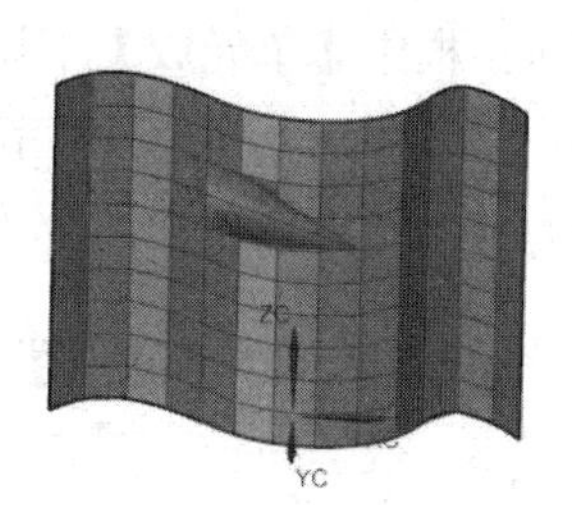

图 14-16　移动节点操作结果

14.2.4　删除单元

系统对模型划分网格后，用户检查网格单元，当对某些单元感到不满意时，可以直接进行删除单元操作，将不满意的单元删除。单击【节点和单元】选项卡【单元】面组上【删除】按钮或选择【菜单】→【编辑】→【单元】→【删除】选项，打开【单元删除】对话框，如图 14-17 所示。在绘图区上选择需删除操作的单元，单击【确定】按钮，完成删除操作。该对话框中的【删除孤立节点】复选框用于设置是否自动移除在其删除所选单元时留下的任何未连接节点。

删除单元操作步骤如下：

1）打开源文件/chapter14 /原始文件/14.2.4/14.2.4.fem。

2）单击【节点和单元】选项卡【单元】面组上【删除】按钮或选择【菜单】→【编辑】→【单元】→【删除】选项，打开图 14-17 所示的【单元删除】对话框。

3）勾选【删除孤立节点】复选框，在绘图区选择要删除的单元格，如图 14-18 所示。

4）单击【确定】按钮，完成删除单元操作，结果如图 14-19 所示。

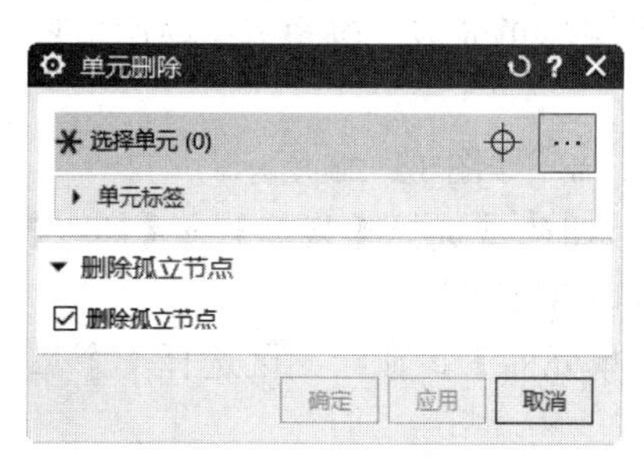

图 14-17　【单元删除】对话框

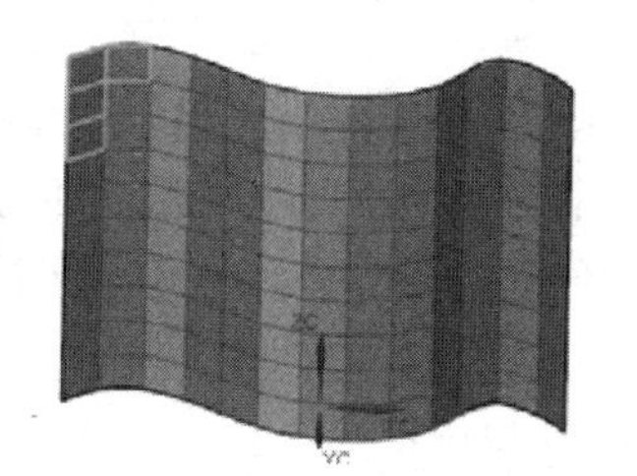

图 14-18　选择要删除的单元格

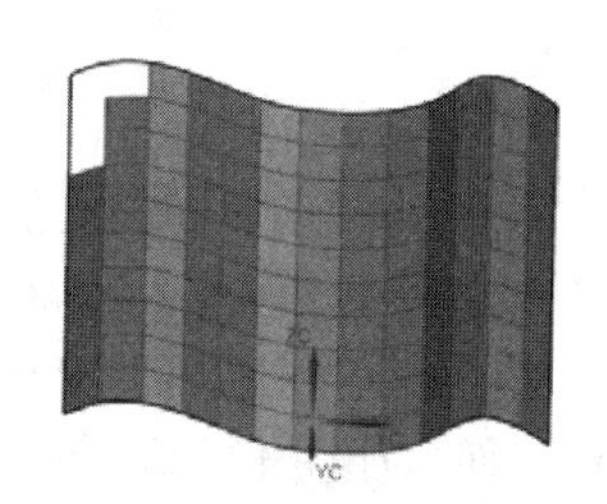

图 14-19　删除单元操作结果

14.2.5　创建单元

创建单元操作可以在模型已有节点的情况下，创建零维、一维、二维或三维单元。创建单元操作步骤如下：

1）打开源文件/chapter14 /原始文件/14.2.5/14.2.5.fem，如图 14-20 所示。

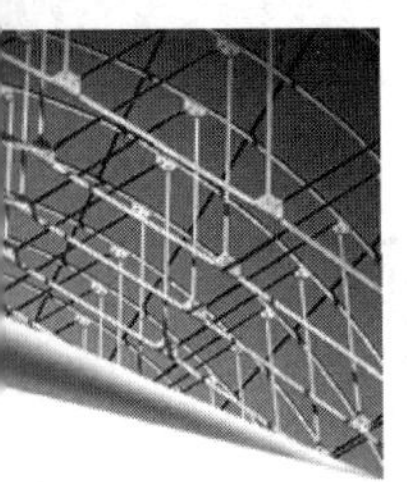

2）单击【节点和单元】选项卡【单元】面组上【单元创建】按钮或选择【菜单】→【插入】→【单元】→【创建】选项，打开图 14-21 所示的【单元创建】对话框。

3）在对话框中【单元族】下拉菜单中选择【3D】，单元【类型】选择【CPENTA(6)】，依次选择节点 6、节点 4、节点 1、节点 2、节点 3、节点 5，系统自动生成规定单元。

4）单击【关闭】按钮，完成创建单元操作，结果如图 14-22 所示。

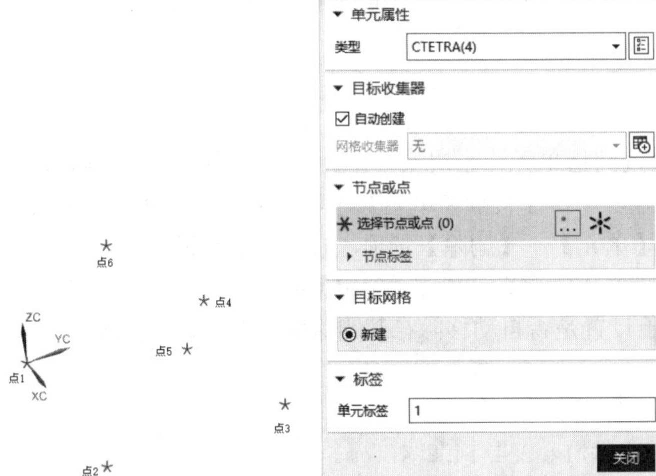

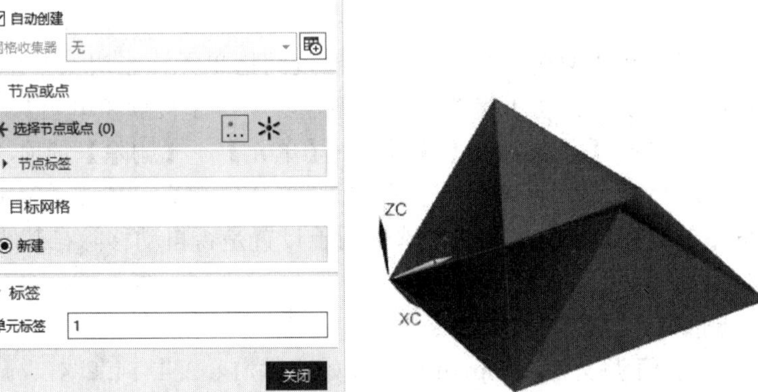

图 14-20　原始文件　　图 14-21　【单元创建】对话框　　图 14-22　创建单元操作结果

14.2.6　单元拉伸

单元拉伸操作通过对面单元或线单元进行拉伸，创建新的三维单元或二维单元。操作步骤如下：

1）打开源文件/chapter14/原始文件/14.2.6/111_fem1.fem，如图 14-23 所示。

2）单击【节点和单元】选项卡【单元】面组上【拉伸】按钮或选择【菜单】→【插入】→【单元】→【拉伸】选项，打开图 14-24 所示的【单元拉伸】对话框。

3）在【单元拉伸】对话框【类型】下拉列表框中选择【单元面】，在绘图区选择一个二维单元面，如图 14-25 所示。

4）在【副本数】文本框输入需要创建的拉伸单元数量为 2。

5）在【方向】下拉列表框中选择拉伸的方向，如选择【沿矢量】，矢量方向选择【ZC 轴】，【距离】设为 20mm。

6）单击【扭曲角】，设置【角度】为 15°；单击【指定点】右侧的【点对话框】按钮，打开【点】对话框。选择图 14-26 所示的点为指定点，单击【确定】按钮，返回【单元拉伸】对话框。

7）单击【确定】按钮，完成单元拉伸操作，结果如图 14-27 所示。

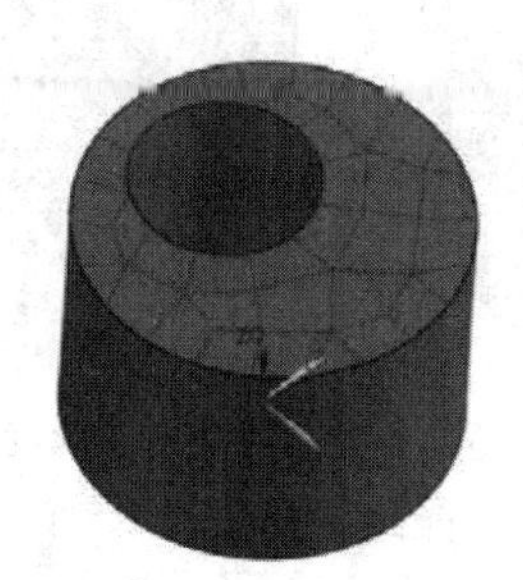

图 14-23　原始文件

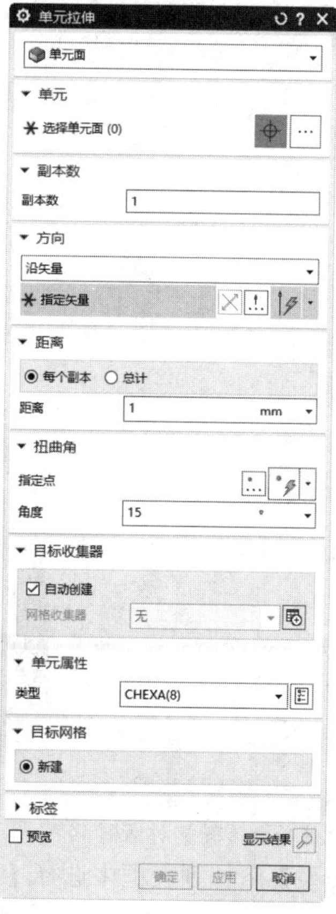

图 14-24　【单元拉伸】对话框

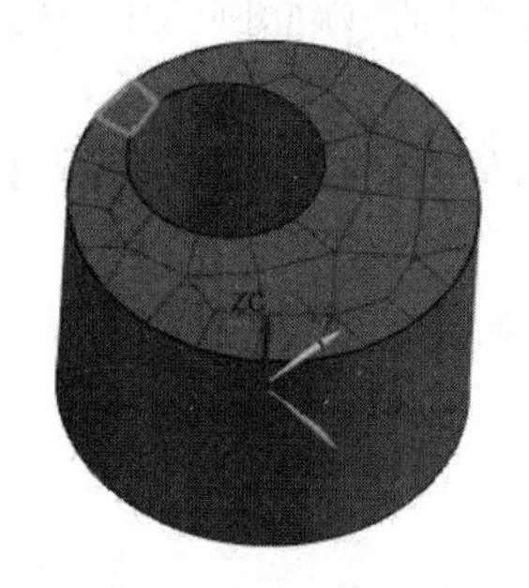

图 14-25　选择单元面

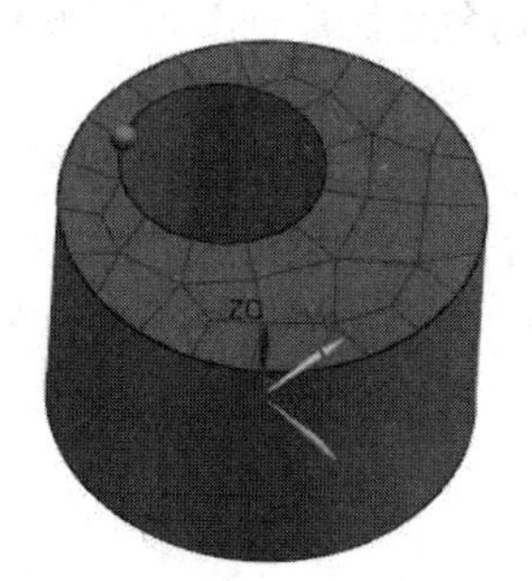

图 14-26　指定点

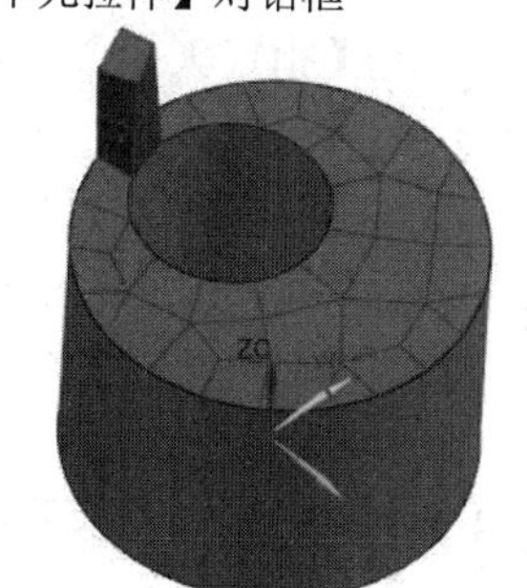

图 14-27　单元拉伸操作结果

14.2.7　单元旋转

单元旋转操作通过对面或线单元绕某一矢量回转一定角度，在原面或线单元和旋转到达新的位置的面或线单元之间形成新的三维或二维单元。操作步骤如下：

1）打开源文件/chapter14/原始文件/14.2.7/111_fem1.fem。

2）单击【节点和单元】选项卡【单元】面组上【旋转】按钮或选择【菜单】→【插入】

→【单元】→【旋转】选项，打开图 14-28 所示的【单元旋转】对话框。

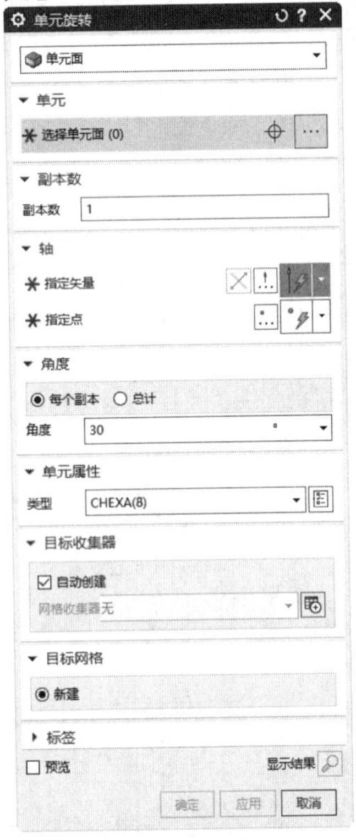

图 14-28 【单元旋转】对话框

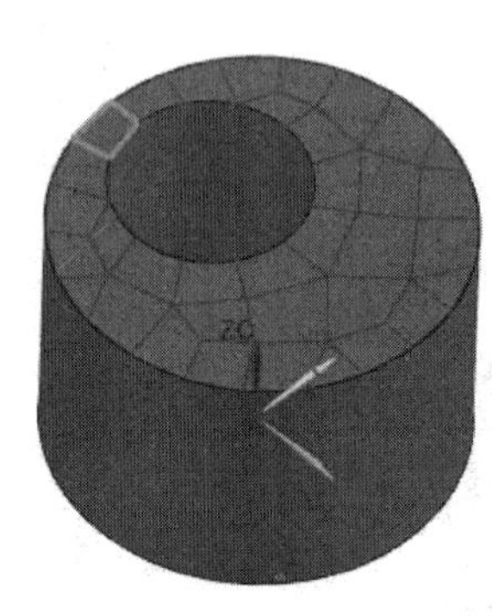

图 14-29 选择单元面

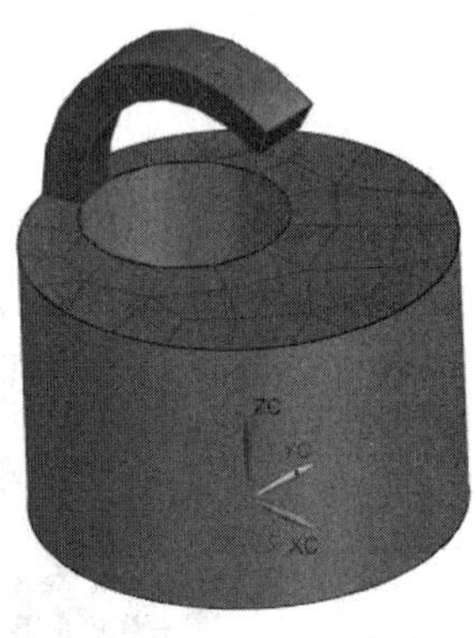

图 14-30 单元旋转操作结果

3）在【类型】下拉列表框中选择【单元面】选项，在绘图区选择一个二维单元面，如图 14-29 所示。

4）单击【指定矢量】选项，选择绕【YC 轴】方向旋转，选择大圆柱端面圆弧中心为旋转轴位置点。

5）在旋转【角度】选项组（每个副本：表示单个副本的旋转角度；总计：表示所有副本的总旋转角度）中选择【每个副本】，输入【角度】为 30°。

6）单击【确定】按钮，完成单元旋转操作，结果如图 14-30 所示。

14.2.8 单元复制和平移

单元复制和平移操作可完成对零维、一维、二维和三维单元的复制平移。操作步骤如下：

1）打开源文件/chapter14/原始文件/14.2.6/57_fem1.fem。

2）单击【节点和单元】选项卡【单元】面组上【更多】库下【平移】按钮或选择【菜单】→【插入】→【单元】→【复制和平移】选项，打开列表框图 14-31 所示的【单元复制和平移】对话框。

3）在【单元类型】下拉列表框选择【任何单元】，在绘图区选择任意一个/几个二维单元，如图 14-32 所示。

4）在【副本数】文本框输入需要创建的复制单元数量为 1。

5）在【方向】下拉列表框中选择【有方位】，【坐标系】下拉列表框中选择【全局坐标系】。

6）在【距离】选项组中选择【每个副本】；在【DZ】文本框输入 50，表示复制的单元按全局坐标系的 Z 轴向进行复制；设置单元间距为 50。

7）单击【确定】按钮，完成单元复制和平移操作，结果如图 14-33 所示。

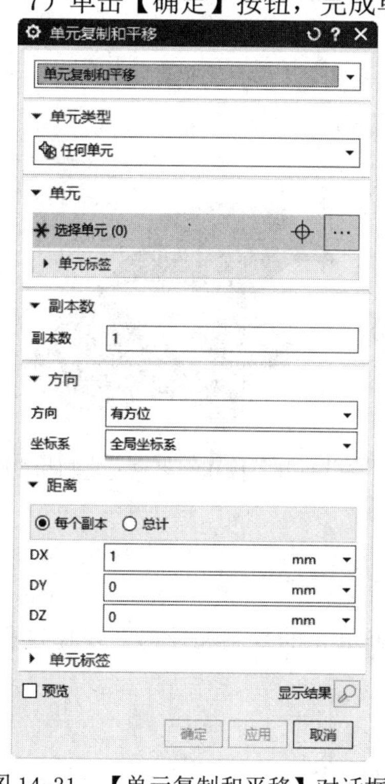

图 14-31　【单元复制和平移】对话框

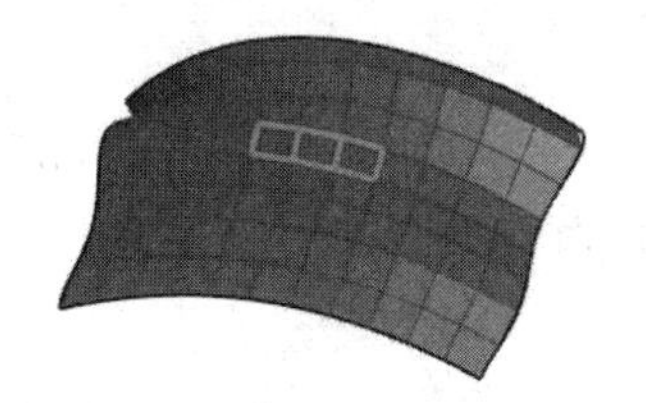

图 14-32　选择单元

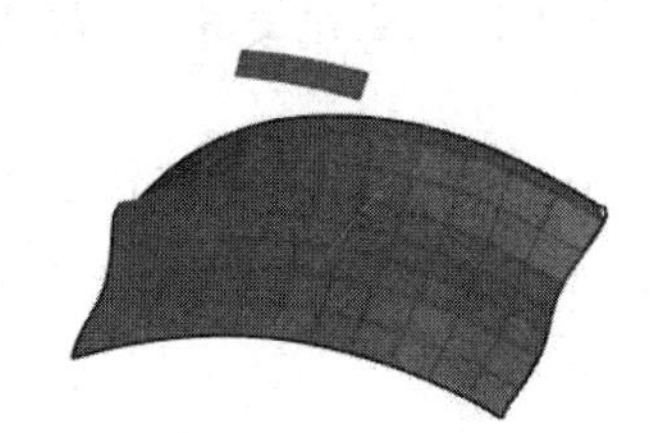

图 14-33　单元复制和平移操作结果

UG NX 2027

14.2.9　单元复制和投影

单元复制和投影操作可完成对一维或二维单元在指定曲面上的投影，并在投影面上生成新的单元。【单元复制和投影】对话框如图 14-34 所示。

【目标投影面】选项中的【曲面的偏移百分比】表示将指定的单元复制投影到新的位置距离与原单元和目标面之间距离的比值。操作步骤如下：

1）打开源文件/chapter14/原始文件/14.2.9/112_fem1.fem。

2）单击【节点和单元】选项卡【单元】面组上【更多】库下【投影】按钮或选择【菜单】→【插入】→【单元】→【复制和投影】选项，打开图 14-34 所示的【单元复制和投影】对话框。

3）单击【选择单元（0）】选项，选择图 14-35 所示的单元。

4）单击【选择目标面】选项，在绘图区选择下方的曲面面为投影目标面，在【曲面的偏移百分比】中输入 60；在【方向】选项组中选择【指定矢量】，矢量方向选择【-ZC 轴】。

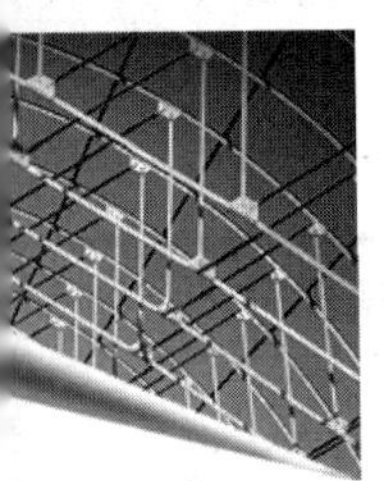

5）单击【确定】按钮，完成单元复制和投影操作，结果如图 14-36 所示。

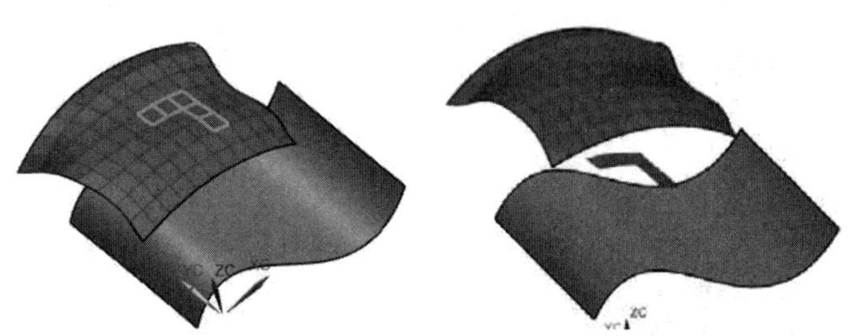

图 14-34 【单元复制和投影】对话框　　图 14-35 选择单元　　图 14-36 操作结果单元复制和投影

14.2.10 单元复制和反射

单元复制和反射操作可完成对零维、一维、二维和三维单元的复制和反射，操作过程与上述单元复制和投影相似，用户自行完成操作。

14.3 有限元模型的检查

建立有限元模型、并在仿真模块中对模型进行了加载和约束后，进行解算前应对模型进行验证，检查模型的正确性和完整性。有限元模型检查包括单元质量、单元边、重复节点、2D 单元法向等多种情况。

14.3.1 单元质量

单元质量主要是检查由于过度扭曲而无法得出较佳分析结果的单元。

单击【主页】选项卡【检查和信息】面组上【单元质量】按钮或选择【菜单】→【分析】→【有限元模型检查】→【单元质量】选项，打开图 14-37 所示的【单元质量】对话框。对话框中各选项含义如下：

1）【要检查的单元】：指定要检查的单元。

❑ 【显示】：检查所有当前显示的单元。

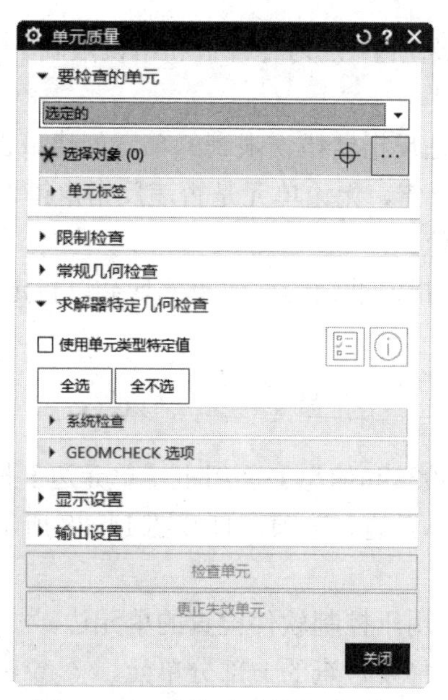

图 14-37　【单元质量】对话框

- 【选定的】：允许选择要检查的单元。

2）【选择对象】：当【要检查的单元】设为【选定的】时出现，用于选择要在图形窗口中检查的单元。

3）【警告和错误限制】：用于指定质量阀值（如果低于或高于该值，软件将会发出警告）及值（如果低于或高于该值，软件会报错）。

4）【警告颜色】：打开【颜色】对话框，这样便可指定要用于违反指定警告限制的单元的颜色。

5）【错误颜色】：打开【颜色】对话框，这样便可指定要用于违反指定错误限制的单元的颜色。

6）【显示单元标签】：显示违反了指定的警告或错误限制的单元的标签。

7）【输出组单元】：指定是否为没有通过质量检查的单元创建输出组。

① 【无】：不会为没有通过质量检查的单元创建输出组。

② 【未通过】：当【检查选项】设为【警告和错误限制】时出现。为违反指定警告和错误限制的单元创建输出组。

③ 【警告】：当【检查选项】 设为【警告和错误限制】时出现。为违反指定警告限制的单元创建输出组。

④【失败与警告】：为违反指定错误限制的单元创建输出组。

8)【报告】：指定是否创建单元质量检查结果的报告。所有报告均包括已检查的单元数，所检查的每个质量阈值的最差值和违反指定限制的每个单元的结果。

①【无】：不会创建报告。

②【未通过】：当【检查选项】设为【警告和错误限制】是出现。为违反指定警告限制的单元创建报告。

③【警告】：当【检查选项】设为【警告和错误限制】时出现。为违反指定警告限制的单元创建报告。

④【失败与警告】：为违反指定错误限制的单元创建报告。

⑤【全部】：创建一个报告，无论单元是否违反指定错误或警告限制，该报告均会列出检查中包括的所有单元的质量值。

9）【检查单元】：违反指定准则的任何单元均会以指定的颜色高亮显示在图形窗口中。

14.3.2 单元边

单击【主页】选项卡【检查和信息】面组上【单元边】按钮或选择【菜单】→【分析】→【有限元模型检查】→【单元边】选项，打开图 14-38 所示的【单元边】对话框。对话框中各选项含义如下：

1）【要检查的单元】：用于控制软件检查的单元边。

① 【选定的】：用于选择要检查的一部分单元。

② 【显示】：用于检查当前显示的所有单元。

2）【自由边】：显示所有自由的（未连接的）单元边。自由单元边是只由一个单元引用的边。

3）【非歧义单元边】：显示所有由两个以上单元面共用的单元边。

4）【输出】：控制软件用来搜索自由或非歧义单元边的域。

① 【在可见模型内计算】：用于在当前显示的网格内查找自由或非歧义单元边。

② 【在整个模型内计算】：用于在模型中的所有网格（包括当前未显示的任何网格）内查找自由或非歧义单元边。

5）【生成单元轮廓】：高亮显示自由或非歧义单元边。

6）【隐藏输入网格】：在检查期间隐藏选定的网格，这样就可以突出显示任何失败的单元。

14.3.3 重复节点

用户可以使用【重复节点】模型检查命令合并装配 FEM 中相邻组件 FEM 之间的重合节点。

单击【主页】选项卡【检查和信息】面组上【重复节点】按钮或选择【菜单】→【分析】→【有限元模型检查】→【重复节点】选项，打开图 14-39 所示的【重复节点】对话框。对话框中主要选项含义如下：

1）【忽略同一网格中的节点】：控制软件计算是否存在重合的节点。

2）【忽略与细微边相连的节点】：控制软件处理与单元相连的节点的方式，这些单元的边小于指定的重合公差 。

3）【首选项】：确定在合并节点时软件将保留两个重合节点中的哪一个。

① 【无】：合并重复节点时不考虑节点编号。

② 【保留高层节点标签 】：可保留具有最高节点标签的节点。

③ 【保留低层节点标签 】：可保留具有最低节点标签的节点。

④ 【保留所选内容】：保留从图形窗口中选择的节点。

⑤ 【合并所选内容 】：合并从图形窗口中选择的节点。

4）【显示重复节点】：显示选定网格或活动的装配 FEM 中的重复节点。重复节点显示为黄色。

5）【显示标签】：控制任何重复节点的标签 (ID) 显示情况。

6）【保留的节点】：指定用于在合并重合节点之后剩余的任何节点的颜色。

7）【合并的节点】：指定用于两个重合节点成功合并的节点位置的颜色。

8）【不可合并的节点】：指定用于软件无法合并的重合节点的颜色。

9）【合的节点】：合并父节点和任何子节点。

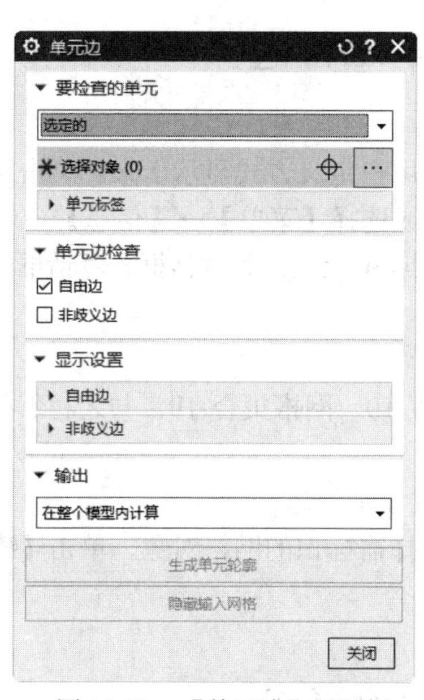

图 14-38　【单元边】对话框

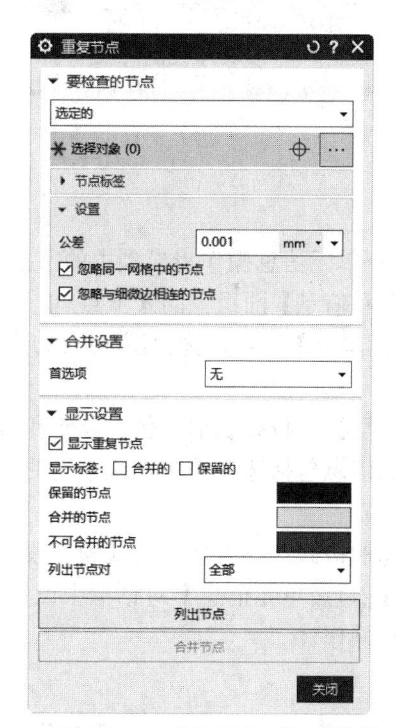

图 14-39　【重复节点】对话框

14.3.4　2D 单元法向

2D 单元法向用于检查二维网格单元的法向矢量。单击【主页】选项卡【检查和信息】面组上【2D 单元法向】按钮或选择【菜单】→【分析】→【有限元模型检查】→【2D 单元法向】选项，打开图 14-40 所示的【2D 单元法向】对话框。检查的网格模型法向图形如图 14-41 所示。

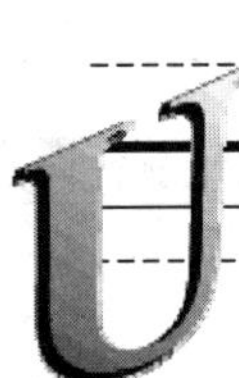

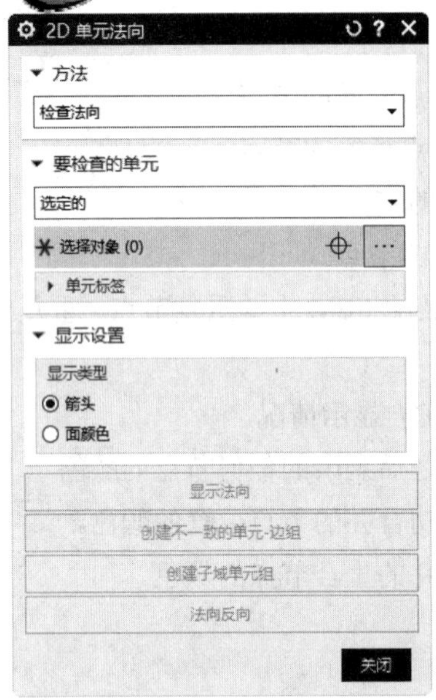

图 14-40 二维单元法向操作对话框

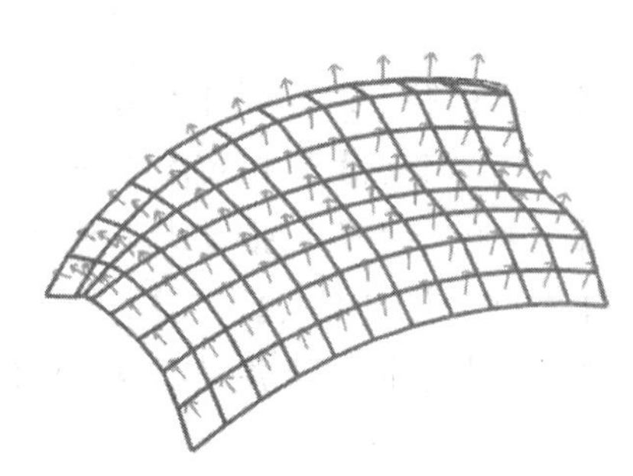

图 14-41 网格模型法向图形

14.4 节点/单元信息

节点/单元信息操作将模型中的节点或单元以用户定义方式显示出来。单击【主页】选项卡【检查和信息】面组上的【节点/单元】按钮或选择【菜单】→【信息】→【前/后处理】→【节点/单元】选项，弹出图 14-42 所示的【节点/单元信息】对话框。对话框中各选项含义如下：

【类型】下拉列表框：包含单元和节点两种。

列出信息包括选择的节点或单元的类型，网格 ID，网格集合 ID，与之相邻的节点或单元等。

信息的格式：以表格的形式和一般列表的形式显示信息。

在【节点/单元信息】对话框中设置各选项选择需标识的网格对象，单击【确定】按钮，完成标识操作。

14.5 仿真信息总结

仿真信息总结为用户提供关于仿真模型的各方面信息，包括环境、网格汇总、解算汇总、载荷汇总、约束汇总、仿真替代材料汇总和截面汇总等。

单击【主页】选项卡【检查和信息】面组上【更多】库下【仿真信息汇总】按钮或选择【菜单】→【信息】→【前/后处理】→【仿真信息汇总】选项，打开【信息】窗口，如图 14-43 所示。

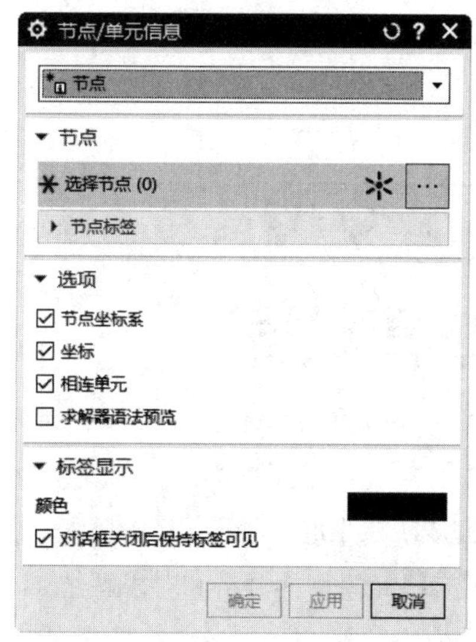

图 14-42　【节点/单元信息】对话框

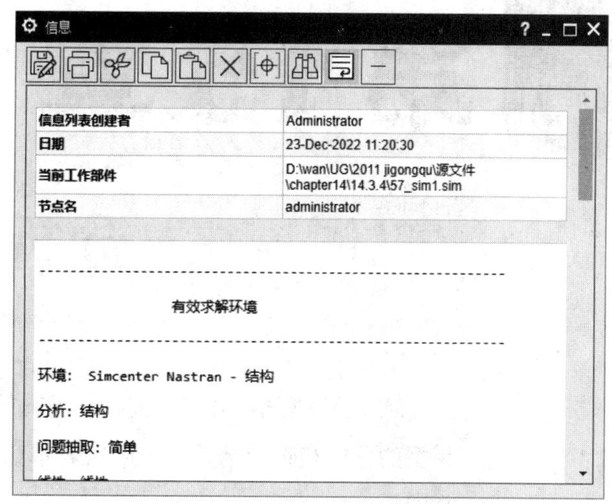

图 14-43　【信息】窗口

14.6　练习题

1. UG NX 2027 中模型编辑有哪几种情况？
2. UG NX 2027 中单元操作包括哪些操作方法？
3. UG NX 2027 中有限元模型检查的目的是什么？

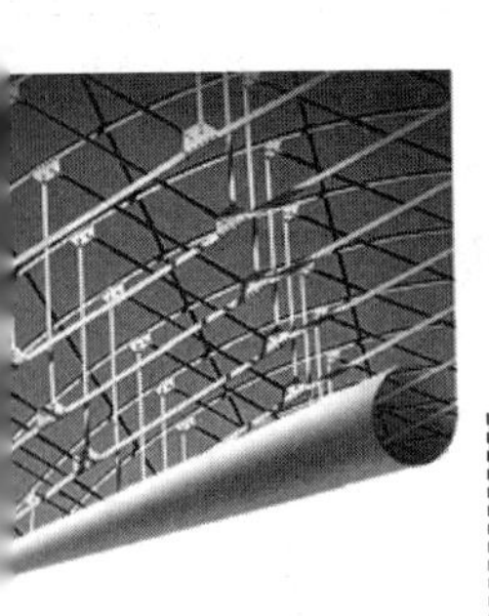

第15章

分析和查看结果

有限元模型经过准备、建立和编辑的操作已完成了模型的前处理，接着进入模型的分析和查看结果这一阶段。本章主要介绍有限元模型的分析和对求解结果的后处理。

重点与难点

- 掌握分析解算的基本方法
- 熟悉分析结果的后处理方法

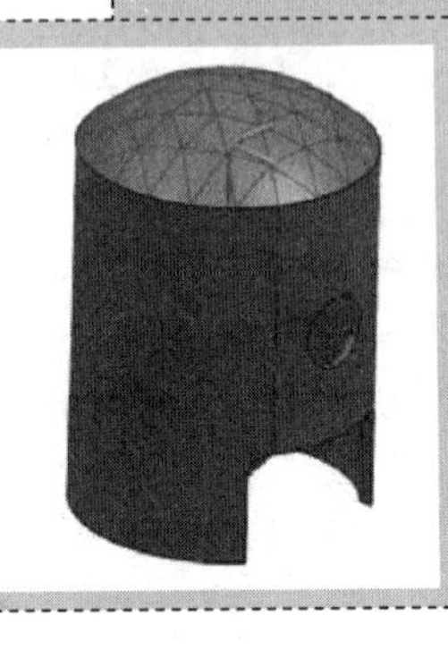

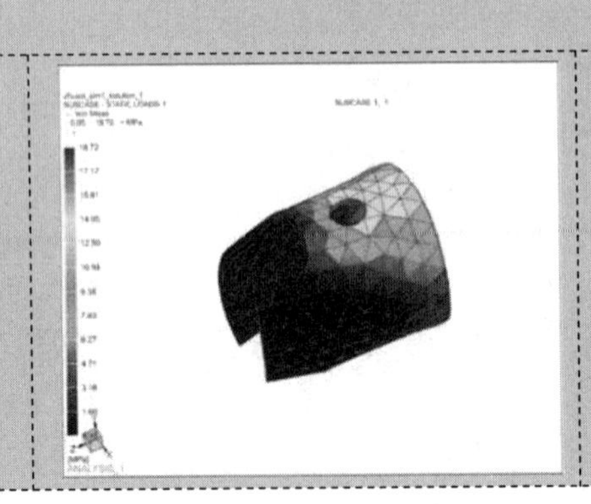

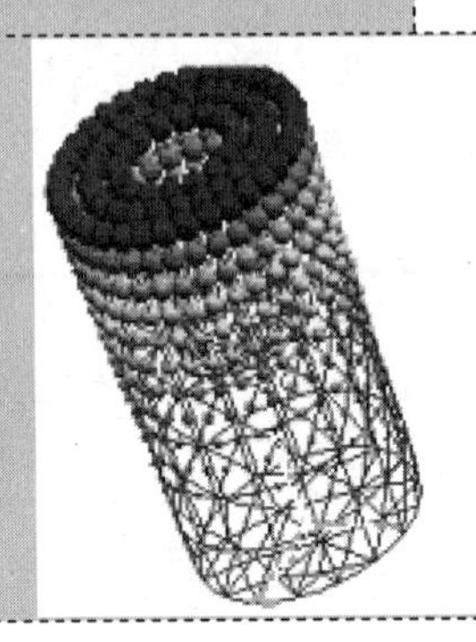

15.1　分析

在完成有限元模型和仿真模型的建立后，在仿真模型（*_sim1.sim）中用户就可以进入分析求解阶段。

15.1.1　求解

单击【主页】选项卡【解算方案】面组上【求解】按钮或选择【菜单】→【分析】→【求解】选项，弹出如图 15-1 所示的【求解】对话框。【求解】对话框根据不同的结算类型会激活不同选项。对话框中主要选项含义如下：

- 【提交】下拉列表框：包括【求解】【写入求解器输入文件】【求解输入文件】、【写入、编辑并求解输入文件】4 个选项。在有限元模型前处理完成后一般直接选择【求解】选项。
- 【编辑求解器参数】按钮：单击该按钮，弹出如图 15-2 所示的【求解器参数】对话框，该对话框包含参数、求解器版本等选项。

图 15-1　【求解】对话框　　　　图 15-2　【求解器参数】对话框

- 【编辑高级求解器选项】按钮：单击该按钮，弹出如图 15-3 所示的【高级求解器选项】对话框。该对话框为当前求解器建立一个临时目录。完成各选项后，直接单击【确定】按钮，程序开始求解。

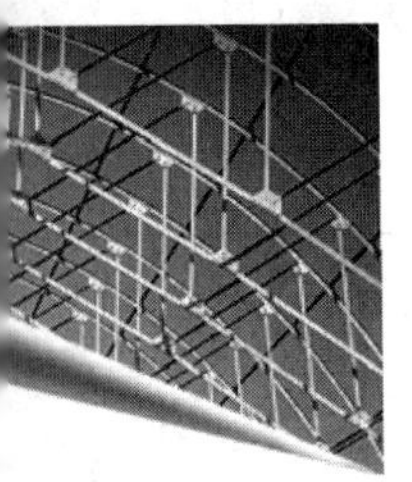

15.1.2　分析作业监视器

分析作业监视器可以在分析完成后查看分析任务信息和检查分析质量。单击【主页】选项卡【解算方案】面组上的【分析作业监视】按钮或选择【菜单】→【分析】→【分析作业监视】选项，弹出如图 15-4 所示的【分析作业监视】对话框。该对话框中主要选项含义如下：

- 【分析作业信息】按钮：在图 15-4 所示的对话框中选中列表中的完成项，激活【分析作业信息】按钮。单击该按钮，打开如图 15-5 所示的【信息】窗口。在信息列表中列出有关分析模型的各种信息，包括分析时间、模型摘要（单元数、节点数、求解方程式个数等）、求解时间，若采用适应性求解会给出自适应有关参数等信息。
- 【检查分析质量】按钮：对分析结果进综合评定，给出整个模型求解置信水平，是否推荐用户对模型进行更加精细的网格划分。

图 15-3　【高级求解器选项】对话框

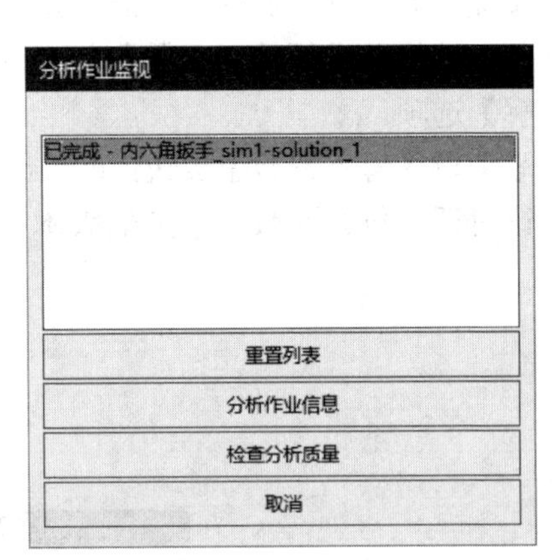

图 15-4　【分析作业监视】对话框

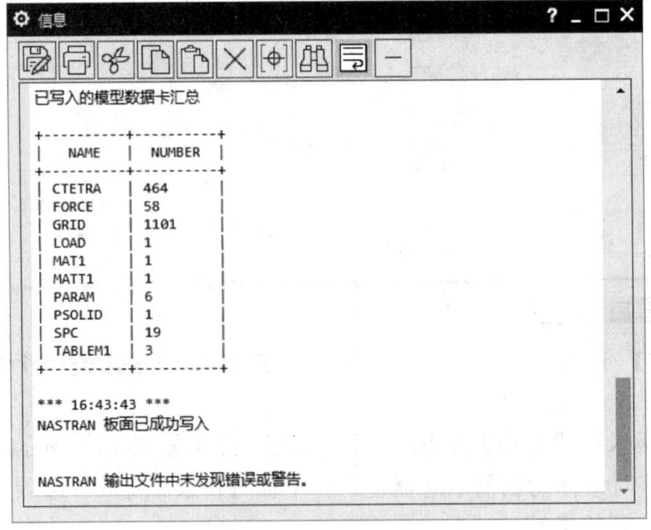

图 15-5　【信息】窗口

15.2　后处理控制

后处理控制对有限元分析来说是重要的一步，当求解完成后，得到的数据非常多，如何从中选出对用户有用的数据，数据以何种形式表达出来，都需要对数据进行合理的后处理。

在求解完成后，进入后处理选项，就可以激活后处理控制各操作。在【后处理导航器】面板（见图 15-6）中可以看见在【已导入的结果】下激活的各种求解结果。选择不同的选项，将在绘图区中显示不同的结果。

15.2.1　后处理视图

视图是最直观的数据表达形式，在 UG NX 高级分析模块中，一般通过不同形式的视图来表达结果。通过视图，用户能很容易识别最大变形量、最大应变、应力等在图形中的具体位置。单击【结果】选项卡【后处理视图】面组上的【编辑后处理视图】按钮，弹出如图 15-7 所示的【后处理视图】对话框。这里只对【显示】选项卡进行简单介绍。

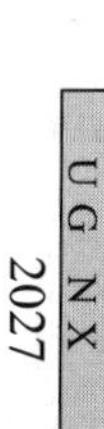

图 15-6　【后处理导航器】面板

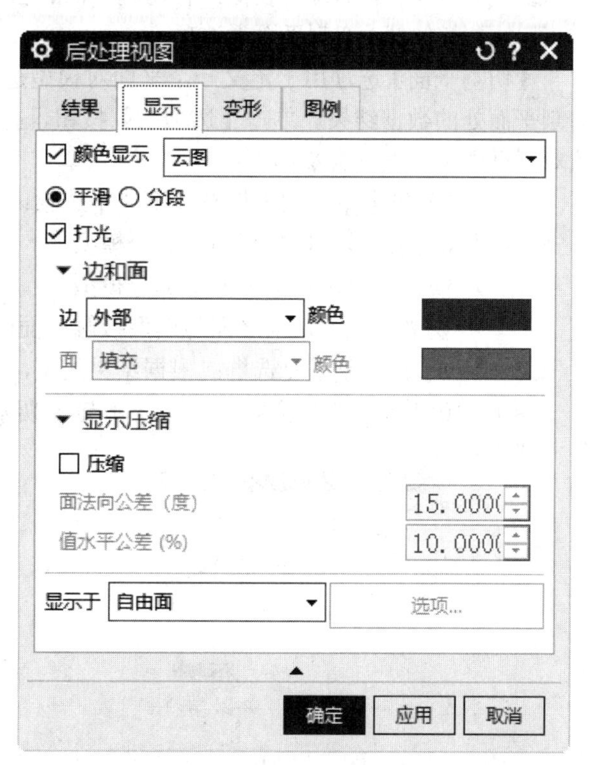

图 15-7　【后处理视图】对话框

- 【颜色显示】下拉列表框：系统为分析模型提供 9 种类型的显示方式，即平滑、分段、等值线、等值曲面、立方体、球体、箭头、张量和流线。图 15-8 所示为用例图形式分别表示 7 种模型分析结果图形显示方式。

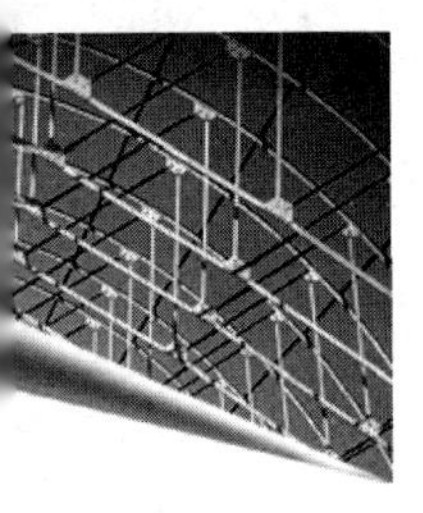

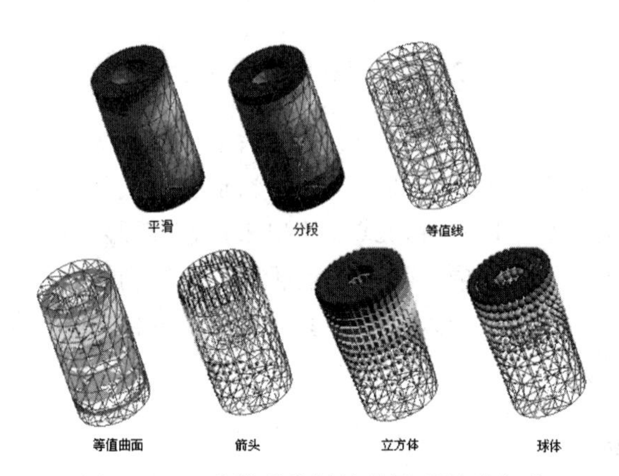

图 15-8　7 种模型分析结果图形显示方式

- 【打光】复选框：仅在等值线图显示中出现。用于控制在后处理结果时打光显示等值线图。要显示没有阴影效果的等值线图，取消选择【打光】复选框。如果已选择【压缩】复选框，取消选择【打光】复选框则会降低后处理视图的内存消耗，并提高正在加载的动画肋骨的性能。
- 【显示于】下拉列表框：有切割平面、自由面和空间体。

下面重点介绍【切割平面】选项。

【切割平面】选项用于定义一个平面对模型进行切割，用户通过该选项可以参看模型内部切割平面处的数据结果。单击【选项...】按钮，打开【切割选项】对话框，如图 15-9 所示。该对话框中主要选项含义如下：

- 【切割侧】下拉列表框有以下 3 个选项：
  - 正的：显示切削平面上部分模型
  - 负的：显示切削平面下部分模型
  - 两者：显示切削平面与模型接触平面的模型。
- 【按节点切割】复选框：根据结果类型，基于节点或单元指定切割平面的位置。

图 15-10 所示为按照轮廓-光顺下，并定义切割平面为 XC-YC 面偏移 60mm，并且以【两者】的方式显示视图。

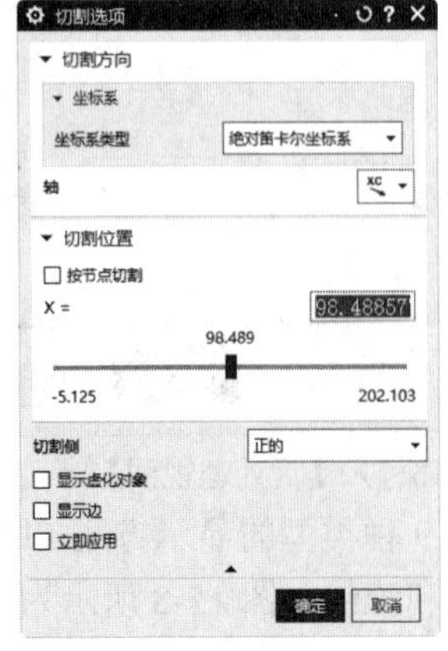

图 15-9　【切割选项】对话框

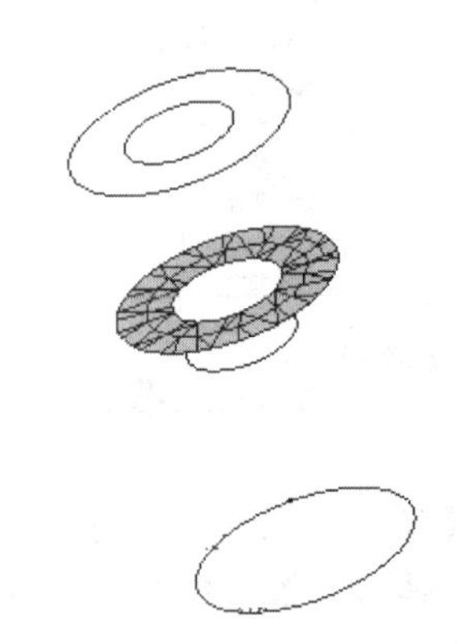

图 15-10　定义 XC-YC 为切割平面

15.2.2　标识（确定结果）

通过标识操作，可以直接在模型视图中选择感兴趣的节点，得到相应的结果信息。

系统提供了 5 种方式选取目标节点或单元的方式：

- ❑ 直接在模型中选择。
- ❑ 输入节点或单元号。
- ❑ 通过用户输入结果值范围，系统自动给出范围内各节点。
- ❑ 列出 *N* 个最大结果值节点。
- ❑ 列出 *N* 个最小结果值节点。

标识操作步骤如下：

1）单击【结果】选项卡【工具】面组上【标识结果】按钮?或选择【菜单】→【工具】→【结果】→【标识】命令，打开如图 15-11 所示的【标识】对话框。

2）在【节点结果】下拉列表框中选择【从模型中选取】，在模型中选择感兴趣的区域节点。当选中多个节点时，系统就自动判定选择的多个节点结果的最大值和最小值，并做总和与平均计算，显示最大值和最小值的 ID 号。

3）单击【在信息窗口中列出选择内容】图标，打开【信息】窗口，如图 15-12 所示。该窗口中会详细显示各被选中节点的信息。

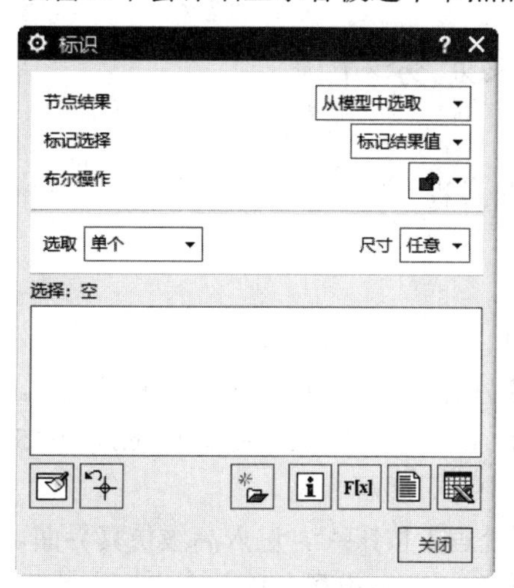

图 15-11　【标识】对话框

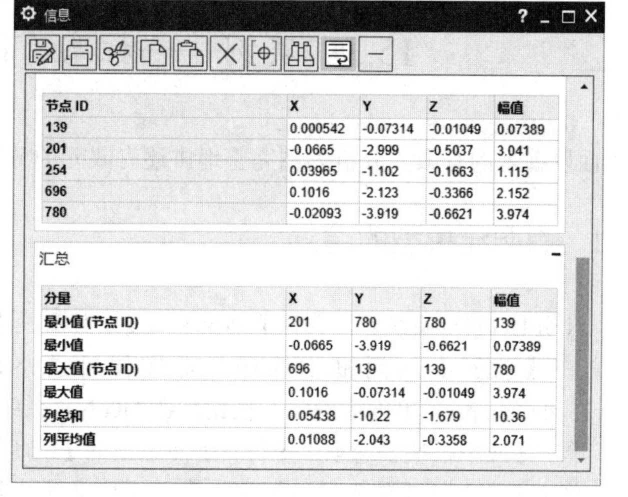

信息

节点 ID	X	Y	Z	幅值
139	0.000542	-0.07314	-0.01049	0.07389
201	-0.0665	-2.999	-0.5037	3.041
254	0.03965	-1.102	-0.1663	1.115
696	0.1016	-2.123	-0.3366	2.152
780	-0.02093	-3.919	-0.6621	3.974

汇总

分量	X	Y	Z	幅值
最小值 (节点 ID)	201	780	780	139
最小值	-0.0665	-3.919	-0.6621	0.07389
最大值 (节点 ID)	696	139	139	780
最大值	0.1016	-0.07314	-0.01049	3.974
列总和	0.05438	-10.22	-1.679	10.36
列平均值	0.01088	-2.043	-0.3358	2.071

图 15-12　【信息】窗口

15.2.3　动画

动画用于模拟模型受力变形的情况，通过放大变形量，使用户清楚地了解模型发生的变化。单击【结果】选项卡【动画】面组上的【动画】按钮，打开如图 15-13 所示的【动画】对话框。

依据不同的分析类型，动画可以模拟不同的变化过程，在结构分析中可以模拟变形过程。用户可以通过设置较多的帧数来描述变化过程。设置完成后，可以单击【播放】图标▶，此时绘图区中的模型动画显示变形过程。用户还可以通过单步播放、后退、暂停和停止对动画进行控制。

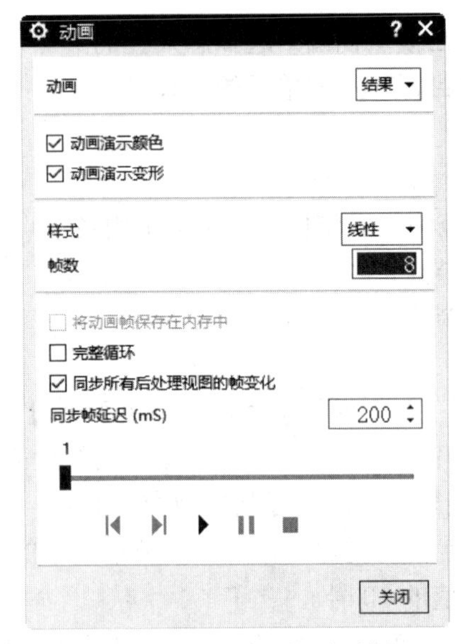

图 15-13 【动画】对话框

15.3 实例——柱塞有限元分析

下面以柱塞的有限元分析为例完整地讲述有限元的分析过程。

15.3.1 有限元模型的建立

1）启动 UG NX 系统后，选择【菜单】→【文件】→【打开】命令，弹出【打开】对话框。

2）在【打开】对话框中选择目标实体目录路径和模型名称：源文件/chapter15/chapter15/zhusai. prt。单击【确定】按钮，在 UG NX 系统中打开目标模型。

3）单击【应用模块】选项卡【仿真】面组上的【前/后处理】按钮，进入高级仿真界面。

4）单击屏幕左侧【仿真导航器】，进入【仿真导航器】，选中模型名称并右击，在弹出的快捷菜单中选择【新建 FEM 和仿真】，弹出【新建 FEM 和仿真】对话框，如图 15-14 所示。接受系统各选项，单击【确定】按钮，弹出【解算方案】对话框，如图 15-15 所示。

5）单击【zhusai_fem1. fem】窗口，进入编辑有限元模型界面。

6）单击【主页】选项卡【属性】面组上【更多】库下【指派材料】按钮或选择【菜单】→【工具】→【材料】→【指派材料】选项，弹出【指派材料】对话框，如图 15-16 所示。选择材料【Aluminum_2014】。

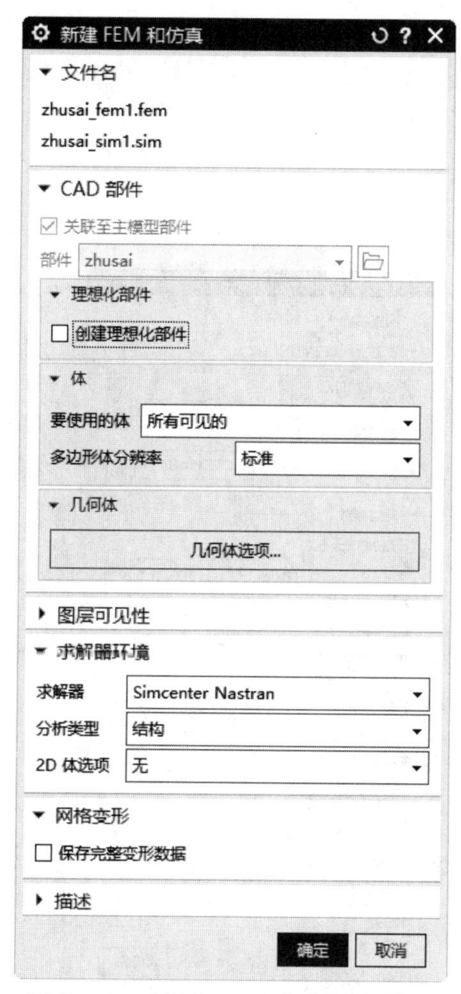

图 15-14　【新建 FEM 和仿真】对话框

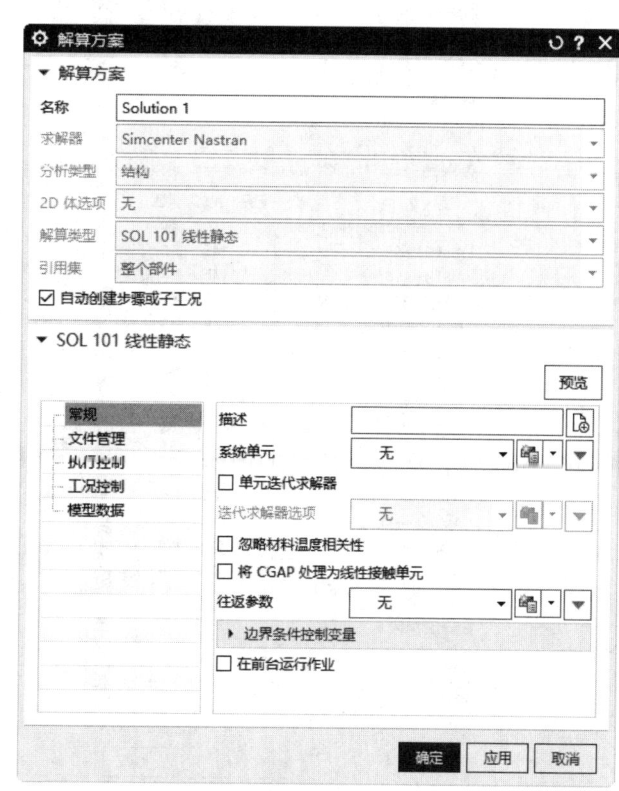

图 15-15　【解算方案】对话框

7）在绘图区中选择柱塞模型，将材料赋予该模型，单击【确定】按钮，完成材料设置。

8）单击【主页】选项卡【网格】面组上的【3D 四面体】按钮或选择【菜单】→【插入】→【网格】→【3D 四面体网格】选项，弹出如图 15-17 所示的【3D 四面体网格】对话框。在绘图区中选择柱塞模型，参数采用默认设置，单击【确定】按钮，开始划分网格，创建如图 15-18 所示的有限元模型。

9）单击【（仿真）zhusai_sim1.sim】窗口，进入仿真模型界面。

10）单击【主页】选项卡【载荷和条件】面组上【约束类型】下拉菜单下的【固定约束】按钮，弹出如图 15-19 所示的【固定约束】对话框。在绘图区选择柱塞的两个圆孔面为固定约束面，如图 15-20 所示。单击【确定】按钮，完成固定约束的设置。

11）单击【主页】选项卡【载荷和条件】面组上【载荷类型】下拉菜单下的【压力】按钮，弹出如图 15-21 所示的【压力】对话框。在绘图区选择模型面，施加压力载荷，如图 15-22 所示。设置【压力】对话框中的各选项，将【类型】设置为【2D 单元或 3D 单元面上的法向压力】，【压力】设置为 0.8。单击【确定】按钮，完成载荷的施加，如图 15-23 所示。

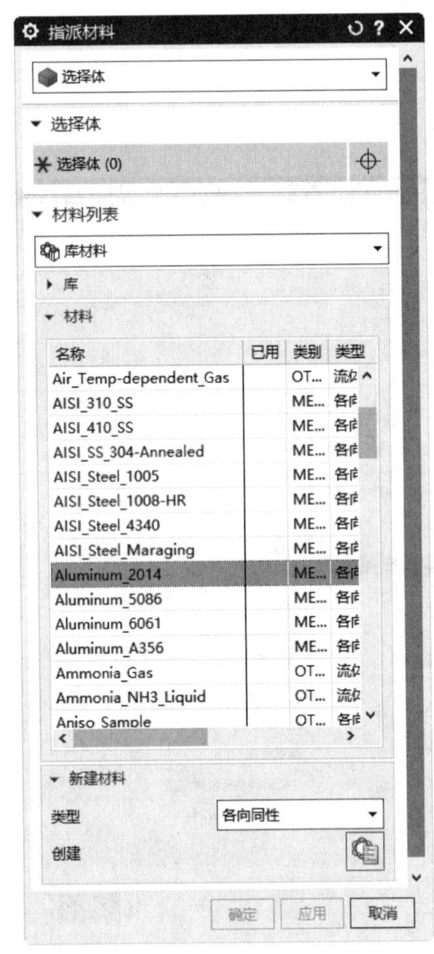

图 15-16　【指派材料】对话框

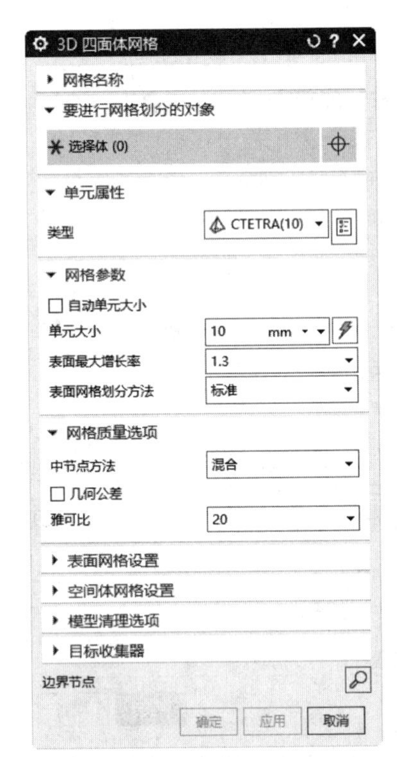

图 15-17　【3D 四面体网格】对话框

图 15-18　创建有限元模型

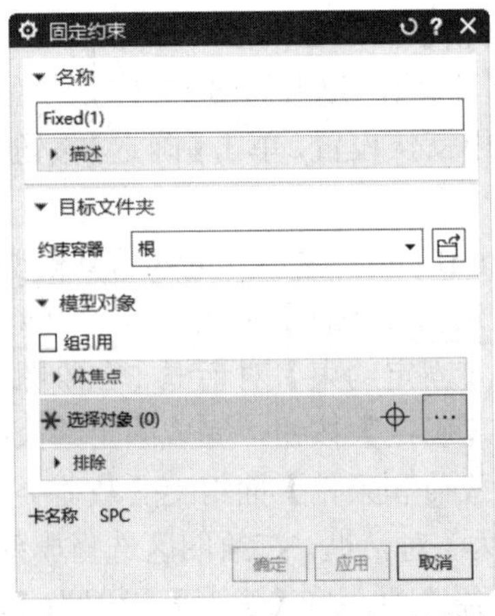

图 15-19　【固定约束】对话框

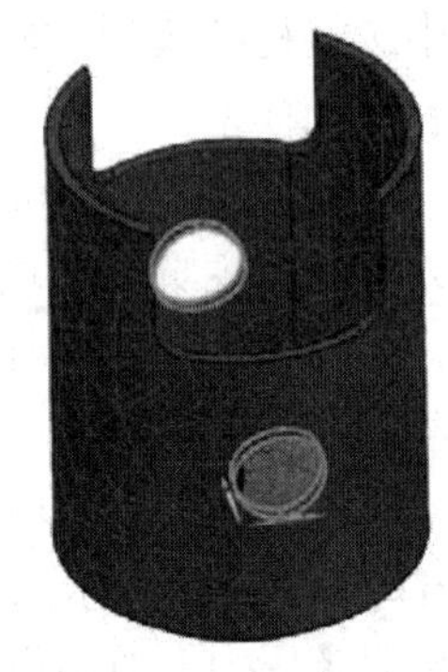

图 15-20　选择固定约束面

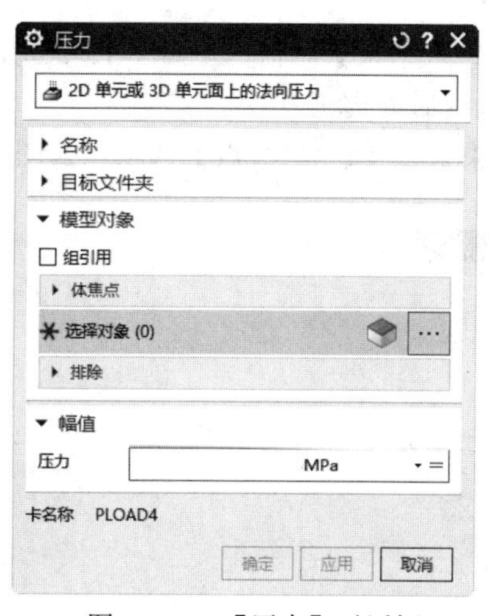

图 15-21　【压力】对话框

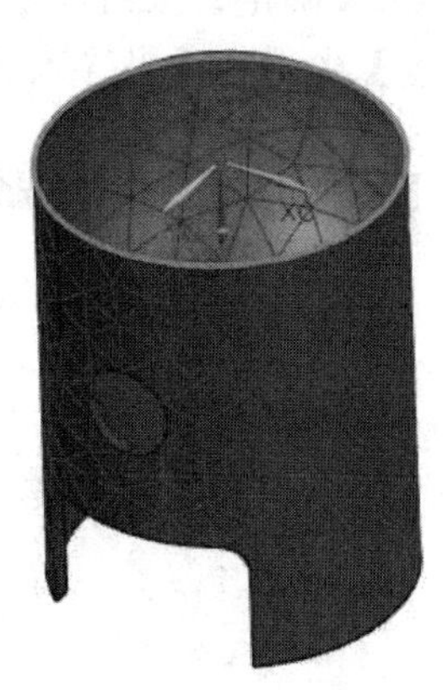

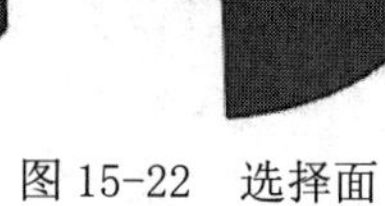

图 15-22　选择面

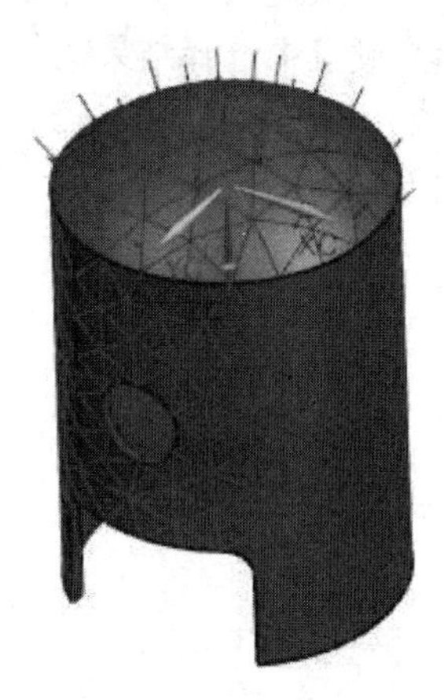

图 15-23　施加载荷

15.3.2　求解

完成有限元模型的建立后进入求解阶段，求解操作步骤如下：

1）单击【主页】选项卡【解算方案】面组上的【求解】按钮或选择【菜单】→【分析】→【求解】选项，弹出如图 15-24 所示的【求解】对话框。

2）单击【确定】按钮，弹出【分析作业监视】对话框，如图 15-25 所示。

3）单击【取消】按钮，完成求解过程。

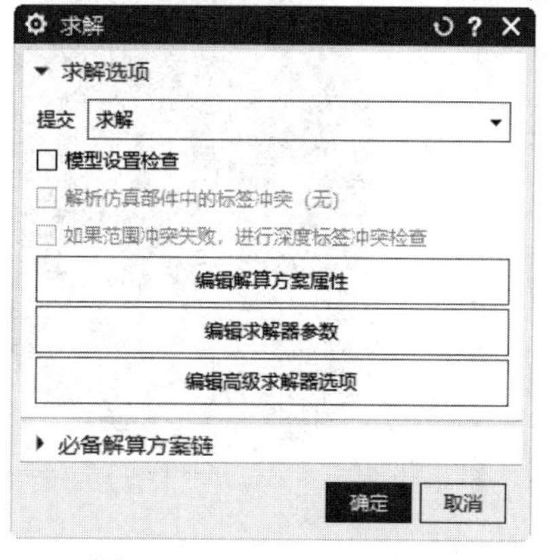

图 15-24　【求解】对话框

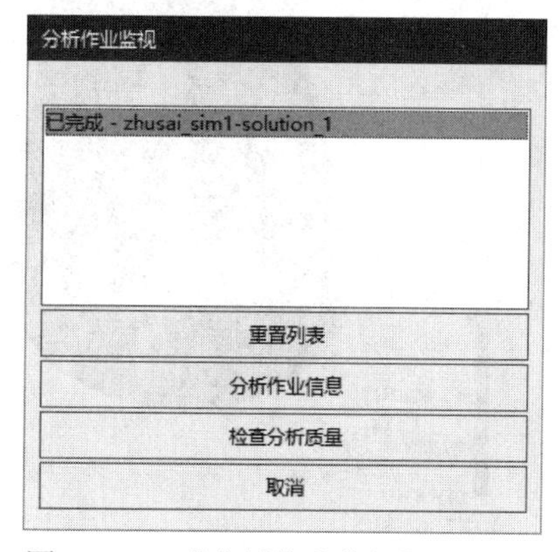

图 15-25　【分析作业监视】对话框

15.3.3　后处理

完成模型求解后进入后处理阶段，用户可以通过生成云图、找最大最小值等方式得到有用的结果。

后处理操作步骤如下：

1）单击【后处理导航器】，在弹出的【后处理导航器】中选择【已导入的结果】，右击

并在弹出快捷菜单中选择【导入结果】选项，系统弹出【导入结果】对话框，如图 15-26 所示。在用户硬盘中选择结果文件，单击【确定】按钮，系统激活后处理工具。

2）在屏幕右侧【仿真导航器】中选择【已导入的结果】→【位移-节点】选项，云图显示有限元模型的变形情况，如图 15-27 所示。

图 15-26 【导入结果】对话框

3）在屏幕左侧【后处理导航器】中选择【已导入的结果】→【应力-单元-von Mises】，单击鼠标右键，选择【新建绘图】选项，云图显示有限元模型的应力情况，如图 15-28 所示。

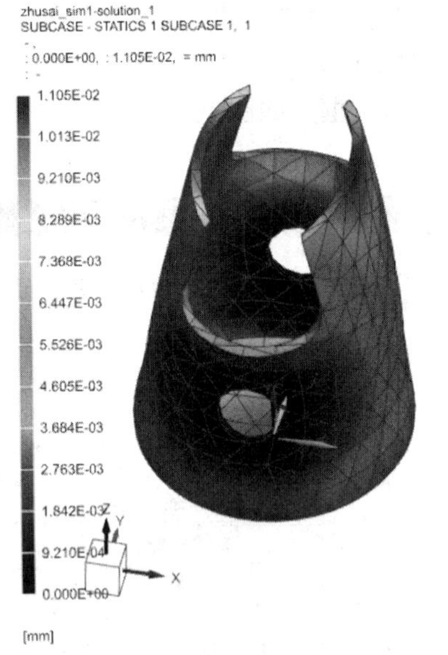

图 15-27 变形云图

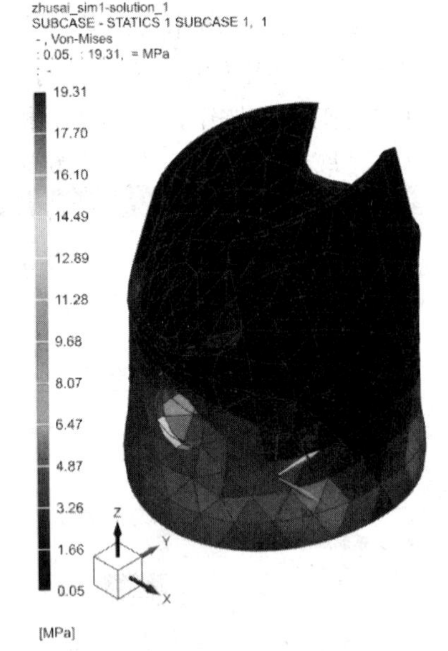

图 15-28 应力云图

4）单击【主页】选项卡【解算方案】面组上的【创建报告】按钮或选择【菜单】→【工具】→【创建报告】，打开【在站点中显示模板文件】对话框。选择【SPLM_Demo_Report_Template_01.docx】模板，单击【确定】按钮，系统根据整个分析过程，创建一份完整的分析报告。

5）在【仿真导航器】中选中【报告】，右击并在打开的快捷菜单中选择【发布报告】选项，打开【指定新的报告文档名称】对话框。输入文件名称【柱塞】，单击【确定】按钮，进行报告文档的保存，系统显示上述创建的报告，如图 15-29 所示。至此，整个分析过程结束。

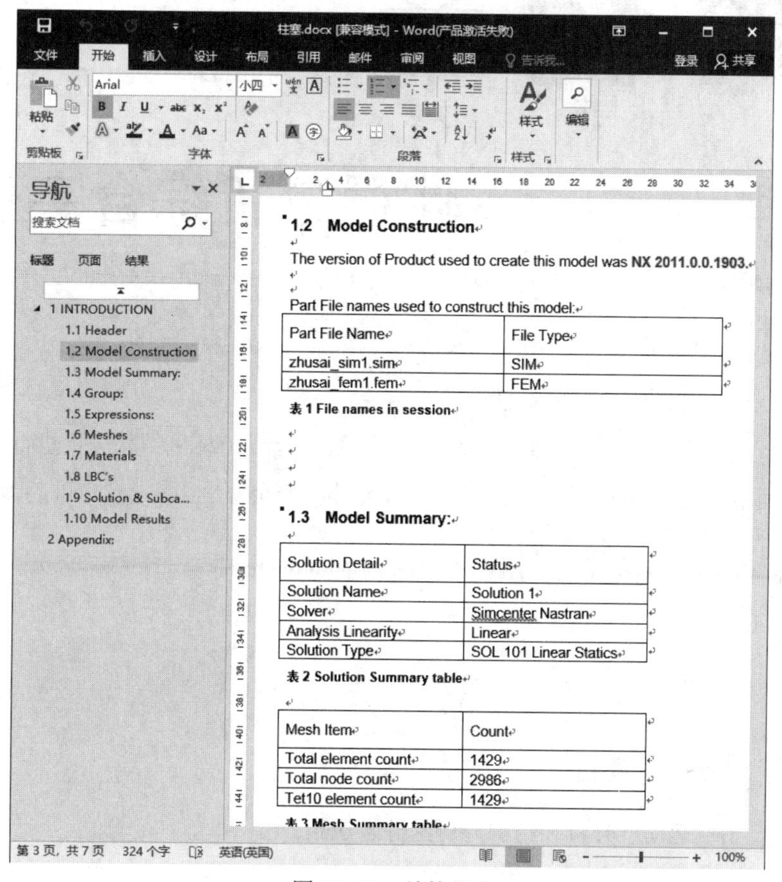

图 15-29 结构报告

15.4 练习题

1. 简述 UG NX 2027 仿真模型的分析过程？
2. UG NX 2027 中后处理控制包括哪些方面？

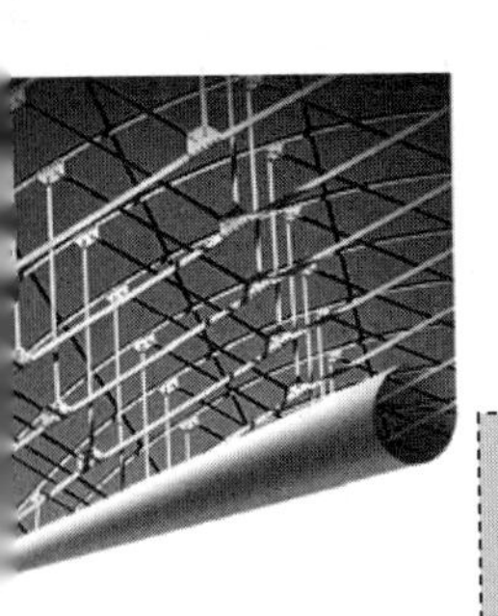

第16章

球摆分析综合实例

本章以球摆分析为例，从建模、装配、运动分析到结构分析进行综合讲解，使用户对UG NX 2027动力学与有限元分析的全程应用有个详细的了解。

重点与难点

- 运动学分析和结构分析的综合应用。

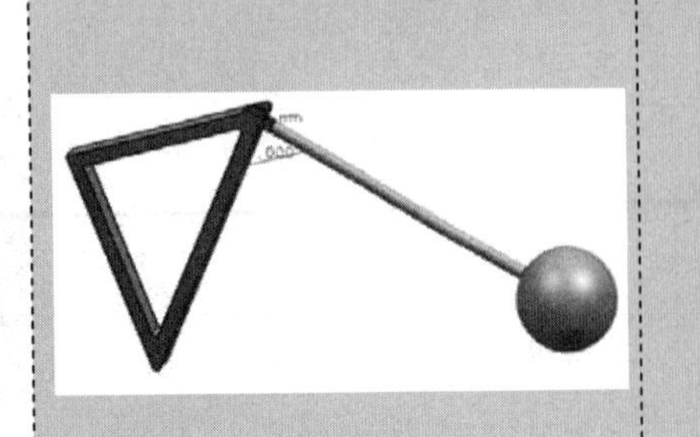

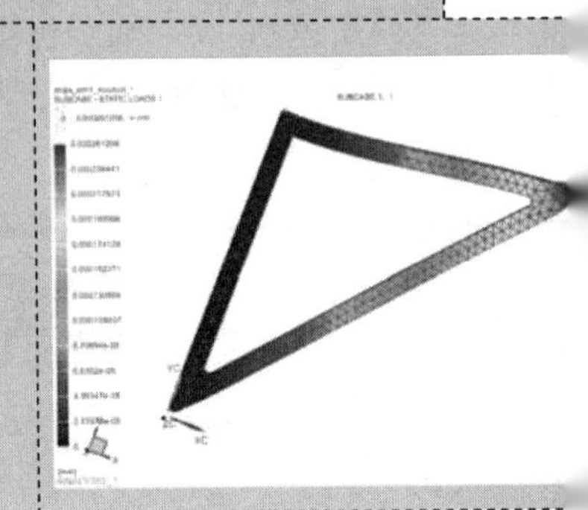

16.1　模型的建立

1）启动 UG NX 2027 系统，单击【快速访问】工具栏中的【新建】按钮或选择【菜单】→【文件】→【新建】选项，打开【新建】对话框，如图 16-1 所示。

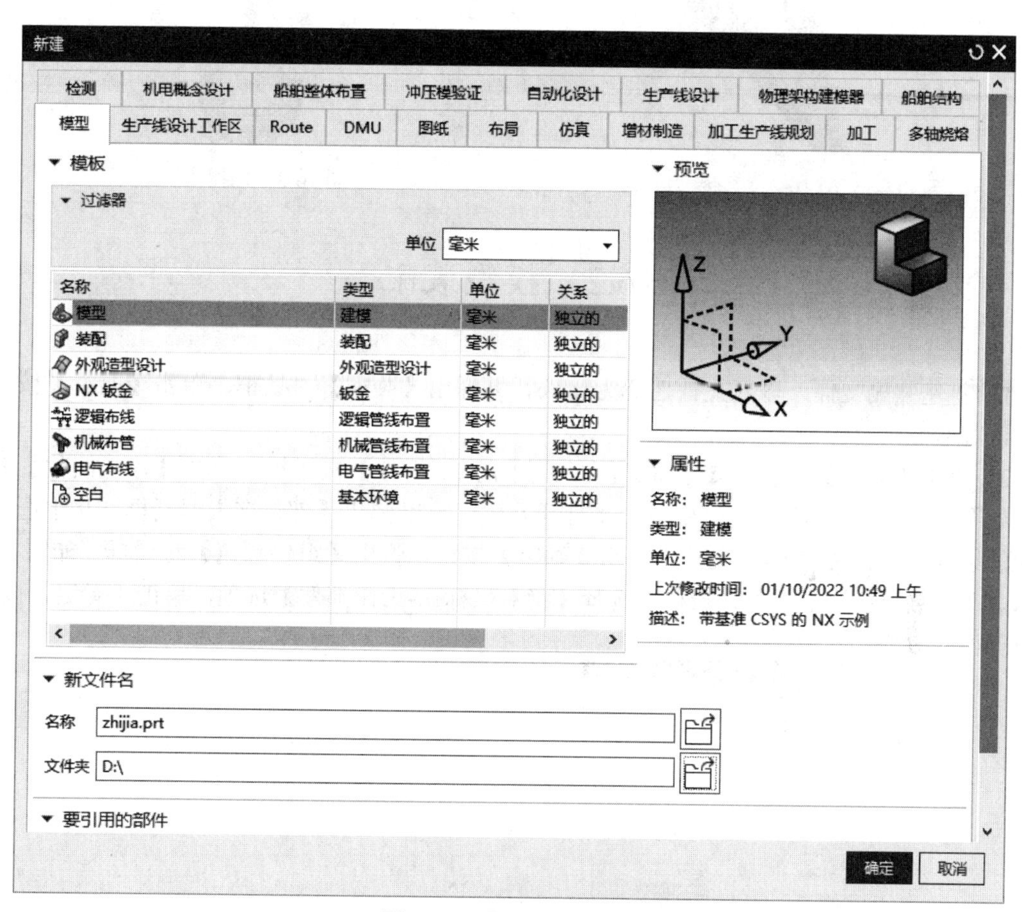

图 16-1　【新建】对话框

在对话框中选择【单位】为【毫米】，在文件【名称】文本框输入 zhijia.prt，单击【确定】按钮，进入建模环境。

2）建立如图 16-2 所示的等腰三角支架，直角边长为 300mm，厚度为 25mm，边框等宽为 20mm，锐角倒角 *R*6mm。具体建模过程这里不详述。

3）完成支架建模后，选择【菜单】→【文件】→【关闭】→【保存并关闭】选项。

同上述步骤建立球摆模型，文件名称为 qiubai，如图 16-3 所示。摆臂到球心长度为 500mm，直径为 20mm，球直径为 150mm。这两个文件都保存在：源文件/chapter16/文件夹中。

完成上述两模型的建立后，进入装配模块。

图 16-2　等腰三角支架

图 16-3　球摆模型

16.2　模型装配

1）新建装配文件，输入文件名称为 asm，并弹出【装配】对话框。单击【取消】按钮，关闭该对话框。

2）单击【装配】选项卡【基本】面组上的【添加组件】按钮，弹出【添加组件】对话框，如图 16-4 所示。在对话框中单击【打开】按钮，弹出【部件名】对话框。从中选择需装配的组件，选择【zhijia】文件，单击【确定】按钮，弹出【组件预览】对话框，如图 16-5 所示。在【装配位置】下拉列表框中选择【绝对坐标系-工作部件】选项，单击【确定】按钮，完成支架的添加。

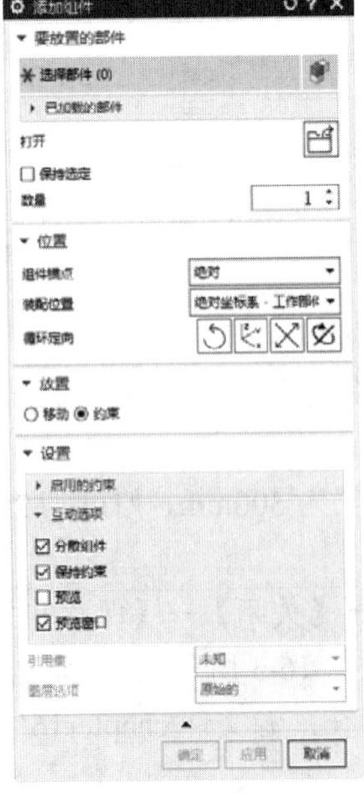

图 16-4　【添加组件】对话框

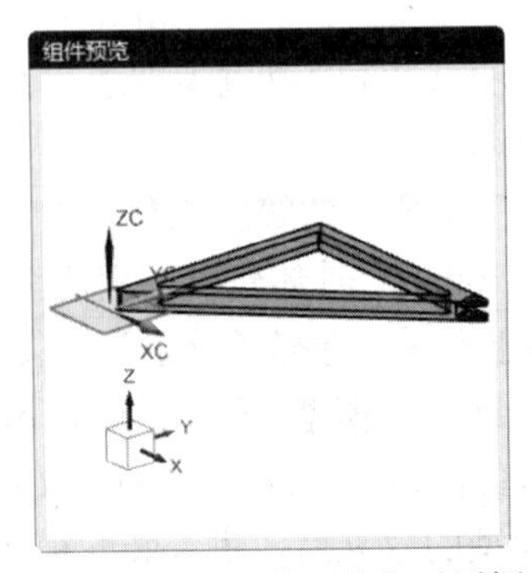

图 16-5　【组件预览】对话框

3）单击【装配】选项卡【基本】面组上的【添加组件】按钮，弹出【添加组件】对话框。在对话框中单击【打开】按钮，弹出【部件名】对话框。从中选择需装配的组件，选择【qiubai】文件，添加球摆部件。在【放置】选项中选择【约束】选项，在【约束类型】选项组中选择【接触对齐】，在【方位】下拉列表中选择【自动判断中心/轴】，选择球摆内孔表面，然后选择支架一端圆柱外表面，如图 16-6 所示。

4）在【约束类型】中选择【距离】，选择球摆摆臂一端平面，选择支架一端平面，如图 16-7 所示。在【距离表达式】中输入 3，按 Enter 键。

5）在【约束类型】中选择【角度】，选择球摆摆臂外表面，然后选择支架一直角面，如图 16-8 所示。在【角度表达式】中输入-90°，单击【确定】按钮，创建如图 16-9 所示的装配关系组件。

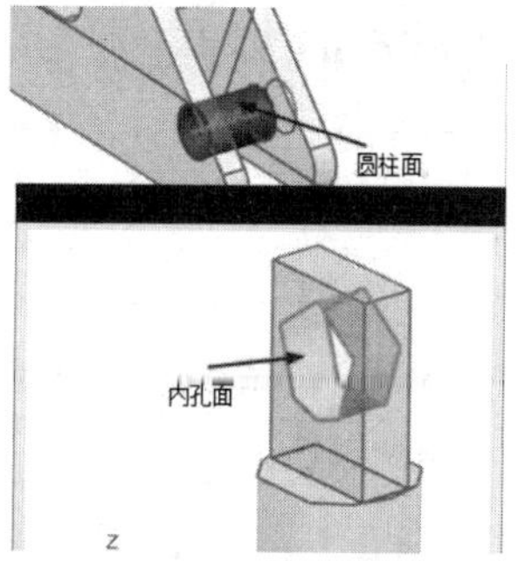

图 16-6　选择圆柱外表面

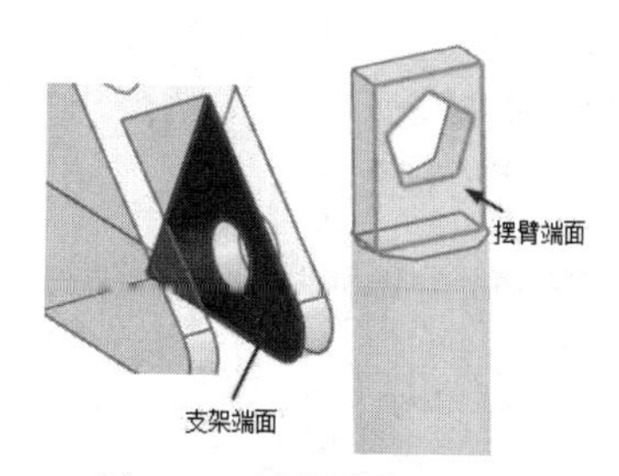

图 16-7　选择支架平面

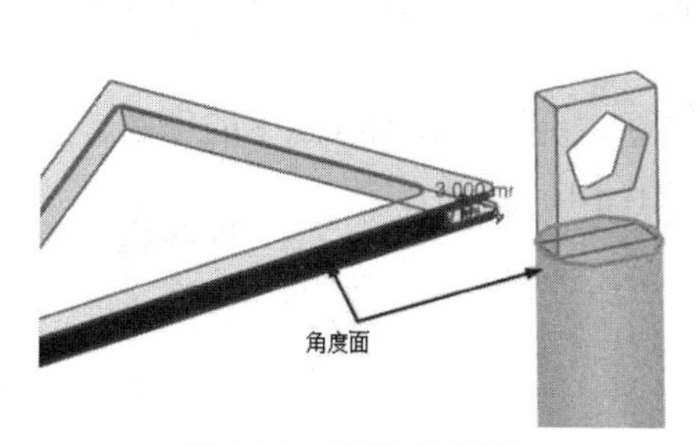

图 16-8　选择直角面

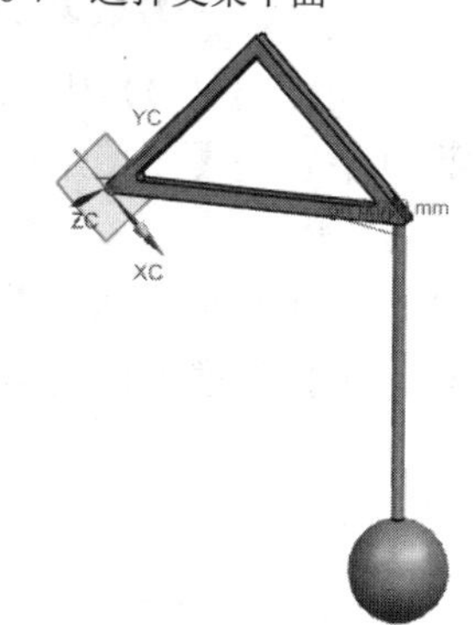

图 16-9　创建装配关系组件

16.3　运动分析

完成结构分析方案的创建后进入运动分析模块，对整个构件进行运动分析。

运动分析步骤如下：

1.创建运动体

1）单击【应用模块】选项卡【仿真】面组上的【运动】按钮，进入运动仿真模块。

2）单击屏幕左侧【运动导航器】图标，选择【asm】项并右击，在弹出的快捷菜单中选

择【新建仿真】选项，弹出【新建仿真】对话框，单击【确定】按钮，弹出【环境】对话框，如图 16-10 所示。

3）在【环境】对话框中，【求解器选项】选择【RecurDyn】，【分析类型】选择【动力学】，取消勾选【新建仿真时启动运动副向导】复选框，其他参数选择默认，单击【确定】按钮，完成环境的创建。

4）单击【主页】选项卡【机构】面组上的【运动体】按钮，打开【运动体】对话框，如图 16-11 所示。

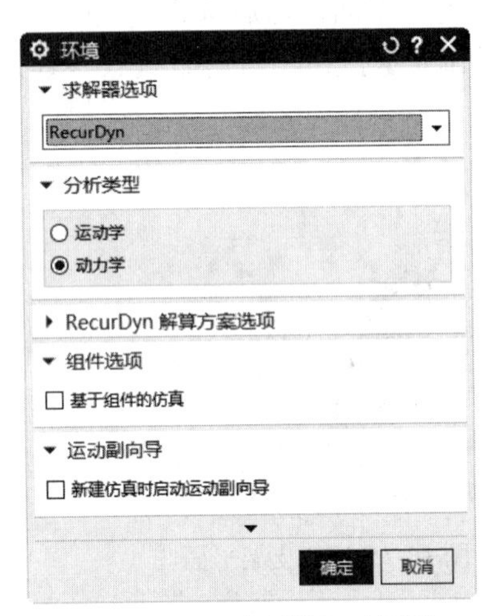

图 16-10 【环境】对话框

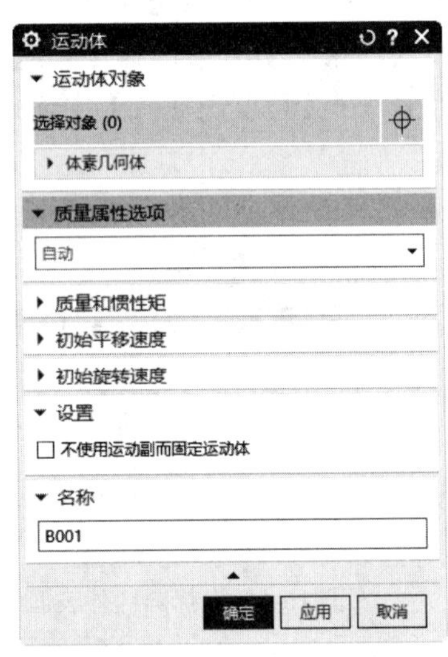

图 16-11 【运动体】对话框

5）在对话框中勾选【不使用运动副而固定运动体】复选框，在绘图区选择支架为运动体 B001，如图 16-12 所示。

6）单击【运动体】对话框的【应用】按钮，完成运动体 B001 的创建。

7）在绘图区选择球摆为运动体 B002，如图 16-13 所示。

图 16-12 选择运动体 B001

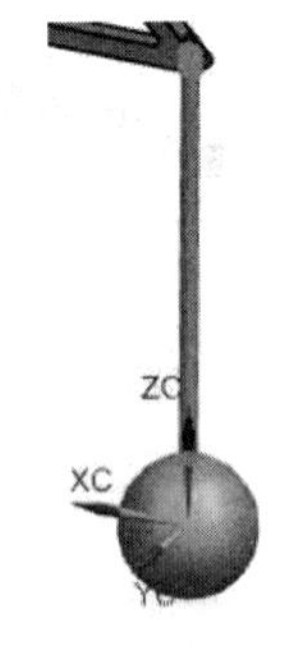

图 16-13 选择运动体 B002

8）单击【运动体】对话框的【应用】按钮，完成运动体 B002 的创建。

2.创建旋转副

1）单击【主页】选项卡【机构】面组上的【运动副】按钮，打开【运动副】对话框，如图 16-14 所示。在【类型】下拉列表框中选择【旋转副】。

2）单击【选择运动体】选项，在绘图区选择运动体 B002。

3）单击【指定原点】选项，在绘图区选择运动体 B002 圆孔的圆心，如图 16-15 所示。

4）单击【指定矢量】选项，选择系统提示的 Y 轴，使临时坐标系的 Z 轴指向轴心。

5）单击【基本】标签，打开【基本】选项组，如图 16-16 所示。

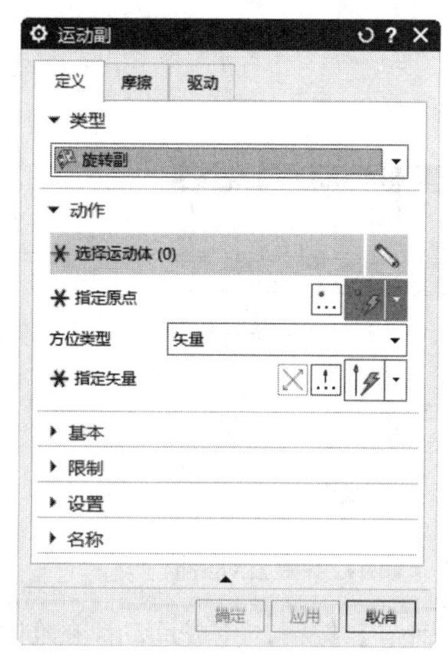

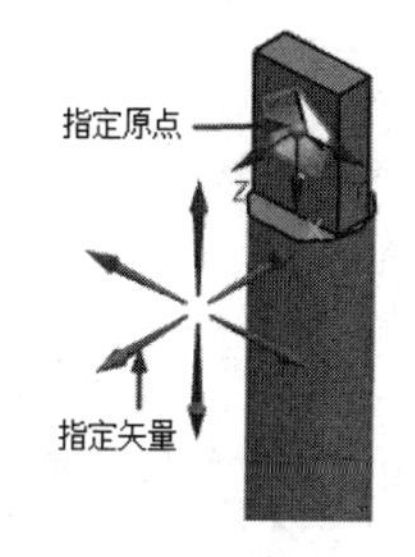

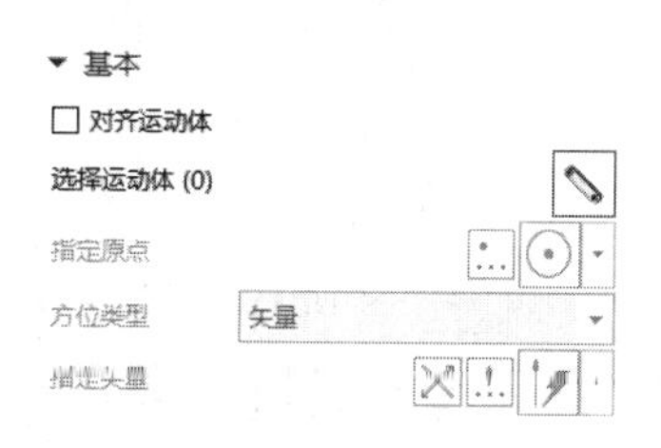

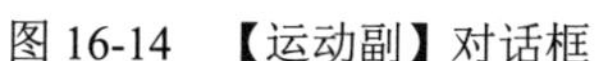
图 16-14　【运动副】对话框　　图 16-15　指定原点　　图 16-16　【基本】选项组

6）单击【选择运动体】选项，在绘图区选择运动体 B001。

7）单击【驱动】标签，打开【驱动】选项卡，如图 16-17 所示。在【旋转】下拉列表框中选择【谐波】选项，【幅值】设定为 60，【频率】设定为 120，【相位角】设定为 0，在【位移】下拉列表框中选择【函数】，打开【插入函数】对话框，如图 16-18 所示。

8）选择【sin】函数，单击【确定】按钮，打开【函数参数】对话框，如图 16-19 所示。在【指定一个角度】文本框中输入-60。

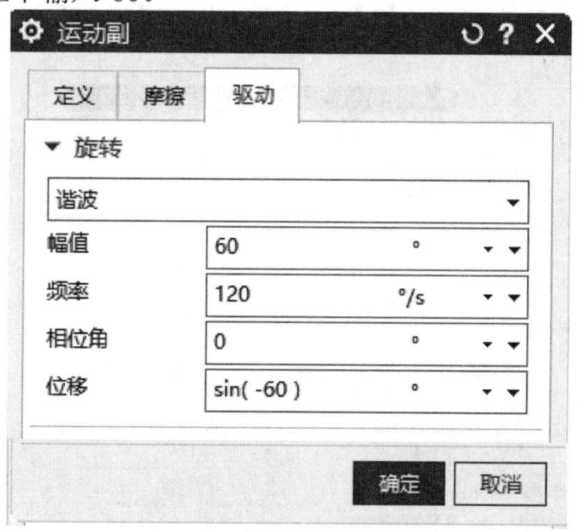

图 16-17　【驱动】选项卡

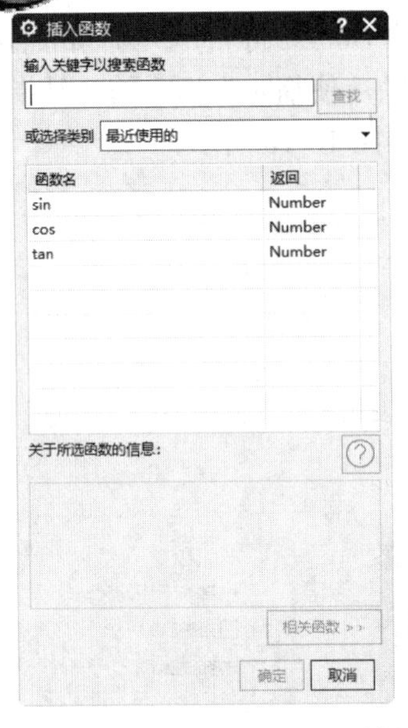

图 16-18　【插入函数】对话框

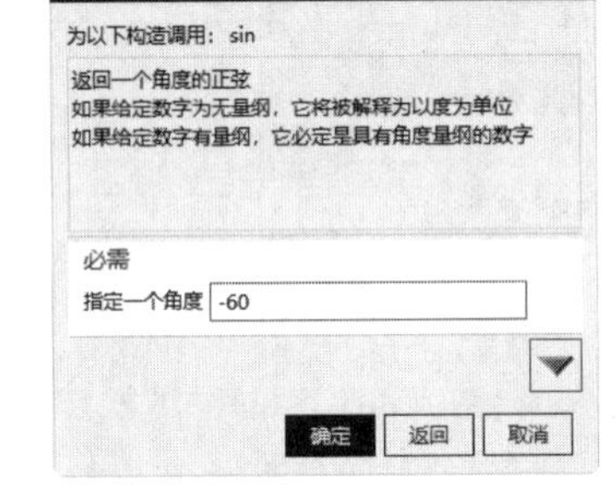

图 16-19　【函数参数】对话框

9）单击【确定】按钮，返回【运动副】对话框，单击【确定】按钮，完成运动副的创建。

3.运动分析

1）单击【主页】选项卡【解算方案】面组上的【解算方案】按钮，弹出【解算方案】对话框，如图 16-20 所示。在【解算类型】中选择【常规驱动】，在【分析类型】中选择【运动学/动力学】，分别设置【时间】和【步数】为 20 和 200，单击【确定】按钮，完成解算方案的创建。

2）单击【主页】选项卡【解算方案】面组上的【求解】按钮，系统自动进行求解。

3）求解完成后，单击【分析】选项卡【运动】面组上的【运动模拟播放器】按钮，弹出如图 16-21 所示的【运动模拟播放器】对话框。单击【播放】按钮，用户观察模型运动情况，球摆绕支架转轴摆动。

图 16-20　【解算方案】对话框

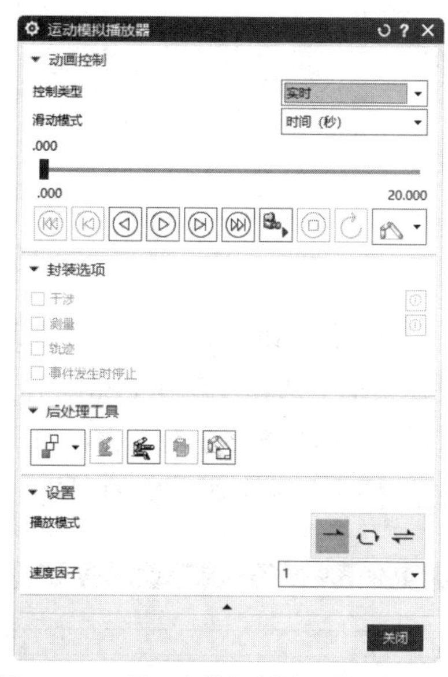

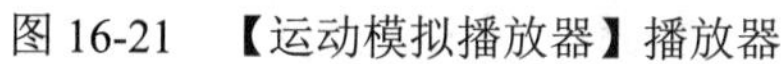

图 16-21　【运动模拟播放器】播放器

图 16-22　【载荷传递】对话框

4）单击【分析】选项卡【运动】面组上【运动模拟播放器】下拉菜单【载荷传递】按钮或选择【菜单】→【分析】→【运动】→【载荷传递】选项，打开如图 16-22 所示的【载荷传递】对话框。

5）定义球摆为运动体。单击【播放】按钮，生成如图 16-23 所示的受力情况电子表格，单击【确定】按钮。

6）用户根据电子表格可以选择一组最大作用力作为进行结构分析的载荷。

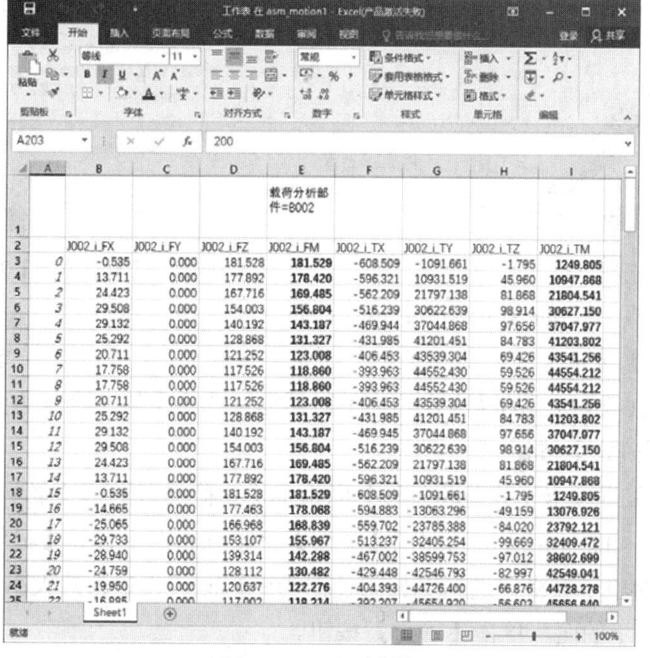

A	B	C	D	E	F	G	H	I
				载荷分析部件=B002				
	J002_i_FX	J002_i_FY	J002_i_FZ	J002_i_FM	J002_i_TX	J002_i_TY	J002_i_TZ	J002_i_TM
0	-0.535	0.000	181.528	181.529	-608.509	-1091.661	-1.795	1249.805
1	13.711	0.000	177.892	178.420	-596.321	10931.519	45.960	10947.868
2	24.423	0.000	167.716	169.485	-562.209	21797.138	81.868	21804.541
3	29.508	0.000	154.003	156.804	-516.239	30622.639	98.914	30627.150
4	29.132	0.000	140.192	143.187	-469.944	37044.868	97.656	37047.977
5	25.292	0.000	128.868	131.327	-431.985	41201.451	84.783	41203.802
6	20.711	0.000	121.252	123.008	-406.453	43539.304	69.426	43541.256
7	17.758	0.000	117.526	118.860	-393.963	44552.430	59.526	44554.212
8	17.758	0.000	117.526	118.860	-393.963	44552.430	59.526	44554.212
9	20.711	0.000	121.252	123.008	-406.453	43539.304	69.426	43541.256
10	25.292	0.000	128.868	131.327	-431.985	41201.451	84.783	41203.802
11	29.132	0.000	140.192	143.187	-469.945	37044.868	97.656	37047.977
12	29.508	0.000	154.003	156.804	-516.239	30622.639	98.914	30627.150
13	24.423	0.000	167.716	169.485	-562.209	21797.138	81.868	21804.541
14	13.711	0.000	177.892	178.420	-596.321	10931.519	45.960	10947.868
15	-0.535	0.000	181.528	181.529	-608.509	-1091.661	-1.795	1249.805
16	-14.665	0.000	177.463	178.068	-594.883	-13063.296	-49.159	13076.926
17	-25.065	0.000	166.968	168.839	-559.702	-23785.388	-84.020	23792.121
18	-29.733	0.000	153.107	155.967	-513.237	-32405.254	-99.669	32409.472
19	-28.940	0.000	139.314	142.288	-467.002	-38599.753	-97.012	38602.699
20	-24.759	0.000	128.112	130.482	-429.448	-42546.793	-82.997	42549.041
21	-19.950	0.000	120.637	122.276	-404.393	-44726.400	-66.876	44728.278

图 16-23　电子表格

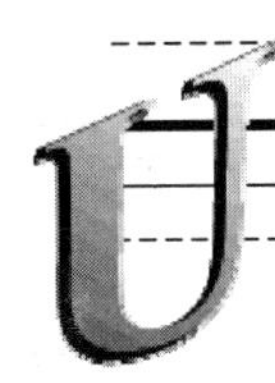

16.4 结构分析

进入结构分析模块，创建一个结构分析解决方案。

创建结构分析解决方案步骤如下：

1）在系统中打开支架模型，如图 16-24 所示。

2）单击【应用模块】选项卡【仿真】面组上的【前/后处理】按钮，进入高级仿真模块。

3）在【仿真导航器】中右击部件名称，在弹出的快捷菜单中选择【新建 FEM 和仿真】，打开【新建 FEM 和仿真】对话框。单击【确定】按钮，弹出【解算方案】对话框，如图 16-25 所示。按对话框所示依次设置各选项，单击【确定】按钮，完成结构分析方案的创建。

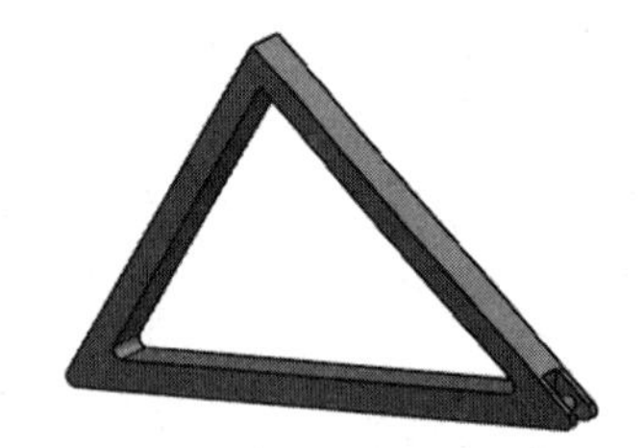

图 16-24 支架模型

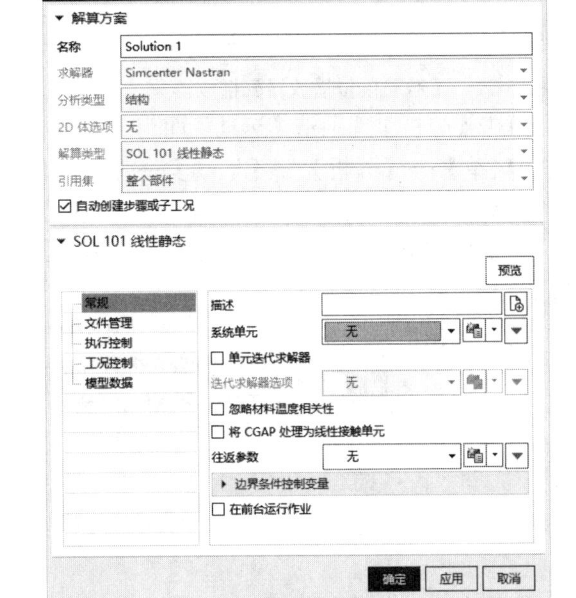

图 16-25 【解算方案】对话框

4）单击【（仿真）zhijia_sim1.sim】窗口，进入仿真模型界面。

5）单击【主页】选项卡【载荷和条件】面组中【约束类型】下拉菜单中的【固定约束】按钮，打开如图 16-26 所示的【固定约束】对话框。选择支架一直角边面为固定约束，如图 16-27 所示。单击【确定】按钮。

6）单击【主页】选项卡【载荷和条件】面组中【载荷类型】下拉菜单中的【力】按钮，打开【力】对话框，如图 16-28 所示。在【类型】下拉列表框中选择【幅值和方向】，根据运动分析中受力情况的电子表格，选择支架圆柱面为受力面，设定力的大小为 180N，【指定矢量】选择图 16-28 所示的面，单击【确定】按钮。

7）单击【zhijia_fem1.fem】窗口，进入有限元模型界面。

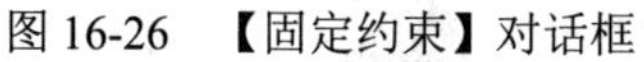

图 16-26　【固定约束】对话框

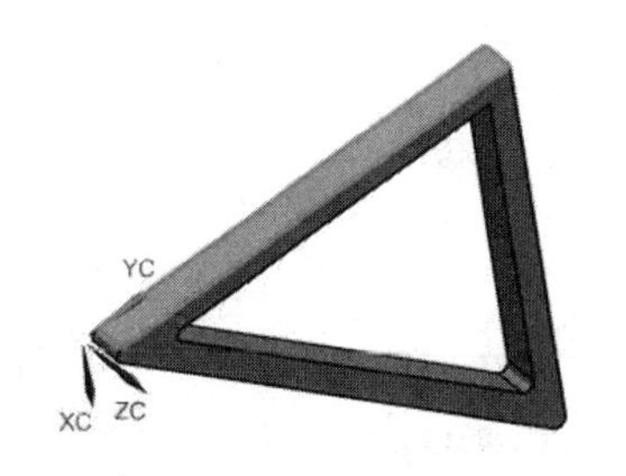

图 16-27　选择固定约束面

8）单击【主页】选项卡【属性】面组上【更多】库下【指派材料】按钮，弹出【指派材料】对话框，如图 16-29 所示。选择支架模型，【材料】选择【Steel】，单击【确定】按钮。

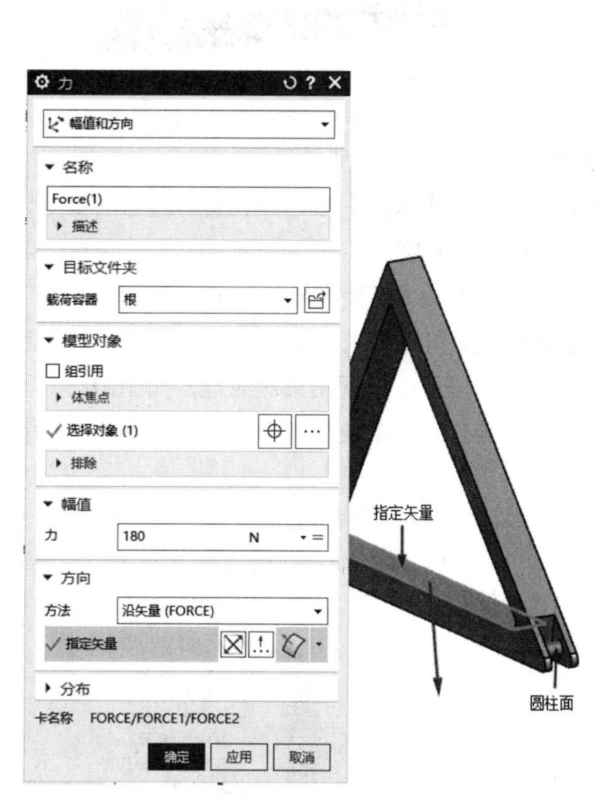

图 16-28　【力】对话框

图 16-29　【指派材料】对话框

9）单击【主页】选项卡【网格】面组上的【3D 四面体】按钮，弹出如图 16-30 所示的【3D 四面体网格】对话框。选择屏幕中需划分网格模型，按图 16-30 设置各选项，单击【确定】按钮，开始划分网格，创建如图 16-31 所示的有限元模型。

图 16-30 【3D 四面体网格】对话框

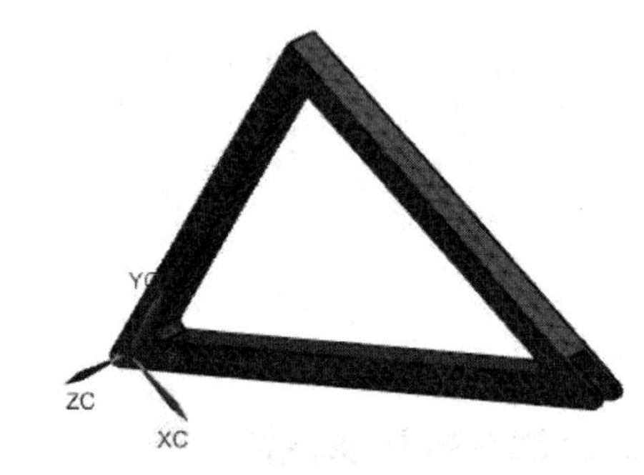

图 16-31 创建有限元模型

10）单击【（仿真）zhijia_sim1.sim】窗口，进入仿真模型界面。

11）单击【主页】选项卡【解算方案】面组上的【求解】按钮，打开【求解】对话框，如图 16-32 所示。单击【确定】按钮，完成结构分析的解算。

12）单击屏幕左侧【后处理导航器】图标，进入【后处理导航器】，右击【已导入的结果】选项，在快捷菜单中选择【导入结果】选项，弹出【导入结果】对话框。选择分析完成后的结果文件，单击【确定】按钮，在【后处理导航器】中出现结果对应框，如图 16-33 所示。单击用户需要的对象，包括分析中的应力、应变等云图，系统生成如图 16-34 所示的位移云图和图 16-35 所示的应力云图。

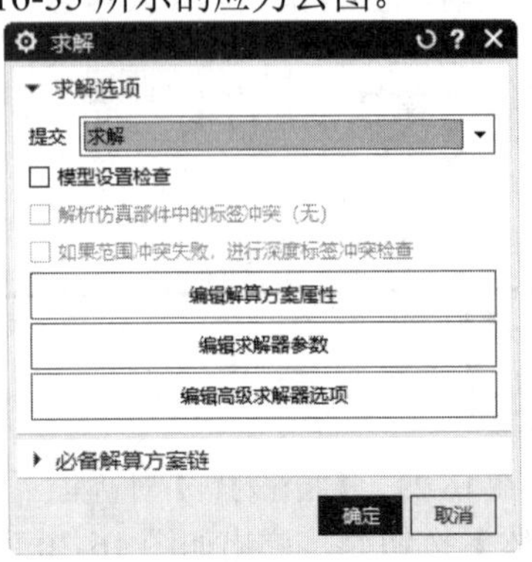

图 16-32 【求解】对话框

图 16-33 【后处理导航器】面板

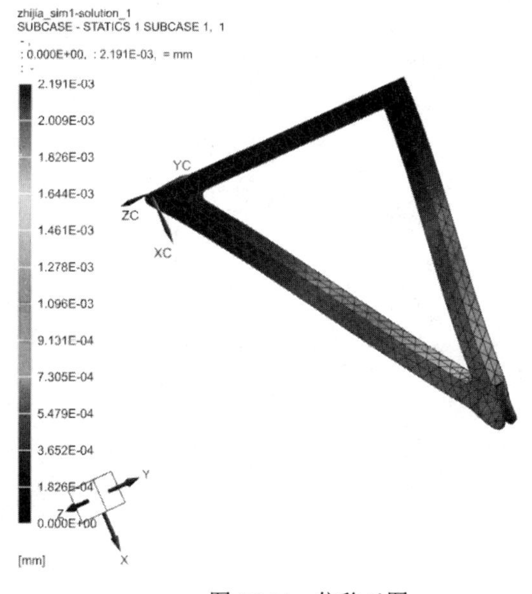

图 16-34　位移云图

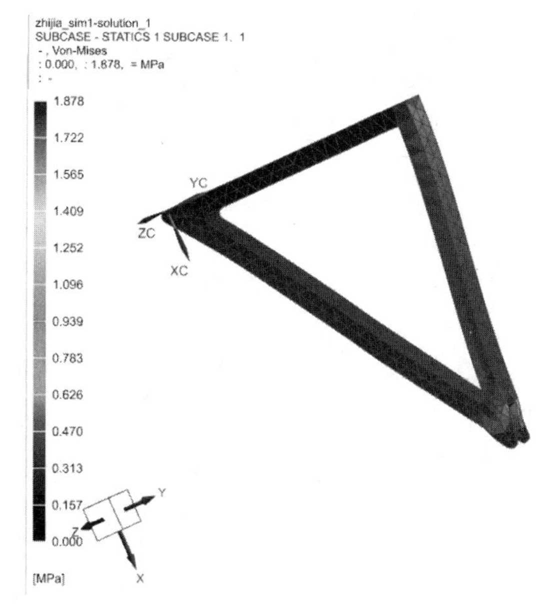

图 16-35　应力云图

16.5　练习题

1．简述 UG NX 2027 中运动分析和有限元分析的过程。

2．试分析简支梁的受力变形。